U0712515

先驱体陶瓷
——从纳米结构到应用

Polymer Derived Ceramics

From Nano – structure to Applications

[意] P·科隆博   [德] R·里德尔

[意] G·D·萨鲁拉 [德] H·–J·克勒贝

[意] P. Colombo   [德] R. Riedel

[意] G. D. Soraru   [德] H. –J. Kleebe

著

楚增勇   胡天娇   蒋振华   译

国防工业出版社

·北京·

著作权合同登记　图字:军 –2011 –163 号

图书在版编目(CIP)数据

先驱体陶瓷:从纳米结构到应用/(意)科隆博(Colombo,P.) 等著;
楚增勇,胡天娇,蒋振华译. —北京:国防工业出版社,2016.2
书名原文: Polymer Derived Ceramics:From Nano –
structure to Applications
ISBN 978 –7 –118 –10033 –4

Ⅰ.①先... Ⅱ.①科... ②楚... ③胡... ④蒋... Ⅲ.①纳米技术 –
应用 –航空材料 –陶瓷 –研究 Ⅳ.①V254.2

中国版本图书馆 CIP 数据核字(2015)第 209841 号

※

国防工业出版社出版发行

(北京市海淀区紫竹院南路 23 号　邮政编码 100048)
三河市众誉天成印务有限公司印刷
新华书店经售

*

开本 710×1000　1/16　印张 24　字数 428 千字
2016 年 2 月第 1 版第 1 次印刷　印数 1—1500 册　定价 98.00 元

(本书如有印装错误,我社负责调换)

国防书店:(010)88540777　　发行邮购:(010)88540776
发行传真:(010)88540755　　发行业务:(010)88540717

序　言

　　每过一段时间就会出现一个挑战现实的发现、发明或想法。在材料科学与工程领域,先驱体陶瓷(Polymer Derived Ceramic,PDC)的出现可归属此类。PDC可分成两大类:二元体系,如 SiC;三元或更多元体系,如 SiCO,SiCN 和 SiCNO。二者之间的区别在于可以存在的分子结构单元的多样性不同。SiC 体系可能只有两种:四面体结构 SiC_4 和芳香 C(sp^3 杂化的 C 尚未发现);多元体系至少有三种类型:sp^2 杂化的 C,以四面体结构同时与 O(或 N)、C 结合的 Si,以及只与 O 键合的 Si。因此,在 SiC(N)O 体系中,我们可以想象许多不同的拓扑结构的分子网络。其中可能存在的一种结构包括一个三维石墨烯纳米区域网络,其中的 C 连接于被该网络囊括的硅氧四面体上。这种结构的发现是由于 SiO_2—SiC 连向石墨烯的顶点。如果存在过多的 C,石墨烯网络的演变将伴随着 SiC 和石墨的析出。这种三元体系的纳米区域结构具有不同寻常的性质,将在本书中充分讨论:既有结构特性,又有功能特性。

　　最有趣的关于 PDC 的科学之谜也许是它们不寻常的抵抗结晶的能力。熔融石英不可避免地结晶成方石英,而 SiCO 仍保持无定形态。事实上,只有通过碳热反应发生热分解时,才会结晶成 SiC,而这会破坏 PDC 固有的稳定纳米结构。最近的工作表明,基于 SiC(N)O 的 PDC 具有比相同的整体晶相更高的生成焓。由于非晶相的熵肯定更高,这些研究结果意味着,无定形的 PDC 拥有一个较低的自由能,即与晶态相比,它们是热力学稳定的。

　　然而,非晶结构的稳定性,不是"自动的"。这是通过聚合物路线获得的PDC,并且只适合于这样的聚合物网络:Si 与 O(和 N)、C 相连,而 C 原子上的另一边只有氢,或高阶烷基。通过物理气相沉积(PVD)或化学气相沉积(CVD)的方法制备高度稳定的非晶 PDC 是不太可能的。需要 PDC 路线一个简单的解释是,聚合物热解期间释放出 H,留下带有悬键和有限流动特性的 C(因为它们系在 Si 上),导致它们自我组装成石墨烯网络。当然,更全面地了解有机高分子演变成热力学稳定态的途径,仍然是本领域关键科学问题之一。本书的讨论所强化的这种理解,将有利于揭示类似于 SiC(N)O 的其他三元体系。比如,可以想象由 Al—P—O 和 H 组成的无机聚合物,其中 Al 与 P 和 O 成键(类似于 Si 的作用),而 P 主要与 H 成键。随着时间的推移,这种新颖、创造性体系将通过分子设计实现,使它们具有特殊的功能特性,实现特定应用。

尽管 PDC 领域的进展比预期的慢,但仍然比某些纳米科学研究领域发展得更好(如纳米颗粒、纳米线等)(当然,也可以举出本声明的例外现象,如半导体纳米粒子依赖尺寸大小的蓝移现象)。这种现状赋予了我们伟大的任务:创建一个坚实的科学基础,照亮这些美妙神秘材料的加工、纳米结构和性能特点。毕竟,我们很难在其他地方找到这种石墨烯网络的合成方法,它通过原位化学路线实现,成本低,可适合于光刻领域。广泛应用的拉动是永远存在的,包括高性能的涂料、传感器、纳米复合材料和测量应力的新型纤维。在能源技术的应用更是巨大的。现在缺少的是一个科学阐述这些新材料的理论,解释它们的革命属性。PDC 是复杂的,需要从理论科学到应用科学的研究人员共同努力,来揭示其神秘的面纱。这种跨学科研究的需求仍然是对它们科学认识的主要障碍。

鉴于上述考虑,我赞扬规划和撰写本书的编辑和作者们,这是 PDC 领域真正的开拓性工作。本书介绍了 PDC 研究现状,并将作为一个跳板,促使 PDC 领域在基础研究和应用研究上百尺竿头,更进一步。

Rishi Raj
科罗拉多大学
美国科罗拉多州博尔德市

译 者 序

先驱体陶瓷(Polymer Derived Ceramic,PDC)特指由聚合物先驱体出发,先利用聚合物的易加工特性获得所需形状(纤维、颗粒、涂层、复合材料等),再通过高温转化获得所需功能的陶瓷材料。

PDC 技术具有分子结构可设计、化学组成可调控、加工成型方便、力学性能优异、易于成型复杂构件、便于实现结构/功能一体化等优点,克服了传统粉末烧结制备陶瓷材料过程中难于设计与成型的问题,是一项创新的工艺技术,提供了可应用于高温或超高温、氧化、冲刷、辐射等极端环境下应用的新材料,对于解决目前航空、航天、国防尖端武器装备面临的材料瓶颈问题具有突出的重要意义,近年来受到国内外同行的广泛关注,呈现出蓬勃发展的态势。

目前,PDC 领域经过 40 余年的发展,已经发展到大规模应用的阶段,并且也扩展到了微纳器件等领域。在国内,国防科学技术大学最早于 1980 年即涉足本领域研究,随着武器装备发展的需要,近 10 年来,中国科学院、哈尔滨工业大学、厦门大学、西北工业大学、航天科技集团、航空材料研究院等相关科研单位先后参与进来,给这一领域注入了新的生命活力。

P. Colombo 等人编著的《先驱体陶瓷:从纳米结构到应用》是系统、全面地介绍 PDC 技术的一本专著,是该领域 40 余年来成果的集成,不仅对 PDC 进行了系统总结,介绍了 PDC 的发展历史、先驱体的合成、微观结构的演变、综合性能的调控、加工成型技术及其应用,并且还评述了 PDC 领域的最新研究进展,对于进一步推广与发扬 PDC 技术具有重要意义,适于航空、航天、国防、化工等极端环境材料领域从事基础研究与应用研究的专家、学者、研究生、工程技术人员阅读与参考。

感谢国防工业出版社装备科技译著出版基金的资助,这本 PDC 专著目前得以中文版的形式呈现在国内读者面前。楚增勇规划全书并主要翻译了原著第1、2、3、6 章,胡天娇主要翻译了原著第 4 章以及第 5 章部分内容,蒋振华主要翻译了原著第 5 章部分内容并进行了图表与参考文献的整理,所有译者均参与了校对工作。感谢王零森、肖汉宁、冯春祥、李效东、陈朝辉、宋永才、王军、周新贵、

V

程海峰、王应德、胡海峰等各位教授在翻译与出版过程中给予的支持与帮助。

由于本书翻译的时间比较仓促，加之 PDC 领域内的一些多样表达，虽经反复审校，一定还会有不妥之处，恳请读者批评指正。

楚增勇

国防科学技术大学

目　录

第1章 先驱体陶瓷发展历史回顾

PAOLO COLOMBO, RALF RIEDEL, GIAN DOMENICO SORARU,

HANS – JOACHIM KLEEBE

1.1 整体评述

过去几十年里,由于具有比传统陶瓷成型技术更为广泛的技术优势,由"软"材料如陶瓷先驱体聚合物出发,合成与加工陶瓷或陶瓷基复合材料的方法,引起了科研人员越来越大的兴趣。这种称为先驱体转化技术的工艺,在合成 $Si-C-O$、$Si-(E)-C-O$、$Si-C-N$ 与 $Si-(E)-C-N(E=B,Al,Ti$ 等)等复杂体系的先驱体陶瓷材料(PDC)领域极具潜力,因为这些材料无法通过其他方法制备得到。最近几年的研究表明,PDC 表现出优异的热化学稳定性能,用途广泛,尤其适合在恶劣条件下应用。目前,星火系统公司(StarFire)指出"先驱体转化陶瓷已走出实验室,进入了市场"[1],而凯傲专业聚合物公司(KiON,现属Clariant 公司)也宣传可以以合理的价格提供高性能聚硅氮烷[2]。先驱体聚合物的这些突破以及它们在工业界的应用尝试,给这一领域的进一步研究和开发带来了巨大影响。

近年来,通过大学中的基础研究以及产业化的研究与开发,众多基于 PDC的创造性新产品,如陶瓷纤维、电热塞(陶瓷加热器)、电绝缘或钝化陶瓷涂层以及摩托车刹车片等,已经出现并得到应用。在不久的将来,有望开发出更多的工业产品并应用于其他领域。在 2005 至 2006 年间,多项国家和国际间有关 PDC的研究计划先后设立,比如德国科学基金委员会(DFG)资助的德国优先计划"Nanomat"(见 www. spp – nanomat. de),欧盟资助的研究培训网络"PolyCerNet"(见 http://www. ing. unitn. it/ ~ scraru/),以及德国 DFG 与美国科学基金委员会(NSF)共同资助的双边研究计划"高温下异常稳定的非晶先驱体陶瓷",相信这些计划将对 PDC 的进一步发展起到显著推动作用。此外,过去已经组织过专门针对 PDC 的科学会议,有些将在不久的将来举行,表明了科学界对这个话题浓厚的兴趣。

PDC 研究领域的重要性也得到了一些材料科学领域先进期刊的认可。在过去几年中,出版了一批以 PDC 为主题的专辑,如 *Journal of Sol - Gel Science and Technology* 1999 年第 14 卷,*Journal of the American Ceramic Society* 2001 年第 84 卷,*Journal of the European Ceramic Society* 2005 年第 25 卷,*Journal of the Ceramic Society of Japan* 2006 年第 114 卷和 *Soft Materials* 2006 年第 4 卷。

这一领域研究的主要目的是发展一些新概念,用以制备微纳结构可调的新型多功能无机材料。未来工业技术的发展对材料性能提出了更高的要求,人们需要开发出性能远超现有材料的新材料。此外,日益小型化的组件也需要新的加工工艺来可靠地生产微米级甚至更小尺寸的材料。目前,有机 - 无机杂化材料(软材料),以及在不同凝聚态下交联获得的非晶和多晶陶瓷,已经引起了研究者巨大的兴趣。按照"自下而上"的方法,通过组装和聚合过程,特定的无机分子("分子纳米工具")可组装成更高层次的分子网络和固态结构。这种方法旨在连接有机组分与无机结构,生成由热力学控制的化学反应无法获得的材料。因此,相关实验研究的重点集中在通过动力学控制的反应合成材料的分子基元,这些反应一般发生在分子与固态属性可调的化学界面之间。也就是说,这些研究的最终目标是通过对"自下而上"方式的系统研究,合成和探索新材料,建立发展这些新材料的技术基础并探索其潜在用途。这种分子组装材料可应用于交通系统、信息技术、能源以及环境系统、生物医学元件和微纳机电系统(MEMS/NEMS)等关键技术领域。分子先驱体的结构、性能与其衍生陶瓷的微/纳米结构、性能之间的相互关系,为进一步的实验和理论研究提供了焦点。此外,不管是在实验室内还是在产业化过程中,这些研究结果都有助于将先驱体聚合物成功地成型并加工成目标陶瓷产品。有趣的是,目前还有人对先驱体聚合物在其聚合物状态或经低、中温热处理后(此时聚合物到陶瓷的转化尚未完成)的性质和应用进行研究。结果表明,这些材料可应用于工业涂料(防涂鸦、耐热和防玷污性清漆)或微反应器(参见 Kim 最近的工作[3])。这也证明了这些材料与传统全有机聚合物相比,性能更好,功能更多。迄今也已出版许多以 PDC 为主题的综述[4-26],可作进一步参考。

1.2 发展历史

20 世纪 60 年代初,Ainger 和 Herbert[27]以及 Chantrell 和 Popper[28]从分子先驱体出发制备了非氧化物陶瓷。20 世纪 70 年代,Verbeek、Winter 和 Mansmann[29-31]以有机硅聚合物(聚硅氮烷、聚硅氧烷和聚碳硅烷)为原料,进行了第一个实用的转化陶瓷材料的开发,主要生产高温使用的小直径 Si_3N_4/SiC 陶瓷纤维。

首次由聚碳硅烷先驱体合成的 SiC 基陶瓷材料是基于 Fritz[32] 的基础性研究工作,以及同时期 Yajima[33] 的初期技术驱动工作(见图 1.1)。由 Yajima 路线通过热解聚碳硅烷制备 SiC 基陶瓷纤维的路线示于式 1.1[34]。

图 1.1   Gerhard Fritz(左,1919—2002 年;H. Schmidbaur 教授拍摄,慕尼黑,德国)
和 Seishi Yajima(右,1923—1981 年;Hiyohito Okamum 教授拍摄,大阪,日本)
为 PDC 的发展做出巨大贡献,体现在他们在聚碳硅烷合成[32]
以及 SiC 纤维制备[33] 方面的基础性研究工作

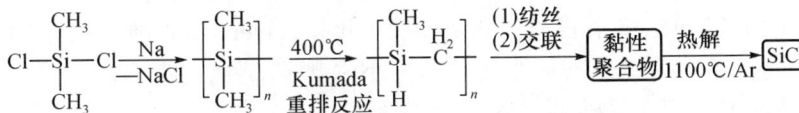

式 1.1   从聚碳硅烷热解制备 SiC 纤维的 Yajima 路线

在 20 世纪 70 年代末和 80 年代初,出现了若干开创性的论文,其中一些专门关注先驱体的化学合成,其他则研究制造纤维以外的部件,如连接件、零部件以及金属粉/先驱体聚合物的混合物等[4,35-43]。有趣的是,当年这些论文的作者中有一部分来自主流工业界,这表明工业领域对先驱体聚合物可能带来的创新产生了浓厚的兴趣[44-48]。这些早期的研究旨在阐明裂解产物的微观结构、无机材料的生成机制,以及先驱体陶瓷在陶瓷领域内的特殊性[49-51]。此外,还出现了早期对这种工艺路线所提供的独特可能性和性能特点的综述文章[49,53-58]。

从那时起,为制备具有可控的微观结构和加工行为的先驱体聚合物,研究人员在发展独特的合成路线方面也取得了显著的进展[59]，发表了一系列研究不同先驱体的论文，如聚硅烷[60]、聚碳硅烷[61]、聚硅氮烷[34]和聚硅氧烷[62]。从20世纪90年代到现在，进一步的研究工作表明，有机硅聚合物在制备诸如纤维、涂料、多孔陶瓷元件或复杂形状零件等重要技术陶瓷部件方面是非常有前途的先驱体。最新研究结果还表明，PDC在微型和纳米技术领域，即生产微纳机电系统方面，应用潜力也很大。

为了比传统陶瓷更具竞争力，先驱体陶瓷必须是低成本的，或者其合成是精心设计的，可使所得产品具有新颖的组成或特定的形状以及优异的性能。在过去的几年中，研究者不仅在制备 Si_3N_4、SiC 等二元陶瓷方面作出了许多努力，也制备了许多多元组分陶瓷。比如，20世纪90年代初发现由聚硼硅氮烷可以制备 Si－B－C－N 四元陶瓷。这种材料因其特殊的耐高温性和抗氧化性而备受关注。Si－B－C－N 可以在高温下保持非晶状态，到1500℃仍不结晶，由它制备的陶瓷基复合材料和陶瓷纤维有望在超高温领域获得应用。

Si－B－C－N 陶瓷的先驱体的结构基础一般是以 C—B—C[63] 或 N—B—N 键[64] 交联在一起的聚合态或环状的硅氮烷。另一条合成 Si－B－C－N 陶瓷的路线，是热解基于硼氮烷的硅氮烷低聚物[65] 或硼改性聚硅碳二胺[66]。因此，可以开发出多种有机硅聚合物先驱体，用来生产组成在很大范围内变化的 Si－B－C－N－O 陶瓷材料，甚至还可以向体系中引入金属元素，如 Ti、Al 和 Zr 等[67]。值得一提的是，也可以通过纳米或微米尺寸填料引入其他元素，这些填料可以是惰性的，也可以是与分解气体和/或裂解陶瓷具有反应性的。这可以进一步赋予陶瓷元件更多功能，如导电性或铁磁行为，并且如果在空气中进行处理，可能导致形成全氧化物陶瓷（如莫来石或堇青石等）。此外，Peter Greil 展示的开创性工作表明，合适的填料可以制作相当尺寸的近净成型零部件，不存在因为气体释放和陶瓷转化收缩过程而导致的裂缝或宏观缺陷[68]。

Si－C－O 与 Si－(E)－C－O(E＝B,Al,Ti 等)体系的硅碳氧玻璃和陶瓷也受到了很大关注。这主要是因为该体系可以由有机硅树脂、溶胶－凝胶衍生的杂化网络等便宜的先驱体获得。这一领域的开创性工作有：Renlund[69,70] 报道的由聚硅氧烷出发制备 Si－C－O 及其结构表征和全面的性能数据，Zhang 和 Pantano[71] 则系统研究了由溶胶－凝胶获得的 Si－C－O 玻璃。采用溶胶－凝胶先驱体，可以精确控制 Si－C－O 的组成，制备出没有富余碳的符合化学计量比的 Si－C－O 陶瓷[72]。商业硅氧烷树脂也被 Greil 用于开发活性填料控制的热解过程[68]，被 Colombo[73] 用于开发泡沫陶瓷的新型制备工艺。先驱体转化 Si－C－O 陶瓷的综述可参见参考文献[74,75]。

为了从根本上了解 PDC 的材料特性，研究人员进行了一些模拟和计算研究[76]，通过这些模拟与计算可以对实验数据进行有意义和合理的解释。这些有机硅聚合物可使用传统的聚合物加工或成型技术，如注塑、在溶液或熔融状态下涂层或纺纱、挤压、发泡或树脂传递模塑（RTM）。成型后，再加热到足够高的温度消除聚合物结构中的有机基团，这些先驱体聚合物制成的构件就可以转换为陶瓷元件。除了在可控气氛中使用传统的电加热方法（烤箱或微波，激光束或其他先进的加热方法）实现聚合物陶瓷转换，也可能通过非热加工方法，如离子辐照（对薄涂层）实现。

正如 Raj 的开创性的工作[77]所提到的，SiOC 或 SiCN 等先驱体陶瓷，是一类同时具有聚合物和碳纳米管等所拥有的有趣功能特性和陶瓷所拥有的化学、热学和机械耐久性的新材料。这种陶瓷只能在聚合物转化陶瓷的过程中实现，而传统的固相合成只能得到完全结晶的二元陶瓷，如 SiC 和 Si_3N_4。最新的量热研究结果表明，基于 SiOC 和 SiCN 的 PDC 的无定形基本结构是热力学稳定的[78,79]。还有研究表明，PDC 的微观结构在某些组成条件下，应当被认定为纳米域结构，而不是简单的随机非晶态[80]。这种纳米域结构在理解实测的热力学稳定性和其他不寻常性能方面（如高温抗蠕变性）也发挥了重要作用。

下面的章节着重介绍了 PDC 领域当前的研究重点，包括先驱体聚合物的合成、性能、表征及其陶瓷化过程中的基础科学内容，以及最近取得的科技成就，如性能可控的先驱体陶瓷纤维及其复合材料、泡沫、涂层、薄膜和其他性能可调的组件。

1.3　参考文献

[1] Starfire Systems Inc., website：http://www.starfiresystems.com.

[2] KiON Corp., website：http://www.kioncorp.com/.

[3] Yoon, T. - H., Park, S. - H., Min, K. - I., Zhang, X., Haswell S. J., Kim, D. - P., Novel inorganic polymer derived microreactors for organic microchemistry applications, *Lab Chip*, 8, 1454 – 1459, 2008.

[4] Blum, Y. D., Schwartz, K. B., Laine, R. M., Preceramic polymer pyrolysis—Part I Pyrolytic properties of polysilazanes, *J. Mater. Sci.*, 24, 1707 – 1718, 1989.

[5] Blum, Y. D., McDermott, G. A., Wilson, R. B., Hirschon, A. S., The relationship between the structure of preceramic polysilazanes, the pyrolysis conditions, and their final ceramic products, *Polym. Prepr.* (American Chemical Society, Division of Polymer Chemistry), 32(3), 548 – 549, 1991.

[6] Donald, U. R., *Better ceramics through chemistry*, NATO ASI Series, Series E：Applied Sciences, 141 (Transform. Organomet. Common Exot. Mater.), 207 – 35, 1988.

[7] Greil, P., Emy, T., Suttor, D., Ceramic materials from organometallics, *Ceram. Trans.*, 51 (Ceramic Processing Science and Technology), 171 – 178, 1995.

[8] Greil, P. , Active – filler – controlled pyrolysis of preceramic polymers, *J. Am. Ceram. Soc.* , 78 (4), 835 – 848, 1995.

[9] Greil, P. , Near – net – shape manufacturing of polymer – derived ceramics, *Key Eng. Mater.* , 132 – 136, 1997, (Pt. 3, Euro Ceramics V) , 1981 – 1984.

[10] Greil, P. , Polymer Derived Engineering Ceramics, *Adv. Eng. Mater.* , 2 (6) , 339 – 348, 2000.

[11] Ichikawa, H. , Takeda, M. , *Recent developments in high temperature ceramic fibers*, Advances in Science and Technology (Faenza, Italy) , Publisher: Techna, 22 (Advanced Structural Fiber Composites) , 3 – 11, 1999.

[12] Kroke, E. , Li, Y. L. , Konetschy, C. , Lecomte, E. , Fasel, C. , Riedel, R. , Silazane derived ceramics and related materials, *Mater. Sci. Eng.* , R26, 97 – 199, 2000.

[13] Lipowitz, J. , Structure and properties of ceramic fibers prepared from organosilicon polymers, *J. Inorg. Organomet. Polym.* , 1 (3) , 277 – 97, 1991.

[14] Lipowitz, J. , Polymer – derived ceramic fibers, *Am. Ceram. Soc. Bull.* , 70 (12) , 1888 – 94, 1991.

[15] Lipowitz, J. , Rabe, J. A. , Salinger, R. M. , Ceramic fibers derived from organosilicon polymers, International Fiber Science and Technology Series, 12, 1993 (*Handbook of Fiber Science and Technology*, Vol. 3: High Technology Fibers, Pt. C) , 207 – 73.

[16] Okamura, K. , Status quo and future trend on R&D for high temperature and high performance ceramic fibers derived from polymers, *Adv. Compos. Mater.* , 8 (1) , 107 – 115, 1999.

[17] Pantano, C. G. , Singh, A. K. , Zhang, H. , Silicon oxycarbide glasses, *J. Sol – Gel Sci. Technol.* , 14 (1) , 7 – 25, 1999.

[18] Riedel, R. , Kienzle, A. , Friess, M. , *Non – oxide silicon – based ceramics from novel silicon polymers*, NATO ASI Series, Series E: Applied Sciences, 297 (Applications of Organometallic Chemistry in the Preparation and Processing of Advanced Materials) , Publisher: Kluwer, 155 – 171, 1995.

[19] Seyferth, D. , Synthesis of some organosilicon polymers and their pyrolytic conversion to ceramics, *Advances in Chemistry Series*, 224 (Silicon – Based Polym. Sci.) , 565 – 591, 1990, Vol. Date 1987.

[20] Seyferth, D. , *Preceramic polymers: past, present, and future*, Advances in Chemistry Series, 245 (Materials Chemistry) , 131 – 60, Publisher: American Chemical Society, 1998.

[21] Ziegler, G. , Suttor, D. , Engineering ceramics from preceramics polymers, *Key Eng. Mater.* , 161 – 163, 1999, (Science of Engineering Ceramics II) , 103 – 106.

[22] Bill, J. , Kamphowe, T. W. , Müller, A. , Wichmann, T. , Zern, A. , Jalowieki, A. , Mayer, J. , Weinmann, M. , Schuhmacher, J. , Müller, K. , Peng, J. , Seifert, H. J. , Aldinger, F. , Precursor – derived Si – (B –) C – N ceramics: thermolysis, amorphous state and crystallization, *Appl. Organomet. Chem.* , 15 (10) , 777 – 793, 2001.

[23] Riedel, R. , Mera, G. , Hauser. , R. , Klonczynski, A. , Silicon – Based Polymer – Derived Ceramics: Synthesis Properties and Applications – A Review Dedicated to Prof. Dr. Fritz Aldinger on the occasion of his 65th birthday, *J. Jpn. Ceram. Soc.* , 114, 425 – 444, 2006.

[24] Miele, P. , Bernard, S. , Cornu, C. , Toury, B. , Recent developments in polymer – derived ceramic fibers (PDCFS): preparation, properties and applications—A review, *Soft Mater.* , Publisher: Taylor & Francis, Inc. , 4 (2 – 4) , 249 – 286, 2007.

[25] Miele, P. , Bernard, S. , *Boron – and nitrogen – containing polymers for advanced materials*, Macromole-

cules Containing Metal and Metal – Like Elements, 8 (Boron – Containing Polymers) , Publisher: John Wiley & Sons, Inc. , 103 – 120, 2007.

[26] Schmidt, H. , Si – (B –) C – N ceramics derived from preceramic polymers: stability and nano – composite formation, *Soft Mater.* , Publisher: Taylor & Francis, Inc. , 4(2 –4) , 143 – 164, 2007.

[27] Ainger, F. W. , Herbert, J. M. , The preparation of Phosphorus – Nitrogen Compounds as Non – Porous Solids, in *Special Ceramics*, edited by P. Popper, Academic press, New York, 168 – 181, 1960.

[28] Chantrell, P. G. , Popper, P. , Inorganic Polymers and Ceramics, in *Special Ceramics*, edited by P. Popper, Academic Press, New York, 87, 1964.

[29] Verbeek, W. , Production of Shaped Articles of Homogeneous Mixtures of Silicon Carbide and Nitride, Ger. Pat. No. 2218960 (Bayer AG) , Nov. 8, (U. S. Pat. No. 3853567) , 1973.

[30] Verbeek, W. , Winter, G. , Formkoerper aus Siliciumcarbid und Verfahren zu Ihrer Herstellung, Ger. Pat. No. 2236078 (Bayer AG) , Mar. 21, 1974.

[31] Winter, G. ; Verbeek, W. ; Mansmann, M. , Formkoerper aus Homogenen Mischungen von Siliciumcarbid und Siliciumnitrid und Verfahren zu Ihrer Herstellung, Ger. Pat. No. 2243527, May 16, 1974.

[32] Fritz, G. , Raabe, B. , Bildung siliciumorganischer Verbindungen. V. Die Thermische Zersetzung von Si (CH_3)$_4$ und Si(C_2H_5)$_4$, *Z. Anorg. Allg. Chem.* , 286, 149 – 167, 1956.

[33] Yajima, S. , Hayashi, J. , Omori, M. , Continuous Silicon Carbide Fiber of High Tensile Strength, *Chem. Lett.* , 9, 931, 1975.

[34] Yajima, S. , Hasegawa, Y. , Okamura, K. , Matsuzawa, I. , Development of high tensile strength silicon carbide fibers using an organosilicon polymer, *Nature* (*London*) , 273, 525, 1978.

[35] Mazdiyasni, K. S. , West, R. , David, L. D. , Characterization of organosilicon – infiltrated porous reaction – sintered Si_3N_4 , *J. Am. Ceram. Soc.* , 11 – 12, 504 – 508, 1978.

[36] Yajima, S. , Okamura, K. , Shishido, T. , Hasegawa, Y. , Matsuzawa, T. , Joining of SiC to SiC using polyborosiloxane, *Am. Ceram. Soc. Bull.* , 60, 253, 1981.

[37] Yajima, S. , Special heat – Resisting Materials from Organometallic Polymers, *Am. Ceram. Soc. Bull.* , 62 [8] , 893 – 898, 1983.

[38] West, R. , David, L. D. , Djurovich, P. I. , Yu, H. , Sinclair, R. , Polysilastrene: Phenylmethylsilane – Dimethylsilane Copolymers as Precursors to Silicon Carbide, *Am. Ceram. Soc. Bull.* , 62 [8] , 899 – 903, 1983.

[39] Wills, R. R. , Markle, R. A. , Mukherjee, S. P. , Siloxanes, Silanes and Silazanes in the Preparation of Ceramics and Glasses, *Am. Ceram. Soc. Bull.* , 62[8] , 904 – 911, 1983.

[40] Walker, B. E. , Rice, R. W. , Becher, P. F. , Bender, B. A. , Coblenza, W. S. , Preparation and properties of monolithic and composites ceramic produced by polymer pyrolysis, *Am. Ceram. Soc. Bull.* , 62[8] , 916 – 923, 1983.

[41] Baney, R. H. , "Some organometallic routes to ceramics" pp. 245 – 255, in *Ultrastructure Processing of Ceramics, Glasses and Composites*, Edited by L. L. Hench and D. R. Ulich, Wiley Interscience, New York, 1984.

[42] Mutsuddy, B. C. , Use of Metallorganic Polymer for Making ceramic Parts by Plastic Forming Techniques, *Ceram. Int.* , 13, 41 – 53, 1987.

[43] Schwartz, K. B. , Rowcliffe D. J. , Blum, Y. D. , Microstructural development in Si_3N_4/Polysilazane

bodies during heating, *Adv. Ceram. Mater.* , 3[4] , 320 – 323 , 1988.

[44] Schilling, C. L. , Wesson, J. P. , Williams, T. C. , Polycarbosilane Precursors for Silicon Carbide, *Am. Ceram. Soc. Bull.* , 62[8] , 912 – 915 , 1983.

[45] Baney R. H. , Designing Preceramic Polymers, *Chemtech*, 12 , 738 – 742 , 1988.

[46] Baney, R. H. , Chandra, G. , Preceramic Polymers, in *Encyclopedia of Polymer Science and Engineering*, vol. 13 (ed. J. I. Kroshwitz) , Wiley, New York, pp. 312 – 344 , 1988.

[47] Pouskouleli, G. , Metallorganic Compounds as Preceramic Materials I. Non – Oxide Ceramics, *Ceram. Int.* , 15 , 213 – 229 , 1989.

[48] Soula, G. , Ceramics from Organometallic Polymers: Industrial Perspectives, in *Inorganic and Organometallic Polymers with Special Properties* (ed. R. M. Laine) , Kluwer Academic Publisher, Amsterdam, pp. 31 – 42 , 1992.

[49] Wynne, K. J. , Rice, R. W. , Ceramics via Polymer Pyrolysis, *Ann. Rev. Mater. Sci.* , 14 , 297 – 334 , 1984.

[50] Sorarù, G. D. , Babonneau, F. , Mackenzie, J. D. , Structural Concepts of New Amorphous Covalent Solids, *J. Non – Cryst. Solids*, 106 , 256 – 261 , 1988.

[51] Seyferth, D. , Birth, Death and Transfiguration: The Synthesis of Preceramic Polymers, Their Pyrolysis and Their Conversion to Ceramics, in *Euroceramic II*, vol. 1. (eds. G. Ziegler and H. Hausner) , Deutsche Keramische Gesellschaft, Köln, 567 – 599 , 1991.

[52] Rice, R. W. , Ceramics from Polymer Pyrolysis, Opportunities and Needs—A Materials Perspective, *Am. Ceram. Soc. Bull.* , 62[8] , 889 – 892 , 1983.

[53] Laine, R. M. , Babonneau, F. , Preceramic Polymer Routes to Silicon Carbide, *Chem. Mater.* , 5 , 260 – 279 , 1993.

[54] Allcock, H. R. , Inorganic – Organic Polymers, *Adv. Mater.* , 6 , 106 – 115 , 1994.

[55] Birot, M. , Pillot, J. – P. , Dunogues, J. , Comprehensive Chemistry of Polycarbosilanes, Polysilazanes, and Polycarbosilazanes as Precursors of ceramics, *Chem. Rev.* , 95 , 1443 – 1477 , 1995.

[56] Seyferth, D. , Preceramic Polymers: Past, Present and Future, in *Material Chemistry—An Emerging Discipline* (eds. L. V. Interrante, L. A. Caspar, A. B. Ellis) , American Chemical Society, Washington D. C. , pp. 131 – 160 , 1995.

[57] Riedel, R. , Dressler, W. , Chemical Formation of Ceramics, in *Ceramics: Charting the Future* (ed. P. Vincezini) , *Techna Srl*, Faenza, Italy, pp. 1727 – 1742 , 1995.

[58] Riedel, R. , Advanced Ceramics from Inorganic Polymers, in *Materials Science and technology. A Comprehensive Treatment*, Vol. 17B. Processing of Ceramics, Part II (ed. R. J. Brook) , VCH Weinheim, 1 – 50 , 1996.

[59] Seyferth, D. , Wisemann, G. H. , Prud'homme, C. , A liquid silazane precursor to silicon nitride, *J. Am. Ceram. Soc.* , 66 , C – 13 , 1983.

[60] Miller, R. D. , Michl, J. , Polysilane High Polymers, *Chem. Rev.* , 89 , 1359 , 1989.

[61] Boury, B. , Carpenter, L. and Corriu, R. J. P. , Ein neuer Weg zu SiC – Keramik – Vorstufen durch katalytische Synthese von präkeramischem Polymer, *Angew. Chem.* , 102 , 818 , 1990.

[62] Corriu, R. , Jutzi, P. (eds). *Tailor – made silicon – oxygen compounds—from molecules to materials*. Vieweg & Sohn: Braunschweig/Wiesbaden, Germany, 1996.

8

[63] Riedel, R. , Bill, J. , Kienzle, A. , Boron – modified inorganic polymers—precursors for the synthesis of multicomponent ceramics, *Appl. Organomet. Chem.* , 10, 241, 1996.

[64] Baldus, H. – P. , Jansen, M. , Novel High – Performance Ceramics—Amorphous Inorganic Networks from Molecular Precursors, *Angew. Chem.* , 109, 338, 1997. *Angew. Chem. Int. Ed.* , 36, 328, 1997.

[65] Wideman, T. , Cortez, E. , Remsen, E. E. , Zank, G. A. , Carroll, P. J. , Sneddon, L. G. , Reactions of Monofunctional Boranes with Hydridopolysilazane: Synthesis, Characterization, and Ceramic Conversion Reactions of New Processible Precursors to SiNCB Ceramic Materials, *Chem. Mater.* , 9, 2218, 1997.

[66] Haug, R. , Weinmann, M. , Bill, J. , Aldinger, F. , Plastic Forming of Preceramic Polymers, *J. Eur. Ceram. Soc.* , 19, 1 – 6, 1999.

[67] Peuckert, M. , Vaahs, T. , Bruck, M. , Ceramics from organometallic polymers, *Adv. Mater.* , 2, 398, 1990.

[68] Greil, P. , Active – Filler – Controlled Pyrolysis of Preceramic Polymers, *J. Am. Ceram. Soc.* , 78, 835 – 848, 1995.

[69] Renlund, G. M. , Prochazska, S. , Doremus, R. H. , Silicon oxycarbide glasses: Part I . Preparation and Chemistry, *J. Mater. Res.* , 6, 2716 – 2722, 1991.

[70] Renlund, G. M. , Prochazska, S. , Doremus, R. H. , Silicon oxycarbide glasses: Part I . Structure and Properties, *J. Mater. Res.* , 6, 2723 – 2734, 1991.

[71] Zhang, H, Pantano, C. G. , Synthesis and characterization of silicon oxycarbide glasses, *J. Am. Ceram. Soc.* , 73 (4) , 958 – 963, 1990.

[72] Soraru, G. D. , Silicon oxycarbide glasses from gels, . *J. Sol – Gel Sci. Technol.* , 2, 843 – 848, 1994.

[73] Colombo, P. and Modesti, M. , Silicon oxycarbide ceramic foams from a preceramic polymer. *J. Am. Ceram. Soc.* , 82(3) , 573 – 578, 1999.

[74] Zank, G. A. , Preceramic polymer – derived silicon oxycarbides, in *Silicon Containing Polymers, The Science and Technology of Their Synthesis and Applications* , (eds. R. G. Jones, A. Wataru, J. Chojnowski) , Springer, Berlin, 697 – 726, 2000.

[75] Kamiya K, Oxycarbide Glasses and Carbides, in *Handbook of Sol – Gel Science and Technology, Processing, Characterization and Applications* , S. Sakka Ed. , Kluwer Academic, 185 – 202, 2005.

[76] Kroll, P. , Modelling polymer – derived ceramics, *J. Eur. Ceram. Soc.* , 25, 163 – 174, 2005.

[77] Saha A. , Raj R. , Williamson D. L. , Kleebe H. – J. , Characterization of Nanodomains in Polymer – Derived SiCN Ceramics Employing MultipleTechniques, *J. Am. Ceram. Soc.* , 88 (1) , 232, 2005.

[78] Morcos, R. , Navrotsky, A. , Varga, T. , Blum, Y. , Ahn, D. , Poli, F. , Müller, K. , Raj, R. , Energetics of $Si_xO_yC_z$ polymer derived ceramics prepared under varying conditions, *J. Am. Ceram. Soc.* , 90, 3213, 2007.

[79] Morcos, R. M. , Mera, G. , Navrotsky, A. , Varga, T. , Riedel, R. , Poli, F. , Muller, K. , Enthalpy of formation of carbon – rich polymer – derived amorphous SiCN ceramics, *J. Am. Ceram. Soc.* , 91 (10) , 3349 – 3354, 2008.

[80] Saha, A. , Raj, R. , Williamson, D. L. , A model for the nanodomains in polymer – derived SiCO, *J. Am. Ceram. Soc.* , 89, 2188, 2006.

第2章　先驱体聚合物的合成与性质

2.1　先驱体聚合物的化学设计

2.1.1　硼基先驱体

PHILIPPE MIELE

2.1.1.1　引言

纯度为 50% 的元素硼早在 1808 年就被英格兰的 H. Davy 和法国的 J. L. Gay – Lussac 与 L. J. Thénard 分别分离出来。直到 1824 年它才被 J. J. Berzelius 确定为一种独立的元素,1909 年 W. Weintraub 制备出了第一个纯硼样本。1912 年,A. Stock 合成出第一个只含有硼和氢的化合物(硼烷)[1],十几年后又制备出第一个硼烷聚合物[2]。从这些发现开始,硼基衍生物化学,尤其是硼基聚合物化学,一直不断地发展并获得了广泛的应用。除了直接将含硼化合物用作阻燃剂,或用于中子俘获系统、可逆储氢系统、光电或生物医学领域外,还可以找到它们的第二类用途,即用作陶瓷先驱体。根据本书主题,本节将着重介绍后者,尤其侧重硼基先驱体聚合物的合成,及其通过热分解过程转化为氮化硼(BN)陶瓷材料,这些内容目前已经得到详细研究,同时,本节还将关注碳化硼(B_4C)和硼碳氮(BCN)陶瓷材料。

然而,需要提到的是,根据所获得陶瓷的性质很难将陶瓷先驱体进行分类。因为大多数的先驱体分子和先驱体聚合物都是多功能的,可根据聚合物—陶瓷转换过程中不同的化学和热处理条件形成不同的陶瓷材料。另外,由于缺乏明确的系统命名法,对聚合物严格分类同样是不容易的,只能根据构筑聚合物的主体构成要素来描述它们。本章节将按聚合单体主要介绍四类已使用的含硼先驱体聚合物:(a)硼吖嗪 $H_3B_3N_3H_3$;(b)B – 氯代硼吖嗪($Cl_{3-x}R_x$)$B_3N_3R'_3$;(c)三烷氨基硼烷 $B(NHR)_3$ 和(d)十硼烷 $B_{10}H_{14}$。

2.1.1.2　从硼吖嗪制备硼基聚合物

硼吖嗪,$H_3B_3N_3H_3$,常常被形容为无机苯。这是由于 B—N 和 C—C 键具有

10

等电子特性,且具有类似的依数性质(图 2.1)。硼吖嗪是液体分子,在 20 世纪 20 年代由 Stock 和 Pohland 首次由二氨硼烷热分解合成[3]。Sneddon 报道了从 B – 三氯代硼吖嗪(2,4,6 – Cl₃B₃N₃H₃)、金属硼氢化物和氨硼烷一步合成硼吖嗪的创新方法[4]。

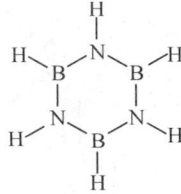

图 2.1　硼吖嗪的分子结构

硼吖嗪作为 BN 的单源先驱体具有潜在好处:具有恰当的 B/N 比(等于 1),对称性好(六边形),在所有硼吖嗪衍生物中具有最高的理论陶瓷产率。然而,这不足以使其应用为陶瓷先驱体,因为其在室温下不稳定,在后期陶瓷转化的热处理过程中倾向于完全蒸发。因此,它更多用化学气相沉积的方法以气态形式使用。

通过非气态热解制备 BN 材料的关键步骤是控制硼吖嗪的热反应活性,可以将其先聚合成室温稳定的硼吖嗪聚合物。在 20 世纪 90 年代,Sneddon 等人将硼吖嗪放置在真空状态下的压力密封系统中温和加热到 70℃,利用 N—H 与 B—H 单元之间的热引发脱氢偶合反应,首次制备得到硼吖嗪聚合物。根据有机聚苯命名规则[5-7],它被命名为聚硼吖嗪。其经验公式(B₃.₀N₃.₂H~₃.₅-₄)说明聚合物具有复杂的结构组成,包含有联苯型和萘环型结构单元(图 2.2)。这些假设已经通过聚合过程中分离出来的 1,2′ – 二硼吖嗪(1,2′ – [B₃N₃H₅]₂)(图 2.2(a))与硼吖嗪萘环(B₅N₅H₈)(图 2.2(b))得到证实。后者只能通过开环聚合再形成稠环的机理来解释,并可能与脱氢聚合机制共存[8,9]。

Babonneau 等人利用 ¹¹B 和 ¹⁵N 固态核磁共振重新研究了聚硼吖嗪的结构,证实其中存在八元 B₄N₄ 环[10]。这种结构的聚硼吖嗪高度交联,加之 B—H 与 N—H 键的高度活性,转换为 BN 的陶瓷产率非常高(84%~93%)[7]。然而,这种高交联结构的聚硼吖嗪一般无法使用液体或熔体方式制造成复杂形状的 BN 材料。不过,Sneddon 的研究组最近报道以硅藻的双原子细胞膜为模板,简便地合成了 BN 微米粒子[11]。

为了合成可加工的聚硼吖嗪,第一个策略是修改 Sneddon 所使用的硼吖嗪的热聚合工艺。Economy 和 Kim 将硼吖嗪在氮气气氛下加热至 70℃并维持 40h[12]。所制备的聚合物显示了不同的化学成分(B₃.₀N₃.₆H₃.₇),由于其支化程

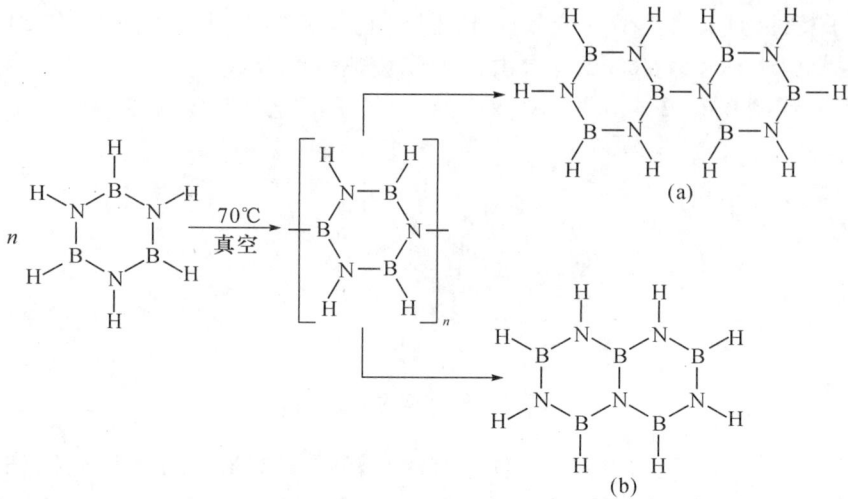

图 2.2　硼吖嗪的热解机理及其聚合物中的联苯型、萘环型结构

度较低所以陶瓷产率较低。利用这种聚合物较低的黏度(从质变的角度认识),用其浸渍碳纤维束,热分解后可制备碳纤维/氮化硼基(C/BN)复合材料。这些作者的另一项研究同样证明了后者聚合物中含有联苯和萘状结构。他们的研究还表明,在 0℃到 5℃之间进行受控的低温热解,硼吖嗪不会进一步聚合,而是发生连续的分子重组过程,可以得到一种类似于沥青结构的无机中间相。加热这种液晶相到 1800℃,可以得到高结晶度的 BN 陶瓷[13]。

　　最近,Bernard 等人将硼吖嗪在氩气气氛下加热到 50℃,在 75mL 的加压装置中合成了一种无色液态聚硼吖嗪($[B_{3.0}N_{3.8}H_{4.0}]_n$)[14]。由于硼吖嗪聚合放出氢气,温度保持在 50℃可以在容器内创造比较高的压力。当内部压力不再增加时(约 192h),反应停止。这种聚硼吖嗪可浸渍到薄膜中,裂解后可获得 53.2%的陶瓷产率,然后剥除薄膜可以得到结晶度可调的 BN 纳米管(BN - NTS)。

　　第二个策略是修改聚硼吖嗪的结构。降低聚硼吖嗪结构中的反应位点 B—H 和 N—H 的数量,可以降低聚硼吖嗪的交联程度。这一策略已经被 Sneddon 的小组所证明,在聚硼吖嗪上嫁接二烷氨基基团,是一种控制脱氢偶合反应的有效方法,提高了聚合物的可加工性(图 2.3)[15,16]。

　　二戊烷氨基取代的聚硼吖嗪显示良好流变性能,比如,在烃类中的溶解性较好、熔点高于 75℃——这些与有限的交联有关。与聚硼吖嗪相反,取代聚硼吖嗪玻璃化转变温度 T_g 低于交联温度。有人认为,二戊烷氨基团作为增塑剂降低了聚硼吖嗪的玻璃化转变温度。BN 纤维可以由熔融的取代聚硼吖嗪得到。

　　在催化剂 RhH(CO)(PPh$_3$)$_3$ 存在条件下,硼吖嗪可以与烯烃反应,制备可

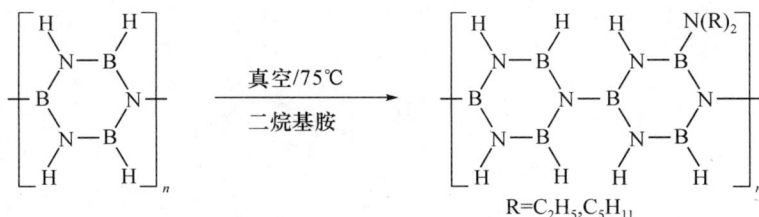

图 2.3　硼吖嗪与胺经脱氢偶合反应制备胺改性聚硼吖嗪

加工的聚 B – 烯基硼吖嗪[17,18]。在几个制备的 B – 烯基硼吖嗪中,B – 乙烯基硼吖嗪($2-(CH_2 =\!=\!CH)—B_3N_3H_5$),在 125℃ 聚合得到了一种聚 B – 乙烯基硼吖嗪(图 2.4)[19]。但是必须注意到,在反应过程中只有当硼吖嗪过量时,这种聚合物才呈现出良好的溶解度。在一般情况下,根据反应条件的不同,这条线路可得到可溶聚合物,也可得到不可溶聚合物。

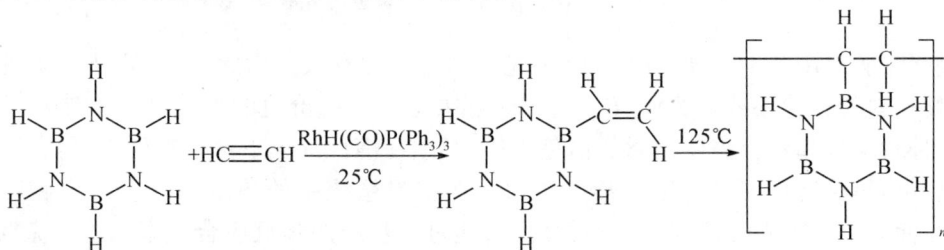

图 2.4　过渡金属催化乙炔和硼吖嗪反应制备 B – 乙烯基硼吖嗪及其后续的热聚合反应

同一个研究组相继制备得到了可溶性 B – 乙烯基硼吖嗪均聚物和苯乙烯 – B – 乙烯基硼吖嗪共聚物[20]。在 80℃ 用偶氮二异丁腈为引发剂在溶液中制备均聚物,其重均分子量和数均分子量分别约为 18000 和 11000。利用 B – 乙烯基硼吖嗪与苯乙烯的结构相似性,在同样条件下制备了聚苯乙烯 B – 乙烯基硼吖嗪共聚物[20]。

第三个策略由 Kim 研究小组和 Babonneau 研究小组联合实施[21]。他们重新研究了在四乙二醇二甲醚中利用 $NaBH_4/(NH_4)_2SO_4$ 合成硼吖嗪[4]的反应,在产物中除了硼吖嗪外,他们还分离出了一种产率为 5% 的聚氨硼烷 $(NH_2BH_2)_n$(图 2.5)。这种化合物可以很容易地脱氢形成稠环,然后通过热解得到氮化硼。

2.1.1.3　从 B – 三氯硼吖嗪制备硼基聚合物

首先,许多陶瓷用途都需要可加工的先驱体,以便在生产最后的陶瓷材料前制成涂层、纤维或复杂形状。在此背景下,需要研究聚硼吖嗪的替代品。其次,

13

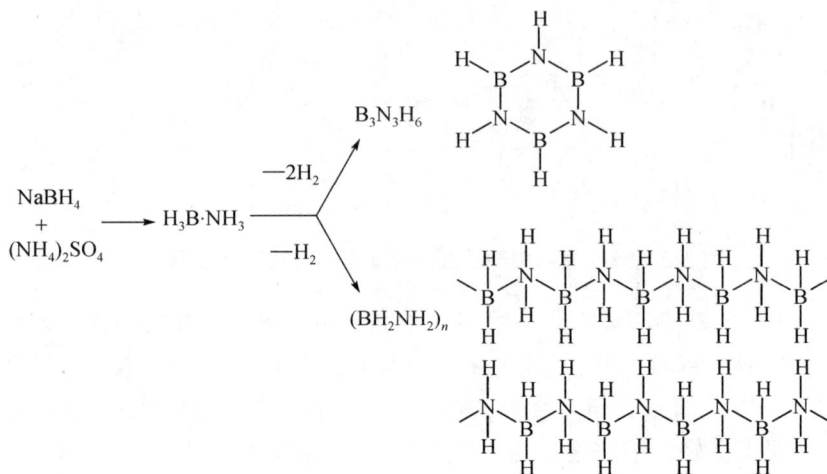

图 2.5　$NaBH_4$ 和 $(NH_4)_2SO_4$ 反应制备硼吖嗪和聚氨硼烷

硼吖嗪的使用并不简便,其作为 BN 先驱体的应用有限。因此,有必要研究制备 BN 材料的替代路线。为此,B – 三氯硼吖嗪是一个有价值的替代品。虽然它是一种对空气和水分高度敏感的白色固体,必须在惰性气氛下储存和处理,但它比硼吖嗪热稳定性更高。硼吖嗪可以通过在密封系统中的热解一步合成聚硼吖嗪,而 B – 三氯硼吖嗪则可以在常压下,通过一步或两步反应合成聚[(B – 烷氨基)硼吖嗪]和聚[硼氨基硼吖嗪]。基于重复的 B_3N_3 环结构,在这种可加工的聚合物中硼吖嗪环之间主要以—NR—或—NH—键连接。由于合成相对容易,大部分相关工作都集中在使用间位取代的 2,4,6 – 三氯硼吖嗪(图 2.6)。在三氯硼吖嗪的聚合过程中,首先需要对连接在硼原子上的氯原子进行亲核取代,伴随有含氯的副产品生成。事实上,根据亲核试剂的反应活性不同,这一聚合反应的途径可以是一步,也可以是两步。

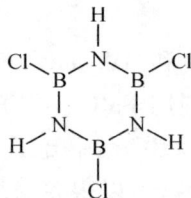

图 2.6　2,4,6 – 三氯硼吖嗪 $Cl_3B_3N_3H_3$ 的分子结构

2.1.1.3.1　聚[B –(烷氨基)硼吖嗪]的一步合成

当含氮亲核偶联试剂在低温下具有较高活性时,可以得到氯代硼吖嗪上所有氯原子被取代的单体化合物。与交联剂的高活性相比,这一反应过程较温和,

因此可以出现单体的自缩合,最终获得低交联聚合物。

利用 2,4,6 - 三氯硼吖嗪与六甲基二硅氮烷经一步反应制备聚合物,已经有几个研究组进行了研究(图 2.7)[22-24]。这个反应会生成稳定的、挥发性的 Me_3SiCl,这也是反应进行的推动力。

图 2.7　2,4,6 - 三氯硼吖嗪与六甲基二硅氮烷制备聚硼吖嗪

这些在低温条件下进行的研究表明,六甲基二硅氮烷与氯原子的化学计量比例将影响低聚分子或聚合物的生成,在六甲基二硅氮烷缺乏时理论上更倾向于生成后者。反应条件以及试剂的加入顺序也被证明很重要。这类聚合物通常溶于常用的有机溶剂但不熔融,说明在低温加热时其交联程度增加,分子量也在增加。

为限制聚合物的交联,可选用甲基取代的 B - 三氯硼吖嗪,所制备的聚合物可以获得高的陶瓷产率[25]。1,2,3,5 - 四甲基 - 4,6 - 二氯硼吖嗪与七甲基二硅氮烷反应得到的聚合物示于图 2.8(a)中。与之前 Meller 等人描述的高分子类似[26],这种高分子中反应位点数为二,可称为"两活性点"高分子,它可溶于有机溶剂。由 6 - 二甲氨基 - 2,4 - 二氯硼吖嗪与二硅氮烷反应可得到类似的聚合物,成凝胶状,二甲氨基作为保护基团可以随后与 $H_3B \cdot THF$ 反应脱除,得到的聚合物如图 2.8(b)所示,含有小比例的碳[27]。

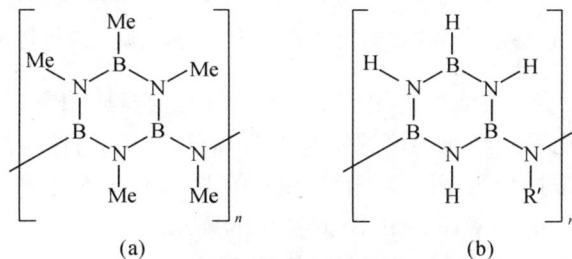

(a)　　　　　　　　　　(b)

图 2.8　两种聚合物的基本重复单元

(a)1,2,3,5 - 四甲基 - 4,6 - 二氯硼吖嗪与七甲基二硅氮烷反应产物;

(b)6 - 二甲氨基 - 2,4 - 二氯硼吖嗪与二硅氮烷以及 $H_3B \cdot THF$ 反应产物。

本着同样的精神,在 Clement 和 Proux[28] 以及 Wynne 和 Rice[29] 等人开创性研究的基础上,为寻找聚合物的陶瓷产率和适用于熔融成型过程的黏弹特性之间最好的折中办法,Miele 的研究小组专注于通过多原子桥连接 B_3N_3 环的办法合成聚合物。这种聚合物被设计用来纺制 BN 纤维。这种聚硼氨基硼吖嗪呈现出增强的黏弹性,这源于硼原子和氮原子之间"桥键"的"弹性"。在叔胺(如 Et_3N)存在的条件下,氯代硼吖嗪上氯原子和三(烷氨基)硼烷上硼氨基之间的室温交换反应已被研究,叔胺用于分离出相关的盐酸(如 $Et_3N \cdot HCl$)[30-32]。结果表明,相比 2,4,6 - 三氯硼吖嗪,2 - 二甲氨基 - 4,6 - 二氯硼吖嗪能降低生成聚合物的交联程度。另一反应物是三甲氨基硼烷 $B(NHMe)_3$,它在温和的条件下具有适宜的反应活性,同时具有较高的陶瓷产率(图2.9)。

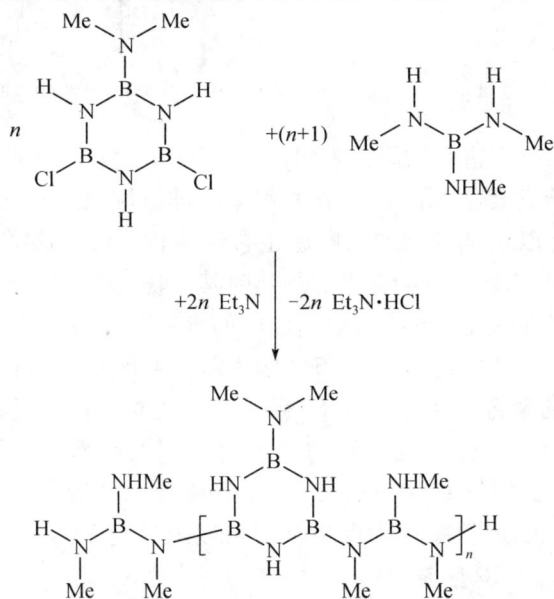

图2.9　2 - 二甲氨基 - 4,6 - 二氯硼吖嗪与三甲氨基硼烷反应得到的聚合物结构

反应结束后,溶液过滤可得聚硼氨基硼吖嗪。它具有相当低的玻璃化转变温度,$T_g = 20℃$,几乎比经典的聚烷氨基硼吖嗪低近 $40℃$,这与所预期的低交联结构一致。该一步过程形成的聚硼氨基硼吖嗪中环与环之间只有三个原子的桥,—B—N—B—,符合 Wynne 和 Rice 提出的要求[29]。

2.1.1.3.2　聚[B - (烷氨基)硼吖嗪]的两步合成

这是一个典型的两步反应过程,氨或胺试剂作为偶联试剂,亲核攻击 B - 三氯硼吖嗪上与氯原子相连的硼原子,叔胺的存在(如 Et_3N)可以使反应产生的氯化氢转化为盐酸盐沉淀(如 $Et_3N \cdot HCl$)。分离后,前一步产物 B - 氨基硼吖嗪脱氨生成相应的聚 B - 氨基硼吖嗪,其中环与环之间通过—NH—或—NR—基团相连。这种化学合成最早可追溯到 20 世纪 50 年代后期[33]和 60 年代初期,

16

当时并没有考虑用于制备硼基材料[8,34]。

聚 *B* - 氨基硼吖嗪专门研究的大幅增加,是在 70 年代初制造氮化硼纤维的背景下发生的。第一项研究关注的是 2,4,6 - 三氯硼吖嗪上氯原子与二烃基氨—NR$_2$ 的交换,随后通过氨解缩聚成可熔融纺丝的聚 *B* - 氨基硼吖嗪[35]。这一氨解过程包括—NH$_2$ 替代—NR$_2$,缩聚成非常高活性的三氨基硼吖嗪(图 2.10)。

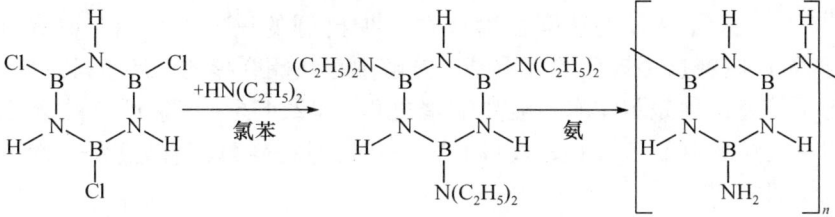

图 2.10 二乙基胺与 *B* - 三氯硼吖嗪上氯原子的交换反应
及其所得 *B* - 三烷氨基硼吖嗪经氨解制备聚硼吖嗪

类似地,Kimura 研究组[36]和 Paine 研究组[37]利用同样方法报道了由桥键(—N(H)—)或稠环(萘型结构)组成的不可加工的聚合物。要增加聚合物的加工性,在第一步 2,4,6 - 三氯硼吖嗪的取代反应中,需用甲胺 CH$_3$NH$_2$ 替代氨气作为偶联试剂。所获得的 2,4,6 - 三甲氨基硼吖嗪在 200℃ 以上温度及氮气气氛热缩聚,形成聚 *B* - 三甲氨基硼吖嗪(图 2.11)[38]。不熔聚(*B* - 三甲氨基)硼吖嗪的形成,是由于链与链通过—N(CH$_3$)—桥键缠结在一起。为降低交联程度,该研究组又在聚合过程中引入了十二烷基胺(C$_{12}$H$_{25}$NH$_2$)[38]。体积庞大的十二烷胺取代基,类似增塑剂,反应轻微,阻止了深入交联。这种聚合物可以在 160℃ ~ 170℃ 熔纺。

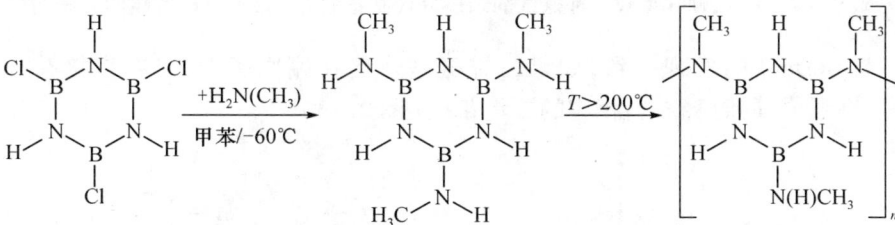

图 2.11 甲胺与 *B* - 三氯硼吖嗪上氯原子的交换反应及其所得
B - 三烷氨基硼吖嗪的热缩聚制备聚硼吖嗪

在此基础上,Miele 研究组研究了 2,4,6 - 三甲氨基硼吖嗪的热分解反应,目的是确定其衍生聚合物的结构与熔融纺丝能力之间的关系[39]。结果表明,这个单体确实经历了如上所述的自缩合反应。从^{11}B、^{13}C 和^{15}N 固态核磁共振实验证明,硼吖嗪环,主要是通过—N(CH$_3$)—桥连,也存在直接跨环的 B—N 键,但比例非常低。Bernard 等人还证明了存在—N(H)CH$_3$ 端基[40]。这些结果与以前的研究中对—N(R)—、B—N 的描述相一致[9,33,34]。在这项研究中,一种典型的熔融可纺型聚 B – 三甲氨基硼吖嗪的结构被提出,硼吖嗪环构成主体,环与环主要由—N(CH$_3$)—桥键连接以提供柔韧性,端基为—N(H)CH$_3$,起到增塑剂的作用[41,42]。已经证实,这种聚合物存在极少比例的—N(H)—和/或—NH$_2$ 端基,唯一可以解释这一现象的理由是在热解中存在硼吖嗪的开环重排现象。

为了研究这种先驱体的一般热缩聚过程,由 2,4,6 – 三氯硼吖嗪合成出了四种 B – 三烷氨基硼吖嗪(图 2.12)[43],并对其热分解机制以及聚合物熔纺能力进行了研究[44]。

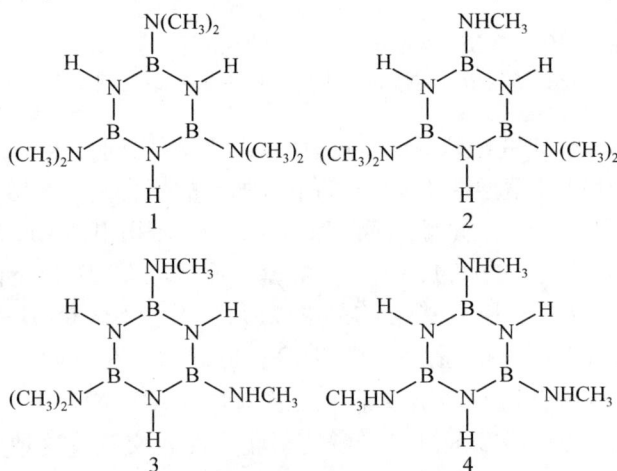

图 2.12　B – 三氯硼吖嗪被各种氨试剂亲核取代制备的 B – 烷氨基硼吖嗪的分子结构

与 Gerrard 的发现一致,如果二烷氨基连接在硼原子上,只有直接跨环的 B—N 键形成,同时释放出相应的二烷基胺(图 2.13)[34]。

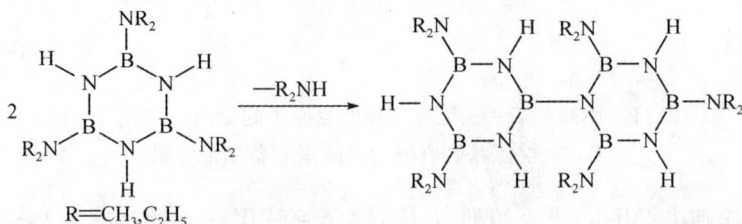

图 2.13　三(二烷氨基)硼吖嗪的缩合反应

18

对于不对称的 B-烷氨基硼吖嗪(2 和 3,图 2.12),在形成—$N(CH_3)$—桥键与形成直接的 B—N 键之间存在竞争反应,二者分别消除 CH_3NH_2 与 $(CH_3)_2NH$。实验结果表明 $(CH_3)_2NH$ 的脱除占主导,即二级胺比伯胺更易被置换,且产物中二级胺的比例随单体中 $(CH_3)_2N$—基团比例的增加而增加。在图 2.12 各分子的衍生聚合物中,桥连基团比例从 4 逐步降低到 1。它们的玻璃化转变温度范围为 45℃~60℃,主要是包括 4~6 个硼吖嗪环的低聚物,与重均分子量为 500~900 相一致。这种桥连键在聚合物中的作用已经证明,可使聚合物的熔融纺丝性能得到改善,这对制备 BN 纤维极为重要[39,44]。

2.1.1.3.3 聚[B-(硼氨基)硼吖嗪]的两步合成

聚[B-(硼氨基)硼吖嗪]可以由 B-(硼氨基)硼吖嗪热缩聚得到。Miele 小组的研究结果表明,B-(硼氨基)硼吖嗪衍生物自缩聚成的聚合物以 B_3N_3 为核心,外面由氨硼烷包围。这种衍生物可以由 2,4,6-三氯硼吖嗪($Cl_3B_3N_3H_3$)与三烷氨基硼烷($B(NHR)_3$)以 1:3 的摩尔比低温合成得到。叔胺(如 Et_3N)的存在用以消除副产品盐酸(如 $Et_3N \cdot HCl$)(图 2.14)[45]。

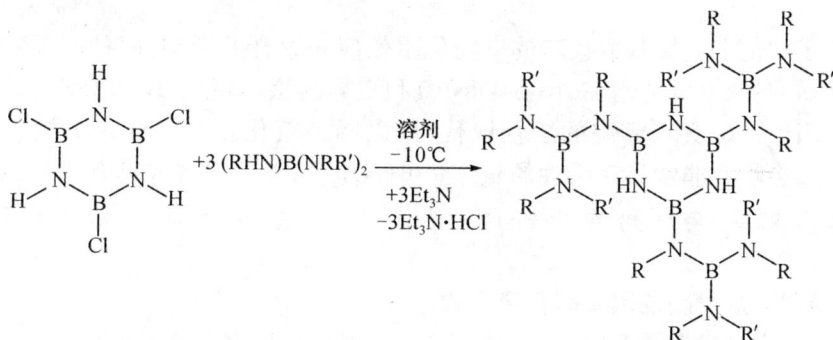

图 2.14 B-三氯硼吖嗪与对称或不对称三烷氨基硼烷的反应

B-(硼氨基)硼吖嗪热缩合成聚 B-(硼氨基)硼吖嗪时,伴随着 B-烷氨基硼烷的消去,这意味着液态 B-烷氨基硼烷必须不断从反应混合物中除去,以避免发生副反应。在真空中,B-(硼氨基)硼吖嗪的聚合反应与 2,4,6-三烷氨基硼吖嗪的聚合相类似,要么直接形成 B—N 键,要么在环与环之间形成三原子桥,—B—N—B—,其中后者占主导地位[31,46]。一般情况下,这些聚合物具有良好的可加工性,可用以制备纤维、涂料或陶瓷基体。

2.1.1.4 从硼烷制备的硼基聚合物

对该类聚合物,我们介绍由硼烷制备硼基聚合物的最新研究进展,可选择的硼烷如三烷氨基硼烷、戊硼烷和癸硼烷,这些已被证明是制备氮化硼和碳化硼的有用先驱体。

2.1.1.4.1 从三烷氨基硼烷制备硼基聚合物

加热三烷氨基硼烷,$B(NHR)_3$,可以制备硼基聚合物[47-50]。它们在低压或或惰性气氛热解,可得到相关的 B-烷氨基-N-烷基硼吖嗪,$[R(H)N]_3B_3N_3R_3$,并最终得到相应的聚 B-烷氨基硼吖嗪(图2.15)。在这些聚合物中,硼吖嗪环之间通过烷胺基—N(R)—桥梁连接。这种烷氨基硼吖嗪及其聚合物的主要特点是硼吖嗪环上的氮原子与烷基相连。

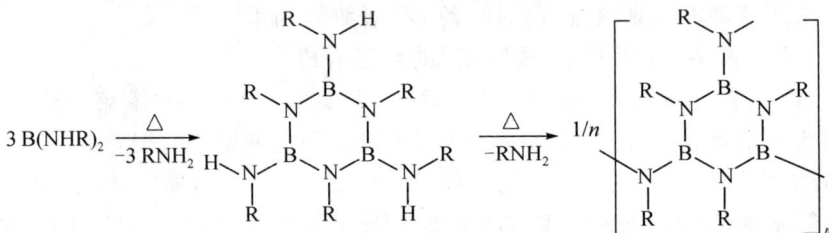

图2.15 三烷氨基硼烷经缩合反应制备 B-烷氨基-N-烷基硼吖嗪及其后续的热缩聚反应

为了评估上述烷基取代基的空间位阻效应对聚合的影响,两种同系物被进行对比研究:三甲氨基硼烷($B(NHMe)_3$)和三异丙氨基硼烷($B(NHPri)_3$)[51,52]。氨气已用于三烷氨基硼烷的烷基取代,用以制备氮化硼。—N(H)R被氨取代成—NH_2 会形成非常具有活性的氨硼烷 $B(NH_2)_3$,随后聚合成具有硼吖嗪环结构的聚合物,环与环间通过—NH—桥连[53,54]。这一方法可应用于制备 BN纤维。

2.1.1.4.2 从戊硼烷制备硼基聚合物

2-乙烯基戊硼烷可以在125℃或140℃聚合形成聚合物,如聚[2-乙烯基戊硼烷],它可溶,分子量约为 1000 g/mol[17]。这种聚合物是优良的先驱体,在氩气保护下1200℃裂解生产碳化硼,陶瓷产率达77%[17,19]。

2.1.1.4.3 从癸硼烷制备硼基聚合物

有机癸硼烷分子和聚合物是制备纳米结构的氮化硼或碳化硼材料的先驱体。癸硼烷 $B_{10}H_{14}$,容易与膦或胺反应,生成线性聚合物,具有较广泛用途。Schroeder[55,56]首先合成了聚合物,—$[B_{10}H_{12} \cdot Ph_2POPPh_2]_x$—,Seyferth 等人研究了其制备陶瓷材料的性能[57]。他们将这类聚合物加热到1000℃热解,制备了含有 B_4C 的材料,展示含磷聚硼烷制备碳化硼陶瓷的可行性。同样,他们还在乙醚溶液中制备了几个含胺的加聚物,$[B_{10}H_{12} \cdot diamine]_n$,收率非常高。这些聚合物在1000℃可转换为含硼陶瓷材料。根据聚合物的结构和热解气氛(氩气或氨)不同,可以制备得到 B_4C,BCN 或 BN 的陶瓷块体、陶瓷粉末或短纤维[58]。

最近,Sneddon 等人研究了金属催化的有机癸硼烷的聚合路线[59]。在钛催化下,癸硼烷与二烯很容易地加成得到有机癸硼烷。利用锆基、钌基催化剂,上述单体可以聚合得到聚癸硼烷,钌基催化剂适合十硼烷与环二烯的聚合,即开环易位聚合(Ring Opening Metathesis Polymerization, ROMP)。所合成的聚合物经陶瓷转换可得到纳米结构的碳化硼材料。这种 ROMP 路线也已成功地应用于静电纺丝制备碳化硼/碳纳米纤维[59]。

2.1.1.5 结语

鉴于良好的可加工性,硼基聚合物是制备复杂形状氮化硼和碳化硼材料的理想先驱体。然而,要在制备结构与性能可调的先进材料方面取得显著突破,还依赖于如下新进展:①具有良好加工性的新的分子和聚合物先驱体的设计;②纳米复相陶瓷单源先驱体;③非空气敏感的先驱体;④大批量、环境友好和低成本的合成技术。除了这四点应该尽可能解决外,也必须涉及到具体加工过程,即涉及到以下的进展:①可控聚合反应;②无机聚合物分子量的测定,Mn 和 Mw;③考虑了加工特点的流变参数的测量方法。一般而言,这需要来自不同领域科学家们跨学科的努力,如有机化学和无机化学、高分子科学和材料科学、流变学和数学建模等领域。

2.1.1.6 参考文献

[1] Stock, A., C. Massenez. Boron hydrides. *Ber. Dtsch. Chem. Ges.*, 45, 3539 – 3568, 1912.

[2] Stock, A., R. Wierl. The constitution of $B_3N_3H_5$, *Z. Anorg. Allgem. Chem.*, 203, 228 – 234, 1931.

[3] Stock, A., E. Pohland. Boron hydride. IX $B_3 – N_3H_6$. *Ber. Dtsch. Chem. Ges.*, 59, 2215 – 2223, 1926.

[4] Wideman, T., L. G. Sneddon. Convenient procedures for the laboratory preparation of borazine, *Inorg. Chem.*, 34(4), 1002 – 1003, 1995.

[5] Fazen, P. J., J. S. Beck, A. T. Lynch, E. E. Remsen, L. G. Sneddon. Thermally induced borazine dehydropolymerization reactions. Synthesis and ceramic conversion reactions of a new high – yield polymeric precursor to boron nitride, *Chem. Mater.*, 2(2), 96 – 97, 1990.

[6] Fazen, P. J., E. E. Remsen, L. G. Sneddon. Synthesis and ceramic conversion of polyborazylene, *Polym. Prepr.*, 32, 544 – 545, 1991.

[7] Fazen, P. J., E. E. Remsen, J. S. Beck, P. J. Carroll, A. R. McGhie, L. G. Sneddon. Synthesis, properties, and ceramic conversion reactions of polyborazylene. A high – yield polymeric precursor to boron nitride, *Chem. Mater.*, 7(10), 1942 – 1956, 1995.

[8] Toeniskoetter, R. H., F. E. Hall. Synthesis of uni –, bi –, and triaminoborazines: pyrolysis of triaminoborazines, *Inorg. Chem.*, 2, 29 – 36, 1963.

[9] Paciorek, K. J. L., D. H. Harris, R. H. Kratzer. Boron – nitrogen polymers. I. Mechanistic studies of borazine pyrolyses, *J. Polym. Sci.*, *Polym. Chem. Ed.*, 24, 173 – 185, 1986.

[10] Gervais, C. , J. Maquet, F. Babonneau, C. Duriez, E. Framery, M. Vaultier, P. Florian, D. Massiot. Chemically derived BN ceramics: Extensive ^{11}B and ^{15}N solid – state NMR study of a preceramic polyborazilene, *Chem. Mater.* , 13, 1700 – 1707, 2001.

[11] Kusari, U. , Z. Bao, Y. Cai, G. Ahmad, K. H. Sandhage, L. G. Sneddon. Formation of nanostructured, nanocrystalline boron nitride microparticles with diatom – derived 3 – D shapes, *Chem. Comm.* , 1177 – 1179, 2007.

[12] Kim, D. – P. , J. Economy. Fabrication of oxidation – resistant carbon fiber/boron nitride matrix composites, *Chem. Mater.* , 5, 1216 – 1220, 1993.

[13] Kim, D. – P. , J. Economy. Occurence of liquid crystallinity in a borazine polymer, *Chem. Mater.* , 6, 395 – 400, 1994.

[14] Bechelany, M. , S. Bernard, A. Brioude, P. Stadelmann, C. Charcosset, K. Fiaty, D. Cornu, P. Miele. Synthesis of boron nitride nanotubes by a template – assisted polymer thermolysis process, *J. Phys. Chem. C*, 111, 13378 – 13384, 2007.

[15] Wideman, T. , L. G. Sneddon. Dipentylamine – modified polyborazylene: A new, melt – spinnable polymeric precursor to boron nitride ceramic fibers, *Chem. Mater.* , 8(1) , 3 – 5, 1996.

[16] Wideman, T. , E. E. Remsen, E. Cortez, V. L. Chlanda, L. G. Sneddon. Amine – modified polyborazylenes: Second – generation precursors to boron nitride, *Chem. Mater.* , 10(1) , 412 – 421, 1998.

[17] Lynch, A. T. , L. G. Sneddon. Transition – metal – promoted reactions of boron hydrides. 10. Rhodium – catalyzed syntheses of B – alkenylborazines, *J. Am. Chem. Soc.* , 109(19) , 5867 – 5868, 1987.

[18] Fazen, P. J. , L. G. Sneddon. Transition metal – promoted reactions of boron hydrides. 14. A new synthetic route to B – substituted mono – , di – , and trialkylborazines, B – vinyl – B, B – dialkylborazines, and B – alkylpolyborazylenes via rhodium – catalyzed borazine/olefin hydroboration reactions, *Organometallics*, 13, 2867 – 2877, 1994.

[19] Lynch, A. T. , L. G. Sneddon. Transition – metal – promoted reactions of boron hydrides. 12. Syntheses, polymerizations, and ceramic conversion reactions of B – alkenylborazines. *J. Am. Chem. Soc.* , 111, 6201 – 6209, 1989.

[20] Su, K. , E. E. Remsen, H. M. Thompson, L. G. Sneddon. Syntheses and properties of poly(B – vinylborazine) and poly (styrene – co – B – vinylborazine) copolymers, *Macromolecules*, 24 (13) 3760 – 3766, 1991.

[21] Kim, D. – P. , K. – T. Moon, J. – G Kho, J. Economy, C. Gervais, F. Babonneau. Synthesis and characterization of poly(aminoborane) as a new boron nitride precursor, *Polym. Adv. Technol.* , 10, 702 – 712, 1999.

[22] Paciorek, K. J. L. , S. R. Masuda, R. H. Kratzer, W. R. Schmidt. Processible precursor for boron nitride coatings and matrixes, *Chem. Mater.* , 3(1) , 88 – 91, 1991.

[23] Paciorek, K. J. L. , R. H. Kratzer. Boron nitride preceramic polymer studies, *Eur. J. Solid State Inorg. Chem.* , 29(suppl.) , 101 – 112, 1992.

[24] Narula, C. K. , R. Schaeffer, R. T. Paine, A. Datye, W. F. Hammetter. Synthesis of boron nitride ceramics from poly(borazinylamine) precursors, *J. Am. Chem. Soc.* , 109(18) , 5556 – 5557, 1987.

[25] Narula, C. K. , D. A. Lindquist, M. – M. Fan, T. T. Borek, Z. N. Duesler, A. K. Datye, R. Schaeffer, R. T. Paine. Models and polyborazine precursors for boron nitride ceramics, *Chem. Mater.* , 2,

377 – 384, 1990.

[26] Meller, A. , H. J. Z. Füllgrabe. The formation of macrocyclic boron – nitrogen compounds, *Z. Naturforsch B*, 33B(2), 156 – 158, 1978.

[27] Narula, C. K. , R. Schaeffer, A. K. Datye, T. T. Borek, B. M. Rapko, R. T. Paine. Synthesis of boron nitride ceramics from oligomeric precursors derived from 2 – (dimethylamino) – 4,6 – dichloroborazine, *Chem. Mater.* , 2, 384 – 389, 1990.

[28] Clement, R. , Y. Proux. Thermal and chemical stability of the borazine nucleus in the polycondensation of various B, B' – diaminoborazines with diamines and diisocyanates. *Bull. Soc. Chim. Fr.* , 2, 558 – 563, 1969.

[29] Wynne, K. J. , R. W. Rice. Ceramics via polymer pyrolysis, *Ann. Rev. Mater. Sci.* , 14, 297 – 334, 1984.

[30] Toury, B. , P. Miele. A new polyborazine – based route to boron nitride fibres, *J. Mater. Chem.* , 14 (17), 2609 – 2611, 2004.

[31] Toury, B. , C. Gervais, P. Dibandjo, D. Cornu, P. Miele, F. Babonneau. High – resolution[15] N solid – state NMR investigations on borazine – based precursors, *Appl. Organomet. Chem.* , 18 (5) 227 – 232, 2004.

[32] Toury, B. , D. Cornu, F. Chassagneux, P. Miele. Complete characterisation of BN fibres obtained from a new polyborylborazine, *J. Eur. Ceram. Soc.* , 25(2 – 3) 137 – 141, 2005.

[33] Lappert, M. F. , Cyclic organic boron compounds. Ⅲ. B – Aminoborazoles and their polycondensates, *Proc. Chem. Soc. London*, 59, 1959.

[34] Gerrard, W. , H. R. Hudson, E. F. Mooney. Preparation and reactions of dialkylaminoborazoles, and reaction of diethylaminoboron dichloride with primary amines, *J. Chem. Soc.* , 113 – 119, 1962.

[35] Tanigushi, L. , K. Harada, T. Maeda. *Chem. Abstr.* , 85, 96582v, 1976.

[36] Kimura, Y. , Y. Kubo, N. Hayashi. Boron nitride preceramics based on B,B,B – triaminoborazine, *J. Inorg. Organomet. Polym.* , 2(2), 231 – 242, 1992.

[37] Narula, C. K. , R. Schaeffer, A. Datye, R. T. Paine. Synthesis of boron nitride ceramics from 2,4,6 – triaminoborazine, *Inorg. Chem.* , 28, 4053 – 4055, 1989.

[38] Kimura, Y. , Y. Kubo, N. Hayashi. High – performance boron nitride fibers from poly(borazine) preceramics, *Compos. Sci. Technol.* , 51(2), 173 – 179, 1994.

[39] Rousseau, L. , J. – C. Pasquet, S. Bernard, M. – P. Berther, J. Bouix, D. Cornu, P. Miele, B. Toury, P. Toutois, C. Vincent. Preparation of boron nitride ceramic fibers by heat – treatment of amino – substituted borazine polymer fibers, *PCT Int. Appl.* WO 2001068960, 29 pp. , 2001.

[40] Duperrier, S. , C. Gervais, S. Bernard, D. Cornu, F. Babonneau, P. Miele. Controlling the chemistry, morphology and structure of boron nitride – based ceramic fibers through a comprehensive mechanistic study of the reactivity of spinnable polymers with ammonia, *J. Mater. Chem.* , 16, 3126 – 3138, 2006.

[41] Duperrier, S. , C. Gervais, S. Bernard, D. Cornu, F. Babonneau, C. Balan, P. Miele. Design of a series of preceramic B – tri(methylamino) borazine – based polymers as fiber precursors: architecture, thermal behavior, and melt – spinnability, *Macromolecules*, 40(4), 1018 – 1027, 2007.

[42] Duperrier, S. , S. Bernard, A. Calin, C. Sigala, R. Chiriac, P. Miele, C. Balan. Design of a series of preceramic B – tri(methylamino) borazine – based polymers as fiber precursors: shear rheology investiga-

23

tions,*Macromolecules*, 40(4), 1028 – 1034, 2007.

[43] Toury, B. , P. Miele, D. Cornu, B. Bonnetot, H. Mongeot. Thermal oligomerization of unsymmetrically B – trisubstituted borazines,*Main Group Met. Chem.* , 22(4) 231 – 234, 1999.

[44] Toury, B. , P. Miele, D. Cornu, H. Vincent, J. Bouix. Boron nitride fibers prepared from symmetric and asymmetric alkylaminoborazines,*Adv. Funct. Mater.* , 12(3) 228 – 234, 2002.

[45] Cornu, D. , P. Miele, B. Bonnetot, P. Guenot, H. Mongeot, J. Bouix. Synthesis and characterization of 2,4,6 – tris{[bis(isopropylamino)boryl](isopropyl) amino}borazine,*Main Group Met. Chem.* , 21(5), 301 – 302, 1998.

[46] Cornu, D. , P. Miele, B. Toury, B. Bonnetot, H. Mongeot, J. Bouix. Boron nitride matrices and coatings from boryl borazine molecular precursors,*J. Mater. Chem.* , 9(10), 2605 – 2610, 1999.

[47] Aubrey, D. W. and M. F. Lappert. Cyclic organic boron compounds, *J. Chem. Soc.* , 2927 – 2931, 1959.

[48] Aubrey, D. W. , M. F. Lappert and M. K. Majumdar. Trisaminoboranes,*J. Chem. Soc.* , 4088 – 4094, 1962.

[49] Bonnetot, B. , B. Frange, F. Guilhon, H. Mongeot. Study of tris(methylamino)borane as a precursor to boron nitride. *Main Group Met. Chem.* , 17(8), 583 – 593, 1994.

[50] Cornu, D. Obtention de fibres, revêtements et matrices de nitrure de bore à partir de nouveaux précurseurs moléculaires, Ph. D thesis, University Lyon 1, France, 1998.

[51] Cornu, D. , P. Miele, R. Faure, B. Bonnetot, H. Mongeot, J. Bouix. Conversion of B(NHCH$_3$)$_3$ into boron nitride and polyborazine fibres and tubular BN structures derived therefrom, *J. Mater. Chem.* , 9, 757 – 761, 1999.

[52] Guilhon, F. , B. Bonnetot, D. Cornu, H. Mongeot. Conversion of tris(isopropylamino)borane to polyborazines. Thermal degradation to boron nitride,*Polyhedron*, 15(5 – 6), 851 – 859, 1996.

[53] Thévenot, F. , C. Doche, H. Mongeot, F. Guilhon, P. Miele, B. Bonnetot. Si$_3$N$_4$ – BN composites obtained from aminoboranes as BN precursors and sintering aids, *J. Eur. Ceram. Soc.* , 17(15 – 16) 1911 – 1915, 1997.

[54] Thévenot, F. , C. Doche, H. Mongeot, F. Guilhon, P. Miele, D. Cornu, B. Bonnetot. Boron nitride obtained from molecular precursors: aminoboranes used as a BN source for coatings, matrix, and Si$_3$N$_4$ – BN composite ceramic preparation, *J. Solid State Chem.* , 133(1) 164 – 168, 1997.

[55] Schroeder, H. A. , J. R. Reiner, T. A. Knowles. Chemistry of decaborane – phosphorus compounds. III. Decaborane – 14 – phosphine polymers,*Inorg. Chem.* , 2, 393 – 396, 1963.

[56] Reiner, J. R. , H. A. Schroeder. Linear condensation polymers of bis(phosphine)decaboranes,*US Patent* 3141856, 3pp, 1964.

[57] Seyferth, D. , W. S. Rees Jr. , J. S. Haggerty, A. Lightfoot. Preparation of boron – containing ceramic materials by pyrolysis of the decaborane(14) – derived [B$_{10}$H$_{12}$ · Ph$_2$POPPh$_2$]$_x$ polymer, *Chem. Mater.* , 1(1), 45 – 52, 1989.

[58] Seyferth, D. , W. S. Rees Jr. Preparation, characterization, and pyrolysis of – [B$_{10}$H$_{12}$ · diamine]$_n$ – polymers: A new route to boron nitride, *Chem. Mater.* , 3, 1106 – 1116, 1991.

[59] Welna, D. T. , J. D. Bender, X. Wei, L. G. Sneddon, H. R. Allcock. Preparation of boron – carbide/ carbon nanofibers from a poly(norbornenyldecaborane) single – source precursor via electrostatic spinning,

Adv. Mater., 17(7), 859 – 862, 2005.

2.1.2　Al 基先驱体

YOSHIYUKI SUGAHARA

本节主要介绍用于 PDC 的 Al 基先驱体,重点介绍先驱体合成化学,其他有关由先驱体制备氮化铝(AlN)的内容可参考综述[1-4]。首先,简要介绍氮化铝的性质和含 Al—N 键化合物的基础化学知识,随后讨论了有关氮化铝先驱体的详情。由于篇幅限制,仅讨论氮化铝的先驱体,同时含有铝和其他金属的先驱体在此不作讨论。碳化铝(Al_4C_3)早已发现,但很少受到人们的重视[5],并且据作者所知,目前还没有 Al_4C_3 先驱体的报道。

2.1.2.1　氮化铝的性质

氮化铝(AlN)因其高热导率而为人们所熟知[6],目前作为宽带隙半导体吸引了越来越多关注[7]。氮化铝具有六角形纤锌矿型结构。氮化铝粉末可由碳热还原法和金属铝直接氮化制备[8]。而氮化铝薄膜则可用 MOCVD[9]和溅射[10]等方法制备。此外,还可通过各种化学路线制备氮化铝,已报道的先驱体包括铝尿素配合物[11-13]、$KAl(NH_2)_4$[14]、$Al(NH_3)_6I_3$[15]。氮化铝亦可通过 $AlCl_3 - Ca_3N_2$[16] 和 $AlCl_3 - NaN_3$[17] 体系直接反应得到。然而在本节中,只讨论含 Al—N 键的先驱体,不考虑通过气相转换(如 CVD 工艺)制备 AlN 的先驱体。

2.1.2.2　含 Al — N 键化合物的基础化学[18]

由于铝和氮分别是 Lewis 酸和 Lewis 碱中心,含铝分子和含氮分子可以很好地结合形成给体—受体复合物(Lewis 酸—碱复合物)[19,20]:

$$\equiv Al + N \equiv \rightarrow \equiv Al \cdot N \equiv$$

这种给体—受体复合物通过烷烃消除或脱氢反应,可以转换成铝氮烷[21]:

$$AlR_3 \cdot NR_3' \rightarrow R_2AlNR_2' + RR'[R, R'; H 或烷基; RR'; 氢气或烷烃]$$

进一步消除将形成铝氮烯[22]:

$$R_2AlNR_2' \rightarrow RAlNR' + RR'[R, R'; H 或烷基; RR'; 氢气或烷烃]$$

其他形成 Al—N 键的路线包括盐消除反应:

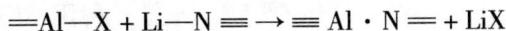

$$\equiv Al—X + Li—N \equiv \rightarrow \equiv Al \cdot N \equiv + LiX$$

另一种类型可发生盐消除反应的物质为 $MAlH_4$(M 通常是 Li),例如:

$$LiAlH_4 + [Me_3NH]Cl \rightarrow H_2AlNMe_2 + LiCl + H_2 + CH_4$$

此外,拥有 Al—N 键的化合物还会发生转氨基反应:

$$=Al{-}NR_2 + HNR_2' \longrightarrow =Al{-}NR_2' + HNR_2$$

$$=Al{-}NR_2 + H_2NR' \longrightarrow =Al{-}NHR' + HNR_2$$

$$=Al{-}NR_2 + NH_3 \longrightarrow =Al{-}NH_2 + HNR_2$$

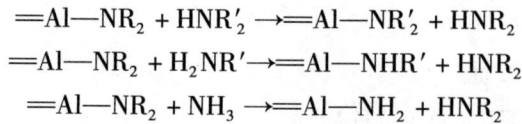

2.1.2.3 给体—受体复合物

2.1.2.3.1 AlH$_3$—NH$_3$ 体系[20]

AlH$_3$—NH$_3$ 体系是最初作为 AlN 先驱体合成的体系之一,最早由 Wiberg 及其合作者进行了研究[23,24]。他们制备了 AlH$_3$—NH$_3$ 体系的给体—受体复合物,并研究了其热解行为。理想的反应可表示如下:

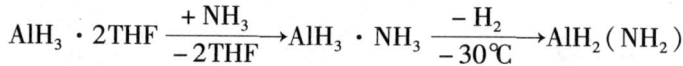

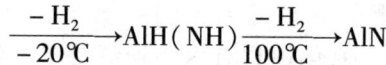

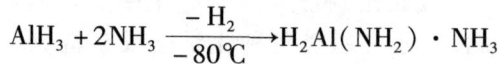

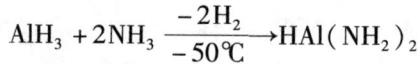

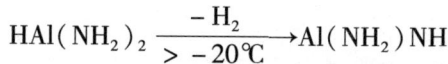

$$AlH_3 \cdot 2THF \xrightarrow[-2THF]{+NH_3} AlH_3 \cdot NH_3 \xrightarrow[-30℃]{-H_2} AlH_2(NH_2)$$

$$\xrightarrow[-20℃]{-H_2} AlH(NH) \xrightarrow[100℃]{-H_2} AlN$$

$$AlH_3 + 2NH_3 \xrightarrow[-80℃]{-H_2} H_2Al(NH_2) \cdot NH_3$$

$$AlH_3 + 2NH_3 \xrightarrow[-50℃]{-2H_2} HAl(NH_2)_2$$

$$HAl(NH_2)_2 \xrightarrow[>-20℃]{-H_2} Al(NH_2)NH$$

但 AlH$_3 \cdot$ NH$_3$ 的热解产物并不是 AlN,加热到 100℃ 是 AlH$_{0.27}$NH$_{0.27}$,加热到 150℃ 是 AlH$_{0.23}$NH$_{0.23}$[23]。在利用大量氨气试图制备 Al(NH$_2$)$_3$ 时也发现了类似过程[24]。所获得的产品是 H$_2$Al(NH$_2$) $\cdot$ NH$_3$、HAl(NH) 和 Al(NH$_2$)NH,具体产物取决于反应温度,但没有 Al(NH$_2$)$_3$ 生成。这种氨解产物热解并没有得到 Al:N = 1:1,而是热解产物中有过量 N 存在(例如,即使在 430℃ 加热,Al:N = 1:1.13)。

Maya 利用 H$_3$Al $\cdot$ Et$_2$O 和 NH$_3$ 重新研究了上述反应,在 1986 年报道了相关结果[25]。所得沉淀为 Al(NH$_2$)$_{0.864}$(NH)$_{1.069}$,接近 Al(NH$_2$)NH 的原子比。600℃ 裂解得到的氮化铝结晶。Ochi 等人也研究了利用 AlH$_3$ – NH$_3$ 体系制备 AlN[26]。AlH$_3 \cdot$ 1/3Et$_2$O 与过量氨氨解后,得到不溶的 Al(NH$_2$)NH。当 AlH$_3 \cdot$ 1/3Et$_2$O 与 NH$_3$ 以 1:1 摩尔比反应时,可得到可溶性先驱体,然后聚合形成凝胶。这两种先驱体加热到 1000℃ 均可能得到氮化铝。

2.1.2.3.2 AlH_3 的其他给体—受体复合物

据报道，AlH_3 与三烷基胺的给体—受体复合物是热不稳定的[27]。

$$AlH_3 \cdot NR_3 \rightarrow Al + 3/2H_2 + NR_3$$

例如，$AlH_3 \cdot NMe_2Et$ 在 $1,3,5$ - 三甲基苯中回流可以转换成金属铝[28]。事实上，氮气气氛中热解 $AlH_3 \cdot NMe_3$ 还未有完全成功的报道[29]。另外一种 AlH_3 的给体—受体复合物 $AlH_3(NMe_2)_2$，可作为金属铝的先驱体用于 CVD 工艺[30,31]。但 $AlH_3(NMe_2)_2$ 也能在氨气气氛下热解转换成氮化铝[32]，该过程中被认为存在与 AlH_3 – NH_3 体系热解过程中一样的中间体，$Al(NH_2)NH$[24–26]。据报道，$AlH_3(NMe_2)_2$ 是一种比 AlH_3、$AlH_3(NEt_2)_2$、$AlH_3 \cdot NMe_3$ 等形成的其他给体—受体复合物更合适的先驱体。

2.1.2.3.3 AlR_3 的给体—受体复合物[4]

AlR_3 和 NH_3 之间的反应最初由 Wiberg 及其同事们开展了研究[33]：

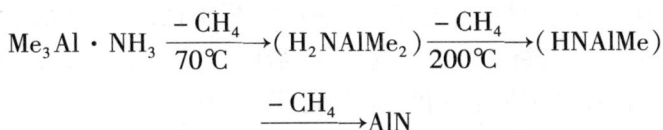

$$Me_3Al \cdot NH_3 \xrightarrow[70℃]{-CH_4} (H_2NAlMe_2) \xrightarrow[200℃]{-CH_4} (HNAlMe)$$

$$\xrightarrow{-CH_4} AlN$$

Ziegler 和 Gellert 也研究了这一体系[34]。Laubengayer 研究了相关化合物的合成及其热解过程，即 $Et_2ClAl \cdot NMeH_2$ 和 $EtCl_2Al \cdot NMeH_2$[35]。他们在 525℃ 热解由 $Et_2ClAl \cdot NMeH_2$ 转化得到的 ClAlNMe，获得了一种黑色的固体，但没有 AlN 形成。$EtAlCl_2$ 与氨复合物（$EtCl_2Al/NH_3$ 比例不同）的聚合[36]，与 $(Me_2AlNHMe)_3$ 的聚合与热解也得到研究[37]。

Simpson 及其合作者首次将 $Me_3Al \cdot NH_3$ 转换成氮化铝晶体[38]，他们在 1200℃ 热解 $Me_3Al \cdot NH_3$ 制备了 AlN 薄膜。后来，Interrante 及其合作者重新研究了这一化学过程，制备出氮化铝粉末，并在 1986 年报道了初步结果[39]。$Me_3Al \cdot NH_3$ 热分解行为表明，第一次失去 CH_4 形成 $(Me_2AlNH_2)_n$ 发生在约 60℃ ~75℃，而第二次失去 CH_4 形成 MeAlNH 发生在约 135℃，与 Wiberg 等人最初的结果基本一致[33]。$Me_3Al \cdot NH_3$ 转化为 $(Me_2AlNH_2)_n$ 的热力学和动力学过程及其机理已得到了深入研究[40]。三聚体 $(R_2AlNH_2)_3$（$R = Me, {}^iBu$）的晶体结构已被解析出来（图 2.16）[39,41]，并且三聚体、二聚体、单体之间的平衡也得到揭示[40,42]。

Sauls 研究了 $(R_2AlNH_2)_3$ 转化为 $(RAlNH)_n$（$R = Me, Et$）的过程，并报道了 $(Me_2AlNH_2)_3$ 转化过程的动力学参数和活化能[43]。氮气气氛下热解 $(Et_2AlNH_2)_3$ 的陶瓷产率为 28%，远低于理论值（40.5%）。转换过程的可能机

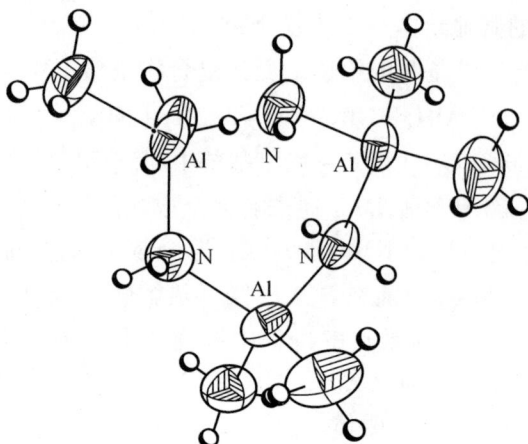

图 2.16　(Me₂AlNH₂)₃ 的结构[39]

理为:(Et₂AlNH₂)₃ 首先发生开环反应,失去烷烃(RH),产生的端基氮随后攻击其他环上的铝原子并逐渐形成更大的分子,最后再经历关环反应,如图 2.17 所示。也有人提出,氨气的存在有利于转换过程。

虽然(EtAlNH)ₙ 是不熔的,但是从(Et₂AlNH₂)₃ 和少量 AlEt₃ 可以制得可熔融纺丝的先驱体(EtAlNH)ₙ(Et₂AlNH₂)ₘ(AlEt₃)ₓ [44]。应该指出,(EtAlNH)ₙ(Et₂AlNH₂)ₘ(AlEt₃)ₓ 表现出热塑性行为和在有机溶剂中的可溶解性。如(EtAlNH)₀.₈₆(Et₂AlNH₂)₀.₁₄(AlEt₃)₀.₀₁₇ 的分子量是 970[45]。用氨气交联原丝,再在氮气气氛热解,可得到氮化铝纤维[46]。

另一种类型的给体—受体复合物 [Dipp(H)N]₃Al · NMe₃ (Dipp = 2,6-ⁱPr₂C₆H₃),也被用作起始物,通过氨解反应制备聚合物先驱体,陶瓷产率随氨解时间增加而增加[47]。

2.1.2.3.4　AlR₃—H₂NC₂H₄NH₂ 体系[4]

Gilbert 和 Smith 首先报道了 AlEt₃ 与 H₂NC₂H₄NH₂(en)之间形成的给体-受体复合物及其聚合过程[48]。AlR₃ 与 HRNC₂H₄NRH 之间的烷烃消除反应也得到深入研究[49]。Interrante 及其合作者研究了 AlEt₃ 与 H₂NC₂H₄NH₂ 以不同比例形成的给体—受体复合物,并将它们用作 AlN 的先驱体[50-52]。当 AlR₃:en = 2:1 时,聚合过程与 AlR₃-NH₃ 体系类似[50]:

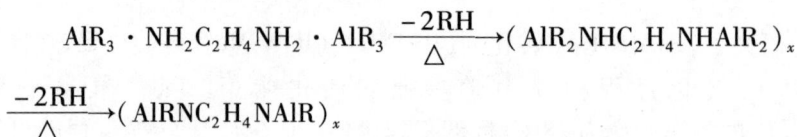

$$AlR_3 \cdot NH_2C_2H_4NH_2 \cdot AlR_3 \xrightarrow[\triangle]{-2RH} (AlR_2NHC_2H_4NHAlR_2)_x$$

$$\xrightarrow[\triangle]{-2RH} (AlRNC_2H_4NAlR)_x$$

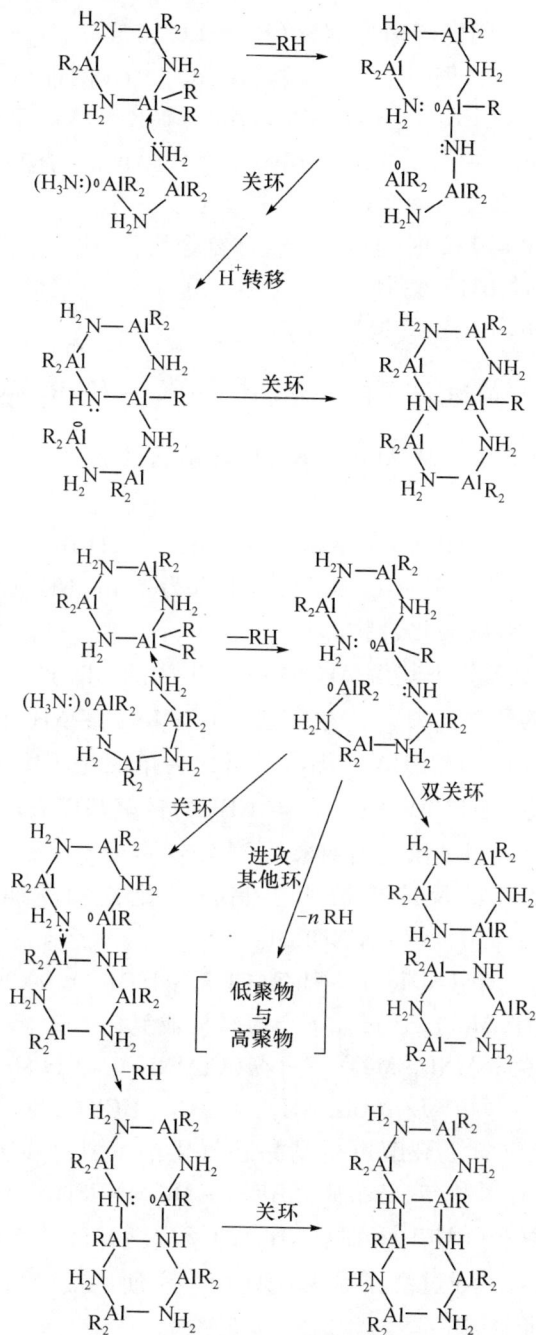

图 2.17 （Me₂AlNH₂）₃ 的热解机理[43]

（AlRNC$_2$H$_4$AlR）$_x$ 的陶瓷产率为 64%（R = Et）和 56%（R = Me）。

当 AlR$_3$：en = 3：2 时，R$_3$Al·en 和（R$_3$Al）$_2$·en 两种给体—受体复合物的混合物经热解转换成 RAl[（HNC$_2$H$_4$NH）AlR$_2$]$_2$（R = Me，Et），其中铝存在于四配位和五配位的环境中[51]。RAl[（HNC$_2$H$_4$NH）AlR$_2$]$_2$ 还可以进一步热聚合，得到不溶性固体。聚合后陶瓷产率增加。

热解 AlR$_3$：en = 1：1 时的给体—受体复合物，形成不溶性固体[52]。其陶瓷产率为：R = Me 时，63.1%（N$_2$ 气氛）和 47.3%（NH$_3$ 气氛）；R = Et 时，55.3%（N$_2$ 气氛）和 50.9%（NH$_3$ 气氛）。

2.1.2.4 AlX$_3$ – MNH$_2$/AlX$_3$ – MNR$_2$/AlX$_3$ – HNR$_2$ 体系的先驱体

Maya 于 1986 报道了从 AlBr$_3$ – KNH$_2$ 体系通过下述反应制备 Al（NH$_2$）$_3$ 的过程[25]：

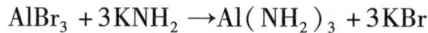

$$AlBr_3 + 3KNH_2 \rightarrow Al（NH_2）_3 + 3KBr$$

然而，所得产物却不是 Al（NH$_2$）$_3$，而被认为是 Al（NH$_2$）NH，这是由目标产物 Al（NH$_2$）$_3$ 分解形成的化合物。相反地，Al（NMe$_2$）$_3$ 可以由 AlCl$_3$ 和 LiNMe$_2$ 反应得到[53]。但是氮气下热解 Al（NMe$_2$）$_3$ 生成的 AlN 产率有限，部分原因是其在热解过程中的蒸发损失[29]。事实上，Al（NMe$_2$）$_3$ – NH$_3$ 体系可以用于制备 AlN 薄膜[54]，Al（NR$_2$）$_3$ 和[HAl（NR$_2$）$_3$] 可作为单源先驱体用于制备氮化铝和铝碳氮[55,56]。因此，通过 Al（NMe$_2$）$_3$ 与 NH$_3$ 的转氨基反应可以实现聚合，氨气下裂解这种产物可以得到氮化铝纳米晶[57]。

AlCl$_3$ 和胺之间的反应也被用于制备氮化铝的先驱体。AlCl$_3$ 与 HN（SiMe$_3$）$_2$ 反应形成可溶性（Cl$_2$AlNHSiMe$_3$）$_2$[58]：

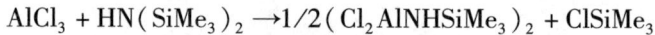

$$AlCl_3 + HN（SiMe_3）_2 \rightarrow 1/2（Cl_2AlNHSiMe_3）_2 + ClSiMe_3$$

然后（Cl$_2$AlNHSiMe$_3$）$_2$ 通过如下反应转换成氮化铝：

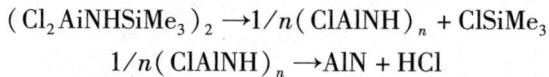

$$（Cl_2AiNHSiMe_3）_2 \rightarrow 1/n（ClAlNH）_n + ClSiMe_3$$

$$1/n（ClAlNH）_n \rightarrow AlN + HCl$$

在 NH$_3$ 或 Ar 气氛下裂解可得到晶态氮化铝。裂解残留物的成分分析显示，裂解残留物中有氯和/或硅杂质。AlCl$_3$ – Me$_3$SiNHSiMe$_3$ 体系也有类似的反应[12,13]。在 Li 存在下，AlCl$_3$ 和肼（N$_2$H$_4$）的反应已有报道[59]，裂解残留物中包含 AlN 和 LiCl，后者可通过洗涤除去。Al$_2$Cl$_7^-$ 和肼的反应可以形成聚合物，产物不溶于普通有机溶剂[60]。

据报道，AlCl$_3$ 和 en 之间的反应可以形成一种结晶化合物，氮气气氛下在 1200℃ 热解可以转换成氮化铝[61]。然而，报道中对该晶态先驱体的分析很有限,形成先驱体的反应机理也没有阐明。

2.1.2.5 铝氮烷和铝氮烯[18]

如上所述,一些环状铝氮烷,如(R_2AlNH_2)$_3$,可以从$R_3Al \cdot NH_3$的热解产品中分离出来并可转化为$AlN^{[4]}$。(Me_2AlNH_2)$_3$也可以作为AlN的单源先驱体用于CVD过程[62]。已报道的其他铝氮烷包括六元环和四元环(对应于三聚体和二聚体)。(H_2AlNMe_2)$_3$是一个六元环,可用作氮化铝先驱体,但裂解产物是金属铝。只有先聚合再裂解才能得到$AlN^{[63]}$。

聚(N-烷基铝氮烯)是已知的典型笼型化合物[64]。$Cl_3Al \cdot NH_3$用于CVD过程中,也形成了笼型化合物,($ClAlNH$)$_n$[65,66]。聚(N-烷基铝氮烯)主要通过以下反应制备:

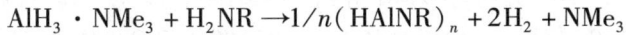

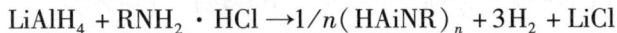

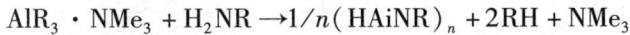

$$AlH_3 \cdot NMe_3 + H_2NR \rightarrow 1/n(HAlNR)_n + 2H_2 + NMe_3$$
$$LiAlH_4 + RNH_2 \cdot HCl \rightarrow 1/n(HAiNR)_n + 3H_2 + LiCl$$
$$AlR_3 \cdot NMe_3 + H_2NR \rightarrow 1/n(HAiNR)_n + 2RH + NMe_3$$

尽管它们分子量相对较低,直接裂解聚(N-烷基铝氮烯)(不经历聚合步骤)、($HAlN^iPr$)$_n$和($HAlNEt$)$_n$(图2.18),可以得到AlN,陶瓷产率适中[($HAlN^iPr$)$_n$(TG),34%;($HAlNEt$)$_n$(裂解),50%(Ar气氛),57%(NH_3-N_2气氛)][67-72]。有人提出该过程的机理为在相对低的温度下,Al—N键异裂,然后新生成的端基氮攻击其他笼中的铝原子实现聚合[68,70]。使用两种有机胺盐酸盐($RNH_2 \cdot HCl$),可形成笼型的丙基铝氮烯与乙基铝氮烯共聚物,它具有乙烯基和丙烯基两种基团,且该聚合物具有较高的陶瓷产率,Ar气氛下900℃时为68.6%~73.1%[73]。

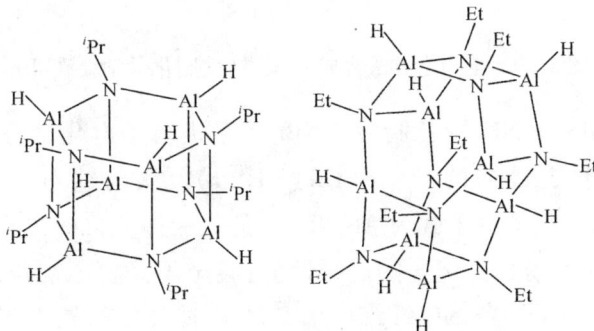

图2.18 聚(N-烷基铝氮烯)的结构,
(($HAlN^iPr$)$_6$(左)和($HAlNEt$)$_8$(右))

Wiberg及其合作者首次制备了聚(N-甲基铝氮烯),($HAlNMe$)$_n$[74],其在有机溶剂中的溶解度非常低[75]。当MeN═基团被Me_2N—基团部分取代后,溶解部分可以作为先驱体,陶瓷产率适中,可达到58%[76]。

$LiAlH_4$ 与 $NH_4X(X = Cl, Br)$ 反应可以形成不溶的聚铝氮烯(HAlNH)$_n$,它具有较高的陶瓷产率,一般为85%~87%[77]。

2.1.2.6 电化学合成的先驱体

既然铝可以作为阳极溶解[78],就可以用电化学方法合成 AlN 先驱体(图2.19)[79-81]。铝作为阳极在 NH_4Br/NH_3 电解质溶液中溶解,发生电化学反应,生成产品 $Al(NH_2)_3$,并进一步分解为 $Al(NH_2)NH$。该产物被认为是由铝烷制备先驱体中的一种中间体[24-26]。在先驱体中含有大量以 $Al(NH_3)_6Br_3$ 存在的 Br(35.42%)。固态^{27}Al NMR 表明 $Al(NH_2)NH$ 中所有的 Al 都是6配位的。加热到600℃,$Al(NH_3)_6Br_3$ 升华并得到 AlN 结晶。该先驱体可以电泳沉积到 n 型掺杂的 Si(100)阴极上,然后加热到1100℃转化得到 AlN 结晶薄膜[82]。

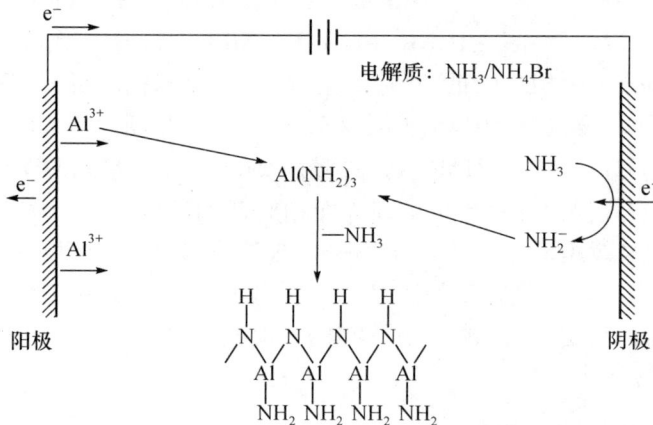

图2.19　电化学方法合成 AlN[80](美国化学学会许可)

人们还对 Al-^{i}PrNH$_2$-乙腈-R$_4$NBr 体系进行了电化学合成先驱体的研究[83-85]。人们假定最初的产物是 $Al(NH^iPr)_3$,认为它可经由 $Al(NH^iPr)(N^iPr)$ 的形式分解形成分子式为 $Al(NR)_{1.5}$ 的先驱体。目标先驱体的陶瓷产率为42%。所得 AlN 粉具有优异的烧结性能,甚至不需要添加烧结助剂[86]。这种先驱体也可以用于制备 SiC 纤维涂层[87]。一种类似的先驱体通过循环浸涂和热解,可以制备光滑、平整的 AlN 薄膜[88]。

2.1.2.7 从其他类型体系制备的先驱体

^{i}Bu$_2$AlH 与 MeCN 发生插入反应,可形成[MeCH = NAl(^{i}Bu)$_2$]$_2$ 铝氮烯配合

32

物[89]。该配合物经300℃热处理8h后形成可溶于有机溶剂的热塑性聚合物。该聚合物在500℃氨气中裂解后形成AlN结晶,陶瓷产率为65%[90]。

LiAlH$_4$与N$_2$H$_4$·HCl在23℃反应7天可得聚合物先驱体。不溶性组分和可溶组分经裂解后均可转换成氮化铝[77]。

铝醇盐通常用做氧化物的先驱体。其中,Al(O^{s}Bu)$_3$,可以用作AlN以及Al–O–N先驱体的起始原料[91,92]。Al(O^{s}Bu)$_3$与N$_2$H$_4$反应生成Al(O^{s}Bu)$_{3-x}$(NHNH$_2$)$_x$,它可以通过脱N$_2$H$_4$形成—NHNH—桥键实现聚合。在1300℃氨气下裂解该先驱体可得到单相AlN。应该指出,在氨气中裂解另外一种铝醇盐Al(O^{i}Pr)$_3$,不能得到单相AlN[29]。但若用—NHNH$_2$取代部分烷氧基,则可以使铝醇盐完全转化得到AlN。

2.1.2.8　参考文献

[1] Baixia, L., L. Yinkui and L. Yi. Preparation of Aluminium Nitride from Organometallic/Polymeric Precursors, *J. Mater. Chem.*, 3, 117–127, 1993.

[2] Jensen, J. A., "Organoaluminum Precursor Polymers for Aluminum Nitride Ceramics", *Inorganic and Organometallic Polymers II*, (eds) P. Wisian–Neilson, H. R. Allcock, and K. J. Wynne, (ACS Symp. Ser. 572), American Chemical Society, Washington, D. C., 427–439, 1994.

[3] Mori, Y. and Y. Sugahara, "Pyrolytic Organic–to–Inorganic Conversion of Precursors into AlN–a Review", *J. Ceram. Soc. Jpn.*, 114, 461–472, 2006.

[4] Sauls, F. C. and L. V. Interrante, "Coordination Compounds of Aluminum as Precursors to Aluminum Nitride", *Coord. Chem. Rev.*, 128, 193–207, 1993.

[5] Iseki, T., T. Kameda and T. Maruyama, "Some Properties of Sintered Al$_4$C$_3$", *J. Mater. Sci. Lett.*, 2, 675–676, 1983.

[6] Slack, G. A., "Nonmetallic Crystals with High Thermal Conductivity", *J. Phys. Chem. Solids*, 34, 321–335, 1973.

[7] Mohammad, S. N. and H. Morkoç, "Progress and Prospects of Group–III Nitride Semiconductors", *Prog. Quant. Electr.*, 20, 361–525, 1996.

[8] Weimer, A. W., "Carbide, Nitride, and Boride Materials Synthesis and Processing", Chapman & Hall, London, 1997.

[9] Liu, H., D. C. Bertolet and J. W. Rogers, Jr., "The Surface Chemistry of Aluminum Nitride MOCVD on Alumina Using Trimethylaluminum and Ammonia as Precursors", *Surf. Sci.*, 320, 145–160, 1994.

[10] Xu, X.–H., H.–S. Wu, C.–J. Zhang and Z.–H. Jin, "Morphological Properties of AlN Piezoelectric Thin Films Deposited by DC Reactive Magnetron Sputtering", *Thin Solid Films*, 388, 62–67, 2001.

[11] Qui, Y. and L. Gao, "Metal–Urea Complex–a Precursor to Metal Nitrides", *J. Am. Ceram. Soc.*, 87, 352–357, 2004.

[12] Sardar, K., M. Dan, B. Schwenzer and C. N. R. Rao, "A Simple Single–Source Precursor Route to the Nanostructures of AlN, GaN and InN", *J. Mater. Chem.*, 15, 2175–2177, 2005.

[13] Sardar, K. and C. N. R. Rao, "AlN Nanocrystals by New Chemical Routes", *Solid State Sci.* , 7 , 217 – 220 , 2005.

[14] Peters, D. , "Preparation of Aluminum Nitride by Ammonolysis of Hexammine Aluminum Iodide", *Proc. 2nd Int. Conf. Ceramic Powder Processing Science*, 181 – 189 , Deutsche Keramische Gesellschaft, 1989.

[15] Peters, D. , "Ammonothermal Synthesis of Aluminium Nitride", *J. Crystal Growth*, 104 , 411 – 418 , 1990.

[16] Janes, R. A. , M. A. Low and R. B. Kaner, "Rapid Solid – State Metathesis Routes to Aluminum Nitride", *Inorg. Chem.* , 42 , 2714 – 2719 , 2003.

[17] Li, L. , X. Hao, N. Yu, D. Cui, X. Xu and M. Jiang, "Low – Temperature Solvent Thermal Synthesis of Cubic AlN", *J. Crystal Growth*, 258 , 268 – 271 , 2003.

[18] Lappert, M. F. , P. P. Power, A. R. Sanger and R. C. Srivastava, "Metal and Metalloid Amides", Ellis Horwood, Chichester, 68 – 234 , 1980.

[19] Jones, C. , G. A. Koutsantonis and C. L. Raston, "Lewis Base Adducts of Alane and Gallane", *Polyhedron.* , 12 , 1829 – 1848 , 1993.

[20] Nöth, H. and E. Wiberg, "Chemie Des Aluminium Wasserstoffs Und Seiner Derivate", *Fortschr. Chem Forsch.* , 8/3 , 321 – 436 , 1967.

[21] Chang, C. – C. and M. S. Ameerunisha, "Chemistry of the Organodiamides of Magnesium, Aluminum and Mixed Mg – Al Systems. A Review of the Heterocumulene Reactivity on the Mg – Al Centers", *Coord. Chem. Rev.* , 189 , 199 – 278 , 1999.

[22] Timoshkin, A. Y. , "Group 13 Imido Metallanes and Their Heavier Analog $[RMYR']_n$ (M = Al, Ga, In; Y = N, P, As, Sb)", *Coord. Chem. Rev.* , 249 , 2094 – 2131 , 2005.

[23] Wiberg, E. and A. May, "Über die Umsetzung von Aluminiumwasserstoff mit Ammoniak und Aminen I. Versuche zur Darstellung eines borazolhomologen "Alazols" $Al_3 N_3 H_6$", *Z. Naturforsch.* , 10b, 229 – 230 , 1955.

[24] Wiberg, E. and A. May, "Über die Umsetzung von Aluminiumwasserstoff mit Ammoniak und Aminen II. zur Kenntnis eines Aluminiumtriamids $Al(NH_2)_3$", *Z. Naturforsch.* , 10b, 230 – 232 , 1955.

[25] Maya, L. , "Synthetic Approaches to Aluminum Nitride via Pyrolysis of a Precursor", *Adv. Ceram. Mater.* , 1 , 150 – 153 , 1986.

[26] Ochi, A. , H. K. Bowen and W. Rhine, "The Synthesis of Aluminum Nitride from Aluminum Hydride", *Better Ceramics Through Chemistry III* , (eds) C. J. Brinker, D. E. Clark, and D. R. Ulrich, (Matter. Res. Soc. Symp. Proc. 121), 663 – 666 , Materials Research Society, Warrendale, PA, 1988.

[27] Wiberg, E. and H. Nöth, "Über die Umsetszung von Aluminiumwasserstoff mit Ammoniak und Aminen VI. zur Kenntnis von Alazanen des Typus $AlH_3 \cdot NR_3$", *Z. Naturforsch.* , 10b, 237 – 238 , 1955.

[28] Haber, J. A. and W. E. Buhro, "Kinetic Instability of Nanocrystalline Aluminum Prepared by Chemical Synthesis: Facile Room – Temperature Grain Growth", *J. Am. Chem. Soc.* , 120 , 10847 – 10855 , 1998.

[29] Kroke, E. , L. Loeffler, F. F. Lange and R. Riedel, "Aluminum Nitride Prepared by Nitridation of Aluminum Oxide Precursors", *J. Am. Ceram. Soc.* , 85 , 3117 – 3119 , 2002.

[30] Gladfelter, W. L. , D. C. Boyd and K. F. Jensen, "Trimethylamine Complexes of Alane as Precursors for the Low – Pressure Chemical Vapor Deposition of Aluminum", *Chem. Mater.* , 1 , 339 – 343 , 1989.

[31] Gottsleben, O. , H. W. Roesky and M. Stuke, "Two – Step Generation of Aluminum Microstructures on Laser – Generated Pd Pre – nucleation Patterns Using Thermal CVD from (Trimethylamine) tri – hydridoaluminum", *Adv. Mater.* , 3, 201 – 202, 1991.

[32] Rockensüβ, W. and H. W. Roesky, "AlH₃ (NMe₃)₂ – a Useful Precursor to AlN", *Adv. Mater.* , 5, 443 – 445, 1993.

[33] Bähr, G. Metallorganische Verbindungen, FIAT Review of German Science, 1939 – 1946, *Inorganic Chemistry Part II*, (ed) W. Klemm, 155, 1948.

[34] Ziegler, K. and H. – G. Gellert, "Metallorganische Verbindungen, 28. Bestimmung der Aktivität von Organoaluminium – Verbindungen", *Justus Liebigs Annal. Chem.* , 629, 20 – 22, 1960.

[35] Laubengayer, A. W. , J. D. Smith and G. G. Ehrlich, "Aluminum – Nitrogen Polymers by Condensation Reactions", *J. Am. Chem. Soc.* , 83, 542 – 546, 1961.

[36] Cohen, M. , J. K. Gilbert and J. D. Smith, "Complexes of Organoaluminium Compounds. Part I. Ammonia Complexes of Ethylaluminium Chlorides." *J. Chem. Soc.* , 1092 – 1096, 1965.

[37] Alford, K. J. , K. Gosling and J. D. Smith. Complexes of Organoaluminium Compounds. Part VII. Preparation and Spectra of cis – and trans – cyclotri – μ – methylamido – tris (dimethyl – aluminium) and Some Related Compounds, *J. Chem. Soc.* , *Dalton Trans.* , 2203 – 2208, 1972.

[38] Manasevit, H. M. , F. M. Erdmann and W. I. Simpson, "The Use of Metalorganics in the Preparation of Semiconductor Materials", *J. Electrochem. Soc.* , 118, 1864 – 1868, 1971.

[39] Interrante, L. V. , L. E. Carpenter, II , C. Whitmarsh, W. Lee, M. Garbauskas and G. A. Slack, "Studies of Organometallic Precursors to Aluminum Nitride", *Better Ceramics Through Chemistry II*, (eds) C. J. Brinker, D. E. Clark, and D. R. Ulrich, (Mater. Res. Soc. Symp. Proc. 73), Materials Research Society, Warrendale, PA, 359 – 366, 1986.

[40] Sauls, F. C. , L. V. Interrante and Z. Jiang, "Me₃Al · NH₃ Formation and Pyrolytic Methane Loss: Thermodynamics, Kinetics, and Mechanism", *Inorg. Chem.* , 29, 2989 – 2996, 1990.

[41] Interrante, L. V. , G. A. Sigel, M. Garbauskas, C. Hejna and G. A. Slack, "Organometallic Precursors to AlN: Synthesis and Crystal Structures of [(CH₃)₂AlNH₂]₃ and the Planar Species [(t – C₄H₉)₂ AlNH₂]₃", *Inorg. Chem.* , 28, 252 – 257, 1989.

[42] Sauls, F. C. , C. L. Czekaj and L. V. Interrante, "Effects of Ring Substituents, Preferential Solvation, and Added Amine on the Trimer – Dimer Equilibrium in Cyclic Dialkylaluminum Amide Compounds", *Inorg. Chem.* , 29, 4688 – 4692, 1990.

[43] Sauls, F. C. , W. J. Hurley Jr, L. V. Interrante, P. S. Marchetti and G. E. Maciel, "Effects of Ammonia on the Pyrolytic Decomposition of Alkylaluminum Amides to Aluminum Nitride", *Chem. Mater.* , 7, 1361 – 1368, 1995.

[44] Tebbe, F. N. , J. D. Bolt, R. J. Young, Jr. , O. R. van Buskirk, W. Mahler, G. S. Reddy and U. Chowdhry, "A Thermoplastic Organoaluminum Precursor of Aluminum Nitride", *Adv. Ceram.* , 26, 63 – 68, 1989.

[45] Baker, R. T. , J. D. Bolt, G. S. Reddy, D. C. Roe, R. H. Staley, F. N. Tebbe and A. J. Vega. Studies on Organoaluminum Precursors of Aluminum Nitiride Fibers, *Better Ceramics Through Chemistry III*, (eds) C. J. Brinker, E. E. Clark, and D. R. Ulrich, (Mater. Res. Soc. Symp. Proc. 121), 471 –

476, Material Research Society, Warrendale, PA, 471 – 476, 1988.

[46] Bolt, J. D. , and F. N. Tebbe. Aluminum Nitride Fibers: Sintering and Microstructure, *Adv. Ceram.* , 26, 69 – 76, 1989.

[47] Schulz, S. , T. Bauer, W. Hoffbauer, J. S. auf der Günne, M. Doerr, M. Marian and W. Assenmacher, "Stepwise Conversion of a Single Source Precursor into Crystalline AlN by Transamination Reaction", *J. Solid State Chem.* , 181, 530 – 538, 2008.

[48] Gilbert, J. K. and J. D. Smith, "Complexes of Organoaluminium Compounds. Part II. Ammonia, Aniline, and Diphenylamine Complexes of Ethylaluminium Chlorides ", *J. Chem. Soc.* (A), 233 – 237, 1968.

[49] Beachley, Jr. , O. T. , and K. C. Racette. Chelation in Organoaluminum – Nitrogen Chemistry, *Inorg. Chem.* , 15, 2110 – 2115, 1976.

[50] Jiang, Z. and L. V. Interrante, "N,N' – Bis(triethylalminio) ethylenediaimineand N,N' – Bis(trimethylalminio) ethylenediaimine – Derived Organometallic Precursors to Aluminum Nitride: Syntheses, Structures, and Pyrolyses", *Chem. Mater.* , 2, 439 – 446, 1990.

[51] Jiang, Z. , L. V. Interrante, D. Kwon, F. S. Tham and R. Kullnig, "Synthesis, Structure, and Pyrolysis of Organoaluminum Amides Derived from the Reactions of Trialkylaluminum Compounds with Ethylenediamine in a 3:2 Ratio", *Inorg. Chem.* , 30, 995 – 1000, 1991.

[52] Jiang, Z. , L. V. Interrante, D. Kwon, F. S. Tham and R. Kullnig, "Thermal Decomposition of 1:1 R3Al:en Adducts (R = Me, Et; en = Ethylenediamine): Synthesis and Structure of a Novel Intermediate, Al[($HNCH_2CH_2NH$) $AlMe_2$]$_3$", *Inorg. Chem.* , 31, 4815 – 4822, 1992.

[53] Wiberg, E. and A. May, "Über die Umsetszung von Aluminiumwasserstoff mit Ammoniak und Aminen IV. zur Kenntnis einer Verbindungsreihe AlH_{3-n} [N (CH_3)$_2$]$_n$", *Z. Naturforsch.* , 10b, 234 – 235, 1955.

[54] Hoffman, D. M. , " Chemical Vapor Deposition of Nitride Thin Films ", *Polyhedron.* , 13, 1169 – 1179, 1994.

[55] Takahashi, Y. , K. Yamashita, S. Motojima and K. Sugiyama, "Low Temperature Deposition of a Refractory Aluminium Compound by the Thermal Decomposition of Aluminium Dialkylamides ", *Surf. Sci.* , 86, 238 – 245, 1979.

[56] Takahashi, Y. , K. Mutoh, S. Motojima and K. Sugiyama, "Further Invesigation on the Thermal Decomposition of Aluminium Dialkylamides ", *J. Mater. Sci.* , 16, 1217 – 1222, 1981.

[57] Janik, J. F. , R. L. Wells, J. L. Coffer, J. V. St. John, W. T. Pennington and G. K. Schimek, "Nanocrystalline Aluminum Nitride and Aluminum/Gallium Nitride Nanocomposites via Transamination of [M(NMe$_2$)$_3$]$_2$, M = Al, Al/Ga (1:1) ", *Chem. Mater.* , 10, 1613 – 1622, 1998.

[58] Riedel, R. and G. Petzow, "Characterization of AlN Powder Produced by the Reaction of AlCl$_3$ with Hexamethyldisilazane", *J. Mater. Sci. Lett.* , 9, 222 – 224, 1990.

[59] Kim, J. Y. and P. N. Kumta, "A Novel Reductive Nitrogenation Approach for Synthesizing Aluminum Nitride Powders ", *Mater. Lett.* , 34, 188 – 195 (1998).

[60] Carter, M. T. , W. J. Donahue and J. J. Doris. Preparation of Chemical Precursors to Aluminum Nitride from an Ambient Temperature Chloroaluminate Ionic Liquid, *Electrochem. Soc. Proc.* , 98 – 11, 187 –

198, 1998.

[61] Hyodo, T. , M. Kano, Y. Shimizu and M. Egashira, "Preparation of Aluminum Nitride Powder from Aluminum Chloride/Ethylenediamine Precursor", *J. Ceram. Soc. Jpn.* , 109, 709 – 711, 2001.

[62] Interrante, L. V. , W. Lee, M. McConnell, N. Lewis and E. Hall, "Preparation and Properties of Aluminum Nitride Films Using an Organometallic Precursor", *J. Electrochem. Soc.* , 136, 472 – 478, 1989.

[63] Coffman, P. R. , W. T. Petuskey and S. K. Dey, "Chemical Synthesis of Aluminum Nitride Powders", *Better Ceramics Through Chemistry* IV, (eds) B. J. J. AZelinski, C. J. Brinker, D. E. Clark, and D. R. Ulrich, (Mater, Res, Soc. Symp. Proc. 180), Materials Research Society, Warrendale, PA, 709 – 714, 1990.

[64] Cesari, M. and S. Cucinella, "Aluminium – Nitrogen Rings and Cages", *The Chemistry of Inorganic Homo – and Heterocyclics I*, (ed) I. Haiduc and D. B. Sowerby, Academic Press, London, 167 – 190, 1987.

[65] Timoshkin, A. Y. , H. F. Bettinger and H. F. Schaefer, III , "The Chemical Vapor Deposition of Aluminum Nitride: Unusual Cluster Formation in the Gas Phase", *J. Am. Chem. Soc.* , 119, 5668 – 5678, 1997.

[66] Timoshkin, A. Y. and H. F. Schaefer, III , "From Parasitic Association Reactions toward the Stoichiometry Controlled Gas Phase Synthesis of Nanoparticles: A Theoretically Driven Challenge for Experimentalists", *Chem. Record*, 2, 319 – 338, 2002.

[67] Koyama, S. , H. Takeda, Y. Saito, Y. Sugahara and K. Kuroda, "Preparation of AlN from Poly(ethyliminoalane) via Pyrolysis", *J. Mater. Chem.* , 6, 1055 – 1058, 1996.

[68] Koyama, S. , H. Takeda, T. Tsugoshi, K. Watari and Y. Sugahara, "Organic – to – Inorganic Conversion Process of a Cage – Type AlN Precursor Poly(ethyliminoalane)", *J. Ceram. Soc. Jpn.* , 114, 563 – 566, 2006.

[69] Saito, Y. , S. Koyama, Y. Sugahara and K. Kuroda, "Characterization of Aluminum Nitride from a Precursor Poly(isopropyliminoalane)", *J. Ceram. Soc. Jpn.* , 104, 143 – 145, 1996.

[70] Saito, Y. , Y. Sugahara and K. Kuroda, "Pyrolysis of Poly(isopropyliminoalane) to Aluminum Nitride", *J. Am. Ceram. Soc.* , 83, 2436 – 2440, 2000.

[71] Sugahara, Y. , T. Onuma, O. Tanegashima, K. Kuroda and C. Kato, "Preparation of Aluminum Nitride from Poly(isopropyliminoalane)", *J. Ceram. Soc. Jpn.* , 100, 101 – 103, 1992.

[72] Sugahara, Y. , S. Koyama and K. Kuroda, "Pyrolytic Conversion of the Cage – Type Precursors into AlN", *Key Eng. Mater.* , 159 – 160, 77 – 82, 1999.

[73] Mori, Y. , Y. Kumakura and Y. Sugahara, "Preparation and Pyrolysis of Poly(allyl iminoalane – co – ethyl iminoalane)s [HAlN(Allyl)]$_m$[HAlNEt]$_n$", *J. Organomet. Chem.* , 691, 4289 – 4296, 2006.

[74] Wiberg, E. and A. May, "Über die Umsetszung von Aluminiumwasserstoff mit Ammoniak und Aminen III. Versuche zur Darstellung eines Trimethyl – alazols (AlHNR)$_3$", *Z. Naturforsch.* , 10b, 232 – 234, 1955.

[75] Ehrlich, R. , A. R. Young II , B. M. Lichstein and D. D. Perry, "The Chemistry of Alane. II . Polyiminoalanes", *Inorg. Chem.* , 3, 628 – 631, 1964.

[76] Koyama, S. , Y. Saito, Y. Sugahara and K. Kuroda, "Preparation of soluble AlN Precursors in a LiAlH$_4$ – CH$_3$NH$_2$ · HCl – (CH$_3$)$_2$NH · HCl System", *Chem. Lett.* , 26, 1227 – 1228, 1997.

[77] Janik, J. F. and R. T. Paine, "The Systems LiAlH$_4$/NH$_4$X and N$_2$H$_5$Cl as Precursor Sources for AlN", *J. Organomet. Chem.* , 449, 39 – 44, 1993.

[78] Bennett, W. E. , A. W. Davidson and J. Kleinberg. The Anodic Oxidation of Aluminum in Laquid Ammonia, *J. Am. Chem. Soc.* , 74, 732 – 735, 1952.

[79] Ross, C. B. , T. Wade and R. M. Crooks, "Electrochemical Synthesis of Metal Nitride Ceramic Precursors in Liquid Ammonia Electrolyte Solutions", *Chem Mater.* , 3, 768 – 771, 1991.

[80] Wade, T. , J. Park, E. G. Garza, C. B. Ross, D. M. Smith and R. M. Crooks, "Electrochemical Synthesis of Cearmic Materials. 2. Synthesis of AlN and an AlN Polymer Precursor: Chemistry and Materials Characterization", *J. Am. Chem. Soc.* , 114, 9457 – 9464, 1992.

[81] Wade, T. , J. Park, G. Garza, C. B. Ross, D. M. Smith and R. M. Crooks, "Electrochemical Synthesis of Aluminum Nitride in Liquid Ammnomia Electrolyte Solutions", *Better Ceramics Through Chemistry V*, (eds) M. J. Hampden – Smith, W. G. Klemperer, and C. J. Brinker, (Mater. Res, Soc. Symp. Proc. 271), Materials Research Society, Warrendale, PA. 857 – 868, 1992.

[82] Wade, T. and R. M. Crooks, "Electrochemical Synthesis of Cearmic Materials. 4. Electrophoretic Deposition of Metal Nitride Ceramic Precursors", *Chem. Mater.* , 8, 832 – 835, 1996.

[83] Seibold, M. and C. Rüssel, "A Novel Route to Aluminum Nitride Ceramics Using a Polyaminoalane Precursor", *Better Ceramics Through Chemistry III* , (eds) C. J. Brinker, D. E. Clark, and D. R. Ulrich, (Matter, Res, Soc, Symp. Proc. 121), 477 – 482, Materials Research Society, Warrendale, PA, 1988.

[84] Seibold, M. , U. Vierneusel and C. Rüssel, "Aluminum Nitride Ceramics Prepared by Polymeric Precursor", *Ceram. Powder Proc. Sci.* , 2, 173 – 179, 1988.

[85] Seibold, M. M. and C. Rüssel, "Thermal Conversion of Preceramic Polyiminoalane Precursors to Aluminum Nitride: Characterization of Pyrolysis Products", *J. Am. Ceram. Soc.* , 72, 1503 – 1505, 1989.

[86] Distler, P. and C. Rüssel, "Aluminium Nitride Ceramics Prepared by a Pyrolytic Route", *J. Mater. Sci.* , 27, 133 – 138, 1992.

[87] Teusel, I. and C. Rüssel, "Aluminium Nitride Coatings on Silicon Carbide Fibres, Prepared by Pyrolysis of a Polymeric Precursor", *J. Mater. Sci.* , 25, 3531 – 3534, 1990.

[88] Shimada, S. and S. Hayashi, "Preparation of Monolithic AlN and Composite TiN – AlN Powders and Films from Precursors Synthesized by Electrolysis", *Mater. Sci. Eng. B*, 122, 34 – 40, 2005.

[89] Zakharkin, L. I. and I. M. Khorlina, "Production of Aldehydes by the Reduction of Nitriles with Diisobutylaluminium Hydride", *Proc. Acad. Sci. USSR*, 116, 422 – 424, 1957.

[90] Jensen, J. A. , "Polymer Precursors for Aluminum Nitride Ceramics", *Better Ceramics Through Chemistry V*, (eds) M. J. Hampden – Smith, W. G. Klemperer, and C. J. Brinker, (Mater. Res. Soc. Symp. Proc. 271), Materials Research Society, Warrendale, PA, 845 – 850, 1992.

[91] Kim, J. Y. , M. A. Sriram, P. H. McMichael, P. N. Kumta, B. L. Phillips and S. H. Risbud, "New Molecular Precursors from the Reaction of Hydrazine and Aluminum Alkoxide for the Synthesis of Powders in the Al – O – N System", *J. Phys. Chem. B*, 101, 4689 – 4696, 1997.

[92] Kim, J. Y. , P. N. Kumta, B. L. Phillips and S. H. Risbud, "A Versatile Chemical Strategy for Ultrafine AlN and Al – O – N Powders", *J. Phys. Chem. B.* , 104, 7895 – 7907, 2000.

2.1.3 有机硅聚合物陶瓷先驱体
GABRIELA MERA 和 RALF RIEDEL

2.1.3.1 简介

本章节介绍有机硅聚合物陶瓷先驱体的分子设计。它们可以用于裂解转化制备硅基陶瓷材料,起始先驱体的分子结构直接影响最终陶瓷材料的性质。

常见的先驱体聚合物有聚硅氮烷、聚硅碳二亚胺和聚硅氧烷[1]。PDC 的组成和微观结构受聚合物先驱体分子结构的影响显著。因此,宏观性能的差异也与这些材料的组成和固态结构的变化密切相关。有机硅聚合物已被证明是有前途的先驱体,可用以制备高技术陶瓷部件,如纤维、涂料、浸渍多孔介质或复杂形状零件[2,3]。

自从 Yajima 报道了由聚碳硅烷热解转化制备 SiC 纤维以来[4,5,6],PDC 领域已取得显著进展。近日,星火系统公司(Starfire Systems, Inc.)开发的的聚碳硅烷,SMP - 10,在 STS - 121 的 EVA 3 太空行走任务中,作为修复试剂已成功地用于航天飞机。宇航员使用 NOAX(非氧化物黏合剂,由 SMP - 10 和耐火材料粉末组成)修理隔热板的模拟损坏(图 2.20)。

图 2.20　六张热屏蔽材料组成的试件用于修复宇航员
头盔上隔热板的模拟损坏

为保证热分解过程的有效性,理想的有机硅聚合物先驱体应具备以下特点:
- 足够高的分子量,以避免低分子量组分的挥发。
- 合适的流变学特性(黏弹性)和溶解度,满足塑造成型过程要求。

- 潜在的反应活性(存在官能团),以获得热固性或固化性能。
- 笼状或环状聚合结构,以减少主链裂解碎片的挥发。

在 2000 年以前,人们一直认为增加有机小基团含量可以提高陶瓷产率,防止形成过剩的游离碳。但最近有关富 C 的 SiCN 和 SiCO 的研究结果驳斥了这种观点,相关进展将在后文中展开。

选择合适的有机硅聚合物,在可控气氛和热处理条件下进行热分解,是一种简单、廉价的加工处理过程。这种方法可以控制、调节陶瓷构件的宏观形状与微观结构,且过程中无需加入添加剂。

此外,有机硅聚合物可使用传统的聚合物成型技术加工、成型,如聚合物渗渍裂解(Polymer Infiltration Pyrolysis,PIP)、注塑、涂层(有或无溶剂)、挤压、树脂传递模塑(Resin Transfer Molding,RTM)等。成型后,再加热到足够高的温度,这些先驱体聚合物制成的构件便可以转换成陶瓷构件,同时聚合物结构中所含元素得以固化保留[7]。

有机硅聚合物结构单元的一般表达式如图 2.21 所示。设计新颖的有机硅聚合物,是改变 X 基团,或在 Si 原子上连接不同的有机取代基(R^1 和 R^2)。

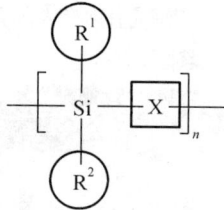

图 2.21　有机硅聚合物结构单元的一般表达式

通过改变 X 基团,可直接影响陶瓷材料的 Si∶X 比例,并获得不同类别的有机硅聚合物(图 2.22)。近年来,陆续报道了用以制备 SiC、SiCO 和 SiCN 陶瓷的各种聚硅烷($X = —SiR_2—$)[8-13]、聚碳硅烷($X = —CR_2—$)[14-20]、聚硅氧烷($X = —O—$)[21-24] 和聚硅氮烷($X = —NR—$)[25-37]。此外,热解聚硅碳二亚胺($X = —N=C=N—$)也可以获得 SiCN 陶瓷[38-42]。

改变 Si 原子上的有机取代基 R^1 和 R^2,可以方便地控制陶瓷材料的 Si∶C 比,同时,可以在很大程度上影响有机硅聚合物的稳定性、溶解度,电学、光学与流变学特性,以及所得陶瓷的碳含量和陶瓷产率[2]。此外,取代基团 R^1 和 R^2 允许进一步修饰聚合物及其交联过程。交联可以确保聚合物的结构特征在热转化过程中得以维持。这个过程有助于避免解聚反应和低分子量组分的挥发,避免热解过程中发生显著的质量损失。本书 2.3 节将详细地介绍陶瓷转化过程中的交联机理。

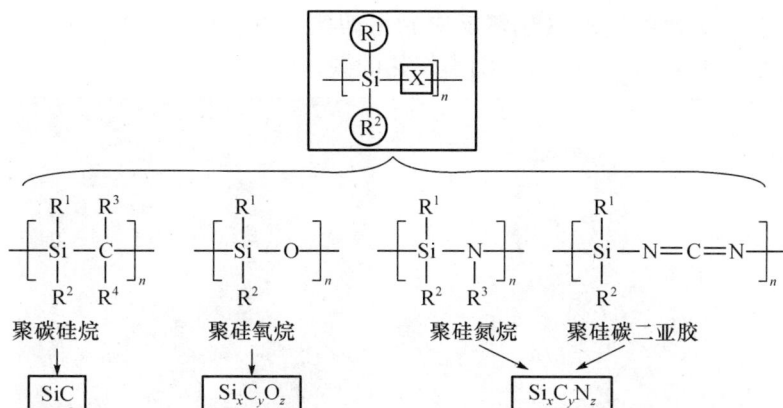

图 2.22　有机硅聚合物陶瓷先驱体的分子设计(不含聚硅烷先驱体)

陶瓷的热转化过程包括几个步骤(图 2.23),经历热致缩聚和分解过程。

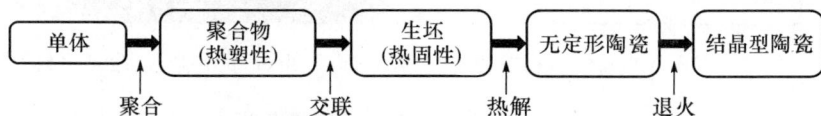

图 2.23　有机硅聚合物陶瓷热转化过程

先驱体的热解,允许在原子尺度上对所得陶瓷材料的元素组成、化学均匀性和原子构型进行准确控制。受控的热转化过程,可以形成高度共键结合的无定形陶瓷,可抵抗结晶至非常高的温度(SiBCN 陶瓷在 1800℃仍然保持非晶态)。

为了从根本上了解 PDC 材料的特性,研究人员进行了若干建模和计算研究[43-49],但尚未得到对实验数据有意义且合理的解释。

2.1.3.2　有机硅聚合物的制备路线

有机硅聚合物拥有反应控制的热分解过程,这是生产几类硅基陶瓷的重要属性。合成作为非氧化物陶瓷先驱体的有机硅聚合物的途径很多。构成有机硅聚合物的单体(离析物)包含 Si—Cl、Si—H、Si—C $=$ C 和 Si—C $\equiv$ C 等活性位点,它们可以通过消除、取代(复分解)或加成等反应过程达到聚合目的。

氯硅烷(R_xSiCl_{4-x},$x = 0 \sim 3$)是使用最为频繁的起始化合物,因为它们已商业化生产,且成本低、化学积淀丰厚。含氯有机硅化合物是合成聚硅烷、聚碳硅烷、聚硅氮烷、聚硼硅氮烷、聚硅碳二亚胺、聚倍半硅氧烷、聚碳硅氧烷以及其他有机硅聚合物的重要起始原料[4,26,29,50-65]。

第一种氯硅烷,四氯化硅($SiCl_4$),是 Berzelius 在 1824 年合成的(图 2.24),当时他发现非晶硅在氯气流中燃烧可以被完全消耗。他的学生 Friedrich Wöhler

利用晶体硅与无水的气态氯化氢反应制得四氯化硅(图 2.24)[66]。反应时,将 HCl 通过布满 Si 的长玻璃管,周围由炽热的碳包围。

图 2.24 Jöns Jakob Berzelius 和他的学生 Friedrich Wöhler[资料来源:维基百科][67]

为了比传统陶瓷更有竞争力,先驱体陶瓷要么降低成本,要么就通过有选择性的合成,制备具有新颖组成和特殊性能的目标陶瓷。到现在为止,已出版数本关于聚硅氧烷、聚硅烷和聚碳硅烷合成的书籍[2,11]。在本章节中,我们重点介绍最近几年发展起来的新型有机硅聚合物的合成,如聚硅氮烷、聚硅碳二亚胺,及其含 B 和含 Al 的衍生产品。当然,文中还是会对传统的聚碳硅烷、聚硅烷和聚硅氧烷,以及所有其他有机硅聚合物进行简要地介绍。

2.1.3.3 聚硅烷

人们对有机硅聚合物(如聚硅烷和聚碳硅烷)化学的研究兴趣与日俱增,不仅因为它们是制备 SiC 陶瓷的有用先驱体,还因为它们越来越多地应用于功能材料,如光致抗蚀剂、半导体、空穴传输材料等[22,68]。聚硅烷是一类含有一维 Si 主链和有机取代侧链的材料[11],已经得到了大量研究,部分是因为它们具有基于 σ 共轭主链的有趣的光电特性。有机硅聚合物,聚二苯基硅烷,由 Kipping 在 1921 年首先合成,通过将钠分散在甲苯中,在回流温度下利用 Wurtz 偶联反应得到[69,70]。因为这些材料难以加工处理,因此表征非常有限,导致相关研究一度中断。直到 20 世纪 70 年代末,一系列可溶性的均聚物与共聚物的出现,才真正开启了聚硅烷的时代[71-73]。Miller 和 Michl 详细综述了 1988 年以前的文献,介绍了聚硅烷的合成与性质[11]。尽管人们仍在继续寻找替代路径,但 Kipping 在 1921 年使用的老方法,Wurtz 型还原脱卤反应,仍然是合成聚硅烷最普遍和最常用的方法(式2.1)。

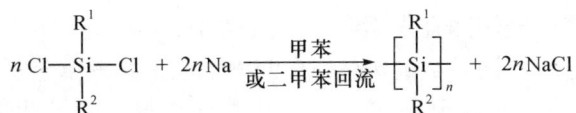

$$n\ \text{Cl—Si—Cl} + 2n\text{Na} \xrightarrow[\text{或二甲苯回流}]{\text{甲苯}} \left[\text{Si}\right]_n + 2n\text{NaCl}$$

式2.1 Wurtz 型还原脱卤反应

此方法是一个强放热反应,需在沸腾溶剂中进行。多种碱金属都可作为还原偶联剂,如钠、锂、钾和钠/钾合金。除非得到很好的保护,否则只有少数官能团能容忍这种苛刻的反应条件[74-77]。一般来说,取代基可以为烷基、芳基和硅烷基[11],以及其他一些在强还原环境中稳定的基团,如氟代烷基[78]和二茂铁基[79]。

近年来,众多学者发表了许多对 Wurtz 反应最有影响力的因素的研究文章[80-83]。影响聚合反应最重要的因素包括:碱金属分散和添加过程,溶剂和添加剂类型,反应温度效应以及试剂的分散。此外,由于 Wurtz 反应的特点,聚合物的结构难以调节,分子量及其分散系数也不可控。

因此,为了降低反应温度和提高聚合物的分子量,有人采用了新的还原剂。例如,采用 C8K,在较低的温度下合成的聚甲基苯基硅烷,重均分子量达到 10^5 [84,85]。

与上述报道的方法不同,在一些过渡金属配合物的作用下,Harrod 等人开发了含氢硅烷的催化脱氢齐聚反应,用于聚硅烷的合成[86,87]。

2.1.3.4 聚碳硅烷

如本章节引言所述,星火系统公司研发的一种聚碳硅烷[88],已用于美国宇航局航天飞机机翼前缘热防护系统的大面积修复。使用了该材料的维修组件,由 Alliant Techsystems 公司(NYSE:ATK)为美国宇航局开发,该公司是明尼苏达州一个先进武器和空间系统公司。选择星火系统公司的聚合物,是因为在非常高的再入温度下,它具有从填缝状物质转换成高温固态陶瓷的独特能力。

Kumada 等人首先报道了从聚硅烷形成聚碳硅烷的过程[89]。从聚二甲基硅烷形成聚碳硅烷的反应机理,可归结为知名的 Kumada 重排反应[5,89-91]。根据这一反应机理,当 Si—Si 键受热断裂,首先形成硅自由基,随后发生重排反应,即一个亚甲基插入 Si—Si 键中,形成 Si—CH₂—Si 键和 Si—H 键。

目前,多种聚碳硅烷已经实现市售,实验室的合成规模已缩小,仅集中到不同取代基团的研究上,目的是对这些材料进行化学修饰以实现新型功能(如在高分子链中引入金属)以及增加所得 SiC 基陶瓷的热性能(抗结晶和抗蠕变的稳定性)。

图 2.25 为聚碳硅烷陶瓷先驱体的一般类型,主要用作 β - SiC 陶瓷的先驱体[14-20]。通过选取不同种类的单体,还可以实现 π 共轭单元[92](如亚苯基[93]、亚乙烯基[94-96]等)与亚硅甲基在主链上的交替共聚。此类共聚物因为具有半导体和非线性光学性质,可以作为深紫外光抗蚀剂。

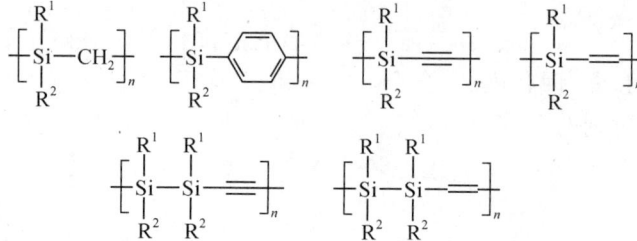

图 2.25 聚碳硅烷陶瓷先驱体的一般类型

到现在为止,这些材料的合成只限于偶联反应[95,97]、热环聚反应[98,99]以及各种开环聚合反应,包括阴离子聚合[100-104]、热解聚合和催化配位聚合[105]。所有这些聚合方式均有一定局限性。

虽然已有许多聚碳硅烷先驱体可用,但最成功的还是用于制备商业化多晶 SiC 纤维[106]的聚碳硅烷 PCS(—[MeHSiCH$_2$]$_n$—)和 PMCS(PCS 中含有金属,M = 钛,锆,铝)。因为陶瓷产率高,在日本、法国、俄罗斯、韩国和中国等国正在进行的大多数 SiC 纤维的研究,均利用 PCS 为先驱体。

2.1.3.5 聚硅氧烷

聚硅氧烷是通用型材料,许多都具有优良的化学、物理和电学性能[21-24]。聚硅氧烷的一般合成方法为氯硅烷与水反应(式 2.2)。

$$n\,Si(CH_3)_2Cl_2 \; + \; n\,H_2O \longrightarrow [Si(CH_3)_2O]_n + 2n\,HCl$$

式 2.2 聚硅氧烷合成的一般反应

聚硅氧烷通常价格低廉,可市售。由于各种最近的综述文章已经报道了聚硅氧烷的特性[107,108],这里不涉及聚硅氧烷的合成。一类先进的聚硅氧烷类是富硅的聚合物——聚硅醚(Polysilaether)[109],它们以杂化形式结合了聚硅烷和聚硅氧烷各自的特点。合成聚硅氧烷有两种一般路线,即 α,ω - 官能化线性硅烷的缩聚[110-112]和环状硅醚的开环聚合(ROP)[113,114]。

另一个有趣的聚硅氧烷先驱体体系是支化的聚倍半硅氧烷—[RSi—O$_{1.5}$]$_n$—[115-117]。R 基团的属性和聚合物的分子结构影响着倍半硅氧烷的流变行为,并决定最终陶瓷产率和物理性质。因此,通过修改起始物的组成和交联结

44

构,并形成共聚物,可以拓展加工条件,用以生产小直径纤维和陶瓷基体。

水解二氯硅烷可形成各种线性和环状低聚物[118]。甲基、苯基取代的二氯硅烷是工业生产硅树脂的重要成分。此外,双官能单体可带有交联功能的官能团,而单官能团以及三官能团、四官能团硅烷(四氯化硅),则可用于调节聚合物的性质。

最近,几个由聚硅氧烷制备的富碳 SiCO 陶瓷的研究表明,这些材料具有比原先预期高得多的抗结晶性和耐高温性[119-122]。

利用脱氢偶合反应,以及与二乙烯基苯的催化硅氢化反应,修饰和交联氢化聚甲基硅氧烷[Poly(hydridomethylsiloxane),PHMS],实现了高收率富碳聚硅氧烷的合成(式2.3)[119,120]。使用5ppm的Pt催化剂(相对PHMS),通过PHMS与摩尔分数为0~40%的二乙烯基苯反应,所得SiCO陶瓷的碳含量可以逐步增加。

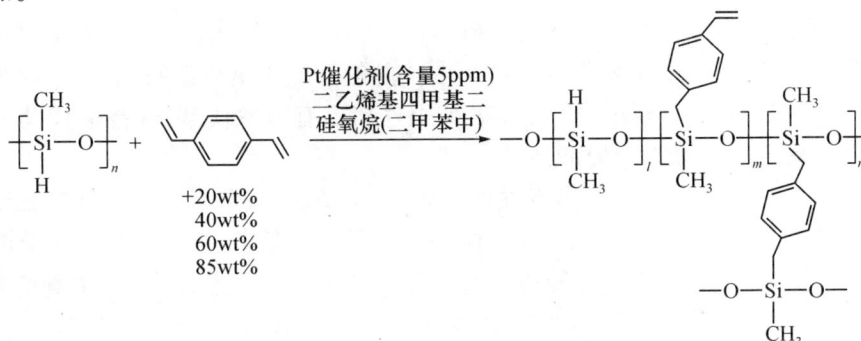

式2.3　富碳聚硅氧烷的合成

2.1.3.6　聚硅氮烷

历史上,硅氮烷研究最初的尝试只是针对硅氮烷和聚硅氮烷的合成、分类与表征[123-126]。这些和以下的研究在20世纪60年代获得了大量硅氮烷低聚物(主要是环状物),已经涵盖到几篇综述文章里[2,37,127,128]。在20世纪50年代和60年代,硅树脂的成功商业化,引发了人们对可作为硅氧烷类似物的硅氮烷低聚物与聚合物的研究,以及制备硅(碳)氮和相关陶瓷材料的早期尝试[129-132]。今天,人们对硅氮烷的兴趣,主要来自于它们在合成化学中可用作硅烷化试剂,以及可作为单源先驱体,通过气相、液相和固相裂解制备陶瓷材料[37]。

Krüger 和 Rochow 在 1964 年首次发表的聚硅氮烷的文章,是通过氨解氯硅烷制备的[133]。在 20 世纪 70 年代初,Verbeek,Winter 和 Mansmann 报道了从聚碳硅氮烷制得的细直径的陶瓷纤维[26,134,135]。虽然该方法从来没有被商业化,并最终放弃,但把聚硅氮烷用作陶瓷先驱体的研究已在全球继续展开[25-37,136]。

SiCN 先驱体的合成可以从氯硅烷开始,通过不同的氨解或胺解反应制备,如式 2.4 所示。这些路线的主要缺点,是从固体副产品(NH$_4$Cl 或 H$_3$NRCl)中难以分离出聚合反应产物。此外,也有一些文献报道了从三氯硅烷出发制备高度支化倍半硅氮烷聚合物(—[RSi—(NH)$_{1.5}$]$_n$—)[137-139]。

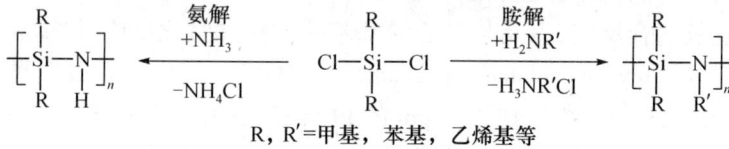

$$\left[\begin{array}{c} R \\ | \\ Si—N \\ | \quad | \\ R \quad H \end{array}\right]_n \xleftarrow[-NH_4Cl]{\substack{氨解 \\ +NH_3}} \begin{array}{c} R \\ | \\ Cl—Si—Cl \\ | \\ R \end{array} \xrightarrow[-H_3NR'Cl]{\substack{胺解 \\ +H_2NR'}} \left[\begin{array}{c} R \\ | \\ Si—N \\ | \quad | \\ R \quad R' \end{array}\right]_n$$

R,R′=甲基,苯基,乙烯基等

式 2.4　从氯硅烷出发合成聚碳硅氮烷的路线

通过在 Si 原子上连接的不同有机基团,可调节其理化性质,从而控制其热分解化学,同时影响所得材料的性能。取代基的性质决定潜在的化学交联特性。利用不同烷基胺进行胺解缩聚时可在 N 上连接上有机取代基,这些取代基也会影响所得聚合物和最终陶瓷的性质。

R 基团对聚合物形态和稳定性的影响是 R 基团空间位阻大小和潜在交联点的函数。未缩聚的一级硅胺(R$_3$SiNH$_2$),其稳定性随着 R 基团大小的增加而增加[137,140,141]。一般情况下,最稳定的聚合物是那些以异丁基、苯基和苄基为 R 基团的聚合物。同时,增加不饱和 R 基团的碳原子数,会增加所得陶瓷的碳含量,而饱和的 R 基团不会显著影响陶瓷材料的碳含量[137]。

氨解和胺解通常得到低聚物与低分子量聚合物的混合物,它们很容易挥发和解聚,陶瓷产率低。因此,裂解之前通常需要经历交联过程[61,142,143]。

式 2.4 列举了近期发表的二氯硅烷的氨解和胺解研究结果[144]。

把聚硅氮烷用作陶瓷先驱体的优点是其商业可用性。一些公司,例如凯傲集团(科莱恩商业)(KiON Corp.,Clariant)[145,146]已开发出一系列具有优异热稳定性和化学稳定性的新型聚硅氮烷,可用做高科技陶瓷的先驱体。

聚硅氮烷陶瓷转化过程涉及一系列需要慎重考虑的独立反应步骤[42,147-150]。最近报道的一种先驱体只有氢气为单一的挥发性热解产物。把这种低黏度聚合物用正丁基锂交联后再陶瓷化,所得 SiC/Si$_3$N$_4$ 陶瓷中没有游离碳[144,151,152]。

合成不同类型的硅氮烷低聚物和聚合物的另一条路线是利用 N—H 和 Si—H 之间的脱氢偶合反应[21,30,153,154]。这种过渡金属催化的过程类似碱金属氢化物的脱氢偶合反应,后者已用于硅氮烷的交联[155](式 2.5)。

$$R_2SiH_2 + R'NH_2 \xrightarrow{\text{催化剂}} \text{[SiR}_2-NR'\text{]}_n + H_2\uparrow$$

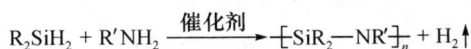

式2.5 通过脱氢偶合反应合成聚碳硅氮烷

不同的硅烷,如$(C_6H_5)_2SiH_2$、$(C_6H_5)SiH_3$ 和$(C_2H_5)_3SiH$ 等,可与各种胺和氨反应。据研究指出,任何一种聚硅氮烷都可以通过该方法制备,其先天优势是可排除产品中任何痕量氯的污染。但是,另一方面,氯硅烷通常比相应的氢硅烷便宜,并且处理$(CH_3)SiH_3$比处理$(CH_3)SiCl_3$更危险。因此,更经济的做法是,先对氯硅烷氨解或胺解制备硅氮烷低聚物,最后对其进行改性,以获得交联的聚硅氮烷先驱体。

2.1.3.7 聚硅碳二亚胺

聚硅碳二亚胺(X＝NCN)代表了一类重要的 SiCN 陶瓷先驱体,它比类似的聚硅氮烷先驱体(X＝NH 或 NR)热稳定性更高[2,38-42,156,157]。早在 20 世纪 60 年代就已经获得了二聚体二(三甲基硅基)碳二亚胺和 $H_3Si-N=C=N-SiH_3$[158-163]。此后,又陆续制备出硅碳二亚胺的各种单体和聚合物并进行了表征。硅碳二亚胺合成的早期工作在 Gordetsov 发表于 1982 年的综述里进行了总结[164]。Drake 等人[165]、Reischmann 等人[166]和其他一些作者[164]均发现,二(三甲基硅基)碳二亚胺($R_3Si-N=C=N-SiR_3$,其中 R = CH_3)本身就是合成其他元素碳二亚胺的一种有效的起始原料。因此,元素有机卤化物或纯元素卤化物可与二(三甲基硅基)碳二亚胺或氰胺反应形成新型碳二亚胺,如式 2.6 所示[164,166-173]。副产品三甲基氯硅烷可以通过蒸馏的方式从反应混合物中脱除。

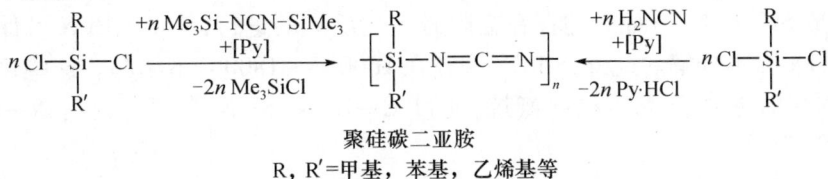

聚硅碳二亚胺
R,R'＝甲基,苯基,乙烯基等

式2.6 分别利用二(三甲基硅基)碳二亚胺和氰胺对氯硅烷进行碳二亚胺解和氰胺解

通过二氯硅烷与二硅基氰基胺的复分解反应,Pump 和 Rochow 首先合成出含有交替 Si—N＝C＝N—结构的聚硅碳二亚胺[174]。三年后,Klebe 和 Murray 利用氯硅烷与二(三甲基硅基)碳二亚胺反应合成了几种聚硅碳二亚胺[175]。Klebe 和 Murray 申请专利 20 年后,Riedel 等人发现聚硅碳二亚胺可用作 SiCN 陶瓷的先驱体[38,40,167,176]。

除了众所周知的二元晶态化合物 SiC 和 Si_3N_4 外,用 $SiCl_4$ 与二(三甲基硅基)碳二亚胺反应制备的硅二(碳二亚胺),$Si(NCN)_2$,是第一种 Si—C—N 三元晶态化合物。当温度大于 950℃时,$Si(NCN)_2$ 裂解生成 $Si_2N_2(NCN)$,这是迄今已知的第二种 SiCN 晶态化合物[40,167]。这些研究结果清楚地表明,碳化二亚胺在合成非氧化物陶瓷材料方面具有很高的潜力。

在存在催化剂量吡啶的条件下,从氯硅烷和二(三甲基硅基)碳二亚胺出发合成聚硅碳二亚胺,与烷氧基硅烷的水解反应形成溶胶－凝胶的过程类似[2]。碳二亚胺的反应明显优于氨解或胺解,因为它是一个在惰性气氛下的单步无盐反应,由吡啶催化,单体廉价,产率稳定[40]。根据所用氯硅烷不同,可得环状、线性或高度支化的聚倍半硅碳二亚胺[38-40,177,1781]。

近日,有研究报道了一类新型线性富碳聚硅碳二亚胺,$\dashv R^1R^2Si—NCN \vdash_n$[179]。这类先驱体聚合物的一个共同特点是都选用苯基作为取代基 R^1。材料中的碳含量由第二个取代基 R^2 来调节,它可以是苯环、甲基、氢原子或乙烯基。这种聚合物先驱体可在很长一段时间内对空气和水分保持稳定。先驱体中碳含量的增加引起最终陶瓷中碳含量的上升。高碳含量的先驱体可提高所得 SiCN 陶瓷的热稳定性,继而提升结晶温度[179]。此外,在这些 SiCN 相中,Si_3N_4 的晶化被抑制。

2.1.3.8　含 B 和含 Al 的聚硅氮烷与聚硅碳二亚胺

2.1.3.8.1　聚硼硅氮烷和聚硼硅碳二亚胺

由聚硼硅氮烷制备的四元 SiBCN 材料非常吸引人,因为它们具有极其优异的高温和氧化稳定性。研究表明,Si_3N_4 与 C 会发生固态反应:$Si_3N_4 + 3C \leftrightarrow 3SiC + 2N_2$。这会导致无硼的硅碳氮(SiCN)在 1450℃以上、0.1MPa 压力下分解,形成 SiC 和 N_2。而 B 的存在会阻碍上述反应的进行,使得 SiBCN 可保持稳定到 2000℃不分解。此外,SiBCN 陶瓷在 1600℃～1800℃不结晶。这些化合物的基本结构是聚合或环状硅氮烷,通过 C—B—C 桥梁[180-186],或由 N—B—N相连[154,187-192]。

一条 SiBCN 陶瓷的合成路线是,热解基于硼吖嗪的硅氮烷齐聚物[193-200]或硼改性的聚硅碳二亚胺[201-203]。因此,在 SiBCNO 体系中,种类繁多的有机硅聚合物先驱体被用来生产陶瓷材料,化学组成大范围可调,还引入了额外的金属成分,如钛、铝和锆[50,204]。可形成 SiBCN 陶瓷最重要的先驱体,是硅基取代硼吖嗪、聚硼硅氮烷和聚硼硅碳二亚胺。

在聚硅氮烷和聚硅碳二亚胺上的 Si 上引入反应性取代基,如氢和乙烯基,可用硼或铝对聚合物改性,用以制备四元的 Si—E—C—N(E = B, Al)陶瓷。

几项研究已经表明,在分子水平上插入硼或铝,可以改善 PDC 的高温稳定性、抗氧化性和高温力学性能[205]。

第一个 SiBCN 陶瓷先驱体分子是 Takamizawa 等人 1985 年报道的[206-208]。此后,文献先后报道了几种反应途径,均可形成含 Si、B、C 和 N 的聚合物(式 2.7)。

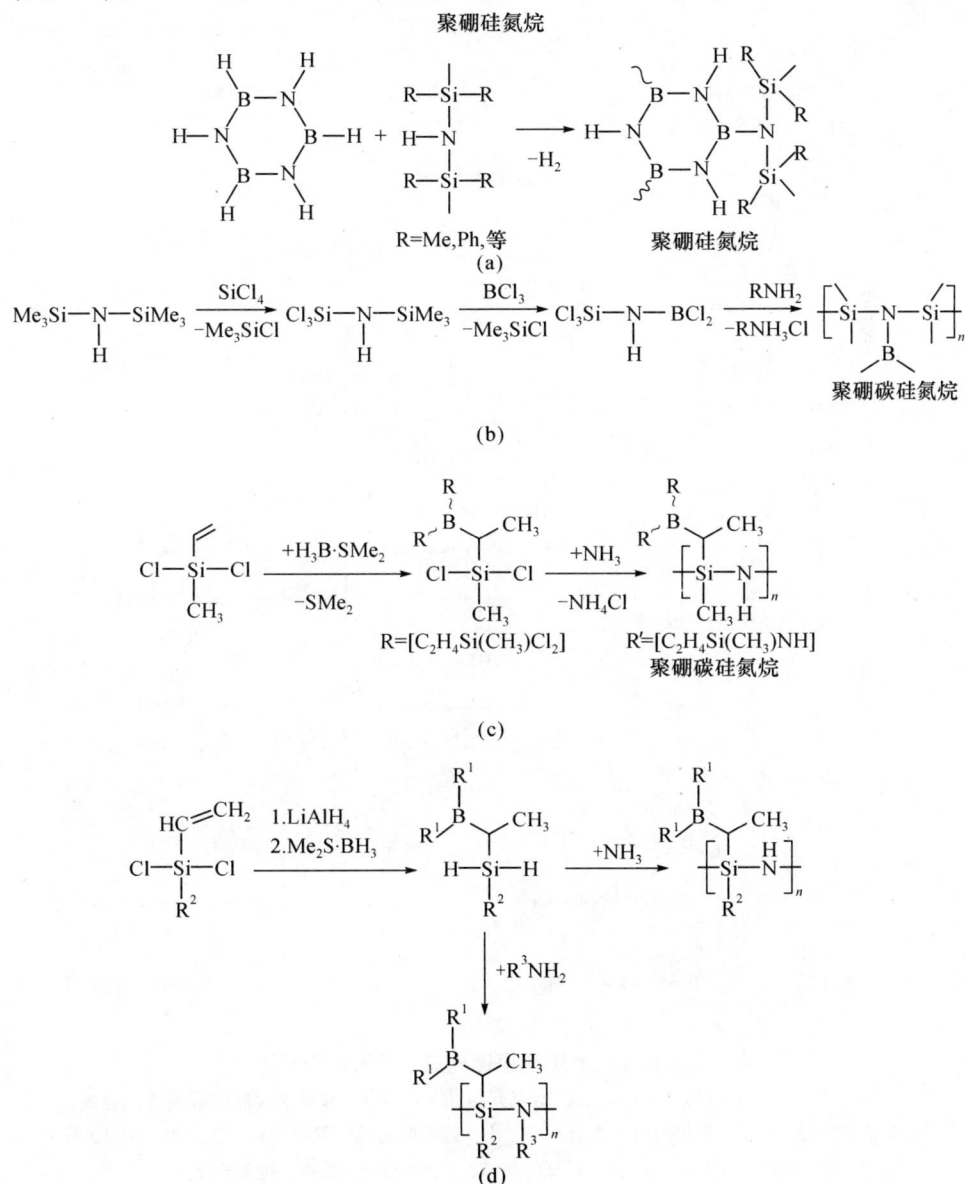

聚硼硅氮烷

R=Me,Ph,等   聚硼硅氮烷

(a)

聚硼碳硅氮烷

(b)

R=[C₂H₄Si(CH₃)Cl₂]   R'=[C₂H₄Si(CH₃)NH]
                                    聚硼碳硅氮烷

(c)

(d)

49

加成到 α-C   加成到 β-C

(e)

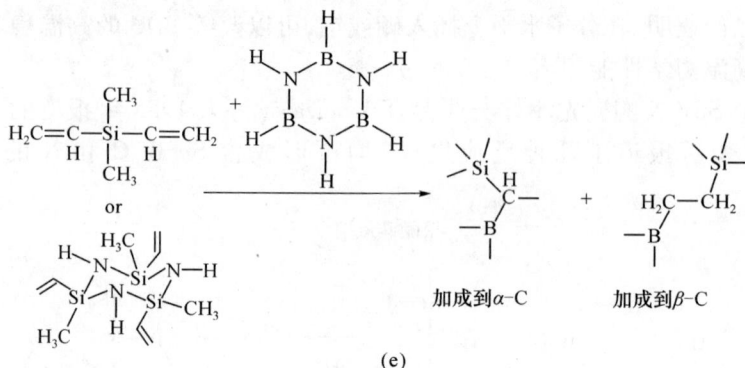

聚硼硅碳二亚胺

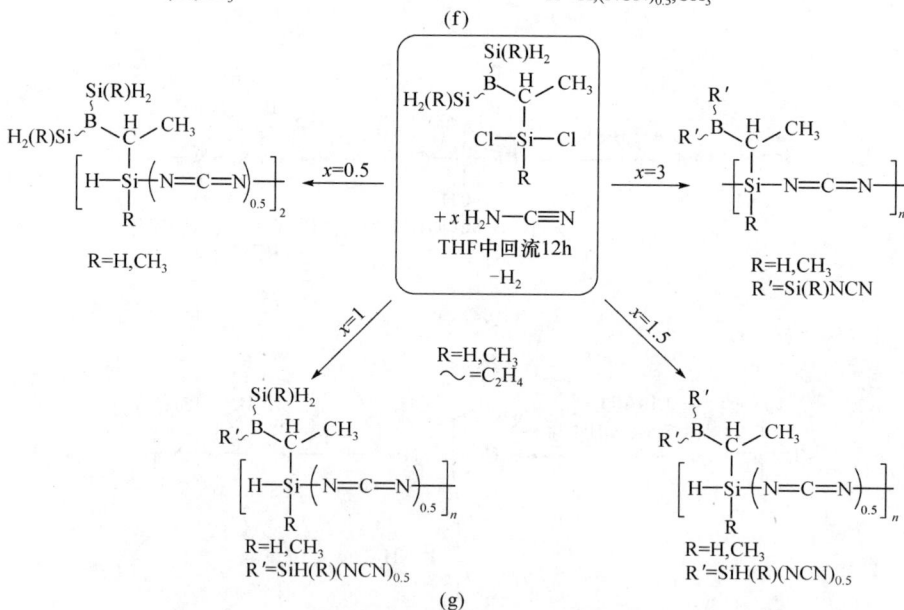

R^1=C₂H₄Si(R²)Cl₂ → R^1=[C₂H₄Si(R²)-NCN]

过量
Me₃Si-NCN-SiMe₃
-Me₃SiCl

$R^1=C_2H_4Si(R^2)Cl_2$
$R^2=H,Cl,CH_3$

$R^1=[C_2H_4Si(R^2)-NCN]$
$R^2=H,(NCN)_{0.5},CH_3$

(f)

$x=0.5$

R=H,CH₃

$+x\,H_2N-C\equiv N$
THF中回流12h
$-H_2$

R=H,CH₃
～=C₂H₄

$x=3$

R=H,CH₃
R′=Si(R)NCN

$x=1$

R=H,CH₃
R′=SiH(R)(NCN)₀.₅

$x=1.5$

R=H,CH₃
R′=SiH(R)(NCN)₀.₅

(g)

式2.7　聚硼硅氮烷和聚硼硅碳二亚胺的合成方法

（a）从硼吖嗪开始；（b）从六甲基二硅氮烷开始；（c）C—B—C 桥接聚硼碳硅氮烷的合成；
（d）氢化硅烷与氨和胺脱氢偶合反应；（e）硼吖嗪与乙烯基硅烷和三乙烯基环三
硅氮烷的硼氢化反应；（f）聚硼硅碳二亚胺的非水溶胶－凝胶合成；
（g）聚硼硅碳二亚胺的脱氢偶合合成。

50

利用硼烷二甲硫醚配合物（$BH_3 \cdot SMe_2$）与环状三甲基硅氮烷（（SiMeH—NH）$_3$）脱氢偶合，Seyferth 于 1990 年获得了第一个 SiBCN 先驱体聚合物[193,195]。1993 年，Sneddon 等人[196,197,199,200,209]详细研究了由硼吖嗪直接与聚硅氮烷相连制备 SiBCN 聚合物的路线，如式 2.7（a）所示。Srivastava[194] 和 Haberecht[210,211]发表了从官能化硼吖嗪出发的替代合成路线。

Jansen 等人在 1992 年报道了聚硼硅氮烷的合成[188-191,212]。如式 2.7（b）所示，从六甲基二硅氮烷、$SiCl_4$ 和 BCl_3 出发，经历两步反应，得到一种新型 SiBCN 先驱体，收率 80%。结构中包含通过 HN—B 和 N（CH_3）B 相连所得的 Si_3（NCH_3）$_3$ 六元环[188-191]。由该先驱体制备 SiBCN 陶瓷的产率为 50%，产物在1900℃不结晶[192]。

最近，有报道称可通过类似的反应，以 $Cl_3SiNMeBCl_2$（DMTA）为单源先驱体，连续合成高稳定的 SiBNC 陶瓷[213]。该反应基于四氯化硅和甲胺的一系列气相反应过程。DMTA 在 −78℃ 正己烷中氨解，聚合得到聚硼硅氮烷（$SiBN_{2.4}C_{2.5}H_{8.8}$），热解可得 $SiBN_{2.3}C_{1.7}$ 陶瓷，产率 56%。

Riedel 等人[182,205,214,215] 和 Kienzle[181]分别报道了氨解三（二氯甲基硅乙烯）硼烷[$B（C_2H_4Si（CH_3）Cl_2）_3$，$C_2H_4 = CHCH_3$，CH_2CH_2]制备聚硼硅氮烷的方法，如式 2.7（c）所示。C—B—C 桥链的聚硼碳硅氮烷陶瓷产率为 85%，产物组成为 $Si_3BC_4N_2$，具有优良的热稳定性，在 ~1750℃ 不结晶，1950℃ 以下性能不退化。

（$H_2C = CH$）$Si（CH_3）Cl_2$ 与 $H_2BCl \cdot SMe_2$ 或 $HBCl_2 \cdot SMe_2$ 硼氢化反应，然后氨解，可得高度支化的富氮聚合物[216-218]。B∶Si 从 1∶2 改为 1∶1，陶瓷产率从56% 上升到 76%。Weinmann 等人报道了其他类型的聚硼碳硅氮烷。这些先驱体中有额外的交联基团，即与硅相连的不是化学惰性的甲基，而是用氯和氢取代甲基[183,185,219,220]。结果陶瓷产率提高到 82% 和 85%。

如式 2.7（d）所示，$LiAlH_4$ 与氯硅烷反应形成有机硅烷，在 "BuLi 催化下脱氢偶合，也可以得到 SiBCN 聚合物先驱体[184,221]。近年来，一些含硼聚硅氮烷和聚碳硅氮烷也是通过氢化硅烷的脱氢偶合得到的[184,222,223]。

如式 2.7（e）所示，Kim 等人开发了一种新型 SiBCN 聚合物先驱体，利用二甲基二乙烯基硅烷与硼吖嗪的硼氢化反应，形成一种可加工的无色液体聚合物，合成产率大于 85%[224]。另一种方法获得了可溶的凝胶状 SiBCN 先驱体，合成产率高达 95%，利用的是含乙烯基环状硅氮烷与硼吖嗪的硼氢化反应，无需催化剂和溶剂，也没有形成副产物[225]。

聚硼硅碳二亚胺是合成 SiBCN 陶瓷的另一类重要先驱体。如式 2.7（f）所示,三(二氯代硅基乙烯基)硼烷,$B(C_2H_4SiRCl_2)_3$,与过量的二(三甲基硅基)碳二亚胺反应,可成功地合成聚硼硅碳二亚胺[148,201,202]。遗憾的是,从这些聚合物中获得的陶瓷不具备令人满意的超高温性能,因为其热降解在 $T > 1500℃$ 已经开始。初步研究表明,退化温度在很大程度上依赖于样品的氮含量[221]。为了控制在聚合物中的氮含量,可以让三(氢化硅基乙烯基)硼烷与氰氨(H_2N—CN)进行脱氢偶合反应,研究了从 $1:0.5$ 到 $1:3$ 的不同摩尔配比,见式 2.7 (g)[226,227]。结果表明,贫氮陶瓷抗结晶温度高达至少 1800℃,而富氮陶瓷结晶温度低于 1600℃。

2.1.3.9 SiAlCN 先驱体

如前所述,由硼改性聚硅氮烷制备的四元 SiBCN 陶瓷具有卓越的高温稳定性,热分解和抗结晶性能超越目前的 SiCN 陶瓷[180,191,205,228]。为了研究同主族元素铝取代元素硼对所得材料热稳定性的影响,几种 SiAlCN 陶瓷先驱体被合成出来[229-236]。1987 年,Paine 及其同事合成了二聚体$[(Me_3Si)_2AlNH_2]_2$,并研究了其裂解形成的 SiC/AlN 混合物[229-231]。Schmidt 等人[232,233]用烷基铝化合物与 1,3,5 - 三甲基 - 1,3,5 - 三乙烯基环三硅氮烷反应(式 2.8),获得了一个单源先驱体并制备出 SiC/AlN 陶瓷,然后利用 ^{27}Al 和 ^{29}Si NMR 研究了化合物的结构[234]。结果表明,与 h - BN 不同,形成的 AlN 为纤锌矿晶型。因为不同的晶格参数,AlN 不与石墨互溶。因此,预计 SiAlCN 具有不同的热稳定性和相演变规律。

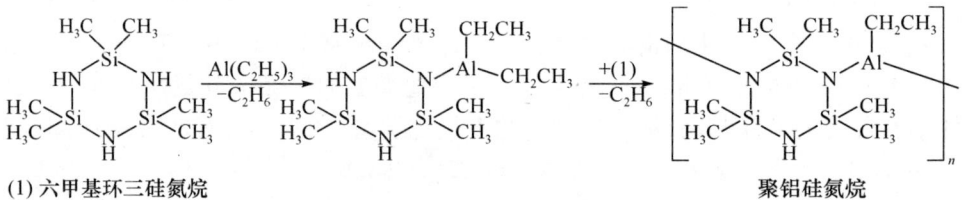

(1)六甲基环三硅氮烷   聚铝硅氮烷

式 2.8　聚铝硅氮烷的合成

Seyfert 等人[235]用硅氮烷齐聚物 $[CH_3Si(H)NH]_n$ 与 $(CH_3)_3Al$ 或 $(CH_3)_2AlNH_2$ 反应,高产率地合成了聚铝硅氮烷,并将产物转化为 SiAlCN 陶瓷(式 2.9)。

通过调节聚铝硅氮烷的分子结构、热解气氛以及最终裂解温度,可以调节陶瓷的组成和性质。由于较低的烷基化活性和存在—NH_2 交联基团,用 $(CH_3)_2AlNH_2$ 取代 $(CH_3)_3Al$ 合成聚铝硅氮烷具有较多优势。

Berger 等人[237]用多核固态核磁共振光谱(^{13}C,^{29}Si,^{27}Al,^{1}H)和 EPR 以及

式 2.9　聚铝硅氮烷的化学合成方法

红外光谱研究了铝改性聚氢化乙烯基硅氮烷热解转化为 SiAlCN 的过程。此外，还对比研究了不同铝改性的聚硅氮烷和聚硅碳二亚胺(式 2.10)[237]。

式 2.10　利用铝氢化与脱氢偶合反应合成含铝的聚硅氮烷和聚硅碳二亚胺[237]

从合适的聚硅氮烷开始可以合成含铝的聚合物(式 2.10(a))，利用的是硅原子上乙烯取代基的铝氢化反应和随后 N—H 活性位的脱氢偶合反应(式 2.10(b))。两类不同的聚硅碳二亚胺可用于合成含铝聚合物，第一类在硅原子上含有乙烯取代基，第二类在硅原子上含有氢取代基(式 2.10(a))。

Sugahara 等人报道了几种聚铝硅氮烷。在第一种方法中，聚合物通过脱氢偶合反应制备，或者由全氢聚硅氮烷(Perhydropolysilazane，PHPS)与笼状聚乙基铝氮烷(Poly(ethyliminoalane)，(HAlNEt)$_n$，PEIA，n 主要是 8)，在不同硅/铝比(Si/Al = 3, 1, 1/3)条件下反应制备[238]。

另一种合成 SiAlCN 先驱体的可能路径是铂催化硅氢化反应，即聚烯丙基铝氮烷-co-乙基铝氮烷{[HAlN(allyl)]$_m$[HAlN(ethyl)]$_n$，AE-alane}和 1,3,5,7-四氢-1,3,5,7-四甲基环四硅氮烷{[Me(H)SiNH]$_4$，TCS}发生硅氢化反应[239]。近日，有研究在两种硅/铝比(1 和 5)条件下，用三甲胺铝烷配合物，

$AlH_3 \cdot NMe_3$,对全氢聚硅氮烷(PHPS)进行了脱氢偶合反应改性,并在 N_2 气氛下研究了其裂解特性[240]。

2.1.3.10 含铝和含硼的聚硅氧烷

与 SiCN 陶瓷领域的结果类似,铝或硼插入聚硅氧烷制备的 SiCO 陶瓷,预计将提高耐温性和抗氧化性。因此,已有多种尝试合成含硼和含铝聚硅氧烷。

例如,Liebau 等人通过 1,3,5,7 - 四甲基 - 1,3,5,7 - 四乙烯基环四硅氧烷与二甲硫醚硼烷配合物的硼氢化加成反应,制备了 SiBCO 先驱体聚合物[241]。依据不同 Si/B 比可得不同交联度。

近日,又有研究报道了另外一条合成 SiBCO 先驱体的路线[242]。该先驱体通过两步反应合成(式 2.11),即利用乙烯基二氯硅烷的硼氢化反应得到三[1 - (二氯甲基硅基)乙基]硼烷,与甲醇反应,随后在不同数量的水中水解。通过调节交联度,可以调整聚合物的流变性能,使其适合于纺丝过程。交联程度受式 2.11中水解反应中所用水量的影响。

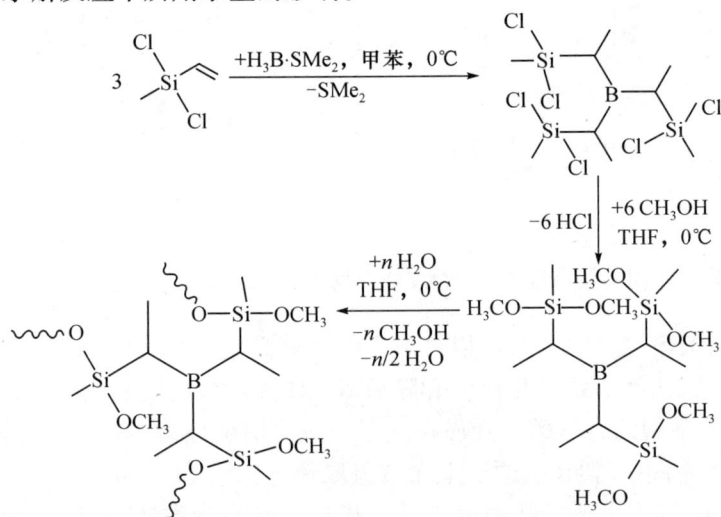

式 2.11 三[1 -(二氯甲基硅基)乙基]硼烷的水解与缩聚合成聚硼硅氧烷

Soraru 等人[243-246]和 J. Rubio 等人[247]通过溶胶 - 凝胶工艺合成了几种 SiBCO 的先驱体。在不同比例下,甲基三乙氧基硅氧烷与硼酸反应,或者乙氧基硅烷与三乙基硼酸盐反应,都可以制备出含硼先驱体。

溶胶 - 凝胶工艺适合制备硅碳氧玻璃[248-250]。这种方法也可以合成 SiAl-CO 的先驱体[251,252],其反应过程如式 2.12 所示。任意一种含有烷氧基或羟基的聚硅氧烷与氢氧化铝反应,均可生成含铝聚硅氧烷[250,253-255]。

$$N(C_2H_4O)_3Al + 3H_2O \longrightarrow Al(OH)_3 + N(C_2H_4OH)_3$$

(a)

$$-O-Si(R)(R)-OH + Al(OH)_3 \longrightarrow [-O-Si(R)(R)-O-Al(-O-Si(R)(R)-O-)(-O-Si(R)(R)-O-)-]_n + 3H_2O$$

R=CH$_3$，OH，OC$_2$H$_5$

(b)

$$-O-Si(R)(R)-OC_2H_5 + Al(OH)_3 \longrightarrow [-O-Si(R)(R)-O-Al(-O-Si(R)(R)-O-)(-O-Si(R)(R)-O-)-]_n + 3C_2H_5OH$$

R=CH$_3$，OH，OC$_2$H$_5$

(c)

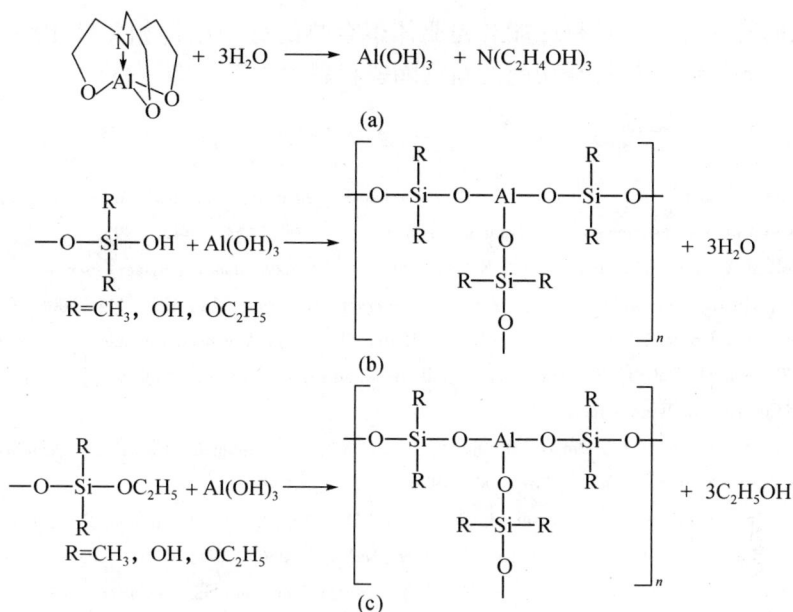

式 2.12　溶胶－凝胶法合成适宜的 SiAlCO 先驱体

瓦克化学有限责任公司的聚硅氧烷 Wacker – Bensil PMS MK（MK 聚合物）可与杂氮铝三环的水解物（式 2.12（a））反应。该聚硅氧烷包含 2%（摩尔分数）的羟基和乙氧基，其作为官能团可以与杂氮铝三环的水解物反应，形成支化聚铝硅氧烷（式 2.12（b）和式 2.12（c））。

最近有文献报道了一种耐高温 SiAlCO 纤维的制备过程[256]。聚硅氧碳硅烷在氮气大气压力下与乙酰丙酮铝反应，反应温度超过 300℃，制得聚铝氧碳硅烷，再纺成纤维[257]。Yu 等人报道了一种类似的合成方法，即通过聚二甲基硅烷与乙酰丙酮铝反应制备含铝先驱体，最终得到 SiAlCO 纤维[258]。

2.1.3.11　结语与展望

综上所述，有机硅聚合物陶瓷先驱体为合成新的陶瓷体系提供了独特路径，不仅有 Si—C—O 和 Si—C—N，还包括 Si—E—C—O 和 Si—E—C—N（E＝B，Al）体系。这些陶瓷不能用传统方法（如固态反应）来制备。

此外，有机硅聚合物是最重要的一类先驱体聚合物。在合适条件下热分解有机硅聚合物所得材料称为先驱体陶瓷。陶瓷组成可通过有机硅聚合物的分子设计与合成来调节。聚合物的分子结构和组成直接影响陶瓷产率、微观结构以及陶瓷材料的组成。有机硅聚合物中引入额外的元素，可以显著影响先驱体及其陶瓷的物理特性。材料性能与先驱体聚合物的分子结构相关性很强,这为设计具有优异热性能与特殊功能的新型陶瓷材料提供了机会。

2.1.3.12　参考文献

[1] Birot, M., Pillot, J. P., Dunogues, J., "Comprehensive chemistry of polycarbosilanes, Polysilazane, and Polycarbosilazanes as Precursors of Ceramics", *Chem. Rev.*, 95, 1443 – 1447, 1995.

[2] Riedel, R., Mera, G., Hauser, R., Klonczynski, A., "Silicon – based polymer – derived ceramics synthesis properties and applications – A review", *J. Ceram. Soc. Jpn*, 114, 425 – 444, 2006.

[3] Riedel, R., Ionescu, E., Chen, I. – Wei, "Modern Trends in Advanced Ceramics" in *Ceramics Science and Technology*, Vol. 1: Structures, Eds. Ralf Riedel and I. – Wei Chen, 2008 Wiley – VCH Verlag GmbH &Co. KGaA, Weinheim.

[4] Yajima, S., Hayashi, J., Omori, M. and Okamura, K., "Development of a Silicon Carbide Fiber with High Tensile Strength", *Nature*, 261, 683, 1976.

[5] Yajima, S., Hasegawa, X, Hayashi, J. and Huma, M., "Synthesis of Continuous SiC Fibers with High Tensile Strength and Young's Modulus", *J. Mater. Sci.*, 13, 2569, 1978.

[6] Yajima, S., Hasegawa, Y. and Iimura, M., "Synthesis of Continuous Silicon Carbide Fibre. Part 2. Conversion of Polycarbosilane Fibre into Silicon Carbide Fibres", *J. Mater. Sci.*, 15, 720, 1980.

[7] Martinez – Crespiera, S., Mera, G., Riedel, R., "Polymer derived ceramic microelectromechanical systems (MEMS)", in *design, processing and properties of advanced ceramics derived from preceramic polymers*, in press 2008.

[8] Yajima, S., Hayashi, J. and Omori, M., "Continuous Silicon Carbide Fiber of High Tensile Strength", *Chem. Lett.*, 931, 1975.

[9] Yajima, S., Hayashi, J. and Omori, M., "Silicon carbide fibers", Ger. Offen. DE 2618150 1976.

[10] Yajima, S., Hayashi, J. and Omori, M., "High – molecular – weight organosilicon compounds", Ger. Offen. DE 2618246 1976.

[11] Miller, R. D. and Michl, J., "Polysilane High Polymers", *Chem. Rev.*, 89, 1359,1989.

[12] Miller, R. D., "Polysilanes – A new look at some old materials", *Angew. Chem.*, 101, 1773, 1989.

[13] West, R., "The Polysilane High Polymers", *J. Organomet. Chem.*, 300, 327, 1986.

[14] Shilling, Jr. C. L., Wesson, J. P. and Williams, T. C., "Polycarbosilane Precursors for Silicon Carbide", *Am. Ceram. Soc. Bull.*, 62, 912, 1983.

[15] Boury, B., Carpenter, L. and Corriu, R. J. P., "Ein neuer Weg zu SiC – Keramik – Vorstufen durch katalytische Synthese von präkeramischem Polymer", *Angew. Chem.*, 102, 818, 1990.

[16] Whitmarsh, C. K. and Interrante, L. V., "Synthesis and structure of a highly branched polycarbosilane derived from (chloromethyl) trichlorosilanes", *Organometallics*, 10, 1336, 1991.

[17] Boury, B., Corriu, R. J. P. and Douglas, W. E., "Poly(carbosilane) precursors of silicon carbide: the effect of cross – linking on ceramic residue", *Chem. Mater.*, 3, 487, 1991.

[18] Boullion, E., Pailler, R., Naslain, R., Bacqué, E., Pillot, J. – P., Birot, M., Dunoguès, J. and Huong, P. V., "New poly (carbosilane) models. 5. Pyrolysis of a series of functional poly (carbosilanes)", *Chem. Mater.*, 3, 356, 1991.

[19] Seyferth, D. and Lang, H. , "Preparation of preceramic polymers via the metalation of poly(dimethyl-silene)" ,*Organometallics*, 10, 551, 1991.

[20] Seyferth, D. , Tasi, M. and Woo, H. - G. , "Poly(vinylsilane), [$CH_2CH(SiH_3)$] n : Preparation, Characterization, and Utilization as a Preceramic Polymer", *Chem. Mater.* , 7, 236, 1995.

[21] Noll, W. J. , "*Chemistry and technology of silicones*", Academic Press, 1968.

[22] Zeldin, M. In "*Encyclopedia of Materials Science and Engineering*", BeverMB (ed.). Pergamon Press: Oxford, 1986.

[23] Kendrick, T. C. , Parbhoo, B. and White, J. W. In "*The chemistry of organic silicon compounds*", Patai S. and Rappoport Z. , (eds). John Wiley & Sons: Chichester, 1995.

[24] Corriu, R. and Jutzi, P. (eds). "*Tailor - made Silicon - Oxygen Compounds—from Molecules to Materials*", Vieweg & Sohn: Braunschweig/Wiesbaden, Germany, 1996.

[25] Popper, P. , "Newelectrical ceramics and inorganic polymers", *Brit. Ceram. Res. Assn. Special Publ.* , 57, 1, 1967.

[26] Verbeek, W. , "Production of shaped articles of homogeneous mixtures of silicon carbide and nitride", Ger. Offen. 2 218 960, 1973 (Bayer AG), Nov. 8, U. S. Pat. No. 3853567, 1973.

[27] Seyferth, D. , Wiseman, G. H. and Prud'homme, C. , "A liquid silazane precursor to silicon nitride" ,*J. Am. Ceram. Soc.* , 66, C - 13, 1983.

[28] Seyferth, D. , Wiseman, G. H. , and Prud'homme, C. , "Silicon - nitrogen polymers and ceramics derived from reactions of dichlorosilane, H_2SiCl_2 ", *Mater. Sci. Res.* , 17, 263, 1984.

[29] Seyferth, D. and Wiseman, G. H. , "High - Yield Synthesis of Si_3N_4/SiC Ceramic Materials by Pyrolysis of a Novel Polyorganosilazane", *J. Am. Ceram. Soc.* , C 132, 1984.

[30] Blum, Y. D. , Schwartz, K. B. and Laine, R. M. , "Preceramic polymer pyrolysis. Part 1 Pyrolytic properties of polysilazanes" ,*J. Mater. Sci.* , 24, 1707, 1989.

[31] Werner, E. , Klingebiel, U. , Pauer, F. , Stalke, D. , Riedel, R. and Schaible, S. , "Cyclosilazanes as Precursors of Si_3N_4 - Ceramics", *Z. Anorg. Allg. Chem.* , 596, 35, 1991.

[32] Huggins, J. , "Polyorganosilazanes, process for their preparation and a process for making ceramic material" ,*Ger. Offen.* DE 4114217A1, 1992.

[33] Lavedrine, A. , Bahloul, D. , Goursat, P. , Choong Kwet Yive,N. S. , Corriu, R. J. P. , Leclercq, D. , Mutin, P. H. , and Vioux, A. , "Pyrolysis of polyvinylsilazane precursors to silicon carbonitride", *J. Eur. Ceram. Soc.* , 8, 221,1991.

[34] Choong Kwet Yive, N. S. , Corriu, R. J. P. , Leclercq, D. , Mutin, P. H. and Vioux, A. , "Polyvinylsilazane: A novel precursor to silicon carbonitride" ,*New J. Chem.* , 15, 85, 1991.

[35] Vaahs, T. , Brück, M. and Böcker, W. D. G. , "Polymer - derived silicon nitride and silicon carbonitride fibers", *Adv. Mater.* , 4, 224, 1992.

[36] Bahloul, D. , Pereira, M. , Goursat, P. , Choong Kwet Yive, N. S. and Corriu, R. J. P. , "Preparation of Silicon Carbonitrides from an Organosilicon Polymer. I. Thermal Decomposition of the Cross - linked Polysilazane" ,*J. Am. Ceram. Soc.* , 76, 1156, 1993.

[37] Kroke, E. , Li, Y. - L. , Konetschny, C. , Lecomte, E. , Fasel, C. , Riedel, R. , "Silazane derived ceramics and related materials" ,*Mater. Sci. Eng.* , R 26, 97, 2000.

[38] Gabriel, A. O. , Riedel, R. , Storck, S. and Maier,W. F. , "Synthesis and thermally induced ceramiza-

tion of a non − oxidic poly − (methylsilsesquicarbodiimide) gel ", *Appl. Organomet. Chem.* , 11 , 833 , 1997.

[39] Gabriel, A. O. , Riedel, Dressler, W. , Reichert, S. , "Thermal decomposition of poly (methylsilsesquicarbodiimide) to amorphous Si − C − N ceramics", *Chem. Mater.* , 11 , 412 − 420 , 1999.

[40] Riedel, R. , Kroke, E. , Greiner, A. , Gabriel, A. O. , Ruwisch, L. , Nicolich, J. and Kroll, P. , "Inorganicsolid − state chemistry with main group element carbodiimides", *Chem. Mater.* , 10 , 2964 , 1998.

[41] Riedel, R. , Gabriel, A. O. , "Synthesis of polycrystalline silicon carbide by a liquid − phase process", *Adv. Mater.* , 11 , 3 , 207 − 209 , 1999.

[42] Schuhmacher, J. , Weinmann, M. , Bill, J. , Aldinger, F. , Müller, K. , "Solid − state NMR studies of the preparation of Si − C − N ceramics from polysilylcarbodiimide polymers", *Chem. Mater.* , 10 , 3913 , 1998.

[43] Amkreutz, M. and Frauenheim, T. , "Understanding precursor − derived amorphous Si − C − N ceramics on the atomic scale" ,*Phys. Rev. B* , 65 , 134113 , 2002.

[44] De Brito − Mota, F. , Justo, J. F. and Fazzio, A. , "Structural properties of amorphous silicon nitride" , *Phys. Rev. B* , 58 , 8323 , 1998.

[45] Kroll, P. , "Modelling polymer − derived ceramics" ,*J. Eur. Ceram. Soc.* , 25 , 163 , 2005.

[46] Matsunaga, K. , Iwamoto, Y. and Fisher, C. A. J. , Matsubara, H. , "Molecular Dynamics Study of Atomic Structures in Amorphous Si − C − N Ceramics" ,*J. Ceram. Soc. Jpn.* , 107 , 1025 , 1999.

[47] Sarntheim, J. , Pasquarello, A. and Car, R. , "Structural and Electronic Properties of Liquid and Amorphous SiO_2 : An Ab Initio Molecular Dynamics Study" ,*Phys. Rev. Lett.* , 74 , 4682 , 1995.

[48] Umesaki, N. , Hirosaki, N. and Hirao, K. , "Structural characterization of amorphous silicon nitride by molecular dynamics simulation" ,*J. Non − Cryst. Solids* , 150 , 120 , 1992.

[49] Zachariasen, W. H. , "The atomic arrangement in glass", *J. Am. Chem. Soc.* , 54 , 3841 , 1932.

[50] Peuckert, M. , Vaahs, T. and Bruck, M. , "Ceramics from organometallic polymers" ,*Adv. Mater.* , 2 (9) , 398 , 1990.

[51] Wills, R. R. , Markle, R. A. and Mukherjee, S. P. , "Siloxanes, silanes, and silazanes in the preparation of ceramics and glasses" ,*Am. Ceram. Soc. Bull.* , 62 , 904 , 1983.

[52] Yajima, S. , "Special Heat − Resisting Materials from Organometallic Polymers" ,*Am. Ceram. Soc. Bull.* , 62 (8) , 893 , 1983.

[53] Hasegawa, Y and Okamura, K. , "Synthesis of continuous silicon carbide fibre. Part 3. Pyrolysis process of polycarbosilane and structure of the products" ,*J. Mater. Sci.* , 18 , 3633 , 1983.

[54] West, R. , p. 235 in *"Ultrastructure Processing of Ceramics, Glasses and Composites"* , Edited by Hench L. L. and Ulrich D. R. , Wiley Interscience, New York, 1984.

[55] Schwartz, K. B. , Roweliffe, D. J. , Blum, Y. D. and Laine, R. M. , "Thermal conversion of preceramic polysilazanes to silicon nitride ($Si_3 N_4$) : Characterization of pyrolysis products", *Mater. Res. Soc. Symp. Proc.* , 73 , 407 , 1986.

[56] Legrow, G. E. , Lim, T. F. , Lipowitz, J. and Reoach, R. S. , "Ceramics from hydridopolysilazane", *Am. Ceram. Soc. Bull.* , 66 , 363 , 1987.

[57] Song, Y. C. , Hasegawa, Y. , Yang, S. Y. and Sato, M. , "Ceramic fibres from polymer precursor containing Si − O − Ti bonds. Part 1. The formation mechanism and the pyrolysis of the polymer" ,*J. Mater.*

Sci. , 23 , 1911 , 1988.

[58] Hasegawa, Y. , "Synthesis of continuous silicon carbide fibre. Part 6. Pyrolysis process of cured polycarbosilane fibre and structure of SiC fibre" , *J. Mater. Sci.* , 24 , 1177 , 1989.

[59] Aylett, B. J. , "Silicon – nitrogen polymers" , *Organomet. Chem. Rev.* , 3 , 151 , 1968.

[60] Yajima, S. , Hayashi, J. and Okamura, K. , "Pyrolysis of a polyborodiphenylsiloxane" , *Nature (London)* , 266 , 521 , 1977.

[61] Seyferth, D. and Wisemann, G. H. , p. 354 in *Science of Ceramic Chemical Processing* , Edited by Hench L. L. and Ulrich D. R. , Wiley Interscience, New York, 1986.

[62] Laine, R. M. , Blum, Y. D. , Chow, A. , Hamlin, R. , Schwartz, K. B. and Rowcliffe, D. J. , "Catalytic synthesis of novel polysilazanes including precursors to silicon nitride" , *Polym. Prepr.* , 28 , 393 , 1987.

[63] Czekaj, C. L. , Hackney, M. L. J. , Hurley Jr. , W. J. , Interrante, L. V. , Sigel, G. A. , Schields, P. J. and Slack, G. A. , "Preparation of silicon carbide/aluminum nitride ceramics using organometallic precusors" , *J. Am. Ceram. Soc.* , 73 , 352 , 1990.

[64] Rahn, J. A. , Laine, R. M. and Zhang, Z. F. , "The catalytic synthesis of inorganic polymers for high – temperature applications and as ceramic precursors" , *Mater. Res. Soc. Symp. Proc.* , 171 , 31 , 1990.

[65] Emsley, R. J. P. , Sharp, J. H. and Bailey, J. E. , p. 139 in *British Ceramic Society Proceedings, Fabrication Technology* , Edited by Davidge R. W. and Thompson D. P. , The Institut of Ceramics, Stoke – on – Trent, U. K. 1990.

[66] Buff, H. ; Wöhler, F. "Über neue Verbindungen des Siliciums" , *Liebigs Ann. Chem.* , 104 , 94 , 1857.

[67] Artikel Jöns Jakob Berzelius. In: Wikipedia, Die freie Enzyklopädie. Bearbeitungsstand: 19. Juli 2008 , 14:37 UTC. URL: http://de. wikipedia. org/w/index. php? title = J%C3%B6ns_Jakob_Berzelius&oldid = 48569444 (Abgerufen: 26. September 2008 , 14:54 UTC) ; Wikipedia contributors. Friedrich Wöhler. Wikipedia, The Free Encyclopedia. September 24 , 2008 , 15:50 UTC. Available at: http://en. wikipedia. org/w/index. php? title = Friedrich _ W%C3% B6hler&oldid = 240696614. Accessed September 26 , 2008.

[68] Zeldin, M. , Wynne, K. J. , Allcock, H. R. , "*Inorganic and Organometallic Polymers*" , ACS Symposium Series, Vol. 368, American Chemical Society, Washington, DC 1988.

[69] Kipping, F. S. "Organicderivatives of silicon. Part XXV. saturated and unsaturated siliconhydrocarbons, Si_4Ph_8" , *J. Chem. Soc.* , 119 , 830 , 1921.

[70] Kipping, F. S. , "Organic derivatives of silicon. Part XXX. Complex silicohydrocarbons [$SiPh_2$]$_n$" , *J. Chem. Soc.* , 125 , 2291 , 1924.

[71] Wesson, J. P. , Williams, T. C. , "Organosilane polymers. I. Poly(dimethylsilylene)" , *J. Polym. Sci. , Polym. Chem. Ed.* , 17 , 2833 , 1979.

[72] West, R. , David, L. , Djurovich, P. I. , Stearly, K. L. , Srinivasan, K. S. , Yu, H. J. , "Phenylmethylpolysilanes: formable silane copolymers with potential semiconducting properties" , *J. Am. Chem. Soc.* , 103 , 7352 , 1981.

[73] Trujillo, R. E. , "Preparation of long – chain poly(methylphenylsilane)" , *J. Organomet. Chem.* , 198 , C27 , 1980.

[74] Zeigler, J. M. , "Emission spectra of polysilanes" , *Polym. Prepr.* , 27 , 356 , 1986.

[75] Harrah, L. A. and Zeigler, J. M. , "Electronic spectra of polysilanes" , *Macromolecules*, 20 , 601 , 1987.

[76] Miller, R. D. and Sooriyakumaran, R. , "Alkoxy – substituted poly(diarylsilanes) : thermochromism and solvatochromism" , *Macromolecules*, 21 , 3120 , 1988.

[77] Horguchi, R. , Onishi, Y. and Hayase, S. , "High molecular weight polysilanes with phenol moieties" , *Macromolecules*, 21 , 304 , 1988.

[78] Fujino, M. , Hisaki, T. , Fujiki, M. and Matsumoto, N. , "Preparation and characterization of anovel organopolysilane: (3 ,3 ,3 – Trifluoropropyl) – methylpolysilane" , *Macromolecules*, 25 , 1079 , 1992.

[79] Pannell, K. H. , Rozell, J. M. and Zeigler, J. M. , "Ferrocenyl containing polysilanes" , *Macromolecules*, 21(1) , 276 , 1988.

[80] Jones, R. G. , Holder, S. J. , "*Synthesis of polysilanes by the Wurtz reductive – coupling reaction in silicon – containingpolymers*" , Kluwer Academic Publishers, p. 353 – 373 and references therein, 2000.

[81] Kawabe, T. , Naito, M. and Fujiki, M. , "Multiblockpolysilane copolymers: One – pot Wurtz synthesis, fluoride anion – induced block – selective scission experiments, and spectroscopic characterization" , *Macromolecules*, 41 , 1952 – 1960 , 2008.

[82] Herzog, U. and West, R. , "Heterosubstituted Polysilanes" , *Macromolecules*, 32 , 2210 ÷ 2214 , 1999.

[83] Jones, R. G. and Holder, S. J. , "High – yield controlled syntheses of polysilanes by the Wurtz – type reductive coupling reaction" , *Polym. Int.* , 55 , 711 – 718 , 2006.

[84] Goffin, B. L. , Hevesi, L. and Devaux, J. "Graphite – potassium, a new reagent for the synthesis of polysilanes" , *J. Chem. Soc. , Chem. Commun.* , 769 , 1995.

[85] Jones, R. G. , Benfield, R. E. , Evans, P. J. and Swain, A. C. , "Poly(methylphenylsilane) with an enhanced isotactic content prepared using the graphite intercalation compound C8K" , *J. Chem. Soc. , Chem. Commun.* , 1465 , 1995.

[86] Aitken, C T. , Harrod, J. F. and Samuel, E. , "Polymerization of primary silanes to linear polysilanes catalyzed by titanocene derivatives" , *J. Organomet. Chem.* , 279 , C11 , 1985.

[87] Aitken, C. T. , J. F. Harrod, and E. Samuel, "Identification of some intermediates in the titanocene – catalyzed dehydrogenative coupling of primary organosilanes" , *J. Am. Chem. Soc.* , 108 , 4059 , 1986.

[88] Starfire Systems, Inc. http://www. starfiresystems. com/.

[89] Shiina, K. ; Kumada, M. "Thermal Rearrangement of Hexamethyldisilane to Trimethyl(dimethylsilylmethyl)silane" , *J. Org. Chem.* , 23 , 139 , 1958.

[90] Chen, J. , He, G. , Liao, Z. , Zeng, B. , Ye, J. , Chen, L. , Xia, H. , Zhang, L. , "Control of structure formation of polycarbosilane synthesized from polydimethylsilane by Kumada rearrangement" , *J. Appl. Polym. Sci.* , 108 [5] , 3114 – 3121 , 2008.

[91] Gozzi, M. F. and Yoshida, I. V. P. , "Thermal and Photochemical Conversion of Poly(methylsil ane) to Polycarbosilane" , *Macromolecules*, 28 , 7235 – 7240 , 1995.

[92] Ohshita, J. , Kunai, A. , "Polymers with alternating organosilicon and conjugated units" , *Acta Polym.* , 49 , 379 – 403 , 1998.

[93] Nate, K. ,. Inoue, T. , Sugiyama, H. , Ishikawa, M. , "Organosilicon deep UV positive resist consisting of poly(p – disilanylenephenylene)" , *J. Appl. Polym. Sci.* , 34 , 2445 , 1987.

[94] Iwahara, T. , Hayase, S. , West, R. , "Synthesis and properties of ethynylene – disilanylene copolymers" , *Macromolecules*, 23 , 1298 , 1990.

[95] Corriu, R. J. P. , Guerin, C. , Henner, B. , Kuhlmann, T. , Jean, A. , "Organosilicon polymers: synthesis of poly[(silanylene) diethynylene] s with conducting properties", *Chem. Mater.* , 2, 351, 1990.

[96] Ohshita, J. , Kanaya, D. , Ishikawa, M. , Yamanaka, T. , "Polymeric organosilicon systems. VI. Synthesis and properties of transpoly[(disilanylene) ethenylene]", *J. Organomet. Chem.* , 369, C18, 1989.

[97] Bacque, E. , Pillot, J. , Birot, M. , Dunogues, J. , "New polycarbosilane models. 1. Poly[(methylchlorosilylene) methylene] , a novel, functional polycarbosilane", *Macromolecules*, 21, 30, 1988.

[98] Kim, Y. H. , Gal. , Y. S. , Kim, U. Y. , Choi, S. K. , "Cyclopolymerization of dipropargylsilanes by transition – metal catalysts", *Macromolecules*, 21, 1991, 1988.

[99] Barton, T. J. , Shinar, J. , Ijadi – Maghsoodi, S. , Ni, Q. X. , Pang, Y. , "Synthesis and study of a polysilole", *Synth. Met.* , 28, C593, 1989.

[100] Weber, W. P. , Zhank, X. , Zhou, Q. , Horvath, R. F. , Chan, T. H. , Manuel, G. , "Anionic ring – opening polymerization of sila – and germacyclopent – 3 – enes", *Macromolecules*, 21, 1563, 1988.

[101] Zhou, Q. , Manuel G. and Weber, W. P. , "Copolymerization of 1,1 – dimethyl – 1 – silacyclopent – 3 – ene and 1,1 – diphenyl – 1 – silacyclopent – 3 – ene. Characterization of copolymer microstructures by proton, carbon – 13, and silicon – 29 NMR spectroscopy", *Macromolecules*, 23, 1583, 1990.

[102] Park, Y. T. , Manuel G. and Weber, W. P. , "Anionic ring – opening polymerization of 1,1,3 – trimethyl – 1 – silacyclopent – 3 – ene. Effect of temperature on poly(1,1,3 – trimethyl – 1 – sila – cis – pent – 3 – ene) microstructure", *Macromolecules*, 23, 1911, 1990.

[103] Zhou, S. Q. and Weber, W. P. , "Anionic polymerization of 1 – methyl – 1 – silacyclopent – 3 – ene. Characterization of poly(1 – methyl – 1 – silacis – pent – 3 – ene) by proton, carbon – 13, and silicon – 29 NMR spectroscopy and mechanism of polymerization", *Macromolecules*, 23, 1915, 1990.

[104] Hong, H. H. and Weber, W. P. , "Synthesis and photodegradation of poly[2,5 – bis(dimethylsilyl) furan]", *Polym. Bull.* , 22, 349, 1989.

[105] Seyferth D. , "*Inorganic and Organometallic Polymers* (Macromolecules Containing Silicon, Phosphorus and Other Inorganic Elements)"; American Chemical Society: Washington, DC, 1988, 21, (and references therein).

[106] Ichikawa, H. , Ishikawa, T. , In "*Comprehensive Composite Materials*", Kelly, A. ; Zweben, C. ; Chou, T. W. , Eds. ; Elsevier: Amsterdam; Vol. 1, p 107, 2000.

[107] Abe, Y. and Gunji, T. , "Oligo – and polysiloxanes", *Progr. Polym. Sci.* , 29(3), 149, 2004.

[108] Jovanovic, J. D. , "Procedures for polysiloxanes preparation and their properties", *Tehnika* (Belgrade, Yugoslavia), 58, 4. (125), 2003.

[109] Chojnowski, J. , Cypryk, M. and Kurjata, J. , "Organic polysilanes interrupted by heteroatoms", *Progr. Polym. Sci.* , 28(5), 691, 2003.

[110] Zeigler, J. M. , "Interrupted polysilanes useful as photoresists", US Patent 4,761,464, 1988.

[111] Arkles, B. C. , "Polysilane – siloxane oligomers and copolymers and methods of making the same", US Patent 4,626,583, assigned to Petrarch Systems, Inc. , 1986.

[112] Nate, K. , Yokono, A. , Ishikawa, M. , Kumada, M. , Hitachi Ltd. "Radiosensitive andphotosensitive organic polymeric material", Japanese Patent 58,153,931; *Chem. Abstr.* , 100, 15345y, 1984.

[113] Chojnowski, J. , Kurjata, J. and Rubinsztajn, S. , "Poly(oxymultisilane) s by ring – opening polymerization. Fully methylated silicon analogues of oxirane and THF polymers", *Macromol. Chem. Rapid Com-*

mun. , 9 , 469 , 1988.

[114] Kurjata, J. and Chojnowski, J. , "Equilibria and kinetics of the cationic ring – opening polymerization of permethylated 1 ,4 – dioxa – 2 ,3 ,5 ,6 – tetrasilacyclohexane. Comparison with cyclosiloxanes", *Macromol. Chem.* , 194 , 3271 , 1993.

[115] Hurwitz, F. I. , Hyatt, L. H. , Gorecki, J. , D' Amore, L. , *11th Annual Conference on Composites, Advanced Ceramics, and Composite Materials cosponsored by the American Ceramic Society*, DOD, and NASA Cocoa Beach, Florida, January 18 – 23 , 1987.

[116] Hurwitz, F. I. , Farmer, S. C. , Terepka, F. M. , Leonhardt, T. A. , "Silsesquioxane – derived ceramic fibres", *J. Mater. Sci.* , 26 , 1247 – 1252 , 1991.

[117] Zeschky, J. , Höfner, T. , Arnold, C. , Weißmann, R. , Bahloul – Hourlier, D. , Scheffler, M. , Greil, P. , "Polysilsesquioxane derived ceramic foams with gradient porosity", *Acta Mater.* , 53 , 927 – 937 , 2005.

[118] Moretto, H. – H. , Schulze, M. , Wagner, G. , in: "Ullmann's Encyclopedia of Industrial Chemistry", Vol. A24, VCH, Weinheim, 57 , 1993.

[119] Blum, Y. D. , MacQueen, D. B. , Kleebe, H. – J. , "Synthesis and characterization of carbon – enriched silicon oxycarbides", *J. Eur. Ceram. Soc.* , 25 , 143 – 149 , 2005.

[120] Kleebe, H. – J. , Gregori, G. , Babonneau, F. , Blum, Y. D. , MacQueen, D. B. , Masse, S. , "Evolution of C – rich SiOC ceramics. Part I. Characterization by integral spectroscopic techniques Solid – state NMR and Raman spectroscopy", *Int. J. Mater. Res.* , 97[6] ,699 , 2006.

[121] Gregori, G. , Kleebe, H. – J. , Blum, Y. D. , Babonneau, F. , "Evolution of C – rich SiOC ceramics. Part II. Characterization by high lateral resolution techniques electron energy – loss spectroscopy, high – resolution TEM and energy – filtered TEM", *Int. J. Mater. Res.* , 97 [6] ,710 , 2006.

[122] Kleebe, H. – J. , Blum, Y. D. , "SiOC ceramic with high excess free carbon", *J. Eur. Ceram. Soc.* , 28[5] , 1037 , 2008.

[123] Schutzenberger, P. , Colson, A. , "Silicon", *Comptes Rendus Hebdomadaires des Seances de l' Academie des Sciences*, 93 , 1508 – 11 , 1885.

[124] Stock, A. , Somieski, K. , "Siliconhydrides, X: Nitrogen – containing compounds", *Chem. Ber.* , 54 , 740 , 1921.

[125] Brever, S. D. , Haber, C. P. , "Alkylsilazanes and some related compounds", *J. Am. Chem. Soc.* , 70 , 3888 , 1948.

[126] Osthoff, R. C. , Kantor, S. W. , "Inorg. Synth. ", 5 , 61 , 1957.

[127] Fink, W. , "Silicium – Stickstoff – Heterocyclen", *Angew. Chem.* , 1966 , 78 , 803 ; *Angew. Chem. Int. Ed.* , 5 , 760 , 1966.

[128] Rochow, E. G. , "Polymeric methylsilazanes", *Pure Appl. Chem.* , 1966 , 13 , 247.

[129] Aylett, B. J. , Burnett, G. M. , Peterson, L. K. , Ross, N. , "Synthesis of polyaryloxysilanes by melt – polymerizing dianilino – and diphenoxysilanes with aromatic diols", *SCI Monogr.* , 13 , 5 , 1961.

[130] Aylett, B. J. , in: E. P. Popper (Ed.), "Special Ceramics", Academic Press, New York, 105 , 1964.

[131] Chantrell, P. G. , Popper, E.P. , in: E. P. Popper (Ed.), "Special Ceramics", Academic Press, New York, p. 87 , 1964.

[132] Glemser, O. , Beltz, K. , Naumann, P. , "Über denthermischen abbau von siliciumdiimid Si(NH)$_2$",

Z. Anorg. Allg. Chem. , 291 , 51 , 1957.

[133] Krüger, C. R. and Rochow, E. C. , "Polyorganosilazanes" , *J. Polym. Sci.* , A2 , 3179 , 1964.

[134] Verbeek W. , and Winter, G. , "Formkoerper aus Siliciumcarbid und Verfahren zu Ihrer Herstellung" , Ger. Offen. 2236078 , 1974.

[135] Winter, G. , Verbeek W. and Mansmann, M. , "Formkoerper aus Homogenen Mischungen von Siliciumcarbid und Siliciumnitrid und Verfahren zu Ihrer Herstellung" , Ger. Offen. 2243527 , 1974.

[136] Seyferth, D. and Wiseman, G. H. , "Polysilazane routes to silicon nitride" , *Am. Chem. Soc. Polym. Div. Polym. Prep.* , 25 , 10 , 1983.

[137] Burns, G. T. , Angelotti, T. P. , Hanneman, L. F. , Chandra, G. , Moore, J. A. , "Alkyl – and aryl-silsesquiazanes: effect of the R group on polymer degradation and ceramic char composition" , *J. Mater. Sci.* , 22 , 2609 – 2614 , 1987.

[138] Andrianov, K. A. and Kotrelev, G. V. , "Synthesis and properties of organocyclosilazanes" , *J. Organomet. Chem.* , 7 , 217 , 1967.

[139] Räke, B. , Roesky, H. W. , Usón, I. and Müller, P. , "Synthesis and structure of $(CH_3Si)_6(NH)_9$: A Si – N cage made from methyltrichlorosilane and ammonia" , *Angew. Chem.* , 110 , 1508 1998; *Angew. Chem. Int. Ed.* , 37 , (10) , 1432 – 1433 , 1998.

[140] Liviu, V. and Haiduc, I. , "Ammonolysis of organotrichlorosilanes" , Stud. Univ. Babes – Bolyai , *Ser. Chem.* , 15 , 45 , 1970.

[141] Zhinkin, D. Ya. , Mal'nova G. M. and Gorislavskaya, Zh. V. , "Ammonolysis and coammonolysis of di – and trifunctional chloroorganosilanes" , *Zhurnal Obshch. Khim.* , 37 (9) , 2124 , 1967.

[142] Seyferth, D. , in *Transformation of Organometallics into Common and Exotic Materials: Design and Activation* , NATO ASI, Ser. E: Appl. Sci. – No. Vol. 141 , 1988b, R. M. Laine (Ed.) , Kluwer Publ. Dordrecht, 133.

[143] Seyferth, D. and Wiseman, G. H. , *Ultra Structure Processing of Ceramics, Glasses and Composites* , Wiley, New York, 265 , 1984.

[144] Hörz, M. , Zern, A. , Berger, F. , Haug, J. , Müller, K. , Aldinger, F. and Weinmann, M. , "Novel polysilazanes as precursors for silicon nitride/silicon carbide composites without "free" carbon" , *J. Eur. Ceram. Soc.* , 25 , 99 , 2005.

[145] KiON Speciality Polymers, http://www. kioncorp. com/.

[146] Clariant International Ltd, http://www. clariant. com.

[147] Laine, R. M. and Babonneau, F. , "Preceramic polymer routes to silicon carbide" , *Chem. Mater.* , 5 , 260 , 1993.

[148] Schumacher, J. , Müller, K. , Weinmann, M. , Bill, J. and Aldinger, F. in "Proc. Werkstoffwoche 1998, Band VII, Keramik/Simulation" , Heinrich J. , Ziegler G. , Hermel W. and Riedel R. (Eds.) Wiley – VCH, Weinheim, 321 , 1998.

[149] Schuhmacher, J. , Berger, F. , Weinmann, M. , Bill, J. , Aldinger, F. and Müller, K. , "Solid – state NMR and FTIR studies of the preparation of Si – B – C – N ceramics from boron – modified polysilazanes" , *Appl. Organomet. Chem.* , 15 , 809 , 2001.

[150] Weinmann, M. , Bill, J. and Aldinger, F. In: Proc. Werkstoffwoche 1998. Band VII, Keramik/Simulation, ed. Schuhmacher J. , Müller K. , Heinrich J, Ziegler G. , Hermel W. and Riedel H. Wiley –

VCH, Weinheim, 321, 1999.

[151] Weinmann, M. , Zern, A and, Aldinger, F. , "Stoichiometric silicon nitride/silicon carbide composites from polymeric precursors", *Adv. Mater.* , 13 (22), 1704, 2001.

[152] Weinmann, M. , "Molekulare Vorstufen für hochtemperaturstabile Si – B – C – N – Keramiken" , *Habilitation Thesis*, Universität Stuttgart , 2003.

[153] Blum, Y. D. , Laine, R. M. , "Catalytic Methods for the Synthesis of Oligosilazanes" , *Organometallics*, 5, 2081, 1986.

[154] Blum, Y. D. and Laine, R. M. , "Catalytic process for making compounds having a non – Lewis acid/ base bond between a group IIIA metal and group VA non – metal", US Pat. 4 801439, 1989.

[155] Han, H. N. , Lindquist, D. A. , Haggerty, J. S. , Seyferth, D. , "Pyrolysis chemistry of poly(organosilazanes) to silicon ceramics" , *Chem. Mater.* , 4, 705, 1992.

[156] Raj, R. , Riedel, R. , Soraru, G. D. "Introduction to the Special Topical Issue on Ultrahigh – Temperature Polymer – Derived Ceramics" , *J. Am. Ceram. Soc.* , 84 (10), 2158, 2001.

[157] Iwamoto, Y. ; Völger, W. ; Kroke, E. ; Riedel, R. "Crystallization behavior of amorphous silicon carbonitride ceramics derived from organometallic precursors" , *J. Am. Ceram. Soc.* , 84 [10], 2170, 2001.

[158] Ebsworth, E. A. and Mays, M. J. , "Disilylcyanamide", *J. Chem. Soc.* , 4879, 1961.

[159] Ebsworth, E. A. and Mays, M. J. , "The reaction between halosilanes and silver cyanamide" , *Angew. Chem.* , 74, 117, 1962.

[160] Pump, J. and Wannagat, U. , "Bis(trimethylsilyl)carbodiimide", *Angew. Chem.* , 74, 117, 1962.

[161] Pump, J. and Wannagat, U. , "Silicon – nitrogen compounds. XIV . Bis(trimethylsilyl)cyanamide " , *Justus Liebigs Ann. Chem.* , 652, 21, 1962.

[162] Pump, J. , Rochow, E. G. and Wannagat, U. , "Chemistry of silicon – nitrogen compounds. XXI. Silyl – substituted carbodiimides", *Monatsh. Chem.* , 94, 588, 1963.

[163] Birkofer, L. , Ritter, A. and Richter, P. , "Silicoorganic compounds. XIII. N, N' – Bis(trimethylsilyl) carbodiimide", *Tetrahedron Lett.* , 5, 195, 1962.

[164] Gordetsov, A. S. , Kozyukov, V. P. , Votokov, I. A. , Sheludyakova, S. V. , Dergunov, Yu. and Mironov, V. F. , "Synthesis and properties of silicon – , germanium – , tin – , and lead – containing carbodiimides and cyanamides", Uspekhi Khim. 1982, 51, 848; *Russian Chem. Rev.* , 51, 485, 1982.

[165] Drake, J. E. , Hemmings, R. T and Henderson, H. E. , "Characterisation of bis – methylgermanium and bis – methylsilicon carbodi – imides and their reactivity with protic reagents" , *J. Chem. Soc.* (Dalton), 366, 1976.

[166] Reischmann, R. , Hausen, H. – D. and Weidlein, J. , "Preparation and X – ray structure determination of hexakis (trimethylsilylcarbodiimidato) – decachlorotetratin (Cl$_{10}$ Sn$_4$ (NCNSiMe$_3$)$_6$)" , *Z. Anorg. Allg. Chem.* , 557, 123, 1988.

[167] Riedel, R. , Greiner, A. , Miehe, G. , Dressler, W. , Fuess, H. , Bill, J. and Aldinger, F. , "The first crystalline solids in the ternary Si – C – N system", *Angew. Chem.* , Int. Ed. , 36, 603, 1997; *Angew. Chem.* , 106, 657, 1997.

[168] Appel, R. and Montenahr, M. , "Reaktionen mit monosilylierten Schwefel – und Carbodiimiden" , *Z. Naturforsch.* , 30B, 847, 1975.

[169] Haag, P. , Lechler, R. and Weidlein, J. , "Substitution reactions of bis(trimethylelement)carbodiimides

of silicon and germanium with metal chlorides and dimethylmetal chlorides of Sb, Al, Ga, and In", *Z. Anorg. Allg. Chem.* , 620, 112, 1994.

[170] Drake, J. E. ; Glavincevski, B. M. and Henderson, H. E. , "The reactivity of silicon and germanium carbodiimides with protic species", *Synth. React. Inorg. Met. – Org. Chem.* , 8, 7, 1978.

[171] Moscony, J. J. and MacDiarmid, A. G. , "Synthesis of methylfluorosilicates, trifluorosilyl ethers, and a-mines", *J. Chem. Soc. , Chem. Commun.* , 14, 307, 1965.

[172] Rajca, G. , Schwarz, W. and Weidlein, J. , "Tetrachloroantimony trimethylsilylcarbodiimide vibrational spectra and crystal structure", *Z. Naturforsch.* , 39B, 1219, 1984.

[173] Rajca, G. and Weidlein, J. , "Reactions of tantalum pentachloride, molybdenum pentachloride, and tungsten hexachloride with bis(trimethylsilyl) – carbodiimide", *Z. Anorg. Allg. Chem.* , 538, 36, 1986.

[174] Pump, J. and Rochow, E. G. , "Silylcarbodiimide. Ⅳ. Sila – polycarbodiimide", *Z. Anorg. Allg. Chem.* , 330, 101, 1964.

[175] Klebe, J. F. and Murray, J. G. , "Organosiliconcarbodiimide polymers and process for their preparation", US Patent 3,352,799, 1968.

[176] Dressler, W. and Riedel, R. , "Progress in silicon – based non – oxide structural ceramics", *Int. J. Refract. Met. Hard Mater.* , 15, 13, 1997.

[177] Nahar – Borchert, S. , Kroke, E. , Riedel, R. , Boury B. and Corriu, R. J. P. , "Synthesis and characterization of alkylene – bridged silsesquicarbodiimide hybrid Xerogels", *J. Organomet. Chem.* , 686(1 – 2), 127 –133, 2003.

[178] Nahar – Borchert, S. , Gabriel, A. O. , Riedel, R. , "Polysilsesquicarbodiimides Xerogels", in Materials Syntheses, John Wiley & Sons 2004.

[179] Mera, G. , Riedel, R. , Poli, F. and Müller, K. , "Carbon – rich SiCN ceramics derived from phenyl – containing poly(silylcarbodiimides)", *J. Eur. Ceram. Soc.* , 29(13), 2873 –2883, 2009.

[180] Weinmann, M. , Schuhmacher, J. , Kummer, H. , Prinz, S. , Peng, J. , Seifert, H. J. , Christ, M. , Müller, K. , Bill, J. and Aldinger, F. , "Synthesis and Thermal Behavior of Novel Si – B – C – N Ceramic Precursors", *Chem. Mater.* , 12, 623, 2000.

[181] Kienzle, A. , "Darstellung und Verarbeitung borhaltiger elementorganischer Vorstufen zur Herstellung keramischer Materialien in den Systemen SiCB und SiCBN", *Ph. D. Thesis*, Universität Stuttgart, 1994.

[182] Riedel, R. , Bill, J. and Kienzle, A. , "Boron – modified inorganic polymers—precursors for the synthesis of multicomponent ceramics", *Appl. Organomet. Chem.* , 10, 241, 1996.

[183] Weinmann, M. In *"Precursor – Derived Ceramics"*, Bill J. , Wakai F. and Aldinger F. (eds). Wiley – VCH; Weinheim, 1999.

[184] Weinmann, M. , Bill, J. and Aldinger, F. , "New boron – containing polysilazanes used as precursor compounds e. g. , in production of ceramic bodies", Ger. Offen. DE 19741458A1, 1999.

[185] Aldinger, F. , Weinmann, M. and Bill, J. , "Precursor – derived Si – B – C – N ceramics", *Pure Appl. Chem.* , 70, 439, 1998.

[186] Bill, J. and Aldinger, F. , "Precursor – derived covalent ceramics", *Adv. Mater.* , 7, 775, 1995.

[187] Blum, Y. D. and Laine, R. M. , "Process for making ceramic materials", US Pat. 5 017529, 1991.

[188] Jansen, M. and Baldus, H. – P. , "Siliconboronitride ceramic and precursors, process for their preparation as well as their use", *Ger. Offen.* DE 410 71 08 A1, 1992.

[189] Baldus, H. –P. , Wagner, O. and Jansen, M. , "Synthesis of advanced ceramics in the systems silicon – boron – nitrogen and silicon – boron – nitrogen – carbon employing novel precursor compounds", *Mater. Res. Soc. Symp. Proc.* , 271, 821, 1992.

[190] Baldus, H. – P. , Jansen, M. and Wagner, O. , "New materials in the system Si – (N, C) – B and their characterization", *Key Eng. Mater.* , 89 –91, 75, 1994.

[191] Baldus, H. – P. and Jansen, M. , "Novel High – Performance Ceramics—Amorphous Inorganic Networks from Molecular Precursors", *Angew. Chem.* 1997, 109, 338. *Angew. Chem. Int. Ed.* , 36, 328, 1997.

[192] Baldus, H. P. , Jansen, M. and Sporn, D. , "Ceramic Fibers for Matrix Composites in High – Temperature Engine Applications", *Science*, 285, 699, 1999.

[193] Seyferth D. and Plenio H. , "Borosilazane polymeric precursors for borosilicon nitride", *J. Am. Ceram. Soc.* , 73, 2131, 1990.

[194] Srivastava, D. , Duesler, E. N. and Paine, R. T. , "Synthesis ofsilylborazines and their utilization as precursors to silicon – containing boron nitride", *Eur. J. Inorg. Chem.* , 855, 1998.

[195] Seyferth, D. , Plenio, H. , Rees Jr. , W. S. and Büchner, K. , in *"Frontiers of Organosilicon Chemistry"*, Bassindale A. R. and Gaspar P. P. , (Eds.) The Royal Society of Chemistry, Cambridge, UK, 15, 1991.

[196] Su, K. , Remsen, E. E. , Zank, G. A. and Sneddon, L. G. , "Preparation of copolymers of methyl acrylate and n – vinyl carbazole loading mercury(II)", *Polym. Prepr.* , 34, 334, 1993.

[197] Wideman, T. , Su K. , Remsen, E. E. , Zank, G. A. and Sneddon, L. G. , "Synthesis, Characterization, and Ceramic Conversion Reactions of Borazine/Silazane Copolymers: New Polymeric Precursors to SiNCB Ceramics", *Chem. Mater.* , 7, 2203, 1995.

[198] Fazon, P. J. , Remsen, E. E. , Beck, J. S. , Carroll, P. J. , McGhie, A. R. and Sneddon, L. G. , "Synthesis, Properties, and Ceramic Conversion Reactions of Polyborazylene. A High – Yield Polymeric Precursor to Boron Nitride", *Chem. Mater.* , 7, 1942, 1995.

[199] Wideman, T. , Su, K. , Remsen, E. E. , Zank, G. A. and Sneddon, L. G. , "New polymer precursors to SiNCB materials", *Mater. Res. Soc. Symp. Proc.* , 410, 185, 1996.

[200] Wideman, T. , Cortez, E. , Remsen, E. E. , Zank, G. A. , Carroll, P. J. and Sneddon, L. G. , "Reactions of Monofunctional Boranes with Hydridopolysilazane: Synthesis, Characterization, and Ceramic Conversion Reactions of New Processible Precursors to SiNCB Ceramic Materials", *Chem. Mater.* , 9, 2218, 1997.

[201] Weinmann, M. , Haug, R. , Bill, J. , Aldinger, F. , Schuhmacher, J. and Müller, K. , "Boron – containing polysilylcarbodiimides: a new class of molecular precursors for Si – B – C – N ceramics", *J. Organomet. Chem.* , 541, 345, 1997.

[202] Weinmann, M. , Haug, R. , Bill, J. , De Guire, M. and Aldinger, F. , "Boron – modified polysilylcarbodiimides as precursors for Si – B – C – N ceramics: synthesis, plastic – forming and high – temperature behavior", *Appl. Organomet. Chem.* , 12, 725, 1998.

[203] Haug, R. , Weinmann, M. , Bill, J. , Aldinger, F. , "Plastic forming of preceramic polymers", *J. Eur.*

Ceram. Soc. , 19 , 1 , 1998.

[204] Pouskouleli, G. , "Metallorganic compounds as preceramic materials. I. Non – oxide ceramics" , *Ceram. Int.* , 15 , 213 , 1989.

[205] Riedel, R. , Kienzle, A. , Dressler, W. , Ruwisch, L. , Bill, J. and Aldinger, F. , "A silicoboron carbonitride ceramic stable to 2000°C" , *Nature*, 382 , 796 , 1996.

[206] Takamizawa, M. , Kobayashi, T. , Hayashida, A. and Takeda, Y. , "Organoborosiliconpolymer and a method for the preparation thereof" , US Patent 4,550,151 , 1985.

[207] Takamizawa, M. , Kobayashi, T. , Hayashida, A. and Takeda, Y. , "Method for the preparation of an inorganic fiber containing silicon, carbon, boron and nitrogen" , US Patent 4,604,367 , 1986.

[208] Takamizawa, M. , Kobayashi, T. , Hayashida, A. , Takeda, Y. and Joetsu, N. , "Borsiliciumorganischespolymeres und herstellungsverfahren dafuer" , Deutsches Patent DE 344 430 6 , 1986.

[209] Su, K. , Remsen, E. E. , Zank, G. A. and Sneddon, L. G. , "Synthesis, characterization, and ceramic conversion reactions of borazine – modified hydridopolysilazanes: New polymeric precursors to SiNCB ceramic composites" , *Chem. Mater.* , 547 , 5 , 1993.

[210] Haberecht, J. , Krummland, A. , Breher, F. , Gebhardt, B. , Rüegger, H. , Nesper, R. and Grützmacher, H. , "Functionalized borazines as precursors for new silica gels" , *Dalton Trans.* , 11 , 2126 , 2003.

[211] Haberecht, J. , Krumeich, F. , Grützmacher, H. and Nesper, R. , "High – Yield Molecular Borazine Precursors for Si – B – N – C Ceramics" , *Chem. Mater.* , 16 , 418 , 2004.

[212] Jansen, M. and Jäschke, T. , "Darstellung" "Kristallstruktur und spektroskopische Charakterisierung von [(H$_3$C)$_3$Si]NH(BCl$_2$)" , *Z. Anorg. Allg. Chem.* , 625 , 1957 , 1999.

[213] Weinmann, M. , Kroschel, M. , Jäschke, T. , Nuss, J. , Jansen, M. , Kolios, G. , Morillo, A. , Tellaeche C. and Nieken, U. , "Towards continuous processes for the synthesis of precursors of amorphous Si/B/N/C ceramics" , *J. Mater. Chem.* , 18 , 1810 – 1818 , 2008.

[214] Riedel, R. , Kienzle, A. , Petzow, G. , Brück, M. and Vaahs, T. , "Manufacture of boron – containing silazanes, the silazanes obtained, and manufacture of silicon – , boron – , carbon – , and nitrogen – , and silicon – , boron – , and nitrogen – containing ceramics, and the ceramics obtained" , Ger. Offen. DE 43 20 783 A1 , 1994.

[215] Riedel, R. , Kienzle, A. , Petzow, G. , Brück, M. and Vaahs, T. , "Manufacture of boron – containing polysilanes, the polysilanes obtained, and manufacture of silicon – and boron – , and carbon – or nitrogen – containing ceramics, and the ceramics obtained" , Ger. Offen. DE 43 20 786 A1 , 1994.

[216] Ruwisch, L. M. , "Synthese und Hochtemperaturverhalten borhaltiger Siliciumcarbonitride" , Ph. D. Thesis, Technische Universität Darmstadt, 1998.

[217] Ruwisch, L. M. , Dürichen, P. and Riedel, R. , "Synthesis of silyl substituted organoboranes by hydroboration of vinylsilanes" , *Polyhedron*, 19 , 323 , 2000.

[218] Riedel, R. and Ruwisch, L. M. , in*McGraw – Hill Yearbook of Science & Technology*, 1999, McGraw Hill, New York, 70 , 1998.

[219] Weinmann, M. and Aldinger, F. In*New Properties from Atomic Level Processing*—Proc. Symposium on International Joint Project Ceramics Superplasticity, Tokyo, 16 , 1999.

[220] Weinmann, M. , Seifert, H. J. and Aldinger, F. "Boron – containing, non – oxide ceramics from organometallic polymers: synthesis, thermolysis and the influence of boron on materials thermal stability", In-*Contemporary Boron Chemistry*, Special Publication—Royal Society of Chemistry 2000, 253, Eds. : Davidson M. G. , Hughes A. K. , Marder T. B. and Wade K. , The Royal Society of Chemistry, Cambridge, 88, 2000.

[221] Weinmann, M. , Nast, S. , Berger, F. , Müller, K. and Aldinger, F. , "Dehydrocoupling of tris(hydridosilylethyl) boranes with ammonia or amines: a novel route to Si – B – C – N preceramic polymers", *Appl. Organomet. Chem.* , 15, 867, 2001.

[222] Weinmann, M. , Kamphowe, T. W. , Schumacher, J. , Müller, K. and Aldinger, F. , Design of Polymeric Si – B – C – N Ceramic Precursors for Application in Fiber – Reinforced Composite Materials", *Chem. Mater.* , 12, 2112, 2000.

[223] Weinmann, M. , Kamphowe, T. W. , Lee, S. – H. and Aldinger, F. in *Verbundwerkstoffe und Werkstoffverbunde*, Wielage B. and Leonhardt G. (Eds.) Wiley – VCH, Weinheim p. 268, 2001.

[224] Jeon, J. – K. , Nghiem, Q. D. , Kim, D. – P. and Lee, J. , "Olefin hydroboration of borazine with vinylsilanes as precursors of Si – B – C – N ceramics", *J. Organomet. Chem.* , 689, 2311, 2004.

[225] Nghiem, Q. D. , Jeon, J. – K. , Hong, L. – Y. and Kim, D. – P. , "Polymer derived Si – C – B – N ceramics via hydroboration from borazine derivatives and trivinylcyclotrisilazane", *J. Organomet. Chem.* , 688, 27, 2003.

[226] Weinmann, M. , Hörz, M. , Berger, F. , Müller, A. , Müller, K. and Aldinger, F. , "Dehydrocoupling of tris(hydridosilylethyl) boranes and cyanamide: a novel access to boron – containing polysilylcarbodiimides", *J. Organomet. Chem.* , 659, 29, 2002.

[227] Weinmann, M. , Zern, A. , Hörz, M. , Berger, F. , Müller, K. and Aldinger, F. , "Precursor – derived SiC/Si3N4 nano/nano Composites: Synthesis, Structure and Phase Evolution at high Temperatures", *J. Met. Nano. Mater.* , 386 – 388, 335, 2002.

[228] Löffelholz, J. ; Jansen, M. , "Novelaccess to polyboro – and polyalumosilazanes suitable as precursors for ternary nitride ceramics", *Adv. Mater.* , 7, 289, 1995.

[229] Janik, J. F. ; Duesler, E. N. ; Paine, R. T. "Reactions of tris(trimethylsilyl) aluminum and ammonia. Formation, structure, and thermal decomposition of bis [amidobis (trimethylsilyl) aluminum]", *Inorg. Chem.* , 26, 4341 – 4345, 1987.

[230] Paine, R. T. ; Janik, J. F. ; Narula, C. "Synthesis of aluminum nitride and aluminum nitride/silicon carbide ceramics from polymeric molecular precursors", *Mater. Res. Soc. Symp. Proc.* , 121, 461 – 464, 1988.

[231] Janik, J. F. ; Duesler, E. N. ; Paine, R. T. ; "Formation and molecular structure of a novel six – coordinate aminoalane complex { [(CH$_3$)$_3$ Si]$_2$ Al(NH$_2$)$_2$ }$_3$ Al", *Inorg. Chem.* , 27, 4335 – 4338, 1988.

[232] Schmidt, W. R. ; Hurley, W. J. ; Doremus, R. H. ; Interrante, L. V. ; Marchetti, P. S. Advanced Composite Materials; Ceramic Transactions 19. Sacks, M. D. , Ed. ; American Ceramic Society: Westerville, OH, 19 – 25, 1991.

[233] Paciorek, K. J. L. , Nakahara, J. H. , Hoferkamp, L. A. , George, C. , Flippen – Anderson, J. L. , Gilardi, R. and Schmidt, W. R. , "Reactions of tris [bis(trimethylsilyl) amino] aluminum with ammonia

and pyrolysis studies", *Chem. Mater.* , 1, 82, 1991.

[234] Verdecia, G. , O'Brien, K. L. , Schmidt, W. R. , Apple, T. M. , "Aluminum – 27 and silicon – 29 solid – state nuclear magnetic resonance study of silicon carbide/aluminum nitride systems: effect of silicon/aluminum ratio and pyrolysis temperature", *Chem. Mater.* , 10, 1008, 1998.

[235] Boury, B. , Seyferth, D. , "Preparation of Si/C/Al/N Ceramics by Pyrolysis of Polyaluminasilazanes", *Appl. Organomet. Chem.* , 13, 431, 1999.

[236] Nakashima, H. , Koyama, S. , Kuroda, K. , Sugahara, Y. , "Conversion of a precursor derived from cage – type and cyclic molecular building blocks into Al – Si – N – C ceramic composites", *J. Am. Ceram. Soc.* , 85, 59, 2002.

[237] Berger, F. , Weinmann, M. , Aldinger, F. and Müller, K. , "Solid – State NMR Studies of the Preparation of Si – Al – C – N Ceramics from Aluminum – Modified Polysilazanes and Polysilylcarbodiimides", *Chem. Mater.* , 16, 919 – 929, 2004.

[238] Mori, Y. , Ueda, T. , Kitaoka, S. , Sugahara, Y. , "Preparation of Si – Al – N – C ceramic composites by pyrolysis of blended precursors", *J. Ceram. Soc. Jpn.* , 114[6], 497 – 501, 2006.

[239] Mori Y. and Sugahara, Y. , "Pyrolytic conversion of an Al – Si – N – C precursor prepared via hydrosilylation between [Me (H) SiNH]$_4$ and [HAlN (allyl)]$_m$ – [HAlN (ethyl)]$_n$ ", *Appl. Organometal. Chem.* , 20, 527 – 534, 2006.

[240] Toyoda, R. , Kitaoka, S. , Sugahara, Y. , "Modification of perhydropolysilazane with aluminum hydride: Preparation of poly(aluminasilazane) s and their conversion into Si – Al – N – C ceramics", *J. Eur. Ceram. Soc.* , 28, 271 – 277, 2008.

[241] Liebau, V. , Hauser, R. and Riedel, R. , "Amorphous SiBCO ceramics derived from novel polymeric precursors", *C. R. Chimie*, 7, 4632004.

[242] Ngoumeni – Yappi, R. , Fasel, C. , Riedel, R. , Ischenko, V. , Pippel, E. , Woltersdorf, J. , and Clade, J. , "Tuning of therheological properties and thermal behavior of boron – containing polysiloxanes", *Chem. Mater.* , 20, 3601 – 3608, 2008.

[243] Soraru, G. D. , Babonneau, F. , Maurina, S. , Vicens, J. , "Sol – gel synthesis of SiBOC glasses", *J. Non – Cryst. Solids*, 224, 173 – 183, 1998.

[244] Gervais, C. , Babonneau, F. , Dallabonna, N. , Soraru, G. D. , "Sol – gel – derived silicon – boron oxycarbide glasses containing mixed silicon oxycarbide (SiC_xO_{4-x}) and boron oxycarbide (BC_yO_{3-y}) units" , *J. Am. Ceram. Soc.* , 84[10], 2160 – 64, 2001.

[245] Schiavon, M. A. , Gervais, C. , Babonneau, F. , Soraru, G. D. , "Crystallizationbehavior of novel silicon boron oxycarbide glasses", *J. Am. Ceram. Soc.* , 87[2], 203 – 208, 2004.

[246] Peña – Alonso, R. , Mariotto, G. , Gervais, C. , Babonneau, F. , Soraru, G. D. , "New Insights on the High – Temperature Nanostructure Evolution of SiOC and B – Doped SiBOC Polymer – Derived Glasses", *Chem. Mater.* , 19, 5694 – 5702, 2007.

[247] Tamayo Hernando, A. E. , "Síntesis y caracterización de vidrios de oxicarburo porosos y no porosos" , *Dissertation* 2007, Universidad Complutense de Madrid. Facultad de Ciencias Químicas. Departamento de Química Inorgánica I.

[248] Pantano, C. G. , Singh, A. K. and Zhang, H. X. , "Silicon oxycarbide glasses", *J. Sol – Gel Sci.*

Technol. , 14 , 7 , 1999.

[249] Babonneau, F. , Thorne, K. and Mackenzie, J. D. , "Dimethyldiethoxysilane/tetraethoxysilane copoly-mers: precursors for the silicon – carbon – oxygen system" , *Chem. Mater.* , 1 , 554 , 1989.

[250] Harshe, R. , Balan, C. , Riedel, R. , "Amorphous Si(Al) OC ceramic from polysiloxanes: bulk ceramic processing, crystallization behavior and applications" , *J. Eur. Ceram. Soc.* , 24 , 3471 – 3482 , 2004.

[251] Babonneau, F. , Soraru, G. D. , Thorne, K. and Mackenzie, J. , "Chemical Characterization of Si – Al – C – O Precursor and Its Pyrolysis" , *J. Am. Ceram. Soc.* , 74[7] , 1725 , 1991.

[252] Wootton, A. , Rappensberger, M. , Howes, A. and Dupree, R. , "Structural properties of multi – com-ponent silicon oxycarbide glasses derived from metal alkoxide precursors" , *J. Non – Cryst. Solids* , 204 , 217 , 1996.

[253] Klonczynski, A. , Riedel, R. , Koehne, M. , Herwig, S. , Rahul, H. , "Method for producing a precur-sor ceramic" , European Patent 1704129A1 , 2003.

[254] Ischenko, V. , Harshe, R. , Riedel, R. , Woltersdorf, J. , "Cross – linking of functionalised siloxanes with alumatrane: Reaction mechanisms and kinetics" , *J. Organomet. Chem.* , 691 , 4086 – 4091 , 2006.

[255] Harshe, R. R. , "Synthesis andprocessing of amorphous Si(Al) OC bulk ceramics: high temperature properties and applications" , *Ph. D. Thesis* , TU Darmstadt 2004b.

[256] Zheng, C. – M. , Li, X. – D. , Wang, H. , Zhao, D. – F. , Hu, T. – J. , "Evolution of crystallization and its effects on properties during pyrolysis of Si – Al – C – (O) precursor fibers" , *J. Mater. Sci.* , 43 , 3314 – 3319 , 2008.

[257] Zheng, C. M. ,Liu, S. L. , Li, X. D. , Wang, H. , Zhao, D. – F. "Properties and mechanism of high temperature resistance of continuous SiC (Al) fibers" *Acta Phys. Chim. Sin.* , 24 (06) , 971 – 976 , 2008.

[258] Yu, Y. , Tai, J. , Tang, X. , Guo, Y. , Tang, M. , Li, X. , "Continuous Si – C – O – Al fiber derived from aluminum – containing polycarbosilane precursor" , *Composites*: *Part A* , 39 , 1101 – 1105 , 2008.

2.2 先驱体聚合物的流变学

C. BALAN

2.2.1 引言

先驱体陶瓷具有广泛而新颖的应用,如保护涂层、多孔材料、用于高温和/或电子封装的陶瓷基复合材料、超高温纤维以及微机电系统(MEMS)用纤维。被称为PDC路线的先驱体聚合物热解转化技术最适合制备非氧化物陶瓷,具有产物形态可控、纯度高与微观结构均匀等优点[1-6]。

对于某一特定的应用,PDC路线的设计和优化不仅要考虑到其物理/化学性能和结构表征,而且要适当调整样品的宏观流变性能,并把它们的流变学特性(如黏度和弹性)与加工过程中的温度和微观结构的演变联系起来。目前的工作集中于 PDC 的流变学表征上,主要侧重于两个方向的应用:①将聚合物的振荡剪切流变性能与受控纺丝过程中的可纺性联系起来;②建立实验条件,研究聚合物凝胶化过程中的交联工艺。

2.2.2　振荡剪切流变

目前 PDC 的流变学表征是完全基于振荡(动态)剪切试验。试验在旋转流变仪中进行,板/板或锥/板是研究聚合物熔体最常见的几何形状。库埃特(Couette)同心圆柱体通常用于弱黏性聚合物的研究。样品放置在下部的固定面与上部的移动面之间(如果需要,可固定温度和控制气氛)。上部的部件以固定的振荡频率旋转,分别对样本施加扭矩(即剪切应力幅值 τ_a)和相应的角位移(即应变幅值 γ_a),并同时记录相应数值。所有测试均在一定气氛与一定温度下进行,采用的仪器是 Physica Rheometer MC 300 和 Rheometrics DSR 200(熔融样品采用板/板结构,直径 25mm;液体样品采用 Couette 双柱面结构)。

在控制应力振荡模式下,输入函数如下:

$$\tau(t) = \tau_a e^{i\omega t} \tag{1}$$

式(1)的解用应变变量表示如下:

$$\gamma(t) = \gamma_a(t) e^{i(\omega t - \delta(t))} \tag{2}$$

式中:ω 为输入信号的频率;δ 为时间相关的输出相位角度,详见相关论著[7,8]。

复数模量定义为振荡剪切应力与振荡应变之比,即

$$G^* = \frac{\tau_a}{\gamma_a}(\cos\delta + i\sin\delta) \tag{3}$$

相应地

$$G^* = G' + iG'' \tag{4}$$

式中:G' 为弹性(储能)模量;G'' 为黏性(损耗)模量(在控制应变模式下可得相同的弹性模量,其中应变振幅值是输入值,剪应力幅值是测量值)。

将损耗角正切值:

$$\tan\delta = G''/G' \tag{5}$$

定义为黏度和弹性之比;对于高弹性流体($G'' \ll G'$)来说,其值非常小,而对于黏稠液体($G'' \gg G'$)来说,该值往往渐近到无穷值。

复数黏度函数按以下关系计算:

$$\eta^*(\omega) = \frac{G^*}{\omega} \tag{6}$$

在线性黏弹范围内,其模数与剪切黏度函数 $\eta(\gamma)$ 一致,其中 γ 是剪切速率(即 COX – Mertz 的规则)[8,9]。

对于流变稳定的材料,在恒定幅值输入与恒定温度下,输出幅值 γ_a 和相位角 δ 取决于 ω,与时间无关。如果材料内部网络的结构随反应时间的变化而变化(见5.4节),情况将发生改变,即发生交联反应导致凝胶化过程。

动态测试通常是在线性黏弹性区间内进行,此时模量与特定频率下的输入幅值无关,如图 2.26 所示。

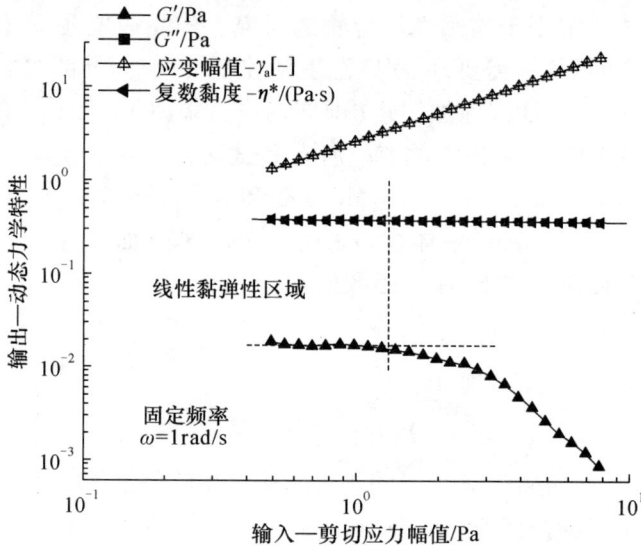

图 2.26　控制应力振荡测试模式下弱弹性聚合物溶液的响应曲线
(频率 ω = 1rad/s,线性黏弹性区间对应 $\tau_a < 1.2Pa$)

线性黏弹性区域获得的数据通常用于一系列"n"维麦克斯韦方程对样品建模,见相关论著[7]。所得结果提供了弛豫谱的证据,是任何黏弹性流体的一个主要的"流变模式"。

图 2.27 显示了应变振幅对扫频频率依赖的动态特性的影响。在 $\gamma_a = 0.1$ 和 $\gamma_a = 1$ 时结果几乎相同,证明这两项测试在线性黏弹性变形区。幅值较大时,$\gamma_a = 10$,流变学的变化和动态弹性模量下降到较低的值,表明变形过程是非线性的。

最近,本构模型的研究已扩展到线性区外。在大振幅区内,傅里叶分析提供了有关流变的补充信息。有关 LAOS 方法的细节可参考文献[10]。

线性和非线性区有着本质的不同,通过比较 Lissajous 图中振荡应力与振荡应变随时间的变化曲线,可以清楚地观察到这种现象,见图 2.28。

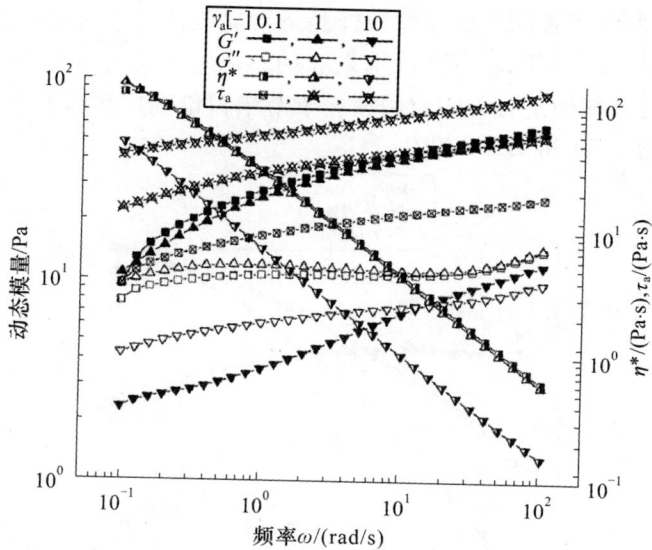

图 2.27　扫频测试条件下高浓度黏弹性聚合物溶液的典型响应曲线(控制应变实验)

在大的应变输入值下(即 $\gamma_a = 10$),流变是非线性的。

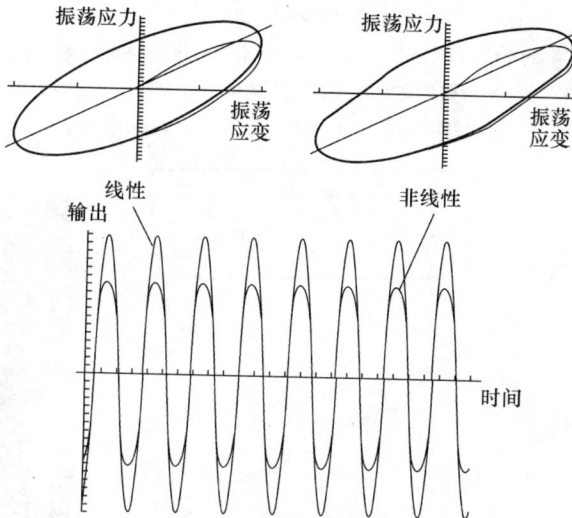

图 2.28　线性和非线性变形过程中的 Lissajous 图

正弦输入时,输出在线性区是正弦波,在非线性区是变形正弦波

(测试样品在这种情况下是黏弹性聚合物溶液)。

　　纯黏性样品的 Lissajous 图是一个圆,而对于黏弹性液体则是一个椭圆。椭圆越窄,说明弹性越大,固体行为越占主导地位。因此,随反应时间演变的 Lissajous 图可用于交联过程中直接的定量和定性测量,见 2.2.4 节。

线性区间的扫频测试是黏弹性样品最常见的流变学表征。图 2.29 为聚丙烯聚合物熔体在 180℃时的测试结果。动态测量不仅用于表征样品的流变特性,也用于与材料加工有关的新用途。本节中讨论的应用就是聚合物熔体的纺丝过程,见图 2.30 和 2.2.3 节。

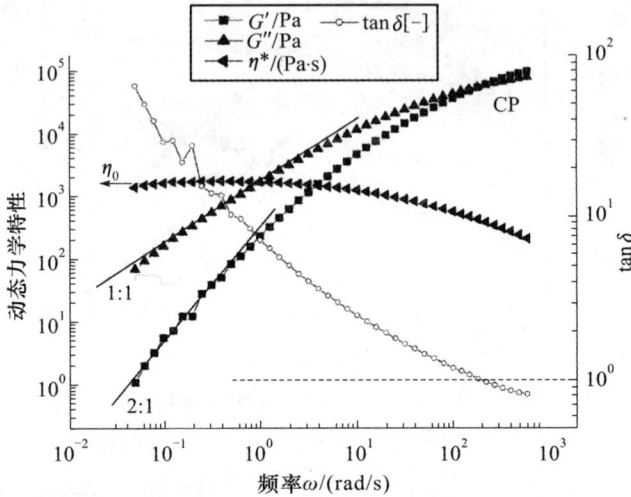

图 2.29　扫频测试条件下聚合物熔体(180℃的聚丙烯)的动态特性

在零频率极限下,模量在对数坐标图上的斜率分别是 1:1(G'')和 2:1(G'),
复数黏度是常数,即 $\eta^* \rightarrow \eta_0$($\eta_0$ 是零剪切黏度)。

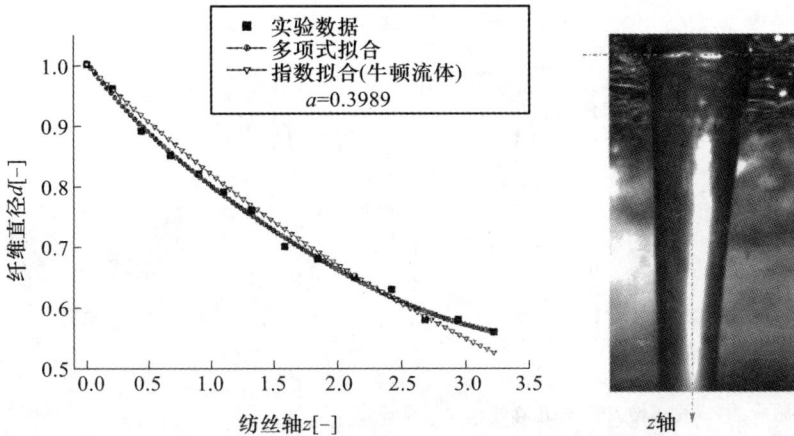

图 2.30　在纺纱过程中从模具出口起始的纤维直径的演变

(纤维的最大直径是流束 z 轴线的起点,即纤维的膨大直径)

图中纤维不是完全轴对称的。用牛顿流体的准确指数解
(指数 a)和五次多项式,以无量纲方式拟合所得数据(材料是 180℃聚丙烯,图 2.29)。

74

2.2.3 聚硼吖嗪的流变学

在高性能非氧化物陶瓷中,六方氮化硼极有潜力用作陶瓷基复合材料的纤维增强体。氮化硼可以很容易地从先驱体聚合物制备。以往的研究表明,聚硼吖嗪,特别是聚(B-烷氨基)硼吖嗪,即 PMAB(烷基为甲基)是用来制备这类陶瓷的最有潜力的先驱体,详细信息请参阅相关文献[11-13]。尽管从先驱体聚合物获得陶瓷纤维很重要,但到现在为止,关于 PMAB 聚合物的流变、结构和可纺性之间相关性的研究却很少。这是理解聚合物结构和熔融纺丝流变行为的基石,以便能够从材料制备初期就预测和控制聚合物的可纺性。动态模量和复数黏度随频率的演变见图 2.31(PMAB 样品,测试了 3 个样品,图中所有的实验在可控氩气气氛中进行)。

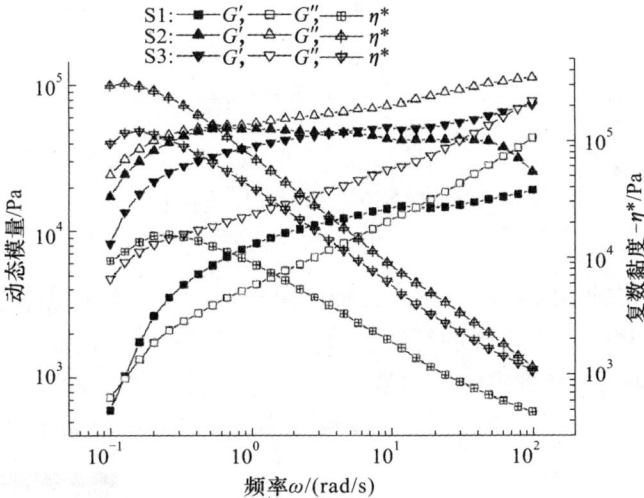

图 2.31 所研究样品在参考温度下的动态模量和复数黏度

纺丝过程基本上是一个纯粹的伸展流。在纺丝过程中研究聚合物性质的一种最通用设备是 RheoTens,详见文献[14-17]。在这一动态过程中最相关的流变特性是拉伸(伸展)黏度[4,9,18,19]。原则上,只从剪切流变的数据无法获得拉伸黏度随应变率的变化[19-23]。但在这种情况下,振荡剪切流变仍然是一个非常重要的参数。因为只有当弹性模量足够大,且 $\tan\delta > 1$ 时才能获得稳定的纤维。图 2.32 显示由实验获得的 $G'(\tan\delta)$ 参数图和合适的纺丝区域。由于振荡频率 ω 与剪切速率 γ 成正比,而喷丝头末端的剪切速率与纺丝速度成正比,这使得拉伸比与应变速率沿纺丝轴线变化,从图 2.32 可看出样品与所施加的纺丝条件之间的差异,具体内容请参阅文献[21,22]。根据图 2.32,样品 S3 太硬难以纺丝,样品 S2 在低应变速率下可纺,而样品 S1 可在中等纺丝速度牵伸[22,,24,25]。这些结论与纺丝实验证据是一致的,与样品的化学特性也一致。因此,动态测试不只在于建立聚合物剪切流变本构关系,而且可以预测其可纺性。

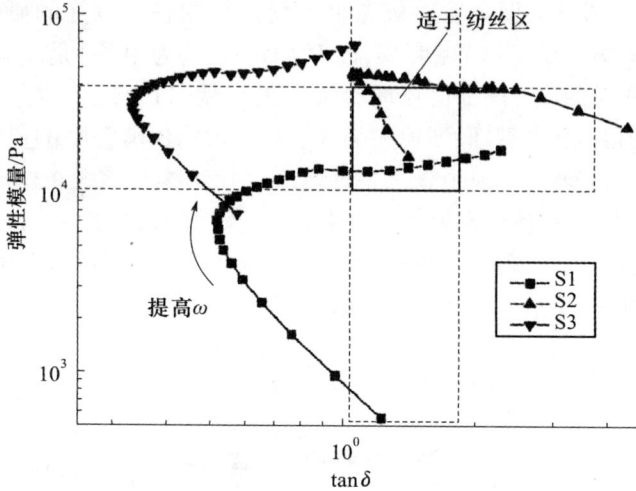

图 2.32　弹性模量 G' 与所研究样品 $\tan\delta$ 的关系
(适合纺纱区域位于适宜的 $\tan\delta$ 与适宜的 G' 区域的交集)

　　第一个关于轴对称纤维的纺丝过程的研究由一个一维模型构成,适用于退出模具后在正常应力下松弛的纤维。当 $z \geqslant 0$,纤维的直径 $d(z) = 2R(z)$,是一个单调递减函数,纤维内的运动是纯伸展的,见图 2.33,纺丝速度与应力分布在整个流区是均一的。等温与非等温条件下流变纺丝过程的建模,可参

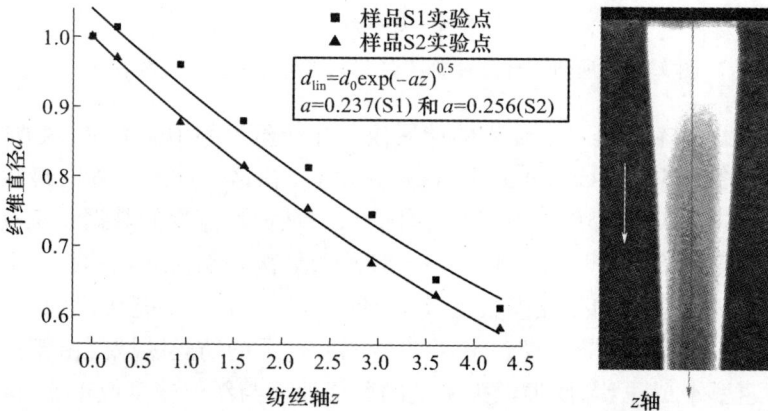

图 2.33　模具出口处纤维的几何形状($d_0 = 0.2\text{mm}$, $v_0 = 0.0416\text{m/s}$,样品 S1)

见文献[16,22,23,26-30]。还有文献对纺丝过程中聚合物的结晶也进行了研究和建模[31-33]。

2.2.4 溶胶-凝胶流变学

最近,PDC 作为先驱体被用来合成 SiCO 陶瓷。不同的先驱体聚硅氧烷在氩气或氨气下裂解提供了制备 SiCO 和 SiNO 玻璃的可能性[1,2,5]。SiCO 玻璃特指含有 C 的硅酸盐玻璃,其中氧原子和碳原子在无定形网络中与硅形成化学键。文献中报道了几种用溶胶-凝胶过程制备的无定形 SiCO 材料[3,5,25,34]。甲基取代硅氧烷水解形成聚合物凝胶,然后受控热解,可以有效地获得上述这些材料,有关详细信息参见文献[2,6]。

不管有无催化剂和填料粒子,先驱体聚合物的交联反应,是聚合物陶瓷转化过程中主要步骤之一。随着时间的推移和温度变化,凝胶过程中的弹性和黏度(与交联反应有关)将显著地影响聚合物加工技术,以及最终陶瓷材料的性能。

在凝胶化过程中,伴随着从液态到固态的过渡,网络的形成演化显著影响聚合物的流变性能,见图 2.34。溶胶-凝胶转变过程的实验研究,是基于恒定频率和控制应力幅值进行的振荡测试(特别地 $\omega = 1\text{rad/s}$)。记录与时间相关的动态特性,并将其与材料分子式、组成相或温度相关联,参见图 2.35。在液相中,黏度是恒定的(与溶剂的值一致),弹性模量不存在($G' \ll 1$),即 $\tan\delta \gg 1$。在溶胶-凝胶状态,黏度和弹性都增加($\tan\delta \approx 1$),在固相状态,弹性模量占主导地位($G' > G''$ 且 $\tan\delta \ll 1$)。

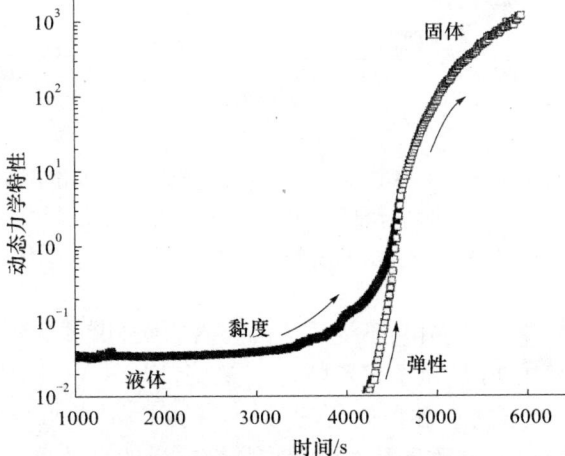

图 2.34 恒定温度、频率和应力下 PDC 固化过程中黏度(G'')和弹性(G')随时间的演化曲线

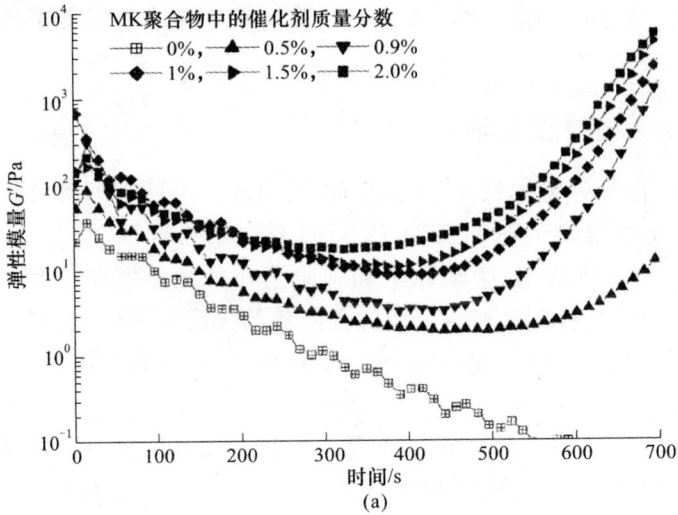

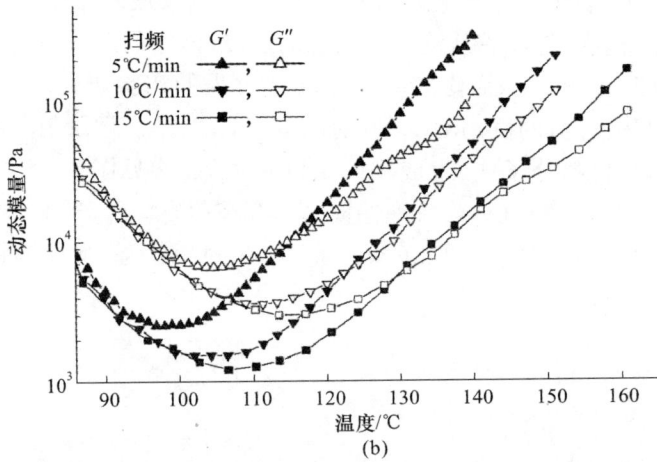

图 2.35 （a）在温度梯度恒定（5℃/min），且有催化剂乙酰丙酮锆存在时，MK 聚合物
弹性模量随时间的变化；（b）当存在活性填料
（13% MoSi$_2$）时，MK 聚合物的动态模量随温度的变化。

如果扫频测试速度足够快，不受反应的显著影响，也可观察到网络强度变化
和相转变现象。图 2.36 显示了聚乙烯基硅氮烷，KION VL - 20，在 90℃ 随着反
应时间的增加，弹性模量 G' 和损耗角正切 tanδ 的频率依赖性。与相转化过程直
接相关的一个重要流变参数是黏性模量与弹性模量的交叉点（CP），此时 tanδ =
1，参见图 2.37。对于一个样品特定的交联过程，交叉点 CP 出现在相同的弹性
模量值下，与测试条件无关，见图 2.38（详情载于 Balan 等人文献[35]）。

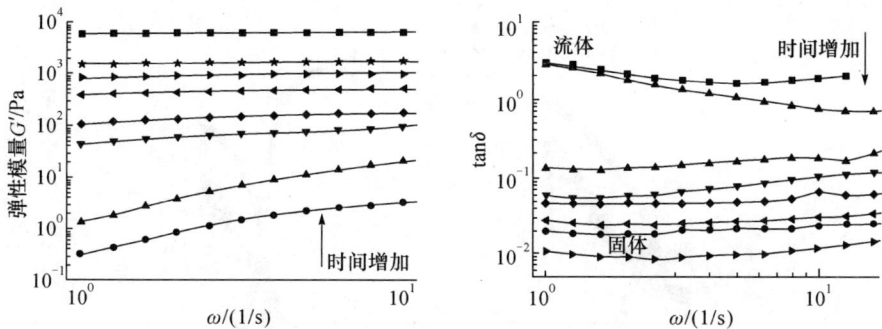

图 2.36 溶胶－凝胶工艺的扫频测试表征

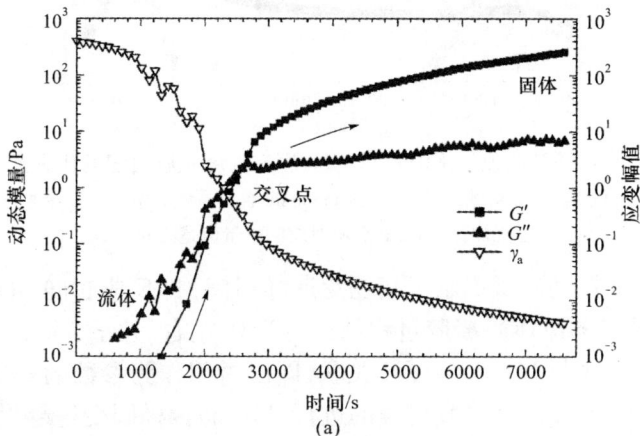

(a)

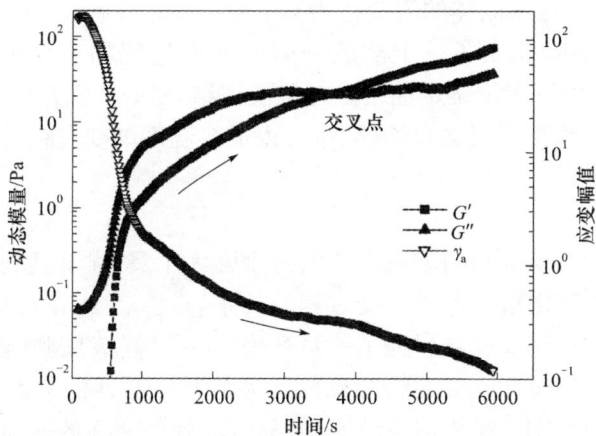

(b)

图 2.37 氯硅烷与二(三甲基硅基)碳二亚胺反应形成的非氧化物碳
二亚胺凝胶的时间演化动态模量和应变振幅(输出)

样品(a)与(b)之间的差异是氯含量不同(45℃,控制应变振动,频率 $\omega = 0.1s^{-1}$,
剪切应力幅值 $\tau_a = 1Pa$,Couette 双柱面结构)。交叉点有时称为"凝胶点"[35]。

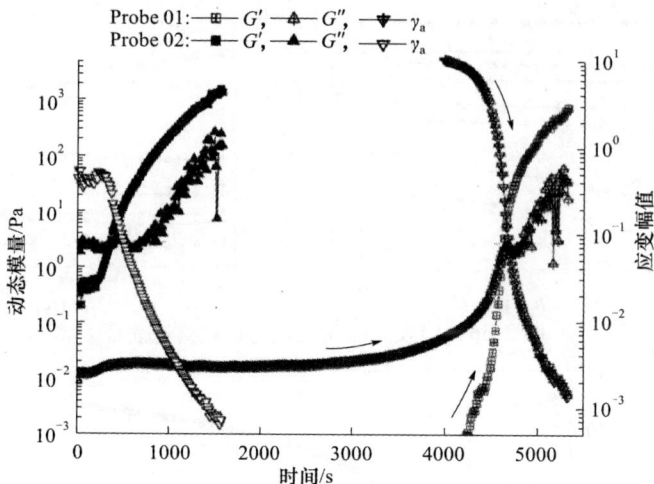

图 2.38　聚乙烯基硅氮烷 KION VL‑20 恒定温度凝胶过程的代表性流变曲线

实验 Probe 01 在氩气正进行,实验 Probe 02 含有空气。空气的存在使交联
过程加速,但交联点所对应的模量值是相同的。

恒定频率的振动测试揭示了相变角度随时间(即反应时间)的变化:测试开始时为 90°(纯粹的流体),凝胶过程结束时为 0°左右(几乎为固体),见图 2.39。液—固的演变过渡与 Lissajous 图相关联,即以时间作为参数的 $\tau(\gamma)$ 的变化,见图 2.40 和图 2.41[36]。随凝胶过程的进行,Lissajous 椭圆变得越来越窄,最后椭圆退化成一条线(这是固体的流变行为)。

Balan 和 Riedel 提出了一个溶胶 ‑ 凝胶转变过程的一般理论模型[36]。如图 2.42 所示,该模型无论是定性还是定量模拟结果均与所有 PDC 样品的实验结果非常符合。该模型不仅适合绝热过程,也适合温度渐变过程,详见文献[37]。

2.2.5　结语

振荡流变学是研究材料宏观形为的一个强大工具,尤其适合于建立 PDC 的流动行为与纺丝和溶胶 ‑ 凝胶转变过程的关系。

目前已利用振荡流变仪研究了一系列聚(B ‑ 甲氨基)硼吖嗪熔融态的粘弹行为。研究的目的是建立聚合物的流变行为与其可纺性的关系,用以预测其熔融纺丝时的可纺范围。结果清楚地表明,黏度和弹性之间的适当比例是必要的,可以让聚合物纤维通过挤出成型,同时保持最低水平的弹性,以便使新形成的熔融态纤维拉伸成细直径的固态纤维。

在有催化剂和/或填料存在的条件下,对聚合物先驱体交联反应进行研究和建模,是流变学应用的一个新领域。恒定频率的动态测试被认为是最合适的实

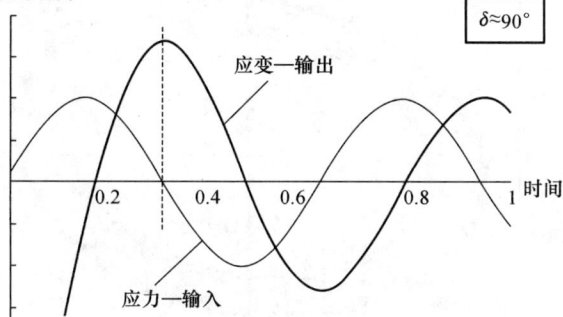

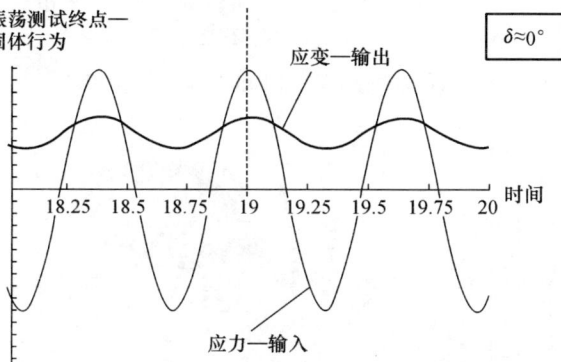

图 2.39　恒定频率时应变正弦（输出）随反应时间的演变
（输入是恒定剪切应力的正弦波（数值模拟））

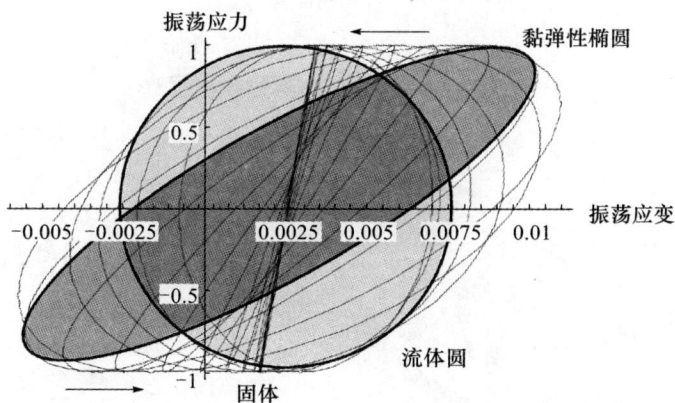

图 2.40　恒定剪切应力幅值（数值模拟）下
从流体（圈）到固体（窄椭圆）转变的 Lissajous 图谱

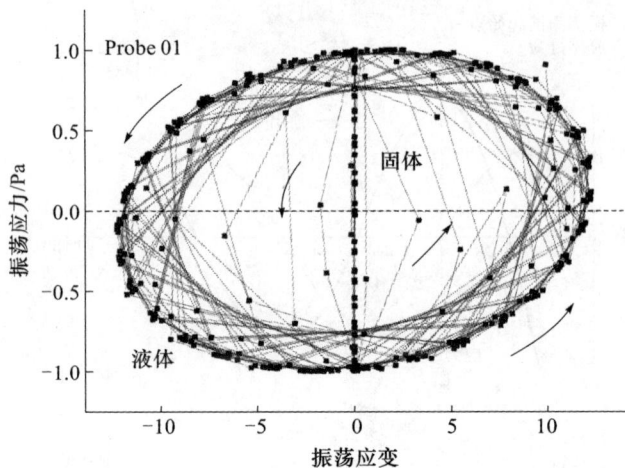

图 2.41　实验 Probe 01 的 Lissajous 图谱[36]

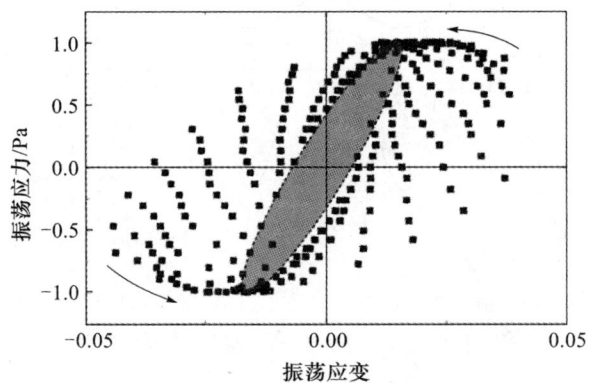

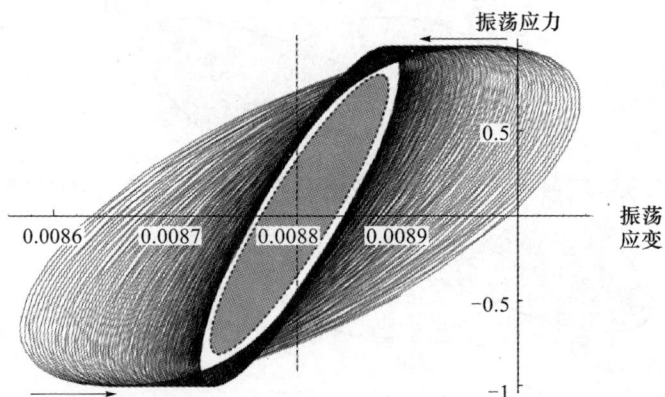

图 2.42　样品凝胶化过程 Lissajous 图谱的实验和模拟结果[36]

82

验,可以同时观察到过程中黏度和弹性的演化,这是对所得陶瓷材料的力学性能有重要影响的流动特性。在陶瓷材料成型过程中,样品中间相流体的流变行为是确定添加剂添加量和相应的升温速率的基础。

与材料成型以及温度历史高度灵敏的流变学试验,对于材料科学家设计特定用途的陶瓷材料具有重要指导意义。试验的测试程序相对简单,在实验室可以轻松实现,实验结果对于陶瓷先驱体聚合物的设计过程有直接影响。

2.2.6 参考文献

[1] Bunsell, A. R. , M. – H. Berger, Fine Ceramic Fibres , Marcel Dekker Inc. , New York, 1999.

[2] Harsche, R. , C. Balan and R. Riedel, Amorphous Si(Al)OC ceramic from polysiloxanes: bulk ceramics processing, crystallization behavior and applications, *J. Eur. Ceram. Soc.* , 24, 2004, 3471 – 3482.

[3] Liew, L. – A. , W. Zhang, L. An, S. Shah, R. Luo, Y. Liu, T. Cross, M. L. Dunn, V. Bright, J. W. Daily, R. Raj and K. Anseth, Ceramic MEMS – New materials, innovative processing and future applications", *Am. Ceram. Soc. Bull.* , 80, 2001, 25 – 30.

[4] Liu, S. , K. Li and R. Hughes, Preparation of porous aluminium oxide (Al_2O_3) hollow fibre membranes by a combined phase – inversion and sintering method, *Ceram. Int.* , 29, 2003, 875 – 881.

[5] Raj, R. , R. Riedel and G. D. Soraru, "Introduction to the Special Topical Issue on Ultrahigh – Temperature Polymer – Derived Ceramics", *J. Am. Ceram. Soc.* , 84, 2001, 2158 – 2159.

[6] Soraru, G. D. , R. Campostrini, S. Maurina and F. Babonneau, Gelprecursor to silicon oxycarbide glasses with ultrahigh ceramic yield, *J. Am. Ceram. Soc.* , 80, 1997, 999 – 1004.

[7] Findley, W. N. , J. S. Lai, and K. Onaran, "*Creep and Relaxation of Nonlinear Viscoelastic Materials*", North Holland, Amsterdam, 1976.

[8] Macosko, Ch. ,*Rheology – principles, measurements, and applications*, VCH Pub. Inc. , 1994.

[9] Cogswell, F. N. , *Polymer Melt Rheology*, *A Guide for Industrial Practice*, George Godwin Ltd, London, 1981.

[10] Klein, Ch. , H. Spiess, A. Calin, C. Balan and M. Wilhelm, Separation of the nonlinear oscillatory response into a superposition of linear, strain hardening, strain softening, and wall slip response, *Macromolecules*, 40, 2007, 4250 – 4259.

[11] Bernard, S. , S. Dupperier, D. Cornu, P. Miele, M. Weinmann, C. Balan and F. Aldinger, Chemical tailoring of single – source molecular and polymeric precursors for the preparation of ceramic fibers, *J. Optoelectron. Adv. Mater.* , 8, 2006, 648 – 653.

[12] Cornu, D. , S. Bernad, S. Duperrier, B. Toury, P. Miele, Alkylaminoborazine – based precursors for the preparation of boron nitride fibers by the polymer – derived ceramics (PDCs) route, *J. Eur. Ceram. Soc.* , 25, 2005, 111 – 121.

[13] Toury, B. , S. Bernard, D. Cornu, F. Chassagneux, J – M. Letoffe and P. Miele, High – performance boron nitride fibers from asymmetric alkylaminoborazine, *J. Mater. Chem.* , 13, 2003, 274 – 279.

[14] Lin, G – G. and M – C. Hu, Measurement of elongation viscosity for polymer melts by fiber spinning, *Adv. Polym. Technol.* , 16, 1997, 199 – 207.

[15] Muke, S. , I. Ivanov, N. Kao and S. N. Bhattacharya, Extensional rheology of polypropylene melts from Rheotens test, *J. Non – Newtonian Fluid Mech.* , 101 , 2001 , 77 – 93.

[16] Rauschenberger, V. , H. M. Laun, A recursive model for Rheotens tests, *J. Rheol.* , 41 , 1997 , 719 – 737.

[17] Wagner, M. H. , A. Bernnat and V. Schulze, The rheology of the rheotens test, *J. Rheol.* , 42 , 1998 , 917 – 928.

[18] Ma, , H. M. Hibbs, D. M. Collard, S. Kumar and D. A. Schiraldi, Fiber spinning, structure, and properties of poly (ethyleneterephthalate – co – 4 , 4 ' – bibenzoate) copolyesters, *Macromolecules*, 35 , 2002 , 5123 – 5130.

[19] Petrie, Ch. J. S. , A. Petrie, Spinning viscosity, *J. Non – Newtonian Fluid Mech.* , 57 , 1995 , 83 – 101.

[20] Duperrier, S. , Ch. Gervais, S. Bernard, D. Cornu, F. Babonneau, C. Balan and Ph. Miele, Design of a series of preceramic B – tri (methylamino) borazine – based polymers as fiber precursors: architecture, thermal behaviour, and melt – spinning, *Macromolecules*, 40 , 2007 , 1018 – 1027.

[21] Duperrier S. , S. Bernard, A. Calin, C. Sigla, R. Chiriac, Ph. Miele and C. Balan, Design of a series of preceramic B – tri (methylamino) borazine – based polymers as fiber precursors: shear rheology investigations, *Macromolecules*, 40 , 2007 , 1028 – 1034.

[22] Duperrier, S. , A. Calin, S. Bernard, C. Balan and Ph. Miele, Rheological behaviour of poly[(B – alkylamino) borazine] in a fiber spinning process, *Soft Mater.* , 4 , 2007 , 123 – 142.

[23] Slattery, J. C. and S. Lee, Analysis of melt spinning, *J. Non – Newtonian Fluid Mech.* , 89 , 2000 , 273 – 286.

[24] Vogel, R. , H. Brünig, R. Beyreuther, B. Tändler and D. Voigt, Rheological and theoretical estimation of the spinnability of polyolefines, *Int. Polym. Proc.* , XIV (1) , 1999 , 69 – 74.

[25] Völger, K. W. , Keramische Materialien uber einen nichtoxidischen Sol – Gel – Prozess, *Shaker Verlag*, 2002.

[26] Golzar, M. , R. Beyreuther, H. Brünig, B. Tändler and R. Vogel, Online temperature measurement and simultaneous diameter estimation of fibers by thermography of the spinline in the melt spinning process, *Adv. Polym. Technol.* , 23 , 2004 ,176 – 185.

[27] Jung, H. W. , H – S. Song and J. C. Hyun, Analysis of the stabilizing effect of spinline cooling in melt spinning, *J. Non – Newtonian Fluid Mech.* , 87 , 1999 , 165 – 174.

[28] Mitsoulis, E. and M. Beaulne, Numerical simulation of rheological effects in fiber spinning, *Adv. Polym. Technol.* , 19 , 2000 , 155 – 172.

[29] Papanastasiou, T. C. , V. D. Dimitriadis, L. E. Scriven and C. W. Macosko, On the inlet stress condition and admissibility of solution of fiber – spinning, *Adv. Polym. Technol.* , 15 , 1996 , 237 – 244.

[30] Sun, J. , S. Subbiah and J. M. Marchal, Numerical analysis of nonisothermal viscoelastic melt spinning with ongoing crystallization, *J. Non – Newtonian Fluid Mech.* , 93 , 2000 , 133 – 151.

[31] Doufas, A. K. , A. J. McHugh and C. Miller, Simulation of melt spinning including flow – induced crystallization. Part I. Model development and predictions, *J. Non – Newtonian Fluid Mech.* , 92 , 2000 , 27 – 66.

[32] Doufas, A. K. , A. J. McHugh and C. Miller, Simulation of melt spinning including flow – induced crystal-

84

lization. Part Ⅱ. Quantitative comparisons with industrial spinline data, *J. Non – Newtonian Fluid Mech.*, 92, 2000, 81 – 103.

[33] Kannan, K. and K. R. Rajagopal, Simulation of fiber spinning including flow – induced crystallization, *J. Rheol.*, 49, 2005, 683 – 703.

[34] Chakrabarty, P. K., M. Chatterjee, M. K. Naskar, B. Siladitya, D. Ganguli, Zirconia fibre mats prepared by a sol – gel spinning technique, *J. Eur. Ceram. Soc.*, 21, 2001, 355 – 361.

[35] Balan, C., K. W. Völger, E. Kroke and R. Riedel, Viscoelastic properties of novel silicon carbodiimide gels, *Macromolecules*, 33, 2003, 3404 – 3408.

[36] Balan, C. and R. Riedel, Sol – gel modeling associated with the rheology of polymeric precursors of ceramic materials, *Appl. Rheol.*, 13, 2003, 251 – 258.

[37] Balan, C. and R. Riedel, Rheological investigations of a polymeric precursor for ceramic materials: experiments and theoretical modeling, *J. Optoelecton. Adv. Mater.*, 8, 2006, 561 – 567.

2.3　聚合物 – 陶瓷转化过程

EMANUEL IONESCU，CHRISTEL GERVAIS 和 FLORENCE BABONNEAU

2.3.1　引言

PDC 的整个制备过程包括三个主要步骤:①从合适单体合成陶瓷先驱体聚合物;②在中等温度下交联聚合物形成不熔的有机/无机网络(陶瓷先驱体网络,硬质塑料);③交联材料的陶瓷化过程(裂解),即 1000℃至 1300℃的热处理使其转换成无机非晶态材料。

本节将对聚合物 – 陶瓷的转化过程,即交联和陶瓷化过程进行描述,并重点讨论如何通过选择合适的先驱体,以及改变交联和裂解条件,来调节 PDC 的化学成分和性能。

2.3.2　交联过程

第一次从聚合物先驱体制备非氧化物陶瓷是在 20 世纪 60 年代初[1,2],而首次从聚碳硅烷合成 SiC 材料可追溯到 1956 年 Fritz 的报道[3] 和 1975 年 Yajima 的报道[4]。几年以后,Verbeek 等人报道了从有机硅聚合物制备耐高温的细直径 Si_3N_4/SiC 纤维,成为先驱体转化法的第一个实际应用[5-7]。20 世纪 70 年代末报道了热解聚碳硅烷制备 SiC 的 Yajima 过程[8,9]。

交联过程是制备 PDC 非常重要的一步。该过程中,先驱体聚合物在低温下(100℃ ~400℃)被转换成有机/无机材料。这种转变可以防止聚合物先驱体中低分子量成分挥发,以及热解过程碎片的损失,从而增加陶瓷的产率。此外,交联过程还形成不熔材料(硬质塑料),使其在热解过程中保留形状,避免在陶瓷化过程中出现融化的现象。

聚碳硅烷的交联可以通过氧化[8,9]或电子束辐照实现[10]。聚碳硅烷可以由聚硅烷通过 Kumada 重排得到[11](式 2.13)。该过程是一种自由基反应,第一步涉及 Si—Si 键的断裂,形成硅基自由基与含有 Si—H 的片段。这些基团随后反应形成 Si—CH$_2$—Si 桥键[12-14]。

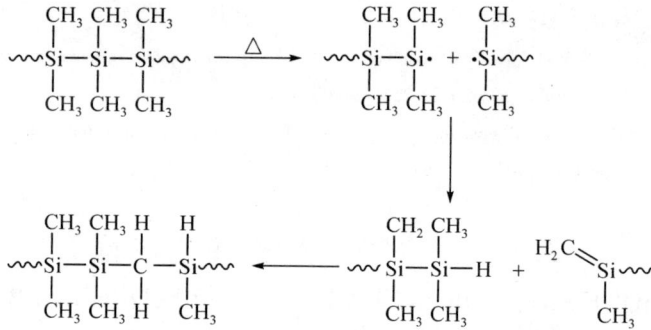

$$
\begin{array}{c}
\text{CH}_3\ \text{CH}_3\ \text{CH}_3 \\
\sim\!\!\!\sim\!\!\text{Si}\!-\!\text{Si}\!-\!\text{Si}\!\sim\!\!\!\sim \\
\text{CH}_3\ \text{CH}_3\ \text{CH}_3
\end{array}
\ \xrightarrow{\triangle}\
\begin{array}{c}
\text{CH}_3\ \text{CH}_3 \\
\sim\!\!\!\sim\!\!\text{Si}\!-\!\text{Si}\cdot \\
\text{CH}_3\ \text{CH}_3
\end{array}
+\
\begin{array}{c}
\text{CH}_3 \\
\cdot\text{Si}\!\sim\!\!\!\sim \\
\text{CH}_3
\end{array}
$$

$$
\begin{array}{c}
\text{CH}_3\ \text{CH}_3\ \text{H}\quad\ \text{H} \\
\sim\!\!\!\sim\!\!\text{Si}\!-\!\text{Si}\!-\!\text{C}\!-\!\text{Si}\!\sim\!\!\!\sim \\
\text{CH}_3\ \text{CH}_3\ \text{H}\quad\ \text{CH}_3
\end{array}
\ \longleftarrow\
\begin{array}{c}
\text{CH}_2\ \text{CH}_3 \\
\sim\!\!\!\sim\!\!\text{Si}\!-\!\text{Si}\!-\!\text{H} \\
\text{CH}_3\ \text{CH}_3
\end{array}
+\
\begin{array}{c}
\text{H}_2\text{C}\!=\! \\
\text{Si}\!\sim\!\!\!\sim \\
\text{CH}_3
\end{array}
$$

式 2.13 聚硅烷到聚碳硅烷的 Kumada 重排反应

氧气存在下聚碳硅烷的交联也是通过自由基反应:Si—H 键(式 2.14)和 Si—CH$_3$ 键氧化形成 Si—OH、Si—O—Si 和 C=O 基团。该机理已由 IR[15,16]、XPS[17]和固态^{29}Si MAS NMR[18]证实。氧化交联聚碳硅烷形成的 SiC 材料(如纤维)含有 10% ~12% 的氧。

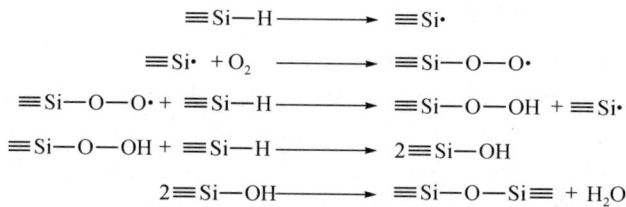

$$\equiv\!\text{Si}\!-\!\text{H}\longrightarrow\ \equiv\!\text{Si}\cdot$$

$$\equiv\!\text{Si}\cdot+\text{O}_2\longrightarrow\ \equiv\!\text{Si}\!-\!\text{O}\!-\!\text{O}\cdot$$

$$\equiv\!\text{Si}\!-\!\text{O}\!-\!\text{O}\cdot+\equiv\!\text{Si}\!-\!\text{H}\longrightarrow\ \equiv\!\text{Si}\!-\!\text{O}\!-\!\text{OH}+\equiv\!\text{Si}\cdot$$

$$\equiv\!\text{Si}\!-\!\text{O}\!-\!\text{OH}+\equiv\!\text{Si}\!-\!\text{H}\longrightarrow\ 2\!\equiv\!\text{Si}\!-\!\text{OH}$$

$$2\!\equiv\!\text{Si}\!-\!\text{OH}\longrightarrow\ \equiv\!\text{Si}\!-\!\text{O}\!-\!\text{Si}\!\equiv\ +\text{H}_2\text{O}$$

式 2.14 聚碳硅烷通过自由基机制氧化交联(适用于 Si—H)

IR[19]和固态^{29}Si MAS NMR[20]研究表明,无氧交联的聚碳硅烷涉及 Si—H 键与 Si—CH$_3$ 的反应,形成 Si—CH$_2$—Si 桥键。有趣的是,该过程中没有 Si—Si 键的形成。与氧化交联材料相比,电子束交联聚碳硅烷合成的 SiC 氧含量非常低(0.2% ~0.3%)。

对于聚硅氧烷而言,交联反应可通过缩聚、过渡金属催化的加成反应或自由基引发技术实现。聚合物含有甲基或乙烯基时,使用过氧化物可以实现热交联[21]。此外,硅醇基可以与潮湿敏感型硅烷交联剂反应,而金属盐可用于乙烯基与硅氢官能团的反应(硅氢化反应)。事实上,硅氢化反应是获得耐水耐高温的不熔材料的有效途径(式 2.15)[22,23]。结构中含有官能团的聚硅氧烷,例如羟基或烷氧基,交联过程涉及硅醇缩合与原位脱水,以及随后烷氧基的水解反应,最终形成 Si—O—Si 键(式 2.15)。使用适当的催化剂,比如在聚硅氧醇中使用四(五氟苯基)硼酸,在聚甲氧基甲基硅氧烷或聚甲基硅氧烷中使用二异辛酸锡,都可以在室温发生交联反应[24,25]。

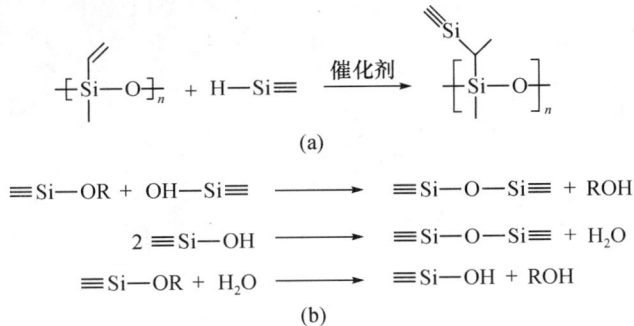

(a)

$$\equiv Si-OR + OH-Si \equiv \longrightarrow \equiv Si-O-Si \equiv + ROH$$

$$2 \equiv Si-OH \longrightarrow \equiv Si-O-Si \equiv + H_2O$$

$$\equiv Si-OR + H_2O \longrightarrow \equiv Si-OH + ROH$$

(b)

式 2.15　聚硅氧烷的交联过程

(a) 硅氢化反应(如乙烯基取代氢化聚硅氧烷);(b) 缩合和水解反应。

聚硅氮烷可以通过加热或使用化学试剂交联,如催化剂或过氧化物[26]。在聚硅氮烷热交联过程中,根据取代基不同,有四种可能出现的主要反应:转氨基反应、脱氢偶合反应(Si—H 和 N—H 之间以及 Si—H 与 Si—H 之间)、乙烯基聚合和硅氢化反应(式 2.16)。

含有 Si—H 键和乙烯基的硅氮烷低聚物会发生硅氢加成反应。这是一个形成 Si—C—Si 和 Si—C—C‑Si 键的快速反应,即使在较低温度下(100℃ ~ 120℃)也会发生,该反应不受转氨基或 Si—N 键交换等热解聚反应的影响。因此,在最终的陶瓷材料中可以实现较高的陶瓷产率以及较高的碳含量[27]。催化剂可显著提高硅氢加成反应的速度[28]。

Si—H/N—H 和 Si—H/Si—H 基团在更高温度(约 300℃)发生脱氢反应,形成 Si—N 和 Si—Si 键,并析出氢气。乙烯基聚合(加聚)反应发生在较高的温度,不涉及任何质量损失。硅氮烷齐聚合物的转氨基反应发生在 200℃ ~ 400℃,伴随质量损失,逸出胺、氨或硅氮烷低聚物,导致最终陶瓷材料中氮含量减少。此外,硅原子上的再分配反应会形成挥发性含硅物质,例如硅烷,将减少最终陶瓷的陶瓷产率和硅含量。

对于六方氮化硼(h‑BN)的制备,几个不同小组制备了不同系列的分子和聚合物先驱体[29-31]。其中,那些基于硼吖嗪($B_3N_3H_6$)[32]或 N 和 B 位取代硼吖

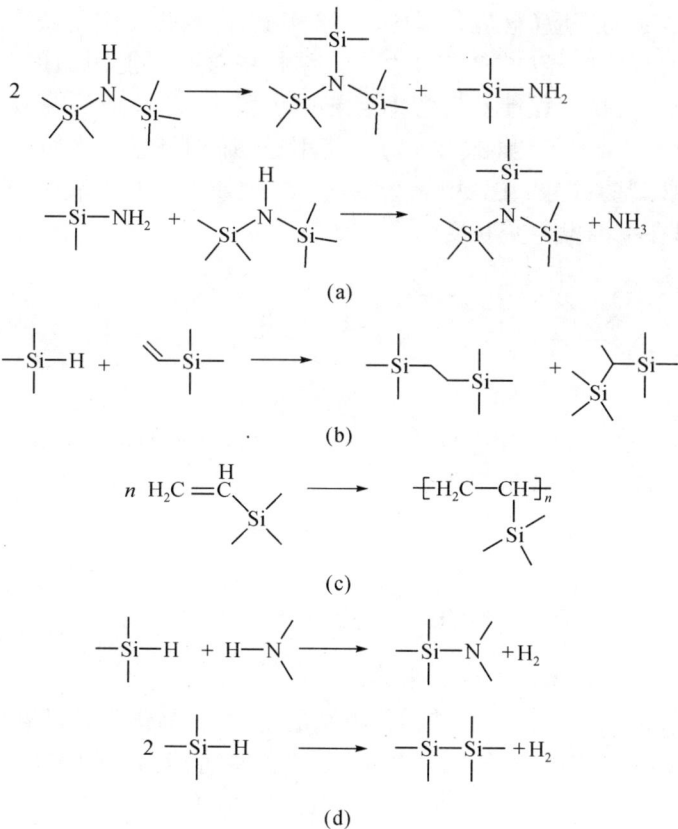

式 2.16 聚硅氮烷的交联反应

（a）转氨基作用；（b）硅氢加成反应；（c）乙烯聚合反应；（d）脱氢偶合反应。

嗪的研究[33,34]特别引人注意。因为硼吖嗪核心由一个六元环组成，这是 h – BN 结构的基础。

聚硼胺的交联可以通过硼吖嗪的热解[32]或氨解[35]实现。Fazen 等人使用质谱分析和红外光谱仪研究了硼吖嗪热解聚合（75℃）过程：他们分离出了聚合过程中形成的几个低聚物。其中，两个中间体，二硼吖嗪（1,2′ –（$B_3N_3H_5$）$_2$）和萘型硼吖嗪（$B_5N_5H_8$）被分离出来并经过 X 射线晶体学鉴定。二硼吖嗪可从两个硼吖嗪环缩合得到，而萘型硼吖嗪的形成则强烈表明可能发生了一些开环反应，进而形成各种大小的环状结构。研究者根据该聚合物[11]B 和[15]N 固态核磁共振分析结果[36]，提出了基于 B 的三配位结构的聚硼胺结构模型，如式 2.17 所示。

与聚硼胺不同，根据[11]B 和[15]N 核磁共振分析，硼吖嗪的氨解聚合物包含三配位和四配位的硼和氮原子，存在四种类型的 B 原子（BHN_2，BN_3，BH_2N_2，BNH_3）和三种类型的 N 原子（NHB_2，NH_2B_2，NBH_3）[35]。这表明交联过程中存

88

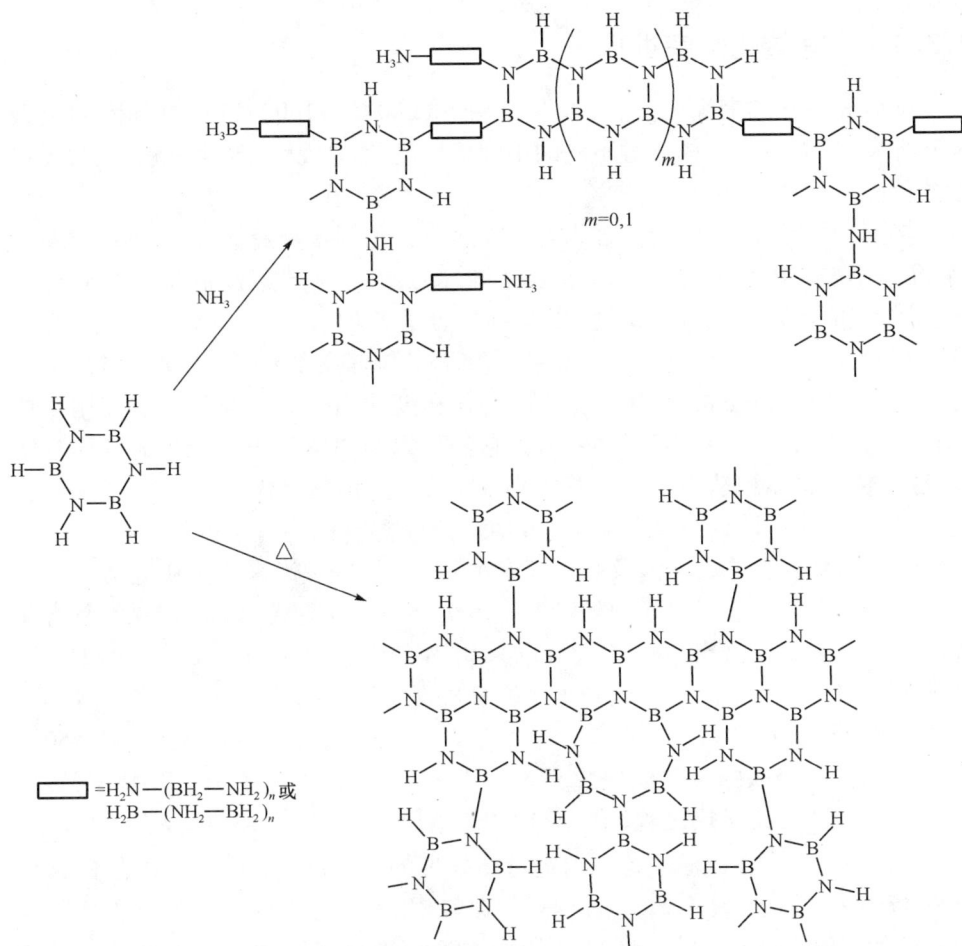

式 2.17　基于固态核磁共振结果的聚硼胺形成模型

在重排反应,特别是硼吖嗪开环反应,形成硼烷氨络合物($NH_3 \cdot BH_3$)和聚氨硼烷(—NH_2—BH_2—)。定量分析表明,氨解聚合物由相对较小的聚氨硼烷链连接到硼吖嗪六元环的硼原子上构成(式 2.17)。

　　除了聚硼胺衍生物,聚硼吖嗪也是制备 h - BN 的合适先驱体(聚硼吖嗪,即所有包含硼吖嗪环(B_3N_3)的聚合物,该类聚合物不能从硼吖嗪制备)。其中,基于烷胺基硼吖嗪的聚合物可以通过熔纺制备 BN 纤维[33,34]。

　　例如,热解 B - 三烷氨基硼吖嗪、三(烷氨基)硼烷或硼基硼吖嗪可以形成聚硼吖嗪,其中两个氨基缩聚,在两硼吖嗪环之间形成烷胺基桥梁。通过 ^{15}N 固态核磁共振观察到该过程存在环间直接成键的竞争聚合机制[37,38]。

2.3.3 陶瓷转化热解过程

交联先驱体的陶瓷化过程,涉及高温下(600℃~1000℃)有机基团的热分解和挥发,从而使先驱体通过不同的中间体,经历有机/无机转化过程,成为无定形共价陶瓷材料(ACC)[39]。

然而,通过适度交联的聚合物先驱体热解转化制备陶瓷材料,缺点是收缩率高、孔隙率高。为获得裂解近净成形材料,过去二十年已经开展了许多研究工作,进行先驱体化学成分的优化,以及寻找合适的加工条件。Greil 等人研究了分散在聚合物中的填料对最终陶瓷收缩率和孔隙率的影响[40]。使用惰性填料可以得到零收缩陶瓷材料;聚合物分解的体积变化由孔隙弥补[41,42]。使用活性填料可以弥补聚合物基体的收缩,因为它们可以与热解过程中产生的气体分解物反应,使填料体积适当增大。惰性及活性填料的正确组合,可形成零收缩的全致密材料,从而可以近净成形地制造 PDC 部件[43,44]。

先驱体聚合物的裂解涉及非常复杂的过程,其机理尚未完全研究清楚。这主要是由于人们对高度交联的陶瓷先驱体聚合物及其生成的非晶和晶相复合陶瓷的结构还未研究透彻。但还是可以采用固态核磁共振、TG/MS、TG/FTIR 和其他现代结构分析方法来研究先驱体裂解过程中发生的反应。

在800℃和1000℃之间裂解交联的聚碳硅烷可得非晶 SiC 材料。在550℃和800℃之间,交联的聚碳硅烷脱去 Si—H、Si—CH$_3$ 和 Si—CH$_2$—Si 基团,转换成无机材料,DTA(吸热过程)和 TGA/MS(逸出 H$_2$ 和 CH$_4$)分析提供了相应证据(式2.18)[20]。在此温度范围内进行热处理的材料的固态^{29}Si MAS 核磁共振谱显示,存在一个归属于 SiC$_4$ 的单一共振峰[45]。其他竞争的分解过程使陶瓷材料中形成游离碳以及悬键(自由基)。800℃热解获得的陶瓷是富碳的氢化SiC 材料[45,46],1000℃以上继续脱氢,开始结晶演变成 SiC。

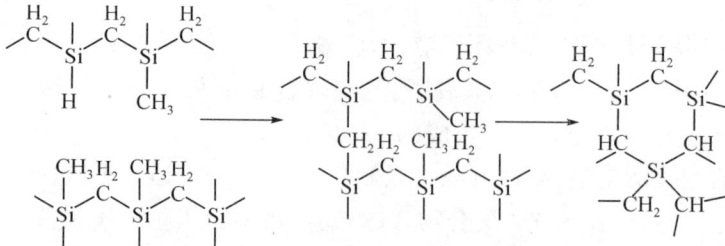

式2.18　聚碳硅烷转化为陶瓷材料的机理

交联聚硅氧烷树脂的热解形成 SiOC 玻璃[47-49]。无机化过程主要包括碳氢化合物(基本上是甲烷)和氢气的逸出。与此同时,在 Si—O、Si—C 和 Si—H 之间可能发生各种重排反应[50]（图 2.43），逸出硅烷（通常为 400℃ ~ 600℃），使最终陶瓷产率降低。在较高温度（600℃ ~ 1000℃），发生 C—H、Si—C 和 Si—O 键的广泛断裂，转化为由非晶 SiOC 和残留的游离碳组成的陶瓷材料。

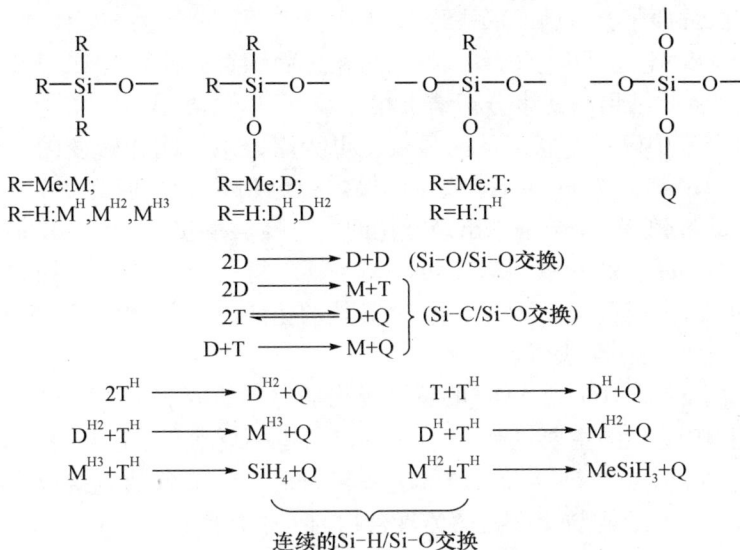

$$2D \longrightarrow D+D \quad (Si-O/Si-O交换)$$
$$2D \longrightarrow M+T$$
$$2T \rightleftharpoons D+Q \quad \left. \begin{array}{l} \end{array} \right\} (Si-C/Si-O交换)$$
$$D+T \longrightarrow M+Q$$

$$2T^H \longrightarrow D^{H2}+Q \qquad T+T^H \longrightarrow D^H+Q$$
$$D^{H2}+T^H \longrightarrow M^{H3}+Q \qquad D^H+T^H \longrightarrow M^{H2}+Q$$
$$M^{H3}+T^H \longrightarrow SiH_4+Q \qquad M^{H2}+T^H \longrightarrow MeSiH_3+Q$$

连续的 Si-H/Si-O 交换

图 2.43　聚硅氧烷的结构单元和热处理时可能的重排反应

IR[51]、固态 NMR（^{29}Si，^{13}C）[52,53]和 TG/MS[54]是研究聚合物—陶瓷转化过程中材料结构特征的主要手段。图 2.44 为将后两种技术相结合，研究无机化过程中结构转变的一个实例。

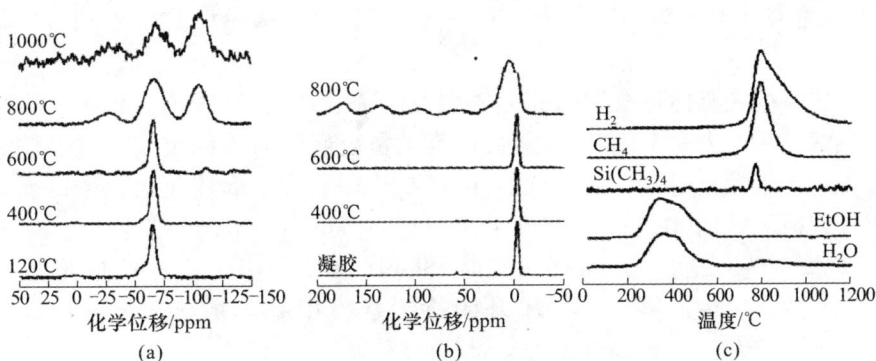

图 2.44　溶胶 – 凝胶路线制备的聚甲基硅氧烷树脂热解过程的表征[55]
(a) ^{29}Si MAS – NMR；(b) ^{13}C CP MAS – NMR；(c) TG/MS。

^{29}Si MAS 核磁共振谱是研究 Si 原子环境的有力工具，可以确定 SiC_xO_{4-x}（$0 \leqslant x \leqslant 4$）中 x 的取值及其在热解过程中的变化。图 2.44(a)中，由甲基三烷氧

91

基硅烷,CH$_3$Si(OR)$_3$,出发形成的、以 SiCO$_3$ 单元为主体的聚硅氧烷网络可以稳定到 600℃。

先驱体开始裂解的温度强烈地依赖于与硅键合的有机基团的类型。到 1000℃ 左右,硅原子会以新的形式结合,生成具有一定分布的 SiC$_x$O$_{4-x}$($0 \leq x \leq 4$)复合相,其相对比例可以根据各共振信号积分面积直接计算出来,从而确定复合相的组成。将此结果与元素分析结果相比较,可以估算出游离碳含量。^{13}C MAS NMR 测试结果中碳结合状态的明显变化可为聚合物—陶瓷转变的发生提供直接证据(图 2.44(b)):Si—CH$_3$ 基团可保持稳定到 600℃,而到 800℃ 开始形成芳香结构 C,导致 NMR 结果中出现宽化的共振峰。事实上,这与热质联用(TG/MS)分析得到的结果一致(图 2.44(c)):聚合物—陶瓷转化过程中 Si—C 和 C—H 键断裂,生成 H$_2$ 和 CH$_4$。四甲基硅烷的生成,也清楚地表明 SiCH$_3$ 和 Si—O 之间了发生了重排反应。

聚硅基倍半硅氧烷到 SiOC 的裂解转化动力学研究表明,H$_2$ 和 CH$_4$ 的逸出是裂解过程中脱 C 的主要机制[56]。这种机制是一级动力学过程,揭示了反应的固态属性。此外,还发现这种反应的速率与剩余 C 的成键数直接成正比,因此,SiOC 产物的纳米结构与交联先驱体聚合物的分子几何构型密切相关。

文献中有大量关于聚硅氧烷组成的研究[57,58]:可以由先驱体预测最终 SiCO 相(SiC$_{x/2}$O$_{2-x}$)的组成,因为裂解过程中,O/Si 摩尔比几乎保持不变。调节聚硅氧烷的化学组成,使 C/Si = [2O/Si]/2,可以使最终 SiCO 玻璃的游离碳含量最小化。Soraru 等人根据这一思想,在聚硅氧烷网络中引入适当比例 Si—H 基团以调节最终游离碳含量,甚至可以获得透明的 SiOC 玻璃[59]。事实上,Si—H 和 Si—CH$_3$ 基团的存在,促进了 Si—CH$_2$—Si 键的生成,从而将 C 插入到目标材料的骨架中[54]。

聚硅氮烷先驱体适合制备非晶硅碳氮陶瓷。然而,其转化过程中所发生的复杂热解过程尚未完全阐明。不过,研究人员已经针对不同类型聚硅氮烷的裂解过程进行了大量研究工作。比如,Bill 和 Seitz 研究了商业化氢化聚硅氮烷的裂解过程(即 NCP200,—[H(Me)Si—NH]$_m$—[Me$_2$Si—NH]$_n$—)[60,61]。^{13}C NMR 和 TG/MS 结果表明,当 $T \geq 550℃$ 时,Si—H 和 Si—CH$_3$ 首先反应形成 Si—CH$_2$—Si,放出甲烷。同时 N—H 基团持续置换甲基形成 SiN$_4$ 结构,也放出甲烷。

^{13}C 和 ^{29}Si NMR 表明,随裂解温度升高,Si—N 和 Si—C 键数量持续增加。对于含有乙烯基的聚硅氮烷,其裂解行为被证明是完全不同的。一种市售的聚合物(VT 50,Hoechst AG,德国),在温度低于 350℃ 时发生乙烯基聚合反应,形成碳链,在较高的温度时转化为 sp^2 杂化碳[61]。此外,由于 Si—H 和 Si—CH$_3$ 与

N—H 之间的反应,陶瓷材料中 Si—N 键的数量随温度增加而增加。

Li 等人利用 TG/MS 和 FTIR 研究了市售聚脲硅氮烷(Ceraset,KiON)的热解转换过程[62]。在较低温度下,可以观察到基于乙烯基聚合和硅氢化加成的交联反应,氨的逸出温度高达 600℃,此时发生转氨基反应。在 600℃ ~ 800℃,红外和拉曼光谱分析结果表明 Si—H、Si—CH$_3$ 和 N—H 键显著减少,伴随析出氢气(Si—H 和 N—H 反应)和甲烷(Si—CH$_3$ 和 N—H 反应)。

裂解聚硅氮烷所得 SiCN 陶瓷的结构研究表明,它们包括一个单一的 SiCN 非晶相和游离碳[63]。裂解另一种 SiCN 先驱体聚硅碳二亚胺,得到的则是由氮化硅和碳相组成的 SiCN 陶瓷[64,65]。这种差异源于聚硅碳二亚胺与聚硅氮烷不同的热交联和热裂解行为。

固态核磁共振和红外分析表明,在聚硅碳二亚胺的热解过程中发生了有效的重排和缩合反应,形成一系列硅的结构单元,如 SiCNX$_2$、SiCN$_2$X、SiCN$_3$ 和 SiNX$_3$(X = NCN,NCHN)。在 600℃ ~ 1000℃ 之间,NCN 进一步分解,形成无定形态 Si$_3$N$_4$ 区,以及聚多环芳烃、类石墨区[66]。不过,与聚硅氮烷裂解产物(图 2.45(a))不同,其固态核磁共振没有发现 SiC$_4$ 结构(图 2.45(b))。在聚硅氮烷裂解产物中(图 2.45(a)),在化学位移 –18ppm 和 –48.5ppm 处形成两个明确的共振峰,表示存在 SiC$_4$ 和 SiN$_4$ 四面体,而聚硅碳二亚胺所得 SiCN 陶瓷只存在 SiN$_4$ 共振峰。[MeSi(NCN)$_{1.5}$]$_n$ 先驱体 1500℃ 裂解产物在化学位移 –34ppm 和 –21ppm 处存在两个小肩峰,说明在此温度下形成了 SiC$_x$N$_{4-x}$(x = 1 ~ 3)

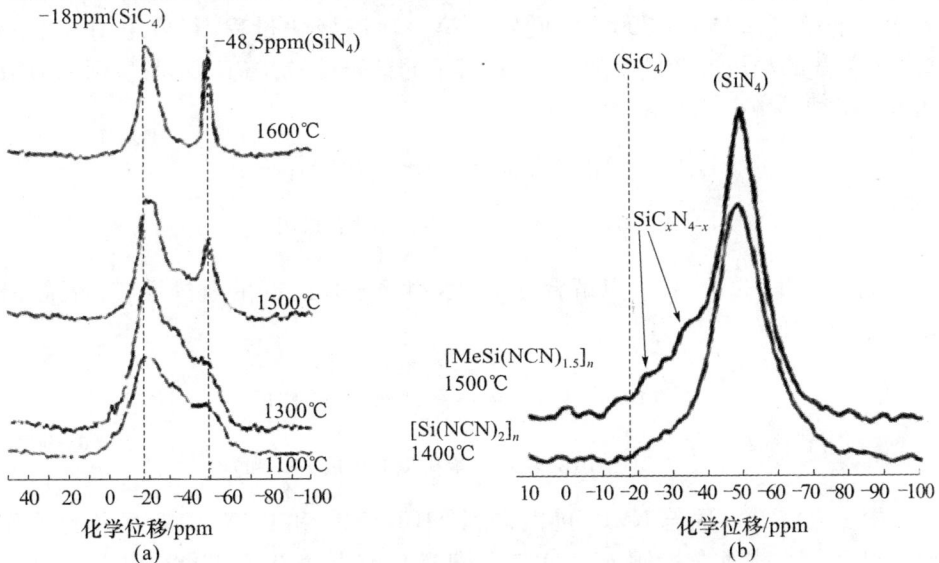

图 2.45 聚硅氮烷(a)和聚硅碳二亚胺(b)转化非晶 SiCN 陶瓷的^{29}Si MAS NMR

四面体混合物[66]。

聚硅碳二亚胺衍生物在制备三元 SiCN 新型固相材料方面也有很大潜力[67]。比如,四氯化硅与二(三甲基硅基)碳二亚胺反应,生成硅碳二亚胺,$Si(NCN)_2$[68]。随后在 400℃ 至 800℃ 热处理,得到 β - 硅二碳二亚胺晶体 (β - $Si(NCN)_2$, β - SiC_2N_4),冷却到 100℃ ~ 150℃,经历一个可逆相变,得到 α - SiC_2N_4。在 900℃ ~ 1000℃ 进一步加热处理硅二碳二亚胺,得到晶态硅碳二亚胺氮化物,Si_2CN_4($Si_2(NCN)_2$)。当温度高于 1000℃ 时,该晶体开始逐步分解到非晶 SiCN。最终产物包含两相,即非晶氮化硅基体和嵌在其中的无定形碳。该先驱体热分解形成非晶氮化硅的机理被认为是发生碳二亚胺重排,形成氰胺同分异构中间体,如式 2.19 所示[67]。

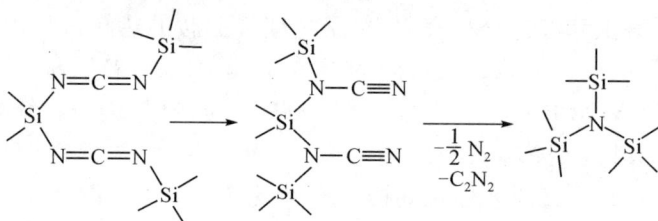

式 2.19　聚硅碳二亚胺热解转化成无定形氮化硅的机理

聚硼胺在 900℃ 以上裂解,形成乱层氮化硼,陶瓷产率 85% 左右。TG/MS 上观察到的第一个失重峰低于 200℃,主要对应于硼吖嗪的脱除,已被 ^{15}N 固态 NMR 所证实[69]。200 ~ 700℃ 之间发生第一次陶瓷化过程,释放出 H_2 和一些 NH_3。氢气的释放说明发生如式 2.20 所示的缩合反应,与 NMR 所显示的 NHB_2 和 BHN_2 结构减少相一致。

式 2.20　B—H 和 N—H 脱氢偶合放出 H_2

此外,NH_3 的逸出,可以解释为 B—N 和 N—H 之间的重排反应,形成 NB_3 结构(式 2.21)。

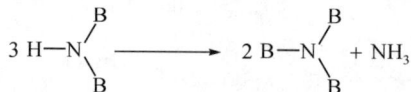

式 2.21　HNB_2 结构经重排反应生成 BN_3 和氨

根据 ^{11}B 和 ^{15}N 固态 NMR,可以得到 NHB_2/NB_3 和 BHN_2/BN_3 的相对比例,显示出 B—H 键消失的倾向。第二个陶瓷化步骤发生在 700℃ 以上,对应于 900℃ 左右的 NH_3 和 $BH_3 \cdot NH_3$ 的逸出,和 1100℃ 左右 N_2 和 H_2 的逸出(可能是

由于 NH_3 的分解）。核磁共振研究显示体系组成逐步简化,在800℃时氮只有三种成键方式,其中包含 NHB_2 和相对过量的(> 85%) NB_3。这与 TG/MS 和化学分析的去质子化结构相一致。

由于 ^{15}N 的化学位移有极大敏感性,Gastreich 和 Marian 通过 ^{15}N MAS NMR 和从头计算方法得到了模型分子中 N 环境变化的示意图[70],并根据第一或第二相邻原子不同,提出了三配位氮原子六种不同的 ^{15}N 化学位移值(图 2.46)。需要指出的是,在200℃以上,不管是硼吖嗪热解所得聚硼胺,还是硼吖嗪氨解所得聚硼胺,尽管初始结构相对不同,其裂解产物结构却相似,只存在三配位原子[35]。

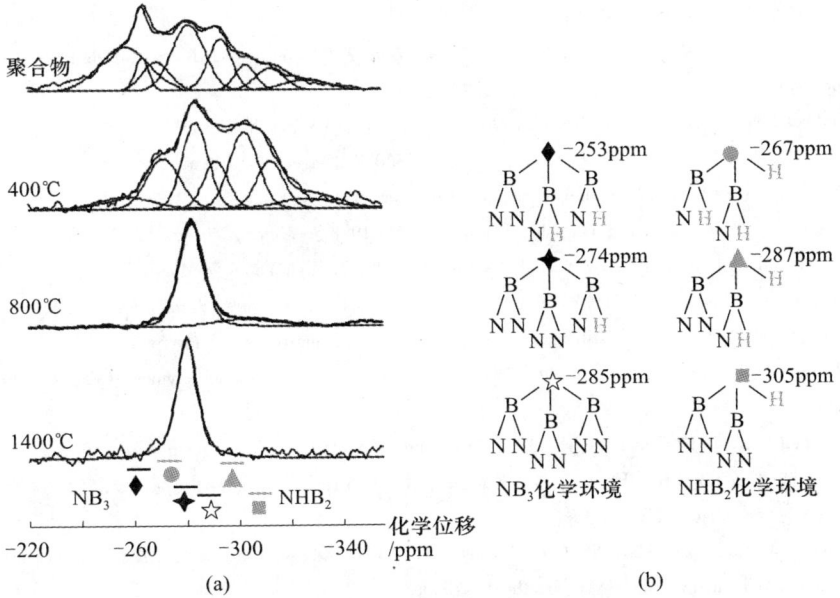

图 2.46 （a)热聚硼吖嗪所得聚硼胺及其裂解产物的 ^{15}N MAS NMR 实验和拟合谱图;(b)考虑第一和第二相邻原子,氢饱和的 $h-BN$ 中氮环境的示意图以及 ^{15}N 的计算化学位移值[70]。

2.3.4 结语

先驱体陶瓷合成方法最有特色的优势在于,通过先驱体的化学组成调节和结构设计,可以影响最终陶瓷材料的化学组成及其特性。例如,使用聚硅氮烷衍生物可以得到只含单一非晶相的 SiCN 陶瓷,而热解硅碳二亚胺也能生成 SiCN 基陶瓷,但包括两个非晶相(碳和氮化硅)。对于 SiCO 体系,正确选择聚硅氧烷的化学组成可以防止形成游离碳相。

在此背景下,聚合物—陶瓷转化过程至关重要,必须进行详细研究。热质联用分析(TG/MS)以及振动光谱(如红外、拉曼)、固态核磁共振技术可以提供交联和陶瓷化过程的极其宝贵的信息。如果能更好地了解聚合物—陶瓷转化过程所涉及的反应,可为随后制备微观结构、组成和性质可调的陶瓷材料奠定基础。

2.3.5 参考文献

[1] Ainger, F. W.; Herbert, J. M. 1965 in "*Special Ceramics*", Ed. P. Popper, Academic Press, New York, pp. 168: "The Preparation of Phosphorus – Nitrogen Compounds as Non – Porous Solids".

[2] Chantrell, P. G.; Popper, P. 1965 in "*Special Ceramics*", Ed. P. Popper, Academic Press, New York, pp. 76: "Inorganic Polymers and Ceramics".

[3] Fritz, G. 1956 Z. *Anorg. Allg. Chem.* 286, 149: "Bindung siliciumorganischer Verbindungen. V. Die thermische Zersetzung von Si(CH$_3$)$_4$ und Si(C$_2$H$_5$)$_4$".

[4] Yajima, S.; Hayashi, J.; Imori, M. 1975 *Chem. Lett.* 931 "Continuous silicon carbide fiber of high tensile strength".

[5] Verbeek, W. 1973 Ger. Pat. No. 2218960 (Bayer AG), (US Pat. No. 3853567), Nov. 8.

[6] Verbeek, W.; Winter, G. 1974 Ger. Pat. No. 2236078 (Bayer AG), Mar. 21.

[7] Winter, G.; Verbeek, W.; Mansmann, M. 1974 Ger. Pat. No. 2243527, May 16.

[8] Yajima, S.; Hasegawa, Y.; Hayashi, J.; Iimura, M. 1978 *J. Mater. Sci.* 13, 2569: "Synthesis of Continuous Silicon Carbide Fibre with High Tensile Strength and High Young's Modulus".

[9] Yajima, S.; Hasegawa, Y.; Okamura, K.; Matsuzawa, I. 1978 *Nature* (*London*) 273, 525: "Development of high tensile strength silicon carbide fibre using an organosilicon polymer precursor".

[10] Laine, R. M.; Babonneau, F. 1993 *Chem. Mater.* 5, 260: "Preceramic Polymers Routes to Silicon Carbide".

[11] Okamura, K. 1987 *Composites* 18, 107: "Ceramic Fibres from Polymer Precursors".

[12] Sakurai, H.; Koh, R.; Hosomi, A.; Kumada, M. 1966 *Bull. Chem. Soc. Jpn.* 39, 2050: "The Pyrolysis of Organodisilanes".

[13] Shina, K.; Kumada, M. 1958 *J. Org. Chem.* 23, 139: "Notes—Thermal Rearrangement of Hexamethyldisilane to Trimethyl(dimethylsilylmethyl) – silane".

[14] Sakurai, H.; Hosomi, A.; Kumada, M. 1968 *Chem. Commun.* 930: "Thermolysis of Hexamethyldisilane".

[15] Hasegawa, Y.; Iimura, M.; Yajima, S. 1980 *J. Mater. Sci.* 15, 720: "Synthesis of Continuous Silicon Carbide Fibre".

[16] Ichikawa, H.; Machino, F.; Mitsuno, S.; Ishikawa, T.; Okamura, K.; Hasegawa, Y. 1986 *J. Mater. Sci.* 21, 4352: "Synthesis of Continuous Silicon Carbide Fibre. Part 5. Factors affecting stability of polycarbosilane to oxidation".

[17] Hasegawa, Y. 1988 *J. Mater. Sci.* 24, 1177: "Synthesis of Continuous Silicon Carbide Fibre. Part 6. Pyrolysis process of cured polycarbosilane fibre and structure of SiC fibre".

[18] Taki, T.; Maeda, S.; Okamura, K.; Sato, M.; Matsuzawa, T. 1987 *J. Mater. Sci. Lett.* 6, 826: "Oxidation curing mechanism of polycarbosilane fibres by solid – state ^{29}Si high – resolution NMR".

[19] Hasegawa, Y.; Okamura, K. 1983 *J. Mater. Sci.* 18, 3633: "Synthesis of Continuous Silicon Carbide

Fibre".

[20] Soraru, G. D. ; Babonneau, F. ; Mackenzie, J. 1990 *J. Mater. Sci.* 5, 2865: "^{29}Si MAS – NMR investigation of the conversion process of a polytitanocarbosilane into SiC – TiC ceramics".

[21] Dunham, M. L. ; Bailey, D. L. ; Mixer, R. Y. 1957 *Ind. Eng. Chem.* 49, 1373: "New Curing Systems for Silicone Rubber".

[22] Valles, E. M. ; Macosco, Ch. M. 1979 *Macromolecules* 12, 673: "Properties of Networks Formed by End Linking of Poly(dimethylsiloxane)".

[23] Heidingsfeldova, M. ; Capka, M. 1985 *J. Appl. Polym. Sci.* 30, 1837: "Rhodium complexes as catalysts for hydrosilylation cross – linking of silicone rubber".

[24] Grzelka, A. ; Chojnowski, J. ; Cypryk, M. ; Fortuniak, W. ; Hupfield, P. C. ; Taylor, R. G. 2004 *J. Organomet. Chem.* 689, 705: "Polysiloxanol Condensation and Disproportionation in the Presence of a Superacid".

[25] Scheffler, M. ; Bordia, R. ; Travitzky, N. ; Greil, P. 2005 *J. Eur. Ceram. Soc.* 25, 175: "Development of a Rapid Cross – Linking Preceramic Polymer System".

[26] Kroke, E. ; Li, Y. ; Konetschny, C. ; Lecomte, E. ; Fasel, C. ; Riedel, R. 2000 *Mater. Sci. Eng. R* 26, 97: "Silazane Derived Ceramics and Related Materials".

[27] Choong Kwet Yive, N. S. ; Corriu, R. J. P. ; Leclerq, D. ; Mutin, P. H. ; Vioux, A. 1992 *Chem. Mater.* 4, 141: "Silicon Carbonitride from Polymeric Precursors: Thermal Cross – Linking and Pyrolysis of Oligosilazane Model Compounds".

[28] Lavedrine, A. ; Bahloul, D. ; Goursat, P. ; Choong Kwet Yive, N. S. ; Corriu, R. J. P. ; Leclercq, D. ; Mutin, P. H. ; Vioux, A. 1991 *J. Eur. Ceram. Soc.* 8, 221: "Pyrolysis of Polyvonylsilazane Precursors to Silicon Carbonitride".

[29] Paine, R. T. ; Narula, C. K. 1990 *Chem. Rev.* 90, 73: "Synthetic routes to boron nitride".

[30] Paine, R. T. and Sneddon, L. G. , 1994 *Chemtech*, 24, 29: "Borazin – based polymers close in on commercial performances".

[31] Seyferth, D. ; Rees, W. S. 1991 *Chem. Mater.* 3, 1106: "Preparation, characterization, and pyrolysis of – [$B_{10}H_{12}$ · diamine]n – polymers: a new route to boron nitride".

[32] Fazen, P. J. ; Remsen, E. E. ; Beck, J. S. ; Carrol, P. J. ; McGhie, A. R. ; Sneddon, L. G. 1995 *Chem. Mater*, 7, 1942: "Synthesis, Properties, and Ceramic Conversion Reactions of Polyborazilene. A High – Yield Polymeric Precursor to Boron Nitride".

[33] Cornu, D. ; Bernard, S. ; Duperrier, S. ; Toury, B. ; Miele, P. 2005 *J. Eur. Ceram. Soc.* 25, 111: "Alkylaminoborazine – based precursors for the preparation of boron nitride fibers by the polymer – derived ceramics (PDCs) route".

[34] Miele, P. ; Bernard, S. ; Cornu , D. ; Toury, B. 2006 *Soft Mater.* 4, 249: "Recent Developments in Polymer – Derived Ceramic Fibers (PDCFs): Preparation, Properties and Applications—A Review".

[35] Gervais, C. ; Framery, E. ; Duriez, C. ; Maquet, J. ; Vaultier, M. ; Babonneau, F. 2005 *J. Eur. Ceram. Soc.* 25, 129: "^{11}B and ^{15}N solid state NMR investigation of a boron nitride preceramic polymer prepared by ammonolysis of borazine".

[36] Gervais, C. ; Maquet, J. ; Babonneau, F. ; Duriez, C. ; Framery, E. ; Vaultier, M. ; Florian, P. ; Massiot, D. 2001 *Chem. Mater* 13, 1700: "Chemically Derived BN Ceramics: Extensive [11]B and [15]N Sol-

id – State NMR Study of a Preceramic Polyborazilene".

[37] Toury, B. ; Gervais, C. ; Dibandjo, P. ; Cornu, D. ; Miele, P. ; Babonneau, F. 2004 *Appl. Organomet. Chem.* 18, 227: "High – resolution ^{15}N solid – state NMR investigations on borazine – based precursors".

[38] Duperrier, S. ; Gervais, C. ; Bernard, S. ; Cornu, D. ; Babonneau, F. ; Balan, C. ; Miele, P. 2007 *Macromolecules* 40, 1018: "Design of a Series of Preceramic *B* – Tri(methylamino) borazine – Based Polymers as Fiber Precursors: Architecture, Thermal Behavior, and Melt – Spinnability".

[39] Bill, J. ; Aldinger, F. 1995 *Adv. Mater.* 7, 775: "Precursor – Derived Covalent Ceramics".

[40] Greil, P. ; Seibold, M. 1992 *J. Mater. Sci.* 27, 1053: "Modelling of Dimensional Changes During Polymer – Ceramic Conversion for Bulk Component Fabrication".

[41] Schwartz, K. B. ; Rowcliffe, D. J. 1986 *J. Am. Ceram. Soc.* 69, C 106: "Modelling Density Contributions in Preceramic Polymer/Ceramic Powder Systems".

[42] Greil, P. 1995 *J. Am. Ceram. Soc.* 78, 835: "Active – Filler – Controlled Pyrolysis of Preceramic Polymers".

[43] Greil, P. 1998 *J. Eur. Ceram. Soc.* 18, 1905: "Near Net Shape Manufacturing of Polymer Derived Ceramics".

[44] Harshe, R. ; Balan, C. ; Riedel, R. 2004 *J. Eur. Ceram. Soc.* 24, 3471: "Amorphous Si(Al) OC Ceramic from Polysiloxanes: Processing, Crystallization Behaviour and Applications".

[45] Soraru, G. D. ; Babonneau, F. ; Mackenzie, J. D. 1988 *J. Non – Cryst. Solids* 106, 256: "Structural Concepts of New Amorphous Covalent Solids. "

[46] Monthioux, M. ; Oberlin, A. ; Bouillon E. 1990 *Compos. Sci. Technol.* 37, 21: "Relationship between microtexture and electrical properties during heat treatment of SiC fibre precursor".

[47] Babonneau, F. ; Thorne, K. ; Mackenzie, J. D. 1989 *Chem. Mater.* 1, 554: "Dimethyldiethoxysilane/ Tetraethoxysilane Copolymers: Precursors for the Si – C – O System. "

[48] Corriu, R. J. P. ; Leclerq, D. ; Mutin, P. H. ; Vioux, A. 1997 *J. Sol – Gel. Sci. Technol.* 8, 327: "Preparation and Structure of Silicon Oxycarbide Glasses Derived from Polysiloxane Precursors".

[49] Pantano, C. G. ; Singh, A. K. ; Zhang, H. 1999 *J. Sol – Gel. Sci. Technol.* 14, 7: "Silicon oxycarbide glasses".

[50] Belot, V. ; Corriu, R. J. P. ; Leclerq, D. ; Mutin, P. H. ; Vioux, A. 1992 *J. Polym. Sci. A: Polym. Chem.* 30, 613: "Thermal Redistribution Reactions in Cross – Linked Polysiloxanes".

[51] Chomel, A. D. ; Dempsey, P. ; Latournerie, J. ; Hourlier – Bahloul, D. ; Jayasooriya, U. A. 2005 *Chem. Mater.* 17, 4468 : "Gel to glass transformation of methyltriethoxysilane: A silicon oxycarbide glass precursor investigated using vibrational spectroscopy".

[52] Bois, L. ; Maquet, J. ; Babonneau, F. ; Mutin, H. ; Bahloul, D. 1994 *Chem. Mater.* 6, 796: "Structural Characterization of Sol – Gel Derived Oxycarbide Glasses: 1. Study of the Pyrolysis Process".

[53] Kalfat, R. ; Babonneau, F. ; Gharbi, N. ; Zarrouk, H. 1996 *J. Mater. Chem.* 6, 1673: "^{29}Si MAS NMR Investigation of the Pyrolysis Process of Cross – Linked Polysiloxanes Prepared from Polymethylhydrosiloxane".

[54] Gualandris, V. ; Hourlier – Bahloul, D. ; Babonneau, F. 1999 *J. Sol – Gel Sci. Technol.* 14, 39: "Structural investigation of the first stages of pyrolysis of Si – C – O preceramic polymers contianing Si – H bonds".

98

[55] Trimmel, G. ; Badheka, R. ; Babonneau, F. ; Dempsey, P. ; Balhoul – Hourlier, D. ; Parmentier, J. ; Sorarù, G. D. 2003 *J. Sol – Gel Sci. Technol.* 26, 279: "Solid State NMR and TG/MS study on the transformation of methyl groups during pyrolysis of preceramic precursors to SiOC glasses".

[56] Soraru, G. – D. ; Pederiva, L. ; Latournerie, J. ; Raj, R. 2002 *J. Am. Ceram. Soc.* 85, 2181: "Pyrolysis Kinetics for the Conversion of a Polymer into an Amorphous Silicon Oxycarbide".

[57] Soraru, G. D. 1994 *J. Sol – Gel Sci. Technol.* 2, 843: "Silicon Oxycarbide Glasses".

[58] Mutin, P. H. 1999 *J. Sol – Gel Sci. Technol.* 14, 27: "Control of the composition and structure of silicon oxycarbide and oxynitride glasses derived from polysiloxane precursors".

[59] Soraru, G. D. ; D'Andrea, D. ; Campostrini, R. ; Babonneau, F. ; Mariotto, G. 1995 *J. Am. Ceram. Soc.* 78, 379: Structural Characterization and High Temperature behaviour of Silicon Oxycarbide Glasses prepared from Sol – Gel Precursors containing Si – H bonds.

[60] Bill, J. ; Seitz, J. ; Thurn, G. ; Dürr, J. ; Canel, J. ; Janos, B. Z. ; Jalowiecki, A. ; Sauter, A. ; Schempp, S. ; Lamparter, H. P. ; Mayer, J. ; Aldinger, F. 1998 *Phys. Stat. Solidi A* 166, 269: "Structure, Analysis and Properties of Si – C – N Ceramics Derived from Polysilazanes"

[61] Seitz, J. ; Bill, J. ; Egger, N. ; Aldinger, F. 1996 *J. Eur. Ceam. Soc.* 16, 885: "Structural Investigations of Si/C/N – Ceramics from Polysilazane Precursors by Nuclear Magnetic Resonance".

[62] Li, Y. – L. ; Kroke, E. ; Riedel, R. ; Fasel, C. ; Gervais, C. ; Babonneau, F. 2001 *Appl. Organomet. Chem.* 15, 820: "Thermal Cross – Linking and Pyrolytic Conversion of Poly(ureamethylvinyl)silazanes to Silicon – Based Ceramics."

[63] Laine, R. M; Babonneau, F. ; Blohowiak, K. Y. ; Kennish, R. A; Rahn, J. A. ; Exharos G. J. 1995 *J. Am. Ceram. Soc.* 78, 137 – 145: "The Evolutionary Process during Pyrolytic Transformation of Poly(N – methylsilazane) from a Preceramic Polymer into an Amorphous Silicon Nitride/Carbon Composite".

[64] Schuhmacher, J; Weinmann, M. ; Bill, J. ; Aldinger, F. ; Müller, K. 1998*Chem. Mater.* 10, 3913: "Solid – State NMR Studies of the Preparation of Si – C – N Ceramics from Polysilylcarbodiimide Polymers".

[65] Gabriel, A. O. ; Riedel, R. ; Dressler, W. ; Reichert, S. ; Gervais, C. ; Maquet, J. ; Babonneau, F. 1999 *Chem. Mater.* 11, 412: "Thermal decomposition of Poly(methylsilsesquicarbodiimide) to amorphous Si – C – N Ceramics".

[66] Iwamoto, Y. ; Völger, W. ; Kroke, E. ; Riedel, R. 2001 *J. Am. Ceram. Soc.* 84, 2170: "Crystallization Behavior of Amorphous Silicon Carbonitride Ceramics Derived from Organometallic Precursors".

[67] Riedel, R. ; Kroke, E. ; Greiner, A. ; Gabriel, A. O. ; Ruwisch, L. ; Nicolich, J. ; Kroll, P. 1998 *Chem. Mater.* 10, 2964: "Inorganic Solid – State Chemistry with Main Group Element Carbodiimides".

[68] Riedel, R. ; Greiner, A. ; Miehe, G. ; Dressler, W. ; Fuess, H. ; Bill, J. ; Aldinger, F. 1997 *Angew. Chem. Int. Ed.* 36, 603: "The First Crystalline Solids in the Ternary Si – C – N System".

[69] Gervais, C. ; Babonneau, F. 2002 *J. Organomet. Chem.* 657, 75: "High resolution solid state NMR investigations of various boron nitride preceramic polymers".

[70] Gastreich, M. ; Marian, C. M. 1998 *J. Comput. Chem.* 19, 716: "Ab initio prediction of ^{15}N – NMR chemical shift in boron nitride based on an analysis of connectivities".

第3章 微观结构的演变与表征

HANS-JOACHIM KLEEBE, GIULIANO GREGORI,
MARKUS WEINMANN 和 PETER KROLL

3.1 引 言

近年来,对极端条件下服役的先进陶瓷的需求日益迫切,激励大量的研究活动集中到金属有机化合物的合成领域。过去几十年里,元素有机化学取得了巨大发展,使人们更好地懂得了如何创建先驱体的网络,并利用这些先驱体通过退火工艺转化成新型的陶瓷。因此,将金属有机化合物用作陶瓷先驱体已成为重点研究的课题之一。特别地,通过设计分子单元的结构,并最终形成聚合物网络以及转化成陶瓷构件,可以直接控制先驱体陶瓷的微观结构与整体的性能,这是一个相当有吸引力的方法。

根据具体的应用,先驱体陶瓷的高温热稳定性,以及批量转化样品的非晶性质,往往是研究的热点。因此,全面理解聚合物结构、化学成分、高温抗结晶性能与随后热处理过程中相应纳米结构的演变之间的相互关系,是优化材料性能以发挥其全部潜力的必要环节。

因此,本章侧重于各种先驱体陶瓷微观结构的演变和详细表征技术,包括从化学计量 SiCO 体系到相当复杂的 SiBCN 体系。由于裂解通常形成非晶陶瓷网络,进一步的退火过程才会引发纳米层次的局部结构重组,因此透射电子显微镜(TEM)是一个重要的表征工具。利用 TEM 观察成分和退火历史对 PDC 微观结构形貌的影响是本章重点。当需要时,也考虑并提供了核磁共振(NMR)或拉曼光谱等补充测试数据。有必要指出,TEM 与 NMR 数据有时是矛盾的,书中将重点强调和讨论这种情况,这也说明了在表征结构时应平行采用不同技术手段而不是只依靠单一的表征方法的重要性。

本章结束部分是关于建模的,特别强调了碳的作用,即碳在微观组织演变和由此产生的性能方面(尤其是高温稳定性)起着主导作用。该结论与整体观察结果相符,而与具体的研究体系无关。

3.2　微观结构和表征技术

　　PDC 在本质上是相当复杂的体系,因为当暴露在高于一般裂解温度(1000℃)的条件下时,其结构会进一步发生深刻改变。在高温下,最初非晶网络发生析晶,导致局部结晶,形成不同物相。这个过程涉及化学键的再分配、相分离和最后纳米晶的成核、生长等过程。在接下来的内容中将展示,这些无定形材料中发生的析晶过程在很大程度上取决于其原始组成。然而,可以确认的是,所有 PDC 的热解都有一些共同的重要特征:①热处理时,材料整体经历一个相分离过程;②当游离碳相存在时,会经历一个石墨化过程;③随着温度的升高,通常可以观察到纳米晶体的形成。

　　因此,研究人员必须面对的困难之一是,如何在每一步当中获得最可靠的一套数据。对这些以非晶为主的材料体系,也不可能利用单一的实验技术得到其复杂演化过程中的所有数据信息。出于这个原因,一系列广谱的实验技术已用于表征不同的热处理条件下的 PDC。

　　我们将在这里简要地介绍这些技术。可以将它们划分成为两个组:①能够提供平均或积分信息的方法;②即使在纳米尺度也能够澄清材料局部属性的技术。

　　属于第一组的有核磁共振(NMR)、X 射线衍射(XRD)和中子散射(NS);而第二组包括扫描电子显微镜(SEM)、透射电子显微镜(TEM)和电子能量损失谱(EELS)以及能量过滤透射电镜(EF – TEM)。拉曼光谱也可被利用来表征游离碳相。虽然由于其激光束集中在样品上只有几微米的区域,在本质上是一种"局部"表征方法,但拉曼光谱仍被认为是一个积分方法。这是因为化学组成与相组成的局部波动大多发生在纳米尺度上,因此获得的具有几微米的横向分辨率的拉曼数据应是样品体积内的平均信号。

　　^{13}C 和 ^{29}Si 核磁共振(NMR)是广泛使用的结构表征技术手段,因为无论是液态先驱体、预氧化的固体样品还是最后的热处理裂解材料,都可以利用它来表征 C 和 Si 原子周围的化学环境。只要重点是研究非晶材料内化学键是如何组织的,NMR 就是必然的选择。接下来的章节将展示,这种方法的最大优点是可以发现硅基非晶材料网络中的相分离过程。

　　对于含有相当高的晶体体积分数的材料,X 射线衍射(XRD)是一个确定不同晶相和晶型的强大而快速的方法。例如,它可区分出样品中的结晶是 α – SiC 还是 β – SiC。然而,由于其检出限约为 1% ~ 2%,因此对于非晶体中长出的第一批纳米晶体,它不能提供可靠的鉴定。

中子散射(NS)和小角 X 射线光谱(SAXS)用来研究仍处于无定形态的材料中的短程有序特性。作为 NMR 结果的补充,NS 和 SAXS 数据证明,相分离过程伴随着局部短程有序的改善。

当第一阶段局部结晶发生时,透射电子显微镜(TEM)和其相关的分析技术(电子衍射、电子能量损失谱和能量过滤透射电子显微镜等)是很自然的选择。当析晶过程开始发生时,具有高分辨率的透射电镜可以直接观察和识别纳米晶相。

电子能量损失谱(EELS)是一种广泛采用的技术,可以检测不同热处理过程中 $Si(L-edge)$ 和 $C(K-edge)$ 原子周围局部环境的变化。要注意的是,$Si(L-edge)$ 的能量阈值随硅原子周围原子种类不同而发生变化。这是由于 Si—C、Si—N 和 Si—O 的化学键能不同,举例来说,与纯的二氧化硅相比,先驱体陶瓷具有更多的 Si—C 共价键,$L-edge$ 表现出明显的向低能量区位移。同样,分析碳的 $K-edge$ 可监测游离碳相的结构演变。表征碳 $K-edge$ 的两个特征峰是:$\pi^*(285eV)$ 和 $\sigma^*(292eV)$,分别来源于 sp^2 杂化和 sp^3 杂化的碳原子。用 π^*/σ^* 的强度比可以确定 sp^2/sp^3 杂化碳原子的比例,具体值取决于热处理条件。

电子衍射与 X 射线基于同样的物理原理。电子衍射分析通常与 TEM 分析同时实现,使用的是一个相当小的探头。该技术可鉴定微米或纳米晶体的晶体结构。当与成像板结合使用时(该成橡板可提供与入射衍射光束相对应的线性对比度),这种技术在测定无定形材料短程有序性方面也是非常有用的。

拉曼光谱通常用于获得 SiCN 和 SiCO 非晶结构内游离碳相发生结构演变的积分信息。无序状石墨碳的拉曼光谱表现出两个特征峰:$\sim 1350cm^{-1}$ 处的 D 带和 $1580 \sim 1600cm^{-1}$ 处的 G 带[1]。G 的振动模式具有 E_{2g} 对称性,来自于 sp^2 杂化的碳原子面内伸展振动。要注意的是,这种模式是在所有 sp^2 点都是活跃的,不一定非要在六对称性石墨碳上。另一方面,D 的振动模式具有 A_{1g} 对称性,对应于芳香环的"呼吸"模式;然而,这种模式在完美的石墨中是禁止的,只是在无序结构石墨中才存在。D 和 G 模式的位置、宽度和强度,可以提供 PDC 中游离碳的结构重排信息。特别是,$I(D)/I(G)$ 的强度比可以提供碳簇大小的信息。

$$I(D)/(G) = C(\lambda)L_a^2 \qquad (1)$$

式(1)可以计算碳域的大小,其中 L_a 是沿六对称环平面碳域的长度(横向大小)。系数 C 的值取决于所使用单色辐射(激光)的波长[2]。

3.3　SiCN 体系

在 1000℃ 热解后,这些非晶材料的微观结构一般可以描述为一个由

Si – C – N 原子组成的随机网络。但如果先驱体中的碳含量足够高,那么热解后,它的一部分会在"硅链"构成非晶网络之外,构成(过量)游离碳相。

高于 1000℃ 进一步热处理,会诱导非晶网络重排。1996 年,Montioux 和 Delverdier 报道了温度超过 1000℃ 时 PDC 的主要结构演变过程[3]。他们研究了几种先驱体陶瓷体系(SiCO、SiCN 和 SiCON),目的在于验证所得 Si 基陶瓷的高温热稳定性。作者通过 TEM 观察到游离碳是第一种结晶相,与体系的 Si/C 比无关,形成石墨碳的基本结构单元(BSU)[4]。多余的碳阻碍 SiC 晶体成核,起到稳定网络的作用。然而在 1484℃ (N_2 , 1atm , 1atm = 101.325kPa) 时将发生氮化硅的碳热还原反应,如式(2)所示:

$$Si_3N_4 + 3C \rightarrow 3SiC + 2N_2 \qquad (2)$$

一般认为它是材料降解的起因。

下面首先介绍 SiCN 材料,重点讨论聚合物粉末热处理过程中的微观结构的变化。本节重点在于聚合物结构对结晶行为的影响。后面的一节采用类似先驱体,但重点放在残余孔隙对陶瓷微观结构的影响上。此外,除了化学计量 SiCN 材料,还简要介绍了更复杂的四元 Si – B – C – N 或 Si – C – N – O 陶瓷体系。

3.3.1 聚合物结构和相分离

Bill 等人研究了不同起始先驱体,特别是先驱体中的甲基、乙烯基,对相分离过程和结晶过程的影响[5]。研究中采用两种不同的起始先驱体,即(i)甲基和二甲基硅氮烷的共聚物(PHMS);(ii)聚乙烯基硅氮烷(PVS)。因为起始先驱体(i)中只含有甲基基团,PHMS 的 Si – C – N 网络中含有较高比例的 Si—C 键,可转化成 Si_3N_4 、SiC 和 sp^2 杂化的游离碳三种相态。相反,PVS 中存在的乙烯基诱发形成非晶的氮化硅和类石墨结构。所以,先驱体(i)裂解产物的化学成分在 $SiC/Si_3N_4/C$ 三元相区内,而先驱体(ii)裂解产物的化学成分在 $C/Si_3N_4/N$ 内。热解过程中聚合物(ii)失去氮,直到到达 C/Si_3N_4 连接线,而这又延续到最终相态。以上陶瓷在碳热还原温度以上(1500℃)退火处理后进行 TEM 观察,发现 PHMS 所得陶瓷中存在 Si_3N_4 和 SiC 晶体,而 PVS 所得陶瓷中只有 SiC 和游离碳。

在接下来的一项工作中[6],Bill 进行了热力学模拟分析,并与以前的实验结果进行对比。结果表明,非晶网络的局部性质与微观结构,与 Si – C – N 三元相图中 SiCN 化合物的组成是相关联的。位于 Si – C – N 三元相图中 Si_3N_4 – C 连接线上的体系,具有非晶结构,由 Si_3N_4 和 sp^2 杂化的游离碳组成。值得注意的是,利用反向蒙特卡罗计算,发现两种分离相簇的大小约为 10 Å。另一方面,

Si－C－N三元相图中Si_3N_4－SiC－C 三相平衡区的陶瓷,也具有非晶结构,包括Si_3N_4、SiC 和游离碳簇。

Störmer[7]和 Kleebe[8]研究了不同 SiCN 陶瓷在1400℃～1540℃之间的结晶过程。实验证据表明,在此温度范围内,结晶的性质和微观结构依赖于起始先驱体的组成和微观结构。特别地,HVNG 所得 SiCN 非晶基体内含有 α－Si_3N_4、β－SiC和石墨碳,而 HPS 所得陶瓷只有单一的、微米级的 α－Si_3N_4 晶体。富 C 的 TVS 具有最高的热稳定性,即使经1540℃处理后也只能检测到纳米级的基本结构单元(BSU)。这一发现使作者得出结论,均匀分散的游离碳相可能充当避免结晶发生的扩散屏障。

同样地,Seitz[9]进行了核磁共振研究,表明 Si－C－N 网络包含有四面体的混合单元,$(SiC_xN_{(4-x)})(1\leqslant x\leqslant4)$,其相对分数取决于起始先驱体的结构。核磁共振分析还被用于研究从不同先驱体制备的 SiCN 陶瓷[10-13]。这些先驱体包括 $HVNG([(NH)_{1.5}SiCH=CH_2]_x[(NH)SiCH_3]_y)$、$HPS([(NH)SiCH_3CH=CH_2]_x[(NH)SiHCH_3]_y)$、$ABSE([(NH)SiCH_2-CH_2]_x[(NH)SiCH_3]_y)$ 和 TVS $([(NH)_{1.5}SiCH=CH_2]_x)$。这些化合物所得陶瓷由非晶 Si－C－N 网络和游离碳相组成。与硅基网络相比,作者注意到,从800℃加热到1500℃过程中混合单元的分布发生改变,表明网络经历了重排过程,使 Si－C－N 网络分离成 Si_3N_4 和 SiC 区。Traβl 等人[10-13]进行核磁共振实验,发现^{29}Si 和^{13}C 核磁共振谱中各存在一个单个宽峰(宽度分别为35ppm[①]、40ppm)。虽然,这些光谱是从某个特定组成的 SiCN(先驱体 HVNG)获得的,但 NMR 谱图所表现出的一般趋势是 SiCN 体系的共同特点,即随热处理温度升高出现相分离过程。加热到1200℃,在^{13}C 谱的28ppm 和^{29}Si 的－48ppm 处分别出现共振峰,这表明形成了 CSi_4 和 SiN_4 的环境。在更高的温度(1500℃),^{29}Si 谱在－15ppm、－30ppm 和－48ppm 呈现三个明显的共振峰,它们分别对应 SiC_4、SiN_3C 和 SiN_4 环境。基于这些数据,可以得出如下结论,即初始的 Si－C－N 网络经历剧烈重排,Si－C－N 分离出 SiN_4 和 SiC_4 环境。应当强调的是,SiCN 体系的演变与 SiCO 体系(将在3.5节讨论)中观察到的非常相似,区别在于前者形成 SiN_4 环境,而后者形成 SiO_4 环境。^{13}C 谱在－48ppm 的信号表示存在较高含量 sp^2 杂化的游离碳。在1200℃以上,在70ppm 出现一个额外的信号,与^{29}Si 信号一致,说明形成了一个 SiC_4 环境。

除了整体的核磁共振分析技术,在 TEM 成像过程中,利用能量过滤选区电子衍射(EF－SAED)也可以在亚微米级水平上研究 SiCN 网络内的重排[14]。EF－SAED图谱必须是在相同的实验条件下获得,选区衍射孔径的直径为

---

① ppm 是百万分之一的缩写。

120nm。因此,这种图像反映了这个有限区域内平均的结构重排。图3.1 为1000℃热解后两种不同 SiCN 玻璃的 EF–SAED 图案。1000℃裂解1h后的材料呈现弹性辐射衍射环纹,是非晶样品的典型图像。在这些 SiCN 材料的 EF–SAED 图案中,没有检测到明显的差异,这与裂解样品的 NMR 数据一致。

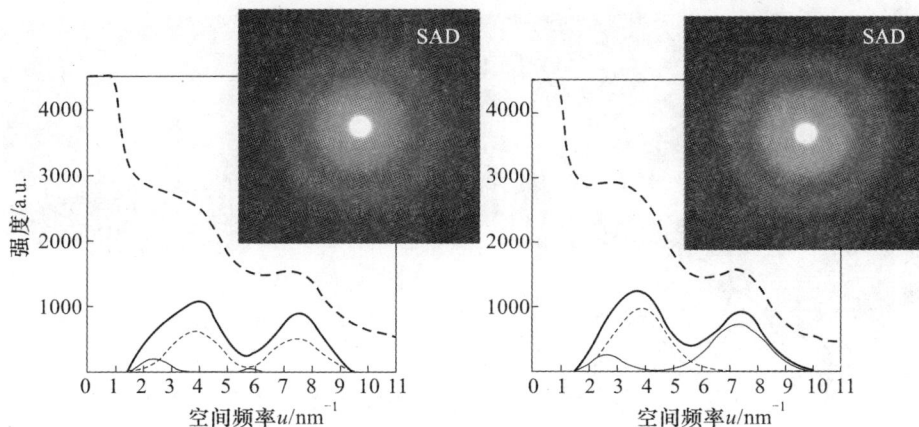

图3.1　从右上角的选区电子衍射(SAD)提取的强度分布,分别对应1000℃退火的两种不同的 SiCN 陶瓷

注意,在此温度下,曲线图和衍射图基本上相同

(点线为接收到的数据,实线为扣除背景数据,虚线为高斯多峰拟合曲线)。

然而,通过一个更精细的 EF–SAED 花样分析,可观察到非晶 SiCN 网络内细微的差别。这些细致研究,目的是在非晶网络内获得邻近距离的可能的变化信息。图3.1 同时给出了相应的电子衍射图的强度分布。这些图表按以下过程测量,即从衍射图样中心开始,以径向距离(空间频率,u)为函数,测量电子衍射花样的强度分布,在整个衍射角上进行平均后作图。最大值代表强度最高的、占主导地位的空间频率,即电子照射区域内的最近的邻近距离。尽管粗略地看两个样品的电子衍射图案近乎相同,但利用这种特别的分析方式可以评价两个 SiCN 材料内的非常微妙的变化,即它们的化学成分(碳含量)略有不同。

图3.1 左图中最大值位于 $2.44nm^{-1}$ 和 $3.85nm^{-1}$($0.41nm$ 和 $0.26nm$)处的峰可归属于 SiN_4 和 SiC_4 四面体单元,这两个峰非常明显(虽然低于 $7.4nm^{-1}$ 高空间频率的峰值)。值得注意的是,在这些 PDC 中,已经监测到裂解分化成 SiN_4 和 SiC_4 单元的差异[12,13]。随后超过裂解温度进行高温退火处理,会进一步促进内部无定形结构的重排,而 SiCN 玻璃态的化学成分几乎保持不变。尽管出现这些结构重组,PDC 材料基体退火到1400℃仍保持完全非晶,其衍射图像呈现弹性衍射环纹,如图3.2 所示。然而,在此温度下,EF–SAED 模式的图形可能有

明显的区别。例如,与1000℃裂解后记录的衍射数据相比,EF-SAED花样左侧只有轻微的变化。相比之下,右侧花样除了两个小肩峰外,还有两个位于2.78nm^{-1}(0.36nm)和3.51nm^{-1}(0.25nm)处的明显的峰。但需要强调的是,1400℃退火后,虽然这两种材料峰强度存在明显差异,但峰值的位置却完全一致。

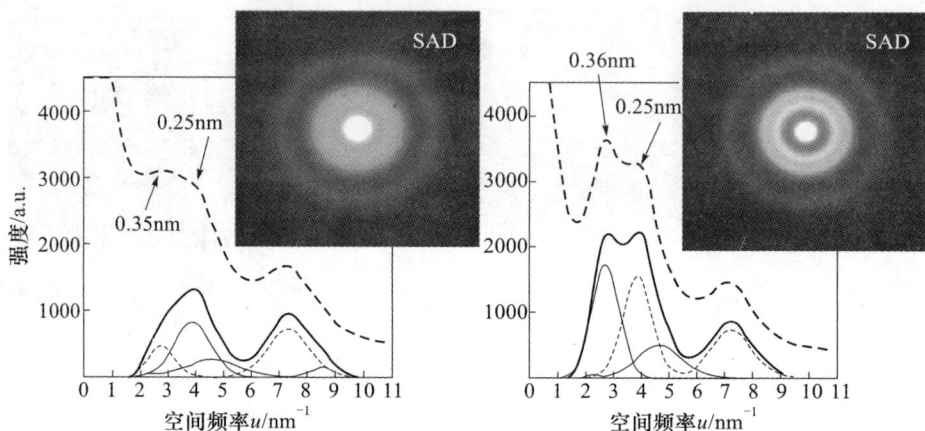

图3.2　从右上角的选区电子衍射(SAD)提取的强度分布,分别对应1400℃退火的两种不同的SiCN陶瓷

对比图3.1,在此高温下两个样本之间存在一个明显的区别;
箭头表示SiC开始形成(图例同图3.1)。

EF-SAED模式清楚地表明,当样品进行了后续的热处理后,非晶结构发生内部重组。但是,应该指出的是,在两种SiCN材料中,峰值位于3.86nm^{-1}(0.26nm)的峰相对更高。这一发现与相同材料的NMR数据很好吻合,这表明暴露于高温后,形成了高体积分数的SiC_4单元[15]。与这两种位于Si-C-N相图Si_3N_4-SiC-C三角平衡区内的先驱体不同,处于Si_3N_4-C连接线附近的材料在1400℃退火后只显示出了SiN_4环境的信号。这又是相分离理论的一个佐证,最终形成非晶SiN_4单元和游离碳相[15]。

值得注意的是,不同聚合物生成的Si-C-N网络的无定形结构,在1000℃热解后已经显现细微差别。据推测,这些变化是由于有机-无机转变阶段不同元素的低温相分离的产生。随后的热处理(1400℃)促进了SiCN网络结构重排,导致了不同的但仍为无定形的EF-SAED图案。

同样重要的是,通过中子散射数据发现,在相分离过程中伴随着有序化过程[16]。Dürr等人对聚硅碳二酰亚胺热解得到的$Si_{24}C_{43}N_{33}$体系进行了X射线和中子散射实验。根据他们的实验数据,该系统的无定形网络由Si—N和C—C键组成,表明内部存在两种截然不同的短程有序相:(i)非晶Si_3N_4和(ii)无定形

106

碳。图 3.3 显示了从三种不同 SiCN 材料的中子散射数据中提取的对关联函数曲线[16]。

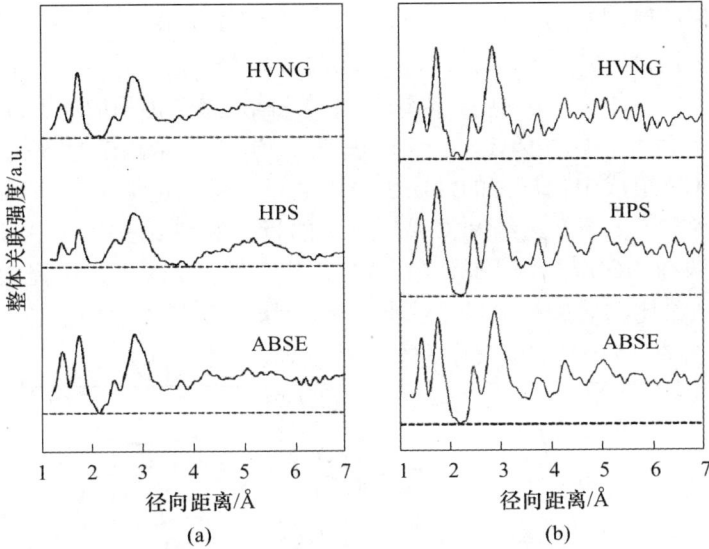

图 3.3 从三种不同 SiCN 材料的中子散射数据中提取的对关联函数曲线
从(a)1000℃到(b)1400℃,Si – C – N 网络的短程关联强度增强,有序化程度升高。

在图 3.3 中,位于 1.42 Å 的峰可归属于石墨中最近邻原子距离,以 1.75 Å 为中心的第二峰可归属于 Si_3N_4 中的 Si—N 键,而在 2.48 Å 的峰则为石墨中的 C—(C)—C 结构,峰值在 2.86 Å 的峰最有可能来源于间距为 2.84 Å 的石墨和间距介于 2.80 ~ 2.94 Å 之间的 Si_3N_4 的组合[16,18-20]。由于对关联函数的强度与周围原子的平均数量直接相关,这个数据可以提供类石墨和类 Si_3N_4 区域内原子的配位信息。对峰强度进行定性评价,可得出的结论是,ABSE 在类石墨和类 Si_3N_4 区域内都具有最高的配位数(CN),HPS 的配位数最低,HVNG 在游离碳相具有较低的配位数却在非晶 Si – N 环境中具有较高的配位数。从中子散射数据可明显看出,三种无定形网络的特点差别较大,但都具有短程有序的特征。

ABSE 具有明确定义的峰,其强度比例在 1000℃ ~ 1400℃ 之间几乎不变。HPS 在 1400℃ 热处理后所得数据与 ABSE 非常相似。特别是 HPS 与 ABSE 的峰强度,及其类石墨和富 Si—N 区中原子的配位情况几乎都是相同的。这一现象表明,在先驱体转化陶瓷中,具有相似组成但不同聚合状态的聚合物(HPS 与 ABSE),在热解到 1000℃ 时,具有不同的亚稳结构。然而,随后在 1400℃ 热处理,由于非晶网络内结构发生重排,导致形成相似的玻璃态网络。因此,这些先驱体转化 SiCN 陶瓷(ABSE 和 HPS)在高温下将形成一种"常见的"亚稳态玻璃结构,而与起始结构中的组成单元无关。但是,应当强调的是,这一结论是基于中子散射数据,与 EF - SAED 分析结果不一致。EF - SAED 分析技术可以区别这两种 SiCN 玻璃网络的差异。这种结论之间的差异是由于中子衍射以及 NMR 测试与电子衍射是不同的测试技术。核磁共振和中子衍射可认为是反映最近邻环境的原子探针,而电子衍射则可以探测照射范围内整个体积的环境,也可获得更远程的信息。因此,电子衍射适合于对 SiC 或 Si_3N_4 等纳米晶进行纳米晶相鉴定。

不同 SiCN 组成中化学键的性质也可以通过电子能量损失谱(EELS)进行表征。为此,研究了 Si - L 边缘和 C - K 边缘的近边精细结构。图 3.4 中(a)和(b)给出了两种 SiCN 材料(ABSE 和 HVNG)代表性的 Si - L 边缘光谱的近边精细结构,并与参比物质进行了对比。参比物质为 SiCN 样本表面上长大的 SiC 和 Si_3N_4 晶须,并在 1540℃ 的氮气中进行了热处理(参见图 3.8)。

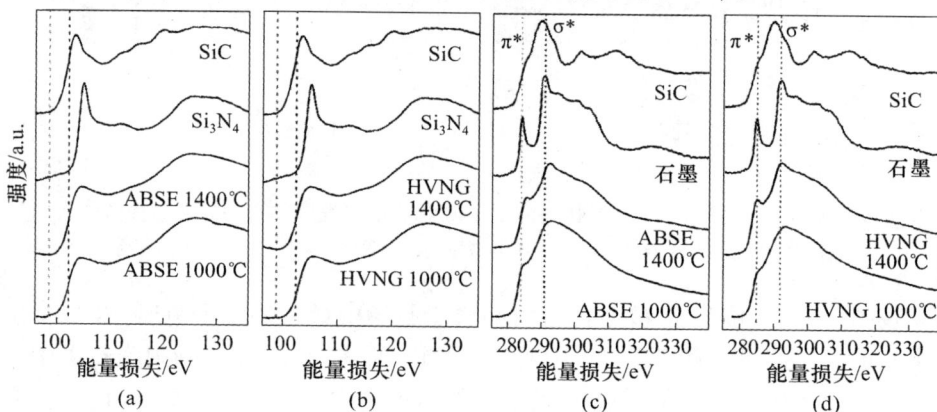

图 3.4 两种 SiCN 组成的 EELS 谱图

(a)和(b)是 ABSE 和 HVNG 的 Si - L 边缘谱,以 SiC 和 Si_3N_4 作为参考。
虚线强调了 SiCN 的 Si - L 边缘的起始点位于 SiC 和 Si_3N_4 的 Si - L
边缘的起始点之间。(c)和(d)是来自相同 SiCN 样品的 C - K 边缘谱,
以石墨和 SiC 作为参考。突出强调了 π^* 和 σ^* 峰。

在 ABSE 和 HVNG 的 EELS 谱图中,位于约 105eV 的 Si - L 峰是 Si—N 键的特征峰。然而,相对较低的峰(约 99.5eV),意味着有更多共价型 SiC 存在于硅基网络中。1400℃ 退火不会引起 Si - L 近边结构的显著变化。将这种现象与核磁共振结果比较,可以得出的结论是,导致 SiN_4 和 SiC_4 环境形成的相分离过程(NMR 数据),与局部区域没有明显的作用/反应。在 1400℃ 热处理后,Si - L 边缘仍然保持不变,表明硅基网络中化学键的性质和比例不受随后热处理的影响。既然 Si - L 峰值位置并没有向能量损失较低的方向移动,可以推断不会发生碳原子进入硅基网络的现象。同样,如果去除 Si - C - N 网络中的碳,会导致开始

108

峰值向着更高的能量损失值位移。因此,发生这一种机制的可能性也被排除。

图 3.4 中(c)和(d)描绘了 $C-K$ 边缘的近边结构。1000℃退火样品的数据显示,由于存在 sp^2 杂化碳,在 285eV 附近存在一个肩峰,这是 π^* 键典型的"指纹"峰。位于 290eV 和 300eV 的之间的宽峰是无定形碳的特征。1400℃退火样品的数据在 285eV 形成明显的肩峰,在 290eV 和 300eV 之间的宽区形成相对集中在 292eV 的尖峰。这是因为存在 sp^3 杂化的碳,由碳的 σ^* 键合而导致的。与石墨和 SiC 参比样进行比较,表明在这个温度范围内,游离碳似乎已演变成类石墨结构。根据 π^*/σ^* 强度之比,可以估计 sp^2/sp^3 键合比率的变化。从 1000℃到 1400℃,HVNG 体系的 sp^2/sp^3 键合比率增量为 26%,而 ABSE 中 sp^2/sp^3 键合比率增量为 19%[17]。

尽管先驱体无机化过程中存在石墨化过程,π^* 和 σ^* 信号的共同存在仍表明,热解产物中的游离碳相具有高度的"无序性"。在一般情况下,SiCN 陶瓷中多余的游离碳相呈现类石墨的"无序性",可以归因于:①六元碳环的随机取向和拉伸;②存在不同对称性的碳环,例如五元环、七元环等,这就需要 sp^3 杂化的碳;以及③扭曲的石墨烯平面。事实上,碳片的变形,如平面外扭曲,只有当某些 sp^2 位点发生从 sp^2 到 sp^3 的杂化状态改变时才能实现,这已在碳纳米管中被发现[21]。表征非晶和/或类石墨碳的一个强大手段是拉曼光谱。图 3.5 中给出了

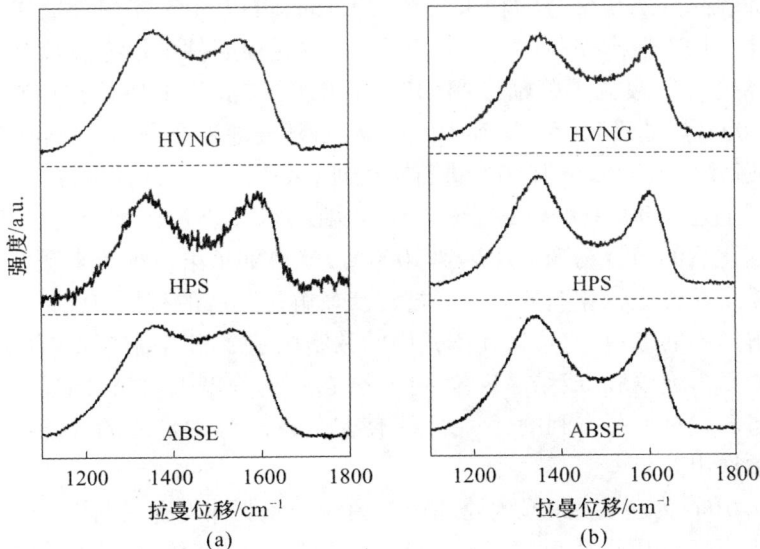

图 3.5 三种不同 SiCN 样品暴露在(a)1000℃ 和(b)1400℃ 后的拉曼光谱
在 D(1360cm^{-1})和 G(1590cm^{-1})带,只可观察到轻微的变化:
在较高温度下的热处理后,这两个信号峰变得稍窄。

ABSE、HPS 和 HVNG 在 1000℃热解、1400℃退火后的拉曼光谱,可以清楚地确认 D 峰和 G 峰的特征信号。

光谱的形状和 G 带相对低的拉曼位移表明,1000℃热解后的游离碳相含有较高含量的 sp^3 杂化碳。这可能是由于:①网络内高度无序(弯曲的碳层);②残留氢原子[2,22-24];以及③在游离碳和 SiCN 基体界面处可能存在 Si—C 键。

在 1000℃裂解后,HPS 的 $I(D)/I(G)$ 强度之比低于 HVNG 和 ABSE 中 $I(D)/I(G)$ 的强度之比,表明 HPS 包含最小的游离碳域(L_s = 15Å)。1400℃处理后,HPS 的 $I(D)/I(G)$ 强度比明显增加,而 ABSE 和 HVNG 几乎保持恒定。根据这些数据,所有三个体系最后的游离碳团簇的横向尺寸几乎相同。特别地,HPS 横向尺寸计算值从 15Å 增加至 18Å,而 ABSE 和 HVNG 保持不变(19Å)。应该指出,拉曼光谱测定的碳域大小,通常比 TEM 观察到的小一个量级。这个有趣的现象在 SiCO 体系中也是一样的,具体数据将在后续讨论。

3.3.2　残余孔隙的作用

为研究残余孔隙率对 SiCN 陶瓷的热稳定性的影响,利用一种聚乙烯基硅氮烷进行实验,其整体分子式为—[(NH)$_{1.5}$SiCH =CH$_2$]$_x$—[NHSiHCH$_3$]$_y$—[8]。将合成的液态先驱体置于氮气中 300℃保温 3h 后转化为不熔融的交联聚合物。然后球磨、筛分,所得聚合物粉末粒径≤32μm,再以 30% 体积分数掺入起始液态先驱体。加入液态先驱体具有双重作用:①在预制件中填充孔隙和②作为活性成分黏接粉末颗粒。单轴压制(10MPa,120℃)成粉末块体,具有 75% 的密度。在 300℃热处理 6h 后,得到中间产品,重新浸渍液态先驱体,再在 1000℃退火 1h。随后在 1100℃至 1540℃进行热处理,采用氮气气氛,保温 6h。

除了上述在 300℃制备的粉末颗粒外,在颗粒重新浸渍聚合物黏结剂之前,直接将固化后的聚合物颗粒加热到 1000℃,就得到了第二种粉末颗粒。将其与第一种粉末颗粒进行相同的后处理过程。热解过程中的有机-无机转换伴随着气态裂解产物的形成,它可以在陶瓷内的致密区造成相当高的气体压力,从而可能导致局部微裂纹和/或结晶现象。因此,在一定程度上,材料的残余孔隙对有机—无机转化过程是有利的,因为它可使热处理过程中形成的气态物质轻松地从样品中逸出。

图 3.6(a) 为包含 300℃预处理粉末颗粒的先驱体陶瓷的断面。虽然这种材料具有相当高的开放孔隙率,但经 1540℃处理后的基体显示出均匀的显微组织,很难将聚合物颗粒和粘结相区分开。由于聚合物结构中存在各种官能团,粉末颗粒和粘合剂之间的反应在低于 600℃就会发生,表明了这种先驱体化合物结构重排的可能性。这种聚硅氮烷衍生陶瓷的 X 射线衍射数据与 SEM 观察到

的玻璃态断裂面结论是一致的,即该样品主要是由无定形态组成。然而,通过 X 射线衍射可以确定该非晶基体内存在非常微量的细粒度 β‑SiC 晶粒。TEM 测试表明,含有 300℃ 预处理聚合物粉末颗粒的样品主要呈无定形的微观结构,如图 3.6(b)所示。在加工过程中,聚合物颗粒和添加的高分子黏结剂之间发生黏结反应。因此,在这样低的温度下反应,即使是采用 TEM 技术也很难明确区分聚合物颗粒和黏结相。根据这个原因可得出结论,300℃ 的交联对聚合物的本征键合结构只有轻微的影响,所得低聚物在进一步热处理时仍然会发生结构重组。只要预处理温度不超过 600℃ 就有利于聚合物颗粒和黏结剂之间的反应。因此,在 1000℃ 裂解和随后高温热处理后可以观察到均匀的非晶形貌。然而,应该指出,这些样品中还是可以观察到含有纳米晶粒的少量的球状夹杂物(参见图 3.11)。在 1540℃ 热处理后,这些球形夹杂物中含有晶态 Si_3N_4、SiC 和石墨。关于这一发现对热稳定性的影响将在后面详细讨论。

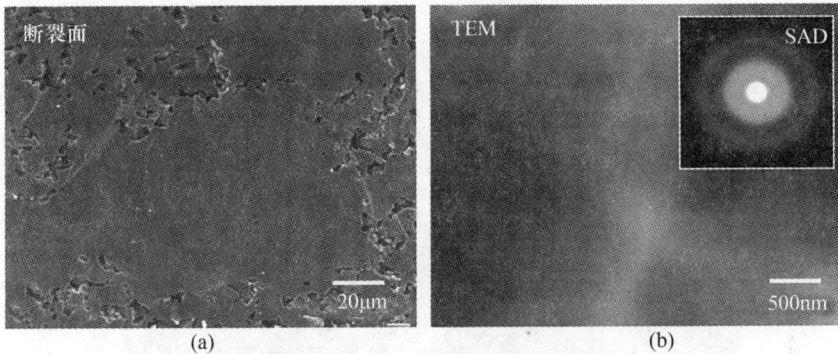

图 3.6 SiCN 陶瓷断裂面的 SEM 图像(a)及相应的 TEM 图像(b)
所含粉末颗粒在 300℃ 预加热处理,陶瓷退火温度为 1540℃。
请注意,在此示例中,粉末颗粒和黏结相无法区分。

包含 1000℃ 预处理粉末的先驱体陶瓷断面的 SEM 图像如图 3.7(a)所示。与 300℃ 预处理粉末混合物不同,1000℃ 热处理颗粒在最终产物中仍清晰可见。因此,在这种情况下,可以区分黏结剂填充区和颗粒。这种样品的 X 射线测试结果表现出非常高比例的 β‑SiC 和 α‑Si_3N_4 陶瓷晶粒。这说明预处理粉末颗粒会引发基体的结晶。加入黏结剂之前,粉末颗粒在 1000℃ 的退火改变了其结构和功能。因此,在后续加工过程中没有发生反应,颗粒形态不变,如图 3.7(b)TEM 图像所示。值得注意的是,这些热解粉末颗粒仍然是无定形的。这已被选区电子衍射(SAED)和 μ 衍射所证实。因为它们的 SAED 图呈现出环形漫散花样,这是典型的无定形结构。相比之下,黏结相表现出高度的结晶性。除了被确定的 β‑SiC 的晶粒,在黏结剂结晶区也观察到了富碳相。此外,还有直径几微

米的 $\alpha - Si_3N_4$ 晶体稀疏分布在黏结相之间。

(a)   (b)

图 3.7   (a) SiCN 陶瓷断裂面 SEM 图像,
所含粉末颗粒在 1000℃ 预加热处理,陶瓷退火温度为 1540℃,
相应的 TEM 图像揭示了前期粉末颗粒(SiCN)和黏结相(SiC)的区别。

图 3.8 为陶瓷材料的内表面(断裂壁)的 SEM 照片,该材料包含有经 1000℃ 预处理的粉末颗粒,图像表明在 1540℃、氮气气氛 6h 热处理后形成高度的表面结晶,含有自形的 SiC 和 Si_3N_4 晶粒。外表面也形成了高产率的结晶,只是更易形成晶须状晶体。表面生长的较大、自形的 Si_3N_4 晶体被认为是经历了气相反应过程。

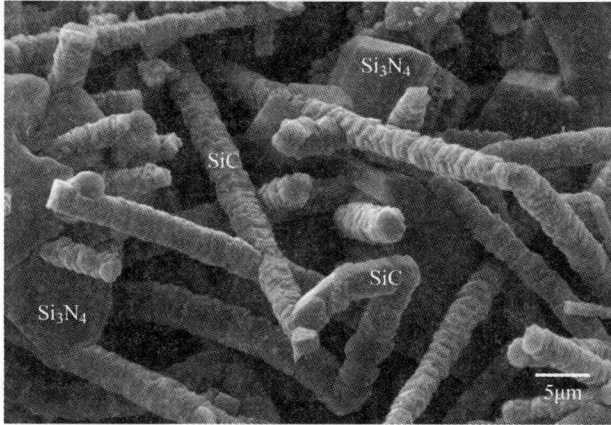

图 3.8   一种 SiCN 陶瓷内表面(断裂壁)的 SEM 图像
退火温度 1540℃。可以明显看出形成了 SiC 和 Si_3N_4 晶体,
这是氮气中退火的多数先驱体陶瓷的典型特征。

利用不同预处理的聚合物粉末(300℃ 交联和 1000℃ 预热解)制备先驱体转化 Si - C - N 陶瓷这一概念,是基于以下假设:即微观结构的演化受不同起始粉末的直接影响,而起始粉末的组成和内在结构可以通过热处理条件来调整。根

112

据预计,使用300℃处理的聚合物粉末,与黏合剂混合并同样在300℃交联,得到一种均匀的非晶态微观结构,而使用预热解的粉末却产生两相材料。原则上,实验观察的结果验证了这一概念的适用性。当对1000℃粉末加工的材料进行表征时,一个主要的开放问题是:为什么只在黏结相充满的区域产生了高度的SiC结晶,而粉末颗粒本身仍然保持无定形。一般来说有三种可能性,或者兼而有之,即①黏结相内存在纳米孔隙;②粉末颗粒表面成核;③无定形态的相分离。

假定存在纳米孔隙,它将促进Si-C-N黏合剂的结晶过程(分解)。这种推测有两个方面的解释:一种是,与粉末颗粒相比,黏结相存在微小的化学变化。在加工过程中,将粉末颗粒与液态先驱体共混,黏合剂可能带有少量的氧,可能改变相分离的过程,以及黏结剂的结晶行为。事实上,对黏合剂和颗粒共同进行电子能量损失谱图分析,发现黏结相内的氧信号略有增加。第二种是,黏结相位于刚性粉末颗粒之间,填补了空隙。交联和随后的裂解过程产生伴随气体,这已被傅里叶变换红外光谱(FTIR)所验证。因此,在材料中间区域,刚性粒子网络限制了退火过程中气态分解产物的逃逸,从而导致在黏结剂内形成纳米孔隙。黏结剂区域的高比表面积支持这一结果,即在较高温度下,发生局部分解随后结晶形成SiC和富余碳。

即使采用高分辨率成像技术,依然无法确定纳米孔的存在。然而,在粉末颗粒非晶区与相邻的前液体黏结剂非晶区,可以观察到鲜明的对比差异,如图3.9所示。纳米孔的形成在黏结剂内部产生了高比表面积,从而促进其分解和氮的消耗,随后形成β-SiC结晶。意外的是,只在以前充满黏结相的地区观察到可观的SiC晶体。由于粉末颗粒预热处理到1000℃而高分子黏结剂只是在300℃交联,最初的预期是在粉末颗粒内部结晶。假设不填充黏合剂,在1000℃退火应促进核内粒子的成核。进一步加热,会导致颗粒的晶化。然而,观察结果却与此相反。这似乎可以用异质成核模型来解释。该模型认为,粉末颗粒退火时,在粒子表面上通过气相反应形成晶核。处理后,粉末颗粒表面上的晶核直接与高分子黏结剂接触。由于黏结剂在热处理时发生结构重排,表面晶核能促进黏结剂的晶化。

然而,如果粉末颗粒和含有粉末颗粒的整体样品在1000℃预热,仅在1000℃热解,没有进一步的热处理,TEM观察显示在颗粒表面没有晶核形成。对黏结剂与1000℃预处理的粉末颗粒的混合物在1000℃热解的的块体材料进行HRTEM观测,所得图像如图3.9所示。从图中可以明确地区分黏结剂和颗粒,并在粘结相内发现形成了晶核。由于在黏结剂内部和接近颗粒表面处没有观察到晶核大小的变化,因此可推测发生的是同质成核过程。考虑到黏结剂内部因孔隙而存在高的内表面积,黏结剂更易分解。该分解过程导致局部化学组

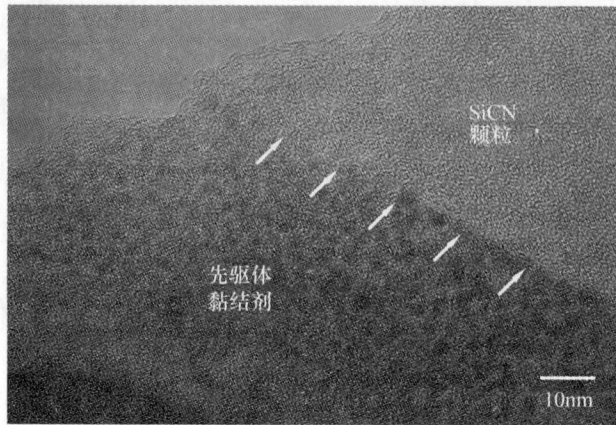

图 3.9　前期 1000℃ 预退火粉末颗粒(SiCN)与裂解黏结相之间界面区域的 TEM 图像
需要注意的是,黏结剂区显示斑点状的反差,这是由于形成 SiC 富集区造成的。

成和结构的变化。由于氮的逸出,粘结相成分逐渐转变为纯 SiC。黏结剂内早
期形成的 SiC 晶核与 Monthioux 报道的数据是一致的[3]。他们指出,与三元
SiCN 化合物相比,纯 Si – C 体系在较低温度下结晶。图 3.10 中 TEM 的明场图
像说明了 1540℃ 热处理后材料微观结构的演变(与图 3.7(b)相似)。从图中可
明确区分非晶大型粉末颗粒和前粘结相。热处理导致黏结剂区 β – SiC 的进一
步结晶和生长,镶嵌在富碳的残余非晶相中。

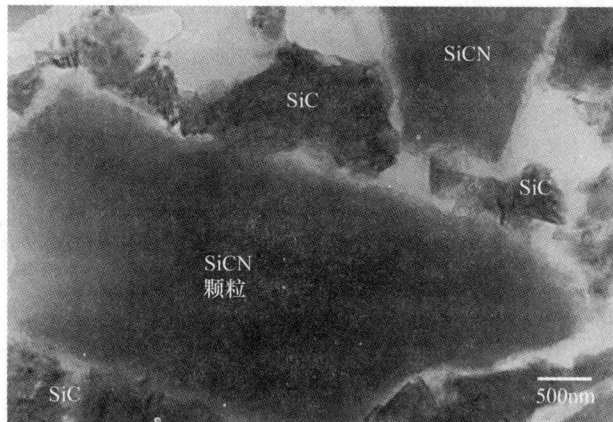

图 3.10　SiCN 陶瓷的 TEM 明场像
其中粉末颗粒预加热至 1000℃,在 1540℃ 退火。相比之下,黏结剂
区内形成 SiC 结晶,而预退火粉末颗粒仍为无定形,并没有分解或结晶。

　　包含 1000℃ 热解粉末颗粒材料的微观结构演变,可以解释为以下因素的综
合影响:①黏结相因存在纳米孔洞而在早期发生分解(氮逸出);②黏结剂内 SiC

均相成核;③SiC 进一步晶化、增长。这一过程导致了最终的两相结构,即在刚性的无定形聚合物颗粒之间存在晶化的黏结剂(SiC 镶嵌在富碳相中)。

含 1000℃ 预处理粉末颗粒材料的 NMR 研究表明,这些无定形材料中的相分离过程发生在大约 1500℃[15]。NMR 实验数据显示在 −15ppm 处有一个明显的峰,为富 C 环境 Si 的特征峰,而富 N 环境的 Si 峰则出现在 −50ppm 处,这种富氮环境可能导致非晶 Si − C − N 基体的分解或形成结晶 Si_3N_4。在 1500℃ 裂解产物中可同时观察到上述两个峰,表明在非晶基体中发生着 Si − N 和 Si − C 富集区的相分离过程。随着加工温度的升高,Si − N 富集区分解(Si_3N_4 稳定性有限),形成氮分子。对 1540℃ 退火的 SiCN 材料进行 TEM 观察,发现了较宽的非晶区(原热解颗粒),EELS 分析确定该区域中氮明显枯竭。这一发现与推测的分解机理是一致的,即非晶 Si − C − N 首先发生相分离,同时伴随氮的连续损失,然后加热到较高温度下,在氮枯竭区开始出现 SiC 结晶。然而,这个过程中,需要存在开孔。因此 Si − C − N 陶瓷的结晶过程,占主导地位的是结构重排、相分离和化学分解(例如氮的逃逸)。

然而,值得一提的是,这里所考察的 Si − C − N 材料为开放系统,因此这里所提出的相分离 − 分解 − 结晶机制在很大程度上取决于残留开孔率和/或局部的纳米孔洞,因为气态物质最终将通过这些孔隙离开系统。含有 300℃ 处理粉末颗粒的样品所表现出的高度聚集,以及非常有限的结晶度,支持后一观点。

另一个重要方面是,只有用 300℃ 处理的聚合物粉末与交联的黏合剂共混,所得材料才具有较高的热稳定(抗高温结晶性能)。即使在 1540℃ 进行 6h 退火处理,大部分样品还主要是无定形态。然而,从图 3.11(a) 的 SEM 图像可以看出,这类材料的非晶基体内嵌有小部分球状夹杂物。这些球中包含细小微晶,因此,应被视为各自封闭系统的结晶产物。

使用带有反散射电子探测器的 SEM 成像技术,在这些球形夹杂物内发现了对比度的变化,这与结晶过程中的密度变化(空洞形成)和不同晶相的存在有关。后者已由 TEM 成像所证实,如图 3.11(b) 的 HRTEM 图像所示,其中显示存在 Si_3N_4、SiC 和石墨。在一个球状物内同时生成 Si − C − N 体系所有的稳定晶相,支持在封闭系统内形成结晶的假设,这与开放系统主要形成 SiC 结晶的结果相反。有趣的是,只有在这些球状物中才能观察到纳米 $\alpha - Si_3N_4$ 晶体,而在所有其他大的微米级样本中,发现的是部分自形 Si_3N_4 晶体。事实上,大晶粒尺寸意味着 Si_3N_4 是由气相运输形成的,可以轻松地在开放系统中发生。然而,在封闭系统中,气相反应强烈受阻。此外,接近界面处形成的石墨将 Si_3N_4 晶粒分隔开,是阻碍晶粒增长的内在原因。

在封闭系统内结晶的原因,即为什么形成这些球状物,目前尚不清楚。只能

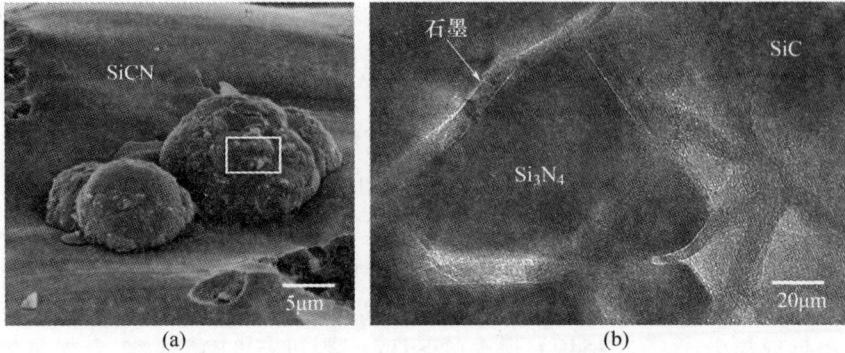

图 3.11 （a）在 1540℃ 退火 SiCN 陶瓷断裂面的 SEM 图像，在非晶体内发现嵌入的小球；
（b）这种球状物相应的 TEM 图像（对应于（a）中方框区域），表明 SiC、Si₃N₄ 和石墨相共存。

猜测为局部不均匀相或杂质的存在导致这种球状夹杂物的形成。不过，根据前述有关 SiCN 组成（ABSE，HPS 和 HVNG）的研究，在氮气中 1400℃ 退火后，三种 SiCN 化合物仍然表现出几乎完全无定形的微观结构，只有少数隔离地区除外[17]。为了获得有关成分变化的可能的信息，研究者对含有 Si₃N₄ 晶体的区域进行 EDS 分析，以便与非晶基体对比。

EDS 数据表明，这些区域的化学成分很不均匀。特别是，尽管周围的非晶基体由 Si – C – N 组成，在靠近大的 α – Si₃N₄ 晶体的区域还含有氧。根据在所有样品的结晶区域获得的几个类似结果，可以得出如下结论：局部结晶和氧的存在有直接关联。Li 早期的工作[25]也支持这一结论，他研究了 SiCN 粉末在氮气保护下 1600℃ 退火过程中 α – Si₃N₄ 晶须的生长现象。作者认为，SiCN 表面杂质氧的存在产生 SiO 气体，从而促进 Si₃N₄ 晶体通过气 – 固反应增长。因此，氧杂质和孔隙的污染可以促进 SiO 和 CO 气体的局部释放，有利于局部大型 Si₃N₄ 晶体的增长（氮存在的条件下），发生下列反应[26]。

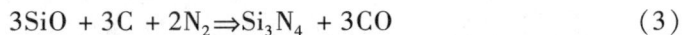

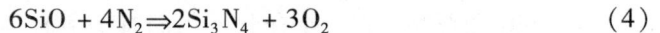

$$3SiO + 3C + 2N_2 \Rightarrow Si_3N_4 + 3CO \tag{3}$$

$$6SiO + 4N_2 \Rightarrow 2Si_3N_4 + 3O_2 \tag{4}$$

有趣的是，在 1000℃ ~ 1400℃ 热处理，对所有的 SiCN 组成都没有证据表明 SiC 晶体的生成。虽然 NMR 和 EELS 检测到 Si—C 键的存在，但 SiCN 材料中 SiC 晶体的形成，最可能是类 Si₃N₄ 区域在温度超过 1484℃ 时碳热还原的结果。

需要注意的是，晶体结构的形成只涉及这些材料体积的很小一部分，而大部分 SiCN 化合物从 1000℃ 到 1400℃ 经历的是原子尺度上的一个均相有序化过程。只要温度不超过 1440℃，SiCN 材料结构仍保持非晶态。因此，可以认为其不析晶，是稳定的。

116

事实上,300℃粉末颗粒组成的材料具有明显的抗结晶性能,证明了黏结对于非晶材料高温稳定性的重要作用。为了成功地抑制结晶,无定形结构中必须避免相分离以及形成如 SiN 等富集区,并且应大幅减少局部开孔气孔的数量。

考虑到在这两种材料(含有 300℃ 和 1000℃ 预加热粉末颗粒)表面与内部都观察到的表面结晶现象,结论是双重的:①对具有纳米孔的 SiCN 粘结相热处理,可促进 SiCN 陶瓷的结晶,这是由于开放式系统中氮分子的逸出产生双组分 Si－C 材料。SiC 富集区结晶得到热力学稳定的 β－SiC 相和石墨。②有机—无机转化阶段的分解产物与反应性内表面或外表面(局部高的 Si 蒸气压)之间的气相反应,促进内外表面的结晶过程,从而在内部裂纹的内壁以及样品表面形成 α－Si$_3$N$_4$ 或 β－SiC 的晶粒。

含有残余开孔气孔的先驱体转化 Si－C－N 陶瓷的结晶行为,可认为是热处理过程中聚合物网络结构重排引起的微观结构的逐步改变,从而在无定形态中产生相分离。这种富 N 区往往在较高温度下分解,获得贫 N 的 Si－C 富集区。这种局部化学组成的变化促进了 SiC 的结晶。蒸气相的形成(氮的逃逸)则有利于内外表面的结晶。需要注意的是,无定形基体高温稳定性的表征与 TG 测量的结果是有冲突的,实际上,通过气相运输的内外表面的结晶,可以补偿分解过程导致的失重。因此,TG 可能会错误地给出材料的高温稳定性。在一般情况下,Si－C－N 陶瓷在 1540℃ 微观结构的演变可归纳如下:

(1) $Si_3N_4 + 3C \rightarrow 3SiC(无定形) + 2N_2$ 分解(氮逸出)

(2) $Si_{3+x}C_{x+y}(N_2) \rightarrow (3+x)SiC + (y-3)C(+N_2)$ 局部结晶(基体)

(3) $Si_{3+x}N_4C_{x+y} \rightarrow Si_3N(无定形) + xSiC(无定形) + yC$ 相分离

(4) $3Si(g) + 2N_2 \rightarrow Si_3N_4$ 表面结晶

3.3.3 化学计量 SiCN

截至目前,仅讨论了化学组成位于 SiC/Si$_3$N$_4$/C 三相区或 C－Si$_3$N$_4$ 连接线处的 Si－C－N 陶瓷。当退火温度超过 1500℃ 时,它们都会因 Si－N 单元的碳热还原反应而分解。在一般情况下,$Si_xC_yN_z$ 具有两种本质不同的分解途径(图 3.12)。

如果 $x < y$(A 点),在 1484℃ 发生一步降解,生成 C/SiC(B 点),而当 $x > y$(C 点)时则应得到 SiC/Si$_3$N$_4$(D 点),随后可进一步分解生成 Si/SiC(E 点),但氮化硅分解温度比碳热还原反应温度要高得多,在 1bar、N$_2$ 条件下约为 1848℃。不同的反应途径已由 TGA 所证实[27,28]。基于这一结果,Weinmann 等人合成了 Si－C－N－H 聚合物。并以该聚合物为先驱体,得到了不含"游离碳"的 Si－C－N 陶瓷[29]。其化学组成位于 SiC－Si$_3$N$_4$ 连接线上[30]。所需的 Si:C:N

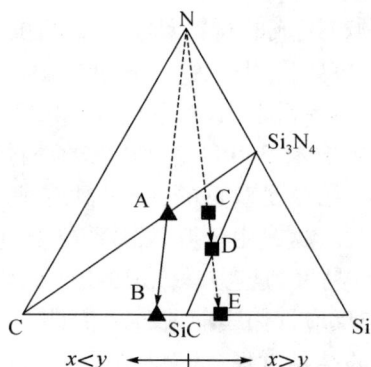

图 3.12　Si - C - N 三元相图($T < 1484℃$, 1bar, N_2, 其中 1bar = 10^5 Pa)

A:VT50 转化陶瓷(赫希斯特股份公司,德国),B:NCP200 转化陶瓷(日绵公司,日本)。

根据 Si - C 比值不同,分解过程为一步(A→B)或两步(C→D→E)。

比例可通过调整聚合物$[(SiH_2NH)_3(SiH(CH_3)NH]_n$(SiCN - 1)和$[(SiH_2NH)_3(SiH_2N(CH_3)]_n$(SiCN - 2)的比例来获得。这些聚合物在裂解前要经历热交联过程,以避免解聚和低分子量分子的挥发。氢是唯一的挥发性热解产物,因此陶瓷产率格外高(1400℃达94% ~95%)。

利用 XRD 研究了 SiCN - 1 于 1200℃ 热解随后经高温(最高 2000℃)退火所得陶瓷的相演变过程,如图 3.13 所示。获得的陶瓷是完全无定形的,即使加热到 1400℃也没有一丝的结晶。为了获得陶瓷及其退火后(1400℃)局部环境的信息,利用中子小角散射进行了研究(图 3.14)[31,32]。实验结果与 α - Si₃N₄ 和 C 的数据进行对比可知,热分解过程中已经通过近程有序化促使氮化硅隔离。由于退火前后陶瓷的测试曲线基本一致,可以进一步得出结论,即在 1400℃ 的热处理对结构的发展只有轻微的影响。此外,也可排除产物中存在类似于 Si - C - N 陶瓷中类石墨结构的"游离"碳以及 Si - C 隔离区(3.06 Å)。

1500℃ 热处理样品的 XRD 衍射曲线变得复杂。尽管如此,所有可观察到的衍射峰都可归属于 α - Si₃N₄,只有轻微信号为 β - Si₃N₄ 或 SiC 的结晶。逐步加热到 1900℃,归属于这些晶体的信号逐渐显现,但强度仍较低。如果退火温度超过 1900℃,相组成将发生显著的变化。根据热力学计算[27],此时氮化硅分解释放出液体硅,这些液态硅在冷却过程中结晶。因此,退火温度为 2000℃ 的 XRD 图谱中主要是 α - Si 和 SiC 的反射信号。不过,也仍有少量归属于氮化硅的衍射峰存在。图 3.15 为 2000℃ 退火后的 SiCN - 1 陶瓷的表面形貌,确认了过量 Si₃N₄ 晶须的形成[30]。其形成最有可能是通过冷却过程中发生的气相反应。事实上,对基体材料内部的 XRD 分析并没有给出这种反应的证据,所观察

118

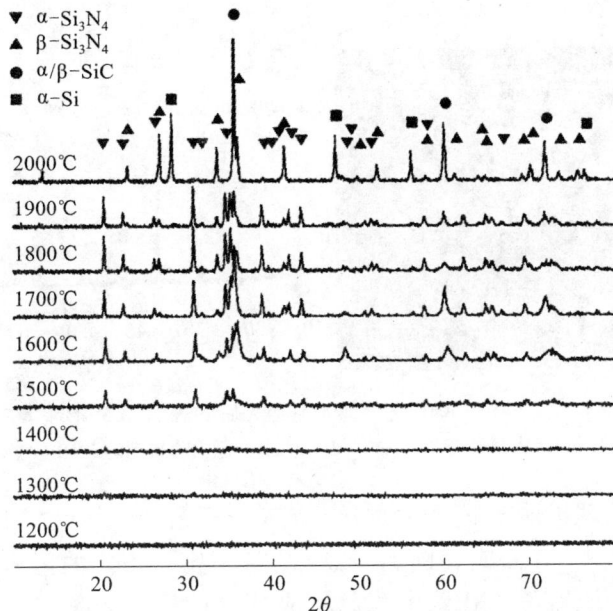

图 3.13 $[(SiH_2NH)_3(SiH(CH_3)NH]_n(SiCN-1)1200℃热解$
所得陶瓷及其在不同温度退火 3h 后(1bar,N_2)的 XRD 图谱

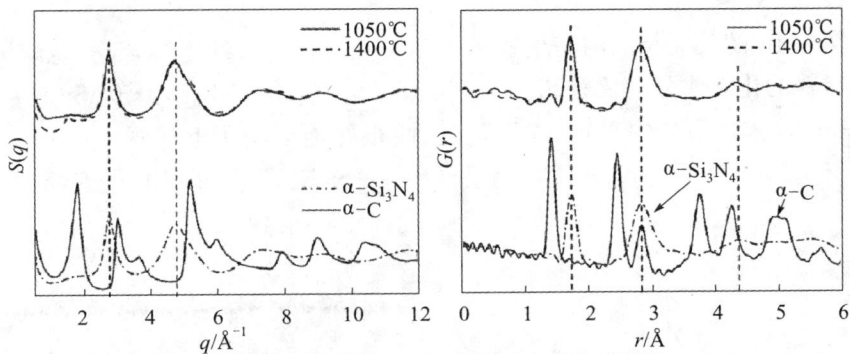

图 3.14 SiCN-1 陶瓷的中子衍射实验所获得的总结构因子 $S(q)$(左)和
对关联函数 $G(r)$(右)

其中 SiCN-1 陶瓷在氮气中经 1050℃热解和 1400℃退火(16h)。

作为比较,提供了无定形碳和无定形氮化硅的结构因子和对关联函数。

到的结晶只有 α-Si 和 SiC。

$[(SiH_2NH)_3(SiH(CH_3)NH]_n$ 转化的陶瓷是富 N 的。其整体化学组成为 Si_4N_4C,说明在无定形阶段,硅原子的数均环境为 $SiN_{3.2}C_{0.8}$。其结晶需要分层过程并同时转化为 SiN_4 和/或 SiC_4 单元。为阻碍分层和延缓结晶,必须强制增加

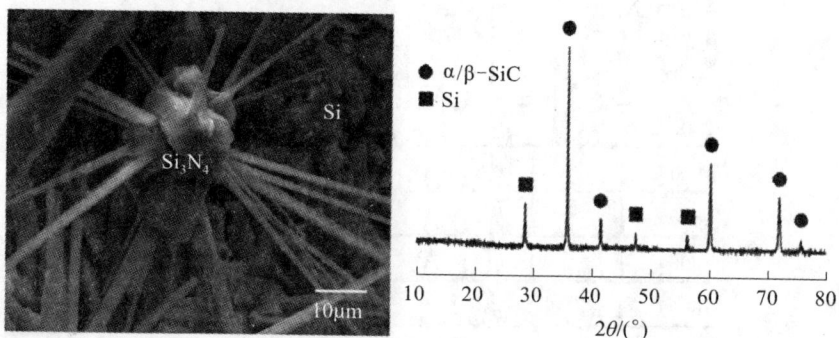

图 3.15　SiCN – 1 陶瓷在 2000℃ 退火后的表面 SEM 形貌（左）
可观察到大量的 Si₃N₄ 晶须。右图为从样品内部得到的 XRD 数据。

SiC 相的比例。理想情况下，材料应该具有硅原子环境为 SiC_2N_2 的组成。

利用与 SiCN – 1 合成相同的概念，制备了富含 SiC 的陶瓷。从 SiH_2Cl_2，$HCl_2Si—C_2H_4SiHCl_2$ 和 NH_3 出发，合成了 $Si_3N_4 \cdot 2SiC$ 陶瓷的先驱体，$[(SiH_2NH)_3(SiH_2—C_2H_4—SiH_2)NH]_n$（SiCN – 3）。含有更高比例 SiC 的陶瓷先驱体，可以通过 $H_3Si—C_2H_4—SiH_3$ 催化交联 SiCN – 1 获得，即 $Si_3N_4 \cdot 3SiC$ 的先驱体 SiCN – 4[33]。

图 3.16 的三元相图清楚地显示了 SiC—Si₃N₄ 连接线上聚合物（忽略 H）和陶瓷材料的化学成分。比较 $Si_3N_4 \cdot SiC$（SiCN – 1）和 $Si_3N_4 \cdot 3SiC$（SiCN – 4，在 SiC—Si₃N₄ 连接线的中心）的相演化过程，很好地证明了上述观点：在 1500℃，氮气气氛退火 3h 后，SiCN – 1 样品呈现出 $\alpha - Si_3N_4$ 晶体的 XRD 衍射峰，而富含

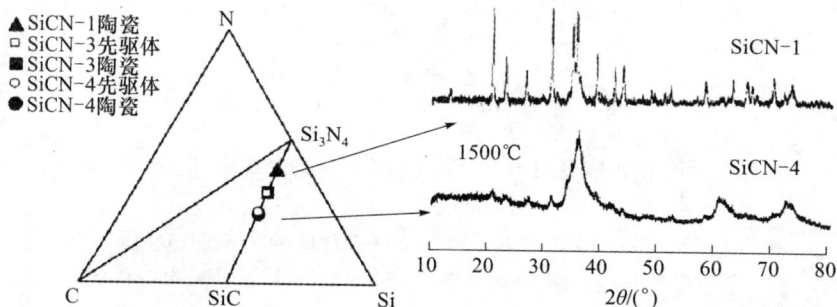

图 3.16　Si/C/N 三元相图（左）显示了先驱体（忽略 H）和陶瓷的化学成分：
$Si_3N_4 \cdot SiC$（SiCN – 1），$Si_3N_4 \cdot 2SiC$（SiCN – 3）和 $Si_3N_4 \cdot 3SiC$（SiCN – 4）。
右图为 SiCN – 1 和 SiCN – 4 陶瓷在氮气气氛中 1500℃ 退火 3h 后的 XRD 数据

120

碳化硅的 SiCN-4 仅表现出很宽的衍射峰,表明样品是无定形的。此外,有明确的证据表明碳化硅和氮化硅分离相同时存在,该模式在四元 Si-B-C-N 高温陶瓷中经常观察到,这将在 3.4 节讨论。

以上结果原则上也可以用来讨论其他先驱体陶瓷的高温热稳定性。在这些系统中也将发生相分离、局部分解反应和气态物质的形成等过程,使得无定形网络局部发生断裂,形成结晶,从而降低材料的高温热稳定性能。一个仍有待回答的问题是,结晶过程是否一定需要先经历相分离过程,再进而引起非晶相热稳定性能的退化。封闭系统(含 300℃ 预处理粉末颗粒)的结晶行为,意味着局部的结构和化学变化,比如富氮,会引发结晶行为,与相分离的影响类似。然而,仍有不少研究者反对单纯以 TG 数据为基础进行其他 PDC 体系高温稳定性的评价。

3.3.4 更复杂的系统

文献中有一种观点认为,通过增加体系中元素的数量可以提高结晶化温度,通过比较 Si-C 二元体系、Si-C-N 和 Si-C-O 三元体系、Si-B-C-N 和 Si-C-N-O 四元体系即可得到证明。20 世纪 90 年代中期,Monthioux 和 Delverdier 研究了各种 PDC 的结晶行为。根据 TEM 研究结果,他们发现多余游离碳(通常在 PDC 作为基本结构单元(BSU)存在)的成核过程始终在结晶过程中首先发生,其次是 SiC 成核。这种趋势适用于 SiCO 和 SiCN 陶瓷体系。根据系统的不同,测定了富余游离碳成核的不同起始温度。在 Si-C 二元体系中成核开始温度低至 900℃ 至 950℃,Si-C-N 和 Si-C-O 三元体系内的局部结晶分别发生在 1100℃ 和 1250℃,而 Si-C-N-O 四元体系可以保持无定形高达 1400℃。Bill 研究了 Si-(B)-C-N 陶瓷微观结构的演变[5,6],发现从起始结晶温度来看,Si-B-C-N 四元体系的热稳定性比 Si-C-N 三元陶瓷更高。利用含硼的 SiCN 先驱体制备 SiBCN 陶瓷,可以显著改善产物的热稳定性,使其稳定温度高达 2000℃[34]。均匀分散在非晶基体内的薄的乱层 B(C)N 结构,可以作为有效的扩散障碍介质,防止 SiC 和 Si₃N₄ 成核。然而,应该指出,增加先驱体陶瓷元素数量以提高抗结晶性与热稳定性,并不是影响 PDC 稳定的唯一参数。同等重要的还有化学成分(尤其是碳含量),起始聚合物和本征聚合物结构以及剩余孔隙率。要提高先驱体陶瓷热稳定性,所有这些因素都必须考虑到。

3.4 SiBCN 体系

将硼引入到 Si-C-N 三元系统可获得 Si-B-C-N 陶瓷。有关这种先驱体转化 Si-B-C-N 陶瓷的报道最早出现在 20 世纪 90 年代。Baldus 和 Riedel

分别独立地观察到这些材料不同寻常的热稳定性[35,36]。硼可以通过各种方法引入,如用合适的硼试剂对聚硅氮烷进行化学修饰[37-40],用氨或胺与含硼碳硅烷聚合[37,41,42],利用硅胺氯硼烷聚合[43,44]以及其他方法[45-51]。与三元材料相比,热分解产生的 Si－B－C－N 陶瓷具有卓越的热稳定性。图 3.17 中利用热重分析(TGA)比较了陶瓷的热稳定性,其中 Si－C－N 陶瓷、Si－B－C－N 陶瓷分别由无硼聚乙烯硅氮烷(PVSZ)和硼改性聚硅氮烷在氩气气氛下热解得到。

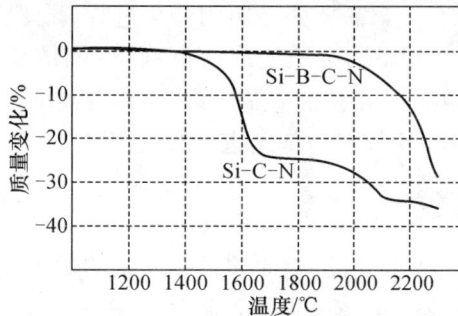

图 3.17　PVSZ 转化的 Si－C－N 三元陶瓷和[B(C₂H₄SiH—NH)₃]ₙ(MW33)转化的四元 Si－B－C－N 陶瓷的 TG 分析

与预期一致,PVSZ 转化陶瓷明显在低于 1500℃ 即发生分解[52]。如前面章节所讨论的,这主要是由于 Si－N 单元的碳热还原反应。相比之下,[B(C₂H₄SiH－NH)₃]ₙ(文献中通常简称为 MW33)中含 5% 的硼,其转化的 Si－B－C－N 陶瓷可抵抗热降解至 1950℃。

然而,详细的研究清楚地表明,这种不同寻常的热稳定性与聚合物先驱体的性质是密切相关的,即整体的化学成分以及构成聚合物及其转化陶瓷的所有元素在原子尺度上的均匀分布。

3.4.1　理论思考

采用 CalPhaD 软件(用于计算相图,图 3.18)可以从理论上计算 Si－B－C－N 陶瓷相组成的温度依赖性[53],但无法解释 Si－B－C－N 陶瓷不寻常的热稳定性。

MW33 的计算相图清楚地指出,硼在热稳定性方面没有有益的作用,因为它主要与 N 结合(h－BN)。预测到的其他相是氮化硅(27%)、碳化硅(24%)和石墨(32%)。相应地,氮化硅在 1484℃(1757 K)的碳热还原反应,导致其分解形成额外 25% 的 SiC 以及释放出 16% 的氮气分子。因此,可视 Si－B－C－N 陶瓷为亚稳态,而不是热力学稳定的材料。在下面的章节中,将通过高温 TGA、XRD 和 TEM 详细综述 Si－B－C－N 陶瓷退火样品的高温性能。最后讨论了一个可

122

以定性解释相演变和相分解的模型。

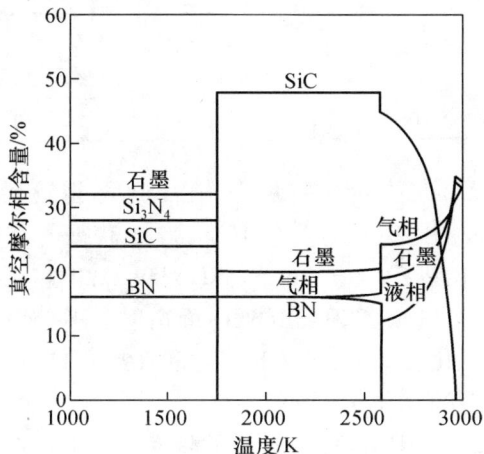

图 3.18　MW33 陶瓷计算的 Si – B – C – N 相图(p_{tot} = 1bar)

(Si:24.0% , B:8.0% , C:44.0% , N:24.0% 原子百分数)

据预计,Si_3N_4 在 1484℃(1757 K)发生碳热还原反应,生成 SiC 并释放氮气分子[37,48,54]。

3.4.2　高温性能

Weinmann 等人进行系统的研究表明,材料的整体组成,即氮含量和氮化硅相的比例,决定了其主要热性能。例如,热解仅 C/N 比率不同,其他参数几乎完全相同的先驱体,所得两种陶瓷的相演变过程完全不同(图 3.19)。计算的相组成见表 3.1。

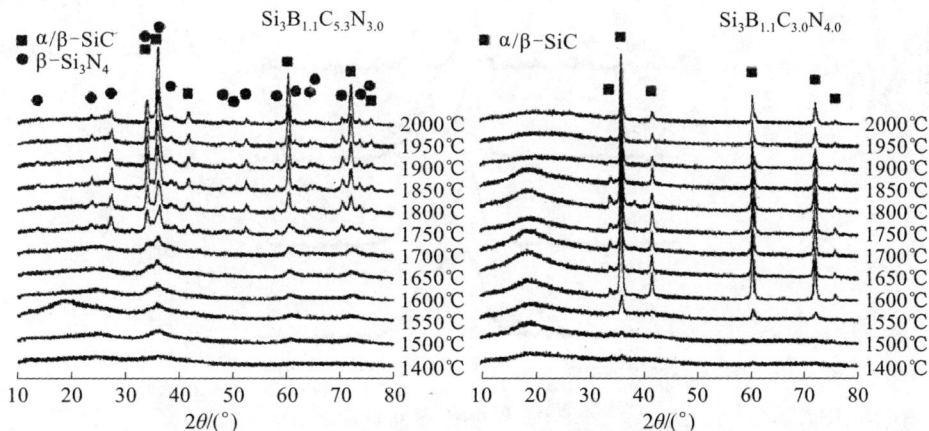

图 3.19　$[B(C_2H_4SiR—NH)_3]_n$ 所得陶瓷 1500℃ ~2000℃退火(3h,1bar,N_2)前后的 XRD 图谱

•SiC,■β – Si_3N_4。(建立在元素分析基础上的)计算相比例见表 3.1[37]。

123

表3.1 $Si_3B_{1.1}C_{3.0}N_{4.0}$和$Si_3B_{1.1}C_{5.3}N_{3.0}$陶瓷的相组成的计算结果(摩尔分数/%)

参　数	SiC	Si_3N_4	BN	C
$Si_3B_{1.1}C_{5.3}N_{3.0}$	24	28	16	32
$Si_3B_{1.1}C_{3.0}N_{4.0}$	14	47	19	20

裂解后两种陶瓷都是完全无定形态,在1500℃退火后都还保持无定形状态。加热至1550℃后,由$[B(C_2H_4Si(NH)_{1.5})_3]_n$获得的富氮陶瓷的XRD谱图(图3.19中右图)中出现了$2\theta = 36.5°$、$60.5°$和$72.0°$三个强度较低的衍射峰,这可以归结为SiC的(111)、(220)和(311)面衍射。进一步加热陶瓷,衍射强度显著增加,表明晶粒粗化。此外,还出现了位于$2\theta = 34.0°$、$41.5°$和$76.0°$的衍射峰,表明形成了多型的$6H-\alpha-SiC$。

相比之下,$[B(C_2H_4SiHNH)_3]_n$转化的陶瓷保持无定形态的温度要高得多。它们在被加热到1750℃以后,XRD谱图(图3.19中左图)中才观察到复杂的信号,表明形成了$\beta-Si_3N_4$和SiC结晶。特别是即使加热到2000℃,谱图的外观也不会发生显著改变。而如上所述,氮化硅因碳热还原而分解的反应温度应该低于1500℃。

XRD观察到的$Si_3B_{1.1}C_{5.3}N_{3.0}$陶瓷的相演化在NMR分析结果中得到反映。热解陶瓷(未显示)与1500℃退火陶瓷(图3.20)的^{29}Si NMR谱图相似,存在一个没有精细结构的宽的共振峰,表明存在$Si-N_{4-x}C_x(x = 1-4)$单元的叠加。加热到1600℃,分离成两个以-19 ppm和-49 ppm为中心的共振峰,且在

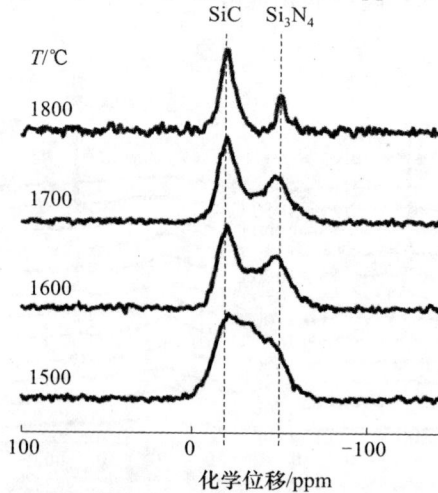

图3.20 $Si_3B_{1.1}C_{5.3}N_{3.0}$退火陶瓷的$^{29}Si$ NMR谱图(无CP单脉冲),旋转速率10kHz[55,56]

1700℃进一步强化。有趣的是,到 1800℃,不再存在硅的混合配位共振证据,表明已在原子尺度上发生完全相分离[55]。

为更好地理解相变过程,用 TEM 研究了 $Si_3B_{1.1}C_{5.3}N_{3.0}$ 退火陶瓷的结构[57,58]。将样品加热至 1400℃ 保温 10 h,HRTEM 图像显示非晶基体内存在 SiC 的偏析结晶(直径 2~3nm)以及乱层结构。电子能量损失谱显示后者由 B、C、N 组成。图 3.21 中的衍射环表明,经历 1600℃ 退火后,晶粒结构发生粗化和持续偏析。此时 SiC 晶粒的平均尺寸为 5~8nm。相应地,乱层 BCN_x 偏析的尺寸也随之增加。晶粒粗化体现新衍射环的出现上。内部强烈的扩散环为乱层 BCN_x 相,第二个亮环包括 $(111)_{\beta-SiC}$、$(102)_{\alpha-SiC}$ 和 $(103)_{\alpha-SiC}$ 的衍射。明显分开的衍射环归属于 $(111)_{\beta-SiC}$ $(3.97nm^{-1}, d = 2.156 Å)$。$\beta-SiC$ 的进一步特征出现在 $6.94nm^{-1}$ 和 $7.71nm^{-1}$。然而,没有证据表明存在氮化硅晶体。

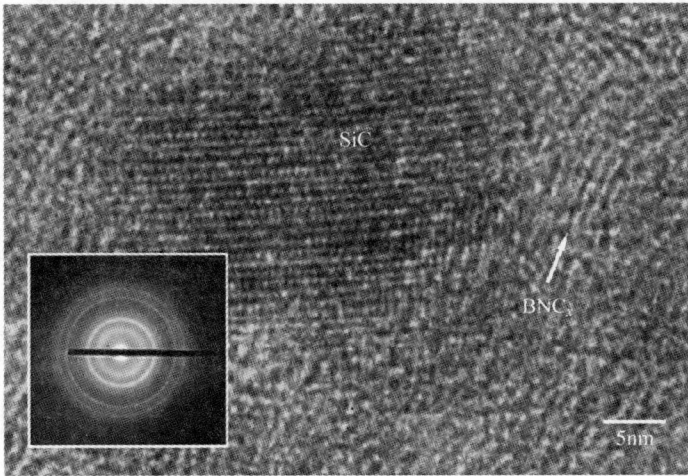

图 3.21 $Si_3B_{1.1}C_{5.3}N_{3.0}$ 陶瓷 1600℃退火(10 h,N_2)后的 HRTEM 图像和电子衍射花样
箭头指示的是在一个直径约 20nm 的 SiC 晶粒附近的乱层 BNC_x[57]。

将温度继续升高到 1700℃,不会引起 $Si_3B_{1.1}C_{5.3}N_{3.0}$ 陶瓷整体微观结构的重大变化。与 1600℃ 样品类似,只有 SiC 结晶的证据,而没有氮化硅晶体的形成。然而,可观察到微结构的粗化,此时碳化硅晶粒尺寸在 5~10nm 的范围。

$Si_3B_{1.1}C_{5.3}N_{3.0}$ 陶瓷在 1800℃ 氮气气氛中退火 10h,可监测到显著的变化。根据图 3.22,此时平均晶体的直径为 20~50nm。EFTEM 图像显示碳化硅晶体(< 20nm)和氮化硅晶体数量几乎相等。后者往往团聚成直径 50nm 的团簇。这种现象并不少见,在其他 Si-B-C-N 高温陶瓷中也可观察到。对 B、C、N 的元素的定位扫描,显示这些元素均匀分散在非晶基体中,包裹着析出的晶体。

这与电子衍射图谱一致,其中内部衍射环归属于乱层 BNC_x 相。

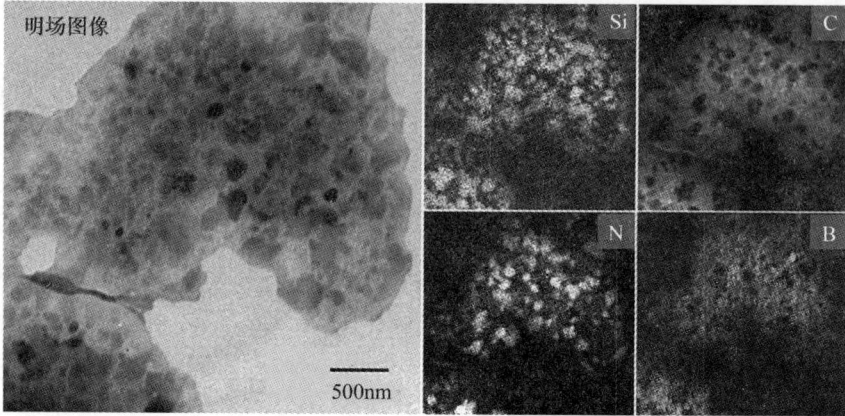

图 3.22　TEM 明场(BF)和能量过滤(EF)图像,其中 $Si_3B_{1.1}C_{5.3}N_{3.0}$
陶瓷在氮气气氛 1800℃退火 10h

图 3.22 显示的微观结构,是在一个 $25\mu m$ 同质区域的中心观察到的。有趣的是,在这些无定形区域(颗粒)之间的晶界处出现了微观结构的严重粗化。在这些区域可以找到直径达 200nm 的晶体嵌在非晶基体中。元素分布图表明,这种粗化粒子的外部区域主要是碳,区域内硼和氮的浓度很低。无定形碳覆盖碳化硅晶体,离颗粒表面的距离越远尺寸越小。相应地,非晶基体中的碳浓度降低,而硼和氮的浓度增加。无 Si_3N_4 的重排是氮化硅碳热还原反应和氮蒸发的必然结果(参见图 3.12)。相比之下,氮从内向外的扩散受阻。据推测,局部氮分压的增加,使分解过程转移到较高的温度。后者可从分压图中看出,如图 3.23 所示。

氮化硅在 1bar 氮气分压下的碳热降解反应预计发生在 1484℃。若将氮气分压增加到 10bar,反应温度将升高到 1700℃。同时还应考虑氮化硼的碳热反应,不过这种反应发生的温度要高得多。

如前所述,化学组成决定着 Si－B－C－N 陶瓷的热稳定性。结晶行为总是按照图 3.13 所示的 XRD 谱图进行。材料或者在 1500℃~1600℃通过消除氮而分解并形成额外的 SiC,或者抵抗结晶至少到 1750℃。在后一情况下,形成 $SiC/Si_3N_4/BNC_x$ 复合材料。TGA 实验证实,在 1850℃以下,氮不会从这种复合材料中挥发。

以 Me_3Si—NH—$SiMe_3$(HMDS)和 B($C_2H_4SiRCl_2$)$_3$(R ＝ Me,Cl,H)为起始,经历非氧化物溶胶－凝胶过程获得了硼改性聚硅碳二亚胺。该先驱体有一个富含氮的聚合物骨架,包含 Si—N ＝C ＝N 结构单元[47,59]。因此,这种聚合物形成

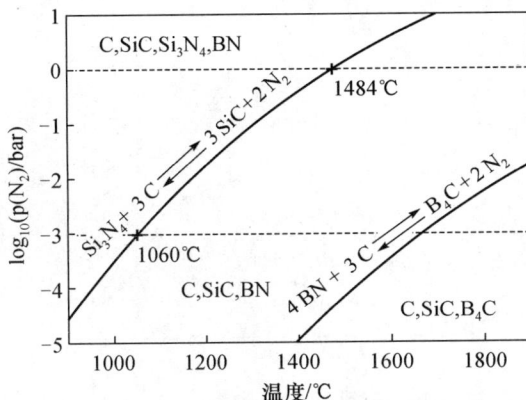

图 3.23 SiC/Si₃N₄/BN/C 系统的分压相图

的陶瓷具有非常高的氮含量。然而,这些特点都不能使陶瓷具备显著的热稳定性。为获得低氮含量的 Si – B – C – N 陶瓷,用过量的 $B(C_2H_4SiRH_2)_3$ (R = Me,H)[60] 与氨或甲胺进行脱氢偶合反应,再经热解得到先驱体[49]。通过这种方法获得的低氮陶瓷具有预期的高热稳定性。不幸的是,使用这种特别的方法,不可能实现氮含量的调控,因为在所使用的反应条件下(溶剂回流),无法完全控制氨或甲胺的浓度。

用 H_2NCN 取代挥发性的胺进行脱氢偶合反应,可以合成氮含量可变的硼改性聚硅碳二亚胺。例如,$B(C_2H_4SiH_3)_3$ 和 H_2NCN 反应然后裂解所得聚合物,可制备出编号从 H – N2 到 H – N6 的陶瓷[61]。它们的化学组成以及用 CalPhaD 方法计算的相组成列于表 3.2 中。图 3.24 显示了 Si/C/N 三元子系统的相图,其种各化学组分随着键合成氮化硼的氮的数量增加而减少。

表 3.2 H – N2 到 H – N6 陶瓷(来自 $B(C_2H_4SiH_3)_3$
与 H_2NCN 以不同比例反应后裂解)的化学组成
(质量分数/%)和计算的相分数(摩尔分数/%)

化学组成 陶瓷	Si	B	C	N	SiC	Si₃N₄	BN	C
H – N2	37.9	6.0	37.2	18.9	23.7	21.9	17.5	36.9
H – N3	37.8	5.6	36.1	20.5	23.2	23.4	16.6	36.7
H – N3.5	37.2	4.8	35.7	22.3	14.6	31.8	14.0	39.6
H – N4	35.5	4.8	35.1	24.6	8.7	36.0	13.9	41.4
H – N5	33.1	4.5	35.3	27.1	1.2	41.1	12.9	44.8
H – N6	31.5	4.9	32.2	31.4	– 6.8	48.2	14.0	44.6

127

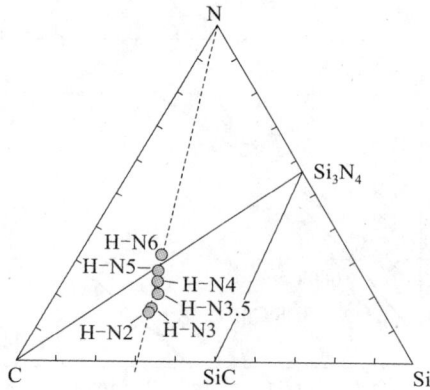

图 3.24　H – N2 到 H – N6 陶瓷的 Si/C/N 三元相图

三元子系统的各化学组分随着键合成氮化硼的氮的数量增加而减少。

显然,从 H – N2 到 H – N6,材料中氮含量逐渐增加,而其他元素的相对含量减小。硅和硼比碳更易受到影响,因为后者可在聚合过程中与氮(1∶2 的比例)同时引入的。有趣的是,根据 CalPhaD 的计算结果,三元子系统的各化学组分随着氮化硼的数量增加而减少,总的化学成分位于 N 角与 C – Si 边线上点(C = 70%)的连接线上。除了 H – N6 处于富氮的 N – C – Si₃N₄ 三相平衡区域外,所有材料都位于 C – SiC – Si₃N₄ 三相区域内。有两种可能的解释:①分析的误差或②C—N 键的存在。C—N 键热稳定性不高,因此在陶瓷材料中相当少见。应该指出,最近 Jansen 和同事们在化学成分不同的 Si – B – C – N 陶瓷中验证了 C—N 键的存在[62]。他们采用固态核磁共振谱中的 REDOR(旋转回波双共振)技术,可以直接测定 C—N 相互作用。

不过,H – N2 到 H – N6 陶瓷显示出了预期的热行为。富氮陶瓷 H – N5 和 H – N6 的 TGA 证实,它们通过氮的挥发在 1600℃ 左右分解。而 H – N2、H – N3 和 H – N3.5 的分解温度高于 1850℃。H – N4 陶瓷的表现则不同,与 H – N5 和 H – N6 相比,其降解受到抑制,在 2100℃ 时氮的损失远低于计算值。显然,H – N4 的化学组成,即 25%(质量分数)的氮含量和约 36%(摩尔分数)的氮化硅相含量,赋予了它高热稳定性。H – N2 到 H – N6 样品 TGA 分析表现出来的不同热行为,反映了它们不同结晶行为。H – N2 和 H – N5 陶瓷的比较如图 3.25 所示[63]。

尽管 H – N2 陶瓷具有较宽的衍射峰说明有 SiC 轻微成核,但这两种材料仍然是无定型的。从半峰宽可以估计晶粒尺寸小于 2nm。即使加热到 1800℃,这种情况也不会改变。然而在 1900℃,从典型的复杂 XRD 可以观察到碳化硅和

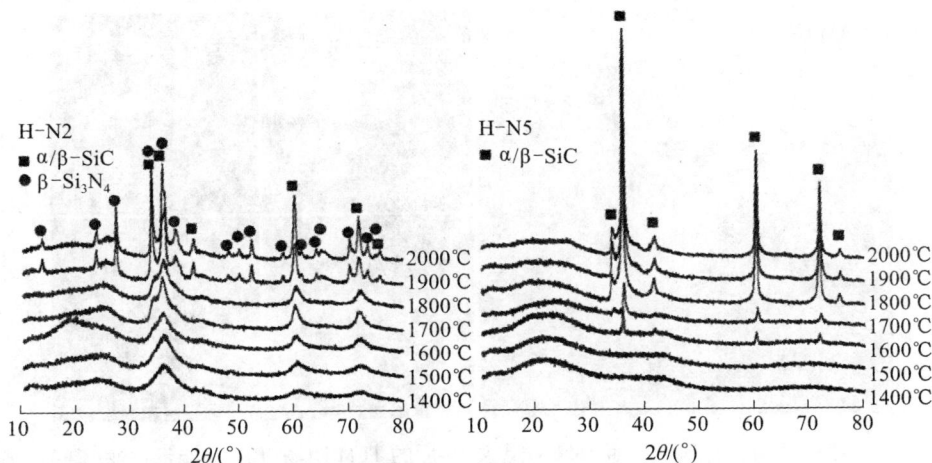

图 3.25　H-N2 和 H-N5 热解陶瓷（1400℃）和 1500℃~2000℃退火（3 h,1bar,N$_2$）后的 XRD 图谱

■SiC, ● β-Si$_3$N$_4$。计算相组成见表 3.2。

氮化硅的结晶。进一步加热至 2000℃,谱图的外观不改变。H-N5 和 Si$_3$B$_{1.1}$C$_{3.0}$N$_{4.0}$陶瓷（比较图 3.13）XRD 谱图的有着非常相似的特征。尽管它们是由结构上非常不同的聚合物先驱体获得的,但两种材料在 1500℃都没有任何析晶的现象,而在 1600℃都出现了 SiC 衍射峰,且随退火温度提高衍射峰进一步尖锐化。

　　H-N2 样品退火后的 TEM 证实了 Si$_3$B$_{1.1}$C$_{3.0}$N$_{4.0}$所取得的结果。即使暴露在 1800℃下,也只有少量碳化硅成核。平均晶粒尺寸在 2~3nm 的范围内,而加热到 1850℃后,将发生晶粒粗化（图 3.26）。

　　请注意,图 3.26 显示了一些独特性能,即可同时观察到直径为 3~10nm 的碳化硅和氮化硅晶体。在这一组成下,部分氮化硅晶粒富集甚至可聚成直径达 70nm 的聚集体。聚集体的氮在图 3.26 中显示为广泛分布的白色斑点,而碳为黑色斑点。这些黑色斑点的分布也表明了碳在整个样品呈均匀分布（除了氮化硅区域异常外）。硼也是如此,尽管它看上去沿氮化硅晶界并在非晶区内富集。加热样品至 1900℃,微观结构显著粗化,得到一个完全的相分离的结果（图 3.27）。直径为 20~60nm 的晶体嵌在无定形残留物中,而 1850℃退火后只观察到少数聚集体。元素分布图像表明,同时存在氮化硅和碳化硅晶体,前者直径比后者约大 20%左右。硅图像提供的证据表明,剩余的非晶相无 Si,由 B、C 和 N 组成。值得注意的是,BNC$_x$ 相中碳的浓度高于碳化硅晶体中碳的浓度。

　　如上所述,H-N4 陶瓷具有不同寻常的热稳定性。尽管 TGA 表明其热降解在 1650℃左右开始,但在较高的温度时热降解受阻。在 2150℃退火的总失重率

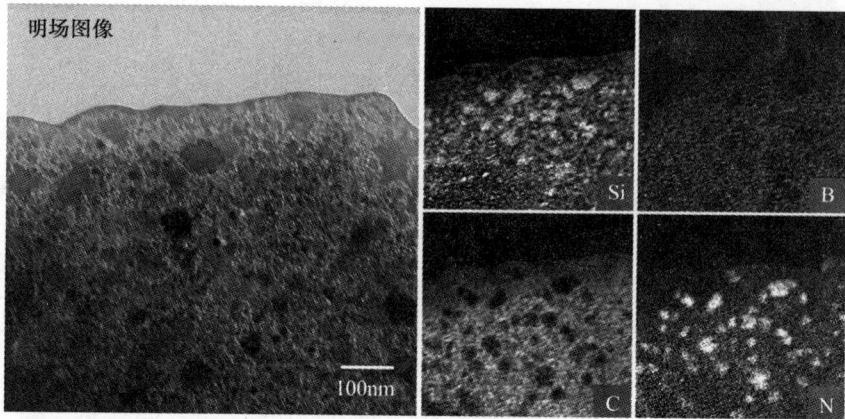

图 3.26　H－N2 陶瓷在氮气气氛 1850℃退火 3h 后的 TEM 明场(BF)和能量过滤(EF)图像

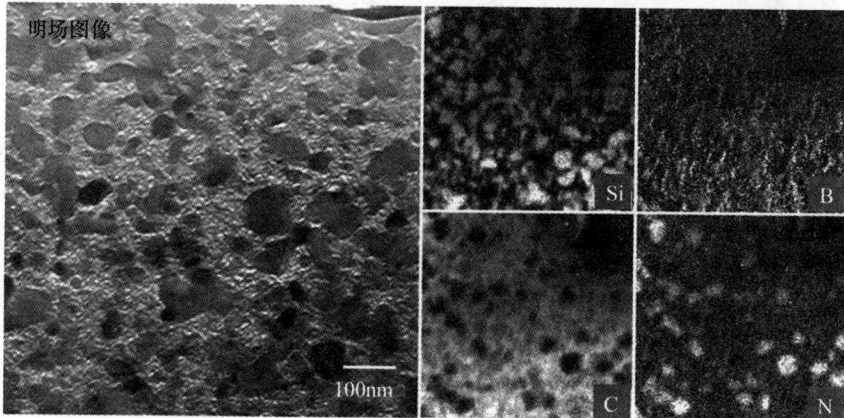

图 3.27　在氮气中 900℃退火 3h 的 H－N2 陶瓷的 TEM 明场(BF)和能量过滤(EF)图像

是 9%,远低于热力学计算值(18%)。图 3.28 比较了在氮气中 1600℃和 1650℃退火样品的电子衍射和微观结构。样品在 1600℃处理后主要是无定形态。电子衍射花样与 $Si_3B_{1.1}C_{5.3}N_{3.0}$ 陶瓷在 1600℃退火(10h,N_2)样品类似(亦见图 3.21),意味着形成了碳化硅晶体。图 3.29 显示了 H－N4 陶瓷 1600℃退火 50h 后,更高放大倍率的 TEM 图像。即使如此延长加热时间,除了归属于 BNC_x 的乱层结构外,几乎观察不到任何结晶。在 1650℃处理样品的明场 TEM 图像,清楚显示材料内形成了晶体微粒,这也得到电子衍射及相应的 XRD 的确认。在乱层 BNC_x 的延伸区附近,形成了氮化硅和碳化硅晶体相。

　　总之,Si－B－C－N 陶瓷的高温行为一般遵循如下两种途径。一方面,大多数 Si－B－C－N 陶瓷的热行为与 Si－C－N 陶瓷类似。它们开始降解的温度在

130

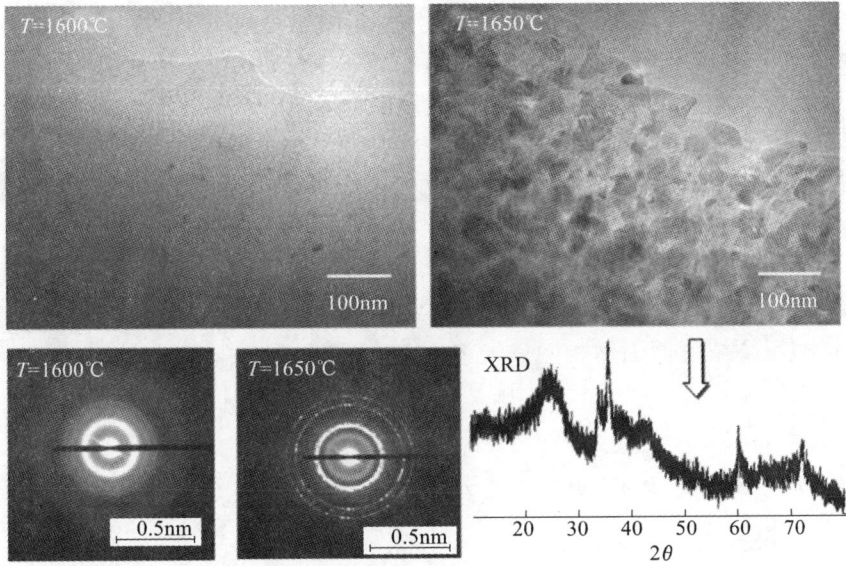

图 3.28　H－N4 陶瓷在氮气中 1600℃和 1650℃退火 3h 的 TEM 明场和电子衍射图像
1650℃的 XRD 图谱表明形成了碳化硅和氮化硅晶粒。

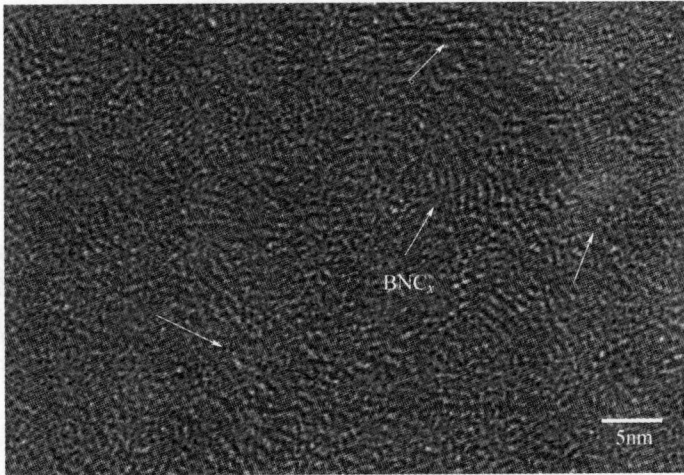

图 3.29　在氮气中 1600℃退火 50h 的 H－N4 陶瓷 HRTEM 图像
请注意,即使如此延长热处理时间,除了一些乱层 BNC$_x$ 结构外,样品主要是无定形态。

1450℃和 1550℃之间。这是 Si－N 单元与"游离"碳发生碳热还原反应的结果,同时伴随着碳化硅的结晶和氮气分子的释放。另一方面,有不同 Si－B－C－N 陶瓷的例子,可以抵抗热处理达到 1700℃或更高温度,而没有任何结晶或分解的迹象。在某些情况下,热稳定性甚至达到1850℃或更高。在这些材料中,主要发生无定形态材料的析晶,得到 Si_3N_4/SiC 的纳米晶。请注意,在这些重排中,即使在超过纯相氮化硅的热分解温度时,也可发生氮化硅的结晶行为。能量过滤 TEM 分析证明存在由 B、C 和 N 组成的乱层有序相,但不包含 Si。B:N 之比为1:1,而 B:C 比(以及 N:C 比)是变化的。相应比例直接取决于陶瓷的化学组成。

为了更好地理解的元素组成和热性能之间的关系,即热稳定性,有人建议将 $Si_3N_4/SiC/BN/C$ 四相平衡简化为 $BNC_x/Si_3N_{4-4y/3}C_y$($y=0\sim3$) 伪二元体系。Si–B–C–N浓度四面体相图显示了这方面的关系,如图3.30所示。

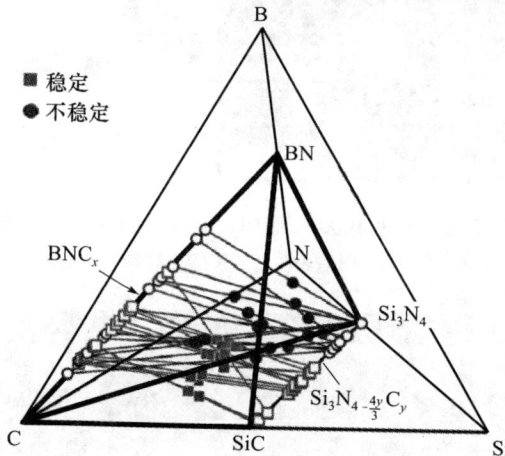

图3.30 Si – B – C – N 体系的浓度四面体相图

粗线小四面体描述 $Si_3N_4/SiC/BN/C$ 的四相平衡。插入的各点组成取自文献资料。

暗色实心方块表示热稳定材料(用 TGA 确定的热降解温度不低于1900℃),

而黑色圆点表示分解温度低于1600℃的热稳定性较差的材料。细线显示 BNC_x 和

$Si_3N_{4-4y/3}C_y$($y=0\sim3$)之间的连接线,表示体系将按连接线

两端对应组成进行分层析晶,即结晶而不分解[33]。

$Si_3N_4/SiC/BN/C$ 四相中的每个组成,完全对应 $BNC_x/Si_3N_{4-4y/3}C_y$($y=0\sim3$) 伪二元体系中的一个组成。毫无疑问,热稳定陶瓷的 $Si_3N_{4-4y/3}C_y$ 相应富含碳化硅。为了获得热稳定的陶瓷,人们预测 Si_3N_4/SiC 之比不应超过1。因此,富含氮化硅的陶瓷不应具有非凡的热稳定性。BNC_x 元素组成及其热稳定性之间的关系令人相当惊讶。除少数例外,高温陶瓷富含碳,而氮化硼含量较少。这听起来令人惊讶,因为"游离"碳将导致氮化硅的降解,而氮化硼应该是"化学惰性"的。然而,上面的讨论明确指出,BN 和 C 所形成的乱层 BNC_x 相,可以视为在原子尺度上均匀分布的 B、N 和 C 混合物。有人认为乱层 BNC_x 中碳的活性

远远低于纯石墨中的碳。因此,当材料中碳以乱层BNC$_x$形式存在时,氮化硅或Si—N 单元的碳热还原反应将转移到较高的温度。此外,由于乱层 BNC$_x$ 相均匀地将氮化硅晶体包裹起来。因此,氮气的挥发受阻,导致氮气的局部分压增加,也将影响到分解温度(参见图 3.23)。图 3.31 中的相图显示了碳活性的变化与氮气分压的增加对陶瓷分解温度的影响。从图 3.31 还可明显看到,假定氮气分压较高而碳活性较低,氮化硅的分解温度甚至可以超过 2000℃。

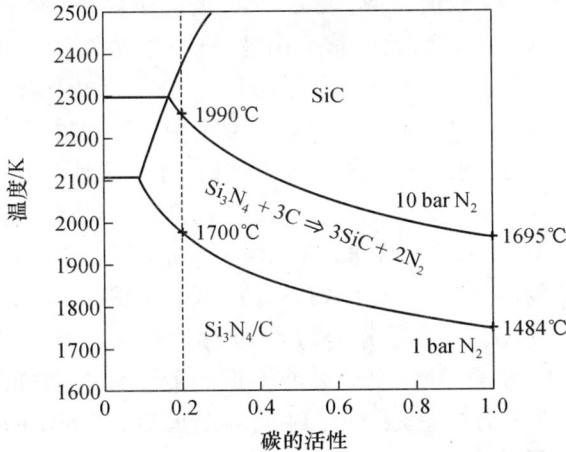

图3.31 计算相图,显示氮化硅的碳热还原分解温度与碳的活性和氮气分压之间的关系
在 1bar 和 a_C = 1 条件下,氮化硅发生退化的温度预计在1484℃。降低碳的活性,
如 a_C = 0.2(虚线),将使分解温度升高到约1700℃。如再将氮气压力增加至 10bar,
将使氮化硅的热稳定性进一步升高到1990℃[33]。

3.5 SiCO 体系

PDC 的关键问题之一是,起始先驱体的化学组成如何在热转变温度以上影响非晶网络的热稳定性。为解决这一基本问题,需要找到相应的模型系统,其中起始先驱体的化学计量必须可以很容易地调整。截至目前,这方面最好的代表是描述 SiCO 体系的 TD 系统(T 为三乙氧基硅烷,D 为甲基二乙氧基硅烷)[64]。不同摩尔比的起始单体,即 TD1、TD2 和 TD9,可分别合成富 C 的 SiCO、化学计量的 SiCO 和富 Si 的 SiCO 陶瓷。下面将具体讨论这三种陶瓷的特征和它们在1000℃以上退火后微观结构的演变。目的是通过对这三个案例的详尽叙述,揭示 PDC 体系热解过程的典型趋势。

3.5.1　化学计量 SiCO

SiCO 陶瓷通常在空气中 1000℃ 热解 1h 获得。选择这些条件是为实现先驱体到陶瓷的完全转化。XRD 和 TEM 分析表明,所得产物完全是无定形结构。

通过 NMR 已经检测到裂解后的产物中存在 SiO_4 和 SiC_4 结构。然而,这种 SiCO 玻璃通常被描述为 $SiC_{4-x}O_x(0 \leqslant x \leqslant 4)$ 四面体网络结构,它们在整个基体中随机取向排布[65]。一般情况下,假定 SiCO 玻璃中仅存在 Si—C、Si—O、C—C 和 Si—Si 键,就可以确定游离碳的量。由此 SiCO 组成可以写成:$SiC_xO_{2(1-x)} + y(C_{free}$ 或 $Si_{free})$。基于这个假设,通过化学组成分析,以及游离碳或游离硅量的估计值,可以获得 SiCO 化学计量式。SiCO 网络中与 Si 键合的 C 的量,即 x 值,可以很容易地根据实验测得的氧含量计算得到。此外,通过比较化学分析方法确定的总碳含量,与 Si 键合的 C 的量,可以估计富余游离碳的量(y 值)。如果 x 值小于通过化学分析得到的碳含量,则结构中一定存在游离碳。游离碳的计算值与 HRTEM 观测到的结果一致,比如只有在 1000℃ 和 1200℃ 处理的样品中才可观察到游离(石墨)碳,其含量分别约为 2% 和 1%。此外,如这里讨论的 TD2 系列样品,实际上其 Si、O 和 C 原子可能不像一般预计的那样随机分布。基于 Rietveld 拟合研究得出的结论是,即使经低温退火后,在 SiCO 玻璃中也存在局部 Si - C 和 Si - O 环境[66]。

此外,用 HRTEM 对非晶结构进行精细分析,可以检测到其他方法不易获得的典型的局部纳米结构特征。高分辨图像中除了非晶材料的典型低对比度,只有少数隔离的层状特征,如图 3.32 所示。层间距为 0.34nm,可以归属于石墨碳 (002) 平面的间距。这些纳米石墨碳区域被认为是多余的游离碳,因为这些碳原子彼此结合,而不是与硅原子和氧原子结合。

另一个方面,对化学计量 SiCO 陶瓷,在 1200℃ 退火后的 HRTEM 分析显示[67],在一些区域存在间距接近 SiC 的微弱条纹(见图 3.32)。因此,这些颗粒 (2~4nm) 被假定为 β - SiC 晶体。当处理温度达到 1400℃,TD2 发生致密化,含有平均大小为 5~10nm 的近球状晶体。HRTEM 测得的这些晶体的 d 值与 β - SiC(111) 面 d 值相当。这些晶粒在整个样品中均匀分布。并且 HRTEM 没有发现任何游离碳相存在。

通过 HRTEM 观察到的平均晶粒尺寸(约 2~5nm),通常比 XRD 的 Rietveld 拟合法得到的尺寸(1~1.5nm)要大[66]。强调这一点的意义在于,它是一个很好的例子,说明需要使用不同的、互补的实验技术来表征这些材料的特性。这种情况下差异产生的原因可能是,在 XRD 实验中,晶粒尺寸与计算的微应力密切相关,二者都来自相应布拉格衍射的形状。对于无定形或结晶较差的样品,比如

134

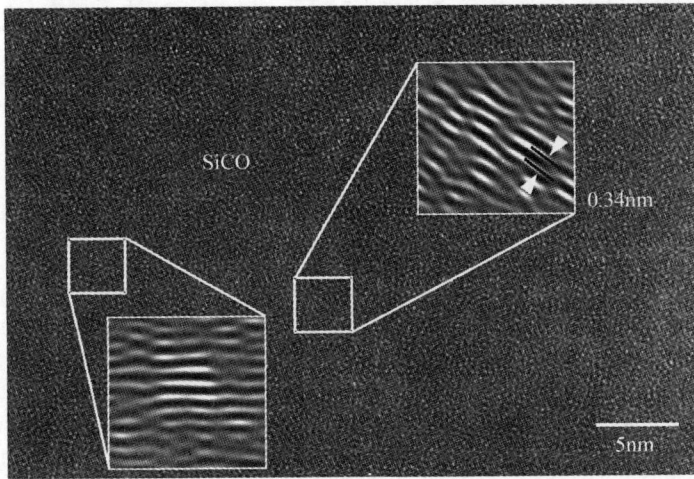

图 3.32　TD2 陶瓷 1200℃退火后的 HRTEM 图像

插图显示乱层石墨结构,其中小的片状结构通常称为基本结构单元(BSU)。

这里所讨论的情况,由于存在高强度的背景(非弹性散射),要计算衍射峰的形状很复杂,导致 SiC 晶粒尺寸被低估。

事实上,SiO_2 的高温晶型方石英,通常是在超过 1200℃ 时形成。但在 1200℃ 和 1400℃ 处理的样品中观察不到,可能是由于在非晶硅基网络中存在碳(游离碳或剩余键合碳,SiC)。多余的游离碳会阻止方石英成核;然而,深层机制尚未得到阐明。但是,应该指出的是,相分离过程生成二氧化硅和碳化硅,也可能阻止方石英的形成。在这种情况下,相分离的距离相当小(如示意图 3.33 所示),即小于 1.0nm,可能因为太小使得方石英难以成核。根据非晶基体内对比度变化观察到的 Si – C 区的大小,与非常小的相分离距离一致。因此,除了碳掺入到 SiO_2 网络中,相分离也被视为抑制非晶网络成核/结晶的一种有效方法(只要分离的距离是在纳米范围内)。

要提到的另一个有趣现象是,在较高温度下,伴随 SiC 晶体的生成,孔径同时减小。1000℃ 热处理后,样品具有 200 ~ 500nm 级别的大孔,但没有结晶的证据。观察到的残余孔隙结构是溶胶 – 凝胶合成工艺条件影响的结果。在 1200℃,相分离产生的平均孔径只有 20 ~ 50nm。而到了 1400℃,样品却是近乎致密的。在其他组成略有不同的 SiCO 材料中,1200℃ 以上退火后,也观察到纳米孔的消失[68]。这似乎表明,材料的致密化与相分离过程密切相关。这个过程可以描述为"逆向"瞬态烧结机理,与 Sacks 在莫来石形成/致密过程中描述的瞬态烧结过程类似[69],即在 Al_2O_3 中加入二氧化硅,二者在后期烧结过程中形成莫来石,$2Al_2O_3 \cdot SiO_2$,并推动致密化。因此二氧化硅是一个瞬态相,它具有双

135

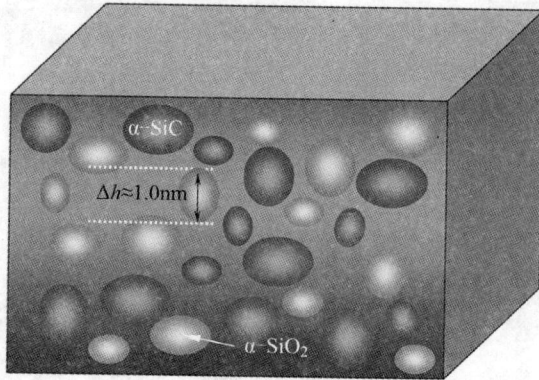

图 3.33　相分离过程示意图,形成 SiC 和 SiO$_2$ 的富集区域

这里假定(非晶)SiO$_2$ 域的大小仍小于成核临界半径。因此,提高温度并不会形成方石英。

需要注意的是,单个域被游离碳分离开(本图未显示)。

重作用:①中等温度起致密化作用;②作为反应物促进新相生成。

值得注意的是,虽然发生相分离过程生成 SiC 和 SiO$_2$,但在这种纳米分散体中仍然含有相当高比例的 SiCO。纳米尺寸的 SiC 晶粒分散在可看成是纯的熔融石英的非晶 SiO$_2$ 基体中。为了降低表面能,界面处化学组成相互扩散,因此 SiO$_2$/SiC 的界面是无序的。SiO$_2$/SiC 的界面可以代表 SiCO 扩展界面相。根据粗略近似,假设一个直径为 5nm 的 SiC 颗粒具有 0.5nm 厚的相间区域,SiCO 界面相所占体积分数约为 33%(与 SiC 核心体积相比)。因此,尽管发生了相分离,材料中仍然存在高比例的 SiCO 相。此外,这种 SiCO 界面相的逾渗网络可以作为一种扩散屏障,同时限制 SiC 晶体的生长和 SiO$_2$ 相的成核。

3.5.2　富硅 SiCO

与化学计量 SiCO 和富碳 SiCO 相比,富硅 SiCO 体系表现出明显不同的特点。接近裂解时明场 TEM 图像显示其中存在一小部分纳米析出物[68]。一直以来,无论是使用 XRD 还是使用电子衍峰都不能清晰识别这些析出物,最后利用 HRTEM 测量了这些析出物的晶格间距,才发现它们具有硅纳米晶体(111)晶面间距的特征值。

与 TD1 组成相似,TD9 样品裂解后也存在一定量的残余孔隙。然而,在 TD9 中,1200℃热处理足以使样品完全致密化。既然 TD1 只有到 1400℃才完全致密化,那么这种不同的行为,可能源自两个系统不同的碳原子摩尔分数。通常较高的碳含量会改善 SiCO 玻璃的力学性能,如弹性模量、抗弯强度和硬度[70,71],但它也会增加玻璃的黏度[72],使致密化速度下降。

较高的退火温度,例如:1200℃,会导致非晶网络重排。检测到的 Si 和 SiC 纳米晶体(见图 3.34)证明非晶结构发生了重排。不同的实验技术,如 HRTEM 和 XRD、电子衍射分析,均支持这一观点。

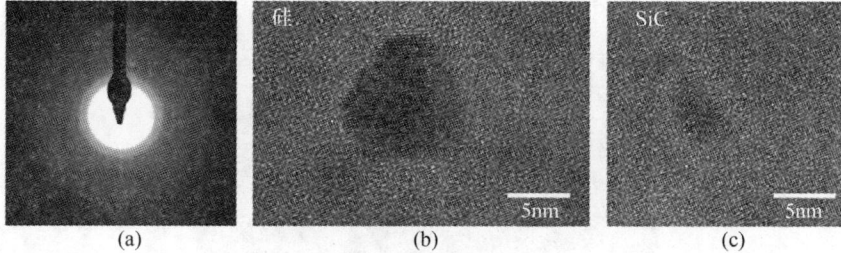

图 3.34　1200℃退火的 TD9 样品

(a) 电子衍射环,显示存在纳米晶体的特征斑点;(b) 和(c) 分别为 Si 和 SiC 纳米晶体 HRTEM 图像。

TD9 样品在此温度范围内存在 SiC 晶体是非常特殊的,因为较低的热处理温度(≤1300℃)和不含游离碳的化学构成均不利于 SiO_2 发生碳热还原,形成 SiC 晶体。

正如预期的那样,在更高的温度下,例如 1400℃,会引起材料结构的更大变化。NMR 数据证明了相分离演变过程。化学键再分配过程形成了 Si、SiC 和无定形 SiO_2。Si 和 SiC 纳米晶体分散在整个基体中,尺寸通常远低于 50nm(1400℃退火 1h),如图 3.35 所示。

Si 纳米晶体晶面完整,且比 SiC 晶粒大。事实上,SiC 晶体生长速度不如 Si 粒子,可以解释为组成中碳含量低。重要的是对于非化学计量 SiCO,虽然退火温度在方石英形成的范围内(~1400℃),也观察不到 SiO_2 结晶相。

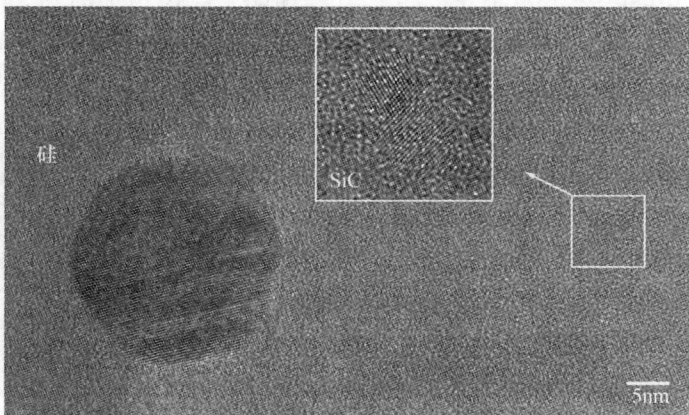

图 3.35　1400℃退火的 TD9 样品

SiCO 基体富含硅纳米晶体以及较小的 SiC 沉淀(见插图)。

3.5.3 硅在 SiCO 中的扩散

在前面章节讨论过,温度超过 1200℃后富硅 SiCO 通常含有大量的硅纳米晶,均匀地分散在无定形 SiO(C)基体中。图 3.36 显示了 1300℃退火 1h 后一个硅纳米晶体的典型微观结构。

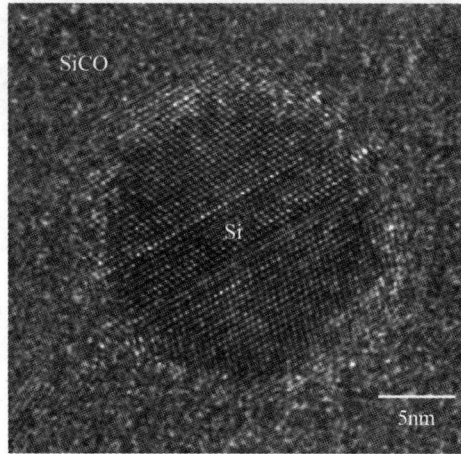

图 3.36　1300℃热处理 1h 后 Si 纳米晶体的 HRTEM 图像

1300℃分别处理 1h、10h 和 100h 样品的 EF TEM 分析如图 3.37 所示[73,74],根据图像可以获得 O/Si 强度比。应该指出,每张图像中的灰度变化对应于局部化学组成的变化。特别是,黑斑对应于 O 耗尽的富 Si 区,即 Si 纳米晶,而明亮的灰色调是无定形 SiO(C)基体。1h 热处理样品呈现出精细的 Si 颗粒,均匀分散于非晶基体之中。显然,从图 3.37 中可以看出,随着退火进行,Si 纳米晶体数量减少,但尺寸增大,平均晶粒尺寸见表 3.3。

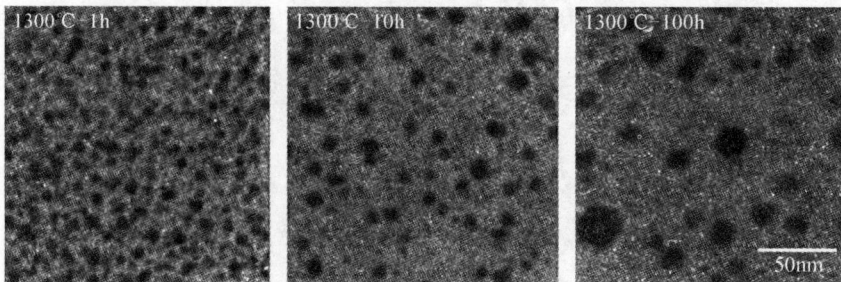

图 3.37　TD9 样品在 1300℃分别处理 1h、10h 和 100h 后的能量过滤 TEM 元素图像
（O/Si 强度比）
暗区对应于氧耗尽的富硅区,归属于 Si 纳米晶体。

138

表 3.3 不同热处理时间得到的陶瓷中富余游离硅相的横向尺寸(拉曼光谱法)

时间/h	直径/nm	标准方差/nm
1	8.7	1.6
10	12.3	2.2
100	18.3	4.3

在长时间的退火实验后,富 Si 的 SiO(C)玻璃清楚地显示了显著的微观结构的变化。Si 纳米晶体平均尺寸增大、数量逐渐减少,是 Ostwald 熟化的典型特征。这种体积扩散控制过程的推动力,是无定形 SiO(C)与 Si 纳米晶之间总的界面面积减少。根据 Lifshitz 和 Slyozov(1961)[75]以及 Wagner(1961)[76]提出的理论,纳米晶体粗化可以由下式描述:

$$\bar{R}^3 - \bar{R}_0^3 = \frac{8D\gamma c_e \Omega^2}{9RT}t \tag{5}$$

式中:$\bar{R}_0$ 和 $\bar{R}$ 为粗化之前和之后的平均半径;D 为基体中的扩散系数;γ 为基体与析出物之间的界面能;c_e 为扩散体在基体中的平衡浓度;Ω 为粗化相的摩尔体积;R 为气体常数;T 为退火温度。

值得注意的是,根据 LSW 理论,在热处理的某一特定时间,粗化晶体的平均直径代表其临界尺寸,d_C(表 3.3)。这意味着,随退火进行,所有尺寸超过临界值的晶体将继续增长,同时牺牲较小尺寸的晶粒。在 1300℃发生 Ostwald 熟化的硅扩散系数 D_{Si} 的值,可根据式(5)重写如下:

$$D = \frac{9RT(\bar{R}^3 - \bar{R}_0^3)}{8\gamma c_e \Omega^2 t} \tag{6}$$

表 3.4 给出了计算 D 值的必要参数。需要指出,这里使用的 γ 值,对应的是硅/二氧化硅界面的表面能,其数值查自文献并总结在表 3.5 中。

表 3.4 估计非晶 SiCO 基体中硅扩散系数所需的参数以及相应的值

参数	值	参数	值
$R/(\text{J/K} \cdot \text{mol})$	8.314	$\Omega/(\text{cm}^3/\text{mol})$	12.059
T/K	1573.15	R_0/m	4.35×10^{-9}
$\gamma/(\text{J/m}^2)$	参见表 3.5	R/m	9.15×10^{-9}
$c_{e,Si}/(\text{mol/cm}^3)$	0.0432	—	—

表 3.5   不同硅基体系的表面或界面能

体　系	表面或界面能 $\gamma/(J/m^2)$
a－SiO$_2$/c－Si［Vanhellenmont, 1987］[77]	0.31 ~ 0.62
a－SiO$_2$/c－Si［Senkader, 1996］[78]	0.67 ~ 1.68
c－Si［Jaccodine, 1963］[79]	1.51 ~ 2.13
a－SiO$_2$(a－石英)［Shchipalov, 2000］[80]	1.52

根据使用 γ 值的不同,Si 的扩散系数 D_{Si} 介于 $1.64 \times 10^{-16} ~ 8.17 \times 10^{-17}$ cm^2/s 之间。这些值与以前报道的 Si 在纯无定形 SiO$_2$ 中扩散系数的数据吻合良好,即当温度为 1150℃[81] 和 1300℃[82] 时,D_{Si} 介于 $10^{-15} ~ 10^{-17}$ cm^2/s 之间。该结果表明,在此温度下,Si 原子在 SiO(C)基体(TD9 转化)中的流动与 Si 在纯 SiO$_2$ 中的流动非常相似。这说明在处理温度高于 1200℃ 以后,富硅 SiO(C)非晶基体中不再存在碳,因为所有的碳在形成 SiC 纳米粒子的过程中消耗了。

有关理论模型和实验结果之间的差异已有文献报道。这种差异在本体系中预计也将在一定程度上存在,因为 SiOC 基体中形成 SiC 晶体,也会影响 Si 纳米晶的粒径分布,这与 Wagner 论文中给出的对数正态分布不同。尽管如此,图 3.37 所示的 EF－TEM 图像清楚地展示了热退火 Ostwald 熟化过程中的经典景象。

3.5.4   富碳 SiCO

从 TD1 开始可以合成富碳的 SiCO 陶瓷。该材料裂解到 1000℃ 表现出完全无定形态的微观结构,这与 NMR 数据一致,表明 SiCO 玻璃由 SiC$_x$O$_{4-x}$ 混合单元组成。根据 HRTEM 和电子衍射花样(EDP)分析,在 1200℃ 热处理不会触发无定形结构的重大变化。然而退火到 1400℃,该无定形结构将发生显著重排。图 3.38 中所示的 HRTEM 可以看出,样品保持无定形特征,但也显示存在一定量的纳米 SiC 晶体。

图 3.38 中的插图是一个 FFT(快速傅里叶变换)过滤图像,其平面间距对应析出物 β－SiC (111)晶面间距 d 值。需要注意的是,在 1400℃ 退火的 TD1 样品中,很少观察到 BSU,这表明随退火温度升高游离碳含量降低,形成了 SiC。此外,有必要提到 TD1 退火过程中的 TG－MS 分析,在 1200 ~ 1400℃ 演变过程中检测到了 CO。这可以认为在类二氧化硅区域发生了局部碳热还原反应,预计反应在 1300℃ 发生[83,84]:

$$SiO_2 + 3C_{free} \rightarrow SiC + 2CO \tag{7}$$

此外,CO 的逸出可以解释为什么在 1400℃ 退火后基体中的纳米孔还是

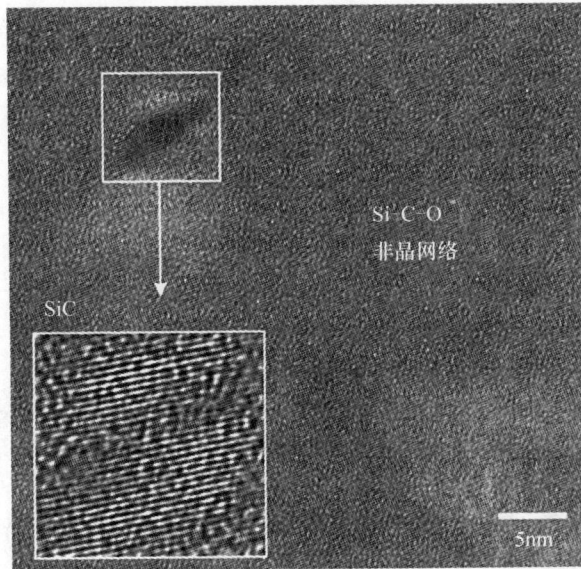

图 3.38　TD1 在 1400℃退火后的 HRTEM 图像

在 Si – C – O 非晶基体内可以观察到 SiC 纳米晶(见插图)。

开孔。

拉曼光谱也证实了 TD1 体系中游离碳相的存在(图 3.39)。拉曼信号源自碳原子不同的杂化状态及其在网络内的结构重排。为提取 D – 和 G – 模式的强度值,利用两个高斯曲线对拉曼光谱进行了拟合。$I(D)/I(G)$ 强度比可以用于

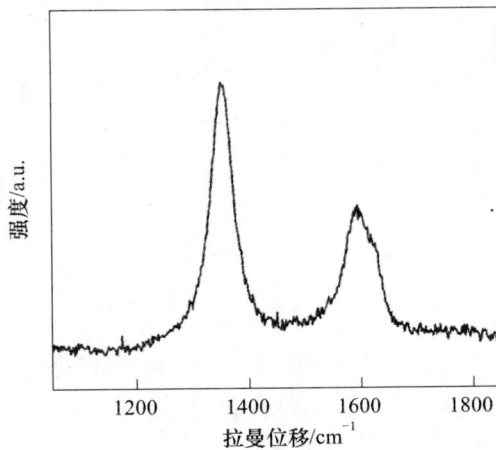

图 3.39　TD1 陶瓷 1400℃热处理后的拉曼光谱

D 峰强度高于 G 峰,表明材料中存在高度无序的石墨碳。

评估游离碳相的横向尺寸 L_S。Tuinstra[1]用这一方法测定了结晶碳的横向尺寸,最近 Ferrari[2]也将该法应用于无定形碳的测定。

对于 SiCN 和 SiCO 陶瓷,在 1000℃裂解后游离碳还处于无定形态,可以应用 Ferrari 和 Robertson 提出的方程:

$$\frac{I(D)}{I(G)} = C(\lambda)L_S^2 \tag{8}$$

$C(\lambda)$ 的值取决于激光的波长(514.5nm),为 0.0055 Å^{-2}。计算得到的游离碳区域平均横向尺寸(L_S)约为 14 Å[85]。

3.5.5 新型富碳 SiCO 纳米复合材料

为理解富碳 SiCO 复合材料的高温行为,用 DVB – PHMS 体系作为例子进行讨论。参考文献[86]中介绍了其典型合成方法。该体系最大的特点是退火时失重较少,在 1000℃~1450℃之间,只检测到 1.2%(质量分数)的失重[87]。假定失重仅是因为释放出了 CO,按碳热还原反应,这一值相当于生成了 3.4%(质量分数)的 SiC。因此,可认为碳热还原过程在高碳含量 PDC 的高温演变过程中只发挥很小的作用。

用 ^{29}Si NMR 分析 $SiC_xO_{(4-x)}$ 混合相是非常有用的。如果假定无定形网络内每个氧原子与一个硅原子键合,则可以从 NMR 数据确定 SiCO 相的组成。从 1000℃到 1450℃,可以清楚地检测到 $SiCO_3$ 和 SiC_2O_2 复合结构的减少,以及 SiO_4 和 SiC_4 结构的增加,如图 3.40 所示[86]。

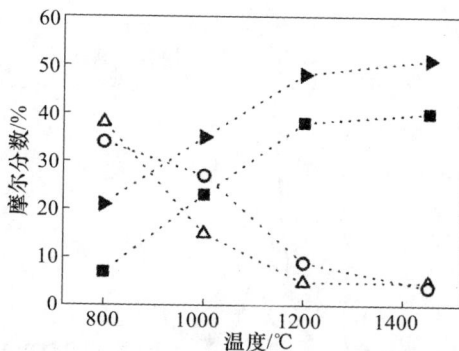

图 3.40 $SiC_xO_{(4-x)}$ 混合单元的摩尔分数随退火温度的变化
△:SiC_2O_2;○:$SiCO_3$;▲:SiC_4 或 SiC_3O;■:SiO_4。

能量过滤 TEM 的元素扫描表明,相分离过程不断持续进行,导致 SiO_2 富集区域形成以及 SiC 纳米晶成核,尽管此时 SiC 的整体体积分数仍相当低。

EFTEM 数据证明,退火后的材料包含游离碳簇和和二氧化硅区域。要注意的是,在 1450℃时 SiC$_4$ 和 SiO$_4$ 单元的生成显著,而混合单元数量降到低于 10%(摩尔分数),进而形成 SiC 和 SiO$_2$ 区域。然而,用 HRTEM 只能观察到一小部分 SiC 纳米晶,观察不到任何的 SiO$_2$ 晶相。

至于游离碳相,在 1450℃热处理后,用 EFTEM 可以发现存在大量乱层碳域(15 - 20nm)。HRTEM 分析表明,游离碳簇通常包含 4 ~ 10nm 的乱层碳结构,如图 3.41 所示[74]。

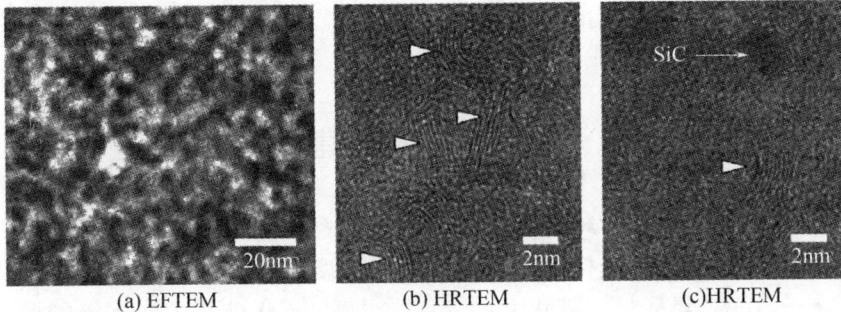

(a) EFTEM   (b) HRTEM   (c)HRTEM

图 3.41　在 1450℃热处理后的富碳 SiCO(PHMS - DVB 体系)TEM 图
(a) 能量过滤 TEM 图;暗区对应 Si - C - O 基体内的富碳区;
(b)和(c)HRTEM 显示存在的乱层碳和 SiC 纳米晶。

有趣的是,对于如图 3.41 所示的热处理后的游离碳相,拉曼分析没有发现任何显著的差异。在其他 PDC 体系中,拉曼光谱已确认存在石墨状游离碳的两大信号(D 带和 G 带)。在该体系情况下,D 峰与 G 峰强度比表示的横向簇尺寸约为 20 Å[86]。拉曼峰的位置和强度基本保持不变,不受热处理的影响,这表明高温退火过程中现有碳域既不横向生长,也无明显的有序化过程(石墨化)。这些结果都说明无定形态 C/SiOC 材料具有抵抗结晶的高温稳定性。

比较令人惊奇的是,与游离碳含量低很多的体系相比,尽管 DVB - PHMS 体系中存在大量的碳,按照公式(8)计算的石墨平面横向尺寸并没有发生显著的变化(例如 TD1 是 14 Å 而 DVB - PHMS 是 20 Å)。

根据材料中不存在孔隙(TEM 分析结果)可以推测,如果游离碳簇边缘的碳原子与 Si 原子键合,将使游离碳相极其稳定。体系中没有发现碳热还原反应的发生也支持这一假说。这些结果表明,乱层碳(层)形成扩展的开放式网络,其边缘含有 SiC 键合和 SiO$_2$ 区域。在此背景下,最近的一篇文献报道了非晶 SiCO 在 1000℃以上具有意想不到的黏弹性能[88]。据报道,对这种富碳 SiCO 玻璃加载,外加应力去除后,初始应变可以恢复。作者认为这就好像是用石墨烯的"笼子"封装着 SiO$_2$ 玻璃相。通过这种方式,施加的压力使石墨笼(及其包覆的 SiO$_2$

相)变形,当应力去除后,碳相和包覆的 SiO_2 相可以逐步返回到原来的形状。同样,在一篇对 SiCO 材料进行蠕变试验的文献中也认为这些材料的特殊黏弹性能,应归因于石墨平面在 SiO_2 域/簇外围形成了一个互穿网络结构[89]。同样重要的是,多余的碳相并不会妨碍或延迟化学键的重排过程,从而导致在热处理后形成 SiC 和 SiO_2 富集区;然而,类似 SiBCN 陶瓷中的 BNC_x 相,游离碳相作为一个有效的扩散障碍,限制了相应的 SiC 和 SiO_2 域的大小。

以上富碳 SiCO 的研究结果表明,高的碳体积分数其实有利于 PDC 的热稳定性。这是因为均匀分散的乱层碳,可以作为一个互穿网络,封装住 SiO_2 相且局部黏接到 SiC 相上,形成一个特别稳定的纳米复合材料。

3.6　非晶 SiCO 的建模方法

本节给出了非晶 SiCO(a – SiCO)陶瓷的一系列模型。目的是研究 SiCO 玻璃相和游离碳相之间的结构关系。在从能量角度进行优化的模型中发现,两个相是完全分开的,界面处没有化学键合。在几种 SiCO 玻璃中嵌入碳的模型中,包括将直径为 1nm 的石墨精心放置到 SiO_2 玻璃中,每个"自由"碳原子上都呈现出 1eV 的大量过剩能量。另一方面,当游离碳不与玻璃键合时,能量最低。这种结构的界面处碳化物碳含量非常低,呈现出薄薄的二氧化硅薄膜覆盖着 SiCO 玻璃的结构。

3.6.1　模拟过程简介

先驱体法非晶 SiCO(a – SiCO)陶瓷的结构化学是非常丰富的,具有各种各样的晶面,其具体结构取决于先驱体分子和由此产生的化学组成、处理历程和当前退火条件。因此,不同 a – SiCO 陶瓷在结构和性能上可以有本质的不同,许多报道都说明了这一点。关于这一部分的最新进展可以参见以前的综述[90],当然本书也将对此进行适当评述。

a – SiCO 陶瓷在合成中的一个阶段特别值得注意,即在约 1000℃ 时,聚合物向陶瓷材料转换的最后一阶段。此时,陶瓷呈完全无定形态,尚无结晶发生。许多 NMR 研究报道了此温度下合成的材料[91]。虽然组成各不相同,但它们都表现出共同的结构特点,即包括 SiCO 玻璃相和额外的"过剩"碳。玻璃相,即没有富余碳的相(呈透明态),是符合化学计量数的,结构式为 $SiC_xO_{(2-2x)}$ [$= x \cdot SiC + (1-x) \cdot SiO_2$]。根据 SiCO 玻璃中 $SiC_xO_{(4-x)}$ 四面体的分布,建立了由 Si—C 和 Si—O 键组成的随机网络[65,90]。

HRTEM 和拉曼光谱结果已经验证了 a – SiCO 陶瓷中的过剩或"自由"碳的

详细结构[67,68]。一般认为,当材料经大约 1200℃ 加工处理后,在 HRTEM 中就可以观察到碳偏析所形成的基本结构单元。偏析碳的石墨化程度可通过拉曼光谱进行研究。但是,还没有证据可以证明"游离碳"可与 SiCO 玻璃相键合。在约 1200℃,非晶 SiCO 陶瓷经历相分离形成 SiC、SiO_2 和额外的石墨化区。在大约 1300℃,透明石英相中将沉降出一些 SiC 纳米晶。温度进一步升高,SiC 晶体长大,消耗 SiO_2 和碳。值得注意的是,SiO_2 的结晶受到抑制。

最近,小角散射实验表明,在一些 SiCO 陶瓷中存在 1~5nm 的纳米异质相[92]。基于这些结果提出的模型认为,二氧化硅簇形成纳米域,封装在石墨烯网络中。界面处利用化学键将石墨烯隔离相与二氧化硅域结合起来[89]。最近,量热分析表明,与形成晶相 SiO_2、SiC 和石墨相比,形成非晶 SiCO 陶瓷是一个负焓过程[93,94]。为了解释负焓的形成,根据上述域模型,提出了石墨相与 SiCO 基体界面的一个具体微观结构模型。

随后,人们又给出了化学计量 SiCO 陶瓷随机非晶网络的结果[95]。此外,还提出了包含富余碳的一系列 a – SiCO 模型。这些模型的结构差异很大,有的是随机网络,有的是隔离网络,有的认为是纳米尺寸的石墨烯分布在无定形二氧化硅中,还有的认为石墨烯和 SiCO 玻璃相均为平板结构。提出这些模型的目的都是为了揭示 SiCO 陶瓷中隔离相与玻璃基体界面的微观结构,以及这些结构对 a – SiCO陶瓷的能量的影响。

3.6.2 计算方法

利用计算的方法研究先驱体陶瓷包括两个步骤。首先要对材料的网络结构建模。在这些网络模型中,采用的思想和观念要么有实验数据支持,要么有化学原理支撑。这样,根据假设,采用适当算法,建立网络结构模型。第二步,利用包括从头计算分子动力学研究在内的第一性原理,对模型结构进行计算。在这部分计算过程中,可以验证无参数理论框架的初始假设。虽然结果本身可以从结构、能量和性质方面分析,但与最初的假设比较同样重要,因为这样可以对模型有更深的理解,并对模型做出改进。

网络建模

最近一篇文献详细描述了一种网络模型的建立过程[96],给出了连续随机网络的算法模型,且对多组分系统模型中所有原子的局部配位性均定义明确。该方法是 WWW(Wooten,Winer 和 Weaire)经典算法[97]的扩展,结合了 Monte – Carlo/Molecular – Dynamics – Hybrid 算法的键合转换(拓扑放宽)和优化(几何放宽)。这里使用的经验 Keating 型势能只包括化学键的弯曲势和伸缩势,目的是提高求解速度,扫描更多可能的结构。

初始结构可以是结晶网络,具有界限清楚的化学键,例如只含 Si—N 键的 Si_3N_4。然后,将此有序的结构逐渐转化为一个随机的无定形网络,同时保留每个原子的键合特性。例如,对于 Si_3N_4 来说,每个 Si 原子仍通过四个键与 N 结合,每个 N 原子周围也仍有三个 Si 与之结合。如果没有已知的晶体结构,例如三元的 SiCN 或 SiCO,那么初始结构一般派生自母网络结构,方法包括通过原子取代(如 Si 变成 C)、丢弃原子以减少连接、分裂和加入单元(四键合 C_2 单元更换一个 Si;一个三键合的 N 和一个三键合的 C 联合得到四键合的 C 或 Si)。

在任何情况下,用界限清楚的拓扑结构(原子之间键合链接)作为初始结构是第一选择。进一步的拓扑与几何放宽,要考虑到网络结构的原子形成一个合理的排列。网络算法已用于研究非晶结构的 Si_3N_4、SiN_x∶H、SiCN、SiCN∶H、$Si_3B_3N_7$、SiNO 和 SiCO。相关综述参见参考文献[98]。

最近的算法扩展包括特别单元的强化偏析。这样,网络的随机性可以被刻意摧毁,以便在三元 SiCO 体系中得到偏析的 SiC 富集区,或者在富碳 SiCN 或 SiCO 中得到"游离碳"。强制模型符合特定的微观结构,是研究建模理念并评估其属性的一种方法。算法的详细说明,运行和参数化的细节可参见参考文献[96]。

密度泛函理论计算

用简单的经验位势构造的网络模型,可用精确的密度泛函理论进一步优化。Vienna 从头算模拟软件包(VASP)可实现此目的[99-102],在广义梯度近似(GGA)内计算能量与能量差异。在高温下,模型结构优化后,通常进行从头算分子动力学模拟。无参数的动态模拟可以测试网络的稳定性。也就是说,研究通过初始网络建立的结构假设是本方法固有的部分。例如,SiO_2,或具有高 SiO_2 含量的 SiCO 和 SiNO,利用从头算分子动力学模拟前后,其几何结构和能量没有显著差异。而高 N 或高 C 含量的多组分结构,其网络结构在退火后可能会发生很大的变化。

需要注意的是,这里的温度对应的并不是某一典型退火工艺的实验温度。所计算的体系永远无法达到"真正的"平衡,因为从头计算分子动态模拟的时间尺度很短(约 $10 \sim 100ps$)。然而,在高温下(高于 2000℃),不仅可以观察到"融化"(定义为原子的快速扩散),而且可能观察到取决于温度的网络重排。这类似于这些过程不同的活化能。

为了研究周期性边界条件下的无定形结构,只考虑晶格参数大于 10 Å

(1nm)的模型,相应的体积至少为$1nm^3$。由于第一排是C、N、O原子,需要非常大的计算工作量。目前可用的超级计算机允许详细研究体积达$10nm^3$的模型。但是,用精确的DFT计算时,模拟体积的长度的被限制在3nm左右。

"游离"碳相富余能量的评估

模型中的富余能量E_{excess}可按下式计算:$E_{excess} = E_{model} - (E_{glass} + E_{graphite})$。$E_{model}$是DFT结构优化后的能量。每个碳原子的计算值为$E_{graphite} = -9.264eV$。SiCO玻璃的参考能量$E_{glass}$可通过与尺寸大小相似的化学计量模型比较得到。玻璃的能量与其SiC的摩尔含量之间呈线性关系,$E[a-((SiO_2)_{1-x}(SiC)_x)] = -23.81eV + x \cdot 10.128eV$(对比图3.43)。该线性关系对于SiC含量低于33%(摩尔分数)的化学计量SiCO玻璃均是有效的。若选择石英($E = -24.00eV$)和$\beta-SiC$($E = -15.13eV$)作为参考,会导致E_{excess}大幅增加,因此不是一种合适的参考系统。

具体地,模型富余能量可通过以下方式评估:模型1、2a和2b的组成为$Si_{44}C_{40}O_{64}$、$Si_{88}C_{80}O_{128}$和$Si_{88}C_{80}O_{128}$,分离成$Si_{44}C_{12}O_{64}C_{28}$、$Si_{88}C_{24}O_{128}C_{56}$和$Si_{88}C_{24}O_{128}C_{56}$。游离碳相$E_{excess}$的计算,是将含有27.3%(摩尔分数)SiC的化学计量SiCO玻璃的能量($E[a-((SiO_2)_{0.727}(SiC)_{0.273})] = -21.04eV$)与石墨相的能量相加,再与模型的能量求差。模型3是在无定形SiO_2中嵌入一个单层石墨烯。其富余能量是以化学计量SiCO玻璃和石墨作参考,其中SiCO玻璃中含1.7%(摩尔分数)的SiC,$E[a-((SiO_2)_{0.983}(SiC)_{0.017})] = -23.67eV$。模型4是在二氧化硅中嵌入三层石墨烯。整体组成为$Si_{157}C_{59}O_{260}$的玻璃被分解成$Si_{157}C_{27}O_{260}C_{32}$,相当于在非晶SiCO基体中含有17.1%(摩尔分数)的SiC和富余碳。根据参考值,化学计量SiCO玻璃的能量为$E[a-((SiO_2)_{0.829}(SiC)_{0.171})] = -22.07eV$。模型5是在化学计量SiCO玻璃的主体结构中,嵌入了条状石墨。玻璃相组成$Si_{48}C_{16}O_{64}$,根据此组成其能量为$E[a-((SiO_2)_{0.666}(SiC)_{0.333})] = -20.47eV$。模型6是$a-SiO_2$的平板和两层石墨烯,所采用的无定形二氧化硅的能量为$E = -23.81eV$,这是可比模型典型值。模型7为化学计量SiCO玻璃平板和两层石墨烯。玻璃相的组成为$Si_{48}C_{12}O_{72}$,其能量值为$E[a-((SiO_2)_{0.75}(SiC)_{0.25})] = -21.28eV$。

因为富余能量是通过能量差确定的,有一定的不确定性,因此应当谨慎计算。在每个Si原子上,能量$E[a-((SiO_2)_{1-x}(SiC)_x)]$的误差估计约0.1eV,对于大型模型尤其如此。然而,玻璃相可能更高的生成焓并不影响整体趋势。富余能量保持正值,且处于表3.6中值的20%范围内。

表 3.6　几种富碳模型的能量

模型	组成[①]	能量/eV	体积/Å^3	E_{excess}[②]	每个游离碳的 E_{excess}
1	$Si_{44}C_{12}O_{64}C_{28}$	−1158	2014	27	1.0
2a	$Si_{88}C_{24}O_{128}C_{56}$	−2283	4259	88	1.6
2b	$Si_{88}C_{24}O_{128}C_{56}$	−2312	4150	59	1.1
3	$Si_{256}C_{3.5}O_{505}C_{28.5}$	6287	11259	37	1.3
4	$Si_{157}C_{27}O_{260}C_{32}$	3712	6228	49	1.5
5	$Si_{48}C_{16}O_{64}C_{30}$	1235	2044	24	0.8
6	$Si_{60}O_{120}C_{96}$	2309	3601	8.9	0.09
7	$Si_{48}C_{12}O_{72}C_{96}$	1905	3056	5.7	0.06
① 每一种情况下,整体组成 $Si_aC_bO_c$ 分解为 $Si_nC_{nx}O_{n(2-2x)}C_y$;					
② 游离碳相富余能量 E_{excess} 根据模型与 SiCO 玻璃和石墨混合物之间的差异计算得到					

3.6.3　模拟结果

化学计量 SiCO

研究人员早期就已经对非晶 SiCO 的玻璃结构进行了非常有针对性的研究[95]。受众多 NMR 实验的启发,构建了化学计量 SiCO 的随机网络结构。这种玻璃的组成可以分解成 SiC 和 SiO_2,即 $a-SiC_xO_{(2-2x)}[= x·SiC + (1-x)·SiO_2]$。网络中包括与 Si 四重键合的 C,即 $\{C\}Si_4$ 单元,局部环境近似四面体结构(即"sp^3-C")。图 3.42 给出了在 SiCO 玻璃内分布的四面体 $\{C\}Si_4$ 单元的两个代表性模型。

采用额外的从头算分子动力学模拟,发现玻璃中含有 33%(摩尔分数)的 SiC 时,还保留"完美"的随机网络结构。网络的"完美性"是指,所有的 Si 原子与 C 原子一样,都是四重连接的。但 C 只与 Si 相连,而 Si 与 C 和 O 都相连。O 与 Si 是二重配位。随 SiC 含量的增加,网络结构的内应变越来越高,产生过剩内部能量。此外,随 SiC 含量的增加,结构中的所有位点键角的变化也增加[95]。

但是,完美随机网络的概念并不适合所有组成的 SiCO 陶瓷。只有当组成在一定阈值之下才有效:即化学计量 SiCO 相内所含 SiC 不超过 33%(摩尔分数)时。有趣的是,这一组成也与实验结果相一致:超过限制阈值组成的 a-SiCO 玻璃相迄今还没有合成出来。因为超过这一临界值,即体系内 SiC 过高,会导致网络内结构不完整,形成缺陷。明确地说,这会使一些"sp^3-C"失去一个化学键,成为三重配位,即以"sp^2"的形式键合。最终经过充分的从头分子动力学模拟,证明结构中将形成 C—C 键。Si 通过与额外的 O 成键来补偿与碳断键的损失。

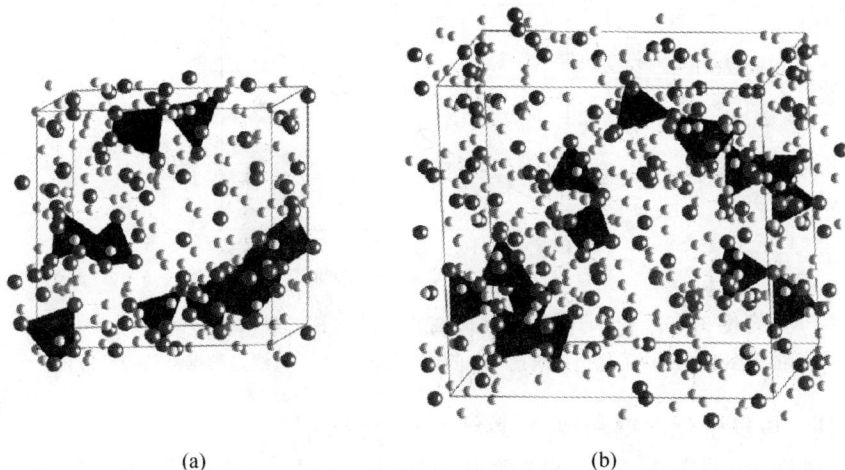

(a)   (b)

图 3.42   化学计量 SiCO 玻璃的两个模型

$Si_{52}C_{12}O_{80}$(a),相当于 23%(摩尔分数)的 SiC；$Si_{112}C_{16}O_{192}$(b),相当于 14%(摩尔分数)的 SiC。
Si 和 O 原子分别用大深灰和小浅灰表示。图中突出了 {C}Si_4 四面体,随机分布在结构中。

阈值组成与拓扑结构有显著的关系:从拓扑的角度看,SiCO 玻璃中少量的 SiC 对应 Si—O 键基体中一些孤立的 Si—C 键。随着 SiC 相增加,形成越来越多的 Si—C 键连接,从而形成岛屿和环状结构。最后达到某种状态,其中 Si—C 键形成一个连续的、三维网络子结构。当然,尽管 SiC 晶体结构是一个有序的网络(非晶 SiC 同样如此),但当玻璃中的 SiC 含量达到一定值(低于 100%)时,已经出现 Si—C 键的首次渗流连通。有趣的是,导致渗流现象的组成与形成结构缺陷的阈值组成相匹配,对应于实验中 a - SiCO 玻璃陶瓷可能出现的 SiC 最高含量:约 33%(摩尔分数)的 $SiC^{[90,103]}$。

最近,研究者构建了化学计量 SiCO 玻璃的其他一些模型,包括一系列尺寸是前述模型两倍的新模型。通过广泛的模拟和随后的 DFT 优化,得到了给定化学组成玻璃的能量值,结果一致且可靠。据此绘制了 SiCO 玻璃的能量与 SiC 摩尔含量的关系曲线,如图 3.43 所示。图中数据所对应的模型组成从 $Si_{128}O_{256}$ 到 $Si_{96}C_{32}O_{128}$ 变化,其中 SiC 摩尔含量最高达 33%。对于每一个组成,至少模拟了三个结构。

在三元 SiCO 中提高碳化物的含量,生成焓增加。这种趋势很容易理解:玻璃结构中四面体的数量增多,玻璃的平均配位数也随之增加。内部网络应变也增大,因此生成焓就变大。所以,SiCO 中 SiC 相含量增大,会推动体系发生相分离,生成二元体系。需要注意的是,与 SiNO 体系不同,SiCO 体系中还未发现三元结晶相。所以,随着 Si—C 键的渗流的开始,网络应变可能已经达到一个临界

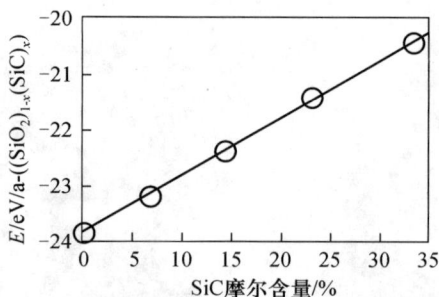

图 3.43　化学计量 SiCO 玻璃的能量与 SiC 摩尔含量的关系

圆的大小近似反映了几个高质量模型的计算标准方差。直线是数据点的线性拟合。

值,大到足以发生化学键断裂,导致结构发生转变。

　　总体而言,图 3.43 得到的关系接近直线,表明在此组成范围内体系呈现规则的混合(Vegard 定律)。简单的线性拟合,得到化学计量 SiCO 的能量为:$E[a - ((SiO_2)_{1-x}(SiC)_x)] = -23.81eV + x \cdot 10.128eV$。玻璃相能量的这种近似是计算"游离碳"富余能量的基础,后者将在下一节讨论。

SiCO 与多余的碳

　　由于富余碳的结构起源及其与 SiCO 玻璃相的关系和作用机制等问题还未获得解释,所以促进了进一步的计算研究。在这部分的研究中,通过向网络中引入 C—C 键来代表富余碳以扩展模型。这样,就构建了一个组成为 $SiC_xO_{(2-2x)}C_y$ 的网络,其中只包含 Si—C 键、Si—O 键和 C—C 键。起初富余碳随机分布在网络中,主要形成二聚体和三聚体。然后,在算法中引入一个有利于 C—C 键形成的偏差。这个偏差迅速地促进了较大的环状和链状碳聚集体的形成。因此,在网络模拟过程中可观察到大量碳的偏析。经 DFT 以及从头算分子动力学模拟局部优化,得到模型 1,如图 3.44 所示。两倍尺寸的模型 2b 经 DFT 优化,但没有经过从头算分子动力学模拟,如图 3.45 所示。

　　这些模型可分割成一个碳枯竭区域和另一个封闭的碳富集区域。有趣的是,在建模过程中发现,即使没有引入导致 C—C 键形成的偏差,也可得到类似结构。DFT 优化后,大部分 C 原子是三重键合状态(sp^2 - C)。这个结果与最初碳的配位状态无关,也不依赖于最初"自由"碳有多少个碳原子呈四重键合状态(sp^3 - C)。即使在优化过程中施加压力,也未能增加最终结构中 sp^3 - C 的分数。四重键合状态的碳原子(sp^3 - C)只有当 C 同时与 4 个 Si 原子键合才能得以保持,而不能是作为"自由"碳的一部分。如果最初和另一个碳原子相连,sp^3 - C原子可能打断其中一个键,同时发生局部环境的重排。这一结果证实了 a - SiCO 中富余碳主要为 sp^2 - C,这与许多拉曼光谱实验结果也一致。

150

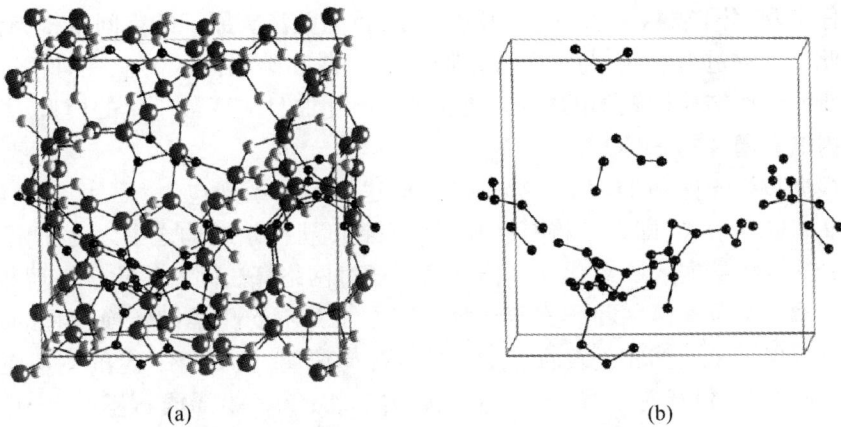

(a)   (b)

图 3.44　富碳 a – SiCO 的模型 1,组成为 $Si_{44}C_{12}O_{64}C_{28}$

球棒结构模型显示在图(a);Si、O、C 分别用暗灰色大球、
浅灰色小球、黑色小球表示。图(b)显示结构中碳原子的空间分布。

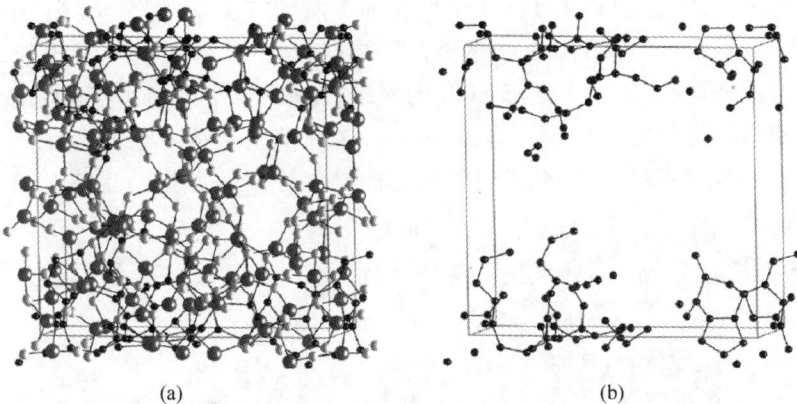

(a)   (b)

图 3.45　富碳 a – SiCO 的模型 2b,组成为 $Si_{88}C_{24}O_{128}C_{56}$

该模型是图 3.44 所示模型的两倍,SiCO 相和"自由"碳相的比例是相同的。
球棒结构模型显示在图(a)。Si、O、C 分别用暗灰色大球、浅灰色小球、黑色小球表示。
图(b)显示结构中碳原子的空间分布。孤立的碳原子为化学计量 SiCO 玻璃的一部分。

如果把这种分离体系的能量与适当比例结合的化学计量 SiCO 和石墨相比较,可以发现其具有大量富余能量。表 3.6 给出了相应的数据。每个富余 C 原子上 1~1.5eV 的能量即使不算巨大,也应是显著的。为进一步优化结构,减少能量,无论是网络建模还是从头计算分子动力学模拟,都进行了广泛的模拟。然而,没有发生实质性的能量变化。模拟尺寸的加倍也没有显著改善能量。对于这样的模型,还进行了从头计算分子动力学模拟,但除了将一些初始值放宽,没有其他途径可以使富余能量显著下降。

仔细观察图 3.44 和图 3.45 所示模型,重点关注碳原子的空间重排,有人怀疑如此巨大的过剩能量,与三配位碳原子的扭曲和碳隔离区的应变有关。为进一步研究这些结构性缺陷的影响,建立了没有扭曲且应变最小化的模型。

内嵌石墨片的 SiCO

根据拉曼光谱和 TEM 的观测结果,构建了另一系列包含"石墨态""自由"碳的 a – SiCO 模型,即人工将石墨片断嵌入到随机网络结构之中。为简化模型,将碳分离区直接嵌入二氧化硅主体网络。通过网络算法同时优化了玻璃相的结构和玻璃相与分离区之间的连接。分离区本身并不受化学键转换过程的影响。这一过程保证了玻璃相的高品质,颇似纯石英玻璃,且具有一定的生成焓。因此,这种模型中包括三个"区域":①石英玻璃相;②石墨烯或石墨相;③玻璃相和石墨之间的界面区域,其中①和②接近"理想"状态。

每次向石英玻璃结构中嵌入一块石墨(碳簇),可得到三类模型。模型 3 为二氧化硅基体中嵌入一块单层石墨烯片(见图 3.46)。模型 4 则是植入了三个堆叠石墨层小片(见图 3.47)。在模型 3 和 4 两种方法中,碳分离区(所有 C 呈三重键合状态)是网络结构的一部分。它通过 sp^2 – C 与玻璃相中的 Si 原子连接。通过网络算法,优化无定形 SiO_2 的网络,而碳分离区则保留在其初始状态。模型 5 的构造与前面两种模型差异较大。这种模型是将一条石墨烯带加入到SiCO 结构的纳米孔中。主体结构在此之前已经建立好并进行了完全优化。然

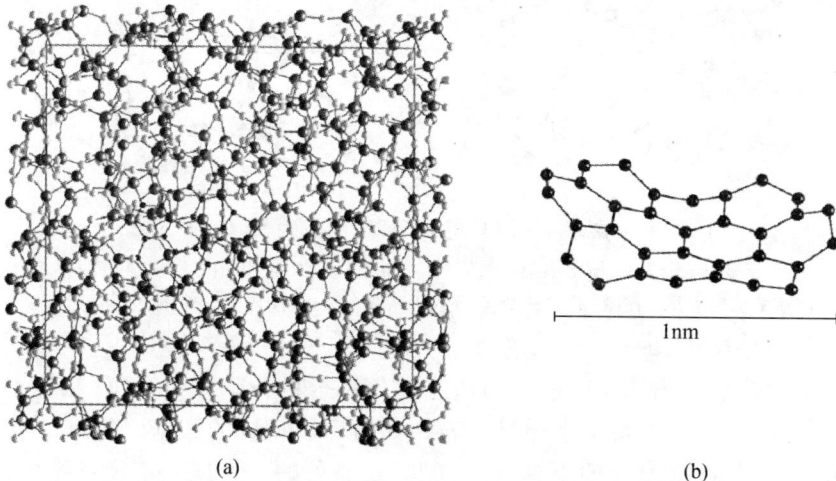

(a)   (b)

图 3.46   在 a – SiO_2 中嵌入一片石墨烯的模型 3

图(a)模拟箱尺寸约为 $2.5nm \times 2.5nm \times 1.8nm$,体积超过 $11nm^3$;组成为 $Si_{256}C_{32}O_{505}$。

图(b)部分显示了 DFT 充分优化后石墨烯片的扭曲。深灰色大球、

浅灰色小球和黑色小球分别代表 Si、O 和 C。

后在优化后的模型中插入富余碳,又进行彻底的优化并在高温下进行了从头算分子动力学模拟[104]。这将导致石墨烯带与嵌入主体的"反应",生成 Si—C 和一些 C—O 键(见图 3.48)。每一种模型中,碳簇的直径约 1nm,分别含有 32、58 和 30 个原子。相应模型如图 3.46、图 3.47 和图 3.48 所示。

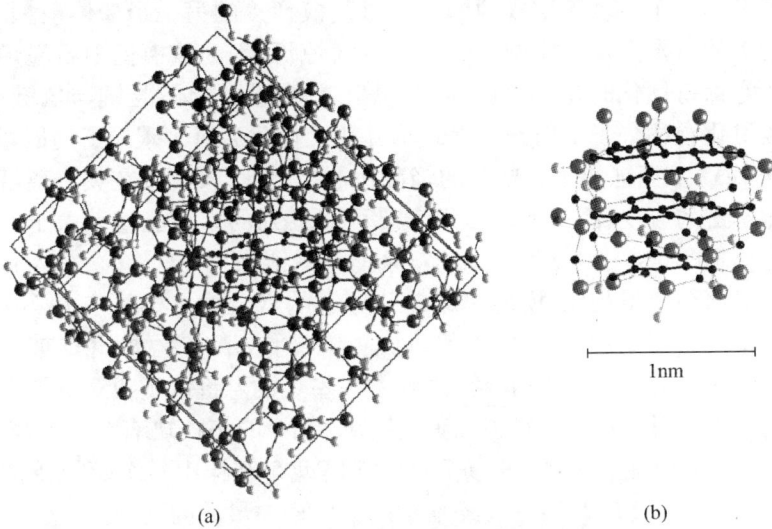

(a)   (b)

图 3.47   在 a - SiO_2 中嵌入一块石墨结构的模型 4

全模型(a)组成为 $Si_{158}C_{58}O_{260}$。图(b)集中显示石墨簇。

深灰色大球、浅灰色小球和黑色小球分别代表 Si、O 和 C。

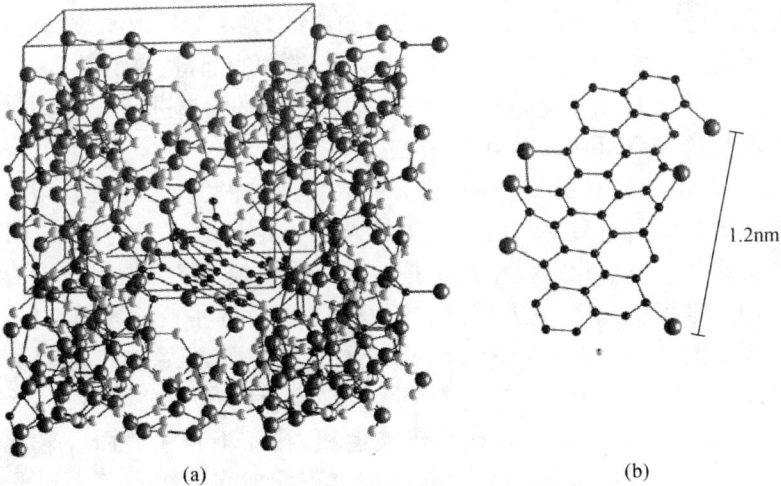

(a)   (b)

图 3.48   在 a - $Si_{48}C_{16}O_{64}$ 嵌入石墨烯带的模型 5

图(a)石墨烯带在一维方向周期排列,周期尺寸为 1.2nm,显示在右边。

图(b)深灰色大球、浅灰色小球和黑色小球分别代表 Si、O 和 C。

经 DFT 优化，"手动"嵌入的石墨"分离"区在每一个模型中都不失真。令人惊讶是富余能量值。同样地,富余能量定义为模型能量与以适当比例结合的化学计量 SiCO 和石墨总能量之间的差异,数据列在表 3.6 中。

结果表明,模型 3 和 4 的每个 C 原子仍然表现出超过 1eV 的富余能量,而这已经考虑了不利于玻璃相生成的模型。重复模型 4 的另一个变体模型,同样显示了非常大的过剩能量。模型 3 的结果令人惊讶,因为该模型中石墨烯的扭曲相当小。它保持优化的几何形状,从而脱出二氧化硅主体,悬键与氢键合,由此产生的碳氢化合物分子重新朝平面结构优化。优化后每个碳原子的能量增益数额小于 0.1eV,从而证实了石墨烯的轻微扭曲。因此,该模型在碳分离区不存在大量的化学键的应变,因此无法提供大量可观察到的富余能量。由于石英玻璃的结构也模拟非常好,因此可以推断富余能量只能来自界面。

与上述两个模型相比,模型 5 每个 C 原子的富余能量"只"有 0.7eV。这种结构首次呈现出周期性:碳原则上偏析成一维带状,填入主体 SiCO 玻璃的孔隙中。几何优化后 C 和 O 之间成键,并生成一些 C 的悬键。不成对电子会引起碳隔离区的磁性。总体而言,这种结构比模型 3 和 4 的拓扑缺陷更丰富,而这在网络拓扑结构与近邻配位上更"完美"。尽管模型 5 结构中每个碳原子的富余能量仍然较大,超过 0.7eV,但它已经是这三个模型中最低的一个。

到目前为止,这些模拟取得了什么成果呢? 模拟结果表明,游离碳和玻璃相基质之间的界面是至关重要的。因为富余能量主要来自这两个结构之间的共价连接,即 O—Si—C—C 桥键生成的富余能量。有意思的是,模型 5 含有的这种桥键结构最少。而且即使是结构中存在缺陷,如悬键,也不会导致明显的能量损失。因此,归根结底,游离碳与主体之间的桥键越少,结构的能量"越好"。为证明这个结论,又用两个游离碳与氧化物基体间没有直接成键的模型进行了更多的测试。

带石墨烯的 SiO_2 和 SiCO 平板模型

图 3.49 显示了富 C 的 $a-SiO_2$ 和 $a-SiCO$ 两种模型:两种模型均为平板式玻璃相之间插有两层石墨烯。由于石墨烯本身就是接近完美的平面,因此其应变显然是最小的。玻璃相在模型 6 中是 $a-SiO_2$,在模型 7 中是化学计量 SiCO。它们均采用二维板状几何结构,因此与石墨烯之间存在平行的界面层。

模型 6 中的玻璃相为 $a-SiO_2$,因此在调用网络算法后,结构很容易适应几何约束条件。在模型 7 中,化学计量 SiCO 玻璃相的这一过程略长。结果是,$a-SiCO$ 相中的 sp^3 杂化 C,主要存在于玻璃相内,而不是相表面。平板外侧以及与石墨烯的界面处只含有 SiO_2。SiCO 玻璃表面或多或少覆盖一层非常薄的 SiO_2。显然,更柔软的 SiO_2 结构减少了来自几何约束的表面应力。需要注意的是,这样一层二氧化硅层会导致随机分布的 SiC_nO_{4-n} 四面体出现微小扭曲。

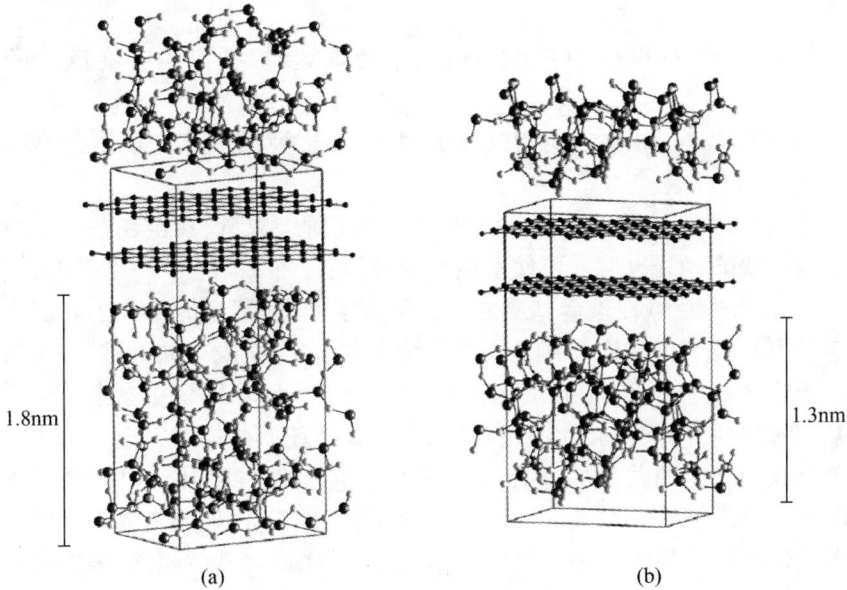

图 3.49　a – SiO$_2$ 和石墨的平板模型 6(a),a – SiCO 和石墨的平板模型 7(b)

模型的组成分别是 Si$_{60}$O$_{120}$C$_{96}^f$ 和 Si$_{48}$C$_{12}$O$_{72}$C$_{96}^f$。非晶板的厚度分别为 1.8nm 和 1.3nm。

深灰色大球、浅灰色小球和黑色小球分别代表 Si、O 和 C。

当用 DFT 对结构进行优化时,产生的能量差与上述情况非常符合。实际上,人们可以分别研究石墨和玻璃两种结构单元,并计算各自的能量。结果表明,石墨烯层和玻璃相只承受轻微的应力(压缩或拉伸)。

减去相应数量的二氧化硅或 a – SiCO 和石墨后,每个碳原子的富余能量分别为 0.09eV 和 0.06eV。这些多余能量几乎完全来自玻璃相,并与表面能相对应。玻璃和石墨之间的相互作用是微不足道的。它主要通过范德华力作用,用 DFT 不能准确地计算。每个碳原子 0.09eV 的能量,对应 a – SiO$_2$‖g – C 界面的表面能 γ 约为 0.04eV/Å^2 或 0.7J/m^2。对含有 SiCO 玻璃相的平板模型 7 进行类似的界面能计算,表明两个系统具有类似的表面化学特性。

为了测试 SiCO 平板模型 7 的"稳定性",在 2000℃ 进行了长达 50ps 的附加从头算分子动力学模拟。但没有观察到平板和石墨之间的"反应"。经过一些初步的重组,非晶二氧化硅平板模型表面结构基本上保持不扭曲。这清楚地表明了玻璃相对石墨烯的"惰性",当然从头算分子动力学模拟在这么短的时间尺度上涉及不到陶瓷典型的缓慢扩散过程。

3.6.4　结构模拟的探讨

总结上述结构模拟的结果,可以得到有关 a – SiCO 陶瓷中"自由"碳相的以

155

下结论：

* 无定形 SiCO 网络中存在小而无序的碳簇时，模型中存在巨大的富余能量；

* 游离碳相与 SiCO 玻璃相以共价键结合时，模型仍然表现出很高的富余能量；

* 如果减少玻璃相和游离石墨相之间的共价键数量，甚至在一些碳原子上引入结构性缺陷，如悬键等，可使富余能量降低；

● 在石墨烯片嵌在玻璃基质之间的平板模型中，富余能量最小。因为在构成这些模型的玻璃相结构和石墨烯两个结构实体之间，没有共价键合。

基于这些结果，人们提出如下模型，来解释 a – SiCO 陶瓷中富余碳形成的结构因素：在聚合物向陶瓷转化的过程中，富余碳从玻璃基体中完全分离出来。基体和游离碳相之间的共价键（源自聚合物先驱体）被打断，从而以石墨偏析相的形式嵌于光滑的玻璃相之间。最终，偏析石墨相和 SiCO 玻璃基体之间的界面类似于石英玻璃和石墨烯之间的界面。因此与 SiCO 玻璃基体相比，表面区域碳耗尽，形成薄氧化层，利用 Si—O—Si 更灵活的键角，更好地适应表面约束。在玻璃和偏析石墨之间，没有证据显示存在富碳的界面层。

上述模型的主要部分已有人先前提出[67,68,90]。许多实验报道也证实，在 a – SiCO 陶瓷玻璃内存在偏析石墨和无定形化学计量 SiCO。本书给出了界面化学更细节的微观描述。然而，关于界面成键的观点，与此前提出的域模型完全不同[92]。

应当指出，这种能量分析不支持最近有关 a – SiCO 陶瓷拥有负的生成焓的报道[93,94]。结构建模也没有任何迹象表明在碳偏析和 SiCO 玻璃相的界面处会倾向于形成键合。这很可能是这种结构模型的一个缺点。然而，任何试图建立包含 SiO$_2$、SiC 和石墨有序结晶的模型，均以失败告终。在 SiNO 体系中，这种结晶组合可以相当简单地构造出几乎任何成分，而在 SiCO 体系中，缺乏这种可能性。总体而言，a – SiCO 陶瓷为何有负的生成焓，在微观层面还缺乏解释。

另外还需注意，这些讨论中还不包括氢。而在 a – SiCO 陶瓷的结构成因中氢确实发挥至关重要的作用。氢不仅存在于聚合物向陶瓷材料转换的各个阶段，而且有少量氢甚至保存到最终陶瓷产品中。氢很可能会促进富余碳从玻璃主体中分离，因为它会终止悬键并促进网络结构重组。然而，定性评估还需要额外建模的支持。

可以进一步推测，如果增加富余碳的含量，将会有一些有趣的结果。SiCO 玻璃基体很可能形成一个立体网络，具有畅通的孔道，碳簇只要足够小就会嵌入其中。当富余碳达到某些具体数值时,碳簇也会形成相互连通的网络。此时,玻璃基体的网络仍然存在。不过,如果富余碳的含量进一步增加,这一状态将会打乱。根据建模的结果,不能判断富余碳是先形成堆叠的层状结构,还是先形成相互关联的网络。这两种不同的结构趋势会导致不同的物理性质(如电导率)。

除了富余碳从 SiCO 玻璃中的分离,人们还对化学计量 SiCO 玻璃相内部的相分离过程进行了模拟。结果表明,玻璃相最终在 1200℃ 左右分区成 SiC 和 SiO_2,并在 1300℃ 沉淀生成纳米 SiC,这可通过 TEM 观察到(见例,图 3.50)。

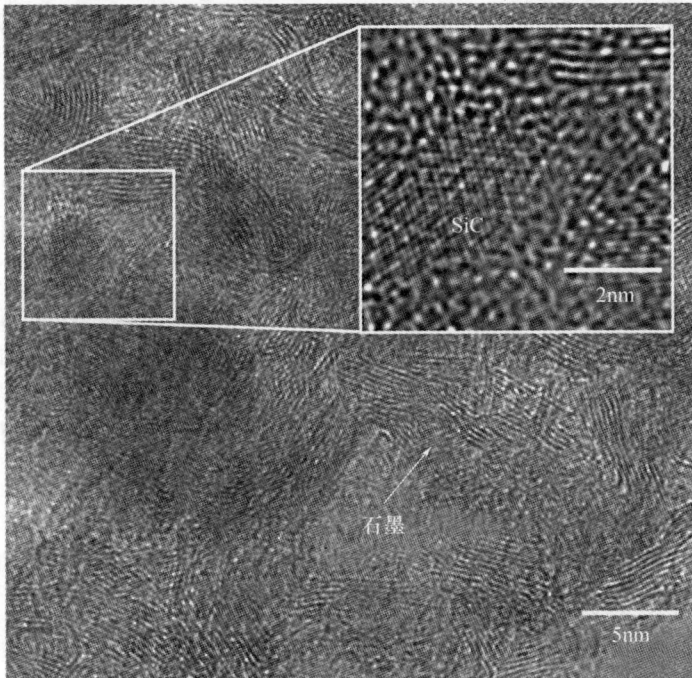

图 3.50 SiCO 陶瓷在 1500℃ 退火后的 HRTEM 图像
揭示了乱层碳的渗流网络。右上角的插图显示了局部形成纳米 SiC。
请注意假定基体内 SiO_2 富集区被碳相吞没。

3.6.5 模拟结果总结

本节提出了 a – SiCO 的陶瓷模型,同时讨论了"自由"碳相的结构和能量特征。在能量最低的结构中,游离碳与玻璃基体不发生键合,而是被分隔成延伸的石墨烯结构。如果偏析碳与 SiCO 主体共价键合,即使只是直径为 1nm 的有序石墨结构,也会表现出较大的富余能量。模拟结果进一步表明,当 SiCO 玻璃相与游离碳间形成界面时,其界面具有与 SiO_2 类似的化学特性。也就是说,界面处的碳含量很低,且没有迹象显示富余碳与 SiCO 玻璃之间存在富碳界面。虽然 a – SiCO 陶瓷结构必将具有比这里提到的更多可能性,这些结构模型还是为讨论 a – SiCO 陶瓷的结构性趋势提供了坚实的基础。然而,仍然缺乏对一些 a – SiCO陶瓷负的生成焓的微观解释。

3.7 结　语

第 3 章重点讨论退火过程中微观结构的演化,这取决于先驱体陶瓷的化学组成。强调了与 PDC 及其热稳定性有关的两个方面的主要问题。首先,起始化学组成(三元或四元系统)非常重要,通常构成材料的元素种类越多(但非必要条件),热稳定性越高。其次,富余游离碳相起主导作用,即影响热稳定性又影响热力学性能。后者的结果相当有趣,因为起初没有预期到这一结果。然而,根据图 3.50 中 HRTEM 所示的纳米结构,应该就可以理解游离碳相的影响。

图 3.50 显示了 SiCO 本征纳米结构在 1500℃ 退火后的形貌。乱层碳(石墨)的互连网络结构与非晶区为邻。插图为傅里叶过滤后的图像,显示其中包含一个约 2nm 大小的 SiC 纳米晶。据推测,剩余非晶区其实是由游离碳的阈渗网络和包裹在其中的 SiO_2 富集区所组成的。由于游离碳作为一种扩散屏障阻碍了 SiO_2 的结晶,所以 SiO_2 纳米域的尺寸一直低于成核的临界半径。此外,正如 SiBCN 系统一样,假设碳的活性小于 1.0,在这个系统中,有利于 Si_3N_4 的稳定。因此,可以得出结论,这些先驱体陶瓷不一定代表热力学上的亚稳态系统,但是,根据其内在构成和由此产生的微观结构不同(这又受起始聚合物结构的影响),这些先驱体陶瓷可以认为是热稳定的纳米复合材料。上述讨论的热稳定性不能简单等同于无定形网络的热解特性,因为 NMR 和其他测试技术的结果表明,这些玻璃相暴露于更高温度时,会经历相当大的结构重组。

3.8 参考文献

[1] Tuinstra F. and Koening J. L. , "Raman Spectrum of Graphite" , *J. Chem. Phys.* 53 [3] , (1970) 1126 – 1130.

[2] Ferrari A. C. and Robertson J. , "Interpretation of Raman Spectra of Disordered and Amorphous Carbon" , *Phys. Rev. B* 61 [20] , (2000) 14095 – 14107.

[3] Monthioux M. and Delverdier O. , "Thermal Behavior of (Organosilicon) Polymer – Derived Ceramics. V: Main Facts and Trends" , *J. Eur. Ceram. Soc.* 16 , (1996) 721 – 737.

[4] Monthioux, M. ; Oberlin, A. ; Bouillon E. , "Relationship between microtexture and electrical properties during heatbtreatment of SiC fibre precursor", *Compos. Sci. Technol.* 37, (1990) 21.

[5] Bill J. , Seitz J. , Thurn G. , Dürr J. , Canel J. , Janos B. Z. , Jalowiecki A. , Sauter D. , Schempp S. , Lamparter H. P. , Mayer J. , Aldinger F. , "Structure Analysis and Properties of Si – C – N Ceramics Derived from Polysilazanes", *Phys. Stat. Sol.* 166, (1998) 269 – 296.

[6] Bill J. , Schuhmacher J. , Müller K. , Schempp S. , Seitz J. , Dürr J. , Lamparter H. P. , Golczewski J. , Peng J. , Seifert H. J. , Aldinger F. , "Investigations into the Structural Evolution of Amorphous Si – C – N Ceramics from Precursors", *Z. Metallkd.* 91 [4], (2000) 335 – 351.

[7] Störmer H. , "Transmissionselektronenmikroskopische Untersuchungen zur Klärung des Kristallisationsverhaltens polymer – abgeleiteter SiCNKeramiken", *Ph. D. Thesis*, University of Bayreuth, Edt. s: Bergmann H. W. and Ziegler G. , Herbert Utz Verlag München, (2001).

[8] Kleebe H. – J. , Störmer H. , Traβl S. , Ziegler G. , "Thermal Stability of SiCN Ceramics Studied by Spectroscopy and Electron Microscopy", *Appl. Organomet. Chem.* 15 [10], (2001) 858 – 866.

[9] Seitz J. , Bill J. , Eggert N. , Aldinger F. , "Structural Investigations of Si/C/N – Ceramics from Polysilazane Precursors by Nuclear Magnetic Resonance", *J. Eur. Ceram. Soc.* 16, (1996) 885 – 891.

[10] Traβl S. , Suttor D. , Motz G. , RösslerS E. , Ziegler G. , "Structural Characterisation of Silicon Carbonitride Ceramics Derived from Polymeric Precursors", *J. Eur. Ceram. Soc.* 20, (2000) 215 – 225.

[11] Traβl S. , Motz G. , RösslerS E. , Ziegler G. , "Characterisation of the Free – Carbon Phase in Precursor – Derived SiCN Ceramics", *J. Non – Cryst. Solids* 293 – 295, (2001) 261 – 267.

[12] Traβl S. , Motz G. , RösslerS E. , Ziegler G. , "Characterization of the Free – Carbon Phase in Precursor – Derived Si – C – N Ceramics: I, Spectroscopic Methods", *J. Am. Ceram. Soc.* 85 [1], (2002) 239 – 244.

[13] Traβl S. , Kleebe H. – J. , Störmer H. , Motz G. , RösslerS E. , Ziegler G. , "Characterization of the Free – Carbon Phase in Precursor – Derived Si – C – N Ceramics: Part II, Comparison of Different Polysilazane Precursors", *J. Am. Ceram. Soc.* 85 [5], (2002) 1268 – 1274.

[14] Störmer H. , Kleebe H. – J. , Ziegler G. , "Metastable SiCN Glass Matrices Studied by Energy – Filtered Electron Diffraction Pattern Analysis", *J. Non – Cryst. Solids* 353 [30 – 31], (2007) 2867 – 2877.

[15] TraBl S. , "Spektroskopische Charakterisierung des Einflusses der Precursorstruktur auf das Pyrolyseverhalten von Si – C – N Precursorkeramiken", *PhD Thesis*, Edt. s: Bergmann H. W. and Ziegler G. , Herbert Utz Verlag München, University of Bayreuth, (2002).

[16] Dürr J. , Lamparter P. , Bill J. , Steeb S. , Aldinger F. , "An X – Ray and Neutron Scattering Investigation of Precursor Derived $Si_{24}C_{43}N_{33}$ Ceramics", *J. Non – Cryst. Solids* 232 – 234, (1998) 155 – 161.

[17] Gregori G. , Kleebe H. – J. , Brequel H. , Enzo S. , Ziegler G. , "Microstructure Evolution of Precursors – Derived SiCN Ceramics upon Thermal Treatmentbetween 1000 and 1400°C", *J. Non – Cryst. Solids* 351 [16 – 17], (2005) 1393 – 1402.

[18] Dixmier J. , Bellissent R. , Bahloul D. , Goursat P. , "Neutron – Diffraction Study of the Amorphous Phase – Structure in Silicon Carbonitride Ceramics Obtained by Pyrolysis of a Polyvinylsilazane", *J. Eur. Ceram. Soc.* 13 [4], (1994) 293 – 298.

[19] Burian A. , Ratuszna A. , Dore J. C. , Howells S. W. , "Radial Distribution Function Analysis of the Struc-

ture of Activated Carbons", *Carbon*, 36 [11], (1998) 1613 – 1621.

[20] Zerda T. W. , Tu W. , Zerda A. , Zhao Y. , von Dreele R. B. , "High pressure Raman and Neutron Scattering Study on Structure of Carbon Black Particles" *Carbon* 38 [3], (2000) 355 – 361.

[21] Ebbesen T. W. and Takada T. , "Toplogical and sp^3 Defect Structures in Nanotubes", *Carbon* 33 [7], (1995) 973 – 978.

[22] Shroder R. E. , Nemanich J. , Glass J. T. , "Analysis of the Composite Structures in Diamond Thin – Films by Raman – Spectroscopy" ,*Phys. Rev. B* 41 [6], (1990) 3738 – 3745.

[23] Tamor M. A. and Vassell W. C. , "Raman Fingerprinting of Amorphous – Carbon Films" ,*J. Appl. Phys.* 76 [6], (1994) 3823 – 3830.

[24] Marchon B. , Gui J. , Grannen K. , Rauch G. C. , "Photoluminescence and Raman Spectroscopy in Hydrogenated Carbon Films" ,*IEEE Trans. Magn.* 33 [5], (1997) 3148 – 3150.

[25] Li Y. – L. , Liang Y. , Hu Z. – Q. , "Morphology and Growth Characteristics of Si_3N_4 Whiskers made by Pyrolysis of Amorphous Si – N – C Powders" , *J. Mater. Sci.* 31 [10], (1996) 2677 – 2682.

[26] Delverdier O. , Monthioux M. , Mocaer D. , Pailler R. , "Thermal – Behavior of Polymer – Derived Ceramics. 4. Si – C – N – O Fibers from an Oxygen – Cured Polycarbosilazane" ,*J. Eur. Ceram. Soc.* 14 [4], (1994) 313 – 325.

[27] Seifert H. J. , Peng J. , Aldinger F. , "Phase Equilibria and Thermal Analysis of Si – C – N Ceramics" ,*J. Alloys Comp.* 320, (2001) 251.

[28] Seifert H. J. , F. Aldinger, "Phase Equilibria in the Si – B – C – N System" ,*Struct. . Bond.* 101, (2002) 1.

[29] Weinmann M. , Zern A. , Aldinger F. , "Stoichiometric Silicon Nitride/Silicon Carbide Composites from Polymeric Precursors" ,*Adv. Mater.* 13, (2001) 1704.

[30] Hörz M. , Zern A. , Berger F. , Haug J. , Müller K. , Aldinger F. , Weinmann M. , "Novel Polysilazanes as Precursors for Silicon Nitride/Silicon Carbide Composites without "Free" Carbon" , *J. Eur. Ceram. Soc.* 25, (2005) 99.

[31] Haug J. , "Investigation of the Structure and Crystallization Behavior of Precursor – Derived Si – C – N and Si – B – C – N Ceramics by Means of X – ray and Neutron Scattering" ,*PhD Thesis*, University of Stuttgart (2001).

[32] Haug J. , Lamparter P. , Weinmann M. , Aldinger F. , "Diffraction Study on the Atomic Structure and Phase Separation of Amorphous Ceramics in the Si – (B) – C – N System. 1. Si – C – N Ceramics" , *Chem. Mater.* 16, (2004) 72.

[33] Weinmann M. , "Molecular Precursors for High Temperature – Stable Si – B – C – N Ceramics" ,*Habilitation Thesis*, University of Stuttgart (2003).

[34] Wang Z. C. , Aldinger F. , Riedel R. , "Novel Silicon – Boron – Carbon – Nitrogen Materials Thermally Stable up to 2200°C" , *J. Am. Ceram. Soc.* 84 [10], (2001) 2179 – 2183.

[35] Baldus H. – P. , Jansen M. , "Novel High – Performance Ceramics—Amorphous Inorganic Networks from Molecular Precursors" ,*Angew. Chem. Int. Ed.* 36, (1997) 328.

[36] Riedel R. , Kienzle A. , Dressler W. , Ruwisch L. , Bill J. , Aldinger F. , "A Silicoboron Carbonitride Ceramic Stable to 2000°C" ,*Nature* 382, (1996) 796.

160

[37] Weinmann M. , Schuhmacher J. , Kummer H. , Prinz S. , Peng J. , Seifert H. J. , Christ M. , Müller K. , Bill J. , Aldinger F. , "Synthesis and Thermal Behavior of Novel Si – B – C – N Ceramic Precursors", *Chem. Mater.* 12, (2000) 623.

[38] Su K. , Remsen E. E. , Zank G. A. , Sneddon L. G. , "Synthesis, Characterization, and Ceramic Conversion Reactions of Borazine – Modified Hydridopolysilazanes: New Polymeric Precursors to Silicon Nitride Carbide Boride (SiNCB) Ceramic Composites", *Chem. Mater.* 5, (1993) 547.

[39] Su K. , Remsen E. E. , Zank G. A. , Sneddon L. G. , "Synthesis, Characterization and Ceramic Conversion Reactions of Borazine – Based Hydridopolysilazanes", *Polym. Prepr.* 34, (1993) 334.

[40] Nghiem, Q. D. , Jeon, J. – K. , Hong, L. – Y. , and Kim, D. – P. "Polymer derived Si – C – B – N ceramics via hydroboration from borazine derivatives and trivinylcyclotrisilazane." *J. Organomet. Chem.* , 688 (1 – 2), (2003) 27 – 35.

[41] Kienzle A. , "Darstellung und Verarbeitung borhaltiger elementorganischer Vorstufen zur Herstellung keramischer Materialien in den Systemen SiCB und SiCBN"; *PhD Thesis*, University of Stuttgart (1994).

[42] Riedel R. , Bill J. , Kienzle A. , "Boron – Modified Inorganic Polymers Precursors for the Synthesis of Multicomponent Ceramics", *Appl. Organomet. Chem.* 10, (1996) 241.

[43] Baldus H. – P. , Wagner O. , Jansen M. , "Synthesis of Advanced Ceramics in the Systems Si – B – N and Si – B – N – C Employing Novel Precursor Compounds", *Mat. Res. Soc. Symp. Proc.* 271, (1992) 821.

[44] Baldus H. – P. , Jansen M. , Wagner O. , "New Materials in the System Si – (N, C) – B and their Characterization", *Key Eng. Mater.* 89 – 91, (1994) 75.

[45] Seyferth D. , Plenio H. , "Borasilazane Polymeric Precursors for Borosilicon Nititride" *J. Am. Ceram. Soc.* 73, (1990) 2131.

[46] Wideman T. , Su K. , Remsen E. E. , Zank G. A. , Sneddon L. G. , "Synthesis, Characterization, and Ceramic Conversion Reactions of Borazine/Silazane Copolymers: New Polymeric Precursors to SiNCB Ceramics", *Chem. Mater.* 7, (1995) 2203.

[47] Weinmann M. , Haug R. , Bill J. , Aldinger F. , Schuhmacher J. , Müller K. , "Boron – Containing Polysilylcarbodiimides: a New Class of Molecular Precursors for Si – B – C – N Ceramics", *J. Organomet. Chem.* 541, (1997) 345.

[48] Weinmann M. , Kamphowe T. W. , Schuhmacher J. , Müller K. , Aldinger F. , "Design of Polymeric Si – B – C – N Ceramic Precursors for Application in Fiber – Reinforced Composite Materials", *Chem. Mater.* 12, (2000) 2112.

[49] Weinmann M. , Nast S. , Berger F. , Müller K. , Aldinger F. , "Dehydrocoupling of tris (hydridosilylethyl) boranes with Ammonia or Amines: a Novel Route to Si – B – C – N Preceramic Polymers", *Appl. Organomet. Chem.* 15, (2001) 867.

[50] Haberecht J. , Krummland A. , Breher F. , Gebhardt B. , Rüegger H. , Nesper R. , Grützmacher H. , "Functionalized Borazines as Precursors for New Silica Gels", *Dalton Trans.* 11, (2003) 2126.

[51] Haberecht J. , Krumeich A. , Grützmacher H. , Nesper R. , "High – Yield Molecular Precursors from Si – B – N – C Ceramics", *Chem. Mater.* 16, (2004) 418.

[52] Seifert H. J. , Lukas H. L. , Aldinger F. , "Development of Si – B – C – N Ceramics Supported by Phase Diagrams and Thermochemistry", *Ber. Bunsenges. Phys. Chem.* 102, (1998) 1309.

[53] Sundman B. , Janson B. , Anderson J. O. , "The Thermo – Calc Databank System", *Calphad* 9, (1985) 153.

[54] Weinmann M. , Seifert H. J. , Aldinger F. , "Boron – Containing, Non – Oxide Ceramics from Organometallic Polymers: Synthesis, Thermolysis and the Influence of Boron on Materials Thermal Stability", in *"Contemporary Boron Chemistry"*, Davidson M. G. , Hughes A. K. , Marder T. B. , Wade K. (Eds.), The Royal Society of Chemistry, Cambridge (2000) 88.

[55] Schuhmacher J. , Berger F. , Weinmann M. , Bill J. , Aldinger F. , Müller K. , "Solid State NMR and FT IR Studies of the Preparation of Si – B – C – N Ceramics from Boron – Modified Polysilazanes", *Appl. Organomet. Chem.* 15, (2001) 809.

[56] Janakiraman N. , Weinmann M. , Schuhmacher J. , Müller K. , Bill J. , Aldinger F. , "Thermal Stability, Phase Evolution, and Crystallization in Si – B – C – N Ceramics Derived from a Polyborosilazane Precursor", *J. Am. Ceram. Soc.* 85, (2002) 1807.

[57] Janakiraman N. , Zern A. , Weinmann M. , Aldinger F. , Singh P. , "Phase Evolution and Crystallization in Si – B – C – N Ceramics Derived from a Polyborosilazane Precursor: Microstructural Characterization", *J. Eur. Ceram. Soc.* 25, (2005) 509.

[58] Zern A. , Mayer J. , Janakiraman N. , Weinmann M. , Bill J. , Rühle M. , "Quantitative EFTEM Study of Precursor – Derived Si – B – C – N Ceramics", *J. Eur. Ceram. Soc.* 22, (2002) 1621 – 27.

[59] Weinmann, M. , Haug, R. , Bill, J. , De Guire, M. and Aldinger, F. , "Boron – modified polysilylcarbodiimides as precursors for Si – B – C – N ceramics: synthesis, plastic – forming and high – temperature behavior", *Appl. Organomet. Chem.* , 12, (1998) 725.

[60] Weinmann M. , Kamphowe T. W. , Fischer P. , Aldinger F. , "Tris(hydridosilylethyl)boranes: Highly Reactive Synthons for Polymeric Silicon Compounds", *J. Organomet. Chem.* 592, (1999) 115.

[61] Weinmann M. , Hörz M. , Berger F. , Müller A. , Müller K. , Aldinger F. , "Dehydrocoupling of tris (hydridosilylethyl)boranes and Cyanamide: a Novel Access to Boron – Containing Polysilylcarbodiimides", *J. Organomet. Chem.* 659, (2002) 29.

[62] Weinmann M. , Nuss J. Jansen M. , "B, B', B" – trichloro – N, N', N" trimethylborazine", *Acta Cryst.* E 63, (2007) 4235 – 41.

[63] Weinmann M. , Zern A. , Hörz M. , Berger F. , Müller K. , Aldinger F. , "Precursor – Derived SiC/Si_3N_4 Nano/Nano Composites: Synthesis, Structure and Phase Evolution at High Temperatures", *Mater. Sci. Forum* 386 – 388, (2002) 335.

[64] Sorarù G. D. , "Silicon Oxycarbide Glasses from Gels", *J. Sol – Gel Sci. Technol.* 2, (1994) 843 – 848.

[65] Corriu R. J. P. , Leclercq D. , Mutin H. , Vioux A. , "^{29}Si Nuclear Magnetic Resonance Study of the Structure of Silicon Oxycarbide Glasses Derived from Organosilicon Precursors", *J. Mater. Sci.* , 30 (1995) 2313 – 2318.

[66] Brequel H, Parmentier J. , Sorarù G. D. , Schiffini L. , Enzo S. , "Study of the Phase Separation in Amorpous Silicon Oxycarbide Glasses Under Heat Treatment", *Nanostruct. Mater.* , 11, (1999) 721 – 732.

[67] Kleebe H. – J. , Turquat C. , Sorarù G. D. , "Phase Separation in an SiCO Glass Studied by Transmission Electron Microscopy and Electron Energy – Loss Spectroscopy", *J. Am. Ceram. Soc*, 84 [5], (2001) 1073 – 1080.

[68] Turquat Ch. , Kleebe H. – J. , Gregori G. , Walter S. , Sorarù G. D. , "Transmission Electron Microscopy and Electron Energy – Loss Spectroscopy Study of Nonstoichiometric Silicon – Carbon – Oxygen Glasses", *J. Am. Ceram. Soc.* , 84 [10] , (2001) 2189 –2196.

[69] Sacks M. D. , Bozkurt N. , Scheiffele G. W. , "Fabrication of Mullite and Mullite – Matrix Composites by Transient Viscous Sintering of Composite Powders", *J. Am. Ceram. Soc.* 74 [10] , (1991) 2428 –37.

[70] Sorarù G. D. , Dallapiccola E. , D'Andrea G. , "Mechanical Characterization of Sol – Gel Derived Silicon Oxycarbide Glasses", *J. Am. Ceram. Soc.* 79 [8] , (1996) 2074 –2080.

[71] Walter S. , Sorarù G. D. , Brequel H. , Enzo S. , "Microstructural and Mechanical Characterization of Sol Gel – Derived Si – O – C Glasses", *J. Eur. Ceram. Soc.* 22 , (2002) 2389 –2400.

[72] Shah S. R. and Raj R. , "Nanoscale Densification Creep in Polymer – Derived Silicon Carbonitrides at 1350°C", *J. Am. Ceram. Soc.* 84 [10] , (2001) 2208 –2212.

[73] Gregori G. , Kleebe H. – J. , Blum Y. D. , Babonneau F. , "Evolution of C – rich SiOC Ceramics—Part II. Characterization by High Lateral Resolution Techniques: Electron Energy – Loss Spectroscopy, High – Resolution TEM and Energy – Filtered TEM", *Int. J. Mater. Res.* 97 [6] , (2006) 710 –720.

[74] Gregori G. , Kleebe H. – J. , Readey D. W. , G. D. Sorarù, "Energy – filtered TEM Study of Ostwald Ripening of Si Nanocrystals in a SiOC Glass", *J. Am. Ceram. Soc.* 89 [5] , (2006) 1699 –1703.

[75] Lifshitz I. M. and Slyozov V. V. , "The Kinetics of Precipitation from Supersaturated Solid Solutions", *J. Phys. Chem. Solids* 19 , (1961) 35 –50.

[76] Wagner C. , "Theorie der Alterung von Niederschägen durch Umlösen (Ostwald – Reifung)", *Z. Elektrochemie*, (in German) 65 , (1961) 581 –91.

[77] Vanhellemont J. and Claeys C. , "A Theoretical Study of the Critical Radius of Precipitates and its Application to Silicon Dioxide in Silicon", *J. Appl. Phys.* 62 [9] , (1987) 3960 –67.

[78] Senkader S. , Hobler G. , Schmeiser C. , "Determination of the Oxide – Precipitate – Silicon – Matrix Interface Energy by Considering the Change of Precipitate Morphology", *Appl. Phys. Lett.* 69 [15] , (1996) 2202 –204.

[79] Jaccodine R. J. , "Surface Energy of Germanium and Silicon", *J. Electrochem. Soc.* 110 [6] , (1963) 524 –27.

[80] Shchipalov Y. K. , "Surface Energy of Crystalline and Vitreous Silica", *Glass Ceram.* 57 [11 – 12] , (2000) 374 –77.

[81] Tsoukalas D. , Tsamis C. , Normand P. , "Diffusivity Measurements of Silicon in Silicon Dioxide Layers Using Isotopically Pure Material", *J. Appl. Phys.* 89 [12] , (2001) 7809 –13.

[82] Brebec G. , Seguin S. , Sella G. , Bevenot J. , Martin J. C. , "Diffusion du Silicium dans la Silice Amorphe", *Acta Metall.* 28 [3] , (1980) 327 –333.

[83] Filsinger D. H. and Bourrie D. , "Silica to Silicon: Key Carbothermal Reactions and Kinetics", *J. Am. Ceram. Soc.* 73 [6] , (1993) 1726 –1732.

[84] Parmentier, J. , Soraru, G. D. and Babonneau, F. , "Influence of the Microstructure on the High Temperature Behaviour of Gel – Derived SiOC Glasses", *J. Eur. Ceram. Soc.* 21 (2001) 101.

[85] Gregori G. , "TEM and Analytical Studies on the Structural Evolution of Polymer – derived SiCN and SiCO Ceramics at Temperatures Exceeding 1000°C", *Ph. D. Thesis*, University of Bayreuth. Edt. s: Glatzel U.

163

and Ziegler G. , Herbert Utz Verlag München, (2004).

[86] Kleebe H. – J. , Gregori G. , Babonneau F. , Blum Y. D. , MacQueen D. B. , Masse S. "Evolution of C – rich SiOC Ceramics—Part I. Characterization by Integral Spectroscopic Techniques: Solid – state NMR and Raman Spectroscopy", *Int. J. Mater. Res.* 97 [6] , (2006) 699 – 709.

[87] Blum Y. D. , MacQuenn, D. B. , Kleebe, H. – J. , "Synthesis and Characterization of Carbon – Enriched Silicon Oxycarbides", *J. Eur. Ceram. Soc.* 25 [2 – 3] , (2005) 143 – 149.

[88] Scarmi A. , Soraru G. D. , Raj R. , "The Role of Carbon in Unexpected Visco(an)elastic Behavior of A-morphous Silicon Oxycarbide Above 1273 K", *J. Non – Cryst. Solids* 351 [27 – 29] , (2005) 2238 – 2243.

[89] Saha A. , Raj R. , Williamson D. L. , "A Model for the Nanodomains in Polymer – Derived SiCO", *J. Am. Ceram. Soc.* 89 [7] , (2006) 2188 – 2195.

[90] Brequel H. , Parmentier J. , Walter S. , Badheka R. , Trimmel G. , Masse S. , Latournerie J. , Dempsey P. , Turquat Ch. , Desmartin – Chomel A. , Le Neindre – Prum L. , Jayasooriya U. A. , Hourlier D. , Kleebe H. – J. , Soraru G. D. , Enzo S. , Babonneau F. , "Systematic Structural Characterization of the High – Temperature Behavior of Nearly Stoichiometric Silicon Oxycarbide Glasses", *Chem. Mater.* , 16, (2004), 2585 – 2598.

[91] Bois L. , Maquet J. , Babonneau F. , Mutin H. , Hahloul D. , "Structural Characterization of Sol – Gel De-rived Oxycarbide Glasses. 2. Study of the Thermal – Stability of the Silicon Oxycarbide Phase" *Chem. Ma-ter.* 7, (1995), 975 – 981.

[92] Saha A. , Raj R. , Williamson D. L. , "Characterization of Nanodomains in Polymer – Derived SiCN Ce-ramics Employing Multiple Techniques", *J. Am. Ceram. Soc.* 88, (2005) 232 – 234.

[93] Varga T. , Navrotsky A. , Moats J. L. , Morcos R. M. , Poli F. , Müller K. , Saha A. , Raj R. , "Thermo-dynamically Stable SixOyCz Polymer – Like Amorphous Ceramics", *J. Am. Ceram. Soc.* 90, (2007) 3213 – 3219.

[94] Morcos R. M. , Navrotsky A. , Varga T. , Blum Y. , Ahn D. , Poli F. , Müller K. , Raj R. , "Energetics of $Si_x O_y C_z$ Polymer – Derived Ceramics Pepared under Varying Conditions", *J. Am. Ceram. Soc.* 91, (2008) 2969 – 2974.

[95] Kroll P. , "Modelling and Simulation of Amorphous Silicon Oxycarbide", *J. Mater. Chem.* 13, (2003) 1657 – 1668.

[96] Kroll P. , "Modeling Amorphous Ceramic Structures" , in *Ceramics Science and Technology*, Volume 1. Ed-ited by R. Riedel and I – W. Chen, Wiley VCH (2008) 41 – 70.

[97] Wooten F. , Winner K. , Weaire D. , "Computer Generation of Structural Models of Amorphous Si and Ge", *Phys. Rev. Lett.* 54, (1985) 1392.

[98] Kroll P. , "Modelling Polymer – Derived Ceramics", *J. Eur. Ceram. Soc.* 25, (2005) 163 – 174.

[99] Kresse G. , Hafner J. , "Ab – initio Molecular – Dynamics for Liquid – Metals", *Phys. Rev. B* 47, (1993) 558.

[100] Kresse G. , Hafner J. , " Ab – initio Molecular – Dynamics Simulation of the Liquid – Metal Amorphous – Semiconductor Transition in Germanium", *Phys. Rev. B* 49, (1994) 14251.

[101] Kresse G. , Furthmüller J. , "Efficiency of ab – Initio Total Energy Calculations for Metals and Semicon-

ductors using a Plane – Wave Basis Set", *Comput. Mater. Sci.* 6, (1996) 15.

[102] Kresse G., Furthmüller J., "Efficient Iterative Schemes for ab Initio Total – EnergyCalculations using a Plane – Wave Basis Set", *Phys. Rev. B* 54, (1996) 11169.

[103] Trimmel G., Badheka R., Babonneau F., Latournerie J., Dempsey P., Bahloul – Houlier D., Parmentier J., Soraru G. D., "Solid State NMR and TG/MS Study on the Transformation of Methyl Groups During Pyrolysis of Preceramic Precursors to SiOC Glasses", *J. Sol – Gel Sci. Technol.* 26, (2003), 279 – 283.

[104] Kroll P., "Modeling the 'Free Carbon' Phase in Amorphous Silicon Oxycarbide", *J. Non – Cryst. Solids* 351, (2005) 1121 – 1126.

第4章 性 能

4.1 热稳定性:分解和结晶

A. H. TAVAKOLI J. A. GOLCZEWSKI 和 J. BILL

4.1.1 引言

Si(B)CN 先驱体陶瓷具有众所周知的独特的玻璃态结构,呈近似有序和/或纳米结晶特征。这些材料最显著的性质是其非凡的热稳定性,通常退火温度达到 1600℃也没有明显质量损失,其中的杰出代表可承受 2000℃以上温度而仍无明显的分解迹象。并且,这些材料中在 1841℃以上还可观察到 Si_3N_4 的存在(Si_3N_4 的分解温度是 1841℃)[1-9]。此外,此类材料还具有非常高的结晶温度(SiCN 陶瓷在 1400℃以上,SiBCN 陶瓷甚至更高),大大超过已知的非晶 SiC 的结晶温度(约 1000℃)和 Si_3N_4 的结晶温度(约 1200℃)[10,11]。这些结果引人注目,因为 SiCN 先驱体陶瓷的组成位于 $SiC - Si_3N_4 - C$ 三元相平衡范围内,其热稳定性本质上受限于 Si_3N_4 和 C 的反应[12]:

$$Si_3N_4 + 3C \rightarrow 3SiC + 2N_2(T = 1484℃, p_{(N_2)} = 1bar) \qquad (1)$$

使用特定的聚合物先驱体热解成只含有 SiC 和 Si_3N_4 的陶瓷,可以增强 SiCN 先驱体陶瓷的热稳定性[13,14]。在这种情况下,因为缺少游离碳,Si_3N_4 的热分解将决定复合材料的热稳定性[12]:

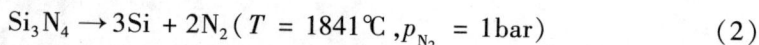

$$Si_3N_4 \rightarrow 3Si + 2N_2(T = 1841℃, p_{N_2} = 1bar) \qquad (2)$$

实际上,用硼对 SiCN 陶瓷改性可以获得更为显著的热稳定性。因此,SiBCN 陶瓷可视为高性能陶瓷,在块体材料、涂料、纤维等领域具有潜在的应用[1,3,8,15-24]。在过去二十年中,报道了各种路径用以合成适宜的先驱体,以便制备热稳定性高的 PDC 陶瓷(见表 4.1)。

4.1.2 节提供了 SiBCN 体系相平衡的热力学计算,预测了热处理阶段的相变化。随后在 4.1.3 节中综述了已有实验数据,揭示了退火过程中质量损失的影响因素。为更好地了解这些材料的相演变过程,4.1.4 节提供了退火过程中的结构性变化。最后 4.1.5 节是概要和结论。

表 4.1 代表性的 SiBCN 陶瓷及其热稳定性

序号	先驱体加工步骤	先驱体的理论分子式	热解条件（温度，时间，气氛）	陶瓷产物的经验分子式	最高稳定温度	参考文献
1	硼氮烷改性氢化聚硅氮烷	$Si_{1.0}B_{0.4}C_{1.0}N_{1.2}H_{4.7}$	1400℃，1h，Ar	$Si_{2.3}B_{0.5}C_{1.0}N_{2.9}$	~1500℃	Bill，2001[25]
2		$Si_{1.0}B_{1.7}C_{1.0}N_{2.6}H_{6.2}$		$Si_{1.9}B_{2.6}C_{4.8}N_{4.8}$	~1750℃	Su，1993[6]
3	单源先驱体单体（$Cl_3Si－NH－BCl_2$）与甲胺进行氨解反应	—（6.2 wt.% B）	1450℃，4h，Ar	—（9.6 wt.% B）	1000~1900℃	Baldus，1992[26] Baldus，1994[7] Baldus，1997[16,27]
4	二氯甲基乙烯基硅烷经硼氢化反应后再进行氨解反应	$Si_{3.0}B_{1.0}C_{8.2}N_{2.6}H_{20}$	1000℃，1h，Ar	$Si_{3.0}B_{1.0}C_{4.3}N_{2.0}$	~2000℃	Bill，1995[15] Bill，1995[28] Riedel，1996[8]
5	硼氢化二氯甲基乙烯基硅烷与二氯甲基乙烯基硅烷混合后氨解	—（2.2 wt.% B）		—（3.1 wt.% B）	~1600℃	Bill，1995[15]
6	二氯甲基乙烯基硅烷经硼氢化反应后进行氨解，然后再进一步硼氢化	—（14.2 wt.% B）	1000℃，—，Ar	—（16.3 wt.% B）	~1700℃	Bill，1995[28]
7	二氯甲基乙烯基硅烷经氨解反应形成高分子后再硼氢化	—（15.7 wt.% B）		—（18 wt.% B）	~1500℃	
8 9 10	乙烯基取代的聚硅碳二酰亚胺的硼氢化反应	$Si_{3.0}B_{1.0}C_{9.0}N_{6.0}H_{15}$ $Si_{3.0}B_{1.0}C_{12.0}N_{6.0}H_{21}$ $Si_{3.0}B_{1.0}C_{10.5}N_{9.0}H_{12}$	1100℃，—，Ar	— — —	~1600℃ ~1600℃ ~1600℃	Weinmann，1997[29] Weinmann，1998[30]
11	单源先驱体单体（$Cl_3Si－CH_2－CH_2－BCl_2$）与甲胺进行氨解反应	—	1500℃，3h，N_2	—（15.3 wt.%）	1200~2000℃	Jüngermann，1999[31]

序号	先驱体加工步骤	先驱体的理论分子式	热解条件（温度，时间，气氛）	陶瓷产物的经验分子式	最高稳定温度	参考文献
12	氨解{B[C₂H₄SiHCl₂]₃}ₙ	$Si_{3.0}B_{1.1}C_{6.5}N_{3.0}H_{20}$		$Si_{3.0}B_{1.2}C_{4.9}N_{3.1}$	~1980℃	Weinmann, 2000[19,20]
13	{B[C₂H₄Si(H)NH]₃}ₙ硼氢化反应	$Si_{3.0}B_{1.1}C_{6.2}N_{3.2}H_{18}$	1100℃, 3h, Ar	$Si_{3.0}B_{1.1}C_{5.3}N_{3.0}$	~1980℃	
14	{B[C₂H₄Si(H)(NH)₁.₅]₃}ₙ硼氢化反应	$Si_{3.0}B_{1.1}C_{6.2}N_{4.3}H_{17}$		$Si_{3.0}B_{1.1}C_{3.0}N_{4.0}$	~1450℃	
15	二氯甲基乙烯基硅烷经氨解再硼氢化形成高分子后再硼氢化	$Si_{1.0}B_{0.1}C_{3.0}N_{1.0}H_{6.4}$	1400℃, 2h, Ar	$Si_{1.0}B_{0.1}C_{1.5}N_{1.0}$	~1650℃	Müller, 2000[21]
16		$Si_{1.0}B_{0.2}C_{3.2}N_{1.1}H_{7.6}$		$Si_{1.0}B_{0.2}C_{1.6}N_{1.0}$	≥1650℃	
17		$Si_{1.0}B_{0.3}C_{3.0}N_{1.0}H_{7.3}$		$Si_{1.0}B_{0.3}C_{1.7}N_{1.0}$	~1900℃	
18		$Si_{1.0}B_{0.4}C_{3.1}N_{1.0}H_{7.6}$		$Si_{1.0}B_{0.4}C_{1.7}N_{1.0}$		
19	二氯乙烯基硅烷经氨解反应形成高分子后再硼氢化	$Si_{1.0}B_{0.1}C_{2.0}N_{0.9}H_{5.3}$	1400℃, 2h, Ar	$Si_{1.0}B_{0.1}C_{1.6}N_{1.0}$	~1630℃	Müller, 2001[32]
20		$Si_{1.0}B_{0.2}C_{2.1}N_{1.1}H_{5.8}$		$Si_{1.0}B_{0.2}C_{1.6}N_{1.0}$	~1670℃	
21		$Si_{1.0}B_{0.3}C_{1.9}N_{1.1}H_{5.9}$		$Si_{1.0}B_{0.3}C_{1.6}N_{1.0}$	~1700℃	
22		$Si_{1.0}B_{0.4}C_{2.0}N_{1.0}H_{6.4}$		$Si_{1.0}B_{0.4}C_{1.6}N_{1.1}$	≥1700℃	
23	二氯苯基乙烯基硅烷经硼氢化后再进行氨解反应	$Si_{2.7}B_{1.0}C_{23.0}N_{3.0}H_{32.0}$		$Si_{2.9}B_{1.0}C_{14.0}N_{2.9}$		Wang, 2001[33]
24	二氯苯基乙烯基硅烷经硼氢化后进行氨解反应。随后与苯基硅烷进行脱氢偶联反应	$Si_{3.9}B_{1.0}C_{15.0}N_{3.1}H_{28.0}$	1050℃, 4h, Ar	$Si_{3.9}B_{1.0}C_{11.0}N_{3.2}$	2000~2200℃	
25	同第20号，仅氨解过程使用了不同溶剂	$Si_{5.7}B_{1.0}C_{25.0}N_{2.9}H_{36.0}$		$Si_{5.3}B_{1.0}C_{19.0}N_{3.4}$		

序号	先驱体加工步骤	先驱体的理论分子式	热解条件（温度,时间,气氛）	陶瓷产物的经验分子式	最高稳定温度	参考文献
26	二氯二乙烯基硅烷经氨解反应形成低聚物后再硼氢化	$Si_{19.0}B_{12.0}C_{75.0}N_{19.0}H_{155.0}$		$Si_{19.0}B_{13.0}C_{49.0}N_{19.0}$	~1800℃	Müller, 2002[34]
27	二氯二乙烯基硅烷与氰基氨聚合,再硼氢化产物高分子	$Si_{15.0}B_{10.0}C_{72.0}N_{29.0}H_{121.0}$		$Si_{15.0}B_{10.0}C_{48.0}N_{27.0}$	~1420℃	Müller, 2002[35]
28	二氯二乙烯基硅烷经氨解反应形成高分子后再硼氢化	$Si_{13.0}B_{16.0}C_{101.0}N_{29.0}H_{212.0}$	1400℃, —, Ar	$Si_{13.0}B_{16.0}C_{57.0}N_{14.0}$	2000~2150℃	
29	由三乙烯基硅基胺合成二(三乙烯基硅基)胺,再进行硼氢化	$Si_{15.0}B_{15.0}C_{91.0}N_{8.0}H_{181.0}$		$Si_{15.0}B_{14.0}C_{63.0}N_{8.0}$		
30	三乙烯基氨硅烷与氰基氨聚合,再硼氢化产物高分子	$Si_{13.0}B_{13.0}C_{86.0}N_{13.0}H_{157.0}$		$Si_{13.0}B_{13.0}C_{60.0}N_{13.0}$		
31	烯丙基二氯甲基硅烷经硼氢化后再进行氨解反应	$Si_{3.0}B_{1.3}C_{13.8}N_{3.3}H_{35.6}C_{11.1}O_{0.7}$		$Si_{22.0}B_{9.0}C_{47.0}N_{21.0}(O_3)$	~1800℃	Müller, 2002[36]
32	同第31号,但使用THF作溶剂,更低的反应温度和更少的反应时间	$Si_{3.0}B_{1.1}C_{13.4}N_{3.0}H_{33.3}Cl_{0.1}O_{0.4}$	1400℃, —, Ar	$Si_{21.0}B_{10.0}C_{49.0}N_{20.0}(O_4)$		
33	烯丙基二氯甲基硅烷经氨解后形成的高分子再进行硼氢化	$Si_{3.0}B_{1.1}C_{13.5}N_{3.6}H_{33.2}$		$Si_{24.0}B_{8.0}C_{45.0}N_{23.0}(O_1)$	~2000℃	
34	二氯甲基乙烯基硅烷经硼氢化后再进行氨解反应	$Si_{2.7}B_{1.0}C_{9.1}N_{3.1}H_{22.0}$	1700℃, 4h, Ar; 25~1050℃, NH₃; 1050℃, 4h, NH₃	$Si_{2.7}B_{1.0}C_{5.1}N_{2.5}$	~2000℃	Wang, 2000[37]
35			1050℃, 4h, Ar	$Si_{2.3}B_{1.0}C_{0.3}N_{3.6}$	~1600℃	

序号	先驱体加工步骤	先驱体的理论分子式	热解条件（温度，时间，气氛）	陶瓷产物的经验分子式	最高稳定温度	参考文献
36	寡聚乙烯基硅烷三（氢化硅基乙基）硼烷进行热引发的硼氢化反应	$Si_{6.0}B_{1.1}C_{10.1}N_{3.6}H_{35.3}$	1400℃，2h，Ar	$Si_{6.0}B_{1.1}C_{10.0}N_{3.4}$	~1850℃	Weinmann，2000[19]
37		$Si_{6.0}B_{1.1}C_{14.0}N_{3.3}H_{42.6}$		$Si_{6.0}B_{1.2}C_{11.5}N_{3.2}$	~2000℃	
38		$Si_{6.0}B_{1.1}C_{18.8}N_{4.1}H_{47.4}$		$Si_{6.0}B_{1.4}C_{10.3}N_{5.3}$	~1450℃	
39	三（氢化硅基乙基）硼烷与氨基氨进行脱氢偶联反应	$Si_{3.0}B_{1.0}C_{6.5}N_{1.0}H_{20.0}$	1400℃，3h，Ar		1950~2000℃	Weinmann，2002[38]
40		$Si_{3.0}B_{1.0}C_{7.0}N_{2.0}H_{19.0}$				
41		$Si_{3.0}B_{1.0}C_{7.5}N_{3.0}H_{18.0}$			~1720℃	
42		$Si_{3.0}B_{1.0}C_{8.0}N_{4.0}H_{17.0}$				
43		$Si_{3.0}B_{1.0}C_{8.5}N_{5.0}H_{16.0}$			~1670℃	
44		$Si_{3.0}B_{1.0}C_{9.0}N_{6.0}H_{15.0}$				
45	1,3-二氯-1,3-二甲基二硅氮烷与三甲基硅甲基硼兹经伍兹偶联反应进行氨解反应，所得高分子再硼氢化	$Si_{1.0}B_{0.4}C_{1.1}N_{0.5}H_{4.2}$	1450℃，—，Ar	$Si_{1.0}B_{0.4}C_{1.0}N_{0.6}$	1800~2000℃	Gerstel，2003[39]
46		$Si_{1.0}B_{0.5}C_{1.1}N_{0.6}H_{4.1}$		$Si_{1.0}B_{0.6}C_{0.9}N_{0.7}$	~1500℃	
47	1,3-二氯-1,3-二甲基二硅氮烷与二硅硅烷经伍兹偶联反应后进行氨解反应，所得高分子再氨化	$Si_{1.0}B_{0.5}C_{0.7}N_{0.9}H_{3.2}$		$Si_{1.0}B_{0.5}C_{0.7}N_{1.0}$	~1800℃	
48	$Si_{3.0}B_{1.0}C_{10.0}N_{3.7}H_{20}$ 聚合的废气转化为凝胶后与苯基硅烷进行脱氢偶联反应	$Si_{4.8}B_{1.0}C_{21.0}N_{3.5}H_{36}$	1050℃，4h，Ar	$Si_{5.3}B_{1.0}C_{19.0}N_{3.7}$	2000~2200℃	Wang，2005[40]
49	二氯甲基乙烯基硅烷经硼氢化后进行氨解反应	$Si_{3.0}B_{1.0}C_{14.5}N_{4.4}H_{36.3}O_{0.4}$	25~200℃（固化）1000℃，0.5h，N_2 1400℃，2h，Ar	$Si_{3.0}B_{1.0}C_{5.0}N_{2.4}$	~1700℃	Bernard，2005[24]
50	聚(1,2-乙炔基甲基硅烯)与硼烷烷反应	$Si_{1.0}B_{0.7}C_{3.2}N_{0.8}H_{6.1}$	1400℃，2h，Ar	$Si_{1.0}B_{0.7}C_{2.9}N_{0.7}$	~1800℃	Müller，2006[41]
51		$Si_{1.0}B_{1.2}C_{3.0}N_{1.3}H_{6.5}$		$Si_{1.0}B_{1.2}C_{2.7}N_{1.1}$	~1500℃	
52		$Si_{1.0}B_{2.6}C_{2.8}N_{2.5}H_{8.7}$		$Si_{1.0}B_{3.0}C_{2.8}N_{3.0}$	~1600℃	

注：wt.% 为质量分数

4.1.2 热力学分析

热力学分析包括相平衡计算,可以理解热处理过程中的结构变化。最近开发的相图计算方法(CALPHAD)也适用于分析 SiBCN 先驱体陶瓷这样的多组分系统[42]。相应的相图可以使用 Thermo – Calc 软件计算[43],辅以系统内稳定相的热力学描述[44]。图4.1 显示了经计算得到的 Si – C – N 三元系统的等温相图。在这些相图中标出了获得不同 C/Si 比陶瓷的反应路径(箭头)。根据这些计算,Si_3N_4 因与碳的定量反应而在 $T = 1484℃$ 消解(式(1)),并在 $T = 1841℃$ 时分解(式(2))。依据反应式(1),所有 C/Si 比大于1的先驱体陶瓷均在 1484℃ 分解成石墨和 SiC,同时因逸出氮气而失重。相反地,C/Si 比小于1的陶瓷在该温度下分解成 SiC 和 Si_3N_4 并释放出氮气,随后剩余的 Si_3N_4 按反应式(2)分解成液态硅和氮气。通过相分数图可以分析沿着这些反应路径的相组成和定量的质量平衡。图4.2 列举了两种先驱体陶瓷的相分数图,其中图4.2(a)中先驱体为聚乙烯基硅氮烷(VT50,Hoechst AG,德国),C/Si = 1.6 且含34%(原子分数)的氮;图4.2(b)中先驱体为聚氢化甲基硅氮烷(NCP200,Nichimen Corp.,日本),C/Si = 0.9 且含17%(原子分数)的氮。应该指出,对于 SiBCN 陶瓷,热力学计算几乎无法讨论硼对热稳定性的影响。因为在 BCN 中,实验可观察到的纳米域(更多信息见4.1.4节)是由分离的氮化硼(BN)相和石墨相组成,而 BN 相与 Si_3N_4 相间无相互作用。

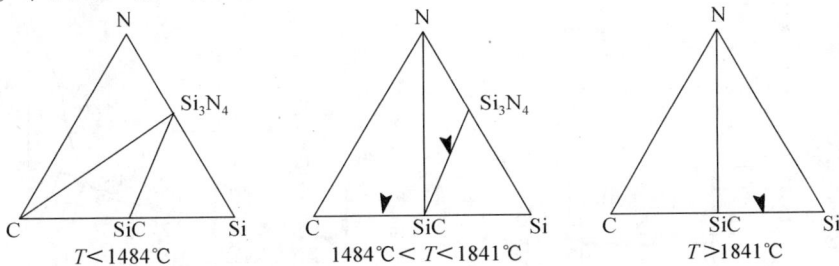

图4.1 Si – C – N 体系的等温相图

用箭头分别表示了 C/Si > 1 和 C/Si < 1 的陶瓷的反应路径[44]。

根据这些热力学计算,硼既不影响 Si_3N_4 与 C 反应的解体温度,也不影响 Si_3N_4 自身分解温度。这在图4.3 中对含硼陶瓷的计算相图中得到展示。图4.3(a)中的陶瓷 C/Si = 1.6,B 含量为10%(原子分数),氮含量为24%;而图4.3(b)中的陶瓷 C/Si = 0.9,B 含量为5%(原子分数),氮含量为12%。然而,人们通过观察 SiBCN 高温稳定陶瓷的微观结构(图4.4)[45],提出了"封装效应"机理,即氮化硅颗粒封装在涡轮层状 BCN 中,BCN 是一种扩散屏障,可以有

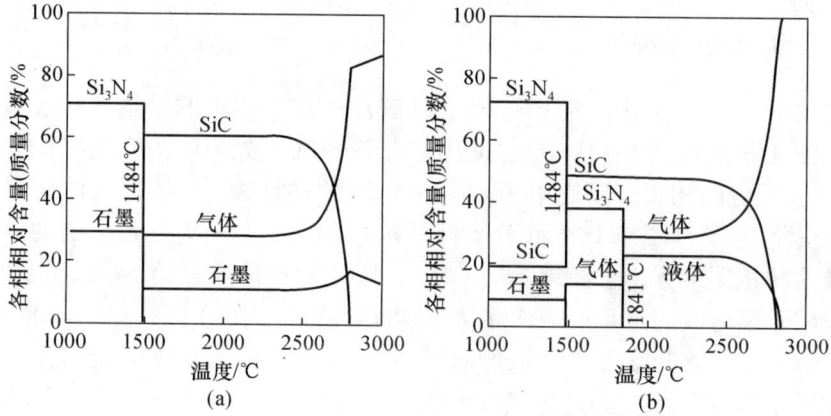

图 4.2　SiCN 陶瓷的计算相图
(a) C/Si = 1.6；(b) C/Si = 0.9。

效地提高氮化硅附近的氮分压。根据反应式(1)，氮化硅因此避免分解而稳定[12,20]。另一个影响热稳定性的因素是碳活性的降低，因为碳被溶解在 BCN 层中[12,44]。将热力学计算的结果绘制成碳活性与温度的关系曲线，可以量化分析这些因素对相平衡的影响，如图 4.5 所示。当氮分压为 1bar 时，碳活性从 $a(C) = 1$ 降到 $a(C) = 0.1$，相应的反应式(1)的温度从 1484℃ 升到 1841℃。Si_3N_4 在 1841℃ 时的分解[反应式(2)]用水平线表示。

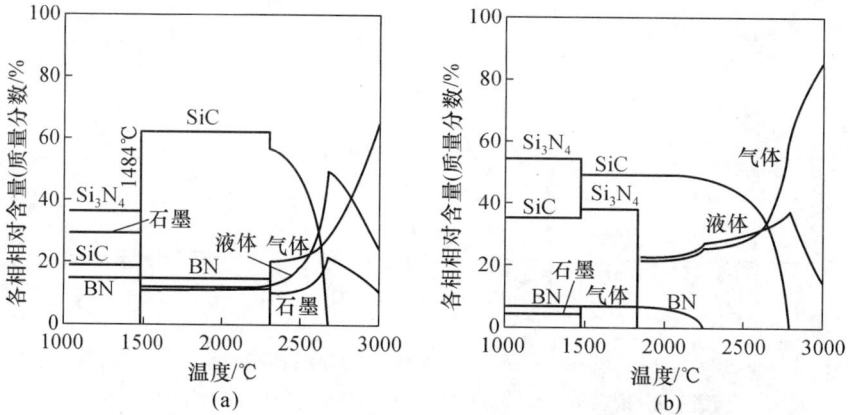

图 4.3　SiBCN 陶瓷的计算相图
(a) C/Si = 1.6 且 B 含量为 10%；(b) C/Si = 0.9 且 B 含量为 5%。

氮分压提高到 10bar 后，当碳活性从 $a(C) = 1$ 降到 $a(C) = 0.17$ 时，与碳的反应温度从 1680℃ 升高到 2034℃，最终 Si_3N_4 在这一温度分解。这些结果非常合理地解释了 SiBCN 陶瓷的高温稳定性。然而，要强调的是，SiBCN 陶瓷内部氮气分压和碳活性实际值并不清楚，因此，10bar 的氮气分压以及连续变化的碳

172

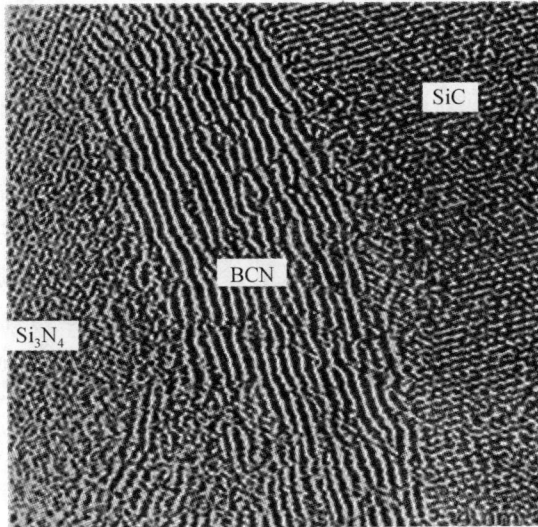

图 4.4　硼含量为 1.8%（原子分数）的 SiBCN 陶瓷的 HRTEM 图像，
SiC 和 Si₃N₄ 由无序的层所包围[45]

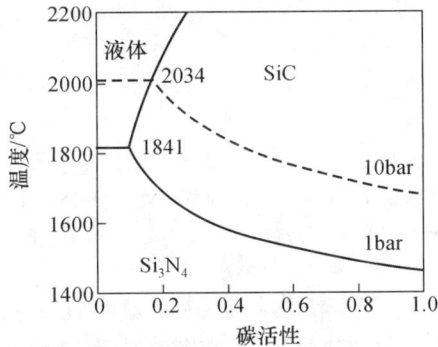

图 4.5　SiCN 体系的温度 - 活性图，表明了碳活性和氮分压对 Si(B)CN 先驱体陶瓷
热稳定性的影响[44]

活性，只是计算中采纳的主观数据。然而，上述热力学分析可以定性地展示热稳定性的影响因素和材料行为的倾向性。

4.1.3　退火过程中的质量损失

　　聚合物先驱体的组成、分子结构和热解条件决定所得陶瓷的化学组成，而陶瓷的化学组成又是影响 SiBCN 陶瓷热稳定性的一个至关重要的因素。总结过去二十年所得到的实验结果（见表 4.1），可以直接得出这一结论。表 4.1 所包含的信息可详解如下：

* 对于 B/N 约为 1 且无 Si_3N_4 存在的这一特殊情况（表 4.1 中第 28~30，39，50 和 52 号），质量损失的起始温度在 2000℃ 以上，与 SiC 和 BN 的预期稳定性一致[44,46]。

* 化学组成位于 Si_3N_4–SiC–BN–C 四相平衡区的陶瓷揭示了硼的重要作用[15,25,28]。具有低硼（约 3%）或高硼（质量分数 16%~18%）含量（表 4.1 第 5~7 号）的陶瓷都不太稳定，而具有质量分数约 6% 的中等硼含量的陶瓷（表 4.1 第 4 号），则展示出超常稳定性，高达 2000℃。图 4.6 为含有相近的 Si/C/N 比但硼含量不同的 PDC 的热重结果（表 4.1，第 19~22 号），很好地展示了硼含量与热稳定性的相关性[32]。

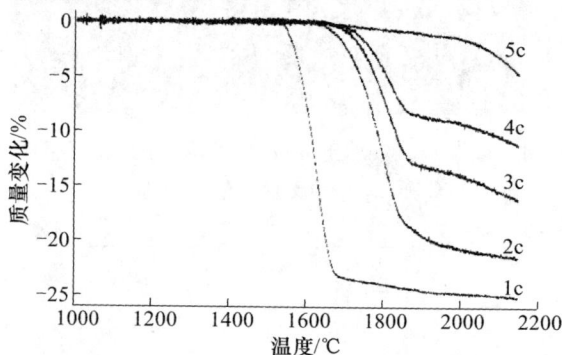

图 4.6　Si/C/N 比相近但硼含量不同的陶瓷的高温热重曲线
(1c)0% B（原子分数），(2c)3.6% B（原子分数），(3c)5.0% B（原子分数），
(4c)6.9% B（原子分数），(5c)9.0% B（原子分数）。[32]

* 在很大程度上，先驱体转化陶瓷的热稳定性也由碳和氮含量所控制。Si/B 比相近时，增加氮含量和降低碳含量将使热稳定性恶化（表 4.1 第 13，14，34 和 35 号）[19,20,37]。没有自由碳的陶瓷稳定性差（表 4.1 第 46，47 号），高碳含量的陶瓷稳定性高（表 4.1 第 23~25 和 48 号），这表明了自由碳特别重要的作用[33,39,40]。硅原子扩散度的降低被作为一个可靠的原因来解释无游离碳对氮化硅陶瓷热稳定性的影响[33,47]。相反地，Si/B/C 的比例近似的情况下增加氮含量，陶瓷的热稳定性下降（表 4.1 第 36~38 和 40~44 号）[19,20,38]。

除了化学组成外，结构特性及其随温度的变化也影响 PDC 的热稳定性。比如，具有较高比表面积的陶瓷的起始分解温度相对较低，分解速率相对较高。这种效果还体现在陶瓷颗粒尺寸降低，热稳定性明显下降（见图 4.7）[48]。热稳定性对粒径和比表面积的类似依存性，在 SiCO 体系的 PDC 上也存在[49,50]。

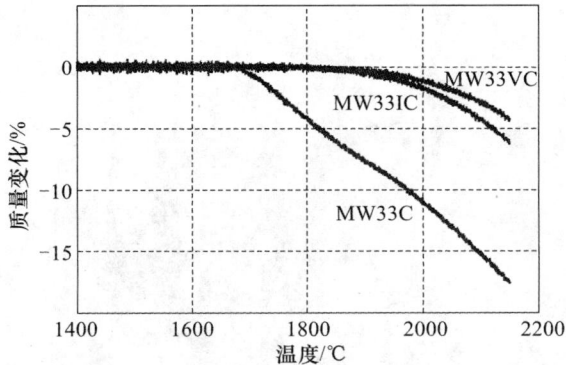

图 4.7　具有不同粒径的 Si‑B‑C‑N 陶瓷粉末的高温热重曲线
（MW33VC）> 315μm,（MW33IC）80 ~ 315μm,（MW33C）32 ~ 80μm[48],EBSCO 出版许可重印）

4.1.4　退火诱导的结构转变

PDC 一个特别重要的特征是其独特的无定形特性,以及抵抗热降解的稳定性与抗结晶性之间的显著关系。对许多 Si(B)CN 陶瓷来说,氮化硅的结晶和热降解发生在相似的温度范围内[26,28,32,34,38,51,52]。这一结果显示结晶性和热稳定性可能具有某种相关性。事实上,SiBCN 体系中氮化硅的结晶和降解过程都取决于温度和时间,并同时受到组成的影响。总之,这些研究结果指出了退火引发的结构转变所起的重要作用。因此,如果 Si/C/N 比是固定的,增加硼含量将使氮化硅的结晶受到抑制[21,32]。图 4.8 为 SiBCN 陶瓷经 1800℃退火 10 h 后的典型 TEM 照片和元素分布图[53]。元素分布图(图 4.8(b) ~ (e))描绘了无定形 BNC 基体以不嵌在基体中的碳化硅和氮化硅纳米晶粒的 N、B、C、Si 的分布。

正如前面提到的,PDC 的最终组成由聚合物的种类和热分解温度决定。组成为 SiC_aN_b 的 PDC 陶瓷一般位于 Si‑C‑N 三元相图 C‑SiC‑Si$_3$N$_4$ 三相平衡区域内;组成为 $SiC_aN_bB_c$ 的 PDC 陶瓷一般位 Si‑B‑C‑N 四元相图中 SiC‑Si$_3$N$_4$‑BN‑C 四相区域。

SiCN 和 SiBCN 热解陶瓷的无定形特征已被 X 射线衍射分析和透射电子显微镜广泛证明[21,54‑59]。然而,所有研究材料的一个常见的特殊结构特征是相分离,无定形 SiCN 区域的存在证明了这一现象。无定形 SiCN 区域分别嵌入到 SiCN 和 SiBCN 先驱体陶瓷中的非晶/涡轮层状碳和涡轮层状 BCN 基体内。这种效应被电子和中子散射实验和透射电镜实验所证明[57,60‑62],与传统的氧化物玻璃相分离过程一致[63]。因此,"相分离"的表述也被引进和应用到非晶 PDC 的模型之中[64]。相分离的独特特征,即相的数量及其组成等,从根本上影响着上述 PDC 材料的特殊性质。

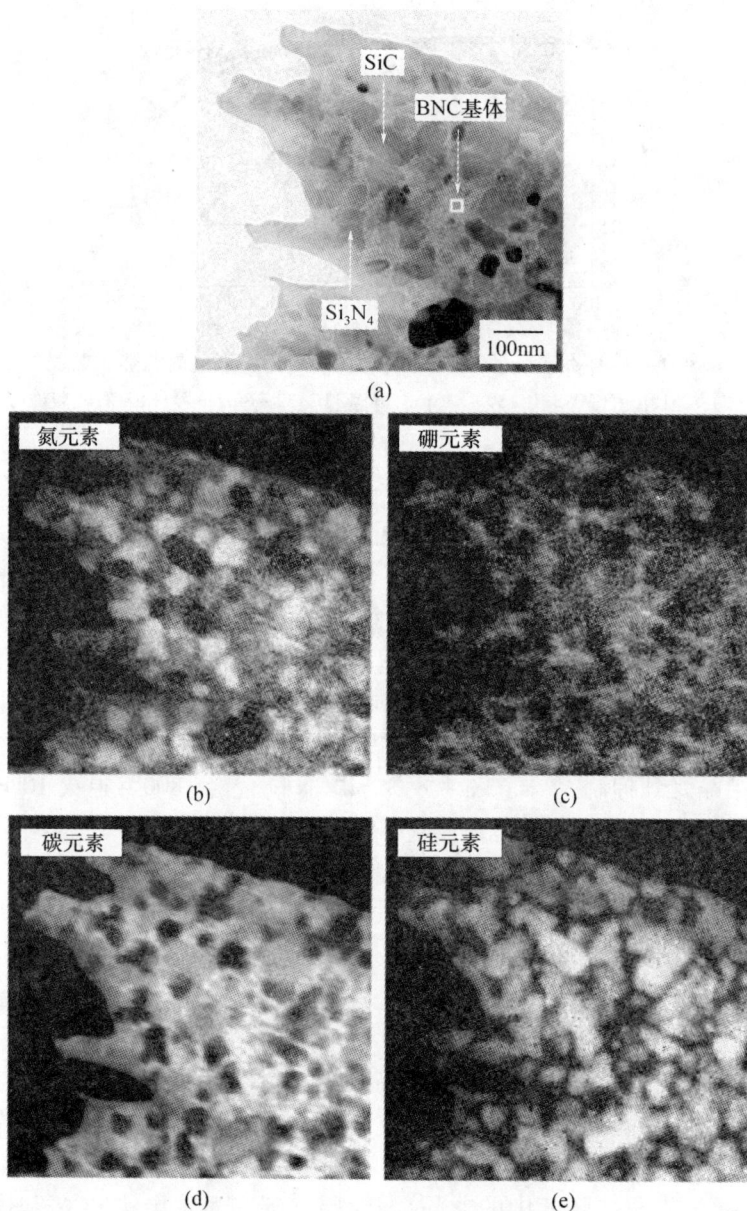

图 4.8　SiBCN 陶瓷经 1800℃退火 10h 后的 TEM 图像和元素分布图
(a)明场像,(b)氮元素分布图,(c)硼元素分布图,(d)硅元素分布图[53]。
爱思唯尔许可重印。白色区域对应于存在相应元素。

以 SiCN 陶瓷为例,那些组成位于 SiC – Si$_3$N$_4$ 连接线上的分离域称为"am –"相,其结构单元为 SiC$_i$N$_{4-i}$ 四面体[65-68]。这种混合四面体结构与计量比化合物 SiC$_{i/4}$C$_{(4-i)/3}$ 的一致[64]。"am –"分离相中具有特定组成的 SiC$_x$N$_b$ 以及与其对应的游离碳的相对数量直接决定了陶瓷的整体组成 SiC$_a$N$_b$,如图 4.9(a)所示。通常,am – SiCN 相沿着 SiC – Si$_3$N$_4$ 连接线延伸,处于 Si – C – N 体系的亚稳相图中(图 4.9(b))。类似于非晶 SiCN 域,热解 SiBCN 陶瓷中也有存在 am – SiCN 的微结构,其余为 BNC 域。这些域的组成位于 C – BN 沿线上,展示了 SiBCN 陶瓷微观结构的特殊特征。这类陶瓷在热解温度之上退火后的相关研究表明这些陶瓷中存在 BNC 域的独特的涡轮层状结构,由插层碳和氮化硼层组成(见图 4.4)[44,61,62]。但是,这种分离的 BNC 域应理解为 Si – B – C – N 四元相图中沿 C – BN 连接线的 BNC 单相,还是由 BN 相和分离的 C 相组成的混合结

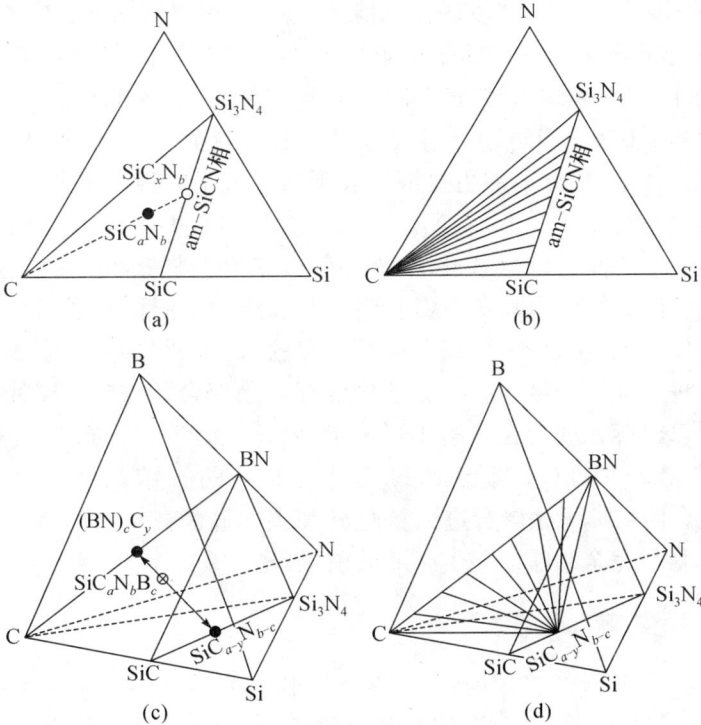

图 4.9　Si(B)CN 陶瓷的相分离

(a) 定组成的 SiC$_a$N$_b$ 分离成碳(C)和 am – SiCN 相;(b) C 和 am – SiCN 相的亚稳态平衡;

(c) 整体组成为 SiC$_a$N$_b$B$_c$ 的陶瓷分离成 am – SiCN 相和 B – N – C 域;

(d) B – N – C 域与组成为 SiC$_{a-y}$N$_{b-c}$ 的 am – SiCN 分离相之间的亚稳态平衡[64]。

构,目前尚未有定论。因此,可以推断,组成为 $SiC_aN_bB_c$ 的 SiBCN 陶瓷处于 $SiC-Si_3N_4-BN-C$ 四相区,分离成位于 $BN-C$ 连接线上的组成为 $(BN)_cC_y$ 的 BNC 域,以及位于 $SiC-Si_3N_4$ 联接线上的组成为 $SiC_{a-y}N_{b-c}$ 的 SiCN 域,如图 4.9 (c)所示。显然,这样的分离方法只有一种方式,因为 BNC 分离域的特定组成 $(BN)_cC_y$ 必须与 SiCN 域的组成 $SiC_{a-y}N_{b-c}$ 维持平衡。但是,值得一提的是,对于整体组成位于 $C-BN-SiC_{a-y}N_{b-c}$ 平面内的不同陶瓷,可以由具有特定组成的 am-SiCN 相与相应 BNC 域内的各种组分构成(见图 4.9(d))。

4.1.5　结语

Si(B)CN 陶瓷显示了具有吸引力的高温热稳定性,耐温高达 2000℃以上。可以用热力学计算方法监测这些材料的相平衡和相反应,不过基于热力学计算的解释还需要额外信息。应该认为,材料的稳定性可以随化学成分急剧改变,且依赖于因退火相分离过程引发的结构转变。事实上,无定形 Si(B)CN 陶瓷在微观结构上的相分离,表现出与分离相的组成含量紧密相连的特性。硼是该联系中的关键要素。因此,理解这一过程是发展具有优异热稳定性 PDC 的必然要求。在每种情况下,相分离的主要特征表现为形成了一种无定形的 SiCN 域,该区域中包含化学计量比为 $SiC_{i/4}N_{(4-i)/3}(i=0\sim4)$ 的化合物,并相应地沿 SiC 和 Si_3N_4 的连线延伸。以这些化合物的存在作为前提条件,可以合理地解释 SiC_iN_{4-i} 混合四面体中短程和中程有序的原子结构,并且可由核磁共振和散射实验间接证明。而通过传统的高温烧结陶瓷粉末方法得到的晶态 SiCN 陶瓷中并不存在这种三元原子结构。此类结构的存在是聚合物先驱体路线的精髓,由聚合物中早已经存在或者在热解中形成的共价键所产生。am-SiCN 相这种独特的形式使得 Si(B)CN 无定形陶瓷具有非凡的抗结晶性。原因很简单,SiC_iN_{4-i} 混合四面体无法融合进入氮化硅和碳化硅晶体结构内,而它们的充分分解是这些材料完全结晶的一个必要的前提条件。

4.1.6　参考文献

[1] Takamizawa, M., Kobazashi, T., Hazashida, A. and Takeda, Y., "Method for the preparation of an inorganic fiber containing silicon, carbon, boron and nitrogen", US Patent 4 604 367 (1986).

[2] Seyferth, D. and Plenio, H., "Borasilazane polymeric precursors for borosilicon nitride", *J. Am. Ceram. Soc.* 73 (1990) 2131.

[3] Jansen, M. and Baldus, H. P., Deutsche Offen DE 410 71 08 A1, 1992.

[4] Funayama, O., Kato, T., Tashiro, Y. And Isoda, T., "Synthesis of a polyborosilazane and its conversion into inorganic compounds", *J. Am. Ceram. Soc.* 76 (1993) 717.

[5] Riedel, R., Kienzle, A. and Petzow, G., Deutsche Offen DE 432 07 83 A1, 1993.

[6] Su, K. , Remsen, E. E. , Zank, G. A. and Sneddon, L. G. , "Synthesis, characterization, and ceramic conversion reaction of borazine – modified hydridopolysilazanes: New polymeric precursors to SiNCB ceramic composites", *Chem. Mater.* 5 (1993) 547.

[7] Baldus, H. P. , Jansen, M. and Wagner, O. , "New materials in the system Si – (N, C) – B and their characterization", *Key Eng. Mater.* 89 – 91 (1994) 75.

[8] Riedel, R. , Kienzle, A. , Dressler, W. , Ruwisch, L. , Bill, J. and Aldinger, F. , "A silicoboron carbonitide ceramic stable to 2,000°C", *Nature* 382 (1996) 796.

[9] Wideman, T. , Cortez, E. , Remsen, E. E. , Zank, G. A. , Carroll, P. J. and Sneddon, L. G. , "Reaction of monofunctional boranes with hydridopolysilazane: synthesis, characterization, and ceramic conversion reactions of new processible precursors to SiNCB ceramic materials", *Chem. Mater.* 9 (1997) 2218.

[10] Snead, L. L. and Zinkle, S. J. , "Structural relaxation in amorphous silicon carbide", *Nucl. Instrum. Methods Phys. Res. B* 191 (2002) 497.

[11] Riedel R. , M. Seher, "Crystallization behavior of amorphous silicon nitride", *J. Eur. Ceram. Soc.* 7 (1991) 21 – 25.

[12] Seifert H. J. , Lukas H. l. and Aldinger F. , "Development of Si – B – C – N ceramics supported by phase diagrams and thermodynamics", *Ber. Bunsenges. Phys. Chem.* 102 (1998) 1309.

[13] Seyferth, D. , "*Transformation of Organometallics into Common and Exotic Materials: Design and Activation*", NATO ASI Ser. E: Appl. Sci. – No. Vol. 141, 1988, R. M. Laine (Ed.), Kluwer Publ. Dordrecht, 133.

[14] Weinmann, M. , Zern, A. , Aldinger, F. , "Stoichiometric silicon nitrude/silicon carbide composites from polymeric precursors", *Adv. Mater.* 13 (2001) 1704.

[15] Bill, J. and Aldinger, F. , "Precursor – derived covalent ceramics", *Adv. Mater.* 7 (1995) 775.

[16] Baldus, H. P. , Passing, G. , Scholz, H. , Sporn, D. , Jansen, M. and Göring, J. , "Properties of amorphous SiBNC – ceramic fibers", *Key Eng. Mater.* 127 – 131 (1997) 177.

[17] Riedel, R. , Ruwisch, L. , An, L. and Raj, R. , "Amorphous silicoboron carbonitride ceramic with very high viscosity at temperatures above 1500°C", *J. Am. Ceram. Soc.* 81 (1998) 3341.

[18] Aldinger, F. , Weinmann, M. and Bill, J. , "Precursor – derived Si – B – C – N ceramics", *Pure Appl. Chem.* 70 (1998) 439.

[19] Weinmann, M. , Kamphowe, TW. , Schuhmacher, J. , Muller, K. and Aldinger, F. , "Design of polymeric Si – B – C – N ceramic precursors for application in fiber – reinforced composite materials", *Chem. Mater.* 12 (2000) 2112.

[20] Weinmann, M. , Schuhmacher, J. , Kummer, H. , Prinz, S. , Peng, J. , Seifert, H. J. , Christ, M. , Müller, K. , Bill, J. and Aldinger, F. , "Synthesis and thermal behavior of novel Si – B – C – N ceramic precursor", *Chem. Mater.* 12 (2000) 623.

[21] Müller, A. , Gerstel, P. , Weinmann, M. , Bill, J. and Aldinger, F. , "Correlation of boron content and high temperature stability in Si – B – C – N ceramics", *J. Eur. Ceram. Soc.* 20 (2000) 2655.

[22] Christ, M. , Thurn, G. , Weinmann, M. , Bill, J. and Aldinger, F. , "High – temperature mechanical properties of Si – B – C – N – precursor – derived amorphous ceramics and the applicability of deformation models developed for metallic glasses", *J. Am. Ceram. Soc.* 83 (2000) 3025.

[23] Christ, M. , Zimmermann, A. and Aldinger, F. , "Anelastic behavior of precursor – derived amorphous

ceramics in the system Si – B – C – N", *J. Mater. Res.* 16 (2001) 1994.

[24] Bernard, S. , Weinmann, M. , Cornu, D. , Miele, F. and Aldinger, F. , "Preparation of high/temperature stable Si – B – C – N fibers from tailored single source polyborosilazane", *J. Eur. Ceram. Soc.* 25 (2005) 251.

[25] Bill, J. , Kamphowe, T. W. , Müller, A. , Wichmann, T. , Zern, A. , Jalowieki, A. , Mayer, J. , Weinmann, M. , Schuhmacher, J. , Müller, K. , Peng, J. , Seifert, H. J. and Aldinger, F. , "Precursor – derived Si – (B –)C – N ceramics: thermolysis, amorphous state and crystallization", *Appl. Organometal. Chem.* 15 (2001) 777.

[26] Baldus, H. P. , Wagner, O. and Jansen, M. , "Synthesis of advanced ceramics in the systems Si – B – N and Si – B – C – N employed novel precursor compounds", *Mater. Res. Soc. Symp. Proc.* , 271 (1992) 821.

[27] Baldus, H. P. and Jansen, M. , "Novel high – performance ceramics – amorphous inorganic networks from molecular precursors", *Angew. Chem. Int. Ed.* 36 (1997) 328.

[28] Bill, J. , Kienzle, A. , Sasaki, M. , Riedel, R. and Aldinger, F. , "Novel routes for the synthesis of materials in the quaternary system Si – B – C – N and their characteriyation", *Adv. Sci. Technol.* , 3B (1995) 1291.

[29] Weinmann, M. , Haung, R. , Bill, J. , Aldinger, F. , Schuhmacher, J. and Müller, K. , "Boron – containing Polysilylcarbodi – imides: a new class of molecular precursors for Si – B – C – N Ceramics", *J. Organometal. Chem.* 541 (1997) 345.

[30] Weinmann, M. , Haung, R. , Bill, J. , De Guire, M. and Aldinger, F. , "Boron – modified polysilylcarbodi – imides as precursors for Si – B – C – N ceramics: synthesis, plastic – forming and high – temperature behavior", *Appl. Organometal. Chem.* 12 (1998) 725.

[31] Jüngermann, H. and Jansen, M. , "Synthesis of an extremely stable ceramic in the system Si/B/C/N using 1 – (trichlorosilyl) – 1 – (dichloroboryl)ethane as a single – source precursor", *Mater. Res. Innovat.* 2 (1999) 200.

[32] Müller, A. , Gerstel, P. , Weinmann, M. , Bill, J. and Aldinger, F. , "Correlation of boron content and high temperature stability in Si – B – C – N ceramics II", *J. Eur. Ceram. Soc.* 21 (2001) 2171.

[33] Wang, Z. , Aldinger, F. and Riedel, R. , "Novel silicon – boron – carbon – nitrogen materials thermally stable up to 2200°C", *J. Am. Ceram. Soc.* 84 – 10 (2001) 2179.

[34] Müller, A. , Gerstel, P. , Weinmann, M. , Bill, J. and Aldinger, F. , "Si – B – C – N ceramic precursors derived from dichlorodivinylsilane and chlorotrivinylsilane. 1. precursor synthesis", *Chem. Mater.* 14 (2002) 3398.

[35] Müller, A. , Peng, J. , Seifert, H. J. , Bill, J. and Aldinger, F. , "Si – B – C – N ceramic precursors derived from dichlorodivinylsilane and chlorotrivinylsilane. 2. ceramization of polymers and high/temperature behavior of ceramic materials", *Chem. Mater.* 14 (2002) 3406.

[36] Müller, A. , Zern, A. , Gerstel, P. , Bill, J. and Aldinger, F. , "Boron – modified poly (propenylsilazane) – derived Si – B – C – N ceramics: preparation and high temperature properties", *J. Eur. Ceram. Soc.* 22 (2002) 1631.

[37] Wang, Z. , Kamphowe, T. W. , Kats, S. , Peng, J. , Seifert, H. J. , Bill, J. and Aldinger, F. , "Effects of polymer thermolysis on composition, structure and high – temperature stability of amorphous sili-

180

coboron carbonitride ceramics", *J. Mater. Sci. Lett.* 19 (2000) 1701.

[38] Weinmann, M. , Zern, A. , Hörz, M. , Berger, F. , Müller, K. and Aldinger, F. , "Precursor – derived SiC/Si$_3$N$_4$ nano/nano composites: Synthesis, structure and phase evolution at high temperature", *Mater. Sci. Forum* 386 – 388 (2002) 335.

[39] Gerstel, P. , Müller, A. , Bill, J. and Aldinger, F. , "Synthesis and high – temperature behavior of Si/B/C/N precursor – derived ceramics without "free carbon", *Chem. Mater.* 15 (2003) 4980.

[40] Wang, Z. , Gerstel, P. , Kaiser, G. , Bill, J. and Aldinger, F. , "Synthesis of ultrahigh – temperature Si – B – C – N ceramic from polymeric waste gas", *J. Am. Ceram. Soc.* 88 (2005) 2709.

[41] Müller, A. , Gerstel, P. , Bunjes, N. , Berger, F. , Sigle, W. , Müller, K. and Weinmann, M. , "Nanostructured SiC/BN/C ceramics derived from mixtures of B$_3$N$_3$H$_6$ and [HSi(Me)C≡C]$_n$", *Int. J. Mater. Res.* 97 – 6 (2006) 721.

[42] Saunders, N. and Miodownik, P. , "CALPHAD (calculation pf phase diagrams): a comprehensive guide", In *Materials* series: vol. 1, (Ed: Cahn R. W.), Pergamon: Oxforg (1998).

[43] Sundman, B. , Jansson, B. and Andersson, J. O. , "The Thermo – Calc databank system", *CALPHAD* 9 (1985) 153.

[44] Seifert, H. J. , Peng, J. , Golczewski, J. A. and Aldinger, F. , "Phase equilibria of precursor/derived Si – (B –)C – N ceramics", *Appl. Organometal. Chem.* 15 (2001) 794.

[45] Jalowiecki, A. , Bill, J. and Aldinger, F. , "Interface characterization of nanosized B – doped Si$_3$N$_4$/SiC ceramics", *Composites Part A* 27 (1996) 717.

[46] Seifert, H. J. and Aldinger, F. , "Phase equilibria in the Si – B – C – N system", *Struct. Bond.* 101 (2002) 1.

[47] Matsunaga, K. , Iwamoto, Y. , Fisher, C. A. J. and Mutsubara, H. , "Molecular dynamic study of atomic structures in amorphous Si – C – N ceramics", *J. Ceram. Soc. Jpn* 107 (1999) 1025.

[48] Janakiraman, N. , Weinmann, M. , Schuhmacher, J. , Müller, K. , Bill, J. and Aldinger, F. , "Thermal stability, phase evolution, and crystallization in Si – B – C – N ceramics derived from a polyborosilazane precursor", *J. Am. Ceram. Soc.* 85 – 7 (2002) 1807.

[49] Soraru, G. D. and Suttor, D. , "Hightemperature stability of sol – gel – derived SiOC glasses", *J. Sol – Gel Sci. Technol.* 14 (1999) 69.

[50] Parmentier, J. , Soraru, G. D. and Babonneau, F. , "Influence of the microstructure on the high temperature behaviour of gel – derived SiOC glasses", *J. Eur. Ceram. Soc.* 21 (2001) 101.

[51] Schmidt, H. , Borchardt, G. , Mller, A. and Bill, J. , "Formation kinetics of crystalline Si$_3$N$_4$/SiC composites from amorphous Si – C – N ceramics", *J. Non – Cryst. Solids*, Vol. 341, pp. 133 – 140 (2004).

[52] Schmidt, H. and Borchardt, G. , "SiC/Si3N4 nano – composite: Crystallization kinetics of precursor – derived amorphous ceramic solids of type Si – C – N", *Adv. Eng. Mater.* 7 (2005) 221.

[53] Zern, A. , Mayer, J. , Janakiraman, N. , Weinmann, M. , Bill, J. and Rühle, M. , "Quantitative EFTEM study of precursor – derived Si – B – C – N ceramics", *J. Eur. Ceram. Soc.* 22 (2002) 1621.

[54] Iwamoto, Y. , Völger, W. , Kroke, E. and Riedel, R. , "Crystallization behavior of amorphous silicon carbonitride ceramics derived from organometallic precursors", *J. Am. Ceram. Soc.* 84 (2001) 2170.

[55] Cai, Y. , Zimmermann, A. , Prinz, S. , Zern, A. , Phillipp, F. and Aldinger, F. , "Nucleation phenomena of nano – crystallites in as – pyrolysed Si – B – C – N ceramics", *Scripta Mater.* 45 (2001) 1301.

[56] Schiavon, M. A. , Sorar, G. D. , Yoshida, V. P. , "Poly(borosilazane) as precursors of Si – B – C – N glasses: synthesis and high temperature properties", *J. Non – Cryst. Solids*, 304 (2002) 76.

[57] Trassl, S. , Kleebe, H. J. , Stormer, H. , Motz, G. , Rossler E. and Ziegler G. , "Characterization of the free – carbon phase in Si – C – N ceramics: Part II, comparison of different polysilazane precursors." *J. Am. Ceram. Soc.* 85 (2002) 1268 – 1274.

[58] Wan J. , Gasch, M. J. , Lesher, C. E. and Mukherjee, A. K. , "High – resolution transmission electron microscopy study of the microstructural development of a silicon carbonitride nanocomposite", *J. Am. Ceram. Soc.* 86 (2003) 857.

[59] Cai Y. , Zimmermann, A. , Bauer, A. and Aldinger, F. , "Microstructure characterization of precursor – derived Si – C – N ceramics before and after creep testing" *Acta Mater.* 51 (2003) 2675.

[60] Schempp, S. , Dürr, J. , Lamparter, P. , Bill, J. , and Aldinger, F. , "Study of the atomic structure and phase separation in amorphous Si – C – N ceramics by X – ray and neutron diffraction", *Am. J. Phys. Sci.* 53 (1998) 127.

[61] Haug, J. , Lamparter, P. , Weinmann, M. and Aldinger, F. , "Diffraction study on the atomic structure and phase separation of amorphous ceramics in the Si – (B) – C – N system. 1. Si – C – N ceramics", *Chem. Mater.* 16 (2004) 72.

[62] Haug, J. , Lamparter, P. , Weinmann, M. and Aldinger, F. , "Diffraction study on the atomic structure and phase separation of amorphous ceramics in the Si – (B) – C – N system. 1. Si – B – C – N ceramics", *Chem. Mater.* 16 (2004) 83.

[63] Elliot, S. R. , "Physics of amorphous material", Longman, London and New York (1984) 118.

[64] Golczewski, J. A. and Aldinger, F. , "Phase separation in Si – (B) – C – N polymer – derived ceramics", *Z. Metallkd.* 97 (2006) 114.

[65] Seitz, J. , Bill, J. , Egger, N. and Aldinger, F. , "Structural investigations of Si/C/N – ceramics from polysilazane precursors by means of nuclear magnetic resonance", *J. Eur. Ceram. Soc.* 16 (1996) 885.

[66] Grardin, C. , Taulelle, F. and Bahloul, D. , "Pyrolysis chemistry of polysilazane precursors to silicon carbonitride", *J. Mater. Chem.* 7 (1997) 117.

[67] Schumacher, J. , Weinmann, M. , Bill, J. , Aldinger, F. and Maller, K. , "Solid state NMR studies of the preparation of Si – C – N ceramics from polysilylcarbodiimide polymers", *Chem. Mater.* 10 (1998) 3913.

[68] Trassl, S. , Suttor, D. , Motz, G. , Rssler, E. and Ziegler, G. , "Structural characterisation of silicon carbonitride ceramics derived from polymeric precursors", *J. Eur. Ceram. Soc.* 20 (2000) 215.

4.2 力学性能
TANGUY ROUXEL

4.2.1 引言

先驱体陶瓷属于传统结构陶瓷中的经典化学体系,如 SiC、Si$_3$N$_4$、BN 以及 Si、C、B、O、N、Al 等元素的组合,从元素组成上来说,没有明显的理由使其表现出奇特的力学性能。然而,事实证明,工艺路线对最终材料的行为存在重要影响。这是因为在给定的化学体系内,合成方法可同时在纳米和微米尺度上影响非晶相(相对于结晶相)的数量和结构的有序性。因此,具有相同计量分子式,但以不同方式获得的材料,在一定程度上保留了其工艺路线的特色,从而表现出不同的行为。力学性能对微观结构的细节非常敏感,因此值得关注。此外,PDC材料复杂,其中大多没有完全稳定下来,以至于在力学性能研究测试中常发生结构的连续变化,特别是在高温下(比如800℃以上)。更重要的是,研究PDC的力学性能是一项艰巨的任务,因为通常受可用标本大小的限制,只能进行小尺度的测试,其中硬度测试是目前为止最常用的。

然而,矛盾的是,由于其特殊的高温热阻特性,PDC是非常有前途的材料,可以塑造小尺寸和/或复杂形状的陶瓷零件。事实上,PDC化学的前期工作主要受高温力学性能优良陶瓷纤维的探索研究所驱动。$Si_xC_yC_z$[1]和SiC[2]纤维主要为高温结构应用而开发。后者的拉伸强度和弹性模量分别达到6.2GPa和440GPa。SiC纤维的卓越性能促使人们利用聚碳硅烷大量生产该纤维。

与传统粉末烧结陶瓷相比,PDC的主要优势包括:①适合生产耐高温的Si、C、B、O、N基连续纤维;②易于获得复杂形状的预制件;③可保留非晶到相对较高的温度。

本段侧重于Si、C、B、O、N基PDC,它们已得到广泛的研究,且具有优异的力学性能。已经有一些确定的应用领域可以说明这些材料的力学性能。例如,Si-OC非晶材料被用来制造柴油发动机的电热塞、微型齿轮、多孔泡沫材料和刹车系统[3],并提供优异的摩擦性能。良好的摩擦性能,以及在与人体血液接触时可活化凝血,使得这种材料在医疗设备应用方面很有吸引力,如人工心脏瓣膜[4]。碳化硅纤维已经被广泛应用于航空航天领域。BN纤维重量更轻,在1000℃以上有更好的抗氧化性能,正在开发之中[5]。然而,值得注意的是,力学性能在材料的各个阶段都起着作用:①流变学是理解先驱体(聚合物或溶胶－凝胶混合物)的基础;②PDC样本的力学特性是验证制备方法的指标;③服役条件下结构件的力学性能与疲劳行为实验与仿真是走向应用的必要一步。

在本书所涉范围内,本节通过讨论尝试揭示PDC的组成、微纳结构及其力学行为之间的关系。对于力学性能和脆性材料测试的一般介绍,请读者参考脆性材料力学手册[6]。

4.2.2 弹性

弹性模量与原子间的键能、原子堆积密度以及玻璃态网络连接程度有关。例如,在Lennard－Jones型势能的简化情况下,体积模量可表示如下(Grüneisen

第一规则）：

$$K = V_0 \frac{\partial^2 U}{\partial V^2}\bigg|_{V_0} = \frac{mn}{9V_0}U_0 \qquad (3)$$

式中：U_0 为原子间的键能；V_0 为平衡态的原子体积；m 和 n 分别是描述吸引力和反作用力的幂函数的指数。

对于确定强度的键，高的连接程度通常对应于良好的耐剪切能力（即高剪切模量，μ），并因此具有较低的泊松比（ν，因 $\nu = E/(2\mu) - 1$）（E：弹性模量）。泊松比是弹性载荷方向横向收缩应变与纵向延伸应变的比值的绝对值。所以说，ν 反映了材料抵抗形状和体积变化的能力。对于抗剪切的可压缩材料，泊松比较小，如多孔固体，但对于橡胶等不可压缩材料，则趋向于 0.5。因此，玻璃态的弹性性质可用于探测玻璃态中的短程、中程有序性，以及温度或压力变化后的结构变化。这些弹性参数可以通过实验测定，如利用 15min 左右的时间测试横向和纵向波速度，就可进一步采用基于压电转换器的超声回波技术计算出 E 和 ν。

4.2.2.1 弹性模量和短中程有序

弹性性能与原子排布的细节密切相关。弹性模量以帕斯卡表示，即 J/m^3；弹性模量的大小，由原子结合强度（亚纳米级别）和原子堆积密度（C_g）决定。原子堆积密度定义为离子的最小理论占有体积与玻璃态相应的有效体积之比：

$$C_g = \rho \Sigma f_i V_i / (\Sigma f_i M_i) \qquad (4)$$

式中：对化学组成为 A$_x$B$_y$ 的某个组分 i：$V_i = 4/3\pi N_A (xr_A^3 + yr_B^3)$；$\rho$ 为玻璃态的密度，N_A 为阿伏伽德罗常数；r_A 和 r_B 为离子半径；f_i 为摩尔分数；M_i 为摩尔质量。

请注意，在玻璃态中通常无法获得高精确度的有效离子半径数据。原子间结合强度和原子堆积密度显示了一定程度的相关性，因此很难得到同时具备高结合强度和高堆积密度的玻璃态材料。a – SiO$_2$ 的 C_g 约 0.45，是一个堆积密度低，但原子结合强度高的典型材料（$U_{o,Si-O}$ 约 800kJ/mol）。氮氧化物和碳氧化物玻璃很好地展示了玻璃态网络的交联程度对弹性模量的影响。这两种玻璃比普通的二氧化硅玻璃（具有相同的阳离子）更坚硬、更耐温。然而，原子间结合键能的数据不能证实这一趋势：$U_{o,Si-C}$（447kJ/mol）$\approx U_{o,Si-N}$（437kJ/mol）$< U_{o,Si-O}$（800kJ/mol）。相对于纯氧化物（SiO$_2$），Si 的光电子能谱（XPS）确认了 Si 在碳氧化物环境中能量（费米能级）更低[7,8]。因此，类似于钢框架的刚性一样，氮氧化物玻璃具有优异的刚性和碳氧化物玻璃具有良好的刚性的原因在于原子结合形成的 3D 架构，而不在于结合本身的强度（图 4.10）。尽管如此，在 a – SiO$_2$ 中用 C 取代 O，并不能带来强度的显著提升（图 4.11，表 4.2），其原因在

于碳氧化物较低的堆积密度。此外,在标准压力条件下,在氧化硅玻璃中引入超过 15% N 或 C 原子,不可避免地会引起氮化物玻璃中氮化物的结晶以及碳氧化物玻璃中出现游离碳。在 SiCN 的无定形 PDC 中,用 C 取代 N 会导致弹性模量和硬度同时提高[9]。一项对 SiOC 薄膜涂层专门的研究表明,增加的 O/C 比,弹性模量将急剧下降,从 O/C = 0.1 的约 200GPa 降至 O/C = 50 的 65GPa(同样组成变化下,硬度从 20GPa 下降至 7GPa)[10]。

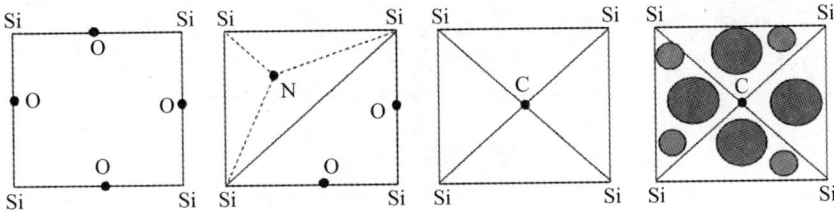

图 4.10 硅酸盐玻璃中阴离子取代的影响示意图

虽然 $U_{o,Si-C}$(447kJ/mol) ~ $U_{o,Si-N}$(437kJ/mol) < $U_{o,Si-O}$(800kJ/mol),

但 $E_{碳氧化玻璃}$ 和 $E_{氮氧玻璃} \gg E_{氧化硅玻璃}$。这里更多的是网络架构(聚合)的刚性而不是单个化学键的强度支配着玻璃的整体弹性。四面体之间在氧位的旋转赋予氧化物网络一定的柔性;当引入的碳起作用时渐成刚性网络,柔性消失。如最右图所示,在原子网络空间孔隙引入新的原子,SiOC 玻璃的弹性模量肯定会进一步得到提升。

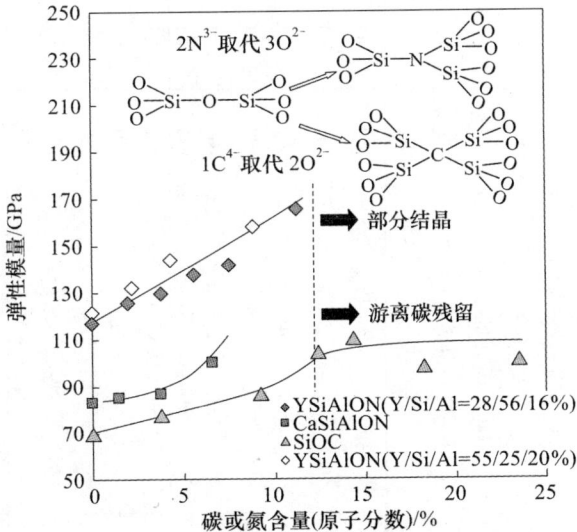

图 4.11 阴离子取代对弹性模量的影响

氮氧化物玻璃和碳氧化物玻璃的数据分别来自文献[7,8,11-15]。
插图显示了以 a-SiO₂ 为起始化合物发生阴离子取代的示意图。

表 4.2 不同化学体系得到的 PDC 在 293 K 时的力学性能

体系	玻璃组成	E/GPa	K/GPa	ν	H^a/GPa	K_{1c}/(MPa·$\sqrt{m}$)	σ_r^{b}/MPa	参考文献
SiC	SiC	440	nd	nd	nd	nd	6200	Yajima, 1976[12]
Si-O-C	$SiO_{1.45}C_{0.09}$（游离 Si）	70	nd	nd	5.6	nd	275	Soraru, 1996[7,8]
	$SiO_{1.33}C_{0.33}$（游离 C）	104	nd	nd	8.6	0.70	450	Soraru, 1996[7,8]
	$SiO_{1.25}C_{0.375}$（游离 C）	110	nd	nd	10.6	0.57	550	Rouxel, 2001[18,19]
	$SiO_{1.24}C_{0.5}$（游离 C）	97.9	nd	nd	7.4~9.0	1.8	385	Renlund, 1991[14]
	$SiO_{1.6}C_{0.8}$（游离 C）	101	nd	nd	6.4	nd	nd	Moysan, 2007[15]
	Si-O-C（游离 C）^{d}	98	nd	nd	8.4	1.8	385	Renlund, 1991[14]
	Si-O-C^d	nd	nd	nd	nd	nd	1	Kamiya, 1999[28]
Si-O-C-N	$SiC_{0.95}N_{0.85}O_{0.1}H_{0.14}$	150	nd	nd	26	nd	>1000	Shah, 2000[29]
	$SiO_{0.41}C_{0.84}N_{0.38}$	107	nd	nd	12.2	nd	nd	
	$SiO_{0.95}C_{1.02}N_{0.06}$	97	nd	nd	11.8	2.56	nd	
	$SiO_{0.91}C_{1.01}N_{0.67}$	120	nd	nd	14	nd	nd	Cross, 2006[30]
	$SiO_{0.57}C_{0.84}N_{0.62}$	161	nd	nd	16.8	2.98	nd	
	$SiO_{0.4}C_{0.67}N_{0.7}$	184	nd	nd	21	nd	nd	
Si-C-N	SiC0.59N0.94	121	nd	nd	13	nd	nd	Galusek, 2001[31]
	$SiC_{0.026}N_{1.30}$	250	nd	nd	28	nd	nd	Bendeddouche,1999[9]
	$SiC_{0.76}N_{0.32}$	350	nd	nd	38	nd	nd	
	$SiC_{1.6}N_{1.3}$	105	nd	nd	6.1~12	2.1	118	Nishimura, 1998[27]
	Si-C-N^c	120	nd	nd	18^d	0.7	nd	Bauer, 2001[32]
Si-B-C-N	$Si_3BC_5N_{2.5}$	172	nd	nd	nd	nd	1.3~2.2	Bernard, 2005[33,34]

注：a. 数据由维氏压痕试验获得；
b. 纤维采用拉伸试验，其他样品采用弯曲试验；
c. 作者没有给出实际成分；
d 由相关文献中的压痕图片估测

4.2.2.2 弹性模量与玻璃化转变温度的关系以及弹性模量的温度依赖性

在所有非金属无机玻璃中,氮氧化物和碳氧化物分别表现出最高的弹性模量和玻璃化转变温度。值得注意的是,大多数耐高温玻璃(SiOC)的 E 值并不高。这是因为 SiOC 玻璃(如 a-SiO$_2$)的特点是原子堆积密度较低。因此,虽然传统的想法认为 E 与 T_g 成正比(乍看之下似乎是成立的),但事实是人们可以很容易地找到 T_g 完全不同却具有相同的 E 值的玻璃。例如,Pd$_{80}$Si$_{20}$、WG(标准钠钙硅车窗玻璃)和 a-SiO$_2$,其弹性模量约 70GPa,但其 T_g 却分别为 334℃、562℃和 1190℃。预测无定形 PDC 的 T_g 是很困难的,因为它们在温度低于玻璃化转变的范围时有结晶倾向。大多数情况下,在 $E(T)$ 或 $\mu(T)$ 的曲线上(图 4.12),玻璃化转变几乎呈平缓的线性变化。例如,标准的钠钙硅玻璃(窗户玻璃)在约 540℃可观察到一个明显的过渡,然而对于 SiOC 玻璃,弹性模量随温度升高而增加,直至约 800℃,如同无定形二氧化硅。在更高的温度,熔融的 a-SiO$_2$ 几乎没有过渡范围,而在凝胶化的 SiO$_2$ 和 SiO$_{1.39}$C$_{0.32}$ 玻璃中可观察到 E 轻微增加,尤其是在 1200℃以上[16]。E 值随着温度升高而增加,是由于氧化硅中方晶石的结晶和 SiOC 玻璃中 SiC 的结晶,因而是不可逆的(较高的 E 值在冷却后保留)。在含碳量较高时,SiOC 玻璃的行为变得更"正常",温度超过 800℃时 E 值缓慢减少。因此,SiO$_2$ 和 SiOC 玻璃有共同的反常热弹性属性。在 4.2.3 节还将会展示多数非晶 PDC 也具有与无定形二氧化硅类似的异常压痕行为。

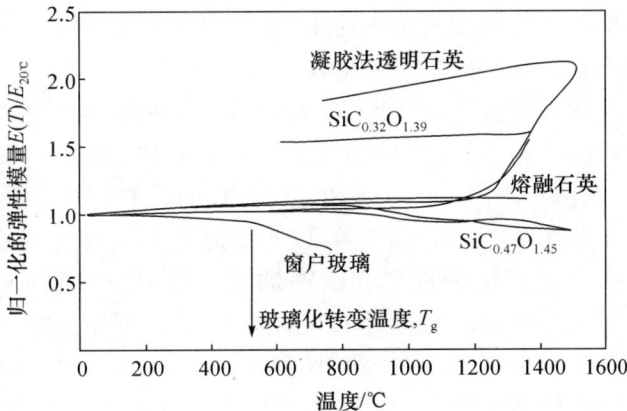

图 4.12 超声回波技术测量(长梁近似 300kHz 磁致伸缩传感器)

4.2.2.3 泊松比

与大多数玻璃相比,无定形二氧化硅的泊松比(ν)较小(约 0.15)。利用声学显微镜,在先驱体转化得到的 $SiO_{1.6}C_{0.8}$ 玻璃中测量得到了一个更小的值,$\nu = 0.11$ [15]。一个尝试性的解释是由于其相对较低的原子堆积密度和较高的交联度。似乎可以确定,泊松比随原子堆积密度几乎单调增加。事实上,当玻璃中原子结合力比较弱但又具有非常高的原子堆积密度时,如块体金属玻璃,ν 值可高达 0.4,这很好地证实了上述解释。添加氮和/或硼或更多的元素,似乎可以减少自由体积,从而导致高 ν 值。正如下面即将讨论到的,低泊松比意味着对静水压力的高灵敏度,以及通过发生形变来适应急剧接触加载的非凡能力,避免产生微裂纹。

4.2.3 蠕变、黏度和黏弹性

基于 SiCON 的 PDC 表现出显著的抗蠕变性。基于 SiOC 和 SiCN 的 PDC 的蠕变非常有限,温度上限分别为 1300℃和 1550℃。根据公式(3),在一个稳定的蠕变区域,从蠕变实验可以预估蠕变表观剪切黏度系数(η)

$$\eta = \sigma/(3d\varepsilon/dt) \tag{5}$$

式中:σ 为外加应力;$d\varepsilon/dt$ 为定常蠕变机制的应变速率。

图 4.14 给出了一些材料的黏度随温度变化图。SiOC 玻璃的数据通过弯曲蠕变实验获得[17-19]。额外的黏度数据来自内摩擦实验,实验中假设 SiOC 玻璃对黏弹性响应符合一个简单的 Maxwell 模型[20]。非晶 SiCN[21] 和 SiAlOC[3] 的数据从压缩蠕变实验中获得,更多的数据点可以从 SiCN[22] 和 SiBCN[22] 的蠕变实验报告中提取。在大多数情况下,超过 1100℃温度以上的流变研究受并发的微观结构变化所影响,如结晶和致密度,因此蠕变速率具有非常大的时间依赖性(可用硬化时间表明)。在 SiOC 的 PDC 中,高于 1100℃时蠕变速率下降,是由于大量 2nm 左右的 β-SiC 的晶粒析出,以及少量 β-方石英的析出。如图 4.13 所示,需要在 1200℃超过 12h 才能观察到弹性模量的平台。蠕变实验证实这种现象和瞬态蠕变机制可延续到 15 至 20h[18,19]。高于 1250℃,并经过在 1200℃超过 12h 的退火,材料更加稳定,可以在短时间内测到稳定的静态蠕变速率。在 SiBCN 材料中,SiC 晶体在 1400℃和 1500℃成核,在 1700℃以上,有后续 Si_3N_4 晶体成核。该材料似乎很稳定,在 1350℃以下仍保持非晶[22]。事实上,高于 1400℃的热处理(蠕变之前)可大幅提高材料的抗蠕变性。

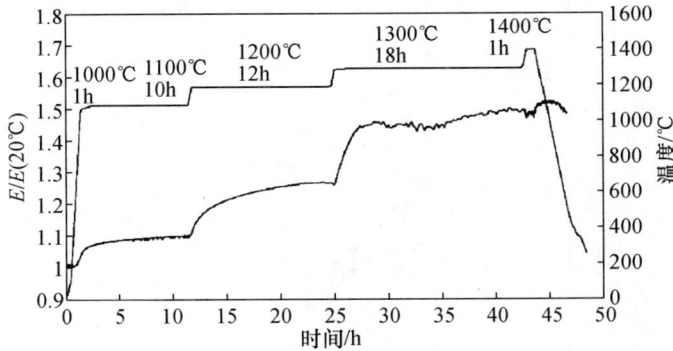

图 4.13　超声回波技术测量(长梁近似 300kHz 磁致伸缩传感器)
SiC 的含量约为 8%,即从化学计量预测 <16%。一些富碳区反玻璃化稳定。
在 $T > 1200℃$,大量 $2.4 \sim 2.6$nm 的 $\beta - SiC$ 晶体在退火过程中几乎没有生长。
晶化过程通过增加纳米晶体的数量进行。

值得注意的是,在后者的工作中,由压力跳跃测试估测的蠕变指数在 $2 \sim 2.5$ 之间。此值在由晶界滑移机制引发的细粒超塑性材料形变中非常典型,表示材料发生剪切变稀现象(即黏度随形变速率或频率的增加而降低)。一般来说,蠕变极限速率由体系内残余的玻璃相控制,如添加了烧结助剂的多晶陶瓷。在一项以聚甲基硅氮烷(polyhydridomethylsilazane)为先驱体制备的 SiCN 材料的研究中发现,其蠕变硬化与结晶无关,而是由一些尚未明确的、假设的织构生成引起的[21]。对 SiCN 体系的 PDC(先驱体为 polyureavinylmethylsilazane(Cera-set))在 1350℃ 的压缩蠕变行为做进一步研究,结果清晰地表明其符合纳米级致密化蠕变机理[23]。因此,其实际蠕变应变(体积恒定的蠕变机理)不到实测应变值的十分之一。这一机理主要源于在这些 PDC 中存在纳米孔洞结构,使得 PDC 的密度仅为相同成分的多晶体的 2/3。

有趣的是非晶 PDC 的黏度非常高(图 4.14),通常比透明石英要高两到三个数量级。SiCN 的黏度与 SiOC 先驱体陶瓷的黏度相近,SiBCN 的黏度则较大。此外,随着温度升高,PDC 和熔融氧化硅的黏度数据之间的差值就越大。这是因为 PDC 的流动的表观活化能($270 \sim 290$kJ/mol)远小于氧化硅($500 \sim 700$kJ/mol),尽管前者的羟基质量百分含量高达 0.12%。玻璃化转变的传统黏度范围在 $10^{12} \sim 10^{12.6}$ Pa·s 左右,根据该值外推可得到 $SiO_{1.39}C_{0.32}$ 体系的玻璃化转变温度(T_g)约为 1350℃[14],这与早前的报道值一致[17]。向先驱体中加入 Al 得到 SiAlOC 玻璃,可降低 η,尤其是在 1100℃ 以上和活化能增加的情况下[3]。内部摩擦实验结果表明,$SiO_{0.067}C_{0.67}$ 玻璃的 T_g 在 $1027 \sim 1417℃$ 之间,且表现出轻微

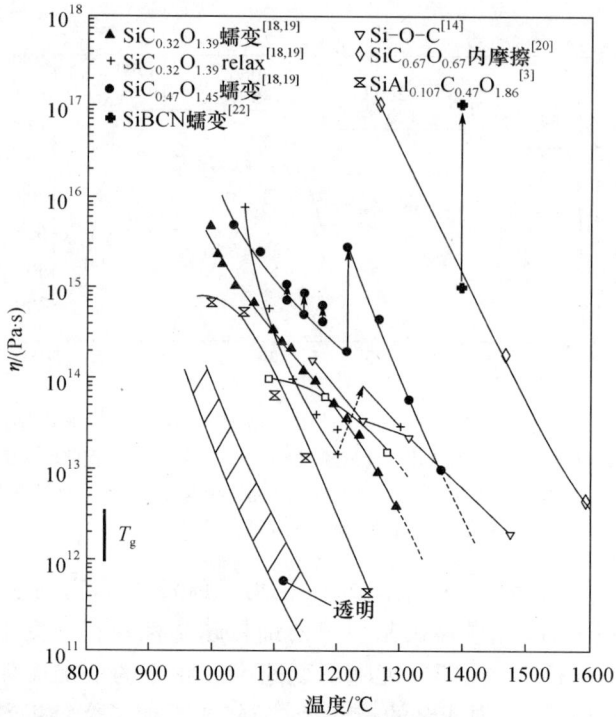

图 4.14 采用三点弯曲和压缩蠕变实验以及内部摩擦实验测得的剪切黏度

SiOC 玻璃的黏度通常比透明石英高两到三个量级。结晶妨碍了 T_g 的确定，

否则它应出现在 1350 ~ 1450℃ 之间。箭头指示出结晶导致的流动硬化效应。

1100℃ 以上，SiOC 玻璃将发生原位动态结晶。对 SiBCN，在 1800℃ 的氮气压力

下进行热解，可得到 SiC 和 Si_3N_4 结晶的混合物。报道中 SiOC 玻璃的最高黏度

值是在内摩擦实验中获得的，主要由拉伸指数型松弛造成（$b = 0.24$）（文献[20]中图5）。

注意在内摩擦实验条件下，不能直接估计 η 的值。向 SiOC 玻璃中加入铝会降低

黏度，但可避免其在 1600℃ 以下结晶。

的剪切变稀行为[20]。在拉伸指数（又称 Kohlrausch – Wlilliam – Watt）的应力松弛动力学基础上讨论了该非线性因素：

$$\varphi(t) = \exp[-(t/\tau)^b] \tag{6}$$

式中：t 为时间；τ 为特征松弛时间常数；b 为一个所谓的相关系数（在 Maxwell 模型中 $\tau = \eta/\mu$，$b = 1$）。

在内摩擦实验中，b 可以直接由剪切模量（μ）、所用频率、黏度以及正弦式加载应力与样品振荡应变之间的滞后角（θ）来估算。在 Ota 等的研究中给出的 b 为 0.24[20]。此值与直接采用应力松弛法（式(3)所示）在 1200℃ 以上对类似玻璃进行测试所得的结果（b 为 0.3 ~ 0.35）一致[18,19]。这个值非常低，说明体系

190

中存在分子间的耦合。应力松弛和内摩擦研究均表明,富氧区域内的伴随着原子组织的黏性流动以及非晶氧化硅中通过富碳单元间通道的黏性流动导致了松弛现象。利用1000~1200℃下的周期性加载－卸载压缩实验研究了SiOC玻璃的黏弹响应,并通过类似的玻璃网络结构解释了这一现象[24]。1100℃以上出现的具有弹性的石墨区域可用来解释该材料的黏弹性恢复和滞弹行为。因此,在这种复杂的纳米非晶材料中的滞弹行为可解释为发生了应力从氧化硅(在此温度范围内表现出黏性流动)到石墨网络间的转移。当应力解除后,储存在石墨区域内的弹性能量就成了应变恢复的驱动力。对SiOC玻璃的这种理解与由小角度X射线衍射所得实验数据以及ab－initio分子动力学模拟结果是一致的[25]。研究者还估算了SiBCN基体和SiBCN晶体材料(热处理后)的相关系数[22]。结果表明,非晶基体的 b 值约为0.5,而结晶后该值降低至0.4左右。

4.2.4 压痕测试

采用Vickers(四面金刚石)压痕计或Berkovitch(三面金刚石)压痕计对样品进行尖锐接触的压痕实验会产生永久的印记(与实际的热力学条件有关),由此可获得样品的硬度值。在很多情况下,由于样品较小和/或难以处理,硬度是唯一可测量的参数。硬度不是材料的固有特性,而与在压痕计下产生的高压所导致的材料形变的可见响应有关。在没有错位活性的情况下,如对于玻璃来说,产生的压痕就由黏性流动(体积恒定过程)和致密化(体积收缩)共同决定。因此,两种形变方式差别很大的材料可能具有相同的硬度。例如Zr基金属玻璃块体的变形由不产生体积变化的局部剪切带产生,而SiOC玻璃则对致密化作用非常敏感,但这两种材料具有非常相似的硬度值。

4.2.4.1 变形机理

大多数PDC在尖锐的压痕计作用下会产生严重的致密化,因此致密化被认为是PDC产生永久压痕变形的主要原因。这是因为相较于其他玻璃和陶瓷材料,PDC具有很低的原子堆积密度。SiOC玻璃极小的泊松比(4.2.3节)也证明了这一推测。此外,PDC材料内还存在一些纳米和微米级的残余孔隙。硅碳氧玻璃的硬度(H)随碳含量增大而升高,一般在4~9GPa之间。对于凝胶衍生的 $SiO_{2(1-x)}C_x$ 来说,当碳原子百分含量从0增加到14.1%,其硬度 H 由4.7GPa增加至8.9GPa(实验采用2N负荷持续15s)[7,8](图4.15)。Homeny等人[26]采用SiC作为碳源和传统的粉末熔体制备得到了MgSiAlOC玻璃,当玻璃中碳含量增加时,H由6升至7GPa。Soraru等人通过对氧化硅凝胶改性,获得了有机基团与硅直接

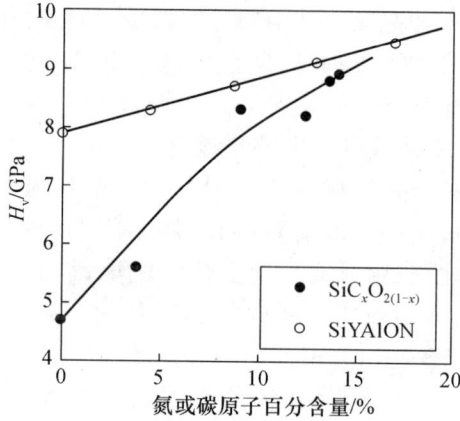

图 4.15　阴离子替代对玻璃硬度的影响

键合的先驱体,在所研究的碳含量范围之内,产物 $SiO_{1.33}C_{0.33}$ 是唯一纯的碳氧玻璃。若碳含量较小,将存在一些自由硅,而较大的碳含量会导致游离碳残留(表 4.2)。最大硬度值(9GPa)比无定形二氧化硅的高约 50%。对含自由碳的 Si－O－C 玻璃,其压痕变形过程常伴随着沿着环形赫兹锥和游离碳相交区域的局部剪切(图 4.16)。由聚乙烯基硅氮烷(polyvinylsilazane)制备的 Si－C－N 先驱体陶瓷存在明显的压痕尺寸效应[27],当负载从 0.98N 增加到 98 N,其 H 值由 12.1 降低至 6.1GPa。

4.2.4.2　压痕开裂

　　致密化作用在尖锐压痕计下高流体静应力区域优先发生,其直接后果是由压痕区域内物质转移引发的残余应力场远小于体积几乎恒定的材料变形。这导致了一种不规则压痕现象,其特点是出现 Hertzian 锥形裂纹而不是完好的中部径向裂纹(图 4.16 和图 4.17)。例如,在某些情况下,甚至在高负荷下都没有可见的中部径向裂纹(图 4.17(a))。这使得通常用于估算断裂韧性(K_{1c})的标准弹性－塑性方程出现偏差。该方程会使 K_{1c} 的估测值偏高很多(对于负荷低于1kg,几乎没有中部径向裂纹的无定形二氧化硅来说,其韧性估测值可能是无限的)。值得注意的是,SiCN 和 SiCBN 具有比 SiOC 玻璃更加"正常"的压痕行为(图 4.19),如其中部径向裂纹比 Hertzian 锥形裂纹要多。这也许是由于前者的原子堆积密度较高,这与其泊松比(约 0.22)比 SiOC 和 SiO_2 玻璃的要大的趋势一致。

192

图 4.16 含有部分游离碳的 $SiO_{1.33}C_{0.33}$ 玻璃的压痕变形机制

进行 Vickers 压痕实验(载荷 2.94 N,时间 15 s)后样品的原子力显微镜观测图。

顶部图采用接触模式,底部图采用轻敲模式(相位图)。[18,19]

4.2.4.3 抗划伤性和摩擦行为

初步的划刻实验进一步证实了压痕硬度结果:透明石英的刻痕深度比 SiOC 玻璃深,这些玻璃的亚表面横向裂纹和中部径向裂纹比标准钠钙硅浮法玻璃要少(图 4.18)。这是因为接触区域内物质的致密化促进了有效的应力松弛。a – SiO_2,$SiO_{1.33}C_{0.33}$ 和 $SiO_{1.25}C_{0.375}$ 玻璃的微摩擦机制(生成碎片)的力值下限分别为 0.2,0.5 和 0.7 N。对于微机电系统(MEMS)来说,其磨损性能是极为重要的,因此 PDC 是有前途的制造 MEMS 的材料。SiCON 基 PDC 是一种在常规条件下具有极好化学惰性的硬质材料[35]。此外,这些材料大多含有由一些富碳区域分隔开的纳米结构化的游离碳。这些特点使得 PDC 在摩擦学领域可存在一些有趣应用。对于 SiOCN 体系来说,较高的氮氧比增强了其磨损性能[30]。在干

193

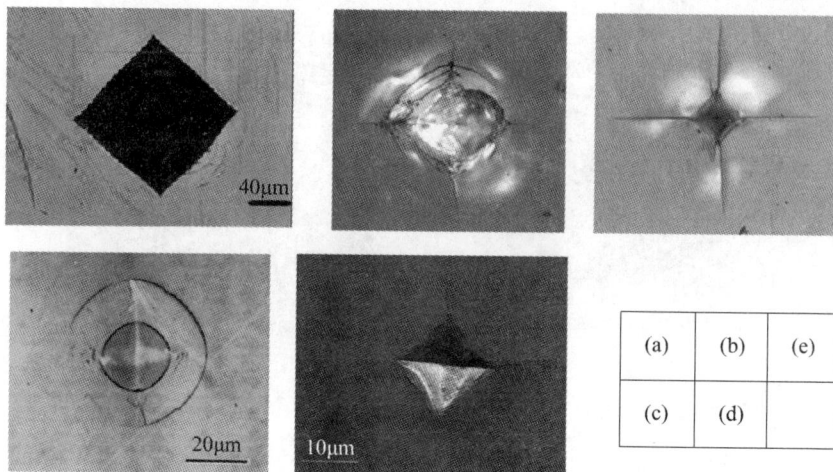

图 4.17　化学组成不同的玻璃的维氏压痕

（a）$SiO_{1.6}C_{0.8}(20kg)$[15]；（b）$a-SiO_2(1kg)$；（c）$SiO_{1.25}C_{0.375}(1kg)$[7,8]；
（d）$Si-C-N(300\ g)$[32]和（e）窗用玻璃（1kg,［Planilux, Saint-Gobain）。

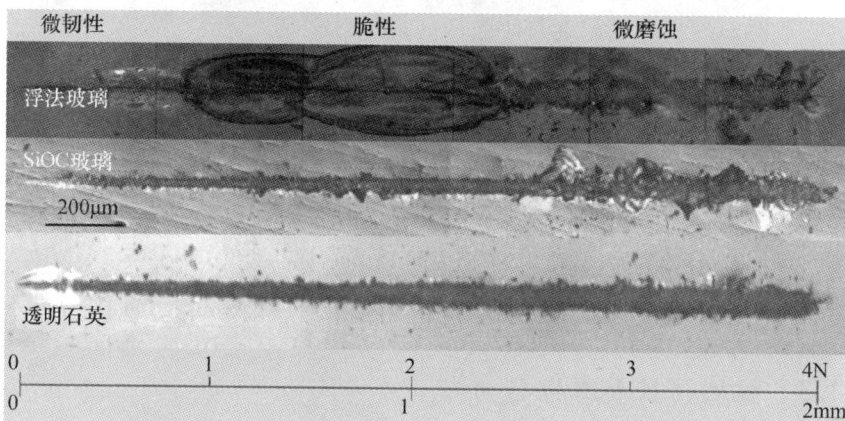

图 4.18　维氏划刻压痕：在划刻速度为 0.1mm/s 时，负载从 0 单调增加至 4N

燥的环境中,磨损行为可根据接触应力分为两个区域。比如说接触应力低于
0.4GPa 时,属于低摩擦区域,此时的损伤可忽略不计,磨损系数接近 0.2。在较
大的平均接触应力下,磨损系数攀升至 0.7,损伤（微裂纹、碎片生产等）开始出
现[30]。在比较潮湿的环境中（湿度为 20% ~80%）,磨损系数保持在 0.2 左右。
富碳纳米区域以图 4.19 所示的润滑机制产生了低摩擦规则,这与 AFM 实验发
现的富碳区域倾向于在 Vickers 压痕附近发生切变（图 4.16 下部）的结果高度
一致。Ryan 等人采用射频磁控溅射在硅片上沉积 Si - O - C 薄膜,并在室温下

用铬钢球以 1 N 负荷和 5 m/s 的线速度研究了该薄膜的摩擦学行为[10]。在上述测试条件下,O/C 比分别为 1.09,2.81 和 5.32 的薄膜的摩擦因数分别为 0.33,0.58 和 0.75。这一结果再次表明,碳可以降低摩擦(热解石墨的碳 - 碳摩擦因数约为 0.22)。

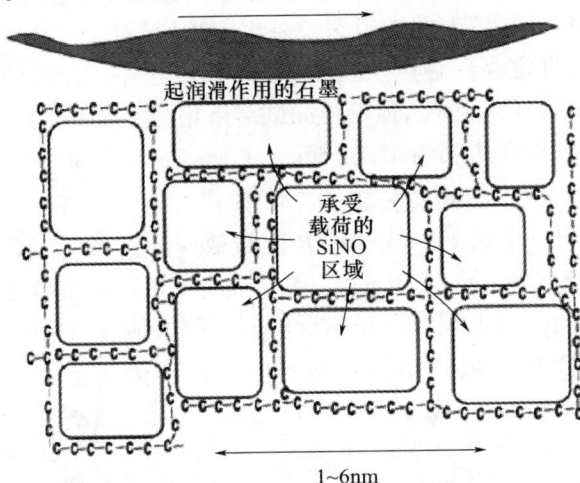

图 4.19　先驱体陶瓷纳米结构与摩擦性能之间相互关系的示意图[30]

4.2.5　断裂行为

4.2.5.1　强度

商业氧化铝纤维的强度约为 1 ~ 2GPa,在 1200℃ 下使用的先驱体 SiC 和 SiCN 纤维的拉伸强度通常在 2 ~ 6GPa 之间(参见综述[36])。向氧化硅或 SiB-CN 纤维中添加铝会降低它们的强度。为提高 SiC 基纤维的抗氧化性能,Yajima 等人开发了一种含 TiC 的纤维[37]。这种 SiTiCO 纤维(Tyranno)的拉伸强度为 2.8 ~ 3.0GPa。大多数非氧化物纤维在 1200℃ 以下可保持 2GPa 以上的强度(而碳纤维的强度在 400℃ 就开始迅速降低)。当温度进一步升高,强度的下降变得非常显著,到了 1400℃ 基本无强度。PDC 块体的强度一般介于 100 ~ 500MPa 之间。强度并非材料的内在属性,但它反映了物质微观结构(气孔、杂质等)的不均匀程度以及样品检测前的表面粗糙度(因为断裂一般是从表面缺陷开始的)。对于 SiC 和 Si₃N₄ 基纤维来说,颗粒粗化、晶粒长大以及含氧气相物质(如 CO、SiO 等)的释放是不利的因素,尤其是在高温服役环境中。由凝胶先驱体得到的 SiOC 纤维(通过对凝胶纤维进行热处理)强度可达 1GPa。纤维直径和游离碳含量越小,纤维强度越高[28]。

4.2.5.2 断裂韧性

在评价断裂韧性(K_{1c})的报道值时需要谨慎,因为测试样品通常太小,使得研究结果受压痕开裂方法的限制,而这些方法往往是不自洽的。因为要在这么坚脆的材料上造成已知精度的尖锐裂纹是很困难的(对于一个"半径"大于 $50\mu m$的裂纹尖端来说,肯定存在触点"半径"依赖性)。此外,大部分 PDC 都存在相对不均匀的微观结构和化学梯度,这使得测试结果相当分散。采用压痕断裂(Indentation Fracture,IF)和单边切口梁法(Single Edge Notch Beam Method,SENB)测得的 SiCN 非晶 PDC 的断裂韧性分别为 $2.1 MPa \cdot \sqrt{m}$ 和 $3.3 \sim 4.3 MPa \cdot \sqrt{m}$ [32]。此外,还应注意裂纹增长率的波动和 R 曲线效应。后者(表观 K_{1c} 随裂纹扩展而增加)是由裂纹偏转(图 4.20(a))和较大晶粒(异质非晶结构)的出现而导致的裂纹桥联造成的。根据裂纹前端附近的开裂剖面估算出的断裂韧性 K_{1c} 值为 $0.7 MPa \cdot \sqrt{m}$。这与文献中报道的采用 SENB 法测得的 SiOC 玻璃的 K_{1c} 值

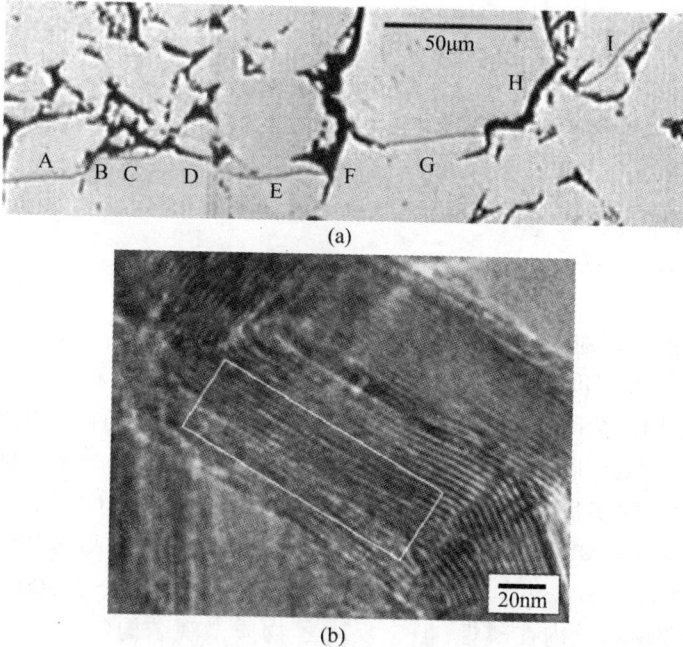

(a)

(b)

图 4.20 (a)由 Ceraset™聚硅氮烷制备的 Si－C－N 非晶 PDC[32]的裂纹路径,表明孔洞延长和无定形结构的不均匀性会引起裂纹偏转;(b)在张力下裂解的氮化硼纤维的高分辨率透射电镜,纤维内部晶面排列在一个平面上(其轴向与平面基线基本对齐)[38]。

$(0.5\text{MPa} \cdot \sqrt{\text{m}})$很接近[18,19]。因此,不论是用聚合物还是用溶胶 – 凝胶做为先驱体,都不能明显改善材料的断裂韧性。熔融非晶石英的典型断裂韧性值约为$0.7 \sim 0.8\text{MPa} \cdot \sqrt{\text{m}}$。

4.2.6 其他

4.2.6.1 力学性能对形状(纤维、棒、泡沫材料、涂料)的依赖以及织构效应

纤维一般是有织纹的,其各向异性在很大程度上取决于加工条件。纤维内存在一些纳米结构,使其力学性能受热解过程中所施加的张力的影响。例如,由聚甲基氨基硼氮烷在氨气中经1000℃热解制备的BN纤维的强度和弹性模量分别为0.9GPa和110GPa,若将纤维在1800℃的氮气中进一步热处理,其强度和弹性模量分别提高至1.2GPa和285GPa[38]。这是因为高温热处理后,纤维内形成了h – BN晶体,且这些晶体的基面趋于延纤维轴向排列,从而提高了纤维轴向上的性能(图4 – 20(b))。

另外,对于纤维这种直径较小的材料来说,其比表面积较高,因此表面特性对纤维性能起到了至关重要的作用。随着纤维直径缩小,其本征强度和弹性模量增大。例如,将铝盐和氧化硅分散在有机先驱体纤维(如纤维素纤维)中,可得到$\text{Al}_2\text{O}_3(6\%)/\text{SiO}_2$纤维,当这种纤维的直径由$2\mu\text{m}$增至$5\mu\text{m}$,其强度由2.5GPa降至0.5GPa[36]。对此现象的普遍解释是纤维直径越小其内部瑕疵和缺陷就越少。对于纤维来说,测试样品的长度也会对测试造成影响,因为在长样品中缺陷出现的概率更高。

在毫米粗细的棒中,棒的表面和中央部分之间通常存在成分梯度。比如在由凝胶制备的SiOC的玻璃中,其表面通常由丰富的共价碳组成,因此其表面硬度比中心高得多[18,19]。

SiC_xN_y涂层可由$\text{Si}(\text{CH}_3)_4$—NH_3—H_2先驱体体系(TMS)在$1000 \sim 1200℃$经化学气相沉积在石墨基板上获得[9]。采用装配有$50 \sim 100\text{nN}$载荷的Berkovich压痕器对其进行测量,当$x/(x+y)$由0.02增加至0.07,所得的简化弹性模量($E' = E/(1 - v)$)由250GPa增加至350GPa,同时硬度由28GPa增加至38GPa。用C和Au离子辐照聚合物(聚硅氧烷、聚碳硅烷、聚硅氮烷)薄膜和醇盐衍生的硅氧烷凝胶可获得一种有趣的材料。这种材料内部含有金刚石结构的碳颗粒[39]。实际上获得的是具有高硬度(高达27GPa)的SiC和SiOC陶瓷薄膜。当材料的C/Si比接近1时,相应材料的硬度最高。硼的加入不利于SiOC

玻璃硬度的提高,氮则正好相反。

4.2.6.2 复合材料

值得注意的是,从纳米尺度来看,大部分 PDC 都属于复合材料,也可以叫做纳米复合材料。例如,越来越多的研究者都认可 SiOC 玻璃是以富碳区和富氧区为基础,由纳米级大小的石英富集区和将它们分隔开的石墨层状富碳区域以及界面处的 Si - C - O 相共同组成的复合材料。Ab - initio 分子动力学模拟[25]、热力学计算[40]、黏弹性能测试[24]和高分辨率透射电镜分析[18,19,41]均反映出了非晶 SiOC 先驱体陶瓷的上述结构特点。

在微尺度上,可通过促进结晶(1100℃以上的高温热处理)或引入第二相粒子来提高力学性能。例如将 SiC 颗粒浸渍在商业级液态 SiCN 先驱体(聚硅氮烷)中,可获得颗粒状 SiC 增强的 SiCN 先驱体陶瓷[42]。在 1350℃的热处理会导致 SiC 的氧化,使 SiC 含量稍降低并生成方石英,但没有 Si_3N_4 生成。这种复合材料的性能比普通 SiCN 陶瓷要好得多,其 Vickers 硬度为 17.5GPa,弹性模量为 240GPa,断裂韧性 K_{1c} 值为 4MPa·$\sqrt{m}$,强度为 525MPa。

通过热解一种由超支化聚碳硅烷获得的有机/无机杂化材料可制备 BN(p)/SiC 复合材料[43]。该材料由 1~10μm 大小的 BN 颗粒包裹在富 SiC 的基体中构成。虽然这种材料的硬度较低,但 Vickers 压痕计在其上产生的裂纹比在纯先驱体 SiC 材料上要短。这是因为复合材料中,裂纹在遇到颗粒增强体后会发生偏转和阻断,尤其是当 SiC/BN = 1 时,这种效应更为明显。

文献还研究了蒙脱黏土和 SiOC 玻璃组成的复合材料[44]。当煅烧过的黏土的质量百分含量不高于 30% 时,这种复合材料的力学性能比纯 SiOC 玻璃基体稍好,可能是因为黏土的热解在其内部形成了石英和莫来石。但当黏土质量百分含量超过 30% 后,材料的强度、硬度和断裂韧性都因体系内出现孔隙和微裂纹而下降。

4.2.6.3 多孔性

多孔性,尤其是纳米和微米尺度的孔隙,是理解 PDC 行为的一个关键参数。纳米孔是致密化蠕变机制的主要原因[23],也是异常压痕行为的诱因之一[15]。多孔性对硬度的影响比对弹性模量的影响要大。有趣的是,影响材料性能的不仅有孔的体积分数,还包括孔的形状。例如,仅将孔的体积分数含量由 8% 增加至 12%,材料的 E 就由 140GPa 降低至 50GPa,这说明孔隙的形态会对交联度产生影响,从而成为材料性能的一个重要参数[7,8]。

4.2.7 参考文献

[1] Verbeek W. , "Shaped articles of silicon carbide and silicon nitride", Ger. Offen. No. 2 218 960 (1973).

[2] Yajima S. , Hayashi J. , Omori M. , and Okamura K. , "Development of a silicon carbide fibre with high tensile strength", *Nature*, 261 (1976) 684 – 685.

[3] Riedel R. , Mera G. , Hauser R. , and Klonczynski A. , "Silicon – based polymer – derived ceramics: Synthesis properties and applications—A review", *J. Ceram. Soc. Jpn*, 114 [6] (2006) 425 – 444.

[4] Zhuo R. , Colombo P. , Pantano C. , and Vogler E. A. , "Silicon oxycarbide glasses for blood – contact applications", *Acta Biomater.* , 1 (2005) 583 – 589.

[5] Bernard S. , Weinman M. , Cornu D. , and Miele P. , "A new generation of boron – based ceramic fibers: design, processing and properties of SilicoBoron CarboNitride (SiBCN) fibers from boron – modified polyvinylsilazanes", *Adv. Sci. Technol.* , 50 (2006) 9 – 16.

[6] Rouxel T. , "Mechanical properties of ceramics", ch. 8, in *Ceramic Materials*, Ed. Ph. Boch and J. C. Niepce, Pub ISTE Ltd, London (2006).

[7] Soraru G. D. , D'Andrea G. , and Glisenti A. , "XPS Characterization of Gel – Derived Silicon Oxycarbide Glasses," *Mater. Lett.* , 27 (1996) 1 – 5.

[8] Soraru G. D. , Dallapicola E. , and D'Andrea G. , "Mechanical characterization of sol – gel derived silicon oxycarbide glasses", *J. Am. Ceram Soc.* , 79 [8] (1996) 2074 – 80.

[9] Bendeddouche A. , Berjoan R. , Bêche E. , and Hillel R. , "Hardness and stiffness of amorphous SiC_xN_y chemical vapor deposited coatings", *Surf. Coat. Technol.* , 111 (1999) 184 – 190.

[10] Ryan V. J. , Colombo P. , Howell J. A. , and Pantano C. G. , "Tribology – structure relationships in silicon oxycarbide thin films", *Int. J. Appl. Ceram. Technol.* , 7[5] (2009) 675 – 686.

[11] Ecolivet C. and Verdier P. , "Propriétés élastiques et indices de réfraction de verres azotés," *Mater. Res. Bull.* , 19 (1984) 227 – 31.

[12] Hampshire S. , Nestor E. , Flynn R. , Besson J. L. , Rouxel T. , Lemercier H. , Goursat P. , Sebai M. , Thompson D. P. , and Liddell K. , "Yttrium oxynitride glasses: Properties and potential for crystallisation to glass – ceramics," *J. Eur. Ceram. Soc.* , 14 (1994) 261 – 73.

[13] Sun E. Y. , Becher P. F. , Hwang S. L. , Waters S. B. , Pharr G. M. , and Tsui T. Y. , "Properties of Silicon – Aluminum – Yttrium Oxynitride Glasses," *J. Non – Cryst. Solids*, 208 (1996) 162 – 9.

[14] Renlund G. M. , Prochazka S. , and Doremus R. H. , "Silicon oxycarbide glasses: Part II. Structure and properties", *J. Mater. Res.* , 6 [12] (1991) 2723 – 34.

[15] Moysan C. , Riedel R. , Harshe R. , Rouxel T. , and Augereau F. , "Mechanical characterization of a polysiloxane – derived SiOC glass", *J. Eur. Ceram. Soc.* , 27 (2007) 397 – 403.

[16] Rouxel T. , "Elastic properties and short – to – medium range order in glasses", *J. Am. Ceram. Soc.* , 90 [10] (2007) 3019 – 3039.

[17] Rouxel T. , Massouras G. , and Soraru G – D. , "High temperature behavior of a gel – derived SiOC glass: elasticity and viscosity", *J. Sol – Gel Sci. Technol.* , 14 (1999) 87 – 94.

[18] Rouxel T. , Sangleboeuf J – C. , Guin J – P. , Keryvin V. , and Soraru G – D. , "Surface damage resistance of gel – derived oxycarbide glasses: hardness, toughness, and scratchability", *J. Am. Ceram. Soc.* ,

84 10 (2001) 2220 - 2224.

[19] Rouxel T. , Soraru G - D. , and Vicens J. , "Creep viscosity and stress relaxation of gel – derived silicon oxycarbide glasses",*J. Am. Ceram. Soc.* , 84 5 (2001) 1052 - 1058.

[20] Ota K. and Pezzotti G. , "Internal friction analysis of structural relaxation in SiCO glass",*J. Non – Cryst. Solids*, 318 (2003) 248 - 253.

[21] An L. , Riedel R. , Konetschny C. , Kleebe H. J. , and Raj R. , "Newtonian viscosity of amorphous silicon carbonitride at high temperature",*J. Am. Ceram. Soc.* , 81 [5] (1998) 1349 - 52.

[22] Kumar N. V. R. , Prinz S. , Cai Y. , Zimmermann A. , Aldinger F. , Berger F. , and Müller K. , "Crystalization and creep behavior of Si – B – C – N ceramics",*Acta Mater.* , 53 (2005) 4567 - 4578.

[23] Shah S. R. and Raj R. , "Nanoscale densification creep in polymer – derived silicon carbonitrides at 1350°C",*J. Am. Ceram. Soc.* , 84 [10] (2001) 2208 - 12.

[24] Scarmi A. , Sorarù G. D. , and Raj R. , "The role of carbon in unexpected visco(an)elastic behavior of a-morphous silicon oxycarbide above 1273 K",*J. Non – Cryst. Solids*, 351 (2005) 2238 - 2243.

[25] Kroll P. , "Modeling the free carbon phase in amorphous silicon oxycarbide",*J. Non – Cryst. Solids*, 351 (2005) 1121 - 1126.

[26] Homeny J. , Nelson G. G. , and Risbud S. H. , "Oxycarbide glasses in the MgAlSiOC system",*J. Am. Ceram. Soc.* , 71 [5] (1988) 386 - 90.

[27] Nishimura T. , Haug R. , Bill J. , Thurn G. , and Aldinger F. , "Mechanical and thermal properties of Si – C – N material from polyvinylsilazane",*J. Mater. Sci.* , 33 (1998) 5237 - 5241.

[28] Kamiya K. , Katayama A. , Suzuki H. , Nishida K. , Hashimoto T. , Matsuoka J. , and Nasu H. , "Preparation of Silicon Oxycarbide Glass Fibers by Sol – Gel Method—Effect of Starting Sol Composition on Tensile Strength of Fibers,"*J. Sol – Gel Sci. Technol.* , 14 [1] (1999) 95 - 102.

[29] Shah S. R. and Raj R. , "Mechanical properties of a fully dense polymer derived ceramic made by a novel pressure casting process",*Acta Mater.* , 50 (2002) 4093 - 4103.

[30] Cross T. , Raj R. , Prasad S. V. , Buchheit T. E. , and Tallant D. R. , "Mechanical and tribological behavior of polymer – derived ceramics constituted from $SiC_xO_yN_z$",*J. Am. Ceram. Soc.* , 89 [12] (2006) 3706 - 14.

[31] Galusek D. , Riley F. L. , and Riedel R. , "Nanoindentation of a polymer – derived amorphous silicon carbonitride ceramic",*J. Am. Ceram. Soc.* , 84 [5] (2001) 1164 - 66.

[32] Bauer A. , Christ M. , Zimmermann A. , and Aldinger F. , "Fracture toughness of amorphous precursor – derived ceramics in the silicon – carbon – nitrogen system",*J. Am. Ceram. Soc.* , 84 [10] (2001) 2203 - 207.

[33] Bernard S. , Weinman M. , Gerstel P. , Miele P. , and Aldinger F. , "Boron – modified polysilazane as a novel single – source precursor for SiBCN ceramic fibers: synthesis, melt spinning, curing and ceramic conversion",*J. Mater. Chem.* , 15 (2005) 289 - 299.

[34] Bernard S. , Chassagneux F. , Berthet M. P. , Cornu D. , and Miele P. , "Crystallinity, crystalline quality, and microstructure ordering in boron nitride fibers",*J. Am. Ceram. Soc.* , 88 [6] (2005) 1607 - 1614.

[35] Soraru G. D. , Modena S. , Guadagnino E. , Colombo P. , Egan J. , Pantano C. G. , "Chemical Durability of Silicon – Oxycarbide Glasses,"*J. Am. Ceram. Soc.* , 85 [6] (2002) 1529 - 36.

[36] Cooke T. F. , "Inorganic fibers—A literature review",*J. Am. Ceram. Soc.* , 74 [12] (1991) 2959 – 78.

[37] Yajima S. , Iwai T. , Yamamura T. , Okamura K. , and Hasegawa Y. , "Synthesis of polytitano carbosilane an its conversion to inorganic compounds",*J. Mater. Sci.* , 16 [5] (1981) 1349 – 55.

[38] Toutois P. , Miele P. , Jacques S. , Cornu D. , and Bernard S. , "Structural and mechanical behavior of boron nitride fibers derived from poly[(methylamino)borazine] precursors: Optimization of the curing and pyrolysis procedures",*J. Am. Ceram. Soc.* , 89 [1] (2006) 42 –49.

[39] Pivin, J. C. , Colombo, P. , and Sorarù, G. D. , "Comparison of ion irradiation effects in silicon – based preceramic thin films",*J. Am. Ceram. Soc.* , 83 [4] (2000) 713 – 20.

[40] Varga T. , Navrotsky A. , Moats J. L. , Morcoas R. M. , Poli F. , Müller K. , Saha A. , and Raj. R. , "Thermodynamically stable $Si_xO_yC_z$ polymer – like amorphous ceramics", *J. Am. Ceram. Soc.* , 90 [10] (2007) 3213 – 3219.

[41] Kleebe H. J. , Turquat C. , and Soraru G. D. , "Phase separation in an SiCO glass studied by transmission electron microscopy and electron energy – loss spectroscopy",*J. Am. Ceram. Soc.* , 84 [5] (2001) 1073 – 1080.

[42] Lee S – H. , Weinmann M. , and Aldinger F. , "Particulate – reinforcedprecursor – derived Si – C – N ceramics: Optimization of pyrolysis atmosphere and schedules",*J. Am. Ceram. Soc.* , 88 [11] (2005) 3024 – 31.

[43] Interrante L. V. , Moraes K. , Liu Q. , Puerta A. , and Sneddon L. G. , "Silicon – based ceramics from polymer precursors",*Pure Appl. Chem.* , 74 [11] (2002) 2047 – 53.

[44] Bernardo E. , Colombo P. , and Manias E. , "SiOC glass modified by montmorillonite clay",*Ceram. Int.* , 32 (2006) 679 – 686.

4.3 光学性质

ALBERTO QUARANTA,AYLIN KARAKUSCU 和 GIAN DOMENICO SORARU

4.3.1 引言

一直以来,SiCNO 和 SiMeCNO(Me = B,Al,Ti,Zr)等一系列先驱体陶瓷的光学性能都被人们忽视,因为这些裂解产物一般都是黑色的。然而三元 SiCO 体系的这一特殊性能已引起研究人员的广泛关注,称为"黑色玻璃"[1]。从结构上来看,PDC 表现出的黑色的原因主要是 sp^2 碳原子形成了具有吸光效应的石墨层。由于 PDC 对可见光的吸收阻碍了将 PDC 制备成光学器件的能力,导致 PDC 的光学性能几乎完全没有被开发出来。

为了尽量减少 SiCO 体系中自由碳的出现,以求制备出等化学计量比的 Si-CO 玻璃陶瓷,很多研究者采用不同方法对 SiCO 玻璃的化学组成进行了细致的调控。Belot 等人[2,3]将含有 Si—R—Si 和 Si—Si 键,且具有最少有机基团的先驱体置于1000℃的Ar气中热解,获得了碳含量很低的SiCO玻璃陶瓷,但并没有对这种材料的光学性能进行相关报道。Soraru等人采用含Si—H官能团的先驱体制备了近化学计量比的SiCO玻璃陶瓷[4,5]。先驱体中的Si—H键在此起到了双重作用:一是减少C含量,二是在热解过程中为将C引入到无机网络中形成新的Si—C键提供了活性点。采用这一方法,目前已经获得了等化学计量比的块状、薄膜状和粉状SiCO玻璃陶瓷,并表征了其光学性能。本节将对SiCO玻璃陶瓷的透明性和发光性方面的研究工作做一总结。

4.3.2 由含Si—H键的溶胶-凝胶先驱体合成透明块状SiCO玻璃陶瓷

只有当非晶结构中所有的碳原子都与硅通过Si—C键结合在一起时才能获得透明的SiCO玻璃陶瓷。这种除了与硅连接的碳外没有多余或游离碳的SiCO玻璃陶瓷称为"等化学计量SiCO",其化学组成为$SiC_xO_{2(1-x)}$。为了获得等化学计量的SiCO,首先必须明确先驱体组成与陶瓷产物组成之间的关系。实验结果表明,O/Si比在热解过程中基本不会改变,而C仅以碳化物中的碳(Si—C)存在,因此体系中C的最高含量就可根据先驱体中的氧含量简单地估算出来。因此,制备等化学计量SiCO的可行方法是从一开始就采用具有正确C/Si比的先驱体[5]。

可采用三乙氧基硅烷(HSi(OEt)$_3$,TREOS,又称T^H)和甲基二乙氧基硅烷(HMe-Si(OEt)$_2$,MDES,又称D^H)的共水解制备改性氧化硅凝胶,可通过改变这两种醇盐的配比来精确调节凝胶中的碳氧含量[6]。图4.21中的实线为这种凝胶中的C/O比,当TREOS组分所占配比为100%时,其值为0;而当MDES所占配比增加至100%时,C/O比也升至1。图中虚线为等化学计量硅碳氧相中C和O含量的关系。两条线交于O/Si = 1.33处,相应的T^H/D^H物质的量的比值为2。在这种情况下,凝胶中的碳含量与相应陶瓷产物中的碳含量一致,因此该配比(图4.21中点B)被选为制备透明的化学当量SiCO陶瓷玻璃的最佳配比。若反应物中T^H/D^H物质的量的比值大于2(如点C),则相应SiCO陶瓷中将含有Si—Si键;若T^H/D^H物质的量的比值小于2(如点A),则最终SiCO网络中将含有C—C键,且有形成自由碳相的趋势。特别地,当凝胶先驱体为纯TREOS时,将得到含有Si—Si键但不含Si—C键的氧化硅网络结构,实际上就是一种近化学计量的氧化硅玻璃(SiO$_x$,$x \leqslant 2$)。

采用上述方法,将T^H/D^H物质的量的比值为2的三乙氧基硅烷和甲基二乙氧基硅烷共水解得到凝胶先驱体,然后将此先驱体在1000℃的惰性气氛中热解,得到致密的淡黄色透明硅碳氧玻璃陶瓷(如图4.22所示)。醇盐以EtOH/Si

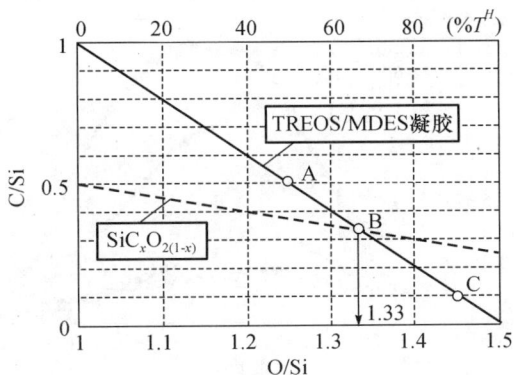

图 4.21 由 TREOS 和 MDES 共水解所得凝胶样品(实线)以及相应化学当量硅碳氧相(虚线)中的 C/Si 和 O/Si 比[6](Wiley－Blackwell 授权转载)

物质的量的比值 0.5 的比例溶解在乙醇中,然后使用 H_2O/Si 摩尔比为 1 的酸性水溶液(HCl,pH = 2)进行水解。

在上述合成过程中重要的一点是起始硅醇盐中乙氧基完全水解的能力,因为残余 Si—OEt 基团的存在会导致游离碳的形成。因此,如果将 EtOH/Si 的比例由 4 提高至 10,最终获得的 SiOC 玻璃透明度将越来越差(如图 4.22(b)和图 4.22(c)所示)。这是因为乙醇既是溶剂又是水解产物,随其浓度升高,水解反应速度将变缓[7]。这种透明玻璃的光学吸收限为 500～550nm。

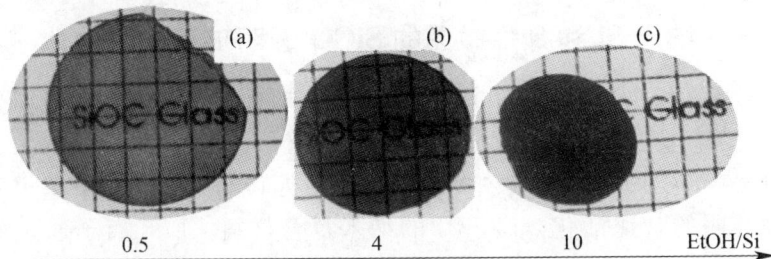

图 4.22 由 $T^H/D^H = 2$ 的溶胶－凝胶先驱体在 1000℃的 Ar 气中热解所得致密、透明的 SiCO 玻璃
其中 $H_2O/Si = 2$,EtOH/Si 摩尔比分别为:(a) 0.5;
(b) 4 和(c)10。样品厚 500μm,直径约为 5mm[7]。

通过记录热解过程中的发射光谱(激发波长为 310nm),研究了等化学计量 SiCO 玻璃的光致发光行为(图 4.23)。结果表明,材料的 PL 光谱在 500nm 附近存在很宽的发光带,该峰归属于 sp^2 C 簇。与文献中报道的非晶氢化碳薄膜的发光位置进行比较可推算出每个碳簇平均包含 15～25 个碳环。这些碳簇的浓度正好能在保证材料透明性的同时产生强烈的发光。

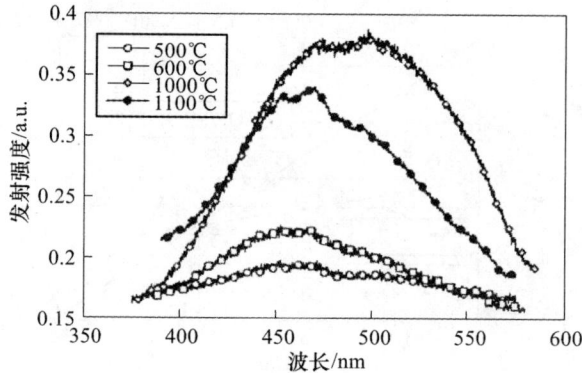

图 4.23 由 $T^H/D^H = 2$ 的溶胶 – 凝胶先驱体在不同温度下热解所得 SiCO 玻璃的 PL 光谱
（$H_2O/Si = 1$; $EtOH/Si = 0.5$; HCl, $pH = 2$）[7]。

通过将异质元素溶解在溶液中,采用溶胶 – 凝胶工艺合成先驱体,还可简单地将异质元素引入到先驱体中。据此,Zhang 等人[8]通过将 $Eu(NO_3)_3$ 溶解到 $T^H/D^H = 2$ 的溶胶 – 凝胶溶液中,获得了含 Eu 的 SiCO 透明玻璃。此研究中,先驱体的热解在不同温度的 Ar 气流中完成,基于 Eu^{3+} 的发光性能一直持续到 400℃。在此温度以上,由于 Eu^{3+} 转化为 Eu^{2+},材料在 450nm 附近出现一个很宽的蓝色发射谱带。上述结果表明,SiOC 网络结构产生了 Eu 离子的原位反应并在热解过程中提供了还原物质。

4.3.3 含有纳米 Si 和 SiC 微晶的 SiCO 透明玻璃陶瓷块体

无定形硅碳氧玻璃经过 1200 ~ 1400℃ 的高温退火处理后会发生相分离,依据玻璃组成不同会形成 SiC 和/或 Si 纳米微晶[9,10]。据此,Soraru 等人[11]将化学当量的含铒 SiCO 玻璃陶瓷（图 4.21 组分 B）在 1200 ~ 1300℃ 下退火处理,得到了一种透明的含铒活化 SiC/SiO_2 的纳米复合材料。Er^{3+} 离子通过 $ErCl_3 \cdot 6H_2O$ 引入到溶胶 – 凝胶溶液中。样品的 PL 谱图在 $1.55\mu m$ 处出现了 Er^{3+} 离子的 $^4I_{13/2} \rightarrow {}^4I_{15/2}$ 转化特征发射峰,其强度随热解温度和 Er 浓度（至少可达 4% mol）的升高而增加。后一结果说明 SiCO 网络可以在不明显增加基体应变的情况下容纳 Er^{3+} 离子。此外,其发光峰形没有表现出结晶环境的特点,说明大多数 Er 离子都是嵌入到玻璃基质中。

采用类似的方法,将 TREOS 转化的氧化硅基玻璃进行高温退火处理,得到了 Si_{ne}/SiO_2 纳米复合材料[12]。将三乙氧基硅烷水解得到的凝胶在 1000 ~ 1200℃ 的惰性气氛中热解。热解过程中,先驱体中的 Si—H 基团发生反应,生成

204

H_2 和 Si—Si 键。Si—Si 键在 1000℃ 以上将发生重排,形成 Si 纳米微晶并嵌入到氧化硅基体中。最高温度介于 1000 ~ 1200℃ 之间时,采用 XRD 和 μ – 拉曼光谱验证了硅纳米晶的形成。与此同时,产物还出现一个光致发光宽峰。提高加热温度,该峰发生红移,峰中心由 600nm 移至 800nm。而该发射峰波长的增加及其半高宽的减少与纳米晶粒的尺寸的增加有关(XRD 结果显示由 3.0 增至 4.4nm),如图 4.24 所示。

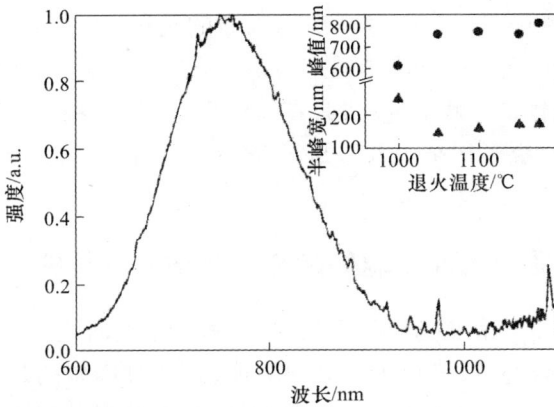

图 4.24　由 T^H 先驱体转化制备的 Si_{nc}/SiO_2 样品在 1100℃ 退火 1h 后的典型光致发光光谱插图为峰值(●)和半峰宽(▲)随热解温度的变化情况[12](Wiley – Blackwell 授权转载)。

4.3.4　SiCO 发光薄膜

先驱体聚合物技术以及溶胶 – 凝胶方法均非常适合以浸渍或旋涂的方式制备先驱体薄膜。如果基板能在最高热解温度下保持稳定,就可以将上述先驱体薄膜转化成相应的陶瓷薄膜。

根据上述方法,Das 等人将 T^H 溶胶 – 凝胶溶液旋涂在 Si 基板上,然后在介于 600 ~ 1300℃ 之间的不同温度下于 N_2 气氛中热解,最终获得了 Si_{nc}/SiO_2 薄膜[13]。PL 光谱测试表明,1200℃ 所得样品在 790nm 左右出现非常明显的峰,这主要来源于形成的 Si_{nc}。如果进一步提高退火温度,纳米微晶颗粒的增加会导致该峰发生红移。

Karakuscu 等人[14]将 $T^H/D^H = 2$ 的溶胶 – 凝胶先驱体溶液旋涂在 SiO_2 基板上,然后置于 700 ~ 1250℃ 下 Ar 气保护的石墨炉中裂解,就得到了 SiCO 薄膜。测试了不同热解温度下所得样品的 PL 光谱,结果表明:裂解温度较低时,样品的光谱以含有缺陷的非晶结构所产生的蓝峰(425nm 左右)为主,而在高温(1200℃)下制备的样品则主要在 560nm(2. 25eV)附近产生强烈的黄绿发射峰。这个峰值归属于 SiCO 相中原位生成的 SiC_{nc}。上述研究结果表明,含有原位生成的 SiC_{nc} 的 SiCO 纳米复合薄膜在光致发光领域极具潜力。

Pivin 通过对先驱体聚合物进行离子辐照深入地研究了陶瓷薄膜的形成和发光行为。此过程不涉及对样本加热,用它取代传统加热方式就不存在高温极限。在此研究中,采用 C 或 Au 离子辐照聚硅氧烷、聚碳硅烷和由溶胶 – 凝胶制备的薄膜,使它们转化为陶瓷薄膜。当离子到靶原子电子壳层的转移能量在平均每个原子 20~60eV 时,它们将表现出强烈的黄色 PL 发射。该 PL 发射峰归属于分散到非晶 $Si_xO_yC_yH_z$ 基体中的 C 簇。当能量转移较大时,由于量子点长大并出现逾渗,光致发光峰出现红移,直至消失[15 – 17]。相同的离子辐照技术已被应用到制备 Er^{3+} 离子掺杂的 Si_{nc}/SiO_2 薄膜中,所得产物具有良好的光致发光特性[18,19]。

4.3.5 SiOCN 和 SiCN 先驱体陶瓷的光致发光性能

Menapace 等人[20]和 Ferraioli 等人[21]分别独立地研究了 SiOCN 和 SiCN 先驱体陶瓷粉末的合成及发光行为。结果表明,这两种陶瓷的最大发光强度均出现在裂解温度介于 500~600℃ 之间的产物中,且测得的强度非常高。Menapace 采用了聚甲基倍半硅氧烷(Polymethylsilsesquioxane,PMS)和聚脲乙基乙烯基硅氮烷(polyurem – ethylvinylsilazane,Ceraset)作为先驱体。其中,PMS 在经过500℃ 和 600℃ 的退火处理后发白光,而 Ceraset 在 500℃ 退火处理后在蓝绿色的范围内发光。Menapace 等人[20]认为样品的发光行为由悬键引起,而 Ferraioli 等人[21]则认为它来自于 Si – C – N – O 四面体单元结构。

4.3.6 参考文献

[1] Zhang H. , Pantano C. G. , "Synthesis and Characterization of Silicon Oxycarbide Glasses" , *J. Am. Ceram. Soc.* , (1990) , 73 , 958 – 963.

[2] Belot A. , Corriu R. J. P. , Leclercq D. , Mutin P. H. , Vioux A , "Organosilicongels containing silicon – silicon bonds , precursors to novel oxycarbide compositions" , *J. Non – Cryst. Solids* , (1992) , 144 , 287 – 297.

[3] Belot A. Corriu R. J. P. Leclercq D. , Mutin P. H. , Vioux A , "Silcon Oxycarbide Glasses with Low O/Si Ratio from Organosilicon Precursors," , *J. Non – Cryst. Solids* , (1994) , 176 , 33 – 44.

[4] Babonneau F. , Soraru G. D. , D'Andrea G. , Dirè S. , Bois L , "Silicon – Oxycarbide Glasses from Sol – Gel Precursors," *Mater. Res. Soc. Symp. Proc.* , (1992) , 271 ,789 – 94.

[5] Soraru G. D. , "Silicon Oxycarbide Glasses from Gels" , *J. Sol – Gel Sci. Technol.* , (1994) 2 , 843 – 848.

[6] Soraru G. D. , D'Andrea G. , Campostrini R. , Babonneau F. , Mariotto G. , "Structural Characterization

206

and High Temperature Behaviour of Silicon Oxycarbide Glasses Prepared from Sol – Gel Precursors Containing Si – H Bonds", *J. Am. Ceram. Soc.* , (1995), 78, 379 – 387.

[7] Loner S. , "Vetri Ossicarburi Trasparenti", Tesi di Laurea in Ingegneria dei Materiali, 2001 Università di Trento, Italy.

[8] Zhang Y. , Quaranta A. , Soraru G. D. , "Synthesis and luminescent properties of novel Eu^{2+} – doped silicon oxycarbide glasses", *Opt. Mater.* , (2004), 24, 601 – 605.

[9] Burns G. T. , Taylor R. B. , Xu Y. , Zangvil A. , Zank G. A. , "High – Temperature Chemistry of the Conversion of Siloxanes to Silicon Carbide," *Chem. Mater.* , (1992), 4, 1313 – 23.

[10] Brequel H. , Parmentier J. , Walter S. , Badheka R. , Trimmel G. , Masse S. , Latournerie J. , Dempsey P. , Turquat C. , Desmartin – Chomel A. , Le Neindre – Prum L. , Jayasooriya U. A. , Hourlier D. , Kleebe H. – J. , Soraru G. D. , Enzo S. , F. Babonneau, "Systematic Structural Characterization of the High – Temperature Behavior of Nearly Stoichiometric Silicon Oxycarbide Glasses", *Chem. Mater.* (2004), 16, 2585 – 2598.

[11] Soraru G. D. , Zhang Y. , Ferrari M. , Zampedri L. , Goncalves R. R. , "Novel Er – doped SiC/SiO_2 nanocomposites: Synthesis via polymer pyrolysis and their optical characterization", *J. Eur. Ceram. Soc.* , (2004), 25, 277 – 281.

[12] Soraru G. D. Modena S. , Bettotti P. , Das G. , Mariotto G. Pavesi L. , "Si nanocrystals obtained through polymer pyrolysis", *Appl. Phys. Lett.* , (2003), 83, 749 – 51.

[13] Das G. , Ferraioli L. , Bettotti P. , De Angelis F. , Mariotto G. , Pavesi L. , Di Fabrizio E. , Soraru G. D. , "Si – nanocrystals/SiO_2 thin films obtained by pyrolysis of sol – gel precursors", *Thin Solid Films* (2008), 516, 6804 – 6807.

[14] Karakuscu A. , Guider R. , Pavesi L. , Soraru G. D. , "Synthesis and Optical Properties of SiC_n/SiO_2 Nanocomposite Thin Films", *Proceedings of 32nd International Conference & Exposition on Advanced Ceramics and Composites* (2008) ICACC – 0115.

[15] Pivin J. C. , Sendova – Vassileva M. , Colombo P. , Martucci A. , "Photoluminescence of composite ceramics derived from polysiloxanes and polycarbosilanes by ion irradiation", *Mater. Sci. Eng.* , 2000, B69 – 70, 574 – 577.

[16] Pivin J. C. , Colombo P. , Soraru G. D. , "Comparison of Ion Irradiation Effects in Silicon – Based Preceramic Thin Films", *J. Am. Ceram. Soc.* , 2000, 83 713 – 20.

[17] Pivin J. C. , Colombo P. , Martucci A. , Soraru G. D. , Pippel E. , Sendova – Vassileva M. , "Ion Beam Induced Conversion of Si – Based Polymers and Gels Layers into Ceramics Coatings", *J Sol – Gel Sci. Technol.* , 2003, 26, 251 – 255.

[18] Pivin J. C. , Jimenez de Castro M. , Sendova – Vassileva M. , "Optical activation of Er ions by Si nanocrystals in films synthesized by sol – gel chemistry and ion implantation", *J. Mater. Sci. Electron.* , 2003, 14, 661 – 664.

[19] Jimenez de Castro M. , Pivin J. C. , "Erbium Luminescence in Suboxide Films Derived from Triethoxysilane", *J. Sol – Gel Sci. Technol.* , (2003), 28, 37 – 43.

[20] Menapace I. , Mera G. , Riedel R. , Erdem E. , Eichel R. A. , Pauletti A, Appleby G. A. , "Luminescence of heat – treated silicon – based polymers: promising materials for LED applications", *J. Mater. Sci.* , (2008), 43, 5790 – 5796.

207

[21] Ferraioli L. , Ahn D. , Saha A. , Pavesi L. , Raj R. , "Intensely Photoluminescent Pseudo – Amorphous SiliconOxyCarboNitride Polymer – Ceramic Hybrids", *J. Am. Ceram. Soc.* , (2008), 91, 2422 – 2424.

4.4　电学性能
ALEKSANDERGURLO

4.4.1　引言

本节将对硅基先驱体陶瓷(PDC)的电学性能做一综述。文中第一部分回顾了由先驱体高分子热解所得 SiCN 和 SiOC 陶瓷的电学性能。由于热电能量的实验数据有限以及缺乏霍尔效应和光电导性能的相关测试,文中只对材料的直流和交流导电性能进行了详细介绍。主要探讨了 PDC 微结构对其导电机理的影响。第二部分主要讨论了非晶 PDC 中的多种导电模型。特别关注了费米能级附近的定域态中的变程跃迁(Variable – Range Hopping, VRH)。在这些模型的基础上,简单讨论了温度对直流和交流电导率的影响。紧接着综述了自由碳相在 PDC 电学性能中所起的作用。最后一节涉及最新发现的 PDC 表现出的异常高的压电电阻性能。

4.4.2　PDC 电学性能的研究

Kroke 等人简要回顾了截止 1999 年的 PDC 电学性能的研究[1]。对 SiCN 和 SiBCN 体系的电学性能已有全面的综述[2-4],而 SiOC 体系电学性能的全面综述可参见文献[5-7]。电导率对温度的依赖性是最简单的电学性能测试数据,但它却能为分析 PDC 的导电机理提供最详尽的信息,下一节将详细讨论此问题。在大部分文献中,研究者都测量了 PDC 的直流电导率(σ_{dc})[8]。直流电导率一般可以通过四探针电导测量获得,也可由交流电导率 $\sigma_{ac}(\nu)$ 实部外推至 $\nu = 0$ 计算得到[2,3,7]。交流电导率[$\sigma_{ac}(\nu)$]的测量在文献中有报道[2-5]。此处,交流电导率 $\sigma_{ac}(\nu)$ 是交互电场频率 ν 的函数。需要区分的是,ν 介于 $10^2 \sim 10^8$ Hz 之间的要采用交流阻抗谱测量(基准参见文献[9]),ν 介于 $3 \times 10^8 \sim 3 \times 10^{11}$ Hz 之间的应该采用微波波谱法测定(基准参见文献[10])。研究者采用后者测量了 PDC 在 $\nu = 12$ GHz 时的交流电导率[11,12]。除了用于直流电导率测量,交流阻抗谱法还可用来研究载流子传输过程和复杂情况下(如具有多孔纳米形貌时或存在内在无序的材料成分时)的反应性。它还可用来确定材料的相对介电常数。微波波谱法则具有以下优点:①可用于粉末状样品或接触不佳的颗粒物样品的研究;②由气孔和裂纹造成的干扰效应很小,因为不需要连续的渗流路径。微波谱法中,在恒定共振频率 ν_s 下测得的交流电导率 $\sigma = 2\pi\nu_s\varepsilon_0\varepsilon''$,其中 ε'' 为复频位移。然而,如文献报道的,微波电导法涉及很高的实验操作难度,且难达到四探针技术的精度[12]。

材料种类以及热解条件的不同导致 PDC 室温电导率出现显著变化。根据聚合物前驱体类型、材料组成、裂解温度/气氛以及热处理的不同,PDC 的室温电导率 σ_{dc} 可有 15 个数量级(通常在 $10^{-10}\sim10^{-8}\ \Omega^{-1}\cdot\text{cm}^{-1}$ 至 $1\ \Omega^{-1}\cdot\text{cm}^{-1}$ 范围内)的变化,且随测量温度的升高而增大。经低温热解制备的 PDC 更适合称为绝缘体,因为它们的室温电导率 σ_{dc} 低于 $10^{-10}\ \Omega^{-1}\cdot\text{cm}^{-1}$。大量的实验结果都表明,在高温下裂解或是含碳量较高的无定型 PDC 通常表现出非晶半导体的特性。

4.4.3　Si－C－N 体系:热解温度、微观结构及游离碳含量的影响

根据 Haluschka 等人的[2,3]研究,可将聚甲基硅氮烷(polyhydridomethylsilazane)裂解制备 SiCN 陶瓷的过程分为三个温度段。这三个阶段中材料微观结构的变化和主要导电相的发展如图 4.25(a)所示。

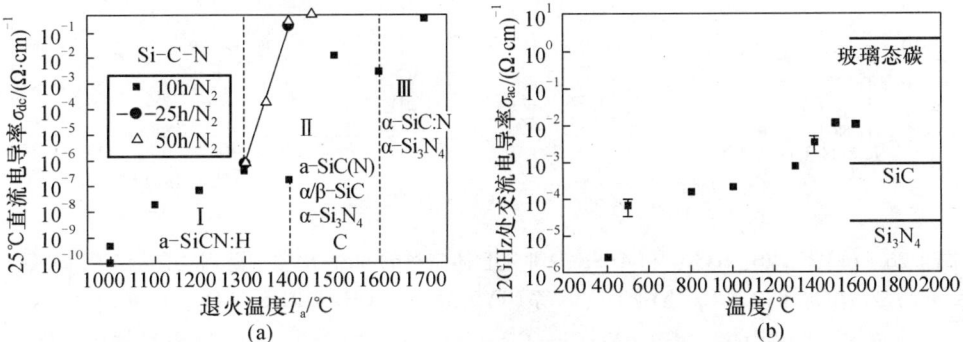

图 4.25　(a)退火时间 t_a 和退火(裂解)温度 T_a 对聚甲基硅氮烷裂解所得 SiCN 陶瓷的直流电导率 σ_{dc} 的影响[由 Elsevier 授权转载,版权归属于[Haluschka, Engle 等,2000][3];(b)HVNG(详见正文)裂解所得 SiCN 陶瓷经微波法测得的电导率(12GHz 处)与热处理温度间的关系。图中还列出了玻璃态碳、SiC 和 Si_3N_4 的电导率作为参考。(由 Elsevier 授权转载,版权归属于[Trassl, Motz 等,2001][11]。)

第 I 阶段($1000℃ < T_a < 1400℃$),随着退火温度(T_a)的升高,σ_{dc} 升高约 3 个数量级。这是因为 sp^3 杂化的碳原子附近的残余氢释放,使其转变为 sp^2 杂化,提高了碳原子 sp^2/sp^3 的杂化比率。在第 II 阶段($T_a > 1400℃$),材料电导率出现比第 I 阶段更显著的增加。这主要归因于材料内纳米 SiC 晶粒的形成和非晶基体中 N 含量的减少。在 1600℃ 以上(第 III 阶段),材料完全晶化,含有质量分数 40% 的 Si_3N_4 和 60% 的 SiC 作为导电相。纳米 SiC 晶粒在材料内部形成导

电通道,使 σ_{dc} 增加。经 1700℃ 退火处理的这种复合材料的室温电导率测试值约为 $1\ \Omega^{-1}\cdot cm^{-1}$。这与重结晶或氮掺杂 β - SiC 的电导率基本一致。综上所述,当热处理温度超过 1300℃ 后,材料内部会形成 SiC 和 Si_3N_4 结晶,因此 SiCN 陶瓷的电导率在 1300℃ 后升高并不是其本质属性。若使用氩/氨混合气体代替纯氩气作为陶瓷化热处理过程中的保护气,会使部分碳被氮取代,从而将 σ_{dc} 降低 4 个数量级,但材料的导电机理并未改变[2]。对于由 HVNG(—[CH ═CH$_2$Si(NH)$_{1.5}$]—[H(CH$_3$) Si(NH)]—)经 1000℃ 裂解制备的 SiCN 陶瓷来说,其主要导电相为石墨状碳(图 2.25(b))[11,12]。

尽管前述 SiCN 体系中的主要导电相各有不同,但所有实验结果均表明随着退火(裂解)温度的升高(图 4.25(a))以及游离碳含量(图 4.26(a))的增大,体系电导率 σ_{dc} 均呈升高趋势。

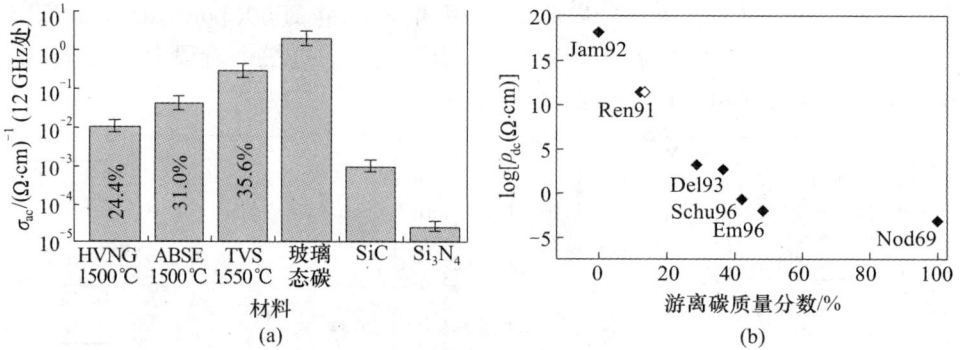

图 4.26　(a)由 TVS, HVNG 和 ABSE 三种先驱体制备的 SiCN 陶瓷中游离碳含量(摩尔分数)与微波电导率(12GHz 处)之间的关系(TVS 为—[—CH ═CH$_2$Si(NH)$_{1.5}$],HVNG 见文中描述,ABSE 为—[—CH$_3$(NH) Si—CH$_2$—CH$_2$—Si(NH) CH$_3$)(由 Elsevier 授权转载,版权归属于[Trassl, Motz 等,2001][11]);(b)SiOC 陶瓷电阻率与游离碳含量(质量分数)的关系。(由 Shaker Verlag 授权转载,版权归属于[Engel, 2000][7]。)

向体系中掺入硼后(例如聚甲基硅氮烷(polyhydridomethylsilane)和三(二氯甲基硅基乙基) 硼烷(tris (dichloromethylsilylethyl) borane)等先驱体混合后热解),陶瓷的电导率显著增加。例如直接裂解得到的含硼陶瓷样品室温电导率约为 $10^{-8}\ \Omega^{-1}\cdot cm^{-1}$,这比普通 SiCN 陶瓷的电导率要高 4 个数量级。在 1550℃ 氮气中热处理所得样品的 σ_{dc} 高达 $10^{-1}\ \Omega^{-1}\cdot cm^{-1}$。热处理后的 SiBCN 陶瓷表现出一个非常低的正热电势,这表明它是一种 P 型半导体,其导电机理涉及由氮和硼所提供载流子的补偿机制[13,14]。向热解 SiCN 体系中加入纳米微晶 TiO$_2$,然后进行火花等离子体烧结可以得到具有类金属导电性的纳米复合材料[15]。

210

4.4.4 Si-O-C 体系：热解温度、微观结构及游离碳含量的影响

Cordelair 和 Griel 等人研究了聚甲基硅氧烷(Polymethysiloxane,PMS)和聚苯基硅氧烷(Polyphenylsiloxane,PPS)转化的 SiOC 陶瓷的微观结构对其电导率的影响[6]。结果表明，根据先驱体聚合物中碳含量的不同，可以将相应陶瓷的导电行为分为两个阶段(图 4.27)：在低温下(对于 PPS 转化陶瓷是低于 800℃，对 PMS 转化陶瓷是低于 1400℃)，由于局部电子的隧道效应，材料表现出半导体行为(隧穿阶段)；而在较高温度下，涡轮层状碳所形成的逾渗网络结构为电子提供了通道(逾渗阶段)。

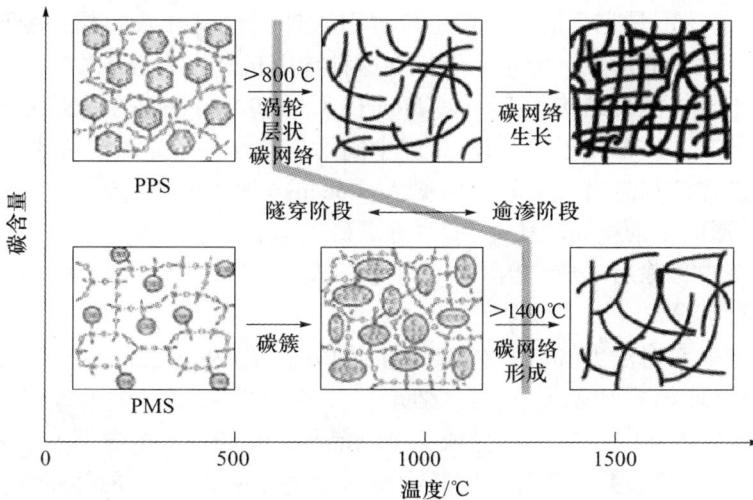

图 4.27 游离碳在先驱体热解过程中的再分配反应模型，分别对应 PPS(上图)和 PMS (下图)转化的 SiOC 陶瓷(由 Elsevier 授权转载，版权归属于[Cordelair, Greil 等，2000][6])

对于由聚甲基硅氧烷制备的 SiOC 陶瓷来说，其导电行为根据热解温度和相应陶瓷结构的不同，可分为两个不同的导电阶段。在 1300℃ 以下，无定形的 Si-OC 相是主要的导电相；而在较高的热解温度下(1300~1400℃)，材料内部会形成具有电子传导能力的"游离"碳相(图 4.26(b))[7]。几乎所有的实验研究结果均表明 SiOC 先驱体陶瓷的电导率会随退火(热解)温度和游离碳含量的升高而增大。后者主要是由于涡轮层状游离碳在材料内部形成了逾渗网络，如图 4.26(b)所示[6]。Engel 发现[7]，在该体系中加入约 40%(体积分数)的 Al_2O_3 会使电导率升高，这主要是因为 Al_2O_3/SiOC 复合体系中的相分离速度更快，导致体系内游离碳含量增加。向 SiCO 体系中加入 $MoSi_2$ 同样会导致 σ_{dc} 的迅速增加(高达 14 个数量级)，同时还会使 $MoSi_2$/SiOC 复合体系的电导率在低温范围内

表现出类似金属的温度依赖性,这些现象可解释为 $MoSi_2$ 在体系内形成了逾渗路径。

4.4.5　非晶 PDC 的导电机理

用于描述非晶 PDC 电学性能的方法有两种:①Davis – Mott 模型或能带理论;②小极化子模型。其中 Davis – Mott 模型在大部分研究中占据主导地位,因此本文将对这一理论进行详细的讨论。对无序(非晶)体系电学性能的系统简介可参见文献[16 – 19]。Mott 和 Davis 对非晶半导体的电学性能进行了全面的综述[20],Böttger 和 Bryksin 等人则提出了跃迁导电理论[21]。对于共价非晶半导体来说,目前还不是完全清楚在特定位置引入外加电荷导致的晶格变形是否足以引起小极化子的形成。但也不能排除这种导电机理在高温下发生的可能[18]。

非晶半导体能带结构的 Davis – Mott 模型的基本特征是在价带和导带的端点存在定域态的狭窄尾巴,同时在带隙中间附近存在一个定域能级带。PDCs 中的带隙状态往往与悬键相关联。根据 Andronenko 等人的研究[22],在 SiCN 和 Si-OC 陶瓷中形成了两类 sp^2 悬键:①在游离碳的表面,经由热处理使氢气和甲烷气体从陶瓷中移除后形成;②在块体陶瓷内部。二者可由 EPR 谱中不同的 g – 张量值进行区分。

根据导电率对温度和频率的依赖性,即 $\sigma_{dc}(T)$ 和 $\sigma_{ac}(v, T)$,可获得非晶 PDCs 导电机理的本质信息。在此必须区分清楚 PDC 的本征电导率(即非晶 SiCN 和 SiOC 体系/基体)与部分或完全结晶相(即 SiC)的电导率。后者在高温热解或退火后出现,并有可能决定整个材料的电导率。当然,向体系中加入导电填料(如 $MoSi_2$)也会改变材料的整体导电机理(见前文[7])。如前所述,导电结晶杂质(SiC)/填料($MoSi_2$)的形成或出现以及由此引发的电导率增加并不能看作 SiCN 和 SiOC 陶瓷的固有特性。

文献中描述了数种获得非晶 PDC 本征电导率的方法。它们对材料总体电导率的相对贡献因材料的微观结构和组成的不同而在不同的温度区域占主导地位。

在中等温度区域由实验获得的 $\sigma_{dc}(T)$ 和 $\sigma_{ac}(v, T)$ 数据表明,电导率变化与温度倒数之间表现出非线性行为,这说明材料的导电性能是由载流子在迁移率隙中定域态之间的跃迁引起的。研究发现,直接热解或经退火处理所得样品的电导率与 $T^{-1/4}$ 之间表现出线性关系,如图 4.28(a)所示,这是典型的三维变程跃迁(3D VRH)[2,3,7,13]。Haluschka 和 Engel 等人还发现 $\sigma_{ac}(v, T)$ 随频率(约为 $\omega^{0.8}$)升高而增大[2,3]。这表明是电传导是通过定域态中的声子协同跃迁实现的。此外 $\sigma_{ac}(v, T)$ 的温度依赖性表明这些跳跃发生在费米能级 E_F 附近而非迁移率边缘附近(表 4.3)。

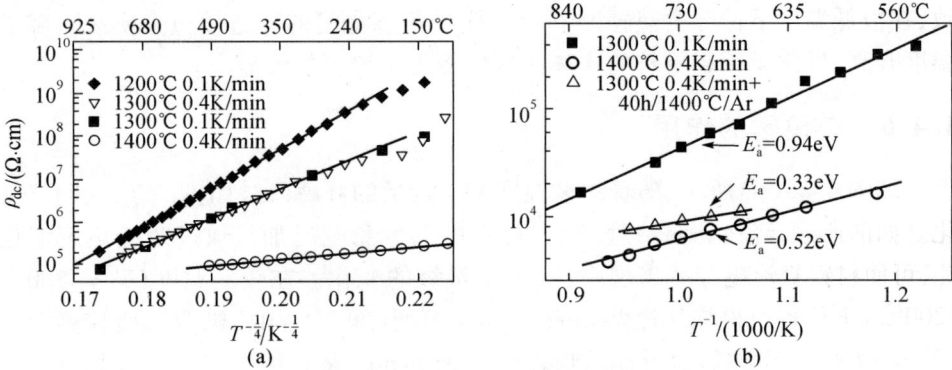

图 4.28　(a)低温热解(碳含量低)和(b)高温热解(碳含量高)所得 Si – O – C 材料直流电阻率 ρ_{dc} 对温度的依赖性(由 Shaker Verlag 授权转载,版权属于[Engel, 2000][7])

表 4.3　非晶半导体电导率 σ 的温度依赖性(Davis – Mott 模型)

机　理	直流电导率与温度的关系, $\sigma_{dc}(T)$	交流电导率与温度和频率的关系, $\sigma_{ac}(v, T)$
在导带中通过高于迁移率边缘的广延态 E_C 传导	$\ln\sigma_{dc} \propto \left(-\dfrac{E_C - E_F}{k_B T} \right)$	与频率无关
通过载流子激发到带边缘(带尾)的定域态中传输:在能量接近导带底部(E_A)发生变程跃迁(VRH),跃迁活化能为 w_1	$\ln\sigma_{dc} \propto \left(-\dfrac{E_A - E_F + w_1}{k_B T} \right)$	$\sigma \propto v^{0.8}$ $\sigma(\nu, T) \propto k_B T \exp\left(-\dfrac{\Delta E}{k_B T} \right)$ $\ln\sigma_{ac} \propto \left(-\dfrac{E_A - E_F}{k_B T} \right)$
温度 T 下,近费米能级 E_F 的定域态间的变程跃迁(VRH),跃迁活化能为 w_2,$k_B T \sim (E_C - E_A)$	$\ln\sigma_{dc} \propto \left(-\dfrac{w_2}{k_B T} \right)$	$\sigma \propto v^{0.8}$ $\sigma \propto T(kT$ 很小) 与 T 无关(kT 很大)
温度 T 下,费米能级 E_F 周围的定域态间的变程跃迁(VRH),$k_B T < (E_C - E_A)$。对 3D – VRH,$n = 1/4$;2D – VRH,$n = 1/3$	$\ln\sigma_{dc} \propto \left(-\dfrac{1}{T^{1/n}} \right)$	

　　因此,在 E_F 附近能态(又称中间能隙态)间的 3D VRH 可认为是低游离碳含量(即游离碳尚未形成逾渗网络,见后述)的非晶 PDC 的本征导电机理。在这种机制下,载流子倾向于跃迁更大的距离去寻找比临近区域能量更低的点。

　　Haluschka 和 Engel 等人采用阻抗谱研究发现大极化子的隧道效应是非晶 SiCN 材料的主要传输机制[3]。其中极化子的波函数可扩展至约 10nm。这一机理得到了低温实验(低至 – 170℃)的证实,且与 David – Mott 模型的预测相一致,在极低温度下传导由热辅助下费米能级各态之间的隧道效应来实现。随着温度升高,极化子跨越更长的距离实现传输将变得更加明显[3]。

4.4.6　游离碳的作用

如图 4.28(b)所示,随着测量温度和碳含量的升高,材料电阻率出现明显变化。如前所述,经过高温热处理后,材料电导率急剧增加。通过改变热解温度 T_p,可使材料直流电导率出现高达 15 个量级的变化。在较低温度(T = 700 ~ 1200℃)下热解所得样品遵循 Davis – Mott 模型(即 3D VRH 机理),而较高温度(T = 1400℃)下热解所得样品则表现出 Arrhenius 依赖性[7,11,12]。同时,这些高温热解样品的交流电导率 $\sigma_{ac}(\nu, T)$ 与频率没有明显关系,表明传导是由载荷子在广延态中的运动实现的。材料直流电导率的变化及其在热解过程中的温度依赖性与材料内脱氢芳环碳的增长并在 SiC 晶粒周围形成笼状结构[4]以及碳原子的键合形式由 sp^3 逐渐转变为 sp^2 [3]有关。游离碳的存在,尤其是碳原子的有序程度,对先驱体转化的 SiCN 和 SiCO 陶瓷的电学性能影响显著。在热解温度较高的情况下,材料内部形成了石墨状的 sp^2 碳相,使得 σ_{dc} 增加且 $\sigma_{dc}(T)$ 对温度的依赖性发生变化。对非晶 SiOC 和 SiCN 材料的实验研究和理论计算(分子动力学模拟)[23,24]均证明了 SiOC 和 SiCN 体系中的交联网状石墨碳的存在[25,26](图 4.29)。

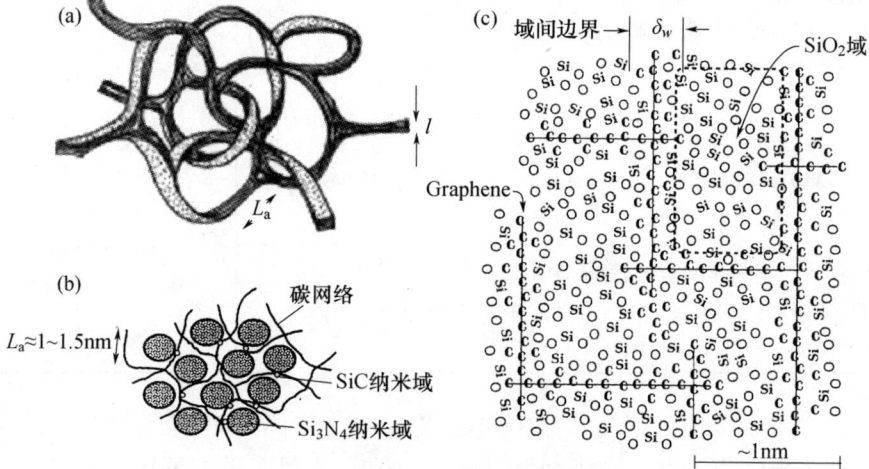

图 4.29　(a)带状结构的无序碳模型[27](由 Royal Society Publishing 授权转载);
(b)以聚硅碳二酰亚胺(polysilylcarbodiimide)为先驱体制备的富 C 的 SiCN 陶瓷的微观结构模型。
L_a 为由拉曼光谱确定的沿六元环平面的碳域的长度[28](由 Wiley Blackwell 授权转载);
(c)由 Si—C—O 中纳米区域组成的分子的概念:由石墨层和 Si—C—O 键组成的域间边界与
二氧化硅区域形成界面[25](由 Wiley Blackwell 授权转载)

石墨碳相的形成使得 PDC 的迁移隙中出现高的态密度(见前述)。当石墨碳相的含量达到逾渗阈值,它就将主导材料的电学性能。这一导电相可能以均匀分布的碳簇或是由几个原子层组成的石墨片状网络形式存在。若是以前一种形式存在,则体系逾渗阈值较高,约为 16%[4]。而在后一种情况下,只需非常小体积含量的高导电性碳相即可彻底改变材料的电学性能(图4.30)。后一由石墨片状网络组成的模型结构与玻碳结构一样。无定形碳的相关导电机理可参见文献[29],无序碳的微结构对表观电导率的影响研究可参见文献[30](图4.29(a))。石墨状无定形碳的 σ_{dc} 随温度变化的关系表现出 Arrhenius 依赖性[29]。这与高含碳量以及高热解温度处理后的 SiCN 和 SiOC 陶瓷样品的 σ_{dc} 存在 Arrhenius 依赖性是一致的。

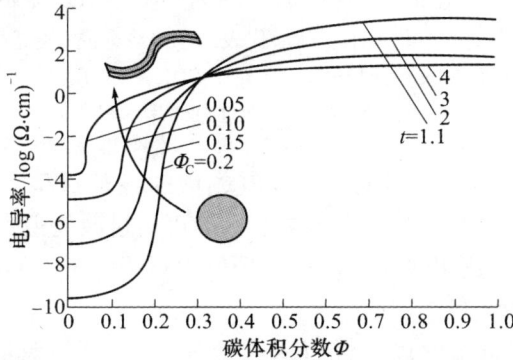

图 4.30 不同形貌参数 t 和碳体积分数 Φ 时计算得到的绝缘体 – 导体逾渗转换曲线[6]
(由 Elsevier 授权转载)

4.4.7 压电电阻性能

压电电阻效应,即外加应力时材料电阻率会发生变化,也可以用来研究材料的导电机理。在近期的研究[31]中,报道了一种先驱体硅碳氮(SiCN)材料的压阻行为。结果表明,这种材料具有高达约 1000 ~ 4000 的压阻系数(图4.31(a)),这高于现有的任何一种陶瓷。压阻行为遵循隧道 – 逾渗模型(图4.31(b))[32,33],这与前述先驱体陶瓷材料的纳米结构模型中形成的导电石墨薄片完全一致(图4.29(b)和(c))。

4.4.8 结语与展望

前文的描述表明非晶 SiCN 和 SiOC 陶瓷的电学性能介于典型的半导体(如 SiC,无定形石墨状碳)和绝缘体(如 Si_3N_4)之间。只需改变非晶 PDC 的组成和

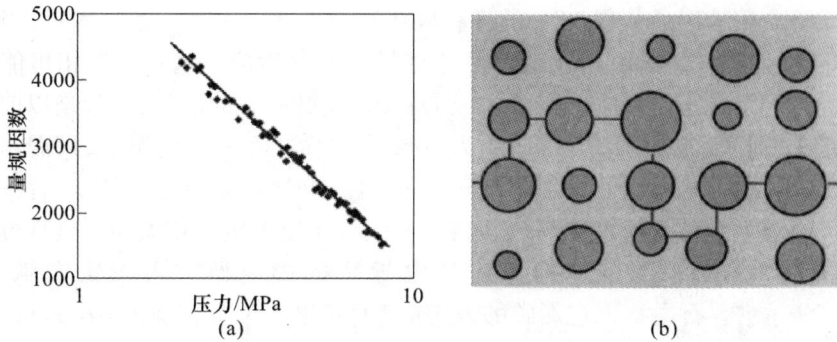

图 4.31 （a）量规因数与施加在样品上的纵向压力对数之间的关系。圆点为实验结果，
而实线为采用隧道－逾渗模型理论预测出的趋势[31]（由 Wiley Blackwell 授权转载）。
（b）晶格模型内传导模式的简化图示。球形代表嵌在绝缘介质（较亮区域）中的导电相[32]
（American Institute of Physics 授权转载）。对于 PDC 来说，层状石墨就是导电性较差
的 Si－C－N 或 Si－C－O 基质中的导电相。

结构，就可以获得应用于不同电子和电气领域的各种材料。因此，可认为 PDC
是一种带隙可变的材料[34]。PDC 的电学性能可通过改变退火工艺和/或改变组
成、掺杂等方法调控，用以满足不同应用领域中对于完全不同的电学性能的需求
（如高阻微型电热塞）[35]。

将 PDC 置于裂解温度以上进行退火处理，可以获得具有良好导电性能的
PDC。通过改变热解气氛以及随后的热处理工艺，可调节 PDC 的室温电导率在
$10^{-13} \sim 10^2 \; \Omega^{-1} \cdot cm^{-1}$ 之间变化。同样地，通过适当的掺杂还可以改变载流子
的类型，例如硼掺杂的 SiCN 是 p 型半导体，其导电性能远高于未掺杂的 SiCN 陶
瓷[13,14]。sp^2 碳相的形成及其结构重组中伴随的结构有序度的增加解释了电导
率测量的结果。

然而，由于 PDC 的结构和性能对制备条件高度敏感，使得不同实验条件下
所得结果不具可比性。此外，由于加入了光引发剂以及后续处理的不同，经由
MEMS 路线制备的 SiCN 与传统方法获得的"纯"SiCN 在化学和结构方面都存在
差异[35]。例如，由 MEMS 路线制备的 SiCN 的电阻率约为 $0.1 \sim 5 \; \Omega \cdot cm$，比传
统 SiCN 的电阻率（25 $\Omega \cdot cm$）要低得多[35]。

可调的电学性能，高的压电电阻性能以及微制造能力和优良的高温热力学
性能，使先驱体转化 SiCN 和 SiOC 陶瓷完全适用于高温传感器[31]、高温/腐蚀性
环境中的陶瓷 MEMS[8]、微型电热塞[35,36]以及锂离子电池电极材料[37,38]等众多
应用领域。

4.4.9　参考文献

[1] Kroke, E. , Y. L. Li, C. Konetschny, E. Lecomte, C. Fasel and R. Riedel (2000). "Silazane derived ceramics and related materials." *Mater. Sci. Eng. R* 26(4 –6): 97 –199.

[2] Haluschka, C. (1997). Untersuchung elektrischer Eigenschaften multinärer Keramiken in den Systemen Si – C – N and Si – B – C – N. Aachen, ShakerVerlag.

[3] Haluschka, C. , C. Engel and R. Riedel (2000). "Silicon carbonitride ceramics derived from polysilazanes Part Ⅱ. Investigation of electrical properties." *J. Eur. Ceram. Soc.* 20(9): 1365 –1374.

[4] Trassl, S. , M. Puchinger, E. Rossler and G. Ziegler (2003). "Electrical properties of amorphous $SiC_x N_y$ H_z – ceramics derived from polyvinylsilazane." *J. Eur. Ceram. Soc.* 23(5): 781 –789.

[5] Cordelair, J. (1999). Elektrische Eigenschaften Polymer/Füller—abgeleiteter Keramiken. Aachen, Shaker Verlag.

[6] Cordelair, J. and P. Greil (2000). "Electrical conductivity measurements as a microprobe for structure transitions in polysiloxane derived Si – O – C ceramics." *J. Eur. Ceram. Soc.* 20(12): 1947 –1957.

[7] Engel, C. (2000). Elektrische Eigenschaften gefüllter Pyrolyse – Keramiken im System Si – O – C. Aachen, Shaker Verlag.

[8] Liew, L. A. , R. A. Saravanan, V. M. Bright, M. L. Dunn, J. W. Daily and R. Raj (2003). "Processing and characterization of silicon carbon – nitride ceramics: application of electrical properties towards MEMS thermal actuators." *Sensor. Actuat. A – Phys.* 103(1 –2): 171 –181.

[9] Barsoukov, E. and J. R. Macdonald (2005). *Impedance Spectroscopy: Theory, Experiment, and Applications*. New Jersey, Wiley.

[10] Grabtchak, S. and M. Cocivera (1998). "Microwave response due to light – induced changes in the complex dielectric constant of semiconductors." *Phys. Rev. B* 58(8): 4701 –4707.

[11] Trassl, S. , G. Motz, E. Rossler and G. Ziegler (2001). "Characterisation of the free – carbon phase in precursor – derived SiCN ceramics." *J. Non – Cryst. Solids* 293: 261 –267.

[12] Trassl, S. , H. J. Kleebe, H. Stormer, G. Motz, E. Rossler and G. Ziegler (2002). "Characterization of the free – carbon phase in Si – C – N ceramics: Part Ⅱ, comparison of different polysilazane precursors." *J. Am. Ceram. Soc.* 85(5): 1268 –1274.

[13] Hermann, A. M. , Y. T. Wang, P. A. Ramakrishnan, D. Balzar, L. N. An, C. Haluschka and R. Riedel (2001). "Structure and electronic transport properties of Si – (B) – C – N ceramics." *J. Am. Ceram. Soc.* 84(10): 2260 –2264.

[14] Ramakrishnan, P. A. , Y. T. Wang, D. Balzar, L. A. An, C. Haluschka, R. Riedel and A. M. Hermann (2001). "Silicoboron – carbonitride ceramics: A class of high – temperature, dopable electronic materials." *Appl. Phys. Lett.* 78(20): 3076 –3078.

[15] Duan, R. G. , J. D. Kuntz, J. E. Garay and A. K. Mukherjee (2004). "Metal – like electrical conductivity in ceramic nano – composite." *Scripta Mater.* 50(10): 1309 –1313.

[16] Zallen, S. (1983). *The physics of amorphous solids*. New York, Wiley.

[17] Elliott, S. R. (1984). *Physics of amorphous materials*. London, Longman.

[18] Nagels, P. (1985). *Electronic transport in amorphous semiconductors. Amophous semiconductors*. M. H.

Brodsky. Berlin, Springer: 113 – 158.

[19] Mott, N. (1987). *Conduction in Non – Crystalline Materials*. Oxfrod, Clarendon Press.

[20] Mott, N. F. and E. A. Davis (1979). *Electronic processes in non – crystalline materials*. Oxfrod, Clarendon Press.

[21] Böttger, H. and V. V. Bryksin (1985). *Hopping Conduction in Solids*. Weinheim, VCH.

[22] Andronenko, S. I. , I. Stiharu and S. K. Misra (2006). "Synthesis and characterization of polyureasilazane derived SiCN ceramics. " *J. Appl. Phys.* 99(11): 113907.

[23] Resta, N. , C. Kohler and H. R. Trebin (2003). "Molecular dynamics Simulations of amorphous Si – C – N ceramics: Composition dependence of the atomic structure. " *J. Am. Ceram. Soc.* 86 (8): 1409 – 1414.

[24] Kroll, P. (2005). "Modeling the 'free carbon' phase in amorphous silicon oxycarbide. " *J. Non – Cryst. Solids* 351(12 – 13): 1121 – 1126.

[25] Saha, A. , R. Raj and D. L. Williamson (2006). "A model for the nanodomains in polymer – derived Si- CO. " *J. Am. Ceram. Soc.* 89(7): 2188 – 2195.

[26] Saha, A. , R. Raj and D. L. Williamson (2005). "Characterization of nanodomains in polymer – derived SiCN ceramics employing multiple techniques. " *J. Am. Ceram. Soc.* 88(1): 232 – 234.

[27] Jenkins, G. M. , K. Kawamura and L. L. Ban (1972). "Formation and Structure of Polymeric Carbons. " *Proceedings of the Royal Society of London Series a – Mathematical and Physical Sciences* 327 (1571): 501 – 517.

[28] Morcos, R. M. , G. Mera, A. Navrotsky, T. Varga, R. Riedel, F. Poli and K. Müller (2008). "Enthalpy of Formation of Carbon – Rich Polymer Derived Amorphous SiCN Ceramics. " *J. Am. Ceram. Soc.* : doi: 91: 3349 – 3354.

[29] Robertson, J. (1986). "Amorphous Carbon. "*Adv. Physics* 35(4): 317 – 374.

[30] Dasgupta, K. and D. Sathiyamoorthy (2003). "Disordered carbon—its preparation, structure, and characterisation. " . *Mater. Sci. Technol.* 19(8): 995 – 1002.

[31] Zhang, L. G. , Y. S. Wang, Y. Wei, W. X. Xu, D. J. Fang, L. Zhai, K. C. Lin and L. N. An (2008). "A silicon carbonitride ceramic with anomalously high piezoresistivity. " *J. Am. Ceram. Soc.* 91 (4): 1346 – 1349.

[32] Grimaldi, C. , P. Ryser and S. Strassler (2001). "Gauge factor enhancement driven by heterogeneity in thick – film resistors. " *J. Appl. Phys.* 90(1): 322 – 327.

[33] Grimaldi, C. , T. Maeder, P. Ryser and S. Strassler (2003). "Piezoresistivity and conductance anisotropy of tunneling – percolating systems. " *Phys. Rev. B* 67(1): 014205.

[34] Dohcevic – Mitrovic, Z. D. , A. Milutinovic, D. Popovic, D. Vasiljevic – Radovic and Z. V. Popovic (2006). "Variable energy gap of SiCN nanopowders. " *Appl. Phys. A – Mater. Sci. Proc. A –.* 84(1 – 2): 197 – 202.

[35] Liew, L. A. , V. M. Bright and R. Raj (2003). "A novel micro glow plug fabricated from polymer – derived ceramics: *in situ* measurement of high – temperature properties and application to ultrahigh – temperature ignition. " *Sensor. Actuat. A – Phys.* 104(3): 246 – 262.

[36] Riedel, R. , G. Mera, R. Hauser and A. Klonczynski (2006). "Silicon – based polymer – derived ce-

218

ramics：Synthesis properties and applications—A review." *J. Ceram. Soc. Jpn.* 114(1330)：425 – 444.

[37] Kolb, R., C. Fasel, V. Liebau – Kunzmann and R. Riedel (2006). "SiCN/C – ceramic composite as anode material for lithium ion batteries." *J. Eur. Ceram. Soc.* 26(16)：3903 – 3908.

[38] Liebau – Kunzmann, V., C. Fasel, R. Kolb and R. Riedel (2006). "Lithium containing silazanes as precursors for SiCN：Li ceramics—A potential material for electrochemical applications." *J. Eur. Ceram. Soc.* 26(16)：3897 – 3901.

4.5　磁性能
MATTHIAS HÄUβLER 和 BEN ZHONG TANG

4.5.1　引言

将金属引入聚合物结构中为材料科学开辟了纯有机物质难以实现的新纪元。正因如此,金属有机聚合物是极具应用潜力的磁性陶瓷先驱体。

根据电子结构的差异,材料的磁性一般可分为五种不同类型:抗磁性、顺磁性、铁磁性、反铁磁性和铁氧体磁性。然而,通常只有铁磁性才被归为"有磁性的",其他都是"非磁性的"。

当铁磁材料的铁磁微晶比其外斯畴(Weiss domains,1 ~ 10nm)还要小时,这种材料将具有第六种类型的磁性,超顺磁性。这时,材料表现出与顺磁性类似的行为,但整个晶粒的磁矩与外部磁场是平行的。

为了将金属有机聚合物应用于陶瓷领域,必须保证有机主体在恶劣的陶瓷化条件下保持稳定。例如,在氮气或氩气等惰性条件下,金属有机聚合物发生裂解,不稳定的有机基团与主链发生断裂并逸出,将金属物质留在碳基体中。有机框架在此过程中作为基质,控制着磁性颗粒的生长。

4.5.2　含铁陶瓷

二茂铁可能是最突出的一种金属有机化合物。早期有研究者通过缩聚反应制备出低分子量的含二茂铁的聚合物,但并未对其进行详细的表征[1]。1992年,Manners 和他的同事报道由具有较大张力的硅桥二茂铁(silaferrocenophanes,图 4.32 中 1)通过开环聚合制备得到了可溶性的高分子量聚二茂铁硅烷(poly-ferrocenylsilanes,图 4.32 中 2)[2]。将这种聚合物(如 R = Me 或 Ph)在 1000℃下 N_2 中裂解,得到含有铁磁性 α – Fe 晶体的 C/SiC/Si_3N 陶瓷材料,产率约为 17% ~ 56%[3,4]。由螺环硅桥二茂铁(图 4.32 中 3)经开环聚合得到的聚二茂铁交联产物(图 4.32 中 4)具有较高的陶瓷产率(高达 90%)[5]。将它在低温

（600℃）下裂解，得到的是较小的超顺磁性铁簇，而在高温下（900℃），这种铁簇会变大并表现出铁磁性[6]。将图4.32中两种硅桥二茂铁（1和3）的共聚产物修饰到交联微球（图4.33[7]）或反蛋白石结构[8]上以及MCM-41介孔二氧化硅的六角形孔洞内[6]，再经裂解就可得到微纳结构的磁性陶瓷。

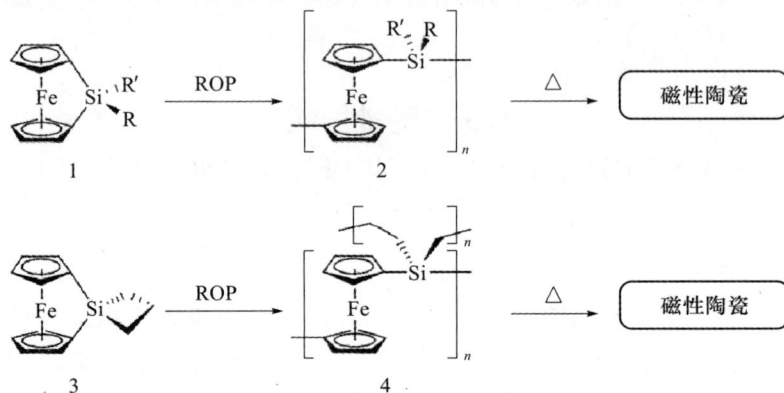

图4.32　聚二茂铁硅烷的合成

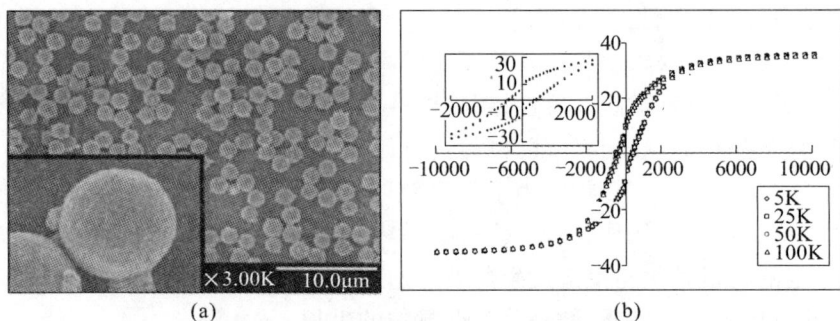

图4.33　由1和3共聚产物在900℃氮气下热解2h所得陶瓷颗粒的(a)SEM照片和
(b)不同温度下的磁性曲线

图(a)中插图为放大的陶瓷颗粒，图(b)中插图为放大的磁化
曲线（由美国化学学会授权转载，版权[Kulbaba, 2002][7]）。

含14、15族元素的超支化聚二茂铁烷具有较高的陶瓷产率[9-11]。与其他类似的线性聚合物相比，这种支化聚合物在热解后得到的介孔导电性磁性陶瓷具有较高的铁含量。最终陶瓷产物的成分与结构取决于先驱体的组成和热解条件，如图4.34所示。例如，将图4.35中的含硅聚合物5在1000℃下的氮气中裂解，得到的陶瓷主要包含α-Fe纳米粒子，而如果是将含锗和锑的聚合物在相同条件下裂解，则将完全转化为它们的合金。又如含磷聚合物热解得到的陶瓷具有磷铁化合物的衍射峰。若将上述含硅聚合物5在氩气保护下进行1200℃

高温热解，将得到较大的硅铁纳米晶粒。相应陶瓷具有高度的可磁化性（M_s 高达约 51 emu/g），其剩磁和矫顽磁性都接近于 0（图 4.35）。

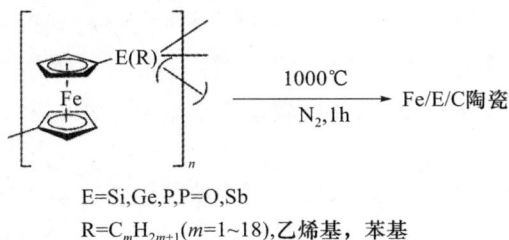

E=Si,Ge,P,P=O,Sb

R=C_mH_{2m+1}(m=1~18)，乙烯基，苯基

图 4.34　超支化聚二茂铁烷的陶瓷化

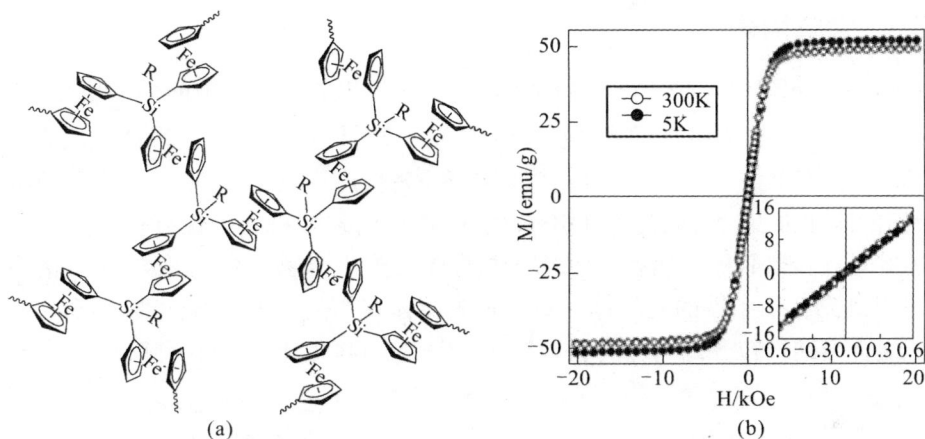

(a)　　　　　　　　　(b)

图 4.35　（a）超支化聚二茂铁硅烷（5）的分子结构；（b）该分子在 1200℃ 氩气中裂解后产物的磁化强度（M）随外加磁场（H）的变化情况（测试温度分别为 5 K 和 300K）。插图（右下角）为低磁场区域数据点的放大图（由美国化学学会授权转载，版权［Sun, 2000］[9]）。

在油包水型微乳液中将四乙氧基硅烷（正硅酸乙酯，teraethoxysilane）进行氨基催化水解，然后再经 450℃ 氢气下热解，可得到封装在球状纳米氧化硅颗粒中的超顺磁性铁纳米晶，该纳米晶呈单分散，在空气中可稳定存在[12]。这些纳米颗粒由质量分数 6% 的 α-Fe，17% 的 Fe_2SiO_4 和 77% 的 SiO_2 组成。

采用受激准分子激光器产生的热柱在氧气氛中辐照聚甲基丙酸铁酯，可在热熔融石英基板上沉积磁性氧化铁薄膜[13]。该薄膜由富铁的 Fe_3O_4 和 α-Fe_2O_3 球状纳米颗粒组成，其饱和磁化强度（M_s）、剩磁强度（M_r）和矫顽磁性（H_c）分别为 35.6 emu/cm^3、6.1 emu/cm^3 和 200 Oe。

将 Fe_3O_4 粉末与液态聚硅氮烷先驱体 Ceraset ® 混合后再经石墨还原可得到 α-Fe 粒子分散在 SiCN 基体中的复合材料。这种复合材料内部的铁颗粒的磁化强度与块体铁一样,但其抗氧化性却能提高至500℃[14]。类似地,将Fe粉与Ceraset ® 直接混合并球磨均匀后再经1100℃及氩气保护下的热处理可以得到含有微米级软铁磁性铁颗粒的SiCN复合材料,该材料的磁化强度可高达57 emu/g[15]。如果通过化学方法合成含铁或羰基钴的先驱体,然后再将先驱体热解来制备含纳米金属颗粒的SiCN陶瓷基复合材料,则可以大幅降低其中金属粒子的大小。

Biasetto等人采用陶瓷先驱体和硅化铁填料制备出拥有磁性的SiOC陶瓷泡沫[16]。最终产物中,由立方型Fe_3Si粒子组成的铁硅化合物相嵌入到SiOC基体中,该材料的磁化强度根据引入填料总量的不同而在9.5~17 emu/g之间变化。

4.5.3　含钴陶瓷

羰基钴$Co_2(CO)_8$或$CpCo(CO)_2$分别与超支化的聚炔烃中的炔基络合,将得到高度金属化的金属有机聚合物6或7(图4.35,图4.36[17])。将这类先驱体在1000℃氮气保护下裂解,可得到含钴纳米陶瓷,产率约为65%。这种陶瓷具有极高的磁化强度(M_s高达约118emu/g),并且剩磁和矫顽磁性接近零(H_c低至约45 Oe)。类似地,将含二茂铁的炔基有机硅化合物单体与六羰基二钴络合,可以到到含钴和铁的先驱体。将这种先驱体在高温下裂解,就可以得到含有Co–Fe合金纳米粒子的陶瓷材料[18]。研究表明,600℃制备的这种陶瓷具有超

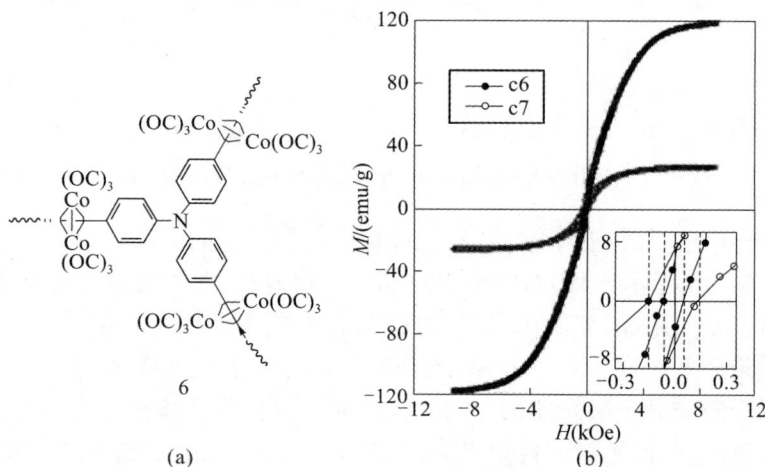

图4.36　(a)含钴配合物的超支化聚炔烃6的分子结构;(b)1000℃热解所得磁性陶瓷c6和c7的磁化强度(M)随外加磁场(H)的变化情况(测试温度为300K)。插图为低磁场区域$M–H$数据点的放大图(由美国化学学会授权转载,版权归属于[Häussler, 2000][17])。

顺磁性,而在 900℃ 制备的陶瓷则具有铁磁性或是表现出阻挡温度为 $T_B = 355℃$ 的超顺磁性。

将一种商业化的先驱体聚甲基苯基硅氧烷(Lukosil 901)与邻苯二甲酸钴混合,再经不熔化和高温热解处理后,可得到含钴的 SiCO 陶瓷[SiO(Co)C][19]。这种磁性陶瓷具有非常优异的高温抗氧化性能。

4.5.4 含钌陶瓷

在 800℃ 的空气中裂解钌与聚磷腈形成的配合物 8(图 4.37)可得到尺寸小于 10nm 的 RuO_2 纳米颗粒[20]。5~300K 的变温磁性测试表明,产物中钌原子的反铁磁作用比大块 RuO_2 晶体要弱。原作者认为这与热解材料中存在无定型产物有关。

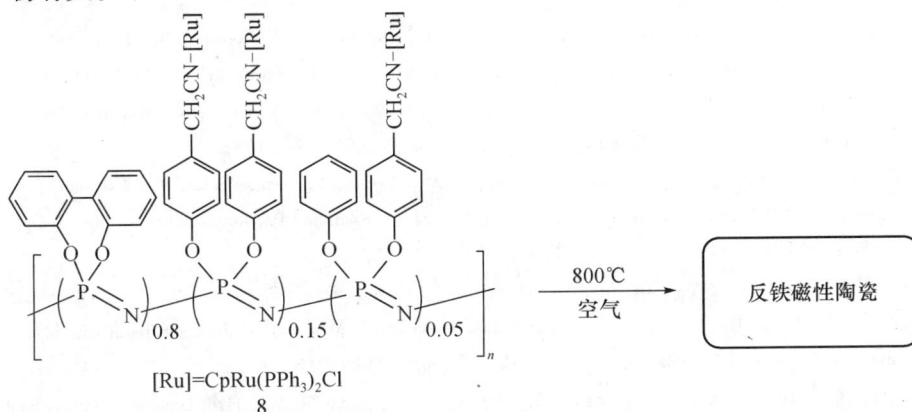

图 4.37　含钌陶瓷的合成

4.5.5 结语

含有磁性物质的金属有机聚合物和复合材料非常适合制备具有纳米结构的磁性陶瓷。产物的磁性很大程度上取决于先驱体聚合物的组成和热解条件,因此可通过对这些条件的调节来调控产物的性能。

4.5.6 参考文献

[1] Frederick, L. H., Rosenberg, H., Oxidation – Resistant Metallocenes. The Synthesis and Properties of Perchloroferrocene and Related Polychlorinated and Fluorinated Ferrocenes, *J. Am. Chem. Soc.*, 1970, 92, 3239.

[2] Foucher, D. A., Tang, B. Z., Manners, I., Ring – Opening Polymerization of Strained, Ring – Tilted Ferrocenophanes: a Route to High – Molecular – Weight Poly(ferrocenylsilanes), *J. Am. Chem. Soc.*,

1992, 114, 6246.

[3] Tang, B. - Z. , Petersen, R. , Foucher, D. A. , Lough, A. J. , Coombs, N. , Sodhi, R. , Manners, I. , Novel Ceramic and Organometallic Depolymerization Products from Poly(Ferrocenylsilanes) via Pyrolysis, *J. Chem. Soc. , Chem. Commun.* , 1993, 523.

[4] Petersen, R. , Foucher, D. A. , Tang, B. - Z. , Lough, A. J. , Raju, N. P. , Greedan, J. E. , Manners, I. , Pyrolysis of Poly (Ferrocenylsilanes) Synthesis and Characterization of Ferromagnetic Transition Metal - Containing Ceramics and Molecular Depolymerization Products, *Chem. Mater.* , 1995, 7, 2045.

[5] MacLachlan, M. J. , Lough, A. J. , Geiger, W. E. , Manners, I. , Synthesis, Structures, and Properties of Strained Spirocyclic [1] Sila - and [1] Germaferrocenophanes and Tetraferrocenylsilane, *Organometallics*, 1998, 17, 1873.

[6] MacLachlan, M. J. , Ginzburg, M. , Coombs, N. , Coyle, T. W. , Raju, N. P. , Greedan, J. E. , Ozin, G. A. , Manners, I. , Shaped ceramics with tunable magnetic properties from metal - containing polymers, *Science*, 2000, 287, 1460.

[7] Kulbaba, K. , Cheng, A. , Bartole, A. , Greenberg, S. , Resendes, R. , Coombs, N. , Safa - Sefat, A. , Greedan, J. E. , Stover, H. D. H. , Ozin, G. A. , Manners, I. , Polyferrocenylsilane Microspheres: Synthesis, Mechanism of Formation, Size and Charge Tunability, Electrostatic Self - assembly, and Pyrolysis to Spherical Magnetic Ceramic Particles, *J. Am. Chem. Soc.* , 2002, 124, 12522.

[8] Galloro, J. , Ginzburg, M. , Miguez, H. , Yang, S. M. , Coobs, N. , Safa - Sefat, A. , Greedan, J. E. , Manners, I. , Ozin, G. A. , Replicating the Structure of a Crosslinked Polyferrocenylsilane Inverse Opal in the Form of a Magnetic Ceramic, *Adv. Funct. Mater.* , 2002, 12, 382.

[9] Sun, Q. , Lam, J. W. Y. , Xu, K. , Xu, H. , Cha, J. A. P. , Wong, P. C. L. , Wen, G. , Zhang, X. , Jing, X. , Wang, F. , Tang, B. Z. , Nanocluster - containing Mesoporous Magnetoceramics from Hyperbranched Organometallic Polymer Precursor, *Chem. Mater.* , 2000, 12, 2617.

[10] Sun, Q. , Xu, K. , Peng, H. , Zheng, R. , Häussler, M. , Tang, B. Z. , Hyperbranched Organometallic Polymers: Synthesis and Properties of Poly(ferrocenylenesilyne)s, *Macromolecules*, 2003, 36, 2309.

[11] Häußler, M. , Sun, Q. , Xu, K. , Lam, J. W. Y. , Dong, H. , Tang, B. Z. , Hyperbranched Poly(ferrocenylene)s Containing Groups 14 and 15 Elements: Syntheses, Optical and Thermal Properties, and Pyrolytic Transformations into Nanostructured Magnetoceramics, *J. Inorg. Organomet. Polym. Mater.* , 2005, 15, 67.

[12] Tartaj, P. , Serna, C. J. , Synthesis of Monodisperse Superparamagnetic Fe/Silica Nanospherical Composites, *J. Am. Chem. Soc.* , 2003, 125, 15754.

[13] Ouyang, M. , Hiraoka, H. , Possibility of Depositing Magnetic Iron - Oxide Films by Excimer - Laser Ablation of an Organometallic Polymer, *Appl. Phys. Lett.* , 1995, 67, 1781.

[14] Saha, A. , Saha, S. R. , Raj, R. , Russek, S. E. , Polymer - derived SiCN Composites with Magnetic Properties, *J. Mater. Res.* , 2003, 18, 2549.

[15] Hauser, R. , Francis, A. , Theismann, R, Riedel, R. , Processing and Magnetic Properties of Metal - containing SiCN Ceramic Micro - and Nano - Composites, *J. Mater. Sci.* , 2008, 43, 4042.

[16] Biasetto, L. , Francis, A. , Palade, P. , Principi, G. , Colombo, P. , Polymer - derived Microcellular Si-OC Foams with Magnetic Functionality, *J. Mater. Sci.* , 2008, 43, 4119.

[17] Häussler, M., Lam, J. W. Y., Zheng, R., Dong, H., Tong, H., Tang, B. Z., Hyperbranched Polyynes Containing Cobaltcarbonyls as Precursors to Nanostructured Magnetoceramics, In *Metal - Containing and Metallo - Supramolecular Polymers and Materials*; Newkome, G. R., Manners, I.; Schubert, U. S., Eds.; Oxford University Press: London, 2006; Chapter 18, pp 244.

[18] Berenbaum, A., Ginzburg - Margau, M., Coombs, N., Lough, A. J., Safa - Sefat, A., Greedan, J. E., Ozin, G. A., Manners, I., Ceramics Containing Magnetic Co - Fe Alloy Nanoparticles from the Pyrolysis of a Highly Metallized Organometallic Polymer Precursor, *Adv. Mater.*, 2003, 15, 51.

[19] Kolar, F., Machovic, V., Svitilova, J., Cobalt - containing Silicon Oxycarbide Glasses Derived from Poly [methyl(phenyl)] siloxane and Cobalt phthalate, *J. Non - Cryst. Solids*, 2006, 352, 2892.

[20] Diaz, C., Valenzuela, M. L., Spodine, E., Moreno, Y., Pena, O. J., A Cyclic and Polymeric Phosphazene as Solid State Template for the Formation of RuO_2 Nanoparticles, *Cluster Sci.*, 2007, 18, 831.

4.6　具有催化潜力的含金属先驱体

GÜNTER MOTZ,THOMAS SCHMALZ,RHETT KEMPE

4.6.1　引言

陶瓷具有耐高温、耐化学腐蚀和耐磨等特性,因此可作为许多化学过程的催化材料[1]。一般来说,陶瓷在催化领域的应用可分为两种形式:一是直接用作催化剂,二是作为支撑材料(基板)用于固定和分散具有催化性能的活性物质。目前具有实际应用的陶瓷类催化剂主要是一些典型的复杂金属氧化物。在过去几年里,人们在分子或原子水平上的结构控制能力有所提高,促进了对这些纳米微晶材料的研究。纳米尺度的活性簇曾被用作催化剂,但该体系极大地受限于其上所负载的金属颗粒。直接合成并成功稳定的纳米陶瓷材料仅在某些特殊的催化应用中得到了详细的研究[2],这其中大部分陶瓷是由"传统"的粉末路线获得的,所得材料的性能和特点在很多方面有所改善,这将影响催化效率。例如,基于这种材料发展起来的具有明确商业应用的催化材料主要有沸石[3]和钙钛矿氧化物(perovakite oxides)。在催化过程中,钙钛矿可作为氧化剂[4,5],或是在电催化中取代贵金属[6]。陶瓷基板也在催化式排气净化器中获得了广泛的应用,它主要是通过转化 CO、碳氢化合物和 NO_x,达到清洁燃油发动机所释放出的废气的目的。为实现这一目的,陶瓷必须具有非常大的表面积以提高过滤的效率。一般来说,为平衡性能、机械强度和压强降,催化剂和支撑材料都需要具有合适的整体形貌。陶瓷泡沫具有高孔隙率,且孔之间的高度连接性不仅增强了材料的传质传热能力,还可降低材料两侧的压力差,因此是异质催化剂载体的理想选择[7-9]。

由聚合物裂解制备的先驱体陶瓷因其在实际使用中的多样性(以涂层和纤

维为主),在过去二十年里得到了广泛关注。理论上,这类材料的应用也可涵盖催化领域。但如前所述,要将它们用于催化领域还需满足两个条件:材料必须同时包含具有催化作用的活性物质和开放的孔洞,这些孔洞要能保证反应物和产物持续通过且反应物能与催化剂充分接触。

本书将不会重点介绍在先驱体陶瓷中制造开孔的细节。一般来说,这需要在制备过程中加入添加剂或填料(图4.38),这些物质在热解过程中会发生分解并释放出气体,然后留下清晰的开放孔隙。该过程涉及的相关化学原理、操作方法,以及对于所得孔道的分析已经详细综述过[10,11]。

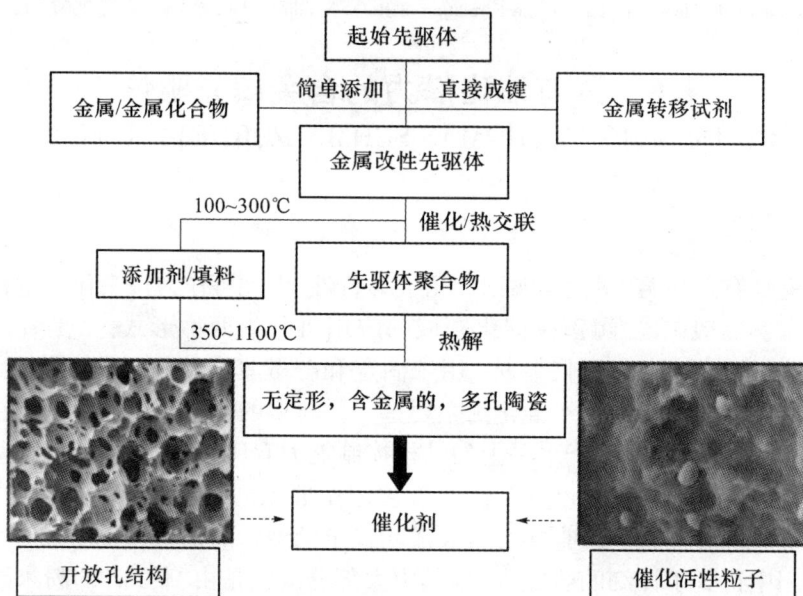

图4.38　用于催化领域的金属改性多孔先驱体陶瓷的制备方法

4.6.2　具有催化活性的先驱体陶瓷的要求和合成思路

要向先驱体陶瓷中引入金属颗粒,原则上有两种方式(图4.38):一种是在交联和热解之前将纯金属或金属碳化物、金属氧化物、金属氮化物加入先驱体中形成混合物(路径A)[12-15];另一种是把金属或金属化合物以化学键的形式直接连接到聚合物链上,然后再进行热处理(路径B)。在这一领域,很多已知的金属有机化学方法都是可以利用的。本书主要关注的是采用方法(B)合成的先驱体陶瓷,也就是通过金属的化学键合作用改性先驱体,进一步热解制备先驱体陶瓷的研究。目前这部分研究的报道相对来说是比较少的[16]。

4.6.3　由化学改性先驱体制备的含金属先驱体陶瓷

4.6.3.1　含有金属与三键形成的 π 配位键聚合物

一种将金属引入先驱体的化学方法是通过与连接在 Si 上的主链(图 4.39 右)或支链(图 4.39 左)上的三键形成 π 键配位。根据金属有机化学中的大量例子,这种键合模式对于许多不同的金属配合物片段来说是非常稳定的[17-21]。采用这种化学改性方法目前已获得了含 Co、Mo 或 Ni 的 SiC 或 Si(B)CO 先驱体陶瓷[22,23]。

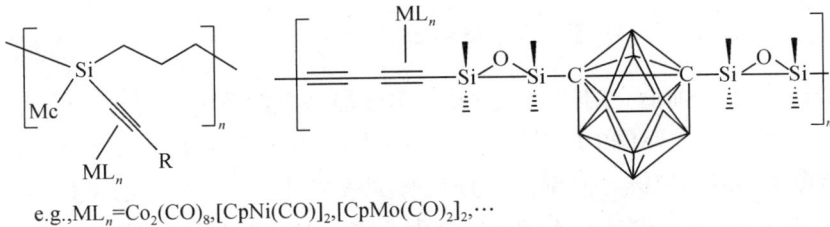

e.g.,ML_n=Co$_2$(CO)$_8$,[CpNi(CO)]$_2$,[CpMo(CO)$_2$]$_2$,…

图 4.39　聚合物以三键与金属形成 π 配位键(右图中碳硼烷笼结构中各顶点为 BH 单元)

如果合成原料中同时含有 π 配位键和二茂铁,就有可能在高温热解后得到含有双金属粒子(如 CoFe 合金,图 4.40)的材料[24,25]。这种材料具有特殊的光、电、磁性能,应用领域非常广泛。

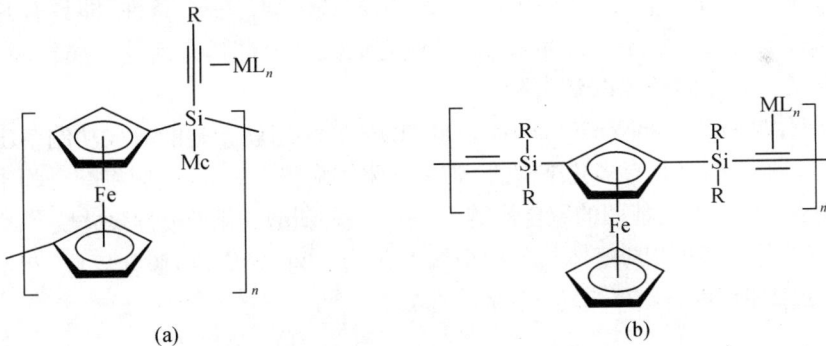

(a)　　　　　　　　　　　　　(b)

图 4.40　含双金属粒子 SiC 陶瓷的先驱体聚合物

4.6.3.2　含有芳烃–金属配合物或金属与硅直接成键的聚合物

此处介绍两种不太常用的将金属引入先驱体聚合物中的方法:第一种是含有 η^6–芳烃金属配合物的聚合物,如含有 Cr(Co)$_3$ 的苯基聚硅氧烷(图 4.41 左)[26],第二种是金属与硅直接成键,如在一些含 Si—H 键的原料聚合物中引入

Fe(CO)$_4$(图4.41右)$^{[27]}$。

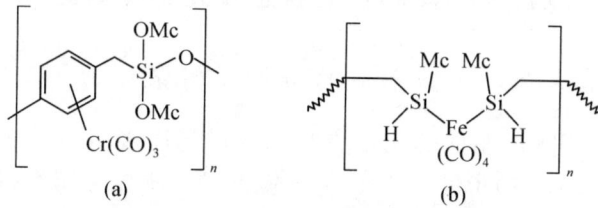

图4.41 含有芳烃金属配合物的先驱体聚合物(左)和
金属与硅直接成键的先驱体聚合物(右)

4.6.3.3 含有氮－金属键的聚硅烷

到目前为止,前面介绍的金属改性先驱体都是通过金属基团与有机原料中的碳键合。实际上,先驱体中的异质元素,如聚硅烷中的氮,可以提供额外的孤对电子来与金属形成配位键。但奇怪的是只有少数文献采用这种方法来进行先驱体的改性,如将 SiCN 先驱体与不同的氨基配合物 M(NR$_2$)$_n$(M = Al,Ti,Zr)反应,便可将金属引入到聚合物链上,再经热处理得到含有金属粒子的陶瓷[28-32]。

4.6.3.4 含金属的多孔 SiCN 先驱体陶瓷

总地说来,上述例子要应用于催化领域都必须满足一个条件,即具有开放的孔隙和有效的活性粒子。而事实上,虽然它们大部分都具有活性金属颗粒,但却有不少是没有任何孔隙的致密陶瓷。

拜罗伊特大学(University of Bayreuth)的研究小组就希望能够成功制备出既具有活性金属粒子,又具有多孔结构的 SiCN 先驱体陶瓷。为此,他们将配合物中的金属交换转移到含 N 官能团的聚合物链上,获得一种新型的化学改性聚硅烷[33-35]。

首先,他们通过相应配体与各种金属卤化物之间的(原位)脱盐反应,开发了一种新的氨基吡啶配合物作为转移试剂(图4.42)[36,37]。

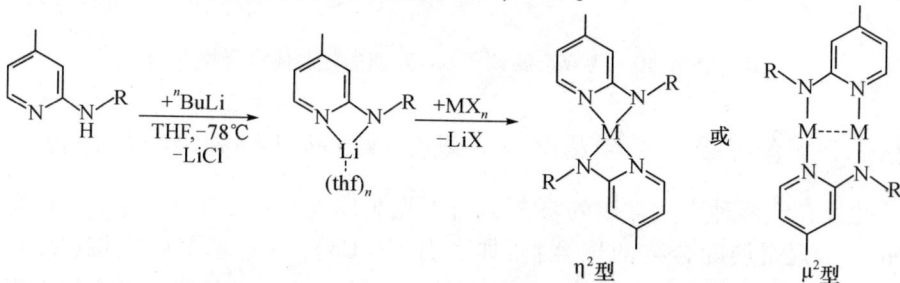

图4.42 (新)η^{2}型或μ^{2}型氨基吡啶配合物的合成

他们还根据化学改性的需求,制备了很多产率高和纯度高的转移试剂(η^2型或μ^2型)。这些新合成的化合物不含额外元素(与前面所用先驱体一样,只含 C、H、N、Si),且可以与几乎所有的过渡金属反应,这极大扩展了可形成金属粒子的种类。η^2型配合物中的极小键角和μ^2型配合物中的较小的金属-金属间距使得配合物中配位键张力较大,这是它们与 N 给体官能团具有高转移反应活性的原因[38,39]。

与其他工作相比,这种方法至少部分解决了金属原子与聚合物链直接成键的证据问题。因为他们通过(^{1}H/^{13}C)核磁共振找到了确凿的证据,证明金属原子由配合物转移到了聚合物链上[40]。

具有多重 N 给体官能团的先驱体在反应中作为多齿配体,通过螯合作用稳定产物结构(图 4.43)。由此得到多种可用于进一步加工处理的金属(Ni、Pt、Cu等)改性聚硅氮烷。

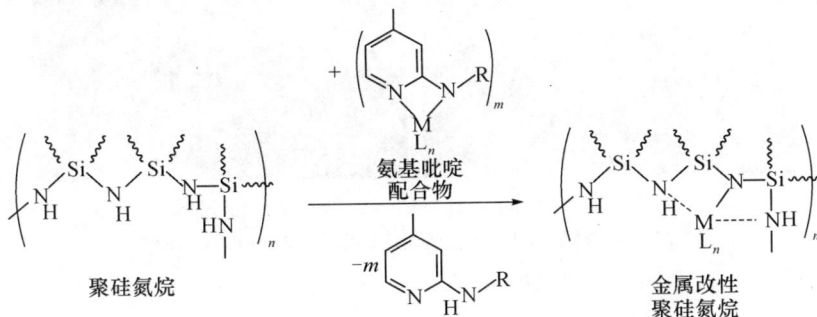

图 4.43　聚硅氮烷和氨基吡啶配合物之间的金属转移反应

通过加入不同种类的可分解的成孔试剂,如有机胺或聚合物(如聚乙烯)等,然后在常规条件下进行后续处理,最终获得了含金属粒子的多孔 SiCN 陶瓷(图 4.44)。

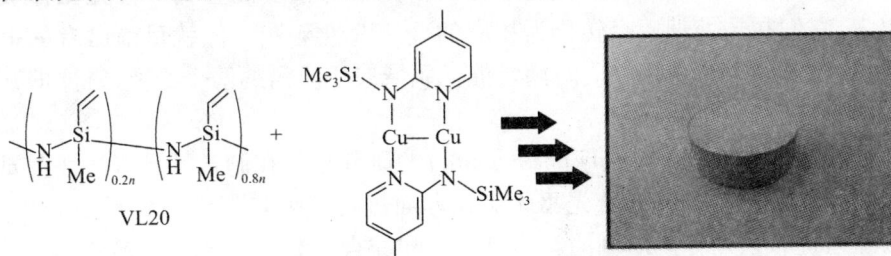

图 4.44　含铜的多孔 SiCN 陶瓷的制备
左图为金属转移反应(先驱体为 VL20);
右图为成型后的陶瓷产品形貌(制备条件:100bar 下热压 5 min,
3% DCP 交联,在 1000℃ N$_2$ 中热解)。

采用常规分析方法(如 SEM、EDX、μ – CT)对上述方法制备的含 Ni、Pt、Cu 颗粒的多孔 SiCN 先驱体陶瓷进行了结构分析。结果表明,材料的孔径大小因成孔试剂不同而在 $10 \sim 200\mu m$ 之间变化,其中的金属颗粒大小根据其成分和浓度不同而介于 1 微米至几纳米之间(图 4.45)。

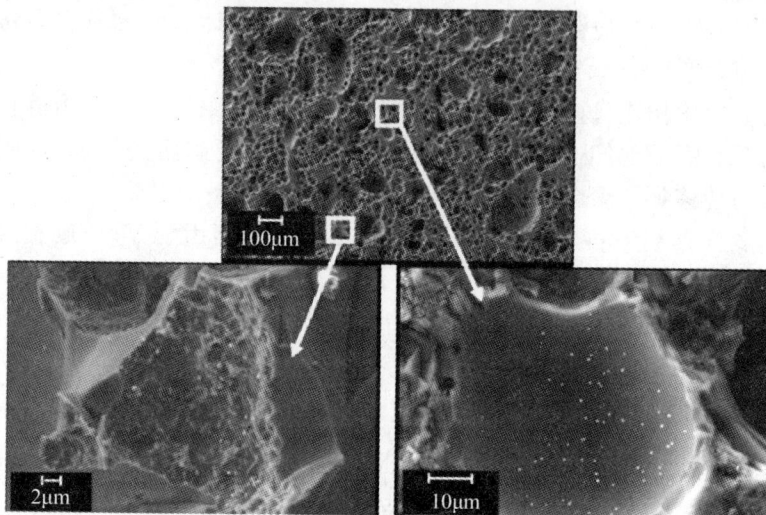

图 4.45　含 Cu 多孔 SiCN 陶瓷的 SEM 形貌图
制备条件:先驱体 VL20,3% DCP 交联,1000℃ N_2 热解。
孔大小,约 $10 \sim 80\mu m$;粒子大小,$200 \sim 800nm$。

4.6.4　结语与展望

随着陶瓷在薄膜、过滤和催化领域的应用越来越多,需要开发更多的先驱体聚合物体系以满足不同应用需求。因此,目前已有很多的金属改性先驱体被合成出来,它们在热处理后会转化为相应的金属改性陶瓷。但就目前已有的报道来看,还没有哪个体系能够同时满足催化领域应用所需的两个必要条件,即开放的微孔和有效的活性粒子。

拜罗伊特大学(University of Bayreuth)的研究小组在制备既具有活性金属粒子,又具有多孔结构的 SiCN 先驱体陶瓷方面进行了大量工作。到目前为止,他们已经通过一系列专门研制的新型氨基吡啶配合物制备并表征了多种化学改性的先驱体。这些配合物作为金属转移试剂将金属原子转移到聚硅氮烷中的 N 官能团上。他们还通过 NMR 测试,获得了金属与 N 直接成键的重要证据,证明金属已成功引入到聚硅氮烷先驱体聚合物链上。这说明以氨基吡啶配合物为金属转移试剂来改性先驱体,可以让金属与先驱体直接成键,这与其他传统的化学改性方法相比具有很大的优势。

为应用于催化领域,在陶瓷中形成开放的孔结构也是一大挑战。这可以通过几种工艺成功地实现,如向先驱体中加入像发泡剂一样可热分解的有机胺,或将作为"占位物质"的聚合物烧掉,都可以制备多孔陶瓷。将上述两个方面的方案有效结合就得到了含金属粒子的多孔 SiCN 陶瓷,并测试了它们对氧化反应和环氧反应中的催化活性。

今后,仍需探索新的金属/先驱体/成孔助剂体系,以开发出可应用于催化、过滤技术以及节能(如储氢)、环保或燃料电池等重要领域的结构成分可调的先驱体陶瓷。通过先驱体法制备功能陶瓷仍处于在一个非常早期的阶段,将来必须在此领域进行深入探索,拓展出全新的应用领域。

4.6.5 参考文献

[1] Keane, M. A.; Ceramics for catalysis, *J. Mater. Sci.*, 2003, 38, 4661 –4675.

[2] Trudeau M. L.; Ying J. Y.; Nanocrystalline materials in catalysis and electrocatalysis: Structure tailoring and surface reactivity, *Nanostr. Mater.*, 1996, 7, 245 –258.

[3] Maxwell I. E.; Lednor P. W.; Recent developments in materials science as applied to catalysis, *Solid State Mater. Sci.*, 1996, 1, 57 –64.

[4] Lago R.; Bini G.; Pena M. A.; Fierro J. L. G.; Partial Oxidation of Methane to Synthesis Gas Using Ln-CoO_3 Perovskites as Catalyst Precursors, *J. Catal.*, 1997, 167, 198 –209.

[5] Saracco G.; Scibilia G.; Iannibello A.; Baldi G.; Methane combustion on Mg – doped $LaCrO_3$ perovskite catalysts, *Appl. Catal. B*, 1996, 8, 229 –244.

[6] Bursell M.; Pirjamali M.; Kiros Y.; $La_{0.6}Ca_{0.4}CoO_3$, $La_{0.1}Ca_{0.9}MnO_3$ and $LaNiO_3$ as bifunctional oxygen electrodes, Electrochimica Acta, 2002, 47, 1651 –1660.

[7] Twigg M. V.; Richardson J. T.; Fundamentals and applications of structured ceramic foam catalysts, *Ind. Eng. Chem. Res.*, 2007, 46, 4166 –4177.

[8] Studart A. R.; Gonzenbach U. T.; Tervoort E.; Gauckler L. J.; Processing routes to macroporous ceramics: a review, *J. Am. Ceram. Soc.*, 2006, 89, 1771 –1789.

[9] Julbe A.; Farrusseng D.; Guizard C.; Porous ceramic membranes for catalytic reactors—overview and new ideas, *J. Membr. Sci.*, 2001, 181, 3 –20.

[10] Scheffler M.; Colombo P.; *Cellular ceramics: structure, manufacturing, properties and applications* (and references therein), WILEY – VCH Verlag GmbH & Co. KGaA, 2005, Weinheim.

[11] Berndt F.; Jahn P.; Rendtel A.; Motz G.; Ziegler G.; Monolithic SiOC Ceramics with Tailored Porosity, *Key Eng. Mat.*, 2002, 206 –213, 1927 –1930.

[12] Seyferth D.; Lang H.; Sobon C. A.; Borm J.; Tracy H. J.; Bryson N.; Chemical modification of preceramic polymers: their reactions with transition metal complexes and transition metal powders, *J. Inorg. Organomet. Polym.*, 1992, 2, 59 –77.

[13] Corriu R. J. P.; Gerbier P.; Guérin C.; Henner B.; Poly[(silylene)acetylene]/fine metal oxide powder dispersions: use as precursors to silicon – based composite ceramics, *J. Mater. Chem.*, 2000, 10, 2173 –

2182.

[14] Kockrick E. ; Krawiec P. ; Petasch U. ; Martin H. – P. ; Herrmann M. ; Kaskel S. ; Porous CeO_x/SiC nanocomposites prepared from reverse polycarbosilane – based microemulsions, *Chem. Mater.* , 2008, 20, 77 – 83.

[15] Bakumov V. ; Gueinzius K. ; Hermann C. ; Schwarz M. ; Kroke E. ; Polysilazane – derived antibacterial silver – ceramic nanocomposites, *J. Eur. Ceram. Soc.* , 2007, 27, 3287 – 3292.

[16] Corriu R. J. P. ; Ceramics and nanostructures from molecular precursor (and references therein) , *Angew. Chem. Int. Ed.* , 2000, 39, 1376 – 1398.

[17] Mingos D. ; Michael P. ; Vilar R. ; Rais D. ; Recent studies on alkynyl complexes of the Group 11 and 12 metals, *J. Organomet. Chem.* , 2002, 641, 126 – 133.

[18] George A. ; C – H activation and ? – coordination in transition metal complexes, *Trends Organomet. Chem.* , 1997, 2, 39 – 55.

[19] Gibson C. V. ; Ligands as "compass needles" : inferences from the orientation of alkene, alkyne and alkylidene ligands to the π – bonding system in tetrahedral transition metal complexes, *Angew. Chem.* , 1994, 106, 1640 – 1648.

[20] Yasuda H. ; Nakamura A. ; Diene – , alkyne – , alkene – and alkyl complexes of earlier transition metals : structures and synthetic applications in organic chemistry and polymer chemistry, *Angew. Chem.* , 1987, 99, 745 – 64.

[21] Adams R. D. ; Captain B. ; Bimetallic cluster complexes : synthesis, structures and applications to catalysis, *J. Organomet. Chem.* , 2004, 689, 4521 – 4529.

[22] Friebe L. ; Liu K. ; Obermeier B. ; Petrov S. ; Dube P. ; Manners I. ; Pyrolysis of polycarbosilanes with pendant nickel clusters : synthesis and characterization of magnetic ceramics containing nickel and nickel silicide nanoparticles, *Chem. Mater.* , 2007, 19, 2630 – 2640.

[23] Kolel – Veetil M. K. ; Qadri S. B. ; Osofsky M. ; Keller T. M. ; Formation of a superconducting mixture of β – Mo_2C nanoparticles and carbon nanotubes in an amorphous matrix of molybdenum compounds by the pyrolysis of molybdenum derivative of a carboranylenesiloxane, *Chem. Mater.* , 2005, 17, 6101 – 6107.

[24] Liu K. ; Clendenning S. B. ; Freibe L. ; Chan W. Y. ; Zhu X. ; Freeman M. R. ; Yang G. C. ; Yip C. M. ; Grozea D. ; Lu Z. – H. ; Manners I. ; Pyrolysis of highly metallized polymers : ceramic thin films containing magnetic CoFe alloy nanoparticles from a polyferrocenylsilane with pendant cobalt clusters, *Chem . Mater.* , 2006, 18, 2591 – 2601.

[25] Corriu R. J. P. ; Devylder N. ; Guérin C. ; Henner B. ; Jean A. ; Oligomers with silicon and transition metal groups : thermolysis of poly [1 , 1′ – bis (diorganosilylethynyl) – ferrocenes] and poly [{ (diorganosilylene) diacetylene } – dicobalthexacarbonyls] to give iron silicide – and cobalt silicide – based ceramics, *J. Organomet. Chem.* , 1996, 509, 249 – 257.

[26] Cerveau G. ; Corriu R. ; Lepeytre C. ; Synthesis of monophasic hybrid organic – inorganic solids containing [η^6 – (organosilyl) arene] chromium tricarbonyl moieties, *Chem. Mater.* , 1997, 9, 2561 – 2566.

[27] Bourg S. ; Boury B. ; Corriu R. J. P. ; Thermal conversion of organosilicon cobalt precursors to mixed Si/ Co/C/O ceramics, *J. Mater. Chem.* , 1998, 8, 1843 – 1849.

[28] Riedel R. ; Kienzle A. ; Friess M. ; in : Harrod J. F. ; Laine R. M. (Eds.) ; *Application of organometallic Chemistry in the Preparation and Processing of Advanced Materials*, Kluwer Academic Publishers, 1995,

The Netherlands, 155.

[29] Yu Y. F.; Mah T. I.; in: Mackenzie J. D.; Ulrich D. R. (Eds.); *Ultrastructure Processing of Advanced Ceramics*, Wiley, 1988, New York, 773.

[30] Soraru G. D.; Ravagni A.; Campostrini R.; Babonneau F.; Synthesis and characterization of β′ – SiAlON Ceramics from organosilicon polymers, *J. Am. Ceram. Soc.*, 1991, 74, 2220 – 2223.

[31] Narula C. K.; Demczyk B. G.; Czubarow P.; Seyferth D.; Preparation of silicon nitride – titanium nitride and titanium – titanium nitride composites from $(CH_3)_2 SiNHTiCl_3$ – coated $Si_3 N_4$ and Ti particles, *J. Am. Ceram. Soc.*, 1995, 78, 1247 – 1251.

[32] Hapke J.; Ziegler G.; Synthesis and pyrolysis of liquid organometallic precursors for advanced Si – Ti – C – N composites, *Adv. Mater.*, 1995, 7, 380 – 384.

[33] Kempe R.; Highlights in the renaissance of amidometal chemistry, *Angew. Chem. Int. Ed.*, 2000, 39, 468 – 493.

[34] Schareina T.; Kempe R.; Amido ligands in coordination chemistry, *Synth. Meth. Organomet. Inorg. Chem.*, 2002, 10, 1 – 41.

[35] Deeken S.; Motz G.; Kempe R.; How common are true aminopyridinato complexes? *Z. Anorg. Allg. Chem.*, 2007, 633, 320 – 325.

[36] Spannenberg A.; Arndt P.; Kempe R.; Yttrate – mediated ligand transfer and direct synthesis as a route to amidopalladium complexes, *Angew. Chem. Int. Ed.*, 1998, 37, 832 – 835.

[37] Spannenberg A.; Fuhrmann H.; Arndt P.; Baumann W.; Kempe R.; Novel amidoniobium complexes with a functional relationship to the $[Cp_2 ZrR]^+$ ion, *Angew. Chem. Int. Ed.*, 1999, 37, 3363 – 3365.

[38] Deeken S.; Motz G.; Bezugly V.; Borrmann H.; Wagner F.; Kempe R.; Metal – metal bonding in sterically frustrated dipalladium species, *Inorg. Chem.*, 2006, 45, 9160 – 9162.

[39] Qayyum S.; Haberland K.; Forsyth C. M.; Junk P. C.; Deacon G. B.; Kempe R.; Small steric variations in ligands with large synthetic and structural consequences, *Eur. J. Inorg. Chem.*, 2008, 4, 557 – 562.

[40] Deeken S.; Proch S.; Casini E.; Braun H. F.; Mechtler C.; Marschner C.; Motz G.; Kempe R.; Group 10 metal aminopyridinato complexes: synthesis, structure, and application as aryl – Cl activation and hydrosilane polymerization catalysts, *Inorg. Chem.*, 2006, 45, 1871 – 1879.

4.7 先驱体转化陶瓷的氧化行为
GEORGES CHOLLON

4.7.1 引言

为了将先驱体陶瓷应用于高温氧化性环境中(如气体涡轮机或航空发动机中),人们进行了大量的研究。例如,为增强所得陶瓷的抗氧化与耐腐蚀性能,合成了含有五种不同元素(不包括 H 和 O)的先驱体[1]。在 PDC 领域的研究中,氧化行为的评估仅占一小部分。还有一些研究系统地比较了不同陶瓷体系的性能,探讨了如游离碳浓度[2 - 4]和异质元素[1,5 - 7]等因素对陶瓷性能的影响,但类似研究同样较少。这是因为陶瓷的初始状态(如比表面积、开孔性等)以及氧化产物的成分存在不同特性,使其氧化性能的比较较为困难。

由于气相条件的复杂性(如温度、分压、气体流动速率等)和难以控制性,主动氧化(高温/低压)和腐蚀氧化(有水或其他可燃气体存在)条件下的数据都缺乏可信度。因此,本章节不会对所有可能的氧化环境下 PDC 的氧化行为进行全面的综述,而是对 PDC 在常规条件下的氧化(通常为被动氧化)进行一个全面的介绍。

本章节首先介绍用于评估 PDC 氧化行为的各种实验方法。在具体方法的选取上,主要取决于服役条件,但同时还需要考虑样品的几何形貌(如颗粒、多孔块体、纤维等)。然后依据复杂程度对不同体系的 PDC 在纯氧或干燥空气中的氧化行为进行了讨论。

4.7.2 材料的几何形态和实验步骤

硅基陶瓷氧化行为的研究一般是采用纯净、致密、平整和光滑的材料样品(如镜面抛光的单晶或多晶硅 CVD 涂层)[8,9]。然后对充分氧化的平整薄层使用特殊手段(如椭圆偏振光谱、SIMS、RBS 等)进行分析,以评估其氧化动力学过程。但这种方法与 PDC 的应用需求和处理工艺条件不兼容,不适用于 PDC。

由于热解过程中的收缩和气体逸出,很难获得致密的 PDC 块体或无裂纹的涂层。根据先驱体黏度和陶瓷收率的不同,未经不熔化或不熔化程度较低的先驱体裂解所得产物都相对粗糙且包含大量孔隙。只有通过研磨才能消除孔隙并将产物的比表面调节至确定的范围。混合处理可以获得无裂纹的块体,但尺寸较小的开孔仍然存在[10]。此外,无裂纹的 Si – C – O 块体还可由凝胶先驱体得到[11,12]。

如果是通过直接测量氧化层厚度来评估氧化程度,那么样品几何形貌的影响比较小。但需要避免由气相通过开孔扩散而导致的速度限制。此外,由于氧化层的厚度不均匀,可能会导致动力学过程被低估。这种方法适用于多孔材料、高表面/体积比(如粉末)的材料,特别是在高温以及氧化初始阶段中氧化率最高的情况下。此外,氧化层的厚度还会因高温条件下的黏性流动而改变(特别是对于富 B 陶瓷,见 4.7.6 内容)。

另一个简单方法是根据产物质量变化来评价氧化程度。这一方法的优点是可以通过热重分析法(TGA)进行原位表征[3]。在被动氧化区,氧化造成的质量变化一般被认为是非挥发性氧化物的形成和 CO 和 N_2 的逸出造成的。当陶瓷体系中含 B 时,其氧化情况更为复杂,因为产物之一的 B_2O_3 在 1000℃ 以上的干燥空气中具有很强的挥发性(参见 4.7.6)。

陶瓷的氧化程度可用三个参数进行表征:相对质量变化、氧化层厚度以及陶瓷的消耗程度,三者相互影响。它们之间的关系往往是线性的,还涉及其他材料特性,如反应表面常数(初始比表面、平均纤维或颗粒直径等)、氧化物的初始重量浓度、初始陶瓷和氧化物的密度[3,13]。其中,另外两个常数 Δ 和 α 有时也用来比较具有不同成分的陶瓷的氧化行为,Δ 是所生成氧化物的体积与被氧化陶瓷的体积比[3],它表征了氧化过程中体积膨胀的程度,适用于被动氧化。α 是形成1mol 氧化物所需氧气的物质的量,它用于比较各种陶瓷的抛物线氧化速率。αK_p 比 K_p(抛物线氧化厚度常数)更能真实反映外来的氧气通量(通常适用于被动氧化)[14]。

理想情况下,被测材料的组成和结构应该较为均匀。它的初始反应表面应为已知的,并且在氧化过程中氧化层和陶瓷的几何形貌变化应是可以容易预知的。用 TGA 来测量陶瓷氧化程度是较为合适的,但这需要样品具有较高的比表面。纤维是比较适合的材料,因为它们致密、均匀,且具有足够的比表面($\geqslant 0.1$ $m^2 \cdot g^{-1}$)。与粉末相比,纤维的主要优势在于其气体渗透性较高和限制相邻氧化层聚结的接触点较少。

4.7.3 Si – C 体系

对于大多数 Si – C 体系的 PDC 来说,其内部通常包含涡轮薄层状的游离碳。如果热解温度(T_p)不够高,那么这种游离碳相也可能是部分氢化的[15]。而体系中的 SiC 相通常以 β 结晶为主,尺寸约为纳米($\leqslant 10nm$)或亚微米($\leqslant 60nm$)级。碳化硅晶粒尺寸通常随着体系内游离碳含量的降低而降低,并随着热解温度 T_p 的升高而升高[16]。从热力学角度来看,SiC + C 系统是最稳定的系统之一。

这种内在的热稳定性使得 SiC + C 先驱体陶瓷体系在纯氧或干燥空气中表现出规律性的氧化行为。从800℃~1400℃,可在陶瓷表面观察到一个按抛物线式生长的纯二氧化硅层,且活化能恒定在 – 100kJ/mol 左右。这种现象的机理可解释为 O_2 通过不断增长的 SiO_2 层向内渗透,而 CO 则迅速向外扩散[3,17]。这种机理与硅或纯碳化硅的氧化机理是一致的[9]。它们的活化能很接近,而抛物线常数 K_p 则取决于 O_2 分压[17]和碳含量(通过 α 反映)。无定形态的 SiO_2 在1200~1300℃之间开始转变成方石英。在1400℃保持数小时后,该表层完全转变为结晶层,但这一现象并未造成氧化率的显著增加[3,17]。

在陶瓷化不完全时,情况则有所不同。氢化的游离碳相释放出氢气并被氧化生成水,这些水通过 SiO_2 层向外扩散,大大加快了初始氧化速率[3,15]。在1400℃以上,将发生动力学上的灾难性转变。此时将观察到连续的氧化物减聚,这可能是由于界面上形成的 CO 压力和高度结晶的 SiO_2 层的高黏度所导致的[3]。

4.7.4 Si – C – O 体系

Si – C – O 体系的 PDC 通常基于碳化硅的多晶体或硅碳氧化合物。前者主要由 β – SiC 纳米微晶(约 2 ~ 3nm)构成,而后者则基本上是无定形的。它们都含有非晶 $SiC_xO_{2(1-x)}$ 相和部分氢化的游离芳香碳(取决于 T_p)。其中,硅碳氧相的含量通常都很高,而游离碳的含量在玻璃态下比结晶陶瓷中更多变(图 4.46(a))。与

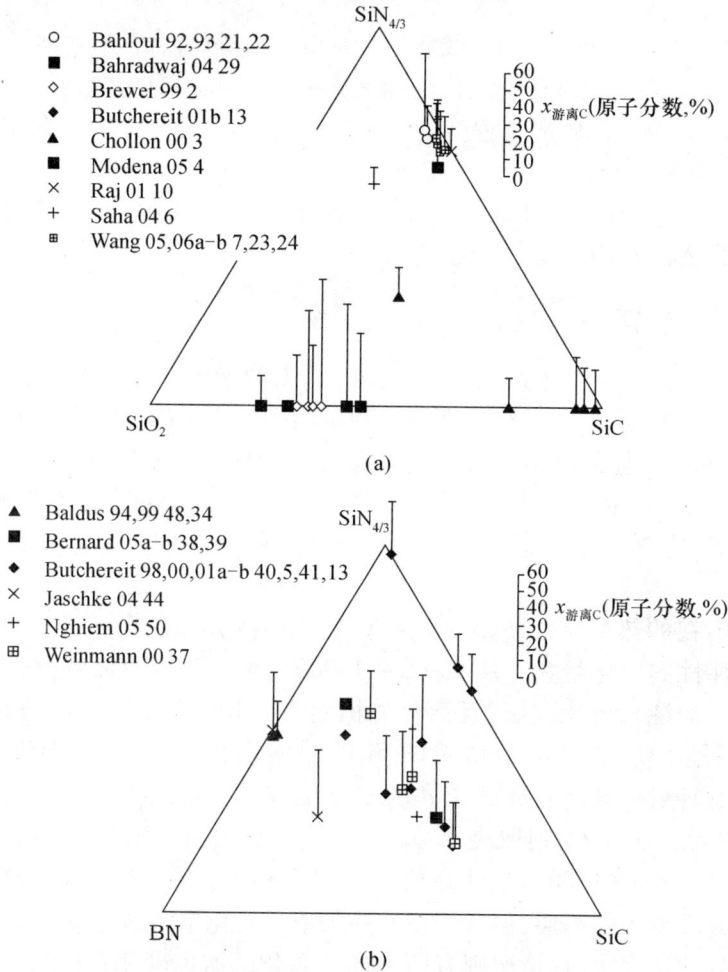

(a)

(b)

图 4.46　用于氧化测试的各种不同先驱体陶瓷的组成
(a) Si – (X) – B – C – N – (O)(忽略 X 的含量);
(b) Si – (X) – B – C – N – (O)体系(忽略 X 和 O 含量)。

Si－C体系相比,Si－C－O体系的热力学稳定性较差,在1200℃以上会热解生成SiC、SiO₂和CO。在较低温度下,材料发生结构演变(化学组成不变)。混合四面体(SiC$_x$O$_{4-x}$)重新排布为SiC₄/SiO₄独立结构,且当T_p增加时游离碳相的脱氢与凝聚变得明显[18]。在更大的范围内,在SiOC结晶陶瓷中可以发现微量SiC晶体的生长,而在玻璃中则仍为无定形的。这种成分和结构在大范围内变化的特点以及氧化过程中内在的热激活转变导致了SiCO陶瓷奇特的行为。

如果是在一个非常低($T_p \leqslant 800$℃)的温度下热解玻璃态的SiCO,其中还含有Si—CH₃和Si—OH基团,那么它在600℃以上的氧化行为是灾难性的[19]。CH₃基团在完全转化为芳香碳网络前就会被氧化成CO,导致材料被毁坏。当烧成温度较高($T_p = 1000 \sim 1200$℃)时,SiC(O)纤维表面会形成一层保护性的SiO₂层。但在1500℃时,残存的氢以及水的扩散会加速初始氧化速率[15]。

Hurwitz和Meador研究了T_p对Blackglas™氧化前后结构变化的影响[18]。他们对粉末样品的表面进行控制,然后采用²⁹Si NMR对各种SiC$_x$O$_{4-x}$相进行量化表征,从而得出其氧化程度。结果表明氧化速率随着热解温度T_p的升高而明显降低,这是因为其组分由SiC₂O₂和SiCO₃转变成为不易被氧化的SiO₄和SiC₄。在这项研究中,并未考虑游离碳的作用特别是其脱氢反应(在$T_p = 900 \sim 1100$℃内可能很显著)。此外,也没有通过考察表面SiO₂层的形貌和厚度来确认该过程是否属于被动氧化并和NMR数据关联。

硅碳氧玻璃可由各种先驱体聚合物或凝胶在1200℃左右裂解获得,其中所含游离碳原子的浓度($x_{游离C}$)在原子百分数0～59%(原子百分数46%)范围内变化[2,4]。Vomiero等人考察了这种陶瓷在600~1350℃的空气中的氧化行为,其中微粉(≤100μm)的氧化行为可采用质量变化和元素分析来进行评估,而陶瓷块体的氧化行为则通过n－RBS深度剖析来对SiO₂层采用形貌分析和厚度测试进行评估[20]。结果表明,在所有的实验温度下,游离碳含量最高的陶瓷的氧化速率都显著高于其他样品,在温度较低(600~800℃)的情况下这一现象尤为明显。这是因为在温度较低时,SiCO相反应性太低而氧化游离碳相对较易渗透,使得氧化反应可贯穿整个材料[2]。而在温度较高时(1000~1200℃),SiCO相会迅速发生氧化形成SiO₂保护层,阻止了氧气进一步扩散至陶瓷内部。对1150℃空气中氧化所得样品进行n－RBS剖面分析,发现起始氧化阶段时,SiO₂与陶瓷界面上的元素浓度变化是渐变的,但随着氧化时间延长,这一变化逐渐变得陡峭[20]。这一结果表明,随氧化时间的延长,该陶瓷的氧化机理由初期的扩散/反应复合控制机理转变为纯扩散控制机理。前一机理很可能与游离碳的存在有关,游离碳含量$x_{游离C}$越高,则转化速度越快。不同游离碳原子百分数($x_{游离C}$

在 0 ~ 47% 间）的陶瓷在 1350℃ 的空气中氧化行为的研究表明其动力学符合抛物线关系[4]。由此得到的 K_p 值远高于 SiC 或 Si – C 和 SiC(O) 纤维体系的值（图 4.47），这可能是因为裂解温度不够高和/或 C – O 相固有的不稳定性。当 $x_{游离C}$ 升高时，αK_p 略有增加，这可能与基质中碳的活性（实际上是原子浓度）有关。这一推论基于局部的热动力学平衡得到，但由于这种基质（$SiC_xO_{2(1-x)}$ + 游离碳）是否处于平衡状态还存在疑问，因此该推论也仍存在争议。

研究者还在纯氧中对不同氧含量（$x_0 = 1 \sim 16\%$）和不同游离碳含量（$x_{游离C} = 14\% \sim 23\%$）的 SiC(O) 纤维进行了氧化测试。结果表明，所有纤维均表现出类似 SiC 块体的抛物线型氧化过程[3]。然而，富氧纤维的氧化速度在 1200℃ 以上会出现一个灾难性的增长。这主要是由于 $SiC_xO_{2(1-x)}$ + 游离碳体系热解形成的 SiO 和 CO 气体会将 SiO₂ 吹离基底。

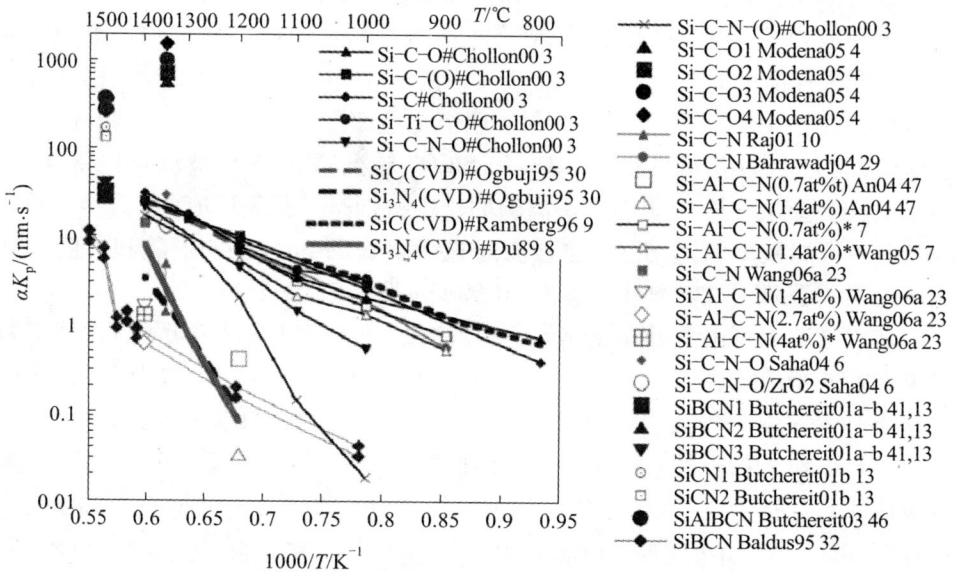

图 4.47　温度对各种 PDC 陶瓷（见图 4.46）的抛物线氧化速率 K_p 的影响
除标记外都为空气中实验的结果（#标记为纯氧气中的结果），
$P = 100\text{kPa}$。* 初始速率（非静止）。

4.7.5　Si – (X) – C – N – (O) 体系

Si – C – N – (O) 体系的 PDC 陶瓷一般由商业售卖或实验室制备[21,22]的聚碳硅氮烷先驱体转化而成。有时可通过引入异质元素 X（X = Zr, Al 等）[6,7,23,24]来对先驱体进行改性，同时也会引入部分氧[6]，此外氧的引入也可以通过纤维不熔化过程实现[3]。先驱体在惰性气氛中经高温裂解后所得的陶瓷

238

一般都包含一种亚稳态的非晶硅碳氮氧（$SiC_xN_{4y/3}O_{2(1-x-y)}$）相，该无定形相由 $SiC_xN_yO_{4-x-y}$ 四面体结构和游离芳环碳混合构成（图 4.46（a））[3]。若在 NH_3 气氛中进行热解，可得到一种几乎无碳的 SiNO 陶瓷[21]。SiCNO 材料比 SiCO 体系的材料要稳定一些，特别是在 N_2 气氛下。在 1300℃ 以上，它们会分解成 SiO、CO、N_2 和 SiC 晶体。若热解温度超过 1480℃，即使是在缺氧的情况下，过量的碳依然会与硅氮相反应生成 SiC 和 N_2[25-27]。

Bahloul 等人采用 TGA 和质谱研究了不同含碳量的 SiCN 陶瓷粉末在不同 T_p 下的氧化行为[21,22]。结果表明，材料的氧化机理取决于其初始的微观结构，而微观结构又是受热解条件影响的。游离碳的选择性氧化有利于氧气扩散和 SiCN 相的氧化。该现象随游离碳含量以及 T_p 的升高而增强。当 $T_p = 1400℃$ 时，游离碳/Si_3N_4 的相分离和陶瓷中微裂纹的产生使得氧气更容易向内扩散。相反地，在 $T_p = 1200℃$ 时，由于游离碳相是分散在 SiCN 相中的，并因此不太容易被氧化。此外，残余氢的存在也可能促进了 SiO_2 的形成，并对游离碳形成保护，避免其发生进一步的氧化。在更高温度（$T_p = 1540℃$）下获得的结晶程度很高的 SiCN 陶瓷具有类似的趋势，因为其内部粗化的微观结构和较大的孔道会大幅增强氧化的速率[28]。

由于第 2 章所述的原因，多孔块体或细粉末的 TGA 测试表现出复杂的增重随时间变化的曲线，但仍可采用指数和 Z-L-T 方程分别对其进行模拟[10]。从后者可推导出 SiCN 陶瓷在 $T = 1350℃$ 的空气中氧化的抛物线氧化速率常数 K_p，其值接近纯 Si_3N_4（图 4.47）。其他作者研究了致密的 SiCNO 块体和细纤维的氧化行为。结果表明，材料表面会形成一个致密且连续的氧化层（无气泡或裂纹）以及清晰的氧化层/陶瓷界面，并在整个测试范围内（$T = 800 \sim 1400℃$，$P = 100kPa$ 氧气或空气）$e(t)$ 和 $\Delta m/m_0(t)$ 表现出抛物线规律[3,29]。抛物线速率常数和活化能（E_a）与纯 SiC 和 Si_3N_4 基本一致（图 4.47）。随着 N 原子比 y 升高（碳原子比 x 降低），低温下的 K_p 显著降低而 E_a 则升高（约升高至 300kJ·mol^{-1}），但氧气和游离碳浓度的影响不大[3]。含氮 PDC 特殊的性能使其表现出与 SiC 和 Si_3N_4 完全不同的氧化行为，尤其是后者的 E_a 值非常高[8,9,30]。SiCN（O）陶瓷的氧化行为可归结为一个复杂的 O_2 渗透/反应复合控制动力学过程，涉及氮氧化硅中间层的形成，而非氮化硅层[31]。

最近，Wang 等人报道了由铝醇盐改性商品化先驱体所得 SiAlCN 陶瓷的抗氧化性[7,23,24]，其中引入陶瓷中的铝含量是可调的（在裂解后最高达 4%）。他们在 900～1400℃ 的干燥空气中测量了铝改性陶瓷的氧化动力学并与不含 Al 的 SiCN 陶瓷进行了比较。结果表明，不含 Al 的陶瓷表现出典型的抛物线型氧化动力学行为，而 SiAlCN 陶瓷在 $T \geqslant 1000℃$ 时的氧化速度是非抛物线型变化的,随时间延长迅速降低,但降低幅度不大[7]。在 $T = 1400℃$ 时,抛物线氧化速率可维持 20h 恒定不变,但其抛物线速率常数却仅为 SiCN 样品的 10%(图4.47)[23]。这种反常行为主要归因于 Al 原子,它(部分)处于六元 SiO$_4$ 环中间,阻碍了氧气的渗透,从而减少了氧化率。最近 Wang 又采用 SIMS 分析追踪了 ^{18}O 在 1050℃ 的扩散情况,证实了 SiAlCN 陶瓷的氧化与 SiCN 陶瓷一样,受填隙式扩散控制,但这种扩散在含铝 SiO$_2$ 中的速度要远低于在 SiCN 陶瓷上纯 SiO$_2$ 中的速度[24]。

此外,Saha 等人还比较了 SiZrCNO 纤维和 SiCN 陶瓷在 1350℃ 的空气中的氧化行为[6]。两种材料均表现出抛物线型氧化动力学行为,而 SiZrCNO 的 αK_p 值仅为 SiCN 的一半左右。与 Wang 等人对 SiAlCN 氧化行为的解释不同,Saha 等人认为 SiZrCNO 陶瓷氧化速率较低的原因是初始陶瓷中的碳活性较低(其实是碳含量较低),这与前述(4.7.4节)中对不同游离碳含量 SiCO 玻璃的解释相似[4]。

4.7.6 Si – (X) – B – C – N 体系

Si – B – (C) – N 陶瓷先驱体的相关研究主要是由德国的研究人员完成的[32 – 39]。这些先驱体先后被制成纤维和涂层或被热压,随后在 N$_2$ 或 NH$_3$ 气氛下进行裂解,分别得到 SiBCN 或 SiBN 陶瓷[32]。这些陶瓷的成分大多位于 Si$_3$N$_4$ + SiC + C + BN 四元相区域,极少陶瓷("SiBN$_3$C"型)的成分接近 Si$_3$N$_4$ + C + BN 区域(图4.46(b))[27]。与 SiCN 陶瓷相比,SiBCN 先驱体陶瓷最显著的特征就是在氮气下它们能保持化学稳定性和无定形结构到非常高的温度(T_p 约 1900℃)。采用 ^{29}Si,^{11}B 和 ^{15}N 核磁共振对成分位于 Si$_3$N$_4$ + C + BN 区域附近的材料进行分析,结果表明陶瓷中 SiN$_4$ 中 Si 以四面体配位,BN$_3$ 中 B 以三角形平面配位[35,36]。碳原子多采取 sp^2 杂化方式,以游离芳香碳的形式与之前的 SiBN 网络分离,存在于 SiCN 系统中(拉曼光谱结果显示[40])和/或在涡轮层状 BCN 相中(C—N 键的存在已被 X 射线光电子能谱证实[33])。

对 SiBCN 陶瓷氧化性的早期报道声称这种先驱体陶瓷具有非常优异的抗氧化性能。在空气中加热至 1600℃,其氧化速率一直呈抛物线型增长,且 K_p 常数比 Si$_3$N$_4$ 和 SiC 低[32]。图4.47 中给出了富 B 先驱体陶瓷的 αK_p 曲线,可以认为氧化物中要么只有 SiO$_2$ 要么就是由 SiO$_2$ 和 B$_2$O$_3$ 共同组成。这种陶瓷的高抗氧化性主要归因于其表面氧化形成的双表层(即一个包含痕量 B 和 C 的 SiO$_2$ 外层和一个包含痕量 Si 和 O 的 B – N – O 内层)具有比纯 SiO$_2$ 更好的阻止 O$_2$ 向内扩散的能力。一些研究者并未在其研究工作中找到这种双表层存在的证据[5,13,41]。然而,还是有少部分人采用 TEM 观察在 1500℃下氧化的"SiBN₃C"型纤维,确认了这种双表层的存在并对其进行了进一步的细化研究[42,43]。此外,还有研究者通过热力学计算预测了此类双表层的存在[26]。

TGA 测试表明,与 SiCN 和 SiC 先驱体陶瓷相比,SiBCN 陶瓷在 1300℃时的增重较小,在更高温度下有时还会存在轻微的失重[33,38,40,44]。这是由于初始陶瓷中 Si 含量较低,其氧化产物 SiO_2 的产率相对于气态产物 CO 和 N_2 降低了,同时也因为高温下硼硅酸盐表层裂解生成了气相的 B_2O_3。

Butchereit 等人系统研究了各种 SiBCN 先驱体陶瓷的氧化行为。若裂解温度太低($T_p = 1000 \sim 1100℃$),在 1250℃以上材料会发生灾难性的氧化行为[40]。在此温度下,残余氢被释放并氧化生成水,改变了硼硅酸盐的性质并加速 B_2O_3 的挥发。即使是在稳定后($T_p = 1320℃$),其氧化行为仍受多种作用的相互影响,表现得很复杂。高温下,气泡首先在致密块体(而非较小的泡沫状碎片)中形状尖锐的边缘上出现[5,13,40,41]。这可能是因为 SiO_2 中混入了 B_2O_3,使得氧化物的黏度变得非常低。在高温下,这些低黏度的氧化物就会从陶瓷边缘流走,填充在孔隙、裂缝和连接点中。缺乏氧化物保护的边缘也因此暴露在 O_2 中,进一步以很高的速度被氧化,反应生成的气体在界面处产生压力从而形成气泡。此外,在高温下 B_2O_3 从表面逸出会导致局部黏度变大并析出方石英晶体。对于块体来说,生成的气体产物(N_2、CO 或气化的 B_2O_3)在材料表面的聚集阻碍了 O_2 向内扩散,而对于与具有高比面积的泡沫碎片来说,气体产物还将限制 B_2O_3 的挥发。

Butchereit 等人在 1500℃的空气中对三种不同的 SiBCN 陶瓷进行等温实验,然后通过测量其氧化层厚度对氧化速率进行了评估,并与两种 SiCN 陶瓷进行比较[13,41]。结果只在两种 SiBCN 样品中观测到了抛物线型增长曲线。与 SiC 和 Si_3N_4 相比,SiCN 陶瓷的抛物线氧化速率常数 K_p 较高,而 SiBCN 的 K_p 则较低(图 4.47)。但经计算得到的 SiBCN 的衰减速率与 Si_3N_4 相同。所有 SiBCN 样品的重量变化均很小,表明由于生成硼硅酸盐而产生的增重被 B_2O_3 的挥发部分抵消了[26,45]。

最近,人们通过引入不同含量的 Al(原子百分含量 3% ~ 7%)对 SiBCN 先驱体进行了改性[1,46]。TGA 氧化测试表明,在 1100 ~ 1500℃之间,这种陶瓷颗粒在 O_2 中有适度的增重。而在 1500℃,对块体的热重测试结果显示其出现了失重。这再次证明经由孔隙发生的气体扩散限制了氧化的速度。与 SiBCN 陶瓷相比,这种陶瓷的氧化产物与基体的结合度较好且没有气泡。在 1500℃,其氧化曲线接近抛物线定律,但 K_p 值比 SiC 和 Si_3N_4 的要高(图 4.47)。

4.7.7 结语

对于所有的化学体系,倘若 PDC 本质是稳定的,那么体系就会表现出规则的(抛物线型)氧化动力学过程。体系稳定的条件包括①T_p 足够高以避免前陶瓷体中释放出 H_2/H_2O;②该体系是热化学稳定的,难以进一步热解,如 C(N)O + 游离 C 的体系就很难分解为 SiO、CO、(N_2)。所以,富氧的 SiCO 陶瓷不应该在 1200℃ 以上使用[3,4]。同样地,SiCN 体系在 1400℃ 以下均属于被动氧化,但在 1500℃ 时体系的氧化速率迅速升高,这可能就是由氮化硅与游离碳之间的反应导致的[13]。而 SiBCN 体系的热稳定性显然更高[27]。1500℃ 时,界面处氧化产物的压力大于裂解生成的气体,使得在氧化物内部形成气泡[5,13,40,41]。如果游离碳相含量太高,且处于隔离状态时(在高 T_p 下),或是 SiC(N)O 相的反应性太低,氧化物无法提供保护时(在低温下),则都可能发生不利的氧化历程[2,21,22]。

在固有的热稳定性区域中,抛物线氧化速率 K_p 主要取决于氧化物的本性。所有的 SiC(O) 先驱体陶瓷表现出相似的氧化行为(E_a 约为 100kJ/mol)。然而,在低温下,随着 SiCN(O) 体系中氮浓度的增大,E_a 逐渐升高(升至约 300kJ/mol),K_p(或 αK_p)逐渐降低,直至接近 Si_3N_4 的值[3,10]。

进一步向体系中加入异质元素,其影响是多种多样的。向 SiCN 陶瓷中加入 ZrO_2,只会因游离碳的浓度变化而引起 K_p 的略微下降(1350℃)[4]。而在 $T \geqslant 1000℃$ 时,向 SiCN 陶瓷中加入铝会在一个短暂的阶段过后导致氧化速率的显著下降,这可能是由 SiO_2 网络结构的改变引起的[7,23,47]。然而,这种奇特的高温短暂稳定的阶段以及接近 SiC 氧化速率的高初始氧化率仍需进一步阐明。

硼对 SiBCN 陶瓷氧化率的影响是非常复杂的。最初报道的氧化率非常低[32],这可能是由于氧化物/陶瓷体积比率较低,硼硅酸盐黏性流动和(或)B_2O_3 挥发等原因,导致结果有所偏差[26,45]。此外,虽然有一些作者观察到 B-N-O/SiO_2 双表层,但却没有明确的证据表明该双表层减缓了 O_2 向内扩散。更多近期的研究报道认为,尽管前述原因(如气泡的形成等)对陶瓷的氧化起到了复杂的影响,但其在 1500℃ 的 K_p(或 αK_p)值与 SiC 和 Si_3N_4 接近[13,41],说明该温度下的氧化仍属于常见的速率控制区域。向 SiBCN 陶瓷中加入铝对其在 1500℃ 的抗氧化性能是不利的[46],说明铝的加入并不能稳定 B_2O_3。显然,目前仍缺少 Si(X)BCN 陶瓷在中低温度(800~1000℃)下的氧化行为数据。这是令人遗憾的,因为在此温度区域内形成硼硅酸盐的原料可能对裂纹愈合是有用的。

为在高温结构材料领域获得应用,除了单纯的氧化之外,还需要考察 PDC

其他的一些性能。由于在实际使用中,此类陶瓷可能会与其他材料联用,也可能会用于其他比 O_2 更强的腐蚀性环境,还需要承受压力。因此,PDC 氧化产物与附近的其他材料之间的反应性,材料在水环境中的耐腐蚀性以及在这些严酷环境下的断裂延迟都特别值得考虑[26,45]。

4.7.8 参考文献

[1] Müller A, Gerstel P, Butchereit E, Nickel KG, Aldinger F. 2004 Si/B/C/N/Al precursor – derived ceramics: Synthesis, high temperature behaviour and oxidation resistance. *J. Eur. Ceram. Soc.* 24(12):3409 – 17.

[2] Brewer CM, Bujalski DR, Parent VE, Su K, Zank GA. 1999 Insights into the oxidation chemistry of SiOC ceramics derived from silsesquioxanes. *J. Sol – Gel. Sci. Technol.* 14(1):49 – 68.

[3] Chollon G. 2000 Oxidation behaviour of ceramic fibres from the Si – C – N – O system and related sub – systems. *J. Eur. Ceram. Soc.* 20(12):1959 – 74.

[4] Modena S, Sorarù, GD, Blum Y, Raj R. 2005 Passive oxidation of an effluent system: The case of polymer – derived SiCO. *J. Am. Ceram. Soc.* 88(2):339 – 45.

[5] Butchereit E, Nickel KG. 2000 Oxidation behaviour of precursor derived ceramics in the system Si – (B) – C – N. *Key Eng. Mater.* 175:69 – 78.

[6] Saha A, Shah SR, Raj R. 2004 Oxidation behavior of SiCN – ZrO_2 fiber prepared from alkoxide – modified silazane. *J. Am. Ceram. Soc.* 87(8):1556 – 8.

[7] Wang Y, An L, Fan Y, Zhang L, Burton S, Gan Z. 2005 Oxidation of polymer – derived SiAlCN ceramics. *J. Am. Ceram. Soc.* 88(11):3075 – 80.

[8] Du H, Tressler RE, Spear KE, Pantano CG. 1989 Oxidation studies of crystalline CVD silicon nitride. *J. Electrochem. Soc.* 136(5):1527 – 36.

[9] Ramberg CE, Cruciani G, Spear KE, Tressler RE, Ramberg Jr. CF. 1996 Passive – oxidation kinetics of high – purity silicon carbide from 800° to 1100°C. *J. Am. Ceram. Soc.* 79(11):2897 – 911.

[10] Raj R, An L, Shah S, Riedel R, Fasel C, Kleebe H. 2001 Oxidation kinetics of an amorphous silicon carbonitride ceramic. *J. Am. Ceram. Soc.* 84(8):1803 – 10.

[11] Sorarù GD, Dallapiccola E, D'Andrea G, 1996 Mechanical Characterization of Sol – Gel – derived Silicon Oxycarbide Glasses. *J. Am. Ceram. Soc.* 79 (8): 2074 – 80.

[12] Walter S, Soraru GD, Brequel H, Enzo S, 2004 Microstructural and mechanical characterization of sol gel – derived SiOC glasses. *J. Eur. Ceram. Soc.* 22(13): 2389 – 2400.

[13] Butchereit E, Nickel KG. 2001 Comparison of the oxidation kinetics of boron free and boron containing precursor derived ceramics. Proceedings—Electrochemical Society, 12(*High Temperature Corrosion and Materials Chemistry* Ⅲ), 112 – 123. Publisher: Electrochemical Society.

[14] Luthra KL. 1991 Some new perspectives on oxidation of silicon carbide and silicon nitride. *J. Am. Ceram. Soc.*, 74(5):1095 – 1103.

[15] Shimoo T, Okamura K, Morita T. 2003 Thermal stability of low – oxygen silicon carbide fibers (Hi – Nicalon) in carbon monoxide. *J. Mater. Sci.* 38(14):3089 – 3096.

[16] Ichikawa H. 2006 Development of high performance SiC fibers derived from polycarbosilane using electron

beam irradiation curing – a review. *J. Ceram. Soc. Jpn.* 114(1330):455 –60.

[17] Naslain R, Guette A, Rebillat F, Le Gallet S, Lamouroux F, Filipuzzi L, Louchet C. 2004 Oxidation mechanisms of SiC – matrix composites and their constituents. *J. Mater. Sci.* 39 7303 – 16.

[18] Hurwitz FI, Meador MAB. 1999 Tailoring silicon oxycarbide glasses for oxidative stability. *J. Sol – Gel. Sci. Technol.* 14(1):75 – 86.

[19] Zhang H, Pantano CG. 1992 High temperature stability of oxycarbide glasses. Materials Research Society Symposium Proceedings, 271(*Better Ceramics through Chemistry V*), 783 – 8.

[20] Vomiero A, Modena S, Soraru GD, Raj R, Blum Y, Della Mea G. 2003 Investigation on the oxidation process of SiCO glasses by the means of non – rutherford backscattering spectrometry. *Nucl. Instrum. Meth. Phys. Res. B.* . 211(3):401 –7.

[21] Bahloul D, Pereira M, Goursat P. 1992 Silicon carbonitride derived from an organometallic precursor. influence of the microstructure on the oxidation behaviour. *Ceram. Int.* 18(1):1 –9.

[22] Bahloul D, Goursat P, Lavedrine A. 1993 Influence of microstructural changes on the oxidation resistance of silicon carbonitrides derived from a polyvinylsilazane. *J. Eur. Ceram. Soc.* 11(1):63 – 8.

[23] Wang Y, Fan Y, Zhang L, Zhang W, An L. 2006 Polymer – derived SiAlCN ceramics resist oxidation at 1400°C. *Scripta Mater.* 55(4):295 –7.

[24] Wang Y, Sohn Y, Fan Y, Zhang L, An L. 2006 Oxygen diffusion through al – doped amorphous SiO_2. *J. Phase Equilib. Diffus.* 27(6):671 –5.

[25] Monthioux M, Delverdier O. 1996 Thermal behavior of (organosilicon) polymer – derived ceramics. V: Main facts and trends. *J. Eur. Ceram. Soc.* 16:721 –37.

[26] Nickel KG. 1999 Corrosion: no problem for precursor – derived covalent ceramics? *Precursor – Derived Ceramics: Synthesis, Structures and High Temperature Mechanical Properties*, Editor: Bill J, Wakai F, Aldinger F. 188 –196. Publisher: Wiley – VCH, Weinheim, Germany.

[27] Seifert HJ, Aldinger F. 2002 Phase equilibria in the Si – B – C – N system. *High Performance Non – Oxide Ceramics I*, Editor: Jansen M. Structure & Bonding Vol 101, 1 –58. Publisher: Springer – Verlag, Berlin, Germany.

[28] Ziegler G, Kleebe H –, Motz G, Müller H, Traβl S, Weibelzahl W. 1999 Synthesis, microstructure and properties of SiCN ceramics prepared from tailored polymers. *Mater. Chem. Phys.* . 61(1):55 –63.

[29] Bharadwaj L, Fan Y, Zhang L, Jiang D, An L. 2004 Oxidation behavior of a fully dense polymer – derived amorphous silicon carbonitride ceramic. *J. Am. Ceram. Soc.* 87(3):483 –6.

[30] Obgbuji LUJT, Opila EJ 1995 A comparison of the oxidation kinetics of SiC and Si_3N_4. *J. Electrochem. Soc.* 142(3):925 –30.

[31] Sheldon BW. 1996 Silicon nitride oxidation based on oxynitride interlayers with graded stoichiometry. *J. Am. Ceram. Soc.* 79(11):2993 –6.

[32] Baldus HP, Passing G, Sporn D, Thierauf A. 1995Si – B – (N,C) a new ceramic material for high performance applications. Ceramic Transactions, 58 (*High – Temperature Ceramic – Matrix Composites II*) , 75 – 84. Publisher: American Ceramic Society.

[33] Baldus HP, Jansen M. 1997 Novel high – performance ceramics—amorphous inorganic networks from molecular precursors. *Angew. Chem. Int. Ed.* 36(4):329 –43.

[34] Baldus HP, Jansen M, Sporn D. 1999 Ceramic fibers for matrix composites in high – temperature engine

applications. *Science.* 285(5428):699 – 703.

[35] Jansen M. 1997 Highly stable ceramics through single source precursors. *Solid State Ionics.* 101 – 103 (PART 1):1 – 7.

[36] Jansen M, Jäschke B, Jäschke T 2002 Amorphous multinary ceramics in the Si – B – C – N system. *High Performance Non – Oxide Ceramics I*, Editor: Jansen M. Structure & Bonding Vol 101, 137 – 191. Publisher: Springer – Verlag, Berlin, Germany.

[37] Weinmann M, Schuhmacher J, Kummer H, Prinz S, Peng J, Seifert HJ, et al. 2000 Synthesis and thermal behavior of novel Si – B – C – N ceramic precursors. *Chem. Mater.* 12(3):623 – 32.

[38] Bernard S, Weinmann M, Gerstel P, Miele P, Aldinger F. 2005 Boron – modified polysilazane as a novel single – source precursor for SiBCN ceramic fibers: Synthesis, melt – spinning, curing and ceramic conversion. *J. Mater. Chem.* 15(2):289 – 99.

[39] Bernard S, Cornu D, Miele P, Weinmann M, Aldinger F. 2005 Polyborosilazane – derived ceramic fibers in the Si – B – C – N quaternary system for high – temperature applications. *Ceram. Eng. Sci. Proc.* 26 (2):35 – 42.

[40] Butchereit E, Nickel KG. 1998 Oxidation behaviour of precursor derived Si – (B) – C – N – ceramics. *J. Mater. Proc. Manufact. Sci. . Mater. Proc. .* 7(1):15 – 21.

[41] Butchereit E, Nickel KG, Müller A. 2001 Precursor – derived Si – B – C – N ceramics: Oxidation kinetics. *J. Am. Ceram. Soc.* 84(10):2184 – 8.

[42] Braue W, Paul G, Baldus HP. 2001 Microstructural response of SiBN₃C – fibers upon annealing in oxidizing and reducing atmospheres. Editor(s): Krenkel W, Naslain R, Schneider H. *High Temperature Ceramic Matrix Composites*, [4th International Conference on High Temperature Ceramic Matrix Composites], 96 – 98. Publisher: Wiley – VCH Verlag GmbH, Weinheim, Germany.

[43] Cinibulk MK, Parthasarathy TA. 2001 Characterization of oxidized polymer – derived SiBCN fibers. *J. Am. Ceram. Soc.* 84(10):2197 – 202.

[44] Jäschke T, Jansen M. 2004 Synthesis and characterization of new amorphous Si/B/N/C ceramics with increased carbon content through single – source precursors. *Comptes Rendus Chimie.* 7(5):471 – 82.

[45] Jacobson NS, Opila EJ, Lee KN. 2001 Oxidation and corrosion of ceramics and ceramic matrix composites. *Current Opin. Solid State Mater. Sci. .* 5(4):301 – 9.

[46] Butchereit E, Nickel KG. Beneficial effect of aluminum on the oxidation behavior of precursor – derived ceramics. 2003 Proceedings—Electrochemical Society, 16(*High Temperature Corrosion and Materials Chemistry IV*), 325 – 338. Publisher: Electrochemical Society.

[47] An L, Wang Y, Bharadwaj L, Zhang L, Fan Y, Jiang D, et al. 2004 Silicoaluminum carbonitride with anomalously high resistance to oxidation and hot corrosion. *Adv. Eng. Mater. .* 6(5):337 – 340.

第5章　加工和应用

5.1　压制、挤出和注塑成型

VADYM BAKUMOV 和 EDWIN KROKE

5.1.1　引言

不论从什么材料出发，要制备有用的部件，通常都需要将其加工成多少有些复杂的形状。对于金属、聚合物、陶瓷、玻璃以及复合材料来说，这通常是通过机械加工(如切割、钻孔、研磨、抛光等)或塑形实现的。前者一般比较费时，而且成本比后者更高。因此，在许多情况下，机械加工主要用于金属。不过，也有众多的工业工艺采用塑形方法来实现金属或聚合物的成型。塑性成型中较为完善的技术包括冷/热压、挤出和注射成型。这些加工技术的应用是促进先驱体陶瓷(PDC)研究和发展的主要动力之一。理论上，纺丝、涂覆、发泡和微加工也是基于塑性变形的成型方法。这些方法将在5.4、5.5、5.7和5.9等章节分别进行讨论。

大多数关于PDC材料元素组成的研究都集中在硅基先驱体聚合物及其相应的复合材料、玻璃和陶瓷方面。其中主要包括$Si/C^{[1]}$、$Si/C/N^{[2]}$和$Si/C/O^{[3]}$材料。需要指出的是，许多碳材料(如石墨和玻璃碳)也都是由聚丙烯腈(PAN)或沥青等先驱体聚合物裂解而得[4]。然而，本章节主要关注在工业中拥有重要意义的硅基材料。

5.1.2　压制成型

压制成型是最常用的PDC成型方法。如图5.1所示，压力可应用于四个不同的阶段，即交联期间、预交联粉末的压实阶段、热解阶段以及热解后的烧结阶段。表5.1中总结了一些文献中报道的相关例子。在PDC工艺中，加压不仅是为了塑造或改变材料的形状，通过加压还可以获得致密的产物，或者至少使产品的力学性能提高。

246

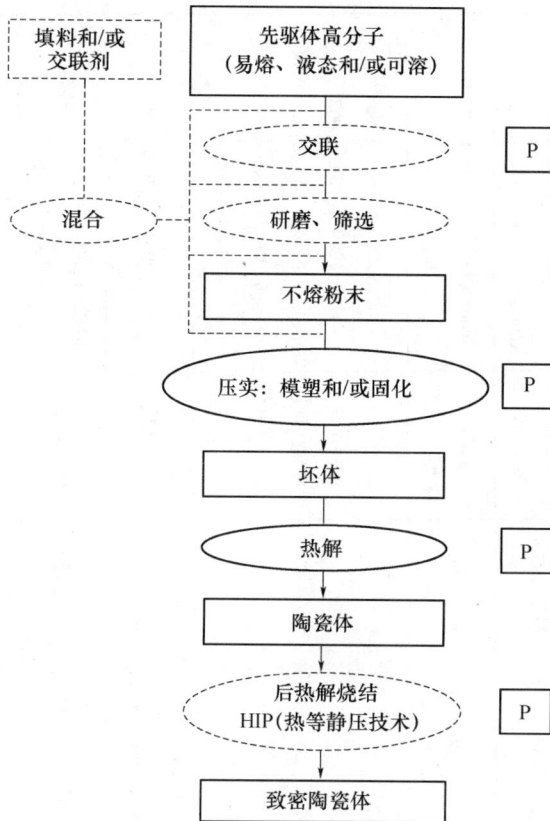

图 5.1　先驱体技术中加压成型的一般流程图
虚线标注为可选步骤,可施加压力的步骤用"P"标记。

陶瓷化是可熔聚合物转化成不熔陶瓷的过程,在此过程中通常伴随着气体的形成。其实,当液态或低温熔融聚合物通过加聚或缩聚反应发生交联时,气体的产生与逸出就已经发生了。也就是说,陶瓷化过程在成型前后的热固反应的第一阶段就已经发生。这一阶段中化学反应的效果最为明显。因为先驱体的分子结构决定了气体逸出的温度,从而对目标陶瓷的孔隙率,甚至是形貌产生巨大影响。例如,在先驱体分子中引入甲基将不利于成型过程,这是因为必须使用更高的温度和压力来抑制孔隙的形成。这可解释为热产生甲烷的受阻扩散[12],在压制或挤压过程中,大孔隙将转化成产品的膨胀[24]。

5.1.3　预处理:交联程度和先驱体粉末的颗粒尺寸

Riedel 等人从 20 世纪 90 年代初期就开始利用预先交联的聚合物成型,以

表 5.1 压制成型实例及条件（ * 表示使用填料的研究 ）

压制技术	典型温度	典型压力范围	颗粒尺寸	预氧化温度	陶瓷密度	先驱体体系	代表性文献
冷等静压制（CIP）	~25℃	450~640MPa ~1GPa	10~32μm	200~350℃	73%~93%	硅氮烷 聚碳硅烷	Wan 2000*[5]，Passing 1993[6] Konetschy 1999[7]，Galusek 2007*[8]
冷单轴压制	~25℃	150~630MPa	32μm	200~360℃	70%~89%	硅氮烷 聚硼硅氮烷	Gonon 1995[9]，Weisbarth 2003*[10] Konetschy 1999[7]
热单轴压制	120~420℃	10~45~710MPa	10~160μm	200~360℃	75%~99%	聚硅氮烷 聚硅碳二亚胺 聚硅硼硅氮烷 聚倍半硅氧烷	Wan 2000[5]，Seitz 1996[11] Haug 1999[12]，Seitz 2002[13] Weibelzahl 1999[14]，Weinmann 1998[15] Konetschy 1999[7]，Galusek 2007*[8] Harshe 2004[16]
热等静压制（HIP）温等静压制（WIP）	200~400℃	20~160MPa	—	UV 200~400℃	— 75%~89%	聚硅氮烷	Chung 2007[17]，Bauer 2002[18]
后热解 HIP/高温烧结	1400~1750℃	900~980MPa	28μm~块体	250℃	可达99%	聚硅氮烷	Ishihara 2006[19]，Ishihara 2002[20] Lecomte1999[21]
准静压制（固体压力介质）	1400~1600℃	2GPa	13μm	200℃	—	聚硅氮烷	Gasch 2001[22]
多砧压制（MAP）	1800~2300℃	10~15GPa	—	—	—	聚硅氮烷	Schwarz 2000[23]

尽量减少气体的产生[6,25]。一旦交联,聚合物就失去了其可熔可溶的特性,成为固体。但也不排除在达到一定高温和压力的情况下可通过热压使其成型,这种技术通常称为压塑成型。热机械分析(TMA)是研究在适度压力下聚合物变形性能的很好的方法(见图5.2)[7,11,26]。这也是分析交联程度的最有效的方法。在没有定量理论的情况下,可以利用它经验性地优化(陶瓷先驱体)聚合物的致密化过程,从而确定出最合适的参数。

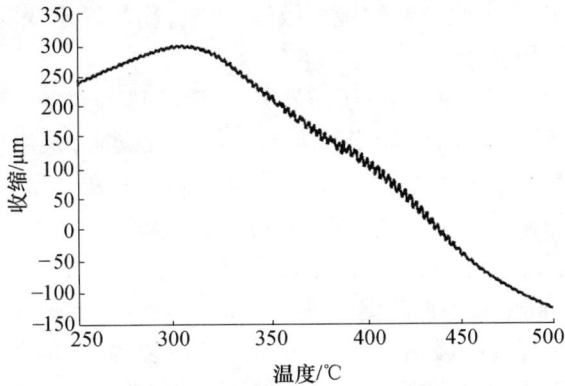

图 5.2　预交联聚硅氮烷的典型 TMA 曲线[12]

　　最简单且在技术上最具吸引力的交联方法是低温热处理。该热处理过程可使聚合物释放出大量气体,同时它也是由聚合物向陶瓷转化的第一步。热交联的程度受热处理的温度和时间影响[25,26],温度越高,时间越长所得聚合物的网状交联程度就越高。也可以通过加入金属催化剂催化交联反应。交联过程减少了低聚物和单体的含量,但需要指出的是,适量的残余低聚物和/或单体是成功压制、致密化形成无裂纹样品所必须的。Galusek 等人研究发现,过高的交联温度(大于500℃)会降低聚合物的成型性能,使其只适合用作填充物[24]。另一方面,交联温度过低和/或加热时间太短,会导致交联程度过低,从而使得 TMA曲线骤降(由熔融引起的收缩)和产物发泡[7,24]。一般来说,要获得合理的交联程度,热处理温度应控制在 200~400℃ 范围内,具体温度由聚合物的类型所决定。

　　交联程度也可通过热失重或光谱法(如红外光谱等)间接估算。但由于先驱体中含有不少低聚物,这些低聚物的挥发会导致裂解产物发泡,因此在实际应用中,TMA 曲线最适于交联程度的估算。图 5.2 为交联聚合物的典型 TMA 曲线。从图中可以看出,随着温度升高,曲线先达到一个极大值,然后逐渐下降,且在较高温度下出现"振动",证明聚合物具有可塑性。

　　需要指出的一点是,目前没有能够将 TMA 曲线特征信息(如极值位置等)

与最佳压塑参数(如压力、温度和时间等)相关联的定量理论。例如,聚乙烯基硅氮烷产品 VT50(Höchst AG 公司,法兰克福,德国)先在 300℃ 下交联90min[11],然后在 250℃ 下压塑成型,该压塑温度比其 TMA 曲线中的极值位置要低 25℃。而对于在 350℃ 交联的聚氢化甲基硅氮烷 NCP200(Nichimen 公司,东京,日本),其压塑温度为 400℃,这比其 TMA 曲线中的极值位置要高 100℃[13]。如果 VT50 的压塑温度超过 250℃,样品将出现裂痕[11]。这可能是由于 NCP200中碳含量较低[27]以及由此导致的慢扩散碳氢化合物的逸出变弱(原因还包括高温交联和真空的使用)。

Shah 和 Raj 报道了一种在压力下交联,然后经热解制备致密陶瓷的先进方法[28]。由于交联程度较高,或可能因为低聚物挥发受阻,采用该方法制备的陶瓷产率同比增长 5%。然而,报道中采用该方法制备的样品厚度仍低于 0.5mm,表明有效控制陶瓷化过程中气体的逸出依然是个挑战。

样品经过交联之后,随后最常用的先驱体陶瓷加工技术是研磨和压制。在众多工艺参数中,晶粒尺寸非常重要,特别是对于冷压工艺来说。因为冷压所得陶瓷产品通常具有开放的微结构[7,24,26],即使是在裂解后,单个颗粒也都是可分辨的[24]。在塑性成型中,晶粒尺寸对块状产品的成型和性能影响较小,这是因为在加热和加压过程中,颗粒可能已经融合在一起[11,24,26]。文献中报道的晶粒尺寸在 $10\mu m$[5,29] ~ $160\mu m$[15] 之间变化,不过很少有系统的研究。Bauer 曾报道过由较小颗粒制备高密度陶瓷(89%)[18],相同的结果也可以采用更大的颗粒在较高的温度下热压实现。由较小颗粒获得的具有开放微结构的陶瓷,热稳定性较低,但抗蠕变性较高。而 Haug 等人发现用超细粉末(小于 $28\mu m$)压缩所得样品会出现裂纹[12]。

5.1.4　压制参数

制备单片致密先驱体陶瓷的关键是选择合适的压制温度和压力。在这一问题上最早的尝试是以 CIP 的方式进行的[6,25]。当原料为未交联或部分交联的"原始"聚合物时,一般采用冷压的方式来制备陶瓷材料。因为这些聚合物具有很好的流动性,填料在室温下就可填充到空隙中。自 Verbeek 和 Yajima 各自独立的开创性工作以来[30-32](见 5.2 节),聚合物/填料体系就成为了许多研究和发明关注的重点[9,10,24,33-36]。然而,即使是对于上述"原始"聚合物和填料体系来说,采用热压法制备的样品密度也要高于 CIP 样品[8]。

压制方法的一个分类标准是施加压力的方向。在大多数研究中,压力一般都是单轴向的。在选择聚合物/填料体系加压方向时需要考虑陶瓷化过程中收缩的各向异性和所得陶瓷产物性能的各向异性。施加单轴向压力所得样品沿压力轴向的收缩往往比径向方向的收缩要小[10,16]。热压一般施加的也是单轴向压力[17,18,37]。

在选择压制温度时需要特别注意。即便是在选择塑料成型温度时,也要确定该温度足够高,可使交联聚合物发生塑性变形且颗粒之间可以牢固地"焊接"在一起。尽管很多研究者都报道他们制备了具有高密度的塑性成型材料[5,7,10,24,26],且材料密度随压力和温度升高而增大[5,7,12,15,24,26],但与交联温度类似,压制温度和压力同样存在一个不能跨越的阈值,若超过该温度或压力就会产生裂缝,导致无法制备整块的产品[5,11,12,15,24]。这可以解释为在材料制备过程中必须要留有少量的残余孔隙以便挥发性副产物逸出[5,12,16,20]。目前尚无法将先驱体聚合物的化学结构与保证最低必要孔隙率的加热速度,以及最佳加压温度和压力联系起来。但已有报道表明,以 350 ~ 400℃下真空交联的 NCP200(聚氢化甲基硅氮烷)为原料,通过热压的方式可制备出致密的陶瓷样品[7,13]。在360℃以上,材料内会发生纳米微孔的二次形成,使材料的孔隙率增加至11% ~ 18%[7,24]。这些交联过程中出现的微孔是生成挥发性产物的结果。在陶瓷化过程中,这些微孔会逐渐消失,因此对最终产品的影响并不明显[7,24,29]。相比之下,由低聚物蒸发造成的孔隙更大[29],且会保留至最终的陶瓷产物中,因此彻底的交联反应是必不可少的。

热压产品(即塑形得到的坯体以及相应的陶瓷化产物)的特征是闭合的表面微结构,而冷压得到的则是敞开的多孔微结构(图5.3)。然而,对于网状(交联)聚合物来说,这种转变发生的温度远高于室温。对于压力为710MPa 下的NCP200 来说,该阈值温度约为240℃[26]。在更高的温度下,可以获得半透明甚至透明的坯体。以 VT50(聚乙烯基硅氮烷)为先驱体,在250℃和47MPa 下可以成功制备出具有封闭微结构的致密(97%)的 SiCN 陶瓷[11],而由相同的聚合物出发,在230℃和31MPa 下制备的陶瓷则具有很高的孔隙率[20]。交联温度的差异也会对结果产生影响。高度交联的 NCP200(失重 10.8%)[26]要在 300℃和710MPa 的条件下处理,才能在陶瓷化后获得致密度为93%的产品,而交联度较低的 NCP200(失重 1.8%)在 640MPa 下进行 CIP 处理即可获得致密的陶瓷产品[25]。在达到压缩阈值温度后所形成的微观结构直接影响最终陶瓷的化学成分和性能。若加压温度低于临界温度,所得坯体的相对密度会随热解过程的进行而降低[8,24,26]。热压坯体则会随着热解进行实现致密化,最终得到低孔隙率的陶瓷[8,11,24,26]。上述工艺参数还会影响陶瓷产品的化学组成。例如,热压样品的碳含量通常较高,是因为热压过程阻碍了碳氢化合物的逸出[7]。

一般来说,压力的影响不如温度明显。然而,增加压力可促进颗粒的变形和流动[12]。作用于不熔化先驱体上的最小压力一般在数百巴(bar)的范围内。

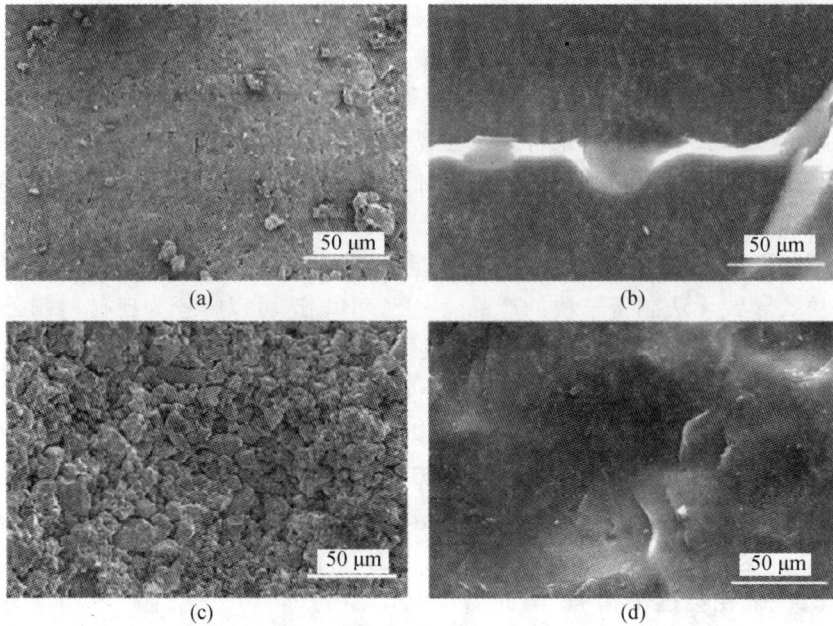

图 5.3 冷压(a)和热压(b)后的硅氮烷粉末以及相应陶瓷产物的
显微照片(c)和(d)[7](经 Elsevier 许可再版)

研究者们提出各种致密化机制来解释实验中观测到的趋势[7,26,29]。
Konetschny 等人认为在冷压过程中,不熔化颗粒会在压力下重新排列[7]。随着
温度升高,将发生塑性变形。该过程最终以反应"耦合",通过消耗小孔中的悬
键而结束[29],这些悬键在室温下则不具有活性。其他作者指出了颗粒表面活性
基团的重要性[14,24,25]。Wan 等人认为悬键的消耗和/或黏度的增大是陶瓷产物
中保留有大孔的主要原因[29]。

实验室研究通常局限于小样本以及标准压力和模具。而工业应用中则需要
硬件设备来实现。在这一方面,已有不少发明和解决方案申请了专利[34-36,38]。
因此,压塑成型可以取代复杂的树脂传递模塑成型,从而节省大量时间和省略用
于制备纤维预制品的额外步骤[34]。这项技术被应用于生产层状装甲结构[35],
以及制备滑动元件[38]。

热解后的加压处理也可用于制备先驱体陶瓷。然而,以无定形热解 PDC 粉
末为原料,在压力下进一步烧结制备陶瓷的报道非常少。Ishihara 等人研究发
现,采用 HIP 方法,在 900 ~ 1000MPa 的压力和 1400 ~ 1600℃ 的温度下,以无定
形粉末为原料制备的陶瓷致密度很高,而相同条件下,由聚合物制备的陶瓷块体
则存在一定的孔隙[20,39]。

对热解后致密化过程的机制研究在理论和实际上均具有重要意义。在1350℃下向 SiCN 施加单轴向压力,样品仅表现出致密应变而无剪切应变。基于实验中观测到的介孔消除现象以及致密化速率与压力间的的非线性关系,Shah 等提出了一种纳米尺度模型[40]。该模型中致密化由大分子扩散引起。Ishihara 等人在1600℃低应变的单轴压缩测试中提出了类似的行为。而在较高应变下,偏(剪切)应变达到膨胀(体积)应变的20%~30%,还会出现流动行为[20]。氮气的释放将造成质量损失(大于3%),在1600℃的单轴压缩测试中还会出现收缩和粘性流动,导致应变超过5%。除了确切的化学组成、压力和温度外,压缩速率也是影响热解后致密化实验结果的一个重要参数。

SiCN 样品在1700℃会出现塑性流动,这是由于 $\alpha - Si_3N_4$ 颗粒的晶界上出现了涡轮层状堆叠的石墨[19]。超塑性是保持纳米区域内晶粒尺寸的重要特性,可以通过1400~1600℃下的高压烧结获得[22]。Lecomte 用单轴热压,在1100℃下热解 SiCN 粉末,进行了各种致密实验[2,21],其研究特点是加入氧化性烧结助剂来制备致密的 PDC 陶瓷。

进一步提高压力和温度会导致相变。Schwarz 等人[23]报道了一种采用多砧高压(Multi - Anvil high Pressure,MAP)技术由聚硅氮烷制备尖晶石型氮化硅的方法。

5.1.5　挤出成型

挤出成型是非常重要的一类塑料加工技术。它常被用于生产需要拉伸或混合的器件,然而这种成型方法在先驱体聚合物陶瓷方面的应用尚属较新的领域,所以尽管先驱体法具有很多明显的优势,但相关报道很少。本节的讨论范围包括碳基复合材料,因为它们的制备过程包括塑料成型、不熔化和烧成。

在施加压力的情况下,挤出成型可以通过冷处理或热处理进行。热挤出是将黏稠的熔融聚合物与固体填料随意混合,然后进行挤压。冷处理则是采用液态陶瓷先驱体或固体聚合物颗粒与水、表面活性剂的混合物进行挤出操作[41]。热挤出过程既可以采用热塑性原料,也可以采用热固性原料。后者是最常见的陶瓷先驱体聚合物。

为了能够实现挤出,先驱体组成应满足一定的流变学、化学和结构要求。温度是热挤出的关键参数,因为它直接决定了聚合物的黏度。然而,先驱体聚合物的最佳挤出温度范围一般比现代挤出设备提供的温度范围要窄很多。

陶瓷先驱体聚合物的一大特点是它们在较高温度下将倾向于形成网状结构,这在实际中是有利的,因为先驱体成型后、热解前还需要不熔化的步骤来固化其形状,但该过程却不应该在挤出过程中发生。因此,需要根据先驱体聚合物的流变特性改变加工条件和挤出设备参数。为了研究先驱体聚合物的流变特性,需要使用传统的流变仪或搅拌机来测量扭矩,因为后者经常被用来作为挤出的前处理步骤。黏度通常与剪切速率有关(挤出机螺杆转速),因此旋转黏度计更适合用来考察流变行为。然而,毛细管黏度计在进行初步挤出实验时更具优势,因为它不需要采用昂贵的测试设备[42]。由催化作用促进的交联进一步降低了加工温度。向混合物中加入少量的表面活性剂(约1%)可有效地抑制这种交联现象[43]。文献中报道的需要限制温度的另一个特殊的例子是在挤出过程中,先驱体内添加的发泡微粒会发生膨胀[44]。因此,应当控制料筒温度不要超过微球的膨胀温度,该温度通常比交联温度要低。向先驱体中加入石蜡[42,45]或其他热塑性材料,如聚乙烯[44]等增塑剂会降低其软化温度,后者还会增加其开孔结构[42,44]。黏合剂的组分也是影响黏度的重要因素。只有当增塑剂的黏度远小于先驱体的黏度时,才能得到组成均匀的混合挤出物[44],这将进一步降低挤出温度。

为了防止聚合物在挤出过程中发生交联,应该尽量减少先驱体在挤出机内的停留时间并使混合效率最大化,因此,双螺杆挤出机是首选[43-45]。然而,相对便宜的单螺杆挤出机,仍然可用于在热塑性成型过程中不易发生交联的树脂,和那些需要是氧化交联的先驱体[46]。

一般认为必须严格控制挤出机料桶以及模具内的温度。因此,在由储料器向模具升温的过程中应该服从"梯度"规则[44-47]。为了实现固化或发泡,活塞筒附近模具的操作温度要高很多[43]。需要指出的是,由于剪切力的作用,料筒中混合物的实际温度通常比测量温度要高。施加于陶瓷先驱体聚合物的螺杆转速一般在20~60rpm的范围内。

虽然有时挤出只是为了使各组分混合均匀[43,46,48],但采用这种方法同样可以获得微管(图5.4)和复丝电极(图5.5)等先进结构[47,49]。在制备过程中,首

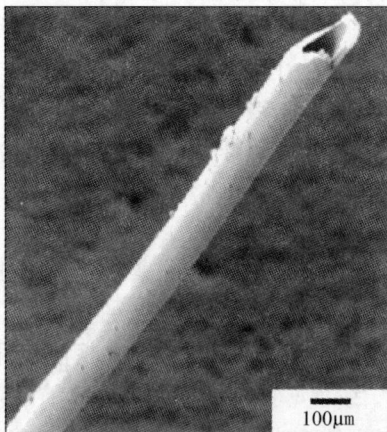

图5.4 由聚甲基倍半硅氧烷制备的陶瓷微管[49]

254

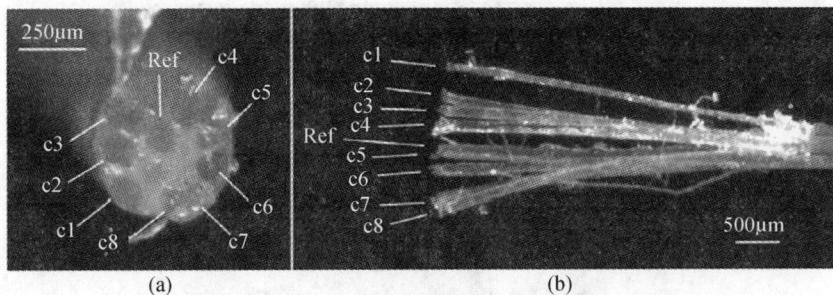

图 5.5　聚硅氧烷(polysiloxane)电极的圆形截面(a)和侧面(b)照片,该电极中心
有一个通道,周围有八个通道[50](经 Blackwell 许可再版)

先通过共挤出获得外层为陶瓷先驱体硅树脂以及芯部为橡胶的细丝。交联后,将样品置于液氨中清洗,芯部的橡胶就会被烧掉,最后留下空心的陶瓷纤维[50]。

裂解过程中产生的气体不会在微管中形成裂纹和泡沫[44,49]。当碳化硅填料的体积分数为55%时,可成功地制备出烧结后致密的陶瓷(97%)[33]。另一个方法是向先驱体中加入可形成玻璃相的添加剂,如加入硼酸可减少产物的孔隙率并保持挤出部分的完整性[41]。

5.1.6　注塑成型

注塑成型是聚合物成型方法中最具经济吸引力的技术之一。本节将主要介绍注塑成型,后面一节则会对树脂传递成型(Resin Transfer Molding, RTM)技术作简要介绍。

PDC 的商品化的例子包括德国博世公司(Bosch GmbH)的电热塞,以及星火系统(Starfire System)公司生产的商品名为 StarBlade ® 的复合材料刹车盘系统(www. starfirestarblade. com),如图 5.6 所示。电热塞是采用热压技术制备的,但使用注塑成型制备该产品是一个目标。遗憾的是该产品已停产[51]。刹车盘和类似零件已通过简化的 RTM 工艺生产(详情请参阅 5.8 节)[52]。

注塑成型与挤出成型类似,需要采用热塑性或热固性技术。前者需要增塑剂且固化过程发生在冷模具中,而后者则要利用热模具中的交联反应[41,45]。需要找到既能保证聚合物拥有较好流动性,又不会发生过度交联的温度区域。对于热塑性过程来说,先驱体树脂应该具有足够高的黏度,以确保其在模具中的稳定性[46]。Schubert 等人研究发现,热固性过程更好,因为在模具中熔化可以避免流纹和缺陷的形成[41]。

Walter 等人指出,向热模具中注塑可能导致模具和注射口之间出现热流,从而在两者间形成一个热障。因此,需要使用其他硬件,如热稳定喷头、摩擦热吸收器等,来尽可能地确保温度恒定[43]。采用调压技术注塑热的碳化硅/聚碳硅

255

图 5.6 星火系统公司生产的一个 PDC 复合材料刹车盘

烷/石蜡混合物可有效防止熔体快速凝固,增加模具作用时间,从而获得大量无缺陷的产品[45](图 5.7 左)。

在注塑之前应该充分混合各组分,以确保揉捏或挤压可以实现。如果陶瓷先驱体是在干燥的状态下进行混合,可能会产生静电[43]。

注塑参数,如注塑压力、持续压力(调节压力的振幅)、料筒、喷嘴和模具的温度以及保温时间等,都会随特定情况不同而出现显著变化,需要根据具体情况来优化。

尽管目前已有采用注塑成型成功制备聚合物陶瓷“坯体”的报道[43,45,53],但在后续的热解转化过程中会生成新的孔隙,有时甚至出现裂缝(图 5.7 右),要制备致密的陶瓷最好通过 CMC 制备中经常采用的循环浸渍和烧制技术(详见5.8 节)[34,36,46,52,54]。

50mm

图 5.7 采用压力调谐注塑成型技术制备的转子,左边为刚成型的样品,右边为烧结后的样品(烧结后样品中出现径向裂纹[45],Elsevier 授权转载)

5.1.7　先驱体聚合物中的树脂传递成型

由于纤维增强陶瓷基复合材料具有优越的性能,这一材料的生产目前已成为很多公司的研究重点(如 Northrop Grumman 公司、Honeywell 公司、Starfire® 系统)。以硅基陶瓷先驱体聚合物为原料,采用循环注入和裂解的技术制备陶瓷基复合材料是取代高成本的化学气相渗透法(CVI)和液态渗硅法(LSI)的极佳选择,这种技术又称聚合物浸渍裂解(PIP)技术[54]。

在工业上,制备纤维增强复合材料的常用技术是向纤维坯体中注入树脂或采用树脂传递模塑(RTM)。虽然 RTM 技术超出了本节内容的范围,但在后述中我们还是会简要讨论这一方法的优缺点。注塑装置的装配涉及模具的加工、通风孔和注射闸道位置的选择等。理论和实验研究结果都表明,由于预制件的非理想化引起的流体前部波动和由此造成的浸透性及流速的变化会导致空气的进入和孔洞的形成。还有研究表明,真空有利于注塑过程[33,52,55]。尽管真空辅助的 RTM 技术[55]以及直接将纤维与过量树脂混合[34,36]都可以制备无缺陷的陶瓷,但传统的 RTM 技术及其建模和开发在线控制的 RTM 复杂形状坯体制备技术仍是 RTM 研究的主要方向。

流体流经多孔介质的行为符合 Darcy 定律,这是浸渍模拟的基础:

$$\bar{V} = -\frac{1}{\mu}\bar{\bar{K}} \cdot \bar{V}P$$

式中:$\bar{V}$ 为速度向量;μ 为黏度;$\bar{V}P$ 为压力梯度;$\bar{\bar{K}}$ 为渗透率张量。

在浸渍过程中,研究者通过实验监测沿不同方向的流动前沿测量了渗透率,结果表明渗透率具有各向异性[56]。以涡轮密封 T 形交叉口为例,研究了其不规则性的影响。交叉口处的不一致性使该处的渗透率增加 100 倍,并可能在多个注射口的情况下,导致流体前部的塌陷并形成空洞。为了获得无缺陷的复杂零件,必须在线控制整个注塑过程。流体前部的位置可用传感器监测,使用自动通风孔和压力转换器可对流量进行校正[57]。

图 5.8 是一个基于先进人工智能的控制方案[58]。在实施过程中,采用流量传感器(CCD 相机)来监视流体通过一个包括两个通风孔和三个进料口的模具。然后用一种基于模糊逻辑的局部渗透评估来处理从 8 个位置传回的流量传感信号。这 8 个由传感器直接测得的局部渗透率和 3 个入口压力值被用作人工中枢网络的输入值。通过该网络进行流量模拟,并通过预测的流体位置进行基于遗传算法的优化,估计出最优注塑参数,即通过模拟退火算法计算使流动前沿位置的预测值和期望值之间的根均方误差最小的压力,再将修正后压力值应用于注

257

射控制单元。基于 Darcy 定律以及与 RTM 实验对照的连续性方程,对填充过程进行数值模拟,可用来制造人工神经网络(ANN)流量模拟和模糊逻辑渗透率估计的训练集。

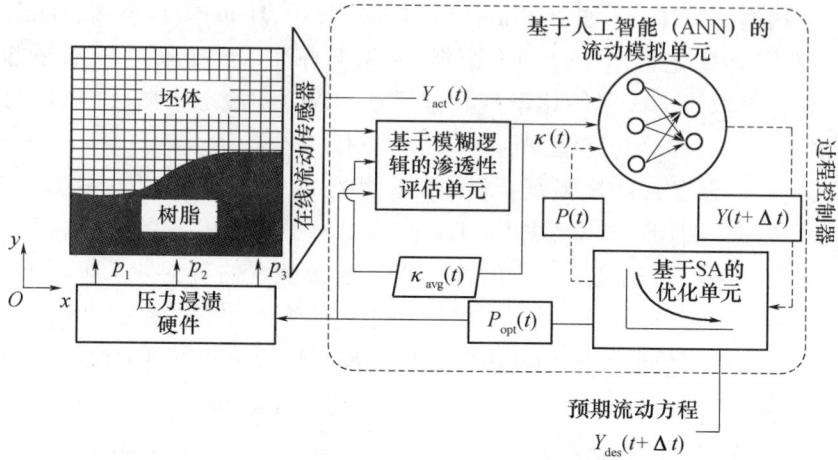

图 5.8　基于人工智能的 RTM 控制器的示意性结构图。

主要由三部分组成:基于 ANN 的流体模型,基于模糊逻辑的渗透性评估和

基于模拟退火的在线优化[58],由 Society of Plastics Engineers 授权转载。

在将含有先驱体的填料注射到纤维预制件中时会出现颗粒过滤的问题。如果不是要制备具有各向异性(梯度)的材料,那么就必须保证先驱体内颗粒分布的均匀性。通过模拟可发现,粒子保留特性与其装载或填充速率无关[59]。这一研究结果非常重要,因为加工时间是节约成本的重要因素之一。Rak 采用循环的 RTM/PIP 技术,将 SiC 浆料和聚硅氮烷以压力渗透的方式注塑到碳纤维预制件中,然后进行热解,获得了纤维增强陶瓷基复合材料[60]。

5.1.8　参考文献

[1] Roewer, G.; Herzog, U.; Trommer, K.; Müller, E. & Frühauf, S., Silicon Carbide—A Survey of Synthetic Approaches, Properties and Applications, in Mingos, D. M. P. & Jansen, M. (eds.), *High Performance Non - Oxide Ceramics I*, Springer - Verlag, Berlin, 2002, 59 - 136.

[2] Kroke, E.; Li, Y. - L.; Konetschny, C.; Lecomte, E.; Fasel, C. & R. Riedel, Silazane Derived Ceramics and Related Materials, *Mater. Sci. Eng. R*, 2000, 26, 97 - 199.

[3] Zank, G. A., Preceramic polymer - derived silicon oxycarbides, in Jones, R. G.; Ando, W.; Chojnowski, J. (eds.), *Silicon - Containing Polymers*, Kluwer Academic Publishers, Dordrecht, 2000, 697 - 726.

[4] Pierson, H. O., *Handbook of Carbon, Graphite, Diamonds and Fullerenes—Processing, Properties and Applications*, Elsevier, Amsterdam, 1994, 419 pp.

[5] Wan, J. ; Gasch, M. J. & Mukherjee, A. K. , Silicon carbonitride ceramics produced by pyrolysis of polymer ceramic precursor, *J. Mater. Res.* , 2000, 15, 1657 – 1660.

[6] Passing, G. ; Schönfelder H. ; Riedel, R. & Brook, R. J. , Monolithic crack – free Si – C – N ceramic bodies derived from polysilazane forms, *Br. Ceram. Trans.* , 1993, 92, 21 – 22.

[7] Konetschny, C. ; Galusek, D. ; Reschke, S. ; Fasel, C. &Riedel, R. Dense Silicon Carbonitride Ceramics by Pyrolysis of Cross – linked and Warm Pressed Polysilazane Powders, *J. Eur. Ceram. Soc.* , 1999, 19, 2789 – 2796.

[8] Galusek, D. ; Sedlacek, J. & Riedel, R. , Al_2O_3 – SiC composites prepared by warm pressing and sintering of an organosilicon polymer – coated alumina powder, *J. Eur. Ceram. Soc.* , 2007, 27, 2385 – 2392.

[9] Gonon, M. F. ; Fantozzi, G. ; Murat, M. & Disson, J. P. , Manufacture of monolithic ceramic bodies from polysilazane precursor, *J. Eur. Ceram. Soc.* , 1995, 15, 591 – 597.

[10] Weisbarth, R. & Jansen, M. , $SiBN_3C$ Ceramic workpieces by pressureless pyrolysis without sintering aids: preparation, characterization and electrical properties, *J. Mater. Chem.* , 2003, 13, 2975 – 2978.

[11] Seitz, J. & Bill, J. , Production of compact polysilazane – derived Si/C/N – ceramics by plastic forming, *J. Mater. Sci. Lett.* , 1996, 15, 391 – 393.

[12] Haug, R. ; Weinmann, M. ; Bill, J. & Aldinger, F. , Plastic Forming of Preceramic Polymers, *J. Eur. Ceram. Soc.* , 1999, 19, 1 – 6.

[13] Seitz, J. ; Joachim, B. ; Aldinger, F. & Naerheim, Y. , Process for producing a Si/C/N ceramic body, *US6458315*, 2002, 6 pp.

[14] Weibelzahl, W. ; Suttor, D. & Ziegler, G. , Mechanical properties of polymer – derived Si – C – N ceramics /Mechanische Eigenschaften polymer – abgeleiteter Si – C – N – Keramiken, *Werkstoffwoche* '98, *Band VII: Symposium* 9, *Keramik; Symposium* 14, Simulation Keramik, Munich, Sept. , 1998 Heinrich, J. (ed.) Wiley – VCH Verlag GmbH, Weinheim, Germany, 1999, 351 – 355.

[15] Weinmann, M. ; Haug, R. ; Bill, J. ; de Guire M. & Aldinger, F. , Boron – modified polysilylcarbodi – imides as precursors for Si – B – C – N ceramics: synthesis, plastic – forming and high – temperature behaviour, *Appl. Organometal. Chem.* , 1998, 12, 725 – 734.

[16] Harshe, R. ; Balan, C. & Riedel, R. , Amorphous Si(Al)OC ceramic from polysiloxanes: bulk ceramic processing, crystallization behavior and applications, *J. Eur. Ceram. Soc.* , 2004, 24, 3471 – 3482.

[17] Chung, G. – S. Characteristics of SiCN microstructures for harsh environment and high – power MEMS applications, *Microelectron. J.* , 2007, 38, 888 – 893.

[18] Bauer, A. , *PhD thesis*, Stuttgart, 2002.

[19] Ishihara, S. ; Nishimura, T. ; Bill, J. ; Aldinger, F. & Wakai, F. Bulk consolidation of non – oxide ceramic powders derived from polymer precursors, *Key Eng. Mater.* , 2006, 317 – 318, 15 – 18.

[20] Ishihara, S. ; Gu, H. ; Bill, J. ; Aldinger, F. & Wakai, F. , Densification of Precursor – Derived Si – C – N Ceramics by High – Pressure Hot Isostatic Pressing, *J. Am. Ceram. Soc.* , 2002, 85, 1706 – 1712.

[21] Lecomte, E. , Si_3N_4/SiC – Nanocomposite aus Polysilazanen. *PhD thesis*, Darmstadt, 1999 (in German).

[22] Gasch, M. J. ; Wan, J. & Mukherjee, A. K. , Preparation of a Si_3N_4/SiC nanocomposite by high – pressure sintering of polymer precursor derived powders, *Scripta Mater.* , 2001, 45, 1063 – 1068.

259

[23] Schwarz, M. ; Miehe, G. ; Zerr, A. ; Kroke. E; Poe, B. T. ; Fuess, H. & Riedel, R. ; Spinel – Si_3N_4 : Multi – anvil press synthesis and structural refinement, *Adv. Mater.* , 2000, 12(12), 883 – 887.

[24] Galusek, D. ; Riedel, R. ; Reschke, S. & Konetschny, C. , Si/C/N amorphous bulk ceramics by axial pressing of polyhydridomethylsilazane at elevated temperature, *Silicates Industriels*, 1998, 63, 123.

[25] Riedel, R. ; Passing, G. ; Schönfelder, H. & Brook, R. J. , Synthesis of dense silicon – based ceramics at low temperatures, *Nature*, 1992, 355, 714 – 717.

[26] Konetschny, C. & Riedel, R. , Warmpressen von Polysilazanen zur Herstellung von Si – C – N – Keramiken, *Werkstoffwoche* '98, Band VII : *Symposium* 9, *Keramik*; *Symposium* 14, *Simulation Keramik*, Munich, Sept. , 1998, Heinrich, J. (ed.) Wiley – VCH Verlag GmbH, Weinheim, Germany, 1999, 43 – 48.

[27] Seifert, H. J. ; Peng, J. ; Lukas, H. L. & Aldinger, F. , Phase equilibria and thermal analysis of Si – C – N ceramics, *J. Alloys Comp.* , 2001, 320 (2), 251 – 261.

[28] Shah, S. R. & Raj, R. , Mechanical properties of a fully dense polymer derived ceramic made by a novel pressure casting process, *Acta Mater.* , 2002, 50, 4093 – 4103.

[29] Wan, J. ; Gasch, M. J. & Mukherjee, A. K. , *In Situ* densification behavior in thepyrolysis consolidation of amorphous Si – N – C bulk ceramics from polymer precursors, *J. Am. Ceram. Soc.* , 2001, 84[10], 2165 – 69.

[30] Verbeek, W. Production of shaped articles of homogeneous mixtures of silicon carbide and nitride, *US* 3853567, 1974.

[31] Yajima, S. ; Shishido, T. ; Kayano, H. ; Okamura, K. ; Omori, M. & Hayashi, J. , SiC sintered bodies with three – dimensional polycarbosilane as binder, *Nature*, 1976, 264, 238 – 239.

[32] Yajima, S. ; Hayashi, J. & Omori M. , Method for producing silicon carbide sintered moldings consisting mainly of SiC, *US* 4122139, 1977, 11pp.

[33] Mutsuddy, B. C. , Use of organometallic polymer for making ceramic parts by plastic forming techniques, *Ceram. Int.* , 1987, 13, 41 – 53.

[34] Atmur, S. D. & Strasser, T. E. , Compression/Injection molding of polymer – derived fiber reinforced ceramic matrix composite materials, *US*5882575, 1999, 13pp.

[35] Strasser, T. & Atmur, S. D. Fiber reinforced ceramic matrix composite armor, *US*6314858, 2001, 12 pp.

[36] Strasser, T. E. ; Bland, M. W. & Atmur S. D. , Method of fabricating ceramic matrix composites employing a vacuum mold procedure, *US* 6533976, 2003, 5 pp.

[37] Liew, L. – A. ; Saravanan, R. A. ; Bright V. M. ; Dunn M. L. ; Daily J. W. &Raj R. , Processing and characterization of silicon carbon – nitride ceramics: application of electrical properties towards MEMS thermal actuators, *Sensor. Actuat. A – Phys.* , 2003, 103, 171 – 181.

[38] Greil, P. ; Dernovsek, O. ; Guther, H. – M. & Wislsperger, U. , Molded part of ceramic material derived from polymers, process for producing ceramic molded parts and sliding element having a molded part, *US*6709999, 2004, 6 pp.

[39] Ishihara, S. & Wakai, F. , Challenge for Dense Si – C – N System Amorphous Ceramic Bulk, *J. Jpn. Soc. Powder Powder Metall.* , 2000, 47[4], 381 – 385.

[40] Shah, S. R. & Raj, R. , Nanoscale Densification Creep in Polymer – Derived Silicon Carbonitrides at

260

1350°C,*J. Am. Ceram. Soc.* , 2001, 84, 2208 – 2212.

[41] Schubert, R. & Kastner, F. , Influence of organic components and the parameters of plastic forming on essential properties of polymer – derived ceramic composites, CFI,*Ceram. Forum Int.* , 2000, 77(5), 32 – 40.

[42] Zhang, T. & Evans, J. R. G. , The properties of a ceramic injection moulding suspension based on a preceramic polymer,*J. Eur. Ceram. Soc.* , 1991, 7, 405 – 412.

[43] Walter, S. ; Suttor, D. ; Erny, T. ; Hahn, B. & Greil, P. , Injection moulding of polysiloxane/filler mixtures for oxycarbide ceramic composites,*J. Eur. Ceram. Soc.* , 1996, 16, 387 – 393.

[44] Wang, C. ; Wang, J. ; Park, C. B. & Kim, Y. – W. , Microcellular ceramics fabricated through continuous extrusion processing,*Proceedings of the American Society for Composites*, *Technical Conference*, 2006, 21st, DEStech Publications, Inc. , 149/1 – 149/10.

[45] Zhang, T. ; Evans, J. R. G. & Woodthorpe J. , Injection moulding of silicon carbide using an organic vehicle based on a preceramic polymer,*J. Eur. Ceram. Soc.* , 1995, 15, 729 – 734.

[46] Wood, M. D. ; Dillon, F. ; Heckelsberg, R. A. ; Holloway, R. W. ; Laforest, M. L. ; Murdie, N. ; Parker, C. A. & Pigford J. F. , Rapid densification of porous bodies (preforms) with high viscosity resins or pitches using a resin transfer molding process,*US 7172408 B2*, 2007, 14 pp.

[47] Perale, G. ; Maccagnan, S & Contro, R. , Novel Technological Process to Manufacture Ceramic Microelectrodes for Biomedical Applications Implying Microextrusion of Preceramic Precursors,*Proceedings of the 3rd Annual International IEEE EMBS Special Topic Conference on Microtechnologies in Medicine and Biology*, *Kahuku*, *Oahu*, *Hawaii* 12 – 15 *May* 2005, 2005, 323 – 325.

[48] Edirisinghe, M. J. , The use of silane coupling agents in ceramic injection moulding: effect on polymer removal,*J. Mater. Sci. Lett.* , 1990, 9, 1039 – 1041.

[49] Colombo, P. ; Perini, K. ; Bernardo, E. ; Capelletti, T. & Maccagnan, G. , Ceramic Microtubes from Preceramic Polymers,*J. Am. Ceram. Soc.* , 2003, 86, 1025 – 1027.

[50] Perale, G. ; Colombo, P. ; Gottardo, L. ; Maccagnan, S. ; Giordano, C. ; Daniele,F. & Masi, M. , A nover process for the manufacturing of ceramic microelectrodes for biomedical applications,*Int. J. Appl. Ceram. Technol.* , 2008, 5(1), 37 – 43.

[51] Köhne, M. , Robert Bosch GmbH, Stuttgart (Germany), personal information, 2008.

[52] Sherwood, W. J. ; Whitmarsh, C. K. ; Jacobs, J. M. & Interrante, L. V. , Low cost near – net shape ceramic composites using resin transfer molding and pyrolysis (RTMP),*Ceram. Eng. Sci. Proc.* , 1996, 17 (4), 174 – 183.

[53] Mott, M. &Evans, J. R. G. , Solid freeforming of silicon carbide by inkjet printing using a polymeric precursor,*J. Am. Ceram. Soc.* , 2001, 84[2], 307 – 313.

[54] Krenkel, W. Handbook of Ceramic Composites. Bansal, N. P. (ed.) Carbon Fibre Reinforced Silicon Carbide Composites (C/SiC, C/C – SiC),Kluwer Academic Publishers, 2005, 117 – 149.

[55] Ghasemi Nejhad, M. N. ; Bayliss, J. K. ; Leung, R. & Sikonia, J. G. , Processing and Performance of CFCCs Using Vacuum Assisted Resin Transfer Molding and BlackglasTM Preceramic Polymer Pyrolysis,*Ceram. Eng. Sci. Proc.* , 1997, 17, 391 – 400.

[56] Leek, R. ; Carpenter, G. ; Madsen J. & Donnellan, T. M. , Process simulation for RTM of Blackglas

261

（TM）Matrix/Nextel（TM）fiber ceramic composites, *Ceram. Eng. Sci. Proc.*, 1996, 17, 377 – 385.

[57] Bickerton, S.; Stadtfeld, H. C.; Steiner, K. V. & Advani, S. G, Design and application of actively controlled injection schemes for resin – transfer molding, *Compos. Sci. Technol.*, 2001, 61, 1625 – 1637.

[58] Nielsen, D. R. & Pitchumani, R., Control of Flow in Resin Transfer Molding With Real – Time Preform Permeability Estimation, *Polym. Compos.*, 2002, 23, 1087 – 1110.

[59] Erdal, M.; Güçeri, S. I. & Danforth, S. C., Impregnation Molding of Particle – Filled Preceramic Polymers: Process Modelling, *J. Am. Ceram. Soc.*, 1999, 82, 2017 – 2028.

[60] Rak, Z. S. A Process for Cf/SiC Composites Using Liquid Polymer Infiltration, *J. Am. Ceram. Soc.*, 2001, 84, 2235 – 2239.

5.2 填料体系(主体组分和纳米复合材料)
JESSICA D. TORREY 和 RAJENDRA K. BORDIA

5.2.1 引言

使用先驱体路线制备陶瓷的主要挑战之一是如何克服热解过程中聚合物的体积损失。大多数先驱体聚合物的密度在 $1g/cm^3$ 左右,而其相应陶瓷产品的密度则为 $2 \sim 3g/cm^3$ 或更高。依先驱体种类的不同,裂解造成的体积收缩可以高达 50% ,这会在产品中产生残余应力,最终导致目标陶瓷产物出现缺陷和裂纹。为了在块体组件实现近净成形能力,可使用填料粒子来减少制备过程中聚合物—填料复合材料的整体收缩。填料还可用于调整最终复合材料的性能。本章将讨论主要的填料类型,以及填充过程、聚合物—填料复合材料的性质和应用。

5.2.2 填料的类型和作用

本节所用的一些常见参数定义如下：

$$\alpha = \frac{产物质量}{反应物质量}$$

$$\beta = \frac{反应物密度}{产物密度}$$

$$\varepsilon_V = 体积收缩率$$

$$V = 体积分数$$

$$V^* = 填料形成刚性连续网络时的临界体积分数$$

上下角标中"P"表示聚合物相

上下角标中"F"表示填料相

上下角标中"IF"表示惰性填料

上下角标中"AF"表示活性填料

在先驱体聚合物的热处理过程中,由聚合物向陶瓷的转化包括有机组分的脱去和聚合物的进一步致密化形成目标陶瓷。在这个过程中,体系的体积收缩与聚合物上有机侧链的大小、含量以及先驱体的交联程度有关。陶瓷先驱体聚合物单独的体积收缩率 ε_V 可用下式表示[1,2]。

$$\varepsilon_V^P = \alpha^P \beta^P - 1 \qquad (1)$$

式中:α 和 β 的定义如前所述,是聚合物反应物和陶瓷产物之间相关参数的比值。

尽管选择陶瓷产率(α^P)较高的先驱体对降低体积收缩有较满意的效果,但也不能完全避免一些在陶瓷化转变中由密度(β^P)增大造成的体积收缩。而密度的变化通常在不同程度伴随孔隙和收缩的形成。

为了尽量减少收缩,可以使用两种类型的填料:惰性填料或活性填料。惰性填料作为一种惰性的空间支撑,不会在热解过程中发生反应,其大小和组成不会发生改变。相反地,活性填料则会与周围的聚合物基体、裂解产物或裂解气氛发生反应,从而改变目标复合材料的收缩行为和组成。图5.9示意性地说明了主体组分在无填料以及加入惰性填料或活性填料下的体积收缩情况。

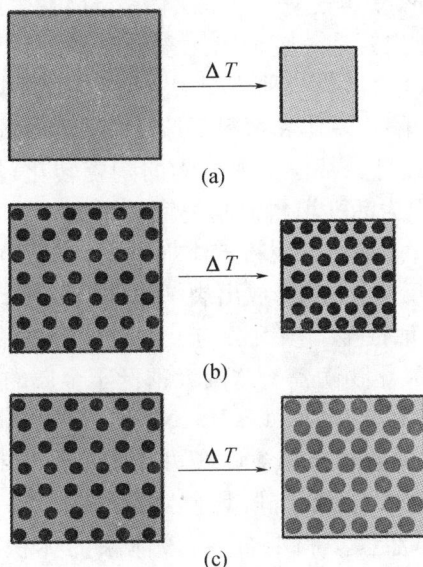

图5.9 先驱体聚合物在热解过程中体积收缩的示意图
(a) 无填料;(b) 惰性填料;(c) 活性填料。

263

5.2.2.1 惰性填料

非活性或惰性填料包括金属氧化物、碳化物、氮化物,它们作为空间支撑,通过降低陶瓷先驱体聚合物基体的体积分数,来减少复合材料块体的总收缩。常见的惰性填料有 Al_2O_3、SiO_2、Zr_2O_3、Y_2O_3、SiC、B_4C、Si_3N_4 和 BN。由于惰性填料反应性较差,其粒径分布范围一般比活性填料要广,可在几十微米到纳米之间变化。惰性填料填充的先驱体聚合物复合体系的体积收缩率 ε_V^{IF} 可用下面的式子计算:

$$\varepsilon_V^{IF} = \left(1 - \frac{V_F}{V_F^*}\right)\varepsilon_V^P$$

由于填料的体积不会改变,因此,该体系的收缩完全取决于聚合物的体积变化。惰性填料的体积分数存在一个临界点,高于这一比例,惰性填料将形成一个刚性的网络,使体系无法发生进一步收缩。这个临界点称为填料临界体积分数,V_F^*。填料的比例大于这一体积分数时,体系的总收缩为零,聚合物的进一步收缩只是形成多孔结构。

5.2.2.2 活性填料

活性填料可用来补偿热解过程中先驱体聚合物发生的收缩,从而获得近净成形的部件。活性填料主要是一些金属元素或金属间化合物,它们会与热解产物或反应性热解气氛反应,形成一种体积增大的新相,即其 $\alpha\beta > 1$。最终产品是一个由聚合物裂解所得陶瓷基体和填料反应所得产物组成的复合材料。由填料产生的体积膨胀,完全或部分补偿了聚合物向陶瓷转化过程中基体所产生的收缩。Greil 等人称该过程为活性填料控制裂解(Active – Filler – Controlled – Pyrolysis,AFCOP)[3]。例如,如果将金属粉末添加到聚硅氧烷中,然后在空气中进行裂解,聚硅氧烷会发生反应,不断释放出裂解气体并发生致密化/收缩,最终形成 SiOC 陶瓷。与此同时,活性金属填料会与烃类裂解产生的副产品或空气气氛发生反应,形成碳化物或氧化物陶瓷。这两者都低于金属的密度,因此其体积将会增大。常见的活性填料有 Al、B、C、Cr、Mo、Nb、Si、Ti、V、Zr、$CrSi_2$、$MoSi_2$、$TiSi_2$ 和 TiB_2。即使是一些非常规的材料也被证实可作为活性填料生产碳化硅,如回收的稻壳灰,含有 85% ~90% 二氧化硅,其余为碳[4]。

当先驱体聚合物与活性填料混合后,该体系的体积收缩可用下面的式子计算[1,2]:

$$\varepsilon_V^{AF} = \left(1 - \frac{V_F}{V_F^*}\right)\varepsilon_V^P + V_F\varepsilon_V^F$$

其中,活性填料的临界体积分数,也就是复合材料体系净收缩为零时活性填料的体积分数为

$$V_{AF}^* = \frac{\varepsilon_V^P}{\left(\dfrac{\varepsilon_V^P}{V_F^*}\right) - \varepsilon_V^{AF}}$$

假设活性填料相反应完全,那么由占临界体积分数的填料所产生的体积膨胀将会完全抵消先驱体聚合物所造成的体积收缩,最终获得近净成形的产品。

图 5.10 是活性填料和惰性填料的体积分数对复合材料体积收缩(计算值)的影响。使用这两种类型的填料均可设计出近净成形的产品。两者相比,活性填料的体积分数较低。

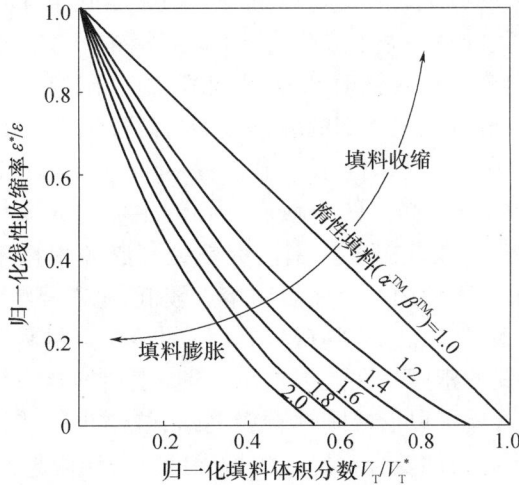

图 5.10 聚合物 – 填料体系的归一化体积收缩与起始先驱体混合物中归一化填料体积分数的关系图($V^* = 0.5, \varepsilon_V^P = -0.6$)[3],Wiley – Blackwell 授权再版

5.2.3 填充体系的加工

处理填料填充的陶瓷先驱体聚合物体系与处理未加填料的体系并没有太大的差别。尽管所有的加工过程均与最终应用密切相关,但也有一些可以遵循的一般加工步骤。第一步一般是聚合物和填料的均匀混合。由于陶瓷先驱体聚合物有固体和液体两种形式,因此混合方式也分基于粉末的或是基于浆料的两种工艺。在这一步之前,还可以对聚合物和填料进行预处理。如对液态聚合物进行热处理使其交联变成固态,然后把交联后的固体球磨,再通过固体粉末加工工艺进行后续处理。有研究表明,如果在使用前对一些金属填料进行球磨,有助于

提高裂解反应的转化率。因为在球磨过程中,金属表面由于暴露在空气中所形成的氧化层会被除去[5]。

紧接着是先驱体材料的成型。与传统的陶瓷制备工艺相比,先驱体法制备陶瓷的一大优势就是在成型过程中可以采用聚合物的生产加工技术。这些技术包括暖/热冲压、注塑、直接发泡、浸渍、旋涂、喷涂等,还包括将 PDC 浆料作为碳纤维增强陶瓷基体复合材料中的黏合剂。传统和新型的陶瓷生产工艺路线,如流延成型、冷压、挤出成型、选择性激光烧结、X 射线光刻、生物模板法等,也可用于先驱体聚合物的成型加工。

复合材料成型后就将进行热处理,热处理一般分为多个阶段。由于陶瓷先驱体聚合物中含有大量有机组分,首先要对其进行低温热处理使聚合物发生交联,同时损耗掉残余的有机成分。这一过程一般发生在 $100 \sim 600℃$。交联是确保高陶瓷产率和避免硅在高温下发生升华的必要手段。残余的有机基团可能会逸出(如在空气中制备 SiO 陶瓷时),也可能留在复合材料中(如在惰性气氛中制备 SiC 陶瓷时)。有机先驱体中的碳也可能与活性填料发生反应。例如,热解含有体积分数 40% Nb 的苯基硅倍半硅氧烷(phenylsilsesquioxane),产物包括 NbC、Nb_3Si 和 Nb_5Si_3,其中高强度的碳化物相的生成与先驱体聚合物中的初始碳含量有很大关系[6]。在此温度范围内的热处理必须根据不同先驱体聚合物的具体性能进行设计,若使用的金属填料熔点较低,也需要特殊考虑。

在 600℃ 以上,聚合物已实现有机向无机的转变且材料密度也由聚合物的密度增加至相应陶瓷的密度。在此温度下,活性填料容易发生反应。如果填料的体积分数接近 V_F^*,就可以形成刚性颗粒网络,烧结也可能在颗粒之间或颗粒与基体之间发生,从而增加复合材料的机械强度。若温度超过填料的熔融温度,有可能发生液相或黏性流动烧结。在加入填料(尤其是活性填料)后,升温程序的设计和裂解气氛的选择不仅要考虑聚合物基体,还要考虑填料的特性。热解气氛和温度将决定最终反应的产物和反应进行的程度。

5.2.4 性能及应用

不论是活性填料还是惰性填料,其主要功能均是确保能够通过陶瓷先驱体聚合物技术近净成形地制备形状复杂的、性能可调的复合材料部件。这些复合材料体系被用于各种不同的领域,应用形式也多种多样,包括大型和微型元件、涂层、蜂窝材料,以及用作碳纤维增强复合材料的基体等(图 5.11)。虽然向陶瓷先驱体中加入填料一般都是为了控制其热解过程中的收缩,但近期也有研究者尝试通过使用填料来调节复合材料的组成和性能,如机械强度、热导率、电导率以及复合材料的表面特性等。下面将给出一些这方面的例子。

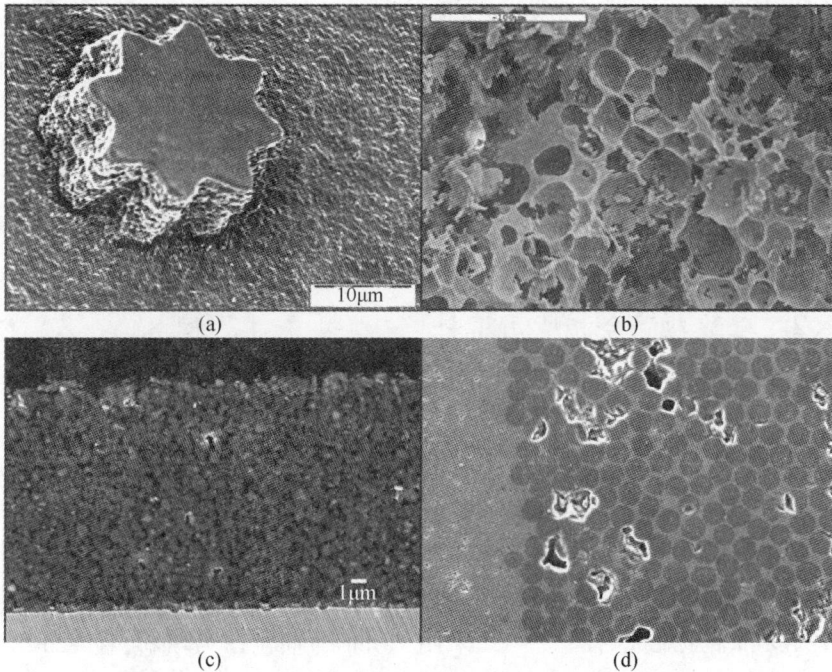

图 5.11　由添加填料的先驱体聚合物制备的陶瓷产品

（a）含有 Si_3N_4 填料的聚硅氮烷,通过 X 射线光刻所得样品的结构[7],由 Elsevier 授权再版;

（b）向聚硅氧烷中加入云母和氧化铝制备的微孔堇青石[8],由 Elsevier 授权再版;

（c）由 $TiSi_2$ 填充聚硅氧烷制备的钢表面的环境保护涂层[9];

（d）基体中填充有亚微米级碳化硅的碳纤维复合材料[10],由 Elsevier 授权再版。

5.2.4.1　近净成形微部件和复杂形貌部件的加工

采用填料型陶瓷先驱体聚合物的最初目的是为了减少在制备大型器件过程中聚合物的体积收缩。现在,这种制备方法的应用已经缩小至微型部件的加工中。如采用浮雕和压印技术制备的 $ZrSiO_4$ 微器件已被应用于牙科及其他对尺寸公差要求非常严格的领域[11]。将硅树脂与惰性 ZrO_2 和活性 $ZrSi_2$ 的混合物进行喷涂干燥,然后压实所得粉末,再经烧结致密化,就可得到近净成形的零件。

Schulz 等人研究了 X 射线光刻在先驱体法制备陶瓷中的应用[7]。他们将聚硅氮烷和惰性氮化硅填料涂覆成宽 $500\mu m$ 左右的条带,然后将它们部分遮挡,其余部分暴露在 X 射线下,通过辐射交联形成图案。由此可制备精密零件,其特征尺寸由填料粒径所决定。

267

此外,体系收缩的减少也有利于制造具有复杂形貌的产品。例如,Greil 的团队采用 AFCOP 方法,通过流延和选择性激光等技术,制备了形状复杂的器件。采用流延法将聚硅氧烷和 Si/SiC 混合浆料制成薄膜,然后将这些薄膜层压在一起,就可以得到轻质的夹层结构[12]。这种多层结构可以无损失地烧制成型。此外,选择性激光固化的陶瓷先驱体聚合物/填料体系已被用来生产近净成形的涡轮叶片[13]。激光固化的部件在氩气保护下烧结可得到 SiOC 陶瓷,其热解过程中的收缩仅为 3.3%。

5.2.4.2 硅酸盐混合相所用填料

填料还可以非常有效地改变先驱体陶瓷的组成。因此,可以采用聚合物加工技术来对先驱体状态下的聚合物成型,进而得到具有复杂形状的复合结构。例如,将 Al 和 Al_2O_3 与 Si 基先驱体混合,可制备莫来石。早期的研究已经表明,Al 和 Al_2O_3 与聚硅氧烷混合,在 1550 ~ 1700℃下可获得化学计量比的莫来石[14,15]。所得产品具有高密度、低收缩率和低缺陷等优点。近期还有研究采用纳米 γ - 氧化铝填料来增加填充物和无定形二氧化硅基体间的反应性,从而降低烧结温度和缩短烧成时间[16,17]。采用 15nm 的颗粒作为填料,在 1250℃下即可获得晶粒大小在 50 ~ 300nm 之间的结晶良好的莫来石相。

采用硅氧烷和反应性填料进行反应还可以制备 SiAlON、钙硅石和董青石等复杂氧化物。Bernardo 等人在硅树脂中添加氧化铝纳米粉或 Si_3N_4 和 AlN 微粉,然后在氮气下热解就可获得 β - SiAlON[18]。该方法省略了氨水预处理的步骤,且产率高达 80%,是直接制备 β - SiAlON 的一个很有前途的方法。

硅酸钙是一种可用作人造骨的生物活性陶瓷。它一般是通过向硅氧烷中加入 $Ca(OH)_2$ 和 SiO_2 来制备的[19]。随后在氩气中 1000℃下热解,将生成假硅灰石,它与模拟的体内流体反应后会促进磷酸钙的沉淀。

人们还研究了多孔董青石陶瓷,探索了这种材料作为高度热/机械稳定性的材料在催化剂载体或先进的耐火材料领域的潜在应用[8]。将云母和氧化铝加到含有聚甲基丙烯酸甲酯微球的聚硅氧烷中,然后在空气中加热至 1325℃,最终获得了孔隙率高达 75% 的蜂窝状董青石陶瓷,其抗压强度约为 50MPa,热导率低。

5.2.4.3 用于环境和热阻的复合材料

使用含有填料的聚合物复合材料制备的涂料已广泛用于众多领域。例如,采用含纳米银颗粒的聚硅氮烷可制备 Ag/Si(C)N 抗菌涂层,这种涂层可用于医疗和食品工业等无菌环境中[20]。在 800℃裂解后,这些涂料表现出非常强的抗葡萄球菌和大肠杆菌的活性。

将钢材浸入 $TiSi_2$/聚硅氧烷浆料中,可以在其表面形成环境屏蔽型涂层[9]。该涂层厚约 20μm,可在 800℃ 的循环及静态环境中提供优良抗氧化保护作用,并有望应用在甲烷蒸气转化器中。

Guron 等人研究了先驱体陶瓷在超高温领域的应用[21]。通过将铪和锆分散在碳硅烷和硼烷聚合物的混合物中,然后在氩气中升至 1600℃ 裂解,即可通过一条简单的加工路线制备出复杂的 ZrB_2/ZrC/SiC 和 HfB_2/HfC/SiC 复合材料。

5.2.4.4 提高强度和模量

大多数关于填充体系的研究,都旨在通过填料的加入提高复合材料的力学性能。例如,Acchar 等人采用铌作为活性填料,通过延迟氧化铝的晶粒生长来提高 $SiOCN$/Al_2O_3 复合材料的强度[6]。研究表明,Nb 在聚合物的碳含量较高(质量分数为 56%)时会发生反应生成 NbC,并增加复合材料的弯曲强度。然而,当碳含量较低(质量分数为 13%)时,将会形成氧化物而不是碳化物,因此材料的机械强度也会降低。

陶瓷先驱体也被大量用作碳纤维增强复合材料的基体材料。Zhu 等人在采用聚合物浸渍纤维预制件时加入了 SiC 亚微颗粒[10]。当填料含量增加至40% 时,复合材料的破坏应力翻了一番,达到 232MPa,其断裂韧性也提高至 $10MPa \cdot m^{1/2}$。

5.2.4.5 可调的热导率和电导率

填料还可以以第二相的形式加入,用来提高先驱体陶瓷的导热和导电性能。Colombo 的课题组发表了多篇与先驱体泡沫陶瓷的电性能有关的报道[22,23]。Cu_2O、醋酸铜、碳、碳化硅和 $MoSi_2$ 等物质被作为填料添加到先驱体中,然后通过各种方法发泡。研究表明,即使加入很低浓度(质量分数约 1%)的含铜化合物也可显著增加材料的导电性能,而其他填料则需要加入量超过某一阈值后才会引起电阻率的明显增加。

图 5.12 是 Cordelair 等人研究所得的含有不同填料和不同填料含量的先驱体陶瓷复合材料的电阻率[24]。详细的结果表明,向聚甲基硅氧烷中加入质量分数 50% 的 $MoSi_2$,所得混合物非常适合用于生产高导电性发热元件:在 1400℃ 裂解后,其电阻率仅为 10^{-4} $\Omega \cdot cm$。此外,通过控制填料的体积分数、颗粒大小、热解温度和起始聚合物的碳含量,还可对材料的导电性能进行调控。

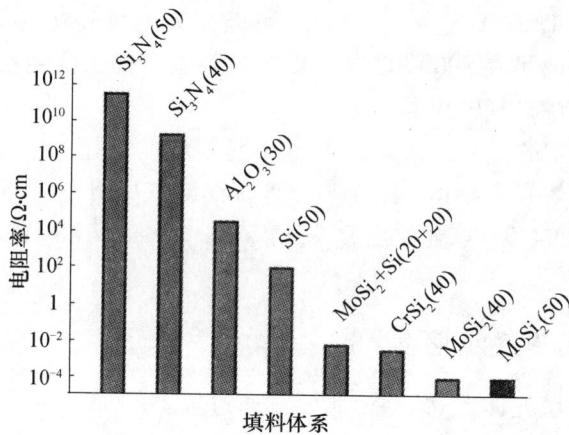

图 5.12 聚甲基硅氧烷 – 填料体系在 1200℃ 裂解后所得陶瓷的电阻率
括号中的数字表示填料的体积分数[24]。Wiley – Blackwell 许可重印。

5.2.5 结语

本节综述了先驱体聚合物中所用的惰性填料和活性填料。虽然加入填料的主要目的是减少聚合物 – 陶瓷转换过程中的收缩,但填料同时也可以起到调节先驱体陶瓷复合材料组成、结构和性能的作用。本节详细描述了惰性填料和活性填料在防止收缩方面所起的作用,此外,还用几个实例说明了填料在调节复合材料性能方面的突出能力。

5.2.6 致谢

作者要感谢亚历山大·冯·洪堡基金会(JT 研究奖学金和高级科学家研究基金)和埃朗根—纽伦堡大学玻璃和陶瓷研究所(WW3)在编制本节过程中对我们的支持。RKB 还要感谢美国能源部化石能源办公室提供的部分资金支持(批准号:DE – FG26 – 05NT42528)。

5.2.7 参考文献

[1] Greil P. , Seibold M. , "Modelling of dimensional changes during polymerceramic conversion for bulk component fabrication," *J. Mater. Sci.* , 27 (1992) p 1053 – 1060.

[2] Greil P. , "Near net shape manufacturing of polymer derived ceramics," *J. Eur. Ceram. Soc.* , 18 (1998) p 1905 – 1914.

[3] Greil P. , "Active – filler – controlled pyrolysis of preceramic polymers," *J. Am. Ceram. Soc.* , 78 (1995)

p 835 – 848.

[4] Siqueira E. J. , Yoshida I. V. P. , Pardini L. C. , Schiavon M. A. , "Preparation and characterization of ceramic composites derived from rice husk ash and polysiloxane," *Ceram. Int.* , 35 (2008) p 213 – 220.

[5] Torrey J. D. , Bordia R. K. , Henager C. H. , Jr. , Blum Y. , Shin Y. , Samuels W. D. , "Composite polymer derived ceramic system for oxidizing environments," *J. Mater. Sci.* , 41 (2006) p 4617 – 4622.

[6] Acchar W. , Wolff D. M. B. , "Ceramic composites derived from poly(phenylsilsesquioxane)/Al_2O_3/Nb ," *Mater. Sci. Eng. A* , 396 (2005) p 251 – 254.

[7] Schulz M. , Borner M. , Hausselt J. , Heldele R. , "Polymer derived ceramic microparts from X – ray lithography—cross – linking behavior and process optimization," *J. Eur. Ceram. Soc.* , 25 (2005) p 199 – 204.

[8] Song I. H. , Kim M. J. , Kim H. D. , Kim Y. W. , "Processing of microcellular cordierite ceramics from a preceramic polymer," *Scripta Mater.* , 54 (2006) p 1521 – 1525.

[9] Torrey J. D. , Bordia R. K. , "Phase and microstructural evolution in polymer – derived composite systems and coatings," *J. Mater. Res.* , 22 (2007) p 1959 – 1966.

[10] Zhu Y. , Huang Z. , Dong S. , Yuan M. , Jiang D. , "Manufacturing 2D carbon – fiber – reinforced SiC matrix composites by slurry infiltration and PIP process," *Ceram. Int.* , 34 (2008) p 1201 – 1205.

[11] Hennige V. D. , Hausselt J. , Ritzhaupt – Kleissl H. – J. , Windmann T. , "Shrinkage – free $ZrSiO_4$ – ceramics: characterization and applications," *J. Eur. Ceram. Soc.* , 19 (1999) p 2901 – 2908.

[12] Cromme P. , Scheffler M. , Greil P. , "Ceramic tapes from preceramic polymers," *Adv. Eng. Mater.* , 4 (2002) p 873 – 877.

[13] Friedel T. , Travitsky N. , Niebling F. , Scheffler M. , Greil P. , "Fabrication of polymer derived ceramic parts by selective laser curing," *J. Eur. Ceram. Soc.* , 25 (2005) p 193 – 197.

[14] Michalet T. , Parlier M. , Beclin F. , Duclos R. , Crampon J. , "Elaboration of low shrinkage mullite by active filler controlled pyrolysis of siloxanes," *J. Eur. Ceram. Soc.* , 22 (2002) p 143 – 152.

[15] Suttor D. , Kleebe H. J. , Ziegler G. , "Formation of mullite from filled siloxanes," *J. Am. Ceram. Soc.* , 80 (1997) p 2541 – 2548.

[16] Bernardo E. , Colombo P. , Pippel E. , Woltersdorf J. , "Novel mullite synthesis based on alumina nanoparticles and a preceramic polymer," *J. Am. Ceram. Soc.* , 89 (2006) p 1577 – 1583.

[17] Griggio F. , Bernardo E. , Colombo P. , Messing G. L. , "Kinetic studies of mullite synthesis from alumina nanoparticles and a preceramic polymer," *J. Am. Ceram. Soc.* , 91 (2008) p 2525 – 2533.

[18] Bernardo E. , Colombo P. , Hampshire S. , "SiAlON – based ceramics from filled preceramic polymers," *J. Am. Ceram. Soc.* , 89 (2006a) p 3839 – 3842.

[19] Paluszkiewicz C. , Gumula T. , Podporska J. , Blazewicz M. , "Structure and bioactivity studies of new polysiloxane – derived materials for orthopedic applications," *J. Molecular Struct.* , 792 – 793 (2006) p 176 – 181.

[20] Bakumov V. , Gueinzius K. , Hermann C. , Schwarz M. , Kroke E. , "Polysilazane – derived antibacterial silver – ceramic nanocomposites," *J. Eur. Ceram. Soc.* , 27 (2007) pp. 3287 – 3292.

[21] Guron M. M. , Kim M. J. , Sneddon L. G. , "A simple polymeric precursor strategy for the synthesis of complex zirconium and hafnium – based ultra high temperature silcon carbide composite ceramics," *J. Am. Ceram. Soc.* , 91 (2008) p 1412 – 1415.

271

[22] Colombo P. , Gambaryan – Roisman T. , Scheffler M. , Buhler P. , Greil P. , "Conductive ceramic foams from preceramic polymers," *J. Am. Ceram. Soc.* , 84 (2001) p 2265 – 2268.

[23] Colombo P. , "Engineering porosity in polymer – derived ceramics," *J. Eur. Ceram. Soc.* , 28 (2008) p 1389 – 1395.

[24] Cordelair J. , Greil P. , "Electrical characterization of polymethylsiloxane/MoSi$_2$ – derived composite ceramics," *J. Am. Ceram. Soc.* , 84 (2001) p 2256 – 2259.

5.3 纤 维
GÜNTER MOTZ 和 SAMUEL BERNARD

5.3.1 引言

陶瓷纤维可定义为一系列由柔性固体材料拉伸而成的、具有圆形截面和极大长径比的材料。陶瓷纤维的一维形貌特点使得这类材料与其相应的三维材料相比具有更高的弹性、更高的比强度,也具有更大的化学脆弱性。

陶瓷纤维以及由其作为增强体的热结构复合材料已经成长为一个很大的市场。大多数的商用陶瓷纤维直径约为 $10\mu m$,长径比很高,具有良好的拉伸强度($\sigma > 2GPa$)和较低的密度($d < 3$)。在实际使用中,通常先将纤维制成纤维毡、短切或长纤维。特别地,后者的加入可以大大提高纤维增强复合材料的力学性能。此外,这种纤维一般都要集束成所谓的"束丝"来使用,其中包括 500 ~ 10000 根单丝。集束可以保持纤维弹性,同时提高其操作性,使其易于编制成纤维织品。

由于陶瓷的内在属性,相应的纤维适合用作绝缘材料,如耐火材料等。因其高长径比,纤维在聚合物、金属和陶瓷材料中主要作为补强剂。将长纤维作为增强体加入到陶瓷基复合材料(CMC)中制成连续陶瓷纤维增强陶瓷基复合材料(CFCC),目前受到了很大重视。制备这种复合材料的目的是克服陶瓷固有的脆性断裂行为,因为脆性断裂可能导致组件的突发性彻底失效。纤维的嵌入可提高基质材料的力学性能,尤其是抗裂纹扩展的能力。所得复合材料表现出伪塑性行为,这将提高陶瓷部件的损伤容限。上述行为是由裂纹偏转、裂纹桥连和纤维拔出所产生的断裂能量吸收机制的作用结果[1,2]。CFCC 主要用于高性能空间和军事领域,如作为隔热层、飞机尾气襟翼和火箭喷管等[3]。然而,这些材料的性能密切依赖于所用陶瓷纤维的质量及其制备方法。我们将在本章节中详细介绍陶瓷纤维的制备方法,该过程涉及到三个不同的技术,包括晶体生长、熔融挤压和纺丝。

5.3.2 陶瓷纤维制备技术

陶瓷纤维生产技术通常包含两大步骤,首先是采用熔融挤出等方法将先驱体塑造成纤维的形状,然后通过高温热解来制备陶瓷器件。图5.13为陶瓷纤维传统制造技术的原理概述图。在下一节中还将简单介绍制备陶瓷纤维的一些不同的方法。

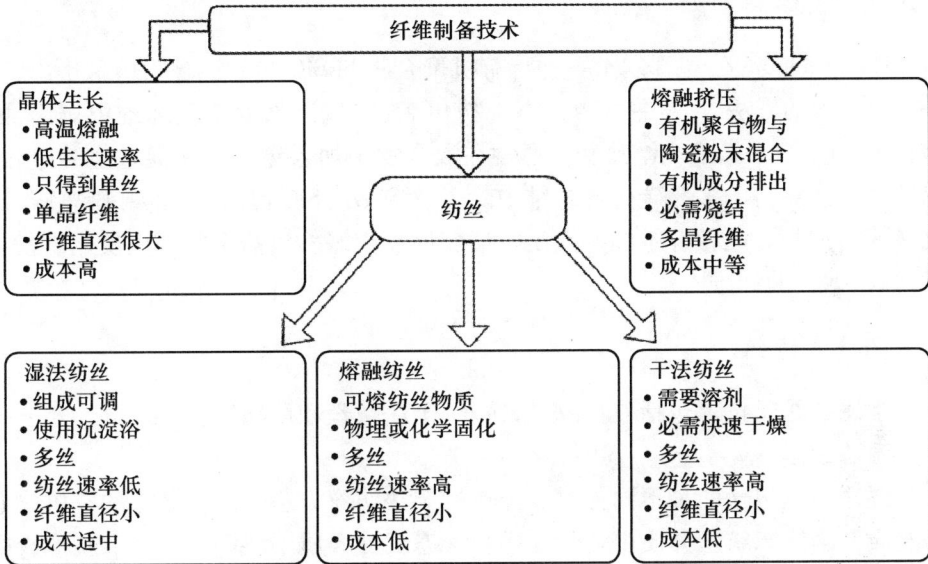

图5.13 先驱体陶瓷纤维的各种制备技术

5.3.2.1 晶体生长

此方法适用于生产单晶氧化物纤维,如 Saphikon[4]。该法将熔融氧化物添加至 $\alpha - Al_2O_3$、$Y_3Al_5O_{12}$ 和 ZrO_2 体系中。单晶可通过两种方法从熔体中获取,但这两种方法都只适用于中试规模的生产。第一种方法称为"导模法"(Edge - defined Film - fed Growth technique,EFG),该法最早由 Stepanov 提出[5]。另一种方法是由 Bridgman 提出的"激光加热浮区法"[6]。由于技术原因,这些方法只能制备单丝,且所得纤维的直径很难小于 $70\mu m$。此外,这类方法的制备速率很低,其拉伸速率仅为每小时几厘米。上述缺点导致由这种方法制备的纤维价格非常高。

除了从熔体出发,陶瓷纤维也可通过化学气相沉积(CVD)来制备。CVD工艺是非氧化物陶瓷纤维最古老的商业生产方法。将碳化硅沉积在加热的钨、钼或碳丝(又称芯丝)上,就可以得到具有很高强度,但直径相对较粗(约75μm)的碳化硅陶瓷纤维[7,8]。这种纤维以单丝的形式存在,且只可弯曲到一定程度,这使得它们不适合进一步加工成纺织品。但由于其较高的强度,它们仍被用作金属基复合材料[9-11]以及金属间化合物基复合材料(Intermetallic Matrix Composites)的增强体。

5.3.2.2　熔融挤压

Carborundum 公司开发了一种将有机聚合物和 SiC 粉的混合物熔融挤出,制备 SiC 纤维的方法[12]。在熔融状态下挤出后,有机添加剂会从纤维中排出,随后在 1800~2300℃ 下烧结致密。通常在混合物中加入碳化硼来促进烧结过程。以这种方式获得的多晶碳化硅纤维中除了含有 α-SiC 晶体,还含有游离碳、碳化硼等附加相。此种纤维的特点是抗蠕变性能很好。目前已实现规模化制备连续的 α-SiC 的纤维[13]。

5.3.2.3　纺丝

常用的纺丝技术包括三类:湿法纺丝、干法纺丝和熔融纺丝。

湿法纺丝

湿法纺丝包含两种不同方式。经典的湿法纺丝方法采用可硬化的有机物作为基质。当液态纺丝介质由喷丝孔进入液态沉淀介质中,基质发生沉淀,形成固态原纤维。例如 SiO_2 和锆钛酸铅纤维就是采用这种方法制备的。将碱性很强的黄原酸盐悬浮液纺入酸性沉淀浴中,水玻璃或细小的 PZT 粉末悬浮(锆钛酸铅)就会凝结[14]。第二种方式为溶液纺丝,目前在陶瓷纤维生产中更为重要。如聚丙烯腈(PAN)纤维一般就采用这种方式成型,然后再进一步加工成碳纤维。在这种方法中,一般采用 PAN 的 DMF(二甲基甲酰胺)溶液来代替含有有机基质的悬浮液,其纺丝速率约为 10~12m/min[15]。

干法纺丝

干法纺丝一般用于悬浮物和胶体颗粒(溶胶)的纺丝。在纺丝过程中,纺丝原液在压力作用下由喷丝孔挤出,形成原纤维。与湿法纺丝相反,干法纺丝中原纤维的形状稳定是在干燥介质(气相)中通过降温或悬浮介质的挥发实现的。这种方法具有纺丝速度快的特点,例如对于无机先驱体来说,其纺丝速度可达 800m/min,而对有机纺丝原液来说,其纺丝速度更是高达 6000m/min,这对生产陶瓷纤维来说意味着巨大的经济效益。

悬浮液纺丝适于制备多晶氧化物和非氧化物纤维[12]。在这种方法中,悬浮

274

液与可形成纤维的聚合物(如纤维素)混合,然后调整到适合纺丝的黏度,再经加压通过喷丝孔形成纤维。所得原纤维的提取、干燥和烧结经一个连续过程完成。氧化物纤维一般由胶体而非悬浮液纺成。在此制备过程中,胶体颗粒由金属醇化物和/或盐在最适合的水性体系中形成。随着胶体中溶剂(水)的蒸发,形成相应的凝胶,再通过加热即可制得相应的陶瓷。采用溶胶-凝胶法还可制备具有复杂成分的纤维。3M 公司采用这种方法成功制备了商品名为 Nextel® 的纤维,其重要性由此可见一斑[16]。

熔融纺丝

根据程序的不同,可将熔融纺丝制备纤维的方法分为两种。经典的熔融纺丝法是将目标陶瓷纤维的氧化物熔融后纺制成纤维状。因为冷却速率非常高,这种方法制备的纤维是非晶态的,而与此同时纤维凝固的体积非常小。因此,这种纤维的微观结构是不稳定的。其无定形结构在热处理后会再次发生结晶,从而导致纤维强度的损失。例如纯氧化铝的再结晶温度约为 800℃。此外,由于纺丝头和冷却区巨大的温度差会引起熔体黏度的突然变化,使得精确控制纤维的直径变得复杂。玻璃、玄武岩和氧化物陶瓷等强度较低的陶瓷纤维一般采用经典熔融纺丝制备[17]。

熔融纺丝目前一般用于无机聚合物,即陶瓷先驱体网络的成型。陶瓷先驱体聚合物在熔融纺丝成型后再经不熔化和热解即可得到非氧化物陶瓷纤维,即先驱体陶瓷纤维(PDCF)。商品化的 SiC 纤维,如 Nicalon®[18,19]、Tyranno®[20] 和 Sylramic® 的[21,22]都是采用这种方法制备的。

在这种方法中,聚合物通常被加热到几百摄氏度以形成熔体,然后纺丝。因此,所采用的聚合物必须具备一定的流变特性,在合适的温度下可形成厚实、黏稠的液体,然后才能在压力作用下通过喷丝头的小孔,形成连续的细丝。

纤维在固化过程中被拉伸形成直径很细的原纤维,这一步必须在惰性气体保护下进行。紧接着,采用物理或化学的不熔化技术对这些仍然会发生熔融的纤维进行不熔化处理,最后经热解形成陶瓷纤维[23]。

总地来说,采用熔融纺丝来制备陶瓷纤维具有很多优势。采用这种方法可以在分子尺度上控制起始聚合物的成分和架构,从而获得种类繁多的新型陶瓷纤维。该技术所需温度低,速度快,且易于实现,因此非常经济。所用先驱体纯度高,且所含元素均匀性好,因此所得陶瓷纤维的缺陷少。此外,由于所得纤维直径小和柔顺性好,使得它们很容易编织。先驱体工艺的另一个优势在于其较低的烧结温度,这可以大幅减少能源消耗,从而降低生产成本。

5.3.3 背景

随着航空航天工业的发展,对具有耐高温(通常高于1000℃)和抗氧化等优异性能的CMC材料的需求日益增大。这对作为复合材料增强体的陶瓷纤维的化学和物理性能提出很高的要求。它们必须重量轻,抗热冲击和抗蠕变性好,还要有相对较高的拉伸强度和模量。目前只有Si基非氧化物纤维才能满足上述要求,在此领域获得了应用[24]。在实际应用中,还需要对纤维的组成和微/纳结构进行控制和调整,以达到所需的化学性质和结构及力学性能。只有将先驱体转化法和纺丝工艺结合起来制备的纤维才同时具有科学和实用研究的意义。在此背景下,我们将在下一节中介绍包括碳化硅、硅碳氮和硅硼碳氮等体系在内的一系列Si基陶瓷纤维的制备过程。

5.3.4 非氧化物陶瓷纤维的制备与性能

文献中报道的耐高温陶瓷纤维以含Si的复合体系为主,如SiC、SiCO、SiTiCO、SiCN、SiCNO和SiBCN。这类陶瓷纤维的制备主要以含有目标陶瓷产物成分的低分子量的聚合物先驱体为原料,经过前面介绍的交联和热解(陶瓷化)过程形成陶瓷产物。所用先驱体首先必须具备合适的流变性能以实现纤维的成型,也就是说,它们必须适合于熔融或溶液纺丝工艺。然后,原纤维需经过化学或辐射方式交联,这样聚合物纤维才能通过热解,以较高的陶瓷产率转化成陶瓷纤维。

原则上,可以通过任何含硅的聚合物来制备碳化硅纤维,如聚硅烷、聚碳硅烷、聚硅氧烷、聚氮硅烷或聚碳硅氮烷等。聚硅烷和聚碳硅烷是工业化制备非氧陶瓷纤维中非常重要的两种先驱体。Fritz通过硅烷单体的热聚合成功获得了具有可纺性的聚碳硅烷[25,26]。

然而,聚合物原纤维非常脆,很难进行操作且在热解过程中会再次部分熔融。在20世纪70年代末,Yajima和他的同事开发出一种采用十二烷基甲基环己基硅烷或聚二甲基硅烷在450~500℃高压合成聚碳硅烷的方法。所得聚碳硅烷可以通过熔融或干法纺丝制成聚合物原纤维。该原纤维经氧化交联后再在氩气中热解就可转化为陶瓷纤维。这种类型的陶瓷纤维目前已经商品化,商品名为Nicalon®(日本碳公司)[27,28]。一种类似的聚碳硅烷合成方法是采用苯基取代聚硅烷与聚硼基二苯基硅烷进行热聚合反应[29]。然而,氧化交联过程中引入的氧使得这两种方法合成的聚碳硅烷含氧量均较高(质量分数可达20%)。富氧的陶瓷纤维在1200℃以上的热处理过程中会分解,生成SiO和CO气体逸出,最终导致纤维结构的解体。相应地,纤维力学性能也会发生大幅下降。通过使用无氧的初始化合物以及在无氧环境下采用辐射实现聚合物纤维的交联,可将纤维氧含量质量分数降低至 1% 以下,从而大幅提高纤维的力学性能(Hi – Nicalon™)[30]。Hi – Nicalon 纤维制备路线的缺点在于其所用的成本较高的高压合成技术以及为获得具有高温稳定性的高强度碳化硅纤维所使用的一些附加步骤(如辐射交联),这使得 Hi – Nicalon 纤维的价格比含氧 Nicalon 纤维高出很多。TU Bergakademie Freiberg(Freiberg 矿业大学,德国)的研究者还采用乙硅烷馏分(Müller – Rochow 合成的副产品)来制备碳化硅纤维。他们首先在低温条件下通过多相催化制备了聚氯碳硅烷。为了改善其可纺性,向先驱体中加入一些有机聚合物作为纺丝助剂[31]。由于氯原子的存在,这种聚合物及其制备的原纤维的交联都通过与氨的气相反应实现[32]。目前,来自 Fraunhofer ISC Würzburg 的陶瓷纤维研究小组正在继续进行这一路线的研究[33]。

Bayer AG 公司是第一家由有机硅氮烷聚合物制备非氧化物 SiCN 陶瓷纤维的厂家[34,35]。他们利用三氯硅烷、二氯硅烷或是两者的混合物与甲胺(或氨)反应可得到甲基氨基硅烷(methylaminosilanes)。这种硅氮烷低聚物在 500 ~ 700℃之间进一步交联就可得到 SiCN 聚合物。Seyferth 等人以四氢呋喃为溶剂,将二氯甲基硅烷和二氯甲基乙烯基硅烷以 4:1 比例配制成浓溶液后纺成纤维,并经紫外线辐射固化,获得了不熔性硅氮烷纤维[36]。这一路线仅在实验室获得了成功,以后也没有被进一步研究。

Wacker Chemie GmbH 公司通过二氯二烷基硅烷(dichlorodiorganosilanes)和二氯甲基硅烷(dichloromethylsilane)与六甲基二硅氮烷(hexamethyldisilazane)在 400℃ 以上的反应制备出可纺的聚硅氮烷,并申请了专利。该先驱体熔融纺丝所得的聚合物纤维经氧气不熔化和氩气中 1100 ~ 1300℃ 的热解得到了 SiCN 陶瓷纤维[37]。随后有研究者尝试采用乙硅烷馏分和三氯硅烷的混合物与胺反应来制备可熔化聚合物[38]。然而,所得聚合物的加工性能必须通过加入含氧添加剂和特殊的工艺步骤来调节。其他一些已申请专利的工作也提到采用乙硅烷馏分来制备聚硅氮烷。其重点在于通过控制挤出机参数来优化熔融纺丝工艺[39]和单块陶瓷的制备[40]。

道康宁公司开发了一种名为"HPZ"的 SiCN(O)纤维。其先驱体三(N – 三甲基硅基胺)硅烷(tris(N – trimethylsilylamino)silane)的合成是将三氯硅烷与六甲基二硅氮烷慢慢加热至 230℃,得到的可熔化低碳聚硅氮烷可以与三氯硅烷反应固化[41]。由于加工方法的缘故,最初所得纤维含有大量的金属杂质,从而降低了其热稳定性。严格防止先驱体与金属物的接触可以大幅降低纤维中金属杂质的含量,从而提高其热稳定性和机械性能[42,43]。但这些改进的工艺以及先驱体与三氯硅烷的气相固化反应都是很复杂的过程。

Naslain 等人通过二氯二甲基硅烷和 1,3 – 二氯 – 1,3 – 二甲基二硅氮烷的混合物与钠在溶剂甲苯中的反应制备了一种新型聚碳硅氮烷。反应最初得到的聚硅氮硅烷在 270 ~ 470℃ 间会转化为聚碳硅氮烷[44]。将其熔体纺成纤维,在 140℃ 下氧化交联。所得不熔化纤维在氩气中 1400℃ 热解后仍能保持无定形态[45,46]。

除氧化交联外,人们也在辐射交联方面做了大量研究。结果表明,由于辐射交联所得纤维氧含量低,因此可采用这种方法大大提高纤维的热稳定性[47]。在制备 SiCN 纤维的过程中,先驱体合成是最复杂的一步。因为在进一步合成所需先驱体之前,必须先合成二硅氮烷单体。

德国 Bayreuth 大学开发的 SiCN 纤维同样是通过前面所描述的先驱体路线制备的[48-51]。由于他们采用的先驱体 ABSE – 聚碳硅氮烷在氧和水汽中十分稳定,因此其熔融纺丝过程中是可以有氧存在的。原纤维的不熔化采用电子束辐照实现,辐照剂量非常小,仅为 300 kGy。在很短的时间内(小于 2s)整个纤维截面即完成交联,不需引入氧气。所得 SiCN 陶瓷纤维的低氧气含量使其高温和氧化稳定性均较好。

最近,研究者将多壁碳纳米管(MWCNT)添加到 ABSE – 先驱体中,以改善原聚合物流变性能方面的不足,使其熔纺过程更加稳定。结果表明,只需加入质量分数 0.5% 的碳纳米管即可改善熔体的黏弹性[52]。此外,加入 MWCNT 后的原纤维和 1100℃ 热解所得 C/SiCN 纤维的强度均比同条件下不加 MWCNT 的纤维强度要高 50%。

如前所述,先驱体聚合物化学组成的可调性是制备具有特定结构和力学性能的 Si 基难熔陶瓷纤维的的基本要求。SiC 和 SiCN 纤维一般为无定形态,经加热处理后开始结晶,最终在高温($T > 1400℃$)下转变为热力学稳定的结晶态,其中包含自由碳、氮化硅和/或碳化硅。然而,在实际的超高温应用中,我们更希望使用具有无定形态的纤维,这就对纤维无定形态的稳定性和力学性能提出了更高的要求。需要指出的是,先驱体转化法也适用于制备具有复杂成分的硅基陶瓷,如向 SiCN 体系中加入 B 来制备硅硼碳氮(SiBCN)陶瓷。在这种体系中,基本元素组合方式的选择是基于:基本元素通过强的、定域的共价键合作用形成一个持久的无机网络,而长程键合作用的贡献较小。

制备 SiBCN 纤维的工作最初由 Takamizawa 等人开创[53]。他们将有机聚硅烷和有机硼氮烷的混合物在熔融状态下纺丝,然后经氧化或电子束辐照交联后再在氮气保护下热解。所得纤维直径约为 11μm,拉伸强度和弹性模量分别约为 3.0GPa 和 250GPa。这些纤维在 1500℃ 时仍能保持无定形结构,其拉伸强度也保持在 2.0GPa。采用硼酸三甲酯和全氢聚硅氮烷可合成一种聚硼硅氮烷先驱体。将其用干法纺丝,然后热解即可制备无定形 Si－B－O－N 纤维。这种 Si－B－O－N纤维的拉伸强度可保留至更高的温度(约 1600℃)。该纤维的密度为 2.4g/cm³,拉伸强度为 2.5GPa,弹性模量为 180GPa[54]。Lu 等人[55,56]以聚碳硅氮烷为先驱体,BCl₃ 为固化剂制备了热稳定高达 1600℃的 SiBCN 纤维。最近,他们还采用有机聚硅烷和聚硼硅氮烷的混合物制备出直径 15.6μm,抗拉强度 1.6GPa 的 SiBCN(O)纤维[57]。然而,通过不同聚合物的物理混合或在不熔化和热解过程中引入异质元素,并不能获得成分和结构均匀的目标陶瓷。目前有两条路线可以合成含有 Si、B、C 和 N 的可纺型聚合物。

第一条路线由 Sneddon 等人开发[58,59],由硼烷和环硼氮烷修饰氢化聚硅氮烷(hydridopolysilazanes,HPZ)来制备不含 BH 的聚硼硅氮烷。

硼烷和环硼氮烷的改性是通过它们的 B—H 键与 HPZ 的中的 N—H 键反应,形成 B—N 键实现的。所得聚合物在加热至 100～120℃后转变为液态,研究表明它们在该温度范围内形成的熔体是稳定的。还有研究表明,环硼氮烷衍生聚合物的玻璃化转变温度可能低至 25℃。这些聚合物非常适合进行熔融纺丝,例如采用 PIN－HPZ 进行熔融纺丝,可得到直径在 30～40μm 的原纤维。这些原纤维可以采用 HSiCl₃ 酸进行不熔化,然后暴露在潮湿的空气,最后经氩气中 1200℃的热解,获得致密的 SiBCN 纤维。这种纤维在 1600℃仍为无定型态,仅在 1800℃的热处理后才出现 β－SiC 晶体的衍射峰。因此,这些 SiBCN 纤维的稳定性可保持至 1600℃,这与未改性的 HPZ 相比具有相当大的改善。

第二条路线由 Jansen 等人开发[60-64]。它包括采用胺作为交联剂制备 N－甲基聚硼硅氮烷先驱体。根据伯胺的功能性,可对目标聚合物的交联程度以及由此决定的粘度进行调节。该路线的第一个例子是采用三氯甲硅基氨基二氯硼烷(trichlorosilylaminodichloroborane)与甲胺反应,得到一种液态聚合物先驱体。研究表明,这种 N－甲基聚硼硅氮烷的粘弹性可通过适当的进一步加热来调节,从而得到液态、可熔、可溶或不熔的先驱体。由此获得的原纤维(直径 20μm)在 HSiCl₃ 中不熔化处理数秒,再经氮气保护下 1500℃的热解,即可得到陶瓷纤维。该聚合物－陶瓷转化的陶瓷产率在 55% 左右,这足以保持纤维在热解转化过程中的完整性。所得非晶纤维(SiBCN₃.₀)的拉伸强度在 3.0GPa 左右,直径为 8～15μm,长度超过 200m。这种纤维可在非氧化气氛(0.1MPa,He)中保持稳定直至 1750℃,其拉伸强度在 1400℃的氧化性气氛中可保持在 3.0GPa 左右。但近期有报道[65]指出,采用相同先驱体和热解过程制备的相似纤维(SiBC₀.₈N₂.₃)仅在 1300～1400℃下处理很短时间,其强度就出现大幅降低。

该路线的第二个例子,是将硼改性的聚硅氮烷 $[B(C_2H_4SiCH_3NCH_3)_3]_n$ 先驱体通过熔融纺丝加工成原纤维[66,67]。

上述先驱体的单体由 Riedel 等人开发[68]，名为三(二氯甲基甲硅烷基乙基)硼烷[tris(dichloromethylsilylethyl) borane]。Riedel 等人采用氨为交联剂，由这种单体合成出先驱体[B($C_2H_4SiCH_3NH$)$_3$]$_n$。Bernard 从这种单体出发，采用甲胺为交联剂制备出另一种先驱体[B($C_2H_4SiCH_3NCH_3$)$_3$]$_n$。后者用反应性较弱的 N(CH_3)单元取代传统先驱体中的 NH 单元。在较低温度下，Si - 和 N - 甲基基团均发生大量交联，形成可熔型聚合物，它表现出合适的流变性能和熔融稳定性，适于熔融纺丝工艺。长数百米，直径在 20μm 左右的原纤维可通过收丝筒收集成卷。由于[B($C_2H_4SiCH_3NCH_3$)$_3$]$_n$ 的熔融稳定性可保持到 140℃，相应的纺丝操作也可以保持稳定，注塑成型的质量也具有可重复性。因此，采用这种先驱体可以获得均匀、无缺陷的原纤维。

上述先驱体中 NCH_3 基团的存在为先驱体的固化提供了便利。例如，将原纤维置于氨气中，缓慢升温至 200℃，就可以使聚合物的骨架互锁，交联密度升高。随后，将不熔化纤维在氮气气氛中加热到较高的温度(1000℃，陶瓷产率 73.5%)，就可以在保证纤维完整性的同时获得致密、光滑且具有高温稳定性的非晶态 SiBCN 纤维。

根据熔融纺丝过程中施加拉伸程度的不同，1000℃热解所得 SiBCN 纤维的直径可在 10～25μm 范围内变化。但研究结果表明，1400℃热处理所得纤维具有较高的力学性能。这种纤维的化学组成为 $Si_{3.0}B_{1.0}C_{5.0}N_{2.4}$，其室温拉伸强度均值为 1.3GPa，直径约为 23μm。经 1400℃ 的热处理后，其直径缩小为 12.6μm，拉伸强度则升高至 1.5 GPa，这是因为直径减小的同时纤维内缺陷也会减少。但 1600℃以上氮气中的热处理会使纤维强度降低，因为 XRD 分析表明，在此温度以上无定型的 SiBCN 相会发生结晶，转化为 SiC、Si_3N_4 和 BN/C 晶体。该纤维表现出很好稳定性，当在空气中加热至 1500℃时，仅出现很小的重量变化。在空气中持续氧化，增重最高仅达到 +2.9%。

纤维的增重是由于其中的碳化硅和氮化硅相被氧化成氧化硅。此外，傅里叶变换红外光谱还证明纤维中存在氮化硼。众所周知，氮化硼暴露在潮湿的氧化性气氛中时，在较低的温度(800～900℃)下就会被氧化成氧化硼[69]。

另外，氧化硼在更高的温度下(1200℃)会以气相形式逸出，并与周围的水蒸气形成挥发性的 HBO_2[69]。氮化硼的氧化受结晶的质量和孔隙度的影响。例如，氮化硼结晶度的下降会引起其氧化温度的降低。

氧化硅和氧化硼这两种氧化产物在 SiBCN 纤维的氧化过程中会互相反应，形成一种硼硅酸盐玻璃相，该相的分解温度比氧化硅低。最后需要指出是自由碳在这一过程中有可能被氧化成一氧化碳。

纤维表面发生的氧化会在表面形成一层非均匀的无定型氧化保护层，通过阻止扩散控制的氧化来防止纤维的进一步氧化。

综上所述,SiBCN 纤维可用于苛刻的氧化和热环境中,有效地延长设备的使用寿命。

5.3.5 结语和展望

先驱体聚合物的使用为制备硅基陶瓷纤维提供了可能,采用先驱体转化法可以制备具有稳定化学组成的二元(如 SiC)和多元(如 SiCN、SiBCN)陶瓷纤维。特别是 SiC,近年来已从大学里基础研究发展成有用的技术产品,并形成了多种商业产品,例如由日本碳公司制造的 Nicalon® 型 SiC 纤维。

通过对单体中特殊官能团的选择以及先驱体聚合物结构的调整,可以调节目标先驱体的粘弹性。因此,作为先驱体的聚碳硅烷、聚碳硅氮烷和聚硼硅氮烷在其熔融状态下都可以具有合适的弹性和塑性,可通过熔融纺丝成型。这些先驱体聚合物可以在催化剂和氧气的存在下,在较低的温度下实现不熔化,从而获得稳定的形貌。随后,在进一步高温热处理中,先驱体聚合物完全转变成陶瓷。在此过程中,可通过微纳结构的控制使得最终产物具备预期的性质。

尽管 PDC 路线有很多优点,但在未来的研究中仍面临许多挑战。

随着航空航天工业的发展,对材料的性能要求越来越高。目前已明确的需求是能在氧化和/或腐蚀性环境中承受 1500℃ 高温的材料。航空产业对热结构材料的需求促成了一类新的复合材料的产生,通过调控这种材料的化学组成、热性能和力学性能,有望为航空推进器和高超声速推进系统提供新一代材料。要对材料的化学组成进行调控,最合适的方法就是先驱体转化法。SiC、SiCN 和 SiBCN 纤维的制备是获得这类耐高温抗氧化材料的第一步。相信经过未来的 5~10 年的发展,相应材料的性能就可达到未来对能源和排放的需求,成功应用于航空领域。

此外,制备一维纳米材料(如纳米纤维、纳米管)增强的先驱体转化非氧化物陶瓷纤维也是在未来将面对的一个特别的挑战。因为这种组成可调的材料具有极高的比强度,且不能通过其他方法制备。

未来高校、研究所与工业界间的合作将有效推进 PDC 法制备先驱体陶瓷的发展。

5.3.6 参考文献

[1] Richerson, D. W.; Modern Ceramic Engineering: Properties, Processing and Use in Design, ed. M. Dekker Inc., New York, 1992, 731 – 807.

[2] Phillips, D. C.; Fiber Reinforced Ceramics, Handbook of Composites: Fabrication of Composites, eds., A. Kelly; S. T. Mileiko, 1983, 4, 373 – 428.

[3] Strife, J. R; Brennan, J. J; Prewo, K. M. ; Status of continuous fiber – reinforced ceramic matrix composite processing technology, *Ceram. Eng. Sci. Proc.* , 1990, 11, 871 – 919.

[4] Labelle, H. E. ; Growth of controlled profile crystals from the melt, *Mater. Res. Bull.* , 1971, 6, 566 – 581.

[5] Stepanov, A. V. J. ; *Thechnique Fhisic*, 1959, 29.3, 381 – 393 in russian.

[6] Bridgman, P. ; *Proc. Am. Acad. Sci.* , 1925, 60, 305 – 315.

[7] Ning, X. J. , Pirouz, P. , Lagerlof, K. P. D. ; DiCarlo, J. ; The structure of carbon in chemically vapor deposited SiC monofilaments, *J. Mater. Res.* , 1990, 5, 2865 – 2876.

[8] Cheng, T. T. ; Doorbar, P. ; Jones, I. P. ; Shatwell, R. A. ; The microstructure of sigma 1140 + SiC fibres, *Mater. Sci. Technol.* , 1999, A 260, 139 – 145.

[9] Leyens, Ch. ; Hausmann, J. ; Kumpfert, J. ; Continuous fiber reinforced titanium matrix composites: fabrication, properties and applications, *Adv. Eng. Mater.* , 2003, 5, 399 – 410.

[10] Vassel, A. ; Continuous fibre reinforced titanium and aluminium composites: a comparison, *Mat. Sci. Eng.* , 1999, A263, 305 – 313.

[11] Herkt, M. ; Heutling, F. ; Koch, U. ; Cutting of SiC fibers for Ti – MMC applications, *Adv. Eng. Mater.* , 2004, 6, 761 – 767.

[12] Frechette, F. J. ; Storm, R. S. ; Venkarsvaran, V. ; Andrejcak, M. J. ; Kim J. J. ; Process for making silicon carbide ceramic fibers, Patent US 5354527, 1994.

[13] Biernacki, J. J. ; Scaling Technology for Production of Continuous Ceramic Fiber, *Ceram. Eng. Sci. Proc.* , 1997, 18, 73 – 85.

[14] Cass, R. B. ; Loh, R. ; Luke J. ; Recent developments, performance improvements and new ceramic fibres by the viscous suspension spinning process, *Ceram. Eng. Sci. Proc.* , 1995, 15, 481 – 488.

[15] Fourné F. ; Synthetische Fasern, Carl Hauser Verlag, 1995, München – Wien, 113 – 122 in german.

[16] Johnson, D. D. ; Nextel 312 ceramic fiber from 3M, *J. Coated Fabrics*, 1981, 11, 282 – 296.

[17] Bosswell, P. ; Richter, D. ; Berce, T. ; Negaty – Hindi G. ; Melt extraction of ceramics, Patent US 5067554, 1991.

[18] Yajima, S. ; Hasegawa, X. ; Hayashi, J. ; Iiuma, M. ; Synthesis of continuous SiC Fibers with high tensile strength and modulus, *J. Mater. Sci.* , 1978b, 13, 2569 – 2576.

[19] Hasegawa, Y. ; Iimura, M. ; Yajima, S. ; Synthesis of continuous silicon Fibers, part 2: conversion of polycarbosilane Fibre into silicon carbide Fibers, *J. Mater. Sci.* , 1980a, 15, 720 – 728.

[20] Yamamura, T. ; Ishikawa, T. ; Shibuya, M. ; Okamura, K. ; Development of a new continuous silicon – titanium – carbon – oxygen Fiber using an organometallic polymer precursor, *J. Mater. Sci.* , 1988, 23, 2589 – 2594.

[21] Deleeuw, D. C. ; Lipowitz, J. ; Lu, P. P. – Y. ; Preparation of Substantially Crystalline Silicon Carbide Fibers from Polycarbosilane, Patent EP 0438117 B1, 1991.

[22] Lipowitz, J. ; Rabe; J. A. ; Zangvil, A. ; Xu, Y. ; Structure and Properties of SYLRAMICTM Silicon Carbide Fiber—a Polycrystalline, Stoichiometric β – SiC Composition, *Ceram. Eng. Sci. Proc.* , 1997, 18, 147 – 157.

[23] Kamimura, S. ; Seguchi T. ; Okamura, K. ; Development of silicon nitride fiber from Si – containing polymer by radiation curing and its application, *Radiat. Phys. Chem.* , 1999, 54, 575 – 581.

[24] Bunsell, A. R. ; Berger, M. – H. ; Fine Ceramic Fibres, ed. , M. Dekker Inc. , 1999, New York.

[25] Fritz, G. ; Grobe, J. ; Kummer, D. ; Carbosilanes, *Adv. Inorg. Chem. Radiochem.* , 1965, 7, 349 – 418.

[26] Fritz, G. ; Bildung und Eigenschaften von Carbosilanen, *Angew. Chem.* , 1967, 79, 657 – 663.

[27] Yajima, S. ; Hayashi, J. ; Omori, M. ; Okamura, K. ; Development of a Silicon Carbide Fibre with High Tensile Strength, *Nature*, 1976, 261, 683 – 685.

[28] Yajima, S. ; Hayashi, J. ; Omori, M. ; Silicon Carbide Fibers Having a High Strength and a Method for Producing Said Fibers, Patent US 4100233, 1978.

[29] Hasegawa, Y. ; Okamura, K. ; Yajima, S. ; Polycarbosilane, Process for Its Production, and Its Use as Material for Producing Silicon Carbide Fibers, Patent US 4283376, 1980.

[30] Seguchi, T. ; Kasai, N. ; Okamura, K. ; Ichikawa, H. ; Takeda, M. ; Nishii, M. ; Super Heat – Resistant Silicon Carbide Fibers and Process for Producing the Same, Patent US 5283044, 1993.

[31] Richter, R. ; Roewer, G. ; Brendler, E. ; Krämer, H. ; Martin, H. – P. ; Müller, E. ; Synthesis and Spinning of New Polysilanes as SiC Fiber Precursors, *Adv. Struct. Fiber Compos.* , 1995, 53 – 60.

[32] Martin, H. – P. ; Brendler, E. ; Müller, E. ; Richter, R. ; Roewer, G. ; Conversion of Polycarbosilane Fibers into SiC Fibers, *Adv. Struct. Fiber Compos.* , 1995, 45 – 52.

[33] Clade, J. ; Seider, E. ; Sporn, D. ; A new type of precursor for fibers in the system Si – C, *J. Eur. Ceram. Soc.* , 2005, 25, 123 – 127.

[34] Verbeek, W. ; Formkörper aus homogenen Mischungen von Siliciumcarbid und Siliciumnitrid und Verfahren zu ihrer Herstellung, Patent DE 2218960, 1973 in german.

[35] Winter, G. ; Verbeek, W. ; Mansmann, M. ; Formkörper aus homogenen Mischungen von Siliciumcarbid und Siliciumnitrid und Verfahren zu ihrer Herstellung, Patent DE 2243527, 1974 in german.

[36] Seyferth, D. ; Wiseman, G. H. ; Poutasse, C. A. ; Schwark, J. M. ; Yu, Y. – F. ; Organosilicon Polymers as Precursors for Silicon – Containing Ceramics: Recent Developments, *Polym. Prepr.* , 1987, 28, 389 – 392.

[37] Rengstl, A. ; Method of Making Ceramic Fibres Containing Silicon Carbide, Patent EP 0255132, 1988.

[38] Kalchauer, W. ; Geisberger, G. ; Herstellung und Untersuchung von SiC – und Si_3N_4/SiC – Fasern, 2. Symp. Materialforschung BMFT, 1991, 1391 – 1413, in german.

[39] Wesley, J. L. ; George, H. H. ; Production of preceramic and ceramic fibers from friable, thermally sensitive organosilicon preceramic polymers, Patent US 4789507, 1988.

[40] Michael, G. ; Boden, G. ; Production of Highly Crosslinked Silicon Carbonitride Materials, Patent DE 19613473, 1997.

[41] LeGrow, G. E. ; Lim, T. F. ; Lipowitz, J. ; Reaoch, R. S. ; Ceramics from hydridopolysilazane, *Am. Ceram. Soc. Bull.* , 1987, 66, 363 – 367.

[42] Freeman, H. A. ; Langley, N. R. ; Rabe, J. A. ; Li, C. – T. ; Lipowitz, J. ; Polymer Derived Ceramic Fibers Having Improved Thermal Stability, Patent EP 0438118 B1, 1991.

[43] Freeman, H. A. ; Langley, N. R. ; Li, C. – T. ; Lipowitz, J. ; Rabe, J. A. Polymer Derived Ceramic Fibers Having Improved Thermal Stability, Patent US 5238742, 1993.

[44] Mocaer, D. ; Pailler, R. ; Naslain, R. ; Richard, C. ; Pillot, J. P. ; Dunogues, J. ; Gerardin, C. ;

283

Taulelle, F.; Si – C – N Ceramics with a High Microstructural Stability Elaborated from the Pyrolysis of New Polycarbosilazane Precursors, Part I: The Organic/Inorganic Transition, *J. Mater. Sci.*, 1993, 28, 2615 – 2631.

[45] Mocaer, D.; Pailler, R.; Naslain, R.; Richard, C.; Pillot, J. P.; Dunogues, J.; Si – C – N Ceramics with a High Microstructural Stability Elaborated from the Pyrolysis of New Polycarbosilazane Precursors, Part II: Effect of Oxygen – Curing on Properties of ex – PCSZ Monofilaments, *J. Mater. Sci.*, 1993, 28, 2632 – 2638.

[46] Mocaer, D.; Pailler, R.; Naslain, R.; Richard, C.; Pillot, J. P.; Dunogues, J.; Delverdier, O.; Monthioux, M.; Si – C – N Ceramics with a High Microstructural Stability Elaborated from the Pyrolysis of New Polycarbosilazane Precursors, Part III: Effect of Pyrolysis Conditions on the Nature and Properties of Oxygen – Cured Derived Monofilaments, *J. Mater. Sci.*, 1993, 28, 2639 – 2653.

[47] Mocaer, D.; Pailler, R.; Naslain, R.; Richard, C.; Pillot, J. P.; Dunogues, J.; Darnez, C.; Chambon, M.; Lahaye, M.; Si – C – N Ceramics with a High Microstructural Stability Elaborated from the Pyrolysis of New Polycarbosilazane Precursors, Part IV: Oxygen – Free Model Monofilaments, *J. Mater. Sci.*, 1993d, 28, 3049 – 3058.

[48] Motz, G.; Hacker, J.; Ziegler, G.; New SiCN Fibers from the ABSE Polycarbosilazane, *Ceram. Eng. Sci. Proc.*, 2002a, 23, 255 – 260.

[49] Motz, G.; Hacker, J.; Ziegler, G.; Clauss, B.; Schawaller, D.; Low – Cost Ceramic SiCN Fibers by an Optimized Polycarbosilazane and Continuous Processing, *Adv. Struct. Fiber Compos.*, 2002, 47 – 54.

[50] Motz, G.; Synthesis of SiCN – precursors for fibres and matrices, *Adv. Sci. Technol.*, 2006, 50, 24 – 30.

[51] Kokott, S.; Motz, G.; Cross – linking via Electron Beam Treatment of a Tailored Polysilazane (ABSE) for Processing of Ceramic SiCN – Fibers, *Soft Mater.*, 2007, 4, 165 – 174.

[52] Kokott, S.; Heymann L.; Motz, G.; Rheology and processability of Multi – Walled Carbon Nanotubes— ABSE polycarbosilazane composites, *J. Eur. Ceram. Soc.*, 2008, 28, 1015 – 1021.

[53] Takamizawa, M.; Kobayashi, T.; Hayashida A.; Takeda, Y.; Method for the preparation of an inorganic fiber containing silicon, carbon, boron and nitrogen, Patent US 4604367, 1986.

[54] Funayama, O.; Nakahara, H.; Tezuka, A.; Ishii, T.; Isoda, T.; Development of Si – B – O – N fibres from polyborosilazane, *J. Mater. Sci.*, 1994, 29, 2238 – 2244.

[55] Lu, L.; Feng C. X.; Song, Y. C.; Curing polysilazane fibres by exposure to boron trichloride, *J. Mater. Sci. Lett.*, 1998, 17, 481 – 484.

[56] Lu, L.; Feng C. X.; Song, Y. C; Composition and structure of boron – containing Si – N – C fibres at high temperature, *J. Mater. Sci. Lett.*, 1998b, 17, 599 – 602.

[57] Chu, Z. Y.; Feng C. X.; Song, Y. C.; Development of a new Si – C – O – N – B ceramic fiber using a hybrid precursor of polycarbosilane and polyborosilazane, *J. Mater. Sci. Lett.*, 2003, 22, 725 – 728.

[58] Wideman, T.; Cortez, E.; Remsen, E. E.; Zank, G. A.; Carroll P. J.; Sneddon, L. G.; Reactions of Monofunctional Boranes with Hydridopolysilazane: Synthesis, Characterization, and Ceramic Conversion Reactions of New Processible Precursors to SiNCB Ceramic Materials, *Chem. Mater.*, 1997, 9, 2218 – 2230.

[59] Wideman, T.; Fazen, P. J.; Su, K.; Remsen, E. E.; Zank; G. A.; Sneddon, L. G.; Second – gen-

eration polymeric precursors for BN and SiNCB ceramic materials, *Appl. Organomet. Chem.*, 1998, 12, 681 –693.

[60] Baldus, H. P.; Wagner, O.; Jansen, M.; Synthesis of advanced ceramics in the systems silicon – boron – nitrogen and silicon – boron – nitrogen – carbon employing novel precursor compounds, *Mater. Res. Soc. Symp. Proc.*, 1992, 271, 821 –826.

[61] Baldus, H. P.; Wagner, O.; Jansen, M.; New materials in the system Si – (N,C) – B and their characterization, *Key Eng. Mater.*, 1994, 89 –91, 75 –79.

[62] Baldus, H. P.; Passing, G.; Studies on (SiBNC) – ceramics: oxidation – and crystallization behavior lead the way to applications, *Mater. Res. Soc. Symp. Proc.*, 1994, 346, 617 –622.

[63] Baldus, H. – P.; Passing, G.; Sporn, D.; Thierauf, A.; Si – B – (N,C) a new ceramic material for high performance applications, *Ceram. Trans.*, 1995, 58, 75 –84.

[64] Baldus H – P, Jansen M and Sporn D.; Ceramic fibers for matrix composites in high – temperature engine applications, *Science*, 1999, 285, 699 –703.

[65] Cinibulk, M. K.; Parthasarathy, T. A.; Characterization of Oxidized Polymer – Derived SiBCN Fibers, *J. Am. Ceram. Soc.*, 2001, 84, 2197 –2202.

[66] Bernard, S.; Weinmann, M.; Gerstel, P.; Miele, P.; Aldinger, F.; Boron – modified Polysilazane as a Novel Single – Source Precursor for SiBCN Ceramic Fibers: Synthesis, Melt – spinning, Curing and Ceramic Conversion, *J. Mater. Chem.*, 2005, 5, 289 –299.

[67] Bernard, S.; Weinmann, M.; Cornu, D.; Miele, P.; Aldinger, F.; Preparation of High – Temperature Stable Si – B – C – N Fibers from Tailored Single Source Polyborosilazanes, *J. Eur. Ceram. Soc.*, 2005, 25, 251 –256.

[68] Riedel, R.; Kienzle, A.; Dressler, W.; Ruwisch, L.; Bill, J.; Aldinger, F.; A silicoboron carbonitride ceramic stable to 2,000°C, *Nature*, 1996, 382, 796 –798.

[69] Jacobson, N.; Farmer, S.; Moore, A.; Sayir, H.; High – Temperature Oxidation of Boron Nitride: I, Monolithic Boron Nitride, *J. Am. Ceram. Soc.*, 1999, 82, 393 –398.

5.4 涂 层

FRANZISKA A. SCHEFFLER 和 JESSICA D. TORREY

5.4.1 引言

涂层的应用在制备耐用消费品以及材料科学领域有着悠久的历史。关于涂层最早的记载是在公元前 13 世纪塞浦路斯人制造的涂釉物品。古埃及人在瓷器和石器表面涂上釉质,古希腊人、凯尔特人、俄国人和中国人也曾在金属物体表面施釉。在很长一段时间里,釉质涂层仅用于生产艺术品和宗教器物。直到 18 世纪,在德国才出现了第一个涂釉的铁器。而到了 18 世纪末,则出现了拥有涂层的铸铁烹饪器皿[1]。

在材料表面施加涂层不仅使材料的使用寿命延长,同时材料表面性质的改进也可扩大其应用领域,甚至通过表面的功能改性还可开发出潜在的新的应用领域,这些需求都在不断推动着新型涂层的研究与开发。对于消费者与技术员来说,涂层的使用可以让产品具有多种多样的用途。图 5.14 给出了通过涂层可以实现的一些功能。本节将概括性地介绍并给出实例说明先驱体转化法制备的陶瓷涂层的加工和应用。

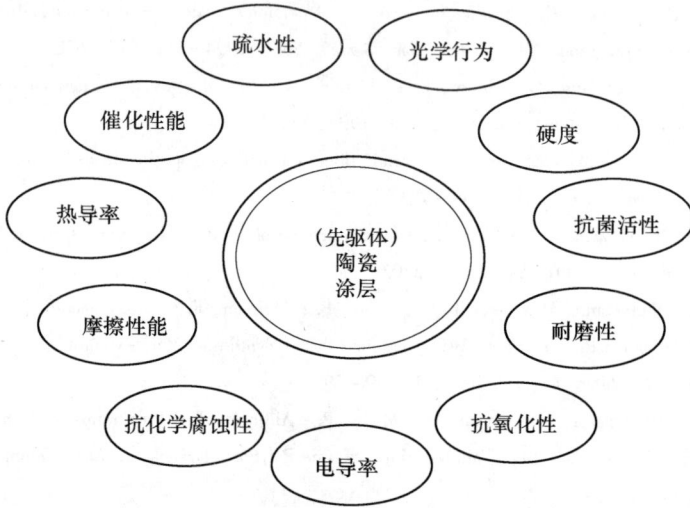

图 5.14　先驱体陶瓷涂层可实现的表面改性

5.4.2　涂层技术

从技术应用层面来说,在材料表面涂上坚硬的表层(如 Ti、SiC、Si_3N_4),可以通过减小磨损来延长运动部件的使用寿命[2-4]。热障涂层(Thermal Barrier Coating,TBC),如氧化钇稳定的氧化锆(Yttria - Stabilized Zirconia,YSZ)、TiB_2 或 WC,是在高温下运行的燃气涡轮机和航空发动机中非常重要的绝热部件[5-8]。这些非氧化物或氧化物陶瓷涂层,或金刚石型碳涂层,可通过大气等离子喷涂(Atmospheric Plasma Spraying,APS)[9]、电子束物理气相沉积(Electron - Beam Physical Vapor Deposition,EBPVD)[6]、射频溅射(RF sputtering)[10]或化学气相沉积(Chemical Vapor Deposition,CVD)[11,12]等技术实现。但这些方法均存在成本高,难以放大和基体形貌限制等缺点。先驱体转化法是制备涂层的一种很好的选择,利用先驱体的聚合物特性成型,再经高温热解即可得到陶瓷涂层。采用这一技术可制备大尺寸以及形状复杂的涂层。通过改变先驱体聚合物的成分或选

286

择性地加入填料,可以制备出具有不同的表面性质的涂层。表5.2中给出了采用先驱体转化法制备的一些陶瓷涂层。

表5.2　先驱体转化法制备的陶瓷涂层

陶瓷涂层	先驱体体系	基底	(潜在)应用	参考文献
SiO₂	聚甲基倍半硅氧烷	多孔陶瓷	膜	Beltsios, 2001[13]
HfB₂ - SiC	烯丙基 - 氢化聚碳硅烷, HfB₂ 填料	Cf/SiC 复合材料	高温抗氧化涂层	Pavese, 2008[14]
Si(B)NC	聚(硼)硅氮烷	碳纤维	抗氧化涂层	Rooke, 1997[15] Kern, 2002[16]
BN	聚(2,4,6 - 三甲基 氨基硼氮烷)	石墨,SiC,石英	纤维涂层 固体润滑	Termoss, 2007[17]
SiOC	聚甲基倍半硅氧烷 聚羟甲基硅氧烷	C/C 复合材料,Al,Si, 石墨,钢,石英,塑料	抗氧化增强涂层 光学活性涂层	Goerke, 2004[18]; Manocha, 1995[19] Marletta, 1998[20]
SiOC/TiO₂	聚氢化甲基硅氧烷, TiSi₂ 填料	不锈钢	抗氧化屏障 渗碳屏障	Torrey, 2008a[21]
SiCNO	聚脲甲基乙烯基硅氮烷	Si,蓝宝石,YZTP	减摩和减磨	Cross, 2006[22]
Si₃N₄/Si₂N₂O	聚氢化甲基硅氮烷 聚二甲基硅烷 聚二苯基硅氮烷	Al,石英,Si	热障涂层 绝缘层	Konetschny, 1999[23]; McGinn, 1994[9]; Mucalo, 1994[24]; Xie, 1998[25]
SiCN	聚硅氮烷,Si 填料 聚甲基硅氮烷	C/C - SiC 复合材料 钠钙玻璃	抗氧化增强涂层 玻璃增强涂层	Bill, 1996[26] Blum, 1990[27]
SiCN(Ti)	聚碳硅氮烷 聚钛硅氮烷	钢,Ti,多孔陶瓷, 玻璃,塑料	防潮与抗氧化涂层 生物医药功能涂层	Motz, 2000[28] Motz, 2002[29]

5.4.3　先驱体转化法涂层的制备

使用先驱体聚合物制备陶瓷涂层的一个优势在于涂层浆料易于制备和操作,且能够简单地实现在复杂表面的涂覆。涂布方式的选择取决于的涂层浆料的特性(如组成、黏度、特殊气氛的需求等)、基底情况(如大小、复杂性、表面粗糙度等)以及预期的层厚度等。旋涂法(spin - coating)可以在平坦的金属或硅晶表面上涂覆很薄且均匀的涂层[20,30]。通过调节浸渍涂层(dip coating)中的浆料黏度和旋转速度,可获得较厚的涂层和/或覆盖更复杂的器件[31]。其他将先驱体聚合物沉积在材料表面的方法包括丝网印刷(screen-printing)和喷涂法[18]。通过改变溶剂的类型和含量,可在材料表面制备厚度在 $0.1 \sim 50 \mu m$ 的单层聚合物涂层。研究表明,涂层厚度存在一个临界值,低于此临界厚度,涂层可完整地附着在基底上,而高于此临界值,涂层则会在热解过程中出现开裂和分层[31]。因此,若要制备较厚的涂层(约数百微米),就需要采用多层结构。

根据所用聚合物的特性(以固态或液态形式加工),在制备浆料时可能会需要挥发性溶剂(如甲苯、丙酮、乙醇、乙腈等)和/或复杂交联催化剂体系[32]。因此,需要在较高温度(最高200℃)下进行预处理,目的是除去溶剂,加速交联。也可采用紫外线辐射来促进聚合和交联。经过 600~800℃ 下的进一步热处理后,材料完成了从聚合物到陶瓷的转化,得到无定型陶瓷,其中只含少量或完全不含有机物。1200℃的热解可最终确定材料的晶体结构、微观结构以及性能。最常见的热处理方式是将材料置于传统烘箱中,在空气、氮气、氩气或氨气保护下进行退火处理。惰性气氛中的热处理会使大多数的碳保留在陶瓷涂层中,而空气中的热处理则会得到低碳富氧的陶瓷。热解气氛的特性和纯度对陶瓷薄膜,尤其是非氧化物薄膜的最终成分影响很大,因为在此制备过程中气体扩散途径很少。例如,已有实验证明,即使在正规等级氩气的热解气氛中存在极少量的氧污染,也足以破坏 Si—C 键,生成氧化硅,而如果热解是发生在超高纯氩气或真空中,则得到的产物应该是硅碳氧或碳化硅。

对于熔点较低或对热处理要求较复杂的基底来说,可采用一些先进的热解技术来处理。激光裂解可以在塑料或金属铝等熔点较低的材料表面制备先驱体陶瓷涂层[33],也可以制备出具有特殊成分的陶瓷表层[34]。使用聚焦的激光束,可以在不同表面上制备陶瓷图案[29]。离子束辐照是一种无热处理方式,它可以有效地实现键断裂和交联,从而完成先驱体聚合物的陶瓷化[35]。使用这种方法还有可能生成碳簇,并给涂层带来光致发光活性[36]或更改其他的光学性质,如紫外可见光反射率[20]。更多有关先驱体聚合物向陶瓷的转化以及先驱体热解参数(温度、气氛、能量来源等)的内容可以参见本书第 2 章 2.3 节。

5.4.4 先驱体

先驱体聚合物是一类金属有机化合物,具有广泛的化学组成、各式各样的官能团类型和数量、多样的分子结构以及不同程度的交联程度和反应活性。目前已有许多类型的先驱体聚合物实现了商品化。它们中大多数为热固性材料,在室温下为液体或固体。在本书第 2 章中对这些先驱体进行了系统性描述,第 4 章中则对由它们所制备的陶瓷材料的性能做出了总结。这些先驱体不但可以用于涂料,还可用于生产各种主体组件(5.2 节)或多孔材料(5.6 节)。

在薄膜涂层的开发和应用中,除了便宜易得的硅树脂聚合物先驱体,还有许多非氧化物先驱体,如碳硅低聚物或聚合物、硅氮烷、硼碳硅烷化合物等。通过在甲苯中氨解双(二氯甲基)硅烷(bis(dichloromethyl)silane),可得到一种名为 ABSE 的聚硅氮烷[37],用这种先驱体可制备轻质金属(如镁或铜)表面的抗氧化涂层。在高温下,SiCN 涂层与金属表面的氧化膜会直接发生反应形成化学键,从而提高涂层的附着强度。

为通过 PDC 路线制备高纯氮化硼(BN)薄膜,已合成了多种环硼氮烷的衍生物作为 BN 源[38,39]。这些先驱体被加工成涂布在纤维和氧化物粉末表面的 BN 涂层,涂层厚度在 15 ~ 100μm 之间。研究表明,将聚硼氮烷的四氢呋喃溶液[40]或是聚 – 2,4,6 – 三甲氨基硼氮烷的二氯甲烷(或甲苯)溶液[17]进行旋涂,可制备很薄的氮化硼涂层(厚度小于 10μm)。

5.4.5 填料的添加

如图 5.14 中所提到的一些表面改性可以简单地通过先驱体聚合物薄层的交联和转化来实现。若要制备较厚的涂层则往往需要添加活性填料[41]以减少或避免陶瓷化过程中的收缩以及调整与基底间热膨胀系数的匹配。

在涂料中加入特殊的填料也是给涂层带来附加功能的一种方法。例如,向聚硅氮烷涂层体系中加入氮化铝颗粒[42]可以给容易受到氧化影响的金属或碳表面提供耐氧化的保护层。而 SiC 粉末作为填料可以提高材料的耐磨性并显示出良好的热导率。在一些特殊环境下,如处于苛刻返回条件下的空间飞行器,其碳化硅表层的高温耐氧化性能可通过添加 HfB$_2$ 来加强[14]。

由于碳化硅还显示出很好的耐化学腐蚀性,所以含有 SiC 填料的 PDC 涂层还可用作燃烧室内壁的保护层[43]。图 5.15 为表面涂有一层先驱体法硅/碳化硅陶瓷涂层的耐高温钢在氯腐蚀试验前后的照片。Cromme 等人将清洁的奥氏体钢浸入由两种聚硅氧烷、交联剂、溶剂和碳化硅粉末混合而成的浆料中获得涂层[44]。重复上述浸渍涂布过程三次,可得到 20μm 厚且具有一定机械稳定性的致密涂层。该涂层经室温交联和 800 ~ 1000℃ 间惰性气氛下的高温热解,最终变成陶瓷涂层。

最近有报道可采用聚硅氮烷和银纳米颗粒制备抗菌涂层[45]。相同的原理还适用于其他活泼金属或氧化物。

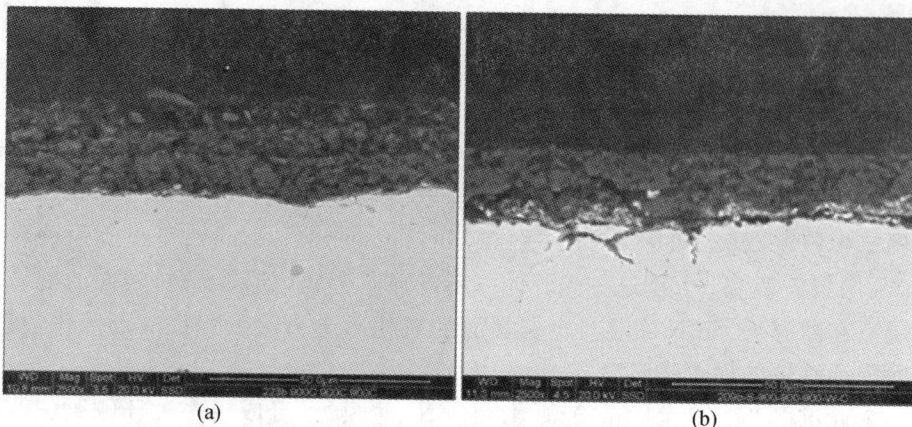

(a)　　　　　　　　　　　　(b)

图 5.15　表面涂有含 SiC 填料 PDC 涂层的不锈钢,氯腐蚀试验前(a)后(b)截面图。

5.4.6　基底:材料和形貌

目前人们已经在陶瓷、金属、塑料等大量不同成分的基底上成功制备了先驱体陶瓷涂层。涂层的性能不仅要考虑预期的使用参数,还要考虑基底的组成和几何形貌,因为这些因素决定了涂层的附着力和界面的稳定性。下面给出了一些实例。

不锈钢是应用于工业反应器、导管、阀门等设备中的一种重要的结构材料。根据操作条件的不同,对氧化、渗碳、磨损或剥落等进行必要的防护,以确保生产设施的长期安全运行并确保产品质量不会因设备的退化而受到污染。在文献[21]中, 将 316 不锈钢板在含有 $TiSi_2$ 填料的聚氢化甲基硅氧烷中浸渍涂层并热解。所得涂层的机械稳定性因不锈钢/涂层界面上的化学相间扩散层以及多孔复合结构的柔性而得到了提升,这对得到稳定的涂层以延长不锈钢在热循环下使用寿命很有必要。

碳纤维是耐火材料和大量轻质结构材料中的重要增强体。碳纤维表面涂层的传统方式是化学气相沉积和物理气相沉积。聚有机(硼)硅氮烷(polyorgano(boro)silazane)的液相浸渍是在碳纤维表面制备涂层的一种新方法[16]。目前已获得了中试规模的连续碳纤维涂层(图 5.16)。其卷对卷式的制备过程包括导丝、胶料洗涤、干燥、先驱体的液相浸润、聚合和固化、热解和陶瓷化、上筒。

文献中报道过的可使用先驱体涂层的基底还包括:玻璃棒[27]、石墨板、石英[17]、钛、多孔陶瓷块体、塑料[29]、氧化铝带[24]或硅片[40,46]等。

290

图 5.16　涂覆 ABSE 聚合物((a)[16])和酚醛树脂(b)的碳纤维,650℃固化。
涂层厚度小于 0.5μm(图片由斯图加特的 Frank Kern 提供)。

5.4.7　结语

先驱体陶瓷涂层可以应用于各种各样的基底材料以改善其表面性能。因为可选的先驱体聚合物很多,与填料的组合也较广,而且工艺参数可简单地进行调控,因此由先驱体法制备的涂层能实现各种不同的需求。不论是采用现有的商品化先驱体还是合成新的特殊先驱体,都不需要昂贵的设备和复杂的技术。因此,可以很精确地定制涂层的性能。基于先驱体转化法巨大的灵活性,未来还将开发出更多新的涂层体系,并且涂层的操作也将得到进一步简化。

5.4.8　参考文献

[1] Grünwald, J. (1909). *Enamelling on Iron and Steel*, Charles Griffin & Company, Limited, London.

[2] Dahotre, N. B., and Nayak, S. (2005). "Nanocoatings for engine application." *Surf. Coat. Technol.*, 194(1), 58–67.

[3] Pivin, J. C., and Colombo, P. (1997). "Ceramic coatings by ion irradiation of polycarbosilanes and polysiloxanes. {Ⅱ.} Hardness and thermochemical stability." *J. Mater. Sci.*, 32 [23], 6175–82.

[4] Scharf, T. W., Deng, H., and Barnard, J. A. (1997). "Mechanical and fracture toughness studies of amorphous {SiC – N} hard coatings using nanoindentation." *J. Vacuum Sci. Technol. A*, 15 [3], 963–967.

[5] Clarke, D. R., and Levi, C. G. (2003). "Materials design for the next generation thermal barrier coatings." *Ann. Rev. Mater. Res.*, 33(1), 383–417.

[6] Goto, T. (2005). "Thermal barrier coatings deposited by laser CVD." *Surf. Coat. Technol.*, 198(1–3), 367–371.

[7] Levi, C. G. (2004). "Emerging materials and processes for thermal barrier systems." *Current Opin. Solid State Mater. Sci.*, 8, 77–91.

[8] Shah, A. R. , Brewer, D. N. , and Murthy, P. L. N. (2001). "Life prediction issues in thermal/environmental barrier coatings in ceramic matrix composites. " *NASA/TM* – 2001 – 211321.

[9] McGinn, J. T. , Blum, Y. , Johnson, S. M. , Gusman, M. I. , and McDermott, G. A. (1994). "Interactions between crystalline Si$_3$N$_4$ and preceramic polymers at high temperature. " *Proceedings of the Materials Research Society Spring Meeting*, 346, 409 – 414.

[10] Sundaram, K. B. , and Alizadeh, J. (2000). "Deposition and optical studies of silicon carbide nitride thin films. " *Thin Solid Films*, 370(1 – 2), 151 – 154.

[11] Arai, T. , Fujita, H. , and Watanabe, M. (1987). "Evaluation of adhesion strength of thin hard coatings. " *Thin Solid Films*, 154, 387 – 401.

[12] Tsirlin, A. M. , Gerlivanov, V. G. , Florina, E. K. , Pronin, Y. E. , Syrkin, V. G. , Uelskii, A. A. , Grebenschikov, A. V. , and Khatsernov, M. A. (1999). "Polyfunctional interface coatings for high temperature resistant ceramic composite of {SiC/SiC} type. " *Key Eng. Mater.* , 164 – 165, 399 – 402.

[13] Beltsios, K. , Soterakou, E. , Kanellopoulus, N. , and Tsangaris, G. (2001). "Fabrication of gas – separating asymmetric ceramic membranes through combination of LB deposition of oligomeric or polymeric precursors and plasma treatment. " *Mater. Sci. Eng. C*, 15(1 – 2), 257 – 259.

[14] Pavese, M. , Fino, P. , Badini, C. , Ortona, A. , and Marino, G. (2008). "HfB$_2$/SiC as a protective coating for 2D Cf/SiC composites: Effect of high temperature oxidation on mechanical properties. " *Surf. Coat. Technol.* , 202(10), 2059 – 2067.

[15] Rooke, M. A. , and Sherwood, P. M. A. (1997). "Surface Studies of Potentially Oxidation Protective Si – B – N – C Films for Carbon Fibers. " *Chem. Mater.* , 9(1), 285 – 296.

[16] Kern, F. , and Gadow, R. (2002). "Liquid phase coating process for protective ceramic layers on carbon fibers. " *Surf. Coat. Technol.* , 151 – 152, 418 – 423.

[17] Termoss, H. , Toury, B. , Brioude, A. , Dazord, J. , Le Brusq, J. , and Miele, P. (2007). "High purity boron nitride thin films prepared by the PDCs route. " *Surf. Coat. Technol.* , 201(18), 7822 – 7828.

[18] Goerke, O. , Feike, E. , Heine, T. , Trampert, A. , and Schubert, H. (2004). "Ceramic coatings processed by spraying of siloxane precursors (polymer – spraying). " *J. Eur. Ceram. Soc.* , 24(7), 2141 – 2147.

[19] Manocha, L. M. , and Manocha, S. M. (1995). "Studies on solution – derived ceramic coatings for oxidation protection of carbon – carbon composites. " *Carbon*, 33 [4], 435 – 440.

[20] Marletta, G. , Tóth, A. , Bertoti, I . , Minh Duc, T. , Sommer, F. , and Ferencz, K. (1998). "Optical properties of ceramic – like layers obtained by low energy ion beam irradiation of polysiloxane films. " *Nucl. Instrum. Meth. Phys. Res. B*, 141(1 – 4), 684 – 692.

[21] Torrey, J. D. , and Bordia, R. K. (2008). "Mechanical properties of polymer – derived ceramic composite coatings on steel. " *J. Eur. Ceram. Soc.* , 28(1), 253 – 257.

[22] Cross, T. J. , Raj, R. , Prasad, S. V. , and Tallant, D. R. (2006). "Synthesis and Tribological Behavior of Silicon Oxycarbonitride Thin Films Derived from Poly(Urea) Methyl Vinyl Silazane," *Int. J. Appl. Ceram. Technol.* , 3(2), 113 – 126.

[23] Konetschny, C. , Galusek, D. , Reschke, S. , Fasel, C. , and Riedel, R. (1999). "Dense silicon carbonitride ceramics by pyrolysis of cross – linked and warm pressed polysilazane powders. " *J. Eur. Ceram.*

292

Soc. , 19(16), 2789 – 2796.

[24] Mucalo, M. R. , Milestone, N. B. , Vickridge, I. C. , and Swain, M. V. (1994). "Preparation of ceramic coatings from pre – ceramic precursors Part 1 SiC and Si_3N_4/Si_2N_{20} coatings on alumina substrates. " *J. Mater. Sci.* , 29(17), 4487 – 4499.

[25] Xie, R. , Huang, L. , Fu, X. , and Chen, Y. (1998). "Effects of adhesive composition on bond strength of joined silicon nitride ceramics. " *J. Eur. Ceram. Soc.* , 18(7), 901 – 905.

[26] Bill, J. , and Heimann, D. (1996). "Polymer – derived ceramic coatings on C/C – SiC composites. " *J. Eur. Ceram. Soc.* , 16(10), 1115 – 1120.

[27] Blum, Y. D. , Platz, R. M. , and Crawford, E. J. (1990). "Glass Strengthening by Polymer – Derived Ceramic Coatings," *J. Am. Ceram. Soc.* , 73(1), 170 – 172.

[28] Motz, G. , Hacker, J. , and Ziegler, G. (2000). "Special modified silazanes for coatings, fibers and {CMC' s}. " *24th Annual Conference on Composites, Advanced Ceramics, Materials, and Structures: B*, 21, 307 – 314.

[29] Motz, G. Z. , G. (2002). "Simple Processibility of Precursor – derived SiCH Coatings by Optimised Precursors. "*Key Eng. Mater.* , 206 – 213, 475 – 478.

[30] Nghiem, Q. D. , Jeon, J. – K. , Hong, L. – Y. , and Kim, D. – P. (2003). "Polymer derived Si – C – B – N ceramics via hydroboration from borazine derivatives and trivinylcyclotrisilazane. " *J. Organomet. Chem.* , 688(1 – 2), 27 – 35.

[31] Torrey, J. D. , and Bordia, R. K. (2008). "Processing of Polymer – Derived Ceramic Composite Coatings on Steel," *J. Am. Ceram. Soc.* , 91(1), 41 – 45.

[32] Scheffler, M. , Bordia, R. , Travitzky, N. , and Greil, P. (2005). "Development of a rapid crosslinking preceramic polymer system. " *J. Eur. Ceram. Soc.* , 25(2 – 3), 175 – 180.

[33] Krauβ, H. – J. , and Motz, G. (2002). "Laser Pyrolysis of Polysilazane – A NewTechnique for the Generation of Ceramic – Like Coatings and Structures. "*Key Eng. Mater.* , 206 – 213, 467 – 470.

[34] Colombo, P. , Martucci, A. , Fogato, O. , and Villoresi, P. (2001). "Silicon Carbide Films by Laser Pyrolysis of Polycarbosilane," *J. Am. Ceram. Soc.* , 84(1), 224 – 226.

[35] Pivin, J. C. , Colombo, P. , Martucci, A. , Sorarù, G. D. , Pippel, E. , and Sendova – Vassileva, M. (2003). "Ion Beam Induced Conversion of Si – Based Polymers and Gels Layers into Ceramics Coatings. " *J. Sol – Gel Sci. Technol.* , 26(1 – 3), 1573 – 4846.

[36] Pivin, J. C. , Sendova – Vassileva, M. , Colombo, P. , and Martucci, A. (2000). "Photoluminescence of composite ceramics derived from polysiloxanes and polycarbosilanes by ion irradiation. "*Mater. Sci. Eng. B*, 69 – 70, 574 – 577.

[37] Motz, G. , Kabelitz, T. , and Ziegler, G. (2004). "Polymeric and Ceramic – Like SiCN Coatings for Protection of (Light) Metals against Oxidation and Corrosion. "*Key Eng. Mater.* , 264 – 268, 481 – 484.

[38] Cornu, D. , Miele, P. , Toury, B. , Bonnetot, B. , Mongeot, H. , and Bouix, J. (1999). "Boron nitride matrices and coatings from boryl borazine molecular precursors. "*J. Mater. Chem.* , 9, 2605 – 2610.

[39] Kim, D. P. , and Economy, J. (1993). "Fabrication of oxidation – resistant carbon fiber/boron nitride matrix composites. " *Chem. Mater.* , 5(9), 1216 – 1220.

[40] Kho, J. – G. , Moon, K. – T. , Nouet, G. , Ruterana, P. , and Kim, D. – P. (2001). "Boron – rich

boron nitride (BN) films prepared by a single spin – coating process of a polymeric precursor." *Thin Solid Films*, 389(1 – 2), 78 – 83.

[41] Greil, P. (1995). "Active – Filler – Controlled Pyrolysis of Preceramic Polymers," *J. Am. Ceram. Soc.*, 78(4), 835 – 848.

[42] Langlois, J. C., and Lum, G. S. (1993). "Preceramic Composition and Ceramic Product." US 5.258. 224.

[43] Gallmetzer, G., Gaderer, M., Volz, F., Scheffler, F., and Spliethoff, H. (2008). "Biomass Fired Hot Air Gas Turbine with Fluidized Bed Combustion." *Proceedings of the 9th International Conference on Circulating Fluidized Beds I.*

[44] Cromme, P., Scheffler, M., and Greil, P. (2002). "Ceramic Tapes from Preceramic Polymers." *Adv. Eng. Mater.*, 4(11), 873 – 877.

[45] Bakumov, V., Gueinzius, K., Hermann, C., Schwarz, M., and Kroke, E. (2007). "Polysilazane – derived antibacterial silver – ceramic nanocomposites." *J. Eur. Ceram. Soc.*, 27(10), 3287 – 3292. Jou, S., Sun, C. – T., and Chen, X. (2005). "Silicon carbide films from polycarbosilane and their usage as buffer layers for diamond deposition." *Diamond Relat. Mater.*, 14, 1688 – 1694.

5.5　接　头
CHARLES A. LEWINSOHN

5.5.1　引言

陶瓷设备的制造商和设计师都知道,由多个陶瓷组件所组成的复杂部件需要昂贵的零件加工操作。这大大限制了陶瓷组件的使用范围,使人们只在需要陶瓷组件的特殊性能时才会使用它们。因此,陶瓷组件经常要与其自身或其他不同种类材料进行连接。如图5.17所示的SiC陶瓷微通道换热器中,传热板之间就是通过先驱体聚合物转化的材料来连接的。很多时候,陶瓷材料的使用可以显著地节省能源和并带来环保效益。但常用连接方法的局限性往往成为选择陶瓷材料的障碍。例如,扩散连接要求在高温高压下进行,对连接部件的形状有要求。而焊接必须在真空下进行,而且大多数焊接件都有最高服役温度的限制。此外,热膨胀所导致的与基体间的不匹配以及脆性产物的形成都大大限制了焊接接头的耐久性。反应成型或反应烧结所得接头往往含有易被腐蚀的残余相,这些残余相成为影响接头使用寿命或最高使用温度的缺陷。因此,可以在较低的操作温度下制备出服役温度高的接头是最为理想的。先驱体转化法制备的接头陶瓷就可以满足这一要求,但这种方法同时也存在一些局限性。本章节将讨论采用先驱体转化法连接非氧化物陶瓷材料,并用于高温应用领域中。

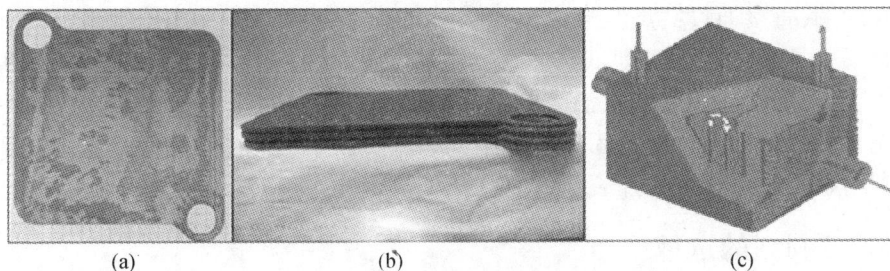

图 5.17　SiC 陶瓷微通道换热器

（a）单层换热板；（b）多层换热板；（c）通过先驱体陶瓷连接而成的模块化堆栈。

　　早在先驱体转化法提出的初期,研究人员就意识到了先驱体陶瓷作为黏结助剂的潜力[1,2]。但在 1980 年代,人们采用先驱体陶瓷来制备连接头的尝试受到了聚合物陶瓷产率低和体积收缩率高的影响,并未成功。进入 1990 年代,随着先驱体聚合物陶瓷产率的不断提高,人们又进行了新的尝试[3-11]。对先驱体分子认识的逐渐深入和对先驱体陶瓷材料微观结构理解的进一步发展预示着采用先驱体陶瓷作为接头材料将取得更大的进展。表 5.3 总结了采用先驱体转化法制备可靠接头的关键问题。在接下来的章节中我们将详细讨论这些问题。

表 5.3　用先驱体转化法制备接头的关键问题

参　　数	性　能　影　响
陶瓷先驱体高分子的成分	最大使用温度,与基体或填料的化学相容性,热膨胀,气体逸出,产率,润湿特性,加工步骤
陶瓷先驱体高分子的陶瓷产率	收缩应力,残余孔洞与存在裂纹的数量,接头厚度
成型方法	接头厚度,收缩应力
基体的类型(成分、表面形貌)	与黏结剂反应,接头密度和厚度,润湿特性,缺陷尺寸,残余应力
填料的类型和添加量	收缩应力,接头密度,接头成分,接头微结构,接头厚度,残余应力
热处理(最大温度,停留时间,升温速率和气氛)	收缩应力,接头密度(存在孔隙),接头微结构(无定形或结晶,与填料或基体反应的量),接头成分,残余应力

5.5.2　接头的制备

　　先驱体转化法为陶瓷材料之间以及陶瓷材料与其他材料间的连接提供了不同的选择。它们能以液态或固态形式应用到部件上,然后通过交联以及原位热解过程中的界面反应形成陶瓷接头。聚合物先驱体甚至可以在坯体状态下用作黏合助剂,直接通过共烧结形成组件。与其他接头制备方法相比,先驱体转化法具有易于操作、制备温度低(获得致密陶瓷层的温度一般低于1200℃)等优点[13-25]。采用这种方法制备优良接头的关键在于通过合理的升温程序有效控制先驱体由聚合物转化为固体过程中的收缩,并通过施加外应力避免因气体逸出和约束收缩而导致的开裂。

5.5.3 材料的选取

聚合物的组成会影响最终接头的成分,并因此决定了接头的最高使用温度和潜在应用环境。惰性气氛中,SiOC、SiCN陶瓷的降解(因碳热还原反应所致)分别发生在大约1400℃和1600℃[26],而SiC陶瓷则较稳定。在氧化性环境下,SiCN化合物的高温热稳定性与聚硅烷制备的SiC陶瓷类似[27-30]。一般来说,含氧化合物的抗氧化能力更高,但其在空气中的机械性能比无氧材料要低[31,32]。SiOC材料在1200℃以下通常都是非晶态的,在1400℃以上,β-SiC晶粒开始长大。在较高的温度下,含氧相发生分解,留下一个多孔的碳化硅结构。随着SiOC陶瓷中游离碳含量升高(即先驱体聚合物中碳含量升高),开始出现结晶的温度也逐渐升高。通常结晶过程(以及晶粒长大)都伴随着强度的降低[33]。

先驱体聚合物的陶瓷产率也是材料选择中需要考虑的一个重要因素。尽管陶瓷产率受加工过程中交联程度的影响,但先驱体的组成和结构同样强烈地影响着陶瓷产率。热解和转化过程中的失重可在28%~80%的大范围内变化[31,34]。一般来说,交联范围越广,热处理过程中逸出的低聚物越少,因而陶瓷产量越高,收缩也越小。假设热解是各向同性的,那么最终所得接头层的密度 ρ_j、坯体密度 ρ_g、以及最终产率 Y 和总线性收缩率 $\Delta l/l$ 之间存在如下关系:

$$\rho_j = \rho_g Y/(1 - \Delta l/l)^3$$

先驱体聚合物向陶瓷转化过程中的典型线性收缩率大于30%,密度由 $1g/cm^3$ 增加到 $2.2g/cm^3$,具体数值由先驱体聚合物和热解条件决定[34]。

基体(氧化物或氮化物陶瓷、金属)与接头之间的热力学相容性也必须加以考虑。众所周知,先驱体聚合物会与金属反应生成碳化物、氧化物和硅化物[34-36]。反应产物会影响接头的热性能、弹性性能,产生残余应力,甚至成为影响强度的缺陷。烧结产物中晶界相间的相互作用能够起到促进接头处反应区域生成的作用。该反应层的增长是否有害还不确定,但会引起时变热弹性性能。另一方面,在氮化硅或其他陶瓷材料中,若先驱体能转化成与晶界相相似的组成,就有可能获得性能更好的接头。

下面的例子可以说明先驱体的选择在接头制备中的重要性:硅树脂在无压

力的情况下于 1200℃ 裂解,可得到室温拉伸强度约为 220MPa 和室温层间剪切强度约为 26.6MPa 的接头[4]。而如果采用聚碳硅烷作为先驱体,在无压力的情况下热解就无法获得满意的接头。

5.5.4　成型方法

先驱体聚合物要么是液态的,即使是固体,也可溶解于有机溶剂中。因此,制备接头的浆料一般是由预交联过的先驱体粉末悬浮在挥发性黏结剂中所得。液态先驱体的一个优点是易于处理和应用,尤其是可用于复杂形状表面;缺点则是产率较低,以及在处理过程中会产生大量的气体。液态混合物的流变性能可以根据应用环境进行调控,从而获得厚度和密度均匀的接头层。采用粉末状预交联先驱体的好处在于可以提高产率并减少收缩[37,38]。保持基底表面清洁没有杂质非常重要,但不同清洗方法的效果的比较尚未有报道。循环浸渍可有效提高连接范围和接头密度。据报道,4 个周期的浸渍就能够显著增加接头强度[18,39]。

5.5.5　接头厚度

接头厚度是影响接头性质及其残余应力的一个非常关键的参数。在采用先驱体聚合物进行连接所得的黏合型接头中,连接厚度的增加常会造成强度降低和残余应力的增加[40,41]。此外,当接头厚度超过临界值时,还会产生边缘裂纹[42]。在陶瓷基底间,只有通过先驱体法制备的接头厚度在加工处理后小于 20μm 时,才能获得具有较高强度的接头[14,39]。在加工过程中,热量要能流入接头内部,且生成的挥发性产物要能顺利逸出。因此,先驱体的初始厚度和孔尺寸必须足够大,以确保有足够的热量流过接头,且气相产物能够不受阻碍的传输。但同时这些孔隙又不能太大,否则难以制备出致密结实的材料。图 5.18 给出了

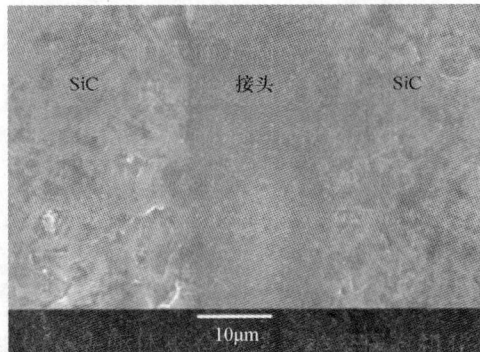

图 5.18　采用先驱体法制备的接头的典型微结构

在两块烧结的 SiC 间制备的接头的典型微结构,显示接头厚度和密度都较均匀。

5.5.6 填料的使用

向先驱体中加入粉末状惰性填料(如 SiC、Al$_2$O$_3$、SiO$_2$ 等)[1,17,39,43]或活性填料(如 Si、Al、Si－Al、Ti 等)[18,19,34,44,45]可有效降低产物的收缩。这是因为这些填料在先驱体热解过程会发生反应或熔融,得到摩尔体积比先驱体要大的产物[34]。但这种方法并非总是有效,因为填料的加入可能会因增加接头厚度[44]或引入异质结构而带来缺陷,从而影响接头强度。填料也可用来调整材料的热膨胀系数,使其在很大范围内变化。此外,填料还能在热解过程中生成开孔结构,从而进一步减少裂缝的生成。填料对先驱体转化和相生成过程的详细影响可参见 5.2 节。

5.5.7 热加工工艺

先驱体的热重分析(TGA)表明,在热处理过程中,通过调整升温程序可以避免由气体生成而产生的裂缝和膨胀。此外,先驱体聚合物在致密化过程中的收缩会在其内部形成影响材料力学性能的缺陷。这种现象与坚硬基体表面的受迫致密化类似[46]。正如后面将要讨论的,通过外加压力可以迫使收缩主要发生在垂直于主连接表面的方向。此外,升温速率也必须加以控制,以防止在连接材料获得足够的强度前发生太大或太快的收缩。

为先驱体转化为陶瓷提供能量的方式也会对接头的结构和最终成分造成影响。例如,微波加热所得 SiC 基接头的结晶程度和强度都要高于采用辐射加热制备的接头[47,48]。增加最高处理温度以及特定温度下的处理时间都会增大接头强度,因为这会使结晶范围增大,促使填料或基体发生附加反应或是因结构松弛而增加材料密度。

采用甲基－羟基－硅氧烷(methyl－hydroxyl－siloxane)在 SiC 基板间制备接头,当热解温度从 800℃ 增加到 1200℃,接头的四点弯曲强度从 70MPa 提高至 150MPa,剪切强度从 5MPa 提高到 20MPa[4]。在某些情况下,平衡可以在一个相对较低的温度下建立,额外的热处理没有任何效果。例如,当采用硅－乙炔(silicon－acetylene)聚合物在纤维增强碳化硅复合材料基体间制备接头时,尽管热处理温度由 1000℃ 增加到 1400℃,所得产品的四点弯曲强度和剪切强度仍分别保持在 95MPa 和 50MPa[20]。类似地,采用氢化聚碳硅烷(hydridopolycarbosilane,HPCS,Starfire Systems)在 CVD 法 SiC 之间制备的接头强度约为 80MPa。即使将该接头在流动氩气保护下于 1100℃ 热处理 100h,其强度也不发生变化[43]。

如上所述,外加压力可用来减轻由于收缩而造成的应力。但在制备接头过程中,外加压力受限于待连接部件的几何形状。一些研究人员比较了外加压力与不加压力对接头性能的影响。结果表明,当外加压力由 35MPa 升高至 140MPa 后,采用聚碳硅烷制备的 SiC 接头的四点弯曲强度从 180MPa 升至 250MPa[39]。在纤维增强 SiC 复合材料间的接头制备中也出现了类似现象:当施加在甲基-羟基-硅氧烷上的压力从 0 增加到 0.02MPa 时,1200℃烧成的接头剪切强度从 6.3MPa 升高到 18MPa[4]。

此外,施加压力的时机也非常重要。压力必须作用在材料开始致密化时,即致密化速度最高时,才能防止收缩过程中的开裂。例如,采用 HPCS 在剪切强度较高的烧结碳化硅之间制备接头时,压力是在贯穿于整个连接周期中保持恒定值还是逐渐升高至相同的最高值,所得结果是不同的,如图 5.19 所示。施加持续恒定压力(1.4MPa)所得接头的特征强度为 99.0MPa,其 Weibull 模量为 4.2;而施加逐渐升高的压力所得接头的的特征强度和 Weibull 模量分别为 50.3MPa 和 5.4MPa。

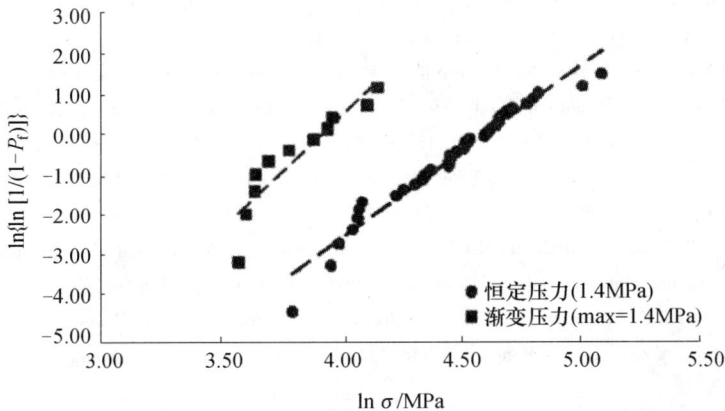

图 5.19　在致密化过程中施加恒定压力或渐变压力所得接头的断裂强度 σ 与概率 P_f 关系图,图中拟合直线斜率为 Weibull 模量

5.5.8　结语

先驱体聚合物向先驱体陶瓷的转化为在较低温度下制备可在高温下服役的接头提供了一种有效方法。采用这种方法制备可靠接头的关键在于收缩应力的控制,从而防止孔隙和裂纹的生成以及由此导致的过早失效。这种应力可通过聚合物、成型方法、接头厚度、基体粗糙度的选择,以及活性或惰性填料的添加和热加工条件的控制来缓解。随着对先驱体分子组成和先驱体陶瓷微结构的认识逐渐深入,这种材料必将在陶瓷部件的连接中获得更广泛的应用。

5.5.9　参考文献

［1］S. Yajima, K. Okamura, T. Shishido, T. , Y. Hasegawa and T. Matsuzawa, "Joining of SiC to SiC using polyborosiloxane,"*Am. Ceram. Soc. Bull.* , 60, 253, 1981.

［2］*R. W. Rice* , *"Ceramics from Polymer Pyrolysis, Opportunities and Needs—A Materials Perspective,"* *Bull. Am. Ceram. Soc.* , 62 [8], 889 – 892, 1983.

［3］P. Colombo, "Joining Ceramics Using Preceramic Polymers," in Interfacial Science in Ceramic Joining, NATO Advanced Research Workshop, Bled, Slovenia, November 12 – 15, 1997.

［4］P. Colombo, V. Sglavo, E. Pippel, and J. Woltersdorf, "Joining of Reaction – Bonded Silicon Carbide U-sing a Preceramic Polymer," *J. Mater. Sci.* , 33, 2409 – 2416, 1998.

［5］R. C. Graef, D. G. Paquette, S. T. Schwab, "Polysilazane adhesive composition," U. S. Patent 5,457, 151, October 10, 1995.

［6］L. M. Ewart – Paine, "Method for joining ceramic to ceramic or to carbon," U. S. Patent 5,407,504, April 18, 1995.

［7］W. L. Robbins, J. S. Haggerty, D. D. Rathman, W. D. Goodhue, G. B. Kenney, A. Lightfoot, R. A. Murphy, W. E. Rhine, J. Sigalovsky, "Net – shape ceramic processing for electronic devices and packa-ges," U. S. Patent no. 5,801,073, September 1, 1998.

［8］K. J. Becker, J. A. Jensen, A. Lukacs Ⅲ , "Metal – nitrogen polymer compositions comprising organic electrophiles," U. S. Patent no. 5,807,954, September 15, 1998; U. S. Patent no. 5,767,218, June 16, 1998; U. S. Patent no. 5,750,628, May 12, 1998; U. S. Patent no. 5,741,878, April 21, 1998; U. S. Patent no. 5,733,997, March 31, 1998; U. S. Patent no. 5,637,641, June 10, 1997; U. S. Patent no. 5,616,650, April 1, 1997.

［9］C. R. Bearinger, R. C. Camilletti, G. Chandra, T. E. Gentle, L. A. Haluska, "Use of preceramic poly-mers as electronic adhesives," U. S. Patent no. 5,904,791, May 18, 1999.

［10］T. J. Barton, I. E. Anderson, S. Ijadi – Maghsoodi, M. Nosrati, Ö. Ünal, "Low temperature joining of ceramic composites," U. S. patent no. 5,858,144, January 12, 1999; U. S. patent no. 5,922,628, July 13, 1999.

［11］R. M. Laine, A. Sellinger, K. W. Chew, "Highly processable hyperbranched polymer precursors to con-trolled chemical and phase purity fully dense SiC," U. S. Patent no. 6,133,396, October 17, 2000.

［12］J. Zheng, Ö. Ünal and M. Akinc, "Green state joining of silicon carbide using polycarbosilane," *J. Am. Ceram. Soc.* , 83, 1687 – 1692, 2000.

［13］L. M. Ewart, "A study of process variables and bond strength in the use of polycarbosilane to join SiC," pp. 125 – 132 in *Proc. 19th Army Science Conference*, Orlando FL, June 20 – 23, 1994, Department of the Army, Washington DC, 1994.

［14］A. Donato, P. Colombo and M. O. Abdirashid, "Joining of SiC to SiC using a preceramic polymer," pp. 471 – 476 in *High – Temperature Ceramic – Matrix Composites I: Design, durability and performance*, Ce-ramic Transactions Vol. 57. Edited by A. G. Evans and R. Naslain. The American Ceramic Society, Wes-terville OH, 1995.

［15］P. Colombo, M. O. Abdirashid, G. Scarinci and A. Donato, "A new methodfor joining SiC/SiCf compos-ites," pp. 75 – 82 in *Fourth Euro – Ceramics*, Coatings and Joinings Vol. 9. Edited by B. S. Tranchina and A. Bellosi. Gruppo Editoriale Faenza Editrice S. p. A. , Faenza, Italy, 1995.

[16] I. Ahmad, R. Silberglitt, T. A. Shan, Y. L. Tian and R. Cozzens, "Microwave – assisted pyrolysis of SiC and its application to joining," pp. 357 – 365 in *Microwaves: theory and application in materials processing, III*, Ceramic Transactions 59. Edited by D. E. Clark, D. C. Folz, S. J. Oda and R. Silberglitt. The American Ceramic Society, Westerville OH, 1995.

[17] I. Ahmad, R. Silberglitt, Y. L. Tian and J. D. Katz, "Microwave joining of SiC ceramics and composites," pp. 455 – 463 in *Microwaves: Theory and Application in Materials Processing IV*, Ceramic Transactions 80. Edited by D. E. Clark, W. H. Sutton and D. A. Lewis, The American Ceramic Society, Westerville, OH, 1997.

[18] W. J. Sherwood, C. K. Whitmarsh, J. M. Jacobs and L. V. Interrante, "Joining ceramic composites using active metal/HPCS preceramic polymer slurries," *Ceram. Eng. Sci. Proc.* , 18, 177 – 184, 1997.

[19] I. E. Anderson, S. Ijadi – Maghsoodi, Ö. Ünal, M. Nostrati and W. E. Bustamante, "Development of a compound for low temperature joining of SiC ceramics and CFCC composites," pp. 25 – 40 in *Ceramic Joining*, Ceramic Transactions 77. Edited by I. E. Reimanis, C. H. Henager and A. P. Tomsia. The American Ceramic Society, Westerville OH, 1997.

[20] Ö. Ünal, I. E. Anderson, M. Nostrati, S. Ijadi – Maghsoodi, T. J. Barton, T. J. and F. C. Laabs, "Mechanical properties and microstructure of a novel SiC/SiC joint," pp. 185 – 194 in *Ceramic Joining*, Ceramic Transactions 77. Edited by I. E. Reimanis, C. H. Henager and A. P. Tomsia. The American Ceramic Society, Westerville OH, 1997.

[21] E. Pippel, J. Woltersdorf, P. Colombo and A. Donato, "Structure and composition of interlayers in joints between SiC bodies," *J. Eur. Ceram. Soc.* , 17, 1259 – 1265, 1997.

[22] Ö. Ünal, I. E. Anderson and S. I. Maghsoodi, "A test method to measure strength of ceramic joints at high temperatures," *J. Am. Ceram. Soc.* , 80, 1281 – 1284, 1997.

[23] P. Colombo, V. Sglavo, E. Pippel and J. Woltersdorf, "Joining of reaction – bonded silicon carbide using a preceramic polymer," *J. Mater. Sci.* , 33, 2409 – 2416, 1998.

[24] A. S. Fareed, C. C. Cropper, "Joining Techniques for Fiber – Reinforced Ceramic Matrix Composites," *Ceram. Eng. Sci. Proc*, 20 [4], 61 – 70, 1999.

[25] C. A. Lewinsohn, P. Colombo, I. Riemanis, and O. Unal, "Stresses Occurring during Joining of Ceramics Using Preceramic Polymers," *J. Am. Ceram. Soc.* , 84[10], 2240 – 2244, 2001.

[26] M. Monthioux, O. Delverdier, "Thermal Behavior of (Organosilicon) Polymer – Derived Ceramics. V: Main Facts and Trends," *J. Eur. Ceram. Soc.* , 16, 721 – 737, 1996.

[27] D. Mocaer, R. Pailler, R. Naslain, C. Richard, J. P. Pillot, J. Dunogues, C. Gerardin, and F. Taulelle, *J. Mater. Sci.* , 28, 2615, 1993.

[28] D. Mocaer, R. Pailler, R. Naslain, C. Richard, J. P. Pillot, and J. Dunogues, *J. Mater. Sci.* , 28, 2632 (1993).

[29] D. Mocaer, R. Pailler, R. Naslain, C. Richard, J. P. Pillot, J. Dunogues, O. Delverdier, and M. Monthioux, *J. Mater. Sci.* , 28, 2639, 1993.

[30] D. Mocaer, R. Pailler, R. Naslain, C. Richard, J. P. Pillot, J. Dunogues, C. Darnez, M. Chambon, and M. Lahaye, *J. Mater. Sci.* , 28, 3049, 1993.

[31] E. Kroke, Y. – L. Li, C. Konetschny, E. Lecomte, C. Fasel, A. Riedel, "Silazane Derived Ceramics

and Related Materials," *Mater. Sci. Eng.* , R26, 4 – 6, 97 – 199, 2000.

[32] R. Pailler, I. Jaymes, R. Naslain, C. Richard, J. P. Pillot, J. Dunogues, P. Olry, D. Mocaer, and E. Chassagneux, pp. 691 in *Proceedings of the 5th European Conference on Composite Materials*, A. R. Bunsell, J. Jarnet, A. Massiah [Eds.], 1992.

[33] R. Bodet, J. Lamon, N. – Y. Jia, and R. E. Tressler, "Microstructural Stability and Creep Behavior of Si – C – O (Nicalon) Fibers in Carbon Monoxide and Argon Environments," *J. Am. Ceram. Soc.* , 79, 2673 – 2686, 1996.

[34] P. Greil, "Active – Filler – Controlled Pyrolysis of Preceramic Polymers," *J. Am. Ceram. Soc.* , 78 [4], 835 – 848, 1995.

[35] D. Seyferth, N. Bryson, D. P. Workman and C. A. Sobon, "Preceramic polymers as "reagents" in the preparation of ceramics," *J. Am. Ceram. Soc.* , 74, 2687 – 2689, 1991.

[36] S. M. Johnson, Y. D. Blum, G. A. McDermon and M. J. Gusman, "Interfaces of polymeric precursors with ceramics/metals", *Scripta Metal. Mater.* , 31, 1025 – 1030, 1994.

[37] R. Riedel, G. Passing, H. Schoenfelder, R. J. Brook, *Nature*, 355, 714, 1992.

[38] R. Riedel, M. Seher, J. Mayer, D. – V. Szabó, *J. Eur. Ceram. Soc.* , 15, 703, 1995.

[39] P. Colombo, B. Riccardi, A. Donato and G. Scarinci, "Joining of SiC/SiCf ceramic matrix composites for fusion reactor blanket applications," *J. Nucl. Mater.* , 278, 127 – 135, 2000.

[40] H. P. Kirchner, J. C. Conway, Jr. and A. E. Segall, "Effect of joint thickness and residual stresses on the properties of ceramic adhesive joints: I , Finite element analysis of stresses in joints," *J. Am. Ceram. Soc.* , 70[2], 104 – 109, 1987.

[41] W. A. Zdaniewski, J. C. Conway, Jr. , H. P. Kirchner, "Affect of joint thickness and residual stresses on the properties of ceramic adhesive joints: II , Experimental results," *J. Am. Ceram. Soc.* , 70[2], 110 – 118, 1987.

[42] S. Ho, C. Hillman, F. F. Lange, and Z. Suo, "Surface Cracking in Layers Under Biaxial, Residual Compressive Stress", *J. Am. Ceram. Soc.* 78 [9], 2353 – 59, 1995.

[43] C. A. Lewinsohn, C. H. Henager Jr. , and M. Singh, "Brazeless approaches to joining silicon carbide – based ceramics for high temperature applications," pp. 201 – 208 in *Advances in Joining of Ceramics*, (C. Lewinsohn, M. Singh, and R. Loehman [Eds.]), Ceramic Transactions Vol. 138, The American Ceramic Society, Westerville (OH, USA), 2003.

[44] C. A. Lewinsohn, S. Rao, R. Bordia, "Effect of Active Fillers on Ceramic Joints Derived from Preceramic Polymers," *Ceram. Eng. Sci. Proc.* , 26 [2], 407 – 415, 2005.

[45] Margaret Mary Stackpoole, "Processing & mechanical properties of polymer derived silicon nitride matrix composites & their use in coating and joining ceramics and ceramic composites", *Ph. D. Thesis*, Dept. of Materials Science and Engineering, University of Washington, Seattle, 2002.

[46] O. Guillon, E. Aubach, R. K. Bordia and J. Rödel, "Constrained Sintering of Alumina Thin Films: Comparison Between Experiments and Modeling", *J. Am. Ceram. Soc.* , 90[6] 1733 – 1737, 2007.

[47] G. A. Danko, R. Silberglitt, P. Colombo, E. Pippel, and J. Woltersdorf, "Comparison of Microwave Hybrid and Conventional Heating of Preceramic Polymers to form Silicon Carbide and Silicon Oxycarbide Ceramics," *J. Am. Ceram. Soc.* , 83 [7], 1617 – 1625, 2000.

[48] R. L. Bruce, S. K. Guharay, F. Mako, W. Sherwood, and E. Lara – Curzio, "Polymer – Derived SiCf/

302

SiCm Composite Fabrication and Microwave Joining for Fusion Energy Applications," 19th *IEEE/NPSS Symposium on Fusion Engineering*, Atlantic City, NJ, Jan. 22–25, 2002.

5.6 高度多孔组件

PAOLO COLOMBO 和 MICHAEL SCHEFFLER

5.6.1 引言

高度多孔陶瓷是指孔隙度大于55%的材料,目前已获得了多种工程应用。其中最重要的应用包括过滤器(如将熔融金属、微粒从柴油机废气中滤出)、辐射燃烧器、催化剂载体、气体吸附剂、生物医学器件、窑具、金属基复合材料的增强体、生物反应器、热保护系统、空间反射镜的支撑体、固态氧化物燃料电池组件、轻质三明治结构和热交换器等。

先驱体陶瓷最常见的结构就是泡沫状的多孔结构,其中的孔隙大小可从几纳米变化至数毫米。泡沫陶瓷是一类特殊的多孔陶瓷,其基本结构是一个个封闭的孔洞(细胞),周围环绕着壁和边缘,这种孔洞结构连成一体。这种材料可按其平均孔隙大小分类。文献[1-5]综述了它的结构、制造、性能及应用。先驱体泡沫陶瓷的一些特殊的应用可参见文献[6-9]。

大孔材料的孔径大小从50μm至几毫米不等,小孔材料的孔径大小虽然低于50μm,但其孔密度则可高达10^9孔/cm^3。小孔可以进一步划分为微孔(小于2nm)和介孔(2~50nm)[10]。孔隙的存在使得多孔材料具有很高的比表面积(SSA),因此在催化剂载体、气体吸附剂和分离膜等领域获得特别关注。

先驱体转化法还有可能制备出孔径跨越几个数量级的复合材料体系。所得的多级结构多孔材料由不同孔径大小的孔系统以连续的孔隙网络连接在一起,形成一种结构相套的形式。这种多级结构材料既具有大孔结构的高传质动力学,又因介孔和微孔的桥连、交织而具有很高的载荷率。大孔的存在使得质量传输很快,小孔则给材料带来很高的表面积,使得这种材料在异质催化和分子吸附中具有很好效果[11,12]。

5.6.2 高度多孔组件的制备

调整陶瓷组件的孔隙率以适应不同的技术需求和应用环境的方法有很多。先驱体聚合物具有很好的塑性,在热解过程中会自然生成大量孔隙,并且可通过工艺参数、填料添加等方式调整产物性能,因此先驱体法是制备多孔陶瓷块体的有效方法。图5.20根据孔隙大小,对制备多孔陶瓷材料的先驱体方法进行了分类。值得注意的是,这里对各种制备路线的区分并非绝对的,有些技术实际上同时具备多种类型的特点。

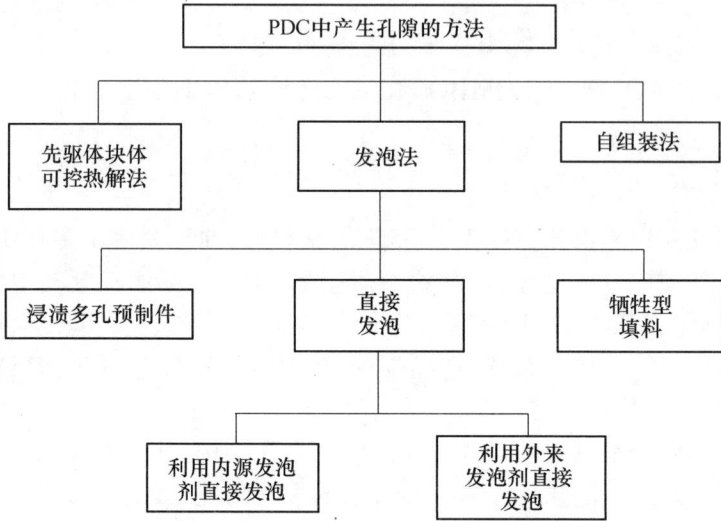

图 5.20　由先驱体聚合物制备多孔陶瓷的方法分类

　　发泡法通常可用于制备微孔和大孔陶瓷组件,而先驱体块体可控热解法和自组装法则可在先驱体陶瓷中产生微孔和介孔。理论上讲,只要确保所有操作均处于惰性气氛保护下,这些制备方法可用于大量先驱体体系(如聚硅氮烷、聚碳硅烷等),但目前绝大多数已报道的研究都是以聚硅氧烷(硅树脂)为先驱体。

5.6.2.1　先驱体聚合物的发泡

5.6.2.1.1　直接发泡

　　直接发泡可获得封闭和开放的孔隙,得到大孔或微孔陶瓷。所有直接发泡法的一个共同特点是在先驱体聚合物溶液或熔体中生成气泡(又叫发泡助剂,blowing agents),随后通过液—固转化使生成的多孔结构得以固化和保留。根据气泡的来源,可将发泡助剂分为内源和外来两种。内源发泡助剂通过(液相)体系中各组分的化学反应或相分离生成孔隙,而外来发泡助剂则包含低沸点溶剂或添加剂,通过这些组分在加热过程中的挥发和热解形成气体来造孔。

　　外来发泡助剂

　　早在 20 世纪 90 年代初就有专利报道可通过向先驱体聚合物(聚硅氧烷)中添加发泡助剂直接获得多孔陶瓷[13-15],然而所得材料的相关数据却非常有限。Colombo 等人层采用聚氨酯(PU)预聚体(二异氰酸酯和聚醚)作为发泡助剂[16-23],通过调节制备条件(先驱体组成、表面活性剂类型等)可获得具有开孔或闭孔的 SiOC 陶瓷。尽管 PU 预聚体热解所致的残余碳会对多孔陶瓷的高温性能造成一定影响,但这一路线可制备尺寸大、孔隙度可调、形状各异的组件[21,22,24]。

采用低沸点的溶剂(如二氯甲烷或二氯二氟甲烷)作为发泡助剂可避免由先驱体引入的大量富余碳,虽然这经常导致开孔的生成以及沿膨胀方向上的密度梯度(当然,这一特点也可用于某些需要孔尺寸或数量有梯度变化的领域——如渗透型复合材料和过滤器)[22]。在先驱体陶瓷中造孔的另一种方法是向先驱体聚合物中加入裂解温度较低(通常低于 250℃)的固体(如偶氮或联氨化合物、碳酰肼等),利用其分解过程中释放出的氮气、二氧化碳、一氧化碳、氨气等形成多孔结构[25]。然而,在这个过程中,如何控制好孔隙形状、大小及分布是一个难题,此外一些气态成分还具有较大毒性。

将具有不同分子结构的先驱体混合是近期开发出的一种制备具有不同大孔含量的多孔陶瓷的简易方法[26-28]。例如,将具有随机网状结构、陶瓷产率较高(质量分数大于 65%)的硅树脂,与结构为线性的、陶瓷产量较低(质量分数小于 30%)的聚硅氧烷混合,可以得到致密的先驱体聚合物坯体。坯体中两种不同的先驱体在随后的热处理过程中会产生不同的失重、收缩和气体逸出,最终获得多孔结构。通过调整初始混合物的成分以及处理条件,可获得不同形貌和密度的 SiOC 陶瓷。所得多孔材料的孔隙大小、形状及其互联程度与先驱体的数量、相对溶解性以及先驱体的不熔化程度有关。材料中孔隙的形状和大小分布是不均匀的(常由几微米变化至数百微米),并具有一定互联性(开/闭孔)。

将二氧化碳气体溶解在先驱体聚合物中是外加发泡助剂造孔的另一种方法。文献[29-32]报道,可将聚硅氧烷和聚碳硅烷置于压力容器中加热,然后向其中装载二氧化碳气体。经过一段时间后,体系压力开始降低,二氧化碳的膨胀使得熔融的材料中出现泡沫;继续保持温度使先驱体将转化为热固性树脂,将其进一步热解就可获得多孔材料。采用这种方法制备的材料的孔隙尺寸在微米范围,且一般得到的是闭孔材料。向先驱体内加入牺牲型聚合物可成功实现孔隙间的互联[33]。

内源发泡助剂

苯甲基硅树脂是一种常用的内源发泡助剂[34-37]。其分子结构中的端羟基和乙氧基在 200℃~300℃时将发生反应生成乙醇和水,这些产物在先驱体熔体中就充当了发泡助剂的角色。同时,随着交联反应的进行,熔体黏度增加,泡沫结构也得以保留。通过预处理使先驱体部分交联,从而改变其黏度可控制平均孔隙大小;还可实现孔隙结构的梯度变化[37]。其他内部发泡的方法包括通过溶剂萃取产生的相分离[38]以及(硅烷)低聚物的挥发[39]。

5.6.2.1.2　牺牲型填料

牺牲型填料是可添加到先驱体聚合物中的一种不连续固体颗粒,热解或浸出时会发生分解,最后在基体中留下模板化的孔隙。孔隙的数量、形状、大小由填料的特性所决定,填料颗粒大小通常在 1~100μm 范围内。根据填料体积分数的不同,所得陶瓷可具有开孔、闭孔或混合型孔。填料造孔加工过程包括以下几个步骤:①将聚合物先驱体(固态或液态)与牺牲型填料混合;②成型(通过冷、热压或挤压)与交联(通过加热或引发剂);③填料的去除(如在空气中中等温度(小于 350℃)烧除或经溶解去除);④在合适的气氛和温度下热解(如果采用聚硅氮烷或聚碳硅烷作为先驱体,填料的分解可与惰性气氛中的烧成一起实现)。目前常用的牺牲型填料包括一些致密的、已商业化的聚合物(如聚甲基丙烯酸甲酯,PMMA;或聚苯乙烯,PS)微球[23,40-43],因为这些微球的形状和尺寸都能较好地控制。此外,还有硅溶胶和亚微米级的聚苯乙烯球[44-46]。将牺牲型填料添加入先驱体中并挤出成型,随后通过饱和 CO_2 以及压力骤降(外来发泡助剂)对挤出样品进行发泡,再经热解可制备出开孔的微蜂窝 SiOC 泡沫材料[43]。另一条路线是将气体封装在聚合物外壳内,形成一种中空的聚合物微球[47,48]。经过加热,微球中的气压逐渐增大,与此同时热塑性外壳受热变软,小球因此发生显著膨胀,并在先驱体聚合物中形成孔隙。在此过程中,必须保证先驱体聚合物的黏度和小球的软化温度正确匹配。采用这种方法制备的微孔陶瓷主要以闭孔为主,孔径大小在几十微米左右。加入惰性填料会使孔隙率和孔尺寸升高[48]。已发生膨胀的中空微球同样可用来制备闭孔 SiOC 泡沫材料[49]。与致密的微球相比,它们在热解过程中释放的气体较少,因此可用更快的速度进行处理。

目前,冷冻铸造法也已被用于制备多孔先驱体陶瓷[50]。其制备过程包括液态"冷冻媒介"、先驱体聚合物黏结剂、固态粉末的混合。将混合好的浆料铸入冷模中使液体媒介凝固,然后将凝固的媒介通过冷冻干燥法除去。冷冻媒介在此充当了一种连续的、相互连接的牺牲型填料。采用这种方法,冷冻 SiC/聚碳硅烷/茨烯混合溶液,再经 1400℃ 热解,可获得孔径在 2~30μm 的高度连通的 SiC 多孔结构,其中茨烯在该体系中作为"冷冻媒介"充当了牺牲型造孔剂的角色。

5.6.2.1.3　多孔预制件的浸渍/涂层

向多孔预制件内浸渍先驱体,然后通过烧蚀、分解/反应、溶解等方式将模板去除,即可获得孔径在纳米到毫米范围内的先驱体多孔陶瓷。所得陶瓷均具有开孔结构,因为预制件中必须具有相互连通的孔隙来实现浸渍。科研人员对此方法进行了多种尝试。例如,在聚氨酯泡沫塑料上涂上一层先驱体聚合物[51,52]或含有先驱体聚合物的陶瓷浆料[52,53]。一些实验所得多孔陶瓷具有薄而致密的支撑框架,说明先驱体与 PU 基体在处理的某个阶段发生了相互渗透[51,52]。相反地,其他实验中形成的是空心的支撑框架,在后续处理中需要浸入稀释的浆料中以进一步增加陶瓷的力学强度[53]。Fitzgerald 等人将一个压实的盐块浸入聚碳硅烷溶液中,在先驱体交联后将盐溶解,然后再进行烧结,最终获得了 SiC 多孔陶瓷块体[54,55]。

纳米铸造通过将纳米多孔二氧化硅模板浸入聚碳硅烷,然后在惰性气氛保护下经 1000℃ 的高温烧成获得 SiC 介孔陶瓷。所用的 SBA – 15 型介孔二氧化硅模板具有有序的管状结构和介孔泡沫结构,随后,采用氢氟酸(HF)将二氧化硅模板溶解[56,57]。以介孔碳材料为模板,聚硅氮烷为浸料,在 650℃ 的空气中进行热处理除去富余碳后可得到介孔的 SiCN 陶瓷[58]。此外,还可采用环硼氮烷为先驱体,通过氨气中的热处理除去模板,获得介孔的 BN[59]。采用这种方法制备的陶瓷部件一般都具有很高的比表面积,约为几百平方米每克。

木材因其具有天生的多孔结构,也可用作模板[60]。将经过预处理或未经处理的木头浸入含有 Si—H 基团的硅氧烷先驱体中,先驱体中的 Si—H 键就可能与木质素、纤维素等生物高分子中的—OH 基团反应。如果事先将天然木头中分子量较低的物质提取出去,那么在 800℃ 惰性气氛中烧成的将是高度多孔的陶瓷结构[61,62]。另一条途径是在惰性气氛中裂解木头,使其形成具有多孔结构的碳坯体,然后用聚硅氧烷进行浸渍再经高温热解。作为木材的一种替代品,将纸质结构浸渍在含有先驱体聚合物和填料粉末的浆料中后,也可以形成具有复杂结构的 SiOC/SiC 大孔陶瓷[63]。

5.6.2.2　先驱体块体的可控热解

很长时间以来,人们都把先驱体聚合物热解过程中孔隙的形成看作是有害的副反应。文献中对于该现象的模拟和解释也主要是为了在热解后获得致密的陶瓷材料[64,65]。研究人员通常利用添加活性或惰性填料的方式来控制先驱体在热解过程中的收缩,从而获得残余孔隙率较低(通常体积分数小于 20%)的陶瓷部件(参见 5.2 节)。在此仅考虑在先驱体聚合物热处理过程中发生聚合物向陶瓷转化的温度段(一般为 400~800℃)内所产生的孔隙。针对这种类型孔隙的研究主要是为了制备具有高比表面积的材料[66-72]。如 5.7 节所述,先驱体聚合物也可以用来制备高选择性陶瓷薄膜。由先驱体聚合物中有机基团热解生成的气态物质(CH_4、H_2、C_6H_6、……)所产生孔隙的孔径一般低于 50nm。要获得较高的孔隙率就必须小心处理并缓慢升温至先驱体无机化转变的最高温度。

但这种孔隙不是永久性的,当热解温度再继续升高到 600～800℃ 以上孔隙就会几乎全部消失。因为随着无机化转变的完成,材料内将发生基于受黏性流动调节的表面反应/热解的致密化[65],导致最终陶瓷材料的 SSA 值急剧降低。但若采用烷基硅烷对先驱体聚合物进行改性(接入长的有机侧链),或向其中加入经过预烧的陶瓷填料,就可将微孔隙及高 SSA 值保持到较高温度(至1200℃)[73-75]。

5.6.2.3 自组装

向模板助剂(templating agents)中加入发泡型陶瓷先驱体可以制备出具有不同形貌的有序多孔陶瓷,其中模板助剂可以是具有自组装性能的表面活性剂,也可以是有机嵌段共聚物。例如,以两亲嵌段共聚物——聚(异戊二烯 – b – 环氧乙烷)(poly(isoprene – b – ethylene oxide))为聚硅氮烷先驱体的结构导向助剂,可获得 SiCN 介孔结构[76,77]。然而这种方法有一些天生的缺陷,例如它对模板和先驱体的两亲性有很严格的要求,此外当先驱体含量变化时材料形貌会发生难以控制的变化。因此,目前成功用于制备 BN、BCN 和 SiCN 陶瓷的先驱体主要是有机 – 无机杂化嵌段的单源先驱体[78-80]。使用这种先驱体可制备出形貌、成分可调的有序程度高的陶瓷纳米结构。介孔 BN 还可采用另一种软模法来制备,这种方法使用环硼氮烷为先驱体,采用了一种阳离子结构导向型助剂[81]。

图 5.21 举例说明了先驱体聚合物制备的多孔陶瓷的形貌。由图可知,采用不同的制备方法,可以获得各种各样的微结构,特别是材料中孔隙的大小可在纳米至毫米间变化。

5.6.2.4 多级孔结构

不同尺寸的孔(微孔、介孔和大孔)组合在一起就形成了具有多级孔结构和高 SSA 值的材料。人们感兴趣的是通过这种方法制备具有相互贯通的多孔块体陶瓷材料。这种材料在具有很高的外部传质速率的同时压力降较小,气体流动路径更为复杂,与传统的填料床相比对流传热能力更强,可在化工领域用作催化剂载体。目前提出的在先驱体陶瓷泡沫中添加微/介孔的方法包括泡沫的可控热解[82]、介孔涂层的沉积[83]、热解泡沫的刻蚀[84,85]、高 SSA 填料的添加[82]等。还可以通过基于水热法的分子筛结晶过程实现分子筛层的沉积,在此过程中,微孔或大孔 PDC 泡沫可以起到惰性支撑的作用[86],泡沫中的部分物质也可能在此过程中溶解,然后重结晶形成一层(致密的)分子筛[87,88]。最后,在先驱体粉末的热解过程中会原位生成纳米结构(纳米线/管/带)[89-92],这种方法可

308

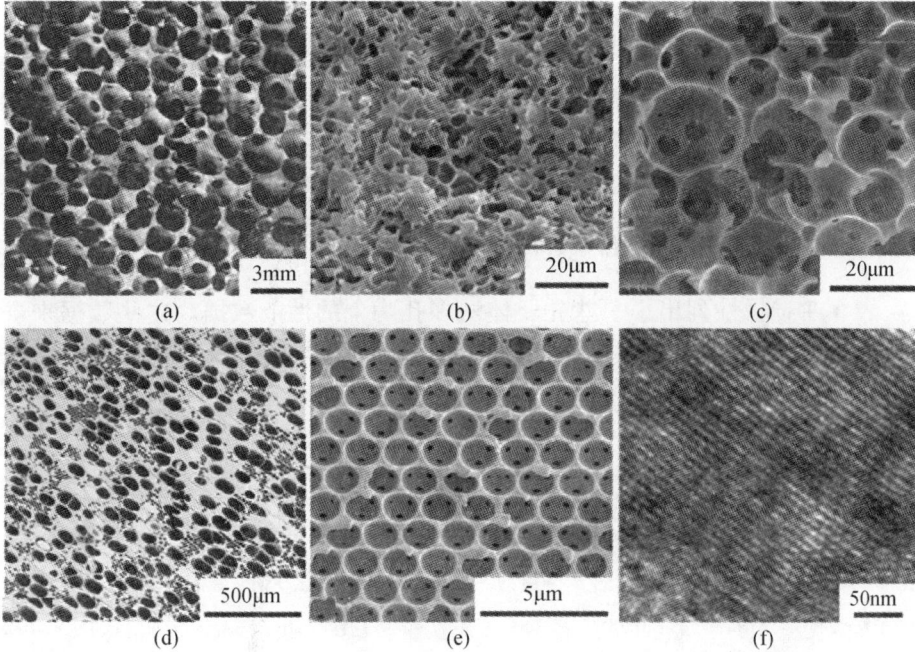

图 5.21　先驱体转化法制备的多孔陶瓷材料的形貌

（a）SiOC 大孔泡沫材料（直接发泡，内源发泡助剂法）；（b）SiOC 微孔泡沫材料（直接发泡，

内源发泡助剂法）[31]（经 Wiley – Blackwell 授权转载）；（c）SiOC 微孔泡沫材料

（牺牲填料法）；（d）SiOC 大孔陶瓷（多孔坯体浸渍法，图片由 C. Zollfrank 提供）；

（e）SiCN 大孔陶瓷（多孔坯体浸渍法/纳米注塑法，图片由 D. – P. Kim 提供）；

（f）SiCN 介孔陶瓷（自组装法，图片由 D. – P. Kim 提供）。

在陶瓷具有相互贯通的大孔结构时用来制备具有多级孔洞结构的材料[93,94]。

5.6.2.5　填料的添加

通过向先驱体聚合物中添加不同特性的填料，可以大幅改变所得高度多孔陶瓷部件（使用不同的制备方法）的形貌、成分、结构和性能。例如可以向硅氧烷中加入酚醛树脂或碳粉以制备 SiC 泡沫[95-97]，或是加入氧化物基填料制备堇青石[98]、莫来石[99]、SiAlON[100]、矽灰石[101]以及复合材料[102]等微孔泡沫材料。加入铜基、碳或二硅化钼颗粒[103]，或是气相生长碳纤维[104]可以制备具有导电性能的多孔陶瓷。若向其中引入铁的硅化物填料则可使材料具备磁性[84,85]。

5.6.2.6　基于溶胶 – 凝胶的高度多孔组件

一些研究者采用 Si 原子上同时连接甲氧/乙氧基和烷基（甲基、苯基）的醇盐类先驱体制备 SiOC 玻璃。溶剂挥发后的干凝胶一般都具有很高的孔隙率（孔径约为 1～10nm）和比表面积（100～900 m^2/g）。如果选择合适的先驱体并经过谨慎处理，这些多孔特性可保留至高温下，从而获得介孔陶瓷[105-107]。HF 酸刻蚀同样可应用于溶胶凝胶法制备含有微孔和介孔结构的 SiOC 玻璃[108,109]，而使用自组装技术通常得到的是高度有序的介孔 SiOC 材料[110]。

5.6.3 先驱体法多孔陶瓷的性能数据

表 5.4 选择性列出了一些先驱体法多孔陶瓷的性能数据。这些数据来自不同的制备工艺，说明通过改变制备条件和先驱体种类可以制备出孔隙率变化范围广以及性能各异的多孔陶瓷材料。更多详细信息可参考本节后的参考文献。

表 5.4　部分先驱体法多孔陶瓷的性能数据

性质	范围	性质	范围
块体密度/(kg/m^3)	250～950	抗压强度/MPa	0.5～20
孔隙率/(体积分数,%)	55～90	抗挠强度/MPa	0.5～12.5
平均孔洞尺寸/μm	0.0035～2000	断裂韧性/($MPa \cdot m^{1/2}$)	0.15～0.25
比表面/(m^2/g)	30～900	弹性模量/GPa	0.4～7.6
热导率/($W/m \cdot K$)	0.10～0.16	热膨胀系数/($\times 10^{-6}/K$)	3.75～4.6
电导率/($1/\Omega \cdot cm$)	10^{-16}～10^1	裂解后的线性尺寸变化/%	1～30

5.6.4　参考文献

[1] Scheffler M. and Colombo P. （eds.）, *Cellular Ceramics*：*Structure*, *Manufacturing*, *Properties and Applications*, WILEY – VCH Weinheim, Germany, 2005.

[2] Green, D. J., Colombo, P., Cellular Ceramics：Intriguing Structures, novel properties and innovative applications,*Mater. Res. Soc. Bull.*, 2003, 28, 296 – 300.

[3] Colombo, P., Conventional and novel processing methods for cellular ceramics,*Phil. Trans. R. Soc. A*, 2006, 364, 109 – 124.

[4] Studart, A. R., Gonzenbach, U. T., Tervoort, E., Gauckler, L. J., Processing Routes to Macroporous Ceramics：A Review,*J. Am. Ceram. Soc.*, 2006, 89, 1771 – 1789.

[5] Maire, E., Colombo, P., Adrien, J., Babout, L. & Biasetto, L., Characterisation of the morphology of porous ceramics by 3D image processing of X – ray tomography data, *J. Eur. Ceram. Soc.*, 2007, 27, 1973 – 1981.

[6] Colombo, P., Arcaro, A., Francesconi, A., Pavarin, D., Rondini, D. & Debei, S.,Effect of Hypervelocity Impacts on Microcellular Ceramic Foams from a Preceramic Polymer,*Adv. Eng. Mater.*, 2003b, 5, 802 – 805.

[7] Biasetto, L., Colombo, P., Innocentini, M. D. M., & Mullens, S., Gas Permeability of Microcellular Ce-

310

ramic Foams, *Ind. Eng. Chem. Res.* , 2007, 46, 3366 – 3372.

[8] Zeschky, J. , Jason Lo, S. H. , Hoefner, T. & Greil, P. , Mg alloy infiltrated Si – O – C ceramic foams, *Mater. Sci. Eng. A*, 2005, 403, 215 – 221.

[9] Colombo, P. , Hellmann, J. R. & Shelleman D. L. , Thermal Shock Behavior of Silicon Oxycarbide Foams, *J. Am. Ceram. Soc.* , 2002, 85[9], 2306 – 2312.

[10] Haber J. , Manual on catalyst characterization, *Pure Appl. Chem.* , 1991, 63, 1227 – 1246.

[11] Danumah C. , Vaudreuil S. , Bonneviot L. , Bousmina M. , Giasson S. , and Kaliaguine S. , Synthesis of Macrostructured MCM – 48 Molecular Sieves, *Microp. Mesop. Mater.* , 2001, 44 – 45, 241 – 7.

[12] Nakanishi K. , "Pore Structure Control of Silica Gels Based on Phase Separation," *J. Porous Mater.* , 1997, 4, 1380 – 2224.

[13] Renlund, G. M. , Minnear, W. P. , Bracco, A. A. , Cellular silicon – oxy – carbide glass from foamed silicone resins, US Patent 4,981,820, 1 January 1 1991.

[14] Renlund, G. M. , Lewis, L. N. , Stein, J. , Bracco, A. A. , Silicon – oxy – carbide glass method of preparation and articles, US Patent 5,180,694, 19 January 1993.

[15] Daws, D. E. , Castellucci, N. T. , Carpenter, H. W. , Colby, M. W. , Methods for producing ceramic foams using pre – ceramic resins combined with liquid phenolic, US Patent 5,643,512, 1 July 1997.

[16] Colombo, P. , Griffoni M. & Modesti, M. , Ceramic foams from a preceramic polymer and polyurethanes: preparation and morphological characterization, *J. Sol – Gel Sci. Technol.* , 1998, 13, 195 – 199.

[17] Colombo, P. & Modesti, M. , Silicon oxycarbide ceramic foams from a preceramic polymer, *J. Am. Ceram. Soc.* , 1999, 82[3], 573 – 578.

[18] Colombo, P. & Modesti, M. , Silicon oxycarbide foams from a silicone preceramic polymer and polyurethane, *J. Sol – Gel Sci. Technol.* , 1999b, 14, 103 – 111.

[19] Colombo, P. , Novel processing of silicon oxycarbide ceramic foams, *Adv. Eng. Mater.* , 1999c, 1, 203 – 205.

[20] Takahashi, T. , Münsted, H. , Colombo, P. & Modesti, M. , Thermal evolution of foamed blend of silicone resin and polyurethane from preceramic to ceramic foam, *J. Mater. Sci.* , 2001, 36, 1627 – 1639.

[21] Takahashi, T. , Münsted, H. , Colombo, P. & Modesti, M. , Oxidation Resistant Ceramic Foam from a Silicone Preceramic Polymer / Polyurethane Blend, *J. Eur. Ceram. Soc.* , 2001b, 21, 2821 – 2828.

[22] Colombo, P. , Hellmann, J. R. , Ceramic foams from preceramic polymers, *Mater. Res. Innovat.* , 6, 2002, 260 – 272.

[23] Colombo, P. , Bernardo, E. , Macro – and Micro – cellular Porous Ceramics from Preceramic Polymers, *Compos. Sci. Technol.* , 2003, 63, 2353 – 2359.

[24] Colombo, P. , Hellmann, J. R. & Shelleman D. L. , Mechanical Properties of Silicon, Oxycarbide Ceramic Foam" , *J. Am. Ceram. Soc.* , 2001, 84[10], 2245 – 2251.

[25] Takahashi, T. & Colombo, P. , SiOC Ceramic Foams through Melt Foaming of a Methylsilicone Preceramic Polymer, *J. Porous Mater.* , 2003, 10, 113 – 121.

[26] Berndt, F. , Jahn, P. , Rendtel, A. , Motz, G. , & Ziegler G. , Monolithic SiCO Ceramics with tailored Porosity, *Key Eng. Mater.* , 2002, 206 – 213, 1927 – 1930.

[27] Vakifahmetoglu C. , Colombo P. , A Direct Method for the Fabrication of Macro – Porous SiOC Ceramics from Preceramic Polymers, *Adv. Eng. Mater.* , 2008, 10, 256 – 259.

[28] Colombo, P. , Engineering Porosity in Polymer – Derived Ceramics, *J. Eur. Ceram. Soc.* , 2008, 2008, 1389 – 1395.

[29] Kim, Y. – W. , Kim, S. H. , Xu, X. , Choi, C. – H. , Park, C. B. & Kim, H. – D. , Fabrication of porous preceramic polymers using carbon dioxide, *J. Mater. Sci. Lett.* , 2002, 21, 1667 – 1669.

[30] Kim, Y. – W. & Park C. B. , Processing of microcellular preceramics using carbon dioxide, *Compos. Sci. Technol.* , 2003, 63, 2371 – 2377.

[31] Kim, Y. – W. , Kim, S. H. , Wang, C. & Park C. B. , Fabrication of Microcellular Ceramics Using Gaseous Carbon Dioxide, *J. Am. Ceram. Soc.* 2003, 86[12], 2231 – 2233.

[32] Wang C. , Wang, J. , Park, C. B. & Kim, Y. – W. , Cross – linking behavior of a polysiloxane in preceramic foam processing, *J. Mater. Sci. Lett.* , 2004, 19, 4913 – 4915.

[33] Wang, C. , Wang, J. , Park, C. B. & Kim, Y. – W. , Fabrication of cellular and microcellular ceramics with controllable open – cell content from polysiloxane – LDPE blends: I. Compounding and Foaming, *J. Mater. Sci.* , 2007, 42, 2854 – 2861.

[34] Gambaryan – Roisman, T. , Scheffler, M. , Buhler, P. , Greil, P. , Processing of Ceramic Foam by Pyrolysis of Filler containing Phenylmethyl Polysiloxane, *Ceram. Trans.* , 2000, 108, 121 – 130.

[35] Zeschky, J. , Goetz – Neunhoeffer, F. , Neubauer, J. , Jason Lo, S. H. , Kummer, B. , Scheffler, &Greil, P. , Preceramic polymer derived cellular ceramics, *Compos. Sci. Technol.* , 2003, 63, 2361 – 2370.

[36] Zeschky, J. , Keramikschäume aus gefüllten Polysilsesquioxanen, PhD thesis, University of Erlangen, 2004.

[37] Zeschky, J. , Hoefner, T. , Arnold, C. , Weiβmann, R. , Bahloul – Hourlier, D. , Scheffler, M. , Greil, P. , Polysilsesquioxane derived ceramic foams with gradient porosity, *Acta Mater.* , 2005a, 53, 927 – 937.

[38] Whinnery, L. L. , Nichols, M. C. , Wheeler, D. R. & Loy, D. A. , Process for preparing silicon carbide foam, US Patent 5,668,188, 16 September 1997.

[39] Bao, X. , Nangrejo, M. R. & Edirisinghe, M. J. , Synthesis of silicon carbide foams from polymeric precursors and their blends, *J. Mater. Sci.* , 1999, 34, 2495 – 2505.

[40] Colombo, P. , Bernardo, E. & Biasetto, L. , Novel Microcellular Ceramics from a Silicone Resin, *J. Am. Ceram. Soc.* , 2004, 87[1], 152 – 154.

[41] Mitchell, C. M. , Kim, D. – P. & Kenis, P. J. A. , Ceramic microreactors for on – site hydrogen production, *J. Catal.* , 2006, 241, 235 – 242.

[42] Shibuya, M. , Takahashi, T. & Koyama, K. , Microcellular ceramics by using silicone preceramic polymer and PMMA polymer sacrificial microbeads, *Compos. Sci. Technnol.* , 2007, 67, 119 – 124.

[43] Kim, Y. W. , Wang, C. and Park, C. B. , Processing of Porous Silicon Oxycarbide Ceramics from Extruded Blends of Polysiloxane and Polymer Microbead, *J. Jpn. Ceram. Soc.* , 2007, 115, 419 – 424.

[44] Wang, H. , Li, X. D. , Yu, J. S. & Kim, D. P. , Fabrication and characterization of ordered macroporous PMS – derived SiC from a sacrificial template method, *J. Mater. Chem.* , 2004, 14, 1383 – 1386.

[45] Wang, H. , Zheng, S. – Y. , Li, X. – D. & Kim, D. – P. , Preparation of three – dimensional ordered macroporous SiCN ceramic using sacrificing template method, *Micropor. Mesopor. Mater.* , 2005, 80, 357 – 362.

[46] Sung, I. – K. , C. M. Mitchell, D. – P. Kim, P. J. A. Kenis, Tailored Macroporous SiCN and SiC Structures for High – Temperature Fuel Reforming, *Adv. Funct. Mater.* , 2005, 15, 1336 – 1342.

312

[47] Kim, Y. - W. , Kim, S. - H. , Kim, H. - D. & Park C. B. , Processing of closed - cell silicon oxycarbide foams from a preceramic polymer, *J. Mater. Sci.* , 2004, 39, 5647 - 5652.

[48] Kim, S. H. , Kim, Y. - W. & Park C. B. , Effect of inert filler addition on pore size and porosity of closed - cell silicon oxycarbide foams, *J. Mater. Sci.* , 2004, 39, 3513 - 3515.

[49] Kim, Y. - W. , Jin, Y. - J. , Chun, Y. - S. , Song I. - H. & Kim H. - D. , A simple pressing route to closed - cell microcellular ceramics, *Scripta Mater.* , 2005, 53, 921 - 926.

[50] Yoon, B. - H. , Lee, E. - J. , Kim, H. - E. & Koh, Y. - H. , Highly Aligned Porous Silicon Carbide Ceramics by Freezing Polycarbosilane/Camphene Solution, *J. Am. Ceram. Soc.* , 2007, 90, 1753 - 1759.

[51] Nangrejo, M. R. , Bao, X. & Edirisinghe, M. J. , The structure of ceramic foams produced using polymeric precursors, *J. Mater. Sci. Lett.* , 2000, 19, 787 - 789.

[52] Nangrejo, M. R. , Bao, X. & Edirisinghe, M. J. , Preparation of silicon carbide - silicon nitride composite foams from pre - ceramic polymers, *J. Eur. Ceram. Soc.* 2000, 20, 1777 - 1785.

[53] Vogt, U. F. , L. Györfy, A. Herzog, T. Graule, G. Plesch, Macroporous silicon carbide foams for porous burner applications and catalyst supports, *J. Phys. Chem. Solids*, 2007, 68, 1234 - 1238.

[54] Fitzgerald, T. J. & Mortensen, A. , Processing of Microcellular SiC Foams. Part 1: Curing Kinetics of Polycarbosilane in Air, *J. Mater. Sci.* , 1995, 30, 1025 - 1032.

[55] Fitzgerald, T. J. , Michaud, V. J. & Mortensen, A. , Processing of Microcellular SiC Foams. Part 2: Ceramic Foam Production, *J. Mater. Sci.* , 1995, 30, 1037 - 1045.

[56] Yan, J. , Wang, A. & Kim, D. P. , Preparation of ordered mesoporous SiC from preceramic polymer templated by nanoporous silica, *J. Phys. Chem. B.* , 2006, 110, 5429 - 5433.

[57] Krawiec, P. , Geiger, D. & Kaskel, S. , Ordered mesoporous silicon carbide (OM - SiC) via polymer precursor nanocasting, *Chem. Commun.* , 2006, 23, 2469 - 2470.

[58] Yan, J. , Wang, A. and Kim D. - P. , Preparation of ordered mesoporous SiCN ceramics with large surface area and high thermal stability, *Micropor. Mesopor. Mater.* , 2007, 100, 128 - 133.

[59] Dibandjo, P. , Bois, L. , Chassagneux, F. , Sigala, C. , Miele, P. , Comparison between SBA - 15 silica and CMK - 3 carbon nanocasting for mesoporous boron nitride synthesis, *J. Mater. Chem.* , 2005, 15, 1917 - 1923.

[60] Greil, P. , Biomorphous ceramics from lignocellulosis, *J. Eur. Ceram. Soc.* , 2001, 21, 105 - 118.

[61] Zollfrank, C. , Kladny, R. , Motz, G. , Sieber, H. and Greil, P. , Manufacturing of anisotropic ceramics from preceramic polymers and wood, *Ceram. Trans.* , 2001, 114, 43 - 48.

[62] Zollfrank, C. , Kladny, R. , Motz, G. , Sieber, H. & Greil P. , Biomorphous SiOC/C - ceramic composites from chemically modified wood templates, *J. Eur. Ceram. Soc.* , 2004, 24, 479 - 487.

[63] Rambo, C. R. , H. Sieber, "Manufacturing of cellular SiAlON/SiC composite ceramics from cardboard," *J. Mater. Sci.* , 2006, 41, 3315 - 3322.

[64] Yao H. , Kovenklioglu S. , Kalyon D. M. , Pore Formation in the Pyrolysis of Polymers to Ceramics, *Chem. Eng. Commun.* , 1990, 86, 155 - 175.

[65] Wan, J. , Gasch, M. J. & Mukherjee, A. K. , *In Situ* Densification Behavior in the Pyrolysis Consolidation of Amorphous Si - N - C Bulk Ceramics from Polymer Precursors, *J. Am. Ceram. Soc.* , 2001, 84[10], 2165 - 2169.

[66] Vollmer O. , Lefebvre F. and Bradley J. , Tailoring the pore - size distribution of high surface area micro-

porous silicon imidonitrides by control of precursor composition, *J. Mol. Cat. A: Chem.* , 1999, 146, 87 –96.

[67] Belyakov, A. V. , Fomin, N. N. & Koch, D. , Nanoporous Ceramics Based on Organosilicon Polymers, *Glass Ceram.* , 2002, 59, 53 – 56.

[68] Belyakov, A. V. , Fomin, N. N. & Koch, D. , Formation of Open Micropores in Nanoporous Ceramics Based on Organosilicon Polymers, *Glass Ceram.* , 2002b, 59, 171 – 173.

[69] Williams H. M. , Dawson E. A. , Barnes P. A. , Rand B. , Brydson R. M. D. , Brough A. R. , High temperature ceramics for use in membrane reactors: the development of microporosity during the pyrolysis of polycarbosilanes *J. Mater. Chem.* , 2002, 12, 3754 – 3760.

[70] Belyakov, A. V. , Fomin, N. N. & Koch, D. , Effect of Granule Size on the Structure of Nanoporous Ceramics Based on Organosilicon Polymer, *Glass Ceram.* , 2003, 60, 14 – 16.

[71] Wilhelm, M. , Soltmann, C. , Koch, D. & Grathwohl, G. , Ceramers – functional materials for adsorption techniques, *J. Eur. Ceram. Soc.* , 2005, 25, 271 – 276.

[72] Wilhelm, M. , Adam, M. , Bäumer, M. , Grathwohl, G. , Synthesis and Properties of Porous Hybrid Materials containing Metallic Nanoparticles, *Adv. Eng. Mater.* , 2008, 10, 241 – 245.

[73] Schmidt H. , Koch D. , Gratwohl G. , Highly Porous Silicon Oxycarbide Glasses Produced by Polymer Pyrolysis, *Ceram. Trans.* , 2000a, 101, 275 – 284.

[74] Schmidt H. , Koch D. and Grathwohl G. , Develpment of ceramic Membranes and Adsorbents from Silicon – Organic Precursors, *Chem. Eng. Technol.* , 2000b, 23, 959 – 964.

[75] Fukushima, M. , Zhou, Y. , Yoshizawa, Y. , Miyazaki, H. , and Hirao, K. , "Preparation of Mesoporous Silicon Carbide from Nano – Sized SiC Particle and Polycarbosilane," *J. Jpn. Ceram. Soc.* , 2006, 114, 571 – 574.

[76] Garcia, C. B. W. , C. Lovell, C. Curry, M. Faught, Y. Zhang, U. Wiesner, Synthesis and characterization of block copolymer/ceramic precursor nanocomposites based on a polysilazane, *J. Polym. Sci. Part B*, 2003, 41, 3346 – 3352.

[77] Kamperman, M. , C. B. W. Garcia, P. Du, H. Ow, U. Weisner, Synthesis of Inorganic – Organic Diblock Copolymers as a Precursor of Ordered Mesoporous SiCN Ceramic, *J. Am. Chem. Soc.* , 2004, 126, 14, 708 – 712.

[78] Matsumoto, K. , J. Nakasashita, H. Matsuka, Synthesis of silicon nitride based ceramic nanoparticles by the pyrolysis of silazane block copolymer micelles, *J. Polym. Sci. Part A*, 2006, 44, 4696 – 4707.

[79] Malenfant, P. R. L. , Wan, J. , Taylor, S. T. & Manoharan, M. , Self – assembly of an organic – inorganic block copolymer for nano – ordered ceramics, *Nature Nanotech.* , 2007, 2, 43 – 46.

[80] Nghiem, Q. D. , Kim, D. & Kim, D. P. , Synthesis of Inorganic – Organic Diblock Copolymers as a Precursor of Ordered Mesoporous SiCN Ceramic, *Adv. Mater.* 2007, 19, 2351 – 2354.

[81] Dibandjo, P. , Bois, L. , Chassagneux, F. , Miele, P. , Thermal stability of mesoporous boron nitride templated with a cationic surfactant, *J. Eur. Ceram. Soc.* , 2007, 27, 313 – 317.

[82] Schmidt, H. , Koch , D. , Grathwohl, G. & Colombo, P. , Micro – Macro Porous Ceramics From Preceramic Precursors, *J. Am. Ceram. Soc.* , 2001, 84[10] , 2252 – 2255.

[83] Costacurta, S. , Biasetto, L. , Pippel, E. , Woltersdorf, J. & Colombo, P. , Hierarchical Porosity Components via Infiltration of a Ceramic Foam, *J. Am. Ceram. Soc.* , 2007, 90[7] , 2172 – 2177.

314

[84] Biasetto, L. , Peña – Alonso, R. , Sorarù, G. D. & Colombo, P. , Etching of SiOC Ceramic Foams, *Adv. Appl. Ceram.* , 2008, 107, 106 – 110.

[85] Biasetto, L. , Francis, A. , Palade, P. , Principi, G. & Colombo, P. , Polymer – Derived Microcellular SiOC Foams with Magnetic Functionality, *J. Mater. Sci*, 2008, 43, 4119 – 4126.

[86] Zampieri, A. , Colombo P. , Mabande GTP. , Selvam, T. , Schwieger, W. , Scheffler, F. , Zeolite coatings on microcellular ceramic foams: A novel route to microreactor and microseparator devices, *Adv. Mater.* , 2004, 16, 819 – 823.

[87] Scheffler, F. , Zampieri, A. , Schwieger, W. , Zeschky, J. , Scheffler, M. , Greil, P. , Zeolite – covered polymer – derived ceramic foams: novel hierarchical pore systems for sorption and catalysis, *Adv. Appl. Ceram.* , 2005, 104, 43 – 48.

[88] Scheffler, M. , Scheffler, F. , Zeolite Coatings on Porous Monoliths, *Adv. Sci. Technol.* , 2006, 45, 1260 – 1267.

[89] Zheng, J. , Kramer, M. J. , Akinc, M. , *In situ* Growth of SiC Whisker in Pyrolyzed Monolithic Mixture of AHPCS and SiC, *J. Am. Ceram. Soc.* , 2000, 83, 2961 – 2966.

[90] Scheffler, M. , Greil, P. , Berger, A. , Pippel, E. & Woltersdorf, J. , Nickel – catalyzed *in situ* formation of carbon nanotubes and turbostratic carbon in polymer – derived ceramics, *Mater. Chem. Phys.* , 2004, 84, 131 – 139.

[91] Berger, A. , E. Pippel, J. Woltersdorf, M. Scheffler, P. Cromme and P. Greil, " Nanoprocesses in polymer – derived Si – O – C ceramics: Electronmicroscopicobservations and reaction kinetics, *Phys. Stat. Sol.* , 2005, 202, 2277 – 2286.

[92] Yang, F. , Gao, F. , Wang, H. , Zheng, X. , Xie, Z. , An, L. , Synthesis of Ceramic Nanocomposite Powders with *in situ* Formation of Nanowires/Nanobelts, *J. Am. Ceram. Soc.* , 2008, 91, 1312 – 1315.

[93] Zhu, S. , Xi. H. – A. , Li, Q. , Wang, R. , *In Situ* Growth of b – SiC Nanowires in Porous SiC Ceramics, *J. Am. Ceram. Soc.* , 2005, 88, 2619 – 2621.

[94] Yoon, B. – H. , Park, C. – S. , Kim, H. – E. , Koh, Y. H. , *In Situ* Synthesis of Porous Silicon Carbide (SiC) Ceramics Decorated with SiC Nanowires, *J. Am. Ceram. Soc.* , 2007, 90, 3759 – 3766.

[95] Kim, Y. – W. , Kim, S. – H. , Song, I. – H. , Kim, H. – D. & Park, C. B. , Fabrication of Open – Cell, Microcellular Silicon Carbide Ceramics by Carbothermal Reduction, *J. Am. Ceram. Soc.* , 2005, 88, 3311 – 3315.

[96] Jang, D. – H. , Kim, Y. – W. , Y. – S. , Song I. – H. , Kim H. – D. & Park, C. B. , Processing of highly porous, open – cell, microcellular silicon carbide ceramics by expansion method using expandable microspheres, *J. Jpn. Ceram. Soc.* , 2006, 114, 549 – 553.

[97] Kim, Y. – W. , Eom, J. H. , Wang, C. , and Park, C. B. , Processing of Porous Silicon Carbide Ceramics from a Carbon – Filled Polysiloxane by Extrusion and Carbothermal Reduction, *J. Am. Ceram. Soc.* , 2008, 91, 1361 – 1364.

[98] Song, I. – H. , Kim, M. – J. , Kim, H. – D. &Kim, Y. – W. , Processing of microcellularcordierite ceramics from a preceramic polymer, *Scripta Mater.* , 2006, 54, 1521 – 1525.

[99] Kim, Y. – W. , Kim, H. – D. & Park, C. B. , Processing of Microcellular Mullite, *J. Am. Ceram. Soc.* , 2005c, 88, 3311 – 3315.

[100] Bernardo, E. , Colombo, P. & Hampshire, S. , SiAlON – based Ceramics from Filled Preceramic Poly-

315

mers, *J. Am. Ceram. Soc.*, 2006, 89[12], 3839 – 3842.

[101] Bernardo, E., Colombo, P., Advanced Oxide Ceramics from a Preceramic Polymer and Fillers, 2006b, *Soft Mater.* 4, 175 – 185.

[102] Bernardo, E., Colombo, P. & Manias, E., SiOC glass modified by montmorillonite clay, *Ceram. Int.*, 2006, 32, 679 – 686.

[103] Colombo, P., Gambaryan – Roisman, T., Scheffler, M., Buhler, P. & Greil, P., Conductive Ceramic Foams From Preceramic Polymers, *J. Am. Ceram. Soc.*, 2001, 84[10], 2265 – 2268.

[104] Shibuya, M., Sakurai, M., Takahashi, T., Preparation and characteristics of a vapor – grown carbon fiber/ceramic composite using a methylsilicone precursor, *Compos. Sci. Technol.*, 2007, 67, 3338 – 3344.

[105] Liu, C., Chen, H. Z., Komarneni, S., Pantano C. G., Porous Silicon Oxycarbide Glasses from Organically Modified Silica Gels of High Surface Area, *J. Sol – Gel Sci. Technol.*, 1994, 1, 141 – 151.

[106] Liu, C., Chen, H. Z., Komarneni, S., Pantano C. G., High surface area SiC/Silicon oxycarbide glasses prepared from phenyltrimethoxysilanetetramethoxysilane gels, *J. Porous Mater.*, 1996, 2, 245 – 252.

[107] Singh, A., Pantano, C. G., Porous silicon Oxycarbide Glasses, *J. Am. Ceram. Soc.*, 1996, 79, 2096 – 2074.

[108] Wilson, M., Zank, G., Eguchi, K., Xing, W., Yates, B., Dahn, J. R., Pore Creation in Silicon Oxycarbides by Rinsing in Dilute Hydrofluoric Acid, *Chem. Mater.* 1997, 9, 2139 – 2144.

[109] Pena – Alonso, R., Soraru, G. D., Raj, R., Preparation of Ultrathin – Walled Carbon – Based Nanoporous Structures by Etching Pseudo – Amorphous Silicon Oxycarbide Ceramics, *J. Am. Ceram. Soc.*, 2006, 89, 2473 – 2480.

[110] Toury, B., Babonneau, F., Synthesis of periodic mesoporous organosilica from bis(triethoxysilyl)methane and their pyrolytic conversion into porous SiCO glasses, *J. Eur. Ceram. Soc.*, 2005, 25, 265 – 270.

5.7　膜

YUJI IWAMOTO

　　具有类似分子筛性能的多孔陶瓷薄膜在气体分离领域有极大应用潜力。其中,非晶氧化硅多孔薄膜因其在高温下对氢(H_2)的选择性透过而广受关注。例如,其在798 K 时 H_2 的透过率为 1.2×10^{-7} mol·m^{-2}·s^{-1}·Pa^{-1},对 H_2/N_2 的选择比为12200[1],因此非常有希望应用于生产 H_2 的新型膜反应器中[2]。非晶氧化硅多孔薄膜可用化学气相沉积(CVD)或溶胶—凝胶法制备。近年来非晶氧化硅多孔薄膜的发展可参考综述[3]。

　　图 5.22 是典型的多孔陶瓷薄膜截面的透射电镜(TEM)图。一般来说,微孔陶瓷膜可在孔洞支撑体上制备。介孔 γ – 氧化铝常被用作 H_2 选择通过型微孔薄膜和大孔支撑体之间的过渡层。为提高氢气分离膜的性能,必须要制备出优良的介孔中间层和分子筛型微孔薄膜。

　　聚合物向陶瓷转化过程中气体的逸出是材料内孔隙形成的原因,所以聚合

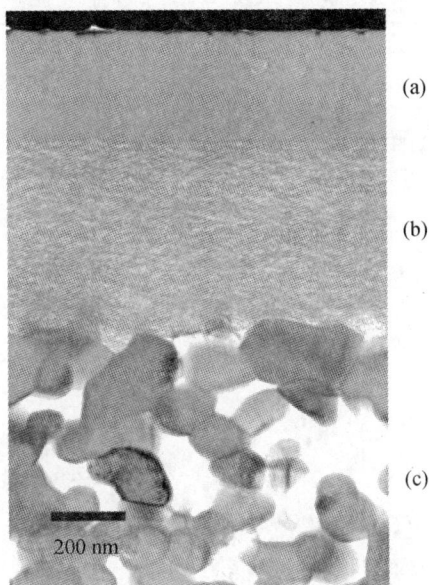

图 5.22　制备在多孔支撑体上的先驱体微孔陶瓷薄膜截面的典型 TEM 图像

（a）PCS 转化制备的无定形碳化硅微孔膜；（b）溶胶 – 凝胶法制备的介孔 γ – Al_2O_3 中间层；

（c）α – Al_2O_3 大孔支撑体。

物热解法可原位控制微/介孔的结构,使得构建多层多孔薄膜结构成为可能。最近已通过先驱体转化法成功制备出具有 H_2 选择透过性的多孔陶瓷薄膜。表 5.5 对先驱体转化法制备陶瓷薄膜的研究做了简单综述。

在空气中热解位于氮化硅（Si_3N_4）多孔支撑体上的聚硅氮烷（PSZ）可获得非晶氧化硅薄膜[7]。在此合成过程中,作为中间层的介孔非晶氧化硅/氮化硅复合材料和活性分子筛微孔薄层,都是通过 PSZ 的可控交联与 873 K 下的热解原位生成的。所得薄膜在 573 K 时的 H_2 渗透率为 1.3×10^{-8} mol · m^{-2} · s^{-1} · Pa^{-1},H_2/N_2 选择率为 141。这一材料对 H_2 的选择透过性与文献中的非晶氧化硅或硅碳氧具有可比性。

先驱体转化法的另一个潜在优点是可以制备具有热稳定性的无定型非氧化物陶瓷薄膜。一些文献报道了采用此法制备非晶碳化硅（SiC）基薄膜。第一个非晶 SiC 基分子筛薄膜是采用聚苯乙烯硅烷（polysilastyrene,PSS）为先驱体,在 Vycor 玻璃上制备的[13]。随后,人们又以聚碳硅烷（PCS）或聚二甲基硅烷（PDS）为先驱体,先在 373 K 下交联,再经 573 ~ 1223K 氩气保护下的高温热解得到具有 H_2 选择透过性的非晶 SiOC 薄膜[4-6]。此外,具有热稳定性的非晶碳

表 5.5　先驱体法薄膜的制备与性能

先驱体[1]	薄膜合成			透气性能		参考文献
	交联温度/K	热解温度/K	材料体系	H_2 渗透速率 Q /$(mol/m^2 \cdot s \cdot Pa)(K)$	$Q(H_2)/Q(N_2)$	
PCS	Air (473)	Ar (723)	SiOC	5.5×10^{-7} (673)	7.2	Kusakabe, 1995[4]
PCS	Air (473)	Ar (1223)	SiOC	1.0×10^{-8} (673)	18~63	Li, 1996[5]
PDS	Air (473)	Ar (573)	SiOC	8.9×10^{-8} (473)	100	Lee, 2004[6]
PSZ	Air (543)	Air (873)	SiO_2	1.3×10^{-8} (573)	141	Iwamoto, 2005[7]
PCS	Ar (573)	Ar (1073)	SiC	8.1×10^{-7} (873)	11.6	Nagano, 2006[8]
PCS	Ar (353)[2]	Ar (973)	SiC	8.0×10^{-8} (373)	100	Suda, 2006[9]
PCS – (CVI)[3]	Ar (573)	Ar (1073)	SiC	1.8×10^{-8} (873)	12	Nagano, 200[10]7
PCS – PVS	EB[4]	Ar (1123)	SiOC	3.0×10^{-9} (523)	206	Wach , 2007[11]
PSZ	—	NH_3(923)	SiN	1.3×10^{-8} (473)	165[5]	Eda, 2008[12]

注:1. PCS:聚碳硅烷;PDS:聚二甲基硅烷;PSZ:聚硅氮烷;PVS:聚乙烯基硅烷;

2. p–二乙炔基苯(p–DEB)和 $Pt_2(dvs)_3$(dvs = 1,3–二乙烯基四甲基二硅氧烷)分别作为交联剂和硅氢化催化剂;

3. 利用 SiH_2Cl_2 和 C_2H_2 经化学气相渗透法(CVI)对 PCS 转化薄膜进行修饰;

4. 在氧气分压为 20 kPa 时,以 1.8 MGy 的剂量进行电子束照射;

5. 在 573 K 经水热处理 100 h 后,薄膜的透气性:$Q(H_2)$(573 K) $> 1.0 \times 10^{-7}$ mol/$m^2 \cdot s \cdot Pa$ 且 $Q(H_2)/Q(N_2) > 100$,展现了很好的水热稳定性

化硅薄膜可通过 PCS 的无氧交联获得。将分子量较高(平均分子量约为 10^4)的 PCS 先驱体薄层涂于多孔基板上,于 573 K 交联,然后在 Ar 气中加热至 1073 K 裂解,也可获得非晶 SiC 薄膜[8]。PCS 的化学交联[9]或聚乙烯基硅烷 – PCS 共混聚合物的电子束(EB)交联[11]也可成功地制备出非晶碳化硅薄膜。

表 5.6 给出了先驱体法非晶 SiOC 和 SiC 薄膜的气体渗透表观活化能,并与 CVD 法制备的非晶氧化硅薄膜进行了对比。显然,He 和 H_2 在 SiC 薄膜中的活化能比在 SiOC 和 SiO_2 中低。这是因为 He 和 H_2 在非晶 SiC 微孔网络中的渗透以活化扩散为主,其渗透率由非晶网络的密度所决定。表 5.6 中列出的 SiC 薄膜应该是由更为致密的非晶 SiC 网络构成,因为其热解温度更高,约为 1073 ~ 1123K(表 5.5)。

表 5.6　先驱体法非晶 Si(O)C 薄膜和 CVD 法非晶氧化硅薄膜的
气体渗透表观活化能对比

薄膜类型	渗透温度/K	活化能/(kJ / mol)		参考文献
		He	H_2	
SiOC[1]	283 ~ 773	7 ~ 13	7 ~ 15	Li, 1996[5]
SiOC[2]	350 ~ 473	9.8 ~ 15.4	16.3 ~ 16.7	Lee, 1999[14]
SiC[1]	573 ~ 773	2.7	1.2	Nagano, 2006[8]
	773 ~ 873	9.4	6.0	
SiC[3]	573 ~ 773	0.6	0.09	Nagano, 2007[10]
	773 ~ 873	1.2	0.3	
SiC[4]	298 ~ 523	5.7	5.2	Wach, 2007[11]
SiO_2[5]	723 ~ 1073	—	37	Tsapatsis, 1991[15]
SiO_2[6]	473 ~ 923	—	6 ~ 25	Morooka , 1995[16]
SiO_2[7]	373 ~ 873	9.8	14.8	Lee, 2004[6]
SiO_2[8]	373 ~ 873	8.1	16.8	Nagano, 2008[1]

注:1. PCS;

　2. PDS;

　3. PCS – [SiH_2Cl_2—C_2H_2(CVI)];

　4. PCS – PVS 共混;

　5. $SiCl_4$ – H_2O(CVD);

　6,7. $Si(OC_2H_5)_4$ – O_2(CVD);

　8. $Si(OCH_3)_4$ – O_2(CVD)

另一个非氧化物陶瓷体系(非晶氮化硅)的制备可通过 PSZ 在氨气中 923 K 的热解获得。所得薄膜在 473 K 时的 H_2 渗透率为 1.3×10^{-8} mol·m^{-2}·s^{-1}·Pa^{-1},H_2/N_2 选择率为 165。此薄膜经 573 K 下水热处理 100h 后,在 573 K 时的 H_2 渗透率高于 1.3×10^{-7} mol·m^{-2}·s^{-1}·Pa^{-1},H_2/N_2 选择率大于 100。与传统溶胶凝胶法制备的非晶氧化硅薄膜相比,水热稳定性更高[12]。

最近,为制备三元 Si – C – N 体系[17]和四元 Si – B – C – N 体系[18]的陶瓷薄膜,人们设计并合成了新型先驱体。先驱体法 Si – (B) – C – N 陶瓷具有极好的热稳定性和化学稳定性[19]。因此,这种体系的陶瓷薄膜在高温膜反应器领域具有很好的应用前景,目前已受到广泛关注。

5.7.1　参考文献

[1] Nagano, T. , Fujisaki, S. , Sato, K. , Hataya. K. , Iwamoto, Y. , Nomura, M. and Nakao, S – I. , "Re-

lationship between mesoporous intermediate layer structure and gas permeation property of amorphous silica membrane synthesized by counter diffusion chemical vapor deposition", *J. Am. Ceram. Soc.*, 2008, 91, 71 – 76.

[2] Kikuchi, E., Nemoto, Y., Kajikawa, M., Uemiya, S. and Kojima, T., "Membrane reactor application to hydrogen production Membrane reactor application to hydrogen production", *Catal. Today*, 2000, 56, 75 – 81.

[3] Iwamoto, Y., "Development of Microporous Ceramic Membranes for High – Temperature Separation of Hydrogen", *J. Ceram. Soc.*, *Jpn*, 2007, 115, 947 – 954.

[4] Kusakabe, K., Li, Z. Y., Maeda H. and Morooka, S., "Preparation of supported membrane by pyrolysis of polycarbosilane for gas separation at high temperature", *J. Membr. Sci.*, 1995, 103, 175 – 180.

[5] Li, Z.; Kusakabe, K., Morooka, S., "Preparation of Thermostable Amorphous Si – C – O Membrane and Its Application to Gas Separation at ElevatedTemperature", *J. Membr. Sci.*, 1996, 118, 159 – 168.

[6] Lee, D., Zhang, L., Oyama, S. T., Niu, S. and Saraf, R. F., "Synthesis, Characterization, and Gas Permeation Properties of a Hydrogen Permeable Silica Membrane Supported on Porous Alumina," *J. Membr. Sci.*, 2004, 231, 117 – 126.

[7] Iwamoto, Y., Sato, K., Kato, T., Inada, T. and Kubo, Y., "A Hydrogen – Permselective Amorphous Silica Membrane Derived from Polysilazane", *J. Eur. Ceram. Soc.*, 2005, 25, 257 – 264.

[8] Nagano, T., Sato, K., Saito, T. and Iwamoto, Y., "Gas permeation properties of amorphous SiC membranes synthesized from polycarbosilane without oxygen – curing process", *J. Ceram. Soc. Jpn*, 2006, 114, 533 – 538.

[9] Suda H., Yamauchi H., Uchimaru Y., Fujiwara, I. and Haraya, K., "Structural Evolution of Polycarbosiliane Precursor into Silicon Carbide – Based Microporous Membranes", *J. Ceram. Soc. Jpn*, 2006, 114, 539 – 544.

[10] Nagano, T., Sato, K., Saito, T. and Iwamoto, Y., "Helium – permselective amorphous SiC membrane modified by chemical vapor infiltration", *Soft Mater.*, 2007, 4, 109 – 122.

[11] Wach, R. A., Sugimoto, M., and Yoshikawa, M., "Formation of Silicon Carbide Membrane by Radiation Curing of Polycarbosilane and Polyvinylsilane and its Gas Separation up to $250°C$", *J. Am. Ceram. Soc.*, 2007, 90, 275 – 278.

[12] Eda, T., Ando, Y. and Miyajima, K., "Development of Si – N based hydrogen separation membrane", paper No. 1A02 in the Extended Abstracts of the 10th International Conference on Inorganic Membranes (ICIM10), Aug. 18 – 22, 2008, Tokyo, Japan.

[13] Shelekhin, A. B., Grosgogeat, E. J. and Hwang, T. S., "Gas Separation Properties of a New Polymer/Inorganic Composite Membrane," *J. Membr. Sci.*, 1991, 66, 129 – 41.

[14] Lee, L. L. and Tsai, D – S., "A Hydrogen – permselective Silicon Oxycarbide Membrane Derived from Polydimethylsilane", *J. Am. Ceram. Soc.*, 1999, 82, 2796 – 2800.

[15] Tsapatsis, M.; Kim, S. Nam, S. W., Gavalas, G. R. Synthesis of Hydrogen Permselective SiO_2, TiO_2, Al_2O_3, and B_2O_3 Membranes from the Chloride Precursors. *Ind. Eng. Chem. Res.*, 1991, 30, 2152 – 2159.

[16] Morooka, S.; Yan, S., Kusakabe, K., Akiyama, Y., "Formation of Hydrogen – Permselective SiO_2 Membrane in Macropores of α – alumina Support Tube by Thermal Decomposition of TEOS", *J. Membr.*

Sci. , 1995, 101, 89 – 98.

[17] Völger, K. W. , Hauser, R. , Kroke, E. , Riedel, R. , Ikuhara, Y. H. and Iwamoto, Y. , "Synthesis and Characterization of Novel Non – Oxide Sol – Gel Derived Mesoporous Amorphous Si – C – N Membranes", *J. Ceram. Soc. Jpn*, 2006, 114, 576 – 560.

[18] Hauser, R. , Nahar – Borchard, S. , Riedel, R. , Ikuhara Y. H. and Iwamoto, Y. , "Polymer – Derived SiBCN Ceramic and their Potential Application for High Temperature Membranes", *J. Ceram. Soc. Jpn*, 2006, 114, 524 – 528.

[19] Kroke, E. , Li Y – L. , Konetschny, C. , Lecomte, E. , Fasel, C. and Riedel, R. , "Silazane derived ceramics and related materials", *Mater. Sci. Eng.* , 2000, R26, 97 – 199.

5.8　复合材料制备以及陶瓷基复合材料(CMC)

WALTER J. SHERWOOD

5.8.1　引言

陶瓷基复合材料(CMC)是具有高强度、好韧性、低密度以及优异耐高温性能的先进结构材料。它们早在 1980 年代中期就作为高端航天材料获得了开发,但直到目前为止仍很少被用在其他领域。CMC 之所以没能完全替代超合金材料成为航天材料的主要部件,主要是因为制备成本较高以及缺乏可靠的性能设计数据库。高的制备成本严重限制了测试板、标本的制作,因此无法获得必需的设计数据。高生产成本也限制了材料的商业化,很少有非政府组织愿意花费大量的研究经费来生产和测试足够的样品以获得设计所需的数据。其后果是直到最近 CMC 的应用研究才开始涉及小体积、高性能空间军事应用领域,如隔热屏、飞机排气襟翼和火箭喷嘴等。

在过去的五年里,CMC 开始出现了一些商业应用,最具代表性的是汽车刹车盘。多家公司采用硅熔体浸渍法制备出陶瓷复合刹车盘。这些刹车盘目前已提供一些高端汽车使用,如法拉利、保时捷、奔驰等。

5.8.2　构造陶瓷基复合材料

陶瓷基复合材料与传统的复合材料类似,如石墨增强环氧树脂,只是它们使用了不同的纤维涂层和高温基体。陶瓷基复合材料一般包含三个关键组分:

(1)增强体。它为复合材料提供强度以及结构基础或形状。典型的预制件包括织件、编织结构(如管)、复杂的三维编织结构或简单成型的碎纤维。这些预制件摸起来有针状、晶须甚至颗粒状的感觉。通常预制件都设计成与最终产品非常接近的形状。

(2)界面涂层。在每根纤维表面都有一层很薄的涂层。这一涂层在坚硬的陶瓷基体和高强度碳或陶瓷纤维增强体间形成低强度的界面层。这一低强度界面是提高材料韧性的必要组成。在许多情况下，该界面在基体成形过程中也为纤维提供了一定保护。

（3）陶瓷基体。陶瓷基体占据了陶瓷基复合材料中大部分的体积。在复合材料中，基体将荷载传递至纤维，并决定了复合材料的大多数热物理性能。目前常见的 CMC 中，非氧化物基体主要是碳化硅，其制备方法有三种：

① 化学气相渗透（Chemical Vapor Infiltration，CVI）。

② 熔体浸渗法（Melt Infiltration，MI）。

③ 有机先驱体浸渍热解法（Polymer Infiltration and Pyrolysis，PIP）。

其他陶瓷基体可以用碳氧先驱体（如 Black Glass® 或 GE SR 350）制备，溶胶 - 凝胶法也可用于生产氧化铝、莫来石等氧化物基体。本章将主要介绍以碳化硅和硅碳氧为基体的 CMC。

5.8.2.1　增强体

复合材料中的增强纤维一般是能够承受较高使用温度的炭/石墨、碳化硅或氧化物纤维。其中，最便宜的是碳纤维（每千克数十美元），其次为石墨纤维和氧化物纤维。最昂贵的是陶瓷级 Si - C - O 纤维（如 Nicalon®）和结晶型 SiC 纤维（如 Sylramic® 或 Tyranno® SA）（数千美元一千克）。其他有关陶瓷纤维及其先驱体的信息在 5.3 节中可以找到。几乎所有的非氧化物陶瓷纤维都是由聚合物先驱体纺织而成。增强体的结构对复合材料的制备过程和成本都有显著影响。由连续纤维编织而成的具有复杂形状的预制件是最贵的，而由短切纤维模压得到的预制件是最便宜的。由二维织物逐层叠加而成的预制件成本介于上述两者之间。显然，唯一商业化的非航空级 CMC——刹车盘正是由短切炭纤维模压预制件制备得到的。

5.8.2.2　纤维 - 基体界面

纤维的界面涂层是 CMC 制备技术中最为薄弱的一个环节。常见的界面涂层材料包括碳、氮化硼、多孔碳化硅等，近期还开发出了混合氧化物和磷酸盐等一些新的界面材料。碳、氮化硼和多孔碳化硅涂层一般通过化学气相沉积制备。该法十分耗时且昂贵，还用到一些危险材料。目前所用的涂层材料大多容易受水分和/或氧的影响，在中等温度下就迅速失去其应有的作用。最近有研究表明，原位生成的氮化硼涂层可以保持较长时间，但仍然需要一层 CVD 碳化硅密封层。纤维涂层成本较高，单位面积的纤维涂层成本比炭和石墨预制件高 10 ~ 50 倍是很常见的。由 CVD 法制备的大面积涂层，厚度的变化也是需要长期关注的问题。

5.8.2.3　陶瓷基体

制备 SiC/Si 陶瓷基体的最古老的技术如今称为"熔体浸渗法（Melt Infiltration）"。这种方法的名称最早叫做"Refel"，后改为"Silcomp"，现为"MI"或"反应黏合"。化学气相沉积的碳化硅是在 1980 年代中期开发并发展起来，其先驱体——Schilling 聚合物和 Yajima 聚合物是第一代陶瓷先驱体[1,2]。溶胶-凝胶法制备氧化物陶瓷已经沿用了数十年。

每种复合材料的制备加工技术都有其优缺点，但它们在航天和商业领域都有属于自己的一席之地。

熔体浸渗法。该技术将熔融硅渗入含碳纤维预制体或粉末压块中。碳由含碳前驱体（如沥青）热解提供。熔融硅与碳反应形成碳化硅。这一技术可制备具有复杂形状或合理性能的构件。这种技术也可获得收缩率很小的部件，但需要 1500℃ 以上的高温使硅融化，然后通过毛细作用渗透到材料内部。这种方法的主要问题是富余的、未参加反应的硅成为部件中的一种成分。这些富余硅使得材料在 1350℃ 以上的蠕变性能下降，且在该温度范围内会与碳化硅纤维、碳纤维、碳纤维等的表面涂层以及一些氧化物纤维发生反应。熔融硅可能会与模具/夹具粘黏在一起，需要金刚石磨分开，甚至需要更换模具/夹具，这些都显著增加了成本。同时，熔体浸渗法所得部件的密度不均匀，限制了它们在需要高速旋转或高服役温度领域（如制动器、离合器和涡轮部件）的应用。最后，含氧硅物质发生碳热反应的副产物（SiO、CO）会对裂解炉造成损坏。综上所述，虽然熔体浸渗法所用原材料成本较低，也因此获得了关注，但在实际的生产过程会因为各种原因导致制备成本的升高。

化学气相渗透/沉积法（CVI/CVD）。该法将能生成陶瓷成分的化学物质（如甲基三氯硅烷，methyltrichorosilane，MTS）与具有反应性的载气（如氢气）混合，然后通入放有加热衬底（一般为纤维预制件）的反应室内。MTS 在氢的存在下发生热解，生成碳化硅和氯化氢气体。截至目前为止，CVI/CVD 仍是制备纤维增强陶瓷基复合材料，尤其是用于电器领域的高纯度 SiC 陶瓷的主要方法。然而，由于陶瓷产率低、沉积速度慢，这种方法的制备过程非常缓慢，经常需要几个星期才能完成一个组件的制备。而且该法使用的原料是具有腐蚀性的危险液体，副产物氯化氢也是高度腐蚀性的。每生产 1kg SiC 大约就会生成 2.7kg 的酸性气体。热的盐酸蒸气会迅速破坏反应室和夹具，因而需要频繁的设备维护，严重时甚至会造成重大故障而导致停机，这些都大大降低了生产效率。此外，CVI/CVD 技术所需设备一般都比较昂贵（约 $1/16m^3$ 的小型系统大约需要

200000～500000美元)。另外,采用此法制备的部件也存在涂层均匀性和密度梯度等问题。一般采用这种方法制备的涂层厚度都小于12mm,对大尺寸零件的均匀制备则很难实现。

有机先驱体浸渍热解法(PIP)。PIP法是世界各地的研究者们为寻求高效制备陶瓷基复合材料而开发出来的一种相对较新的技术。该技术将纤维预制体或粉末压块浸入能够转化成陶瓷材料的液态先驱体聚合物中,然后经热解得到陶瓷基复合材料。热解过程一般在高温下进行,且需要惰性气体保护,以确保碳能保留在陶瓷中。能够生成碳、富氧碳化硅、氮化硅、硅碳氧和硅氮氧的陶瓷先驱体已发展多年(详见本书第2章)。PIP法的优点包括:

(1)制备设备简单、便宜。

(2)处理温度低。

(3)制备时间短。

(4)可生产大型和/或复杂的部件。

此外,先驱体聚合物的使用还可实现对材料进行分子水平的控制。然而,由于早期的先驱体聚合物产率较低,常需要多次浸渍才能获得致密材料,且最终产品的孔隙率太高、强度过低,因此PIP法在过去很长一段时间内都没有被广泛接受。直到现在,大部分陶瓷先驱体仍存在碳或氧含量仍然较高(非化学计量比)、难以操作(会生成氨气或在空气中易自燃)、需要添加大量交联助剂以实现不熔化等缺点。从1990年代开始,基于对高性能CMC(能在1400℃以上保持热化学稳定性和抗氧化性能)的强烈需求,陶瓷先驱体的开发获得了较大发展。Seyferth[3]、Laine[4]、Interrante[5]等人都是开发化学计量碳化硅(能在所需高温下保持稳定)的领军人物。

表5.7对化学气相渗透法、熔融浸渗法和先驱体浸渍热解法进行了比较。

表5.7　碳化硅复合材料制备工艺比较

制备工艺	先驱体浸渍热解法	化学气相渗透(CVI)法	熔体浸渗(MI)法
成本	很低(CVI的10%～30%)	最高	中等
最大组件厚度	>5cm	<1.5cm	2～4cm
最高使用温度	1700℃(空气中) ～2000℃(惰性气氛)	1700℃(空气中) ～2000℃(惰性气氛)	1380℃(由于存在富余硅)
与金属、陶瓷的反应性	低,可烧至1000℃	高,加工过程中热的HCl气体将毁坏大部分材料	高,高于900℃时硅与大部分金属和陶瓷都能反应
需要的材料	无腐蚀性的陶瓷先驱体聚合物,无空气敏感性	MTS(腐蚀性,空气敏感,与水反应),氢气	*MTS(腐蚀性,空气敏感,与水反应,同CVI),用于熔体渗透的结晶硅

制备工艺	先驱体浸渍热解法	化学气相渗透(CVI)法	熔体浸渗(MI)法
加工所需时间	7~10 天	3~8 周,取决于材料厚度	6~8 天
最低加工温度	850℃(惰性气氛)	1200℃(低真空)	1450℃(中等真空度)
制备设备的成本	低(惰性气体炉)	高(真空炉,酸性气体洗涤系统)	高(真空炉,酸性气体洗涤系统)
金刚石磨加工需求	不需要,但可在完全致密化之前加工成近净成形	需要,部件厚度大于5mm时	通常不需要
最后的机械加工需求	无	经常需要,用于移除模具	需要,用于移除多余的外加硅和模具残余
氢气需求	无	有	有,用于涂覆纤维步骤
生成腐蚀气体	无	有(HCl 气体)	有,涂覆纤维步骤中

注:* MTS 用于在纤维上沉积一层 SiC 层以保护它们免受熔融硅影响

5.8.3 新型陶瓷先驱体聚合物

新一代陶瓷先驱体的出现是先驱体制备技术的重大突破,它使先进材料的制造商可以以较低的成本获得陶瓷基体。这些新型先驱体的陶瓷产率绝大多数都超过75%,许多情况下都可以达到近85%。高的陶瓷产率意味着较少的浸渍循环次数,从而将制备致密部件的周期缩短至6~8天。目前可用先驱体法制备的陶瓷包括:

(1) 高纯度、理论配比的碳化硅陶瓷。

(2) 氧化性环境中稳定的硅碳氧陶瓷。

(3) 碳、氧含量可控的碳化硅陶瓷。

(4) 氮化硅陶瓷。

(5) 硅碳氮陶瓷。

开发或生产陶瓷先驱体聚合物的机构包括星火系统公司(Starfire Systems)、MATECH、道康宁 - COI 陶瓷(Dow Corning - COI Ceramic)、Tonen、日本碳公司(Nippon Carbon)、霍尼韦尔(Honeywell)、宇部兴产(UBE Industries)以及一些大学(如德国的 Bayreuth University、法国的 Université Claude Bernard - Lyon 1)和研究机构(如德国的 Fraunhofer - Institut für Silicatforschung Würzburg)。

最近开发出来的新型陶瓷先驱体一般是中低黏度的液体,它们易于操作,室温下能在空气中进行操作处理,无毒、无腐蚀、不会生成腐蚀性副产物。陶瓷部件可用低成本设备制造、所用模具和夹具的成本也很低(在大多数情况下还可重复使用)[6]。此外,很多陶瓷先驱体都具有比较宽的分子量分布(和黏度)。

一些具有附加功能的官能团也能较容易地引入到聚合物骨架上,从而获得具有紫外固化功能的聚合物,或是将 B、Zr、Hf 等元素引入到聚合物中,又或是为制备一些具有特殊功能的陶瓷而定制其先驱体。事实上,所有的先驱体聚合物在完成致密化后都能实现近净成形[7]。但只有少数先驱体能在很快的升温速率(2~3℃/min)下实现完全交联和热解。这主要有两方面的原因:①新型先驱体在热解过程中释放出的小分子主要为氢气。这些氢气分子比传统先驱体热解所产生的复杂碳氢和含氮化合物更容易从部件中逸出。②聚合物中含有的少量氢能够对交联过程起到催化的作用,使交联度升高(大于98%),进而获得很高的陶瓷产率(大于85%)。表 5.8 给出了目前常见的一些先驱体聚合物的典型性能。图 5.23 是先驱体浸渍热解法制备陶瓷基复合材料的示意图。

表 5.8   硅氧烷和碳硅烷陶瓷先驱体聚合物的性能

陶瓷涂层	SiOC 先驱体聚合物	SiC 先驱体聚合物
密度/g·cm^3	0.990~1.150	0.998
外观	清晰,微乳白色	清晰,琥珀色
黏度/cps	10~20000	80~100
可溶解性	正己烷,四氢呋喃,丙酮,甲苯,二甲苯,异丙醇等可溶	正己烷,四氢呋喃,丙酮,甲苯,二甲苯等可溶
熔点/℃	低于 -100	低于 -100
闪点/℃	49~92	~89
沸点/℃	-	160
吸湿性	<0.1%(室温下 24h)	<0.1%(室温下 24h)
公称固化温度(无催化剂时)/℃	120~220	250~400
公称固化温度(有催化剂时)/℃	室温~125	130~220

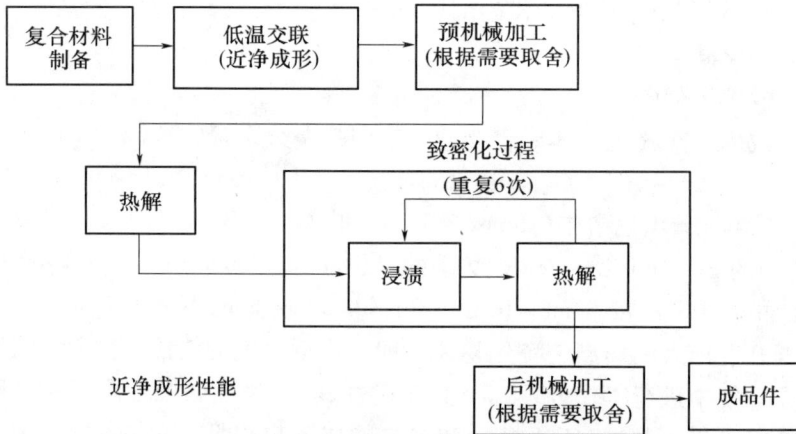

图 5.23   先驱体浸渍热解法制备陶瓷基复合材料的示意图

非氧化物陶瓷先驱体的一些典型操作参数列于表5.9。表5.10则列出了采用不同纤维作为增强体,在850℃热解所得CMC的性能。

表5.9　非氧化物陶瓷先驱体的典型操作参数

固化参数		热解参数		结晶热处理(仅碳硅烷和硅氮烷)	
固化加热速率/(℃/min)	1~3(取决于部件厚度)	热解加热速率/(℃/min)	1~2(取决于部件厚度和孔隙率)	结晶化加热速率/(℃/min)	2
固化温度/℃	220~400	热解温度/℃	850~1000	结晶化温度/℃	1600
固化气氛	氮气,氩气,氦气	热解气氛	氮气,氩气,氦气	结晶化气氛	氩气,氦气
固化持续时间/h	1~2	热解持续时间/h	2~4	结晶化持续时间/h	6~8
夹具和模具材料	铝,黄铜,钢,石墨,氧化铝	夹具和模具材料	钢(限850℃),石墨,氧化铝	夹具材料	石墨
脱模剂	丙烯酸喷雾,Kapton® 聚酰亚胺,氮化硼	脱模剂(无固化步骤才需要)	同固化步骤	—	

表5.10　先驱体法陶瓷基复合材料的部分性能

性　能	纤维类型	数　值
抗弯强度/MPa	Nicalon	372~414
	Hi-Nicalon	360~600
	Sylramic	360~450
	SCS-6	607~690
拉伸强度/MPa	T-300	275~350
	Nicalon	250~289
公称密度/(g/cm³)	Hi-Nicalon(结晶基体)	2.76
	Sylramic(结晶基体)	2.92
	T-300(热处理)	2.15
	CG Nicalon	2.34
孔隙率/%	所有纤维	0.1~5

正如一种早期聚硅氧烷先驱体的商品名(Black Glas®)所强调的,大部分先驱体聚合物在1100℃热解所得的产物是一种非晶的玻璃状的材料。在大多数情况下,这种非晶陶瓷已经可以满足1000℃下长时间使用的需求。图5.24比较了先驱体SiC陶瓷和SiC晶体粉末(粒径约为1mm)在空气中经900℃处理500~1000h后的性能。结果表明,长时间热处理后增重不到0.8%,整个过程中质量变化约为1%。

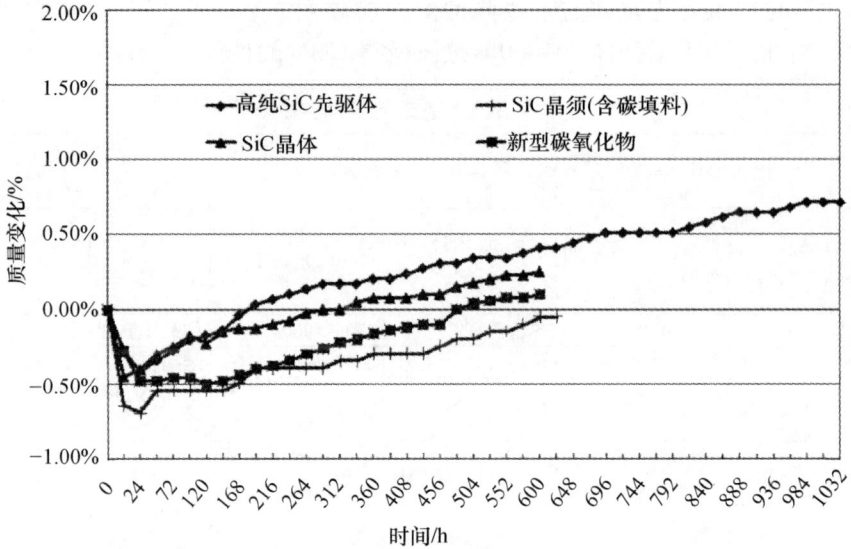

图 5.24 不同方法制备的 SiC 材料在空气中经 900℃ 处理时材料质量随处理时间的变化

一般地,近化学计量比的非晶材料在加热至更高温度后会发生结晶。例如,将 Starfire 公司生产的一种陶瓷基体先驱体加热到 1600℃ 并保温 6~8h 后,将得到纳米微晶的 SiC,晶粒尺寸为 50~100nm。这种方式获得的是具有立方晶体结构的 β-SiC,而不是传统 SiC 制备方法所得到的具有六方结构的 α-SiC。含有富余碳的先驱体经高温热解后将生成 SiC 和石墨的结晶,而 SiCO 玻璃结构则会经历碳热还原反应后形成低产率的 SiC(副产物为 SiO 和 CO 气体),从而降低了材料的陶瓷产率。将保留质量百分比对处理温度作图,得到图 5.25。大多数新

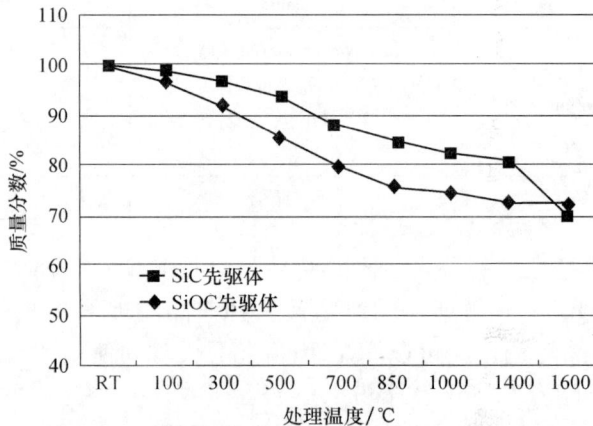

图 5.25 典型的 SiC 和 SiOC 先驱体的陶瓷产率

型先驱体在1000℃后的产率约为75%~85%。仅有少部分可获得近化学计量比SiC或SiNC陶瓷的先驱体在1600℃的热处理时仍能保持其质量不变。

5.8.4 复合材料的制备

采用先驱体聚合物制备陶瓷基复合材料在操作上是比较简单的。适用于目前常见的先驱体的典型制备过程包括以下步骤。注意,以下描述假设纤维、丝束或预制件在第一次浸渍前已经具有了界面涂层。该简化工艺包括将纤维预制件(2D或3D)浸入装有液态先驱体的密封、耐热的容器(如钢)中,抽真空以确保溶液完全浸透预制件中,然后在氮气(或其他惰性气体)保护下升温至80~250℃进行交联。预制件固化后通常已具有自支持功能,此时可将模具/夹具在热解前拆解下来供回收利用。仍在氮气保护下,在放置于箱式炉或垂直陶瓷炉内的密闭不锈钢蒸馏罐中,以1~3℃/min的速度将预制件加热至850~1000℃,使其转化成高纯度的非晶态(玻璃)陶瓷。

先驱体聚合物在转化为陶瓷的热解过程中会出现明显的收缩(密度由大约1g/cm^{3}增加至2.5g/cm^3)。因此,为实现产品的致密化,需要将上述浸渍裂解过程重复6~12次。具体的循环次数由部件中增强体的比例所决定。例如,当纤维体积分数较高(45%~48%)或加入填料的情况下,只需经历6次循环就可获得开孔率不到5%的材料;而如果使用纤维毡等纤维体积分数较低(约25%)的增强体,又不添加填料的话,就需要大约10~11个周期才能达到致密化。一般来说,密度增加和孔隙率降低与增强体的体积分数间呈现抛物线的变化关系。在6个浸渍周期后,材料的增重已经变得很缓慢,但每一次浸渍仍能持续增加材料的重量,直至孔隙率接近零。在加入填料后也有可能出现表面被封住,先驱体再难浸入的情况。图5.26是材料强度、孔隙率和密度在多次浸渍热解循环中的变化情况,实验采用SiC纤维为增强体,其体积百分比为35%。从图中可以看出,材料强度随孔隙率降低而升高,当孔隙率为2%时材料强度最大。

二维织物层板。一些新的陶瓷先驱体聚合物具有一种名为"B-staged"的状态,或可以部分交联形成一种略带黏性的树脂,这些先驱体可以通过加热和加压进行熔化或成型。其他一些陶瓷先驱体则在室温下呈固态,当加温到60~100℃会熔融。无论哪种先驱体都可以涂到纤维编织件的表面,制成一种"预浸体(pre-preg)"。将这些经过涂布的编织件裁剪成二维的薄片,然后层叠起来,就可制成各种复杂的形状。由于这些编织体的固化温度低于200℃,所以它们可以用传统的制备聚合物基复合材料的成型方式来处理。成型后,将它们置于600~800℃惰性气体中保温2h,再置于先驱体聚合物中进行真空浸渍,然后以1~3℃/min的速度升至600~800℃使聚合物交联并热解。经过3个周期

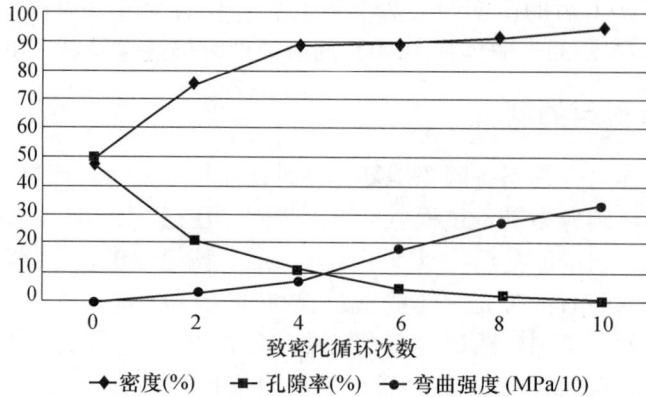

图 5.26 致密化循环次数对材料强度、密度和孔隙率的影响

的浸渍和热解循环后,将材料加热至 1000 ~ 1100℃ 以进一步实现其致密化并打开闭孔。在 900 ~ 1100℃ 间重复上述浸渍和热解循环,最终实现材料的致密化。

无论使用哪种制备工艺,只要选择了合适工艺参数都可获得性能优异的陶瓷基复合材料。先驱体聚合物可在纤维束之间以及丝束中每一根纤维周围形成基体。CVI 工艺可以将纤维束紧包在中间,因此在 MI 工艺中可采用 CVI 技术对纤维进行保护。然而,PIP 工艺制备的材料具有更为均匀的致密化程度。这使得 PIP 法制备的 CMC 与 MI 或 CVI 法制备的 CMC 相比,具有更高的层间性能和更高的热传导性[8]。总的说来,采用 SiC 先驱体聚合物制备的 CMC 在强度、密度和其他性能上与其他工艺制备的复合材料基本一致。然而,PIP 工艺的制备周期很短,也不需要太多昂贵的设备。因此,先驱体聚合物已经被越来越多地用在制备其他 CMC 组件中,如微粒增强组件[9]。其他的一些 CMC 制备方法也陆续被开发出来,例如,可将预先涂层的纤维束缠绕在轴上,然后将先驱体聚合物喷涂在其表面[10]。

先驱体法制备的大部分组件仍主要用于航空领域,但也有不少民用产品开始采用这种材料制备,比如前面提到的碳/碳化硅汽车刹车盘。此外,CMC 还逐渐进入化学设备等领域,如图 5.27 所示的由波浪形碳纤维预制件增强 SiC 基体所组成的化学塔填料。

图 5.28 所示的是一种商业化的 CMC 机动车刹车盘。该 CMC 以碳纤维层压片为增强体,采用聚碳硅烷组成的陶瓷浆料经 PIP 工艺制备而成。图 5.29 展示了陶瓷基复合材料制备的阀门和阀杆。一般地,采用高陶瓷产率的先驱体聚合物可以通过较高的处理温度快速地制备陶瓷基复合材料。

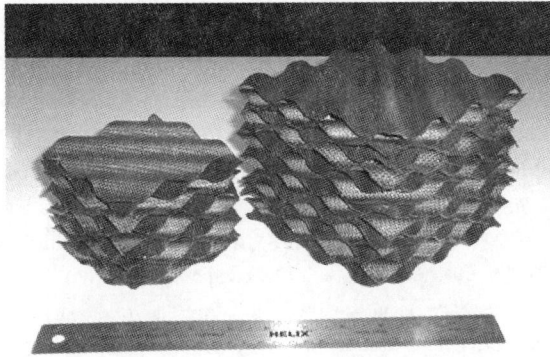

图 5.27　C/SiC 结构复合材料的塔填料

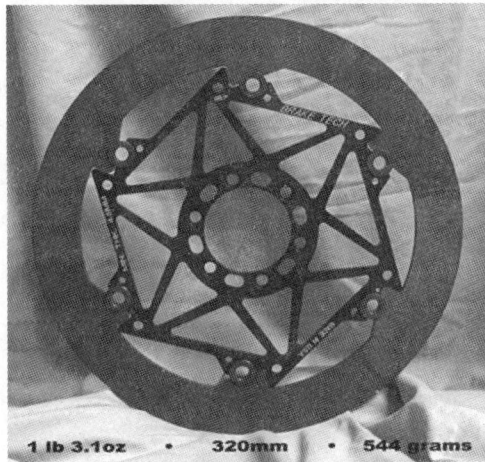

图 5.28　陶瓷复合材料制备的机动车刹车片。内层为金属材料;外层为先驱体法 CMC

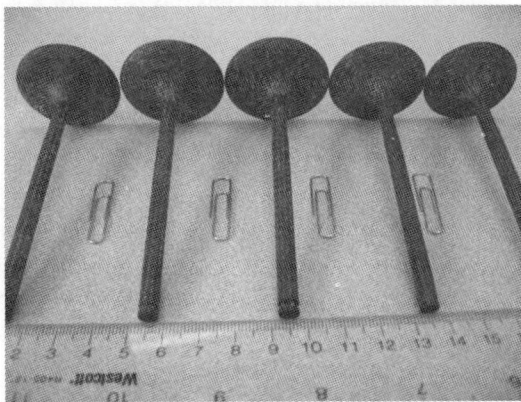

图 5.29　陶瓷复合材料制备的阀门和阀杆

5.8.5 参考文献

［1］Schilling, CL Jr, Wesson, JP, Williams, TC "Polycarbosilane precursors for silicon carbide, *Am. Ceram. Soc. Bull.*, 1983, 62, 912 – 915.

［2］Yajima, S, "Special heat – resisting materials from organometallic polymers, *Amer. Ceram. Soc. Bull.*, 1983, 62[8], 893 – 904.

［3］Seyferth, D, Wood, TG, Tracy, HJ, Robison, JL, "Near – stoichiometric silicon carbide from an economical polysilane precursor" *J. Am. Ceram. Soc.*, 1992, 75[5], 1300 – 1302.

［4］Laine, RM, Babonneau, F, "Preceramic routes to silicon carbide" *Chem. Mater.*, 1993, 5, 260 – 279.

［5］Interrante, LV, Whitmarsh, CW, Sherwood, WJ, Wu, HJ, Lewis, R, Maciel, GE, "High yield polycarbosilane precursors to stoichiometric SiC—Synthesis, Pyrolysis, and Application", *Mat. Res. Soc. Symposium on Better Ceramics Through Chemistry IV*, 1994, vol. 346, pp. 593 – 603.

［6］Interrante, LV, Whitmarsh, CW, Sherwood, WJ, "Fabrication of SiC matrix composites using a liquid polycarbosilane as the matrix source", *Ceram. Trans.* 1995, 58, 111 – 118.

［7］Sherwood, WJ, Whitmarsh, CW, Jacobs, JM, Interrante, LV, "Low – cost, near – net shape ceramic matrix composites using resin transfer molding and pyrolysis" *Amer. Ceram. Soc. Proc. Cocoa Beach Conference*, 1996.

［8］Berbon, MZ, Dietrich, DR, Marshall, DB, "Transverse Thermal Conductivity of Thin C/SiC Composites Fabricated by Slurry Infiltration and Pyrolysis," *J. Am. Ceram. Soc.*, 2001, 84［10］, 2229 – 2234.

［9］Nechanicky, MA, Chew, KW, Sellinger, A, Laine, RM, "α – Silicon carbide/β – silicon carbide particulate composites via polymer infiltration andpyrolysis (PIP) processing using polymethylsilane", *J. Eur. Ceram. Soc.*, 2000, 20, 441 – 451.

［10］Goerke, O, Feike, E, Schubert, H. "Spray winding, a novel one – step spray – technology to perform CMCs from preceramic polymers", *J. Eur. Ceram. Soc.*, 2005, 25, 181 – 185.

5.9 微加工和微纳机电系统(MEMS/NEMS)
MACHAEL SCHULZ

5.9.1 引言

通过压制或注塑成型等粉末加工的方法是很难制备出微型陶瓷部件的,因为生产微型部件的模具通常都形状复杂,难以加工,且成本很高。采用机械方法(如研磨、切割等)对烧结陶瓷进行直接加工也不易实现,因为陶瓷材料通常硬度都很高,会对加工工具造成损坏。当部件尺寸极其微小时,也无法利用将原坯塑性成微型部件再烧成的技术,因为很难制备尺寸小于0.1mm的工具[1]。此外,还要努力实现微型系统所需的各种精确要求。

在微型机电系统(Micro – Electromechanical System, MEMS)中,不同材料的组合与相互作用以及多个部件的精确安装至关重要。因此,陶瓷材料的成型方法要适应常见的 MEMS 工艺,比如平板印刷技术和打印技术。这种需求在纳米机电系统(Nano - Electromechanical System,NEMS)中更加关键。

本章节将介绍两种制备先驱体陶瓷 MEMS/NEMS 的方法。一种方法是采用紫外、X 射线、电子束和激光等平板印刷能量使陶瓷先驱体直接成型和交联的光刻技术。另一种方法是纳米压印技术(Nano - imprint,Lithography,NIL),又叫软光刻(Soft - lithography)法,通过将微结构构造在非 PDC 的硬质塑料基板上,然后再进行制模或印刷操作。

5.9.2 平板印刷光刻技术

首先结合几个采用 PDC 进行微加工的实例来介绍光刻技术的通性,并重点介绍其中的独特亮点。

总地来说,平板印刷光刻法就是选择性地移除薄膜(或基体)的某些部分,可采用可见光、紫外光、X 射线和电子束等辐射源。图 5.30 展示了两种不同光刻法的曝光装置,通过掩模板或曝光束偏转的方式,将几何形状转移到对辐射敏感的化学物质上(称为感光胶,比如 PDC 的某种先驱体)。表 5.11 列出了常见光刻技术中,将图案转移到感光胶上的机理。

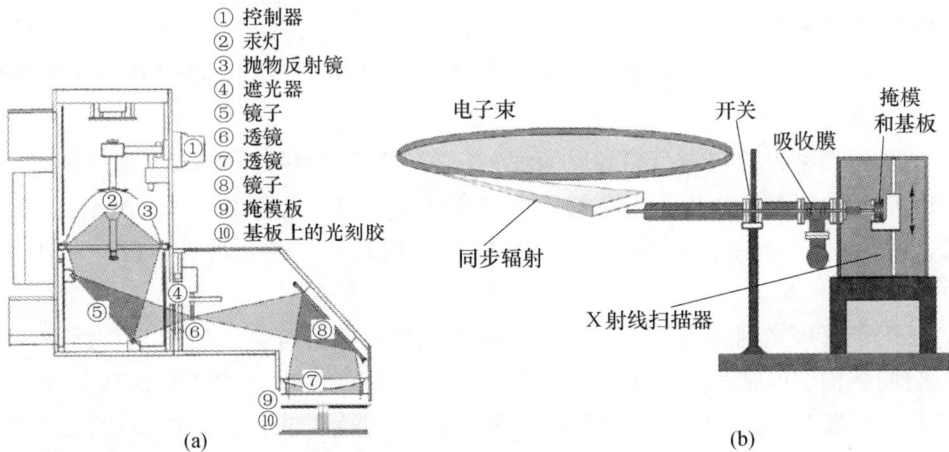

① 控制器
② 汞灯
③ 抛物反射镜
④ 遮光器
⑤ 镜子
⑥ 透镜
⑦ 透镜
⑧ 镜子
⑨ 掩模板
⑩ 基板上的光刻胶

(a)

(b)

图 5.30 光刻法装置示意图

UV 法曝光装置(a)和 X 射线微平板印刷装置(b)。

表 5.11 常见光刻技术的图案转移机理

光刻技术	辐射类型	图案母板	曝光类型	光源
可见—紫外光蚀技术	可见光 紫外光	掩模板,动态 图案发生器	表面 光栅束	弧光灯 紫外激光
立体光刻技术(SLA)	紫外光	束偏转	激光点	紫外激光

光刻技术	辐射类型	图案母板	曝光类型	光源
激光选择烧结（SLS）	红外光	束偏转	激光点	CO_2 激光
X 射线光刻技术	X 射线	掩模板	表面	同步加速器
电子束刻蚀技术	电子	束偏转	电子束	电子源
深紫外光刻技术	深紫外 （10～120nm）	掩模板	表面	等离子体
双光子立体光刻技术	深紫外	束偏转	激光点	准分子激光

光刻法的第一步是通过旋涂、甩胶等方式将感光胶均匀覆盖在基板上。为实现平板印刷的最高精度,感光胶材料必需是固态的或者至少具有很高的黏度。尽管在一些科技文献中有采用液态陶瓷先驱体成功制备的报道,但这在实际商业化生产中并不切实可行[2,3]。极其昂贵的掩模板与液态先驱体接触后会被损坏。特别是在 X 射线光刻法中,基体、感光胶和掩膜必须垂直装配,因此不可能使用液态感光材料。

此外,在 X 射线或电子束光刻过程中,测试室在曝光前要先抽空,以确保不会发生由电离辐射引起的副反应。因此,感光胶材料不能在此过程中释放出溶剂或低分子量物质。在将感光胶涂覆在基板表面后,所用的溶剂必需彻底清除干净。

基于光刻胶的化学结构和反应性,光刻胶可以分为两种类型:光照后通过交联形成显影脱胶过程中不可溶物质而留在基板上的是负性胶;反之,原本对显影溶剂不可溶,经光照后发生链断裂,变成可溶物质的称为正性胶,如图 5.31 所示。

用于直接光刻制备 MEMS/NEMS 的陶瓷先驱体聚合物一般都是负性胶,因为它们结构中通常都包含有易活化的乙烯基侧链。此外,还可采用高能射线,如 X 射线和远 UV 射线使氢和部分侧链发生断裂,进而与其他聚合物成键,实现先驱体的交联[4]。基于环氧的 SU－8 等一些性能较好的负性胶具有很高的敏感性,通常只需在 UV 光下曝露数秒即可实现交联(具体时间受感光胶厚度和光源强度影响)。商业化的感光胶如 Ceraset 或 VL20（KiON Corp.）则是在添加了光活性物质（Photo Active Compound,PAC）后仍需要数分钟甚至一小时才完成交联。UV 光刻的曝光装置通常都不允许如此长的快门打开时间,因为由此产生的热量造成光学器件的损坏。为了使感光胶的选择性与辐射光源的最高强度相适应,在涂层前一般都要将小剂量(约 1%)的 PAC 加入到感光胶体系中。对

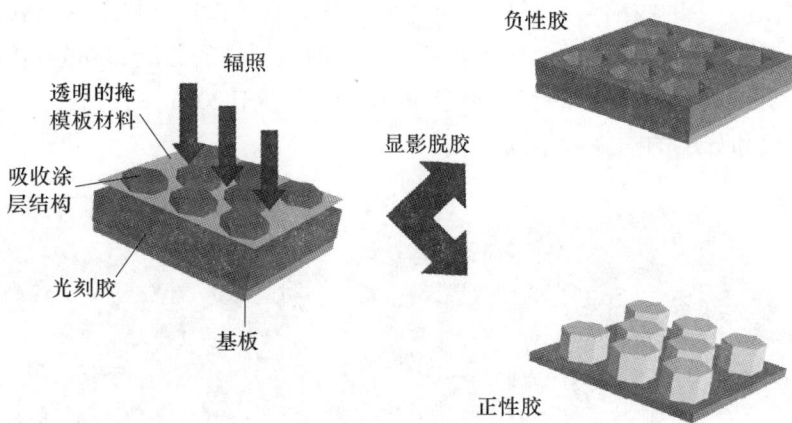

图 5.31 正性胶和负性胶在基于掩模板的光刻过程中的不同行为

VL20 先驱体,文献中报道了几种光引发剂[2,3]。为确保 PAC 有效,感光胶聚合物中必须含有可与活性光引发剂反应的结构,例如 KiON VL20 中的乙烯基。而对 ABSE 先驱体,类似的引发剂就无效,因为 ABSE 中没有任何可供反应的侧链。

将曝光和显影脱胶后的感光胶厚度与初始厚度的比值对光辐照的入射剂量作图,可以计算得到感光胶的感光度,该值表示了感光胶在光刻中的敏感度。在图中,对感光胶无明显影响的辐照剂量(D_0)和使得整个膜都不溶时的辐照剂量(D_{100})之间的转变区域进行线性回归拟合,计算得到的斜率就是感光胶的感光度。ABSE 材料在 X 射线光刻中的感光度约为 0.8[4]。

除了曝光外,对已转移图案的显影脱胶同样重要。一般地,每一种感光胶都有其相应的专用显影脱胶溶液和最优脱胶时间以提高微结构的质量。根据感光胶类型的不同,脱胶溶剂会选择性地溶解已曝光或未曝光的区域。

微结构的制备通常要在洁净的房间和合适的条件下进行,如空气相对湿度 40%,温度 21℃。但由于大部分陶瓷先驱体都对空气和水敏感,因此仅保证以上条件是不够的。而另一方面,要使新材料在 MEMS/NEMS 技术中拥有更广泛的应用空间,就应该满足现有的操作工艺和条件。因此,只有对湿度和空气敏感性低的先驱体聚合物才能用于 MEMS/NEMS 标准制备技术中。

显影脱胶通常是平板印刷光刻技术的最后一步。经过脱胶后,在基板上获得的具有特定形貌的材料,可进一步用于 MEMS 的制备(如图 5.32 左所示)。但在使用前,还需要将感光胶先驱体热解制成陶瓷。如前所述,对于大型结构来说,热解过程中的收缩会对材料性能造成显著影响。在光刻技术中,热解过程中热膨胀系数的不匹配同样会导致基板及其表面微结构的分层和部分损毁。研究结果表明,当表面微结构的直径小于 $50\mu m$、厚度小于 $20\mu m$ 时,可在基板上获得没有裂纹和分层的陶瓷微结构[4]。

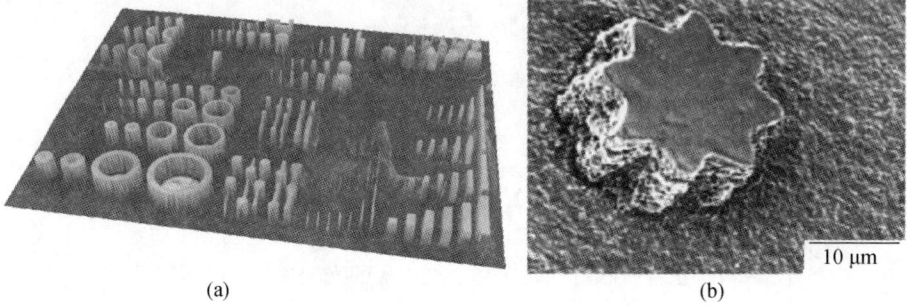

图 5.32 (a)以 ABSE 为先驱体,采用 X 射线光刻胶技术制备的微结构的 3D 表面形貌[2](由 Wiley VCH 授权转载)。(b)ABSE 先驱体加入填料后,采用 X 射线光刻胶技术制备并经高温热解所得微结构的 SEM 照片[5](由 Elsevier Limited 授权转载)。

文献中报道,可通过加入陶瓷粉末填料来控制收缩和减缓裂纹生成及分层的趋势。但颗粒状填料的加入会引起散射,从而导致直接光刻过程中出现不希望发生的吸收。例如,填料的加入会导致曝光剂量的升高并对所得 MEMS 和 NEMS 的表面质量和边缘精度造成严重影响,如图 5.32 右图所示。另外有报道表明,使用可在感光胶之前发生热交联的天然基板可有效抑制裂纹和扭曲变形的生成[5]。

在其他一些路线中,光刻微结构要在热解和烧结前与基板分离开。对吸附较弱的聚四氟乙烯和硅基底,只需一把锋利的刀就可以将微结构与基板分开[3]。另外一种创新的方法是将 NaCl 晶体块用作牺牲型基体,在曝光和显影脱胶后可用水溶解除去[3]。

最近,Pham 等人采用纳米立体光刻技术(Nano – Stereolithography, NSL),以新开发出的功能化 VL20 基感光胶,制得了真正的 3D 陶瓷微结构,如图 5.33 所示[6,7]。在 NSL 或双光子立体光刻技术中,由飞秒激光源产生的单个入射光子的能量低于感光胶的吸收阈值,因此所用激光是可以透过感光材料的。但通过激光束的聚焦,可提高焦点处的多重光子吸收概率,例如 UV 光引发剂吸收两个波长为 790nm 的近红外(NIR)光子,在能量上等同于吸收一个 395nm 的 UV 光子[8,9]。最终光固化反应将选择性地发生在约 120nm 的聚焦范围内。令人惊叹的是,采用这种方法可以制备出具有纳米精度的木柴堆微结构(底边长度仅有 9 μm,图 5.33 中(a)~(f))以及螺旋微管和十字型结构(图 5.33 中(g)~(h))[6]。此前还报道了由聚硅氧烷感光胶所制备的类似结构[10]。不过,热解过程中的收缩同样会导致这些结构发生变形,如图 5.33 中(c)~(e)所示。因此,研究者向体系中加入了质量分数 40% 的二氧化硅填料(直径 10nm)以维持其形状,最终产品如图 5.33(f)所示[6]。事实证明,这种陶瓷先驱体可作为高敏感性感光胶应用于传统 UV 光刻技术[7]。

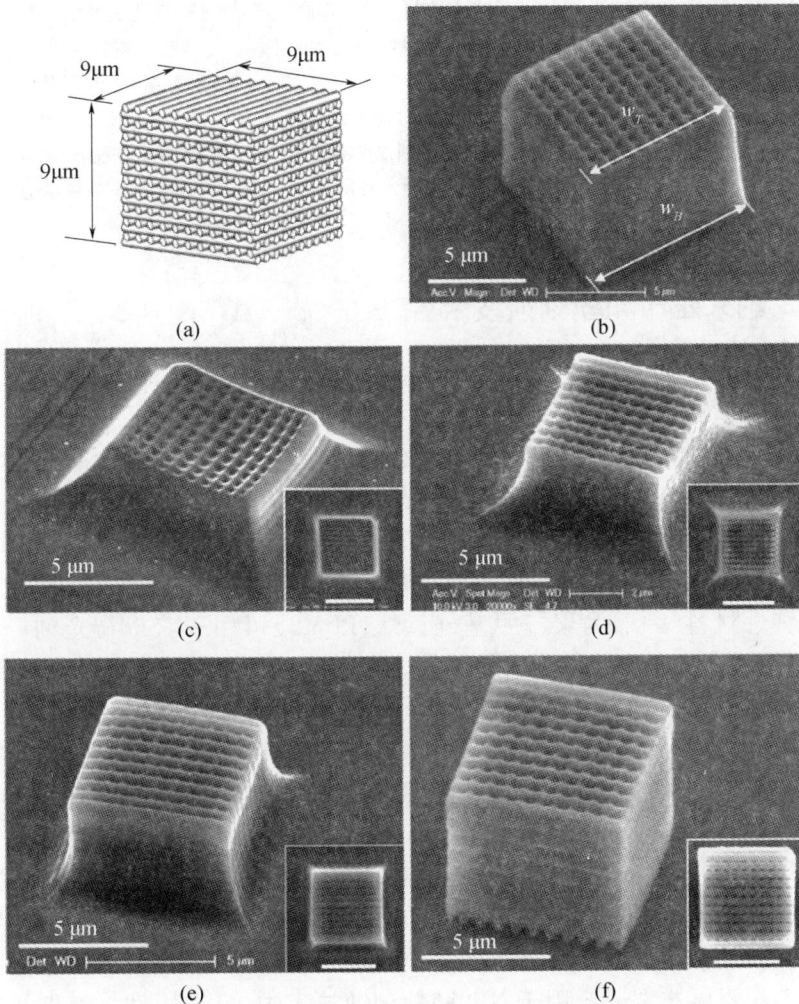

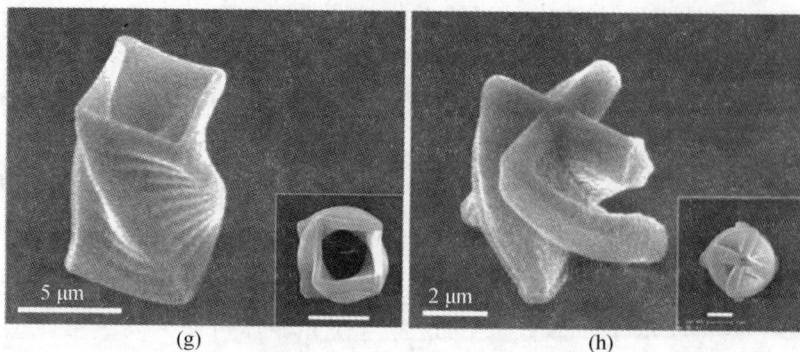

图 5.33　由纳米立体光刻技术制备并在 600℃ 烧成的三维陶瓷微结构
（a）木柴堆结构立体设计图；（b）不含填料的聚合物结构；（c）未加填料的陶瓷结构；
（d）~（f）为减少收缩，加入不同比例的二氧化硅填料后所得的陶瓷木柴堆结构，
其中含二氧化硅的质量分数分别为：（d）20%，（e）30%，（f）40%。其他 3D 陶瓷
微结构：（g）螺旋管状结构和（h）底部到顶部旋转 90°十字螺旋结构；这两种结构
由含质量分数 40% 二氧化硅填料的树脂制备得到。（各图右下角小插图为各结构
相应的顶部视图）[6]（Wiley VCH 授权转载）。

5.9.3　纳米压印和软刻蚀技术

　　另一种利用微纳结构将聚合物、金属和陶瓷图案化的方法是纳米压印（NIL）[11] 和软刻蚀技术[12]。这两种技术的共同点是图案化的母板或者作为模具通过物理限制先驱体液体的流动使之干燥后形成最终的图案化结构薄膜，或者作为印章直接将构筑材料转移到目标基底上。

　　在 NIL 技术中，高分辨率的印章通常由 Si 或 SiO₂ 基板经电子束光刻和干法刻蚀获得。在软刻蚀技术中，母板可由 SU-8 等标准感光胶利用 UV 光刻方法制得。弹性材料（一般为聚二甲基硅氧烷，PDMS）可用于获得与光刻母板相反的图案（图 5.34）。由此派生出的很多技术，如微转移成型（Micro Transfer Molding，μTM）、毛细管微成型（Micro Molding in Capillaries，MIMIC）以及模压（Embossing）技术目前都已成功应用于陶瓷先驱体聚合物中[12-17]。微接触印刷（Micro Contact Printing，μCP）需要具有自组装功能的分子。上述几种技术的原理如图 5.34 所示。微通道成型（Microchannel Molding）技术采用了与 MIMIC 技术相似的毛细填充原理，通过图案化基底与 PDMS 的平板薄膜构成许多微通道，再将液态先驱体液滴置于这些微通道的入口处，因毛细作用先驱体液体将被吸入微通道中。当先驱体干燥后可将平板薄膜剥离。

　　液态先驱体非常适合用于 NIL 和软刻蚀技术中，且在惰性气氛保护下非常

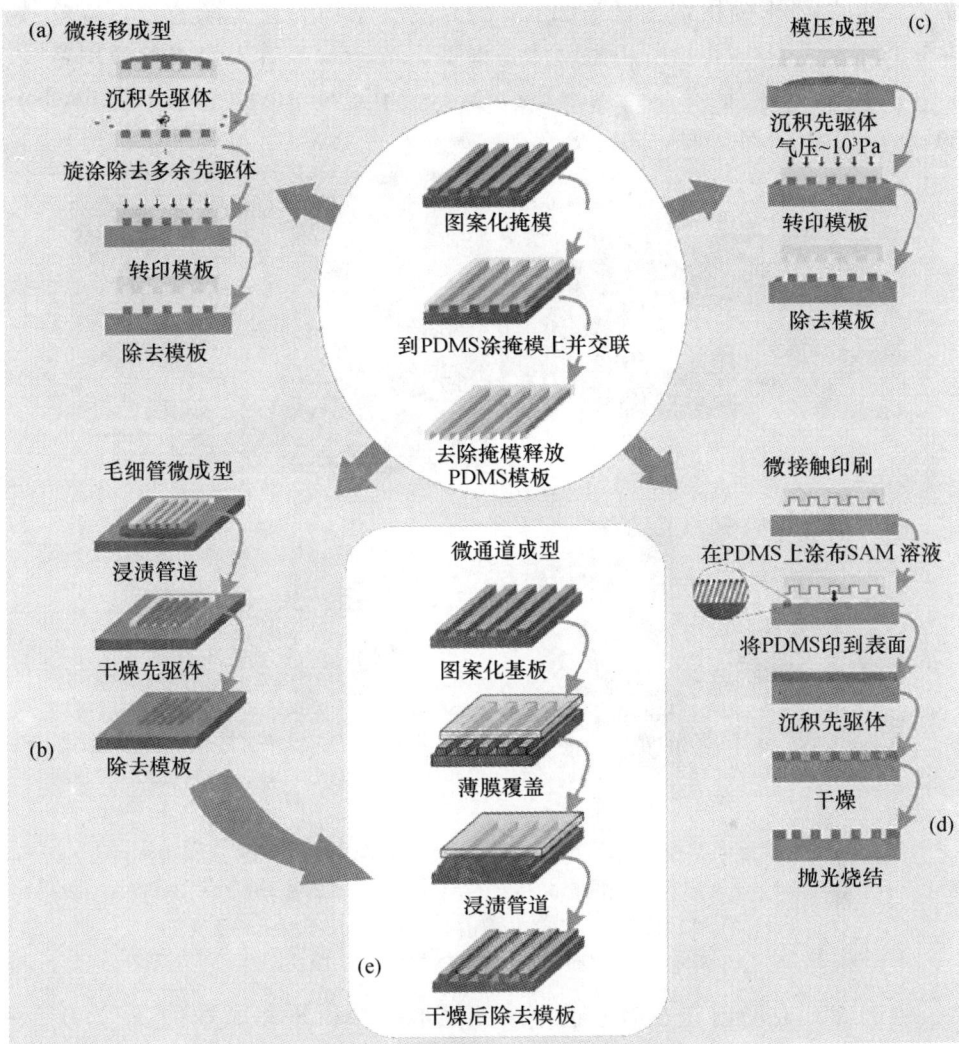

图 5.34 PDMS 模板的制备以及实现陶瓷材料图案化的各种软刻蚀技术的示意图
(a) 微转移成型；(b) 毛细管微成型；(c) 模压成型；(d) 微接触印刷；
(e) 微通道成型[18]。Materials Research Society 授权转载，版权 2005。

容易完成上述过程。因此，可用于这种方法的先驱体数量比可用于直接光刻法的先驱体数量要多，甚至连一些含硼化合物也已成功用于这种技术[17,19]。

5.9.4 毛细管微成型和微转移成型

在真空辅助下，以 SiBCN 先驱体为原料，采用毛细管微成型和微转移成型技术,可以制备出网格宽度低至 20μm 的蜂窝状结构和自支撑的微型齿轮,如图 5.35 所示[17]。该实验所用先驱体是根据 Jüngermann 等人提出的通用路线,采用 1 - 三氯硅甲基 - 1 - 二氯硼基乙烷(1 - (trichlorosilyl) - 1 - (dichloroboryl)ethane,TSDE)合成而得[20]。

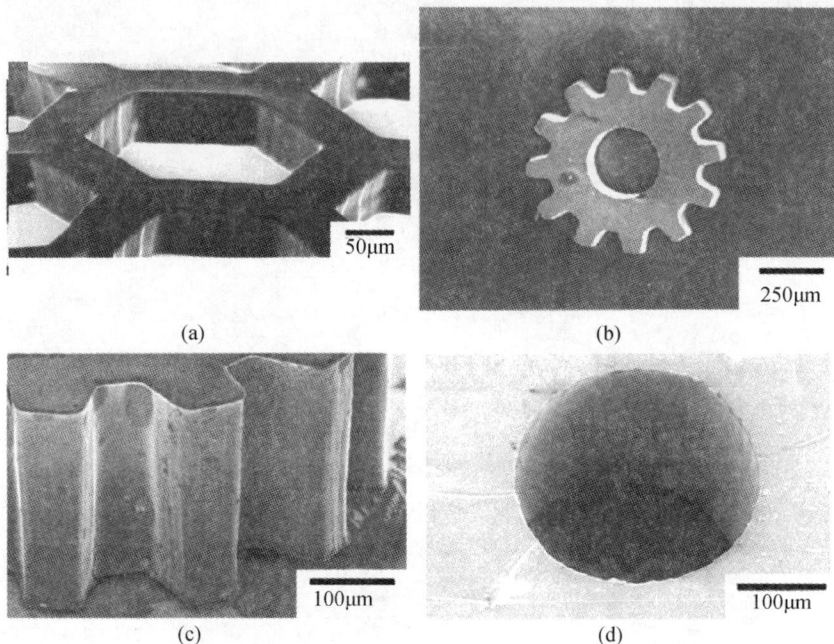

图 5.35　采用微转移成型技术制备的六边型网格(a)和微米级自支持齿轮结构(b)~(d),其中六边型网格结构经空气中 1050℃ 处理 2h。

(b)为齿轮的俯视图;(c)为齿轮边缘侧视图;(d)为齿轮中孔的侧视图[17]。

经 Wiley - VCH GmbH&Co. KGaA 授权转载,版权 2001。

在 MIMIC 成型前先在微通道中填充聚苯乙烯和 SiO_2 微球(直径为 0.5~1.5μm)可获得具有可调节孔隙的表面微结构,这些可于在微型全分析系统(Micro Total Analysis System,μTAS)和高温燃料重整领域[16,21]。因此,先驱体 KiON VL20 和 Starfire SMP - 10 可分别用来制备 SiCN 和 SiC 的微孔结构(如图 5.36 所示),牺牲型微球将在热解过程中分解。

5.9.5　模压技术

Lim 等人采用模压技术在 KiON VL20 先驱体薄膜上制备出了大面积均匀的半球状陶瓷微结构[22]。尽管在热解之后这些图案的高度发生了较大变化,但其表面轮廓与相应 PDMS 模板几乎相同(见图 5.37)。

340

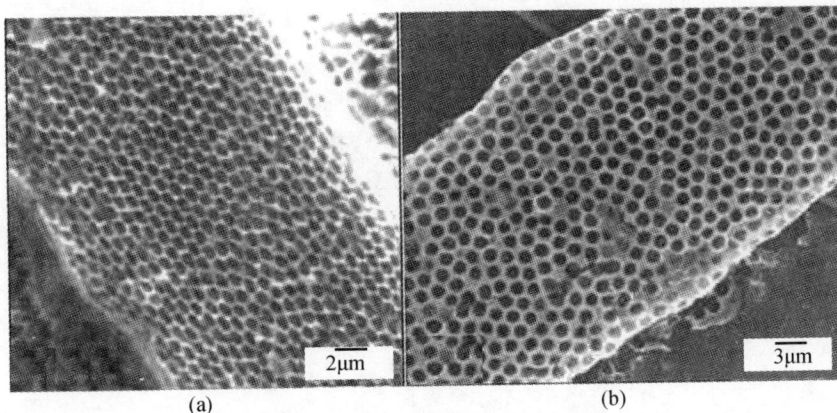

图 5.36   陶瓷微通道的扫描电镜图

（a）为采用 1μm 聚苯乙烯微球制备的 SiCN 微通道；

（b）为采用 1.5μm 聚苯乙烯微球制备的 SiC 微通道[16]。

经 Trans Tech Publication 授权转载，版权 2006。

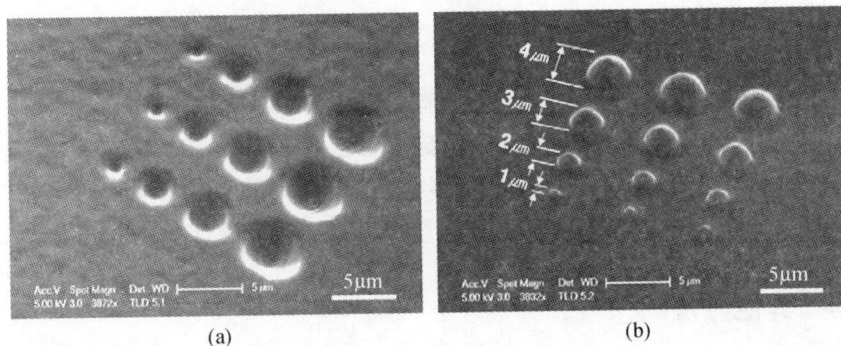

图 5.37   模压技术中所用 PDMS 模板（a）以及制备得到的 SiCN 陶瓷结构（b）的 SEM 照片[22]

经 Elsevier Limited 授权转载，版权 2006。

5.9.6   微铸造

Liew 等人采用光刻成型的 SU-8 母板作为液态先驱体微铸造的反模板，如图 5.38 中顶部所示[23]。优化工艺中，研究者在充填陶瓷先驱体之前，先将一层铝箔压入 SU-8 母板中作为分离层，从而避免了 Ceraset 基感光胶与模具材料间的反应。图 5.38 底部所示是一个使用该方法经热解后得到的具有四臂结构的静电激励器。

光刻法成型

0.4mm

铝箔成型

1.8mm

SU-8 掩模　　　　　铝箔压入模具腔　　　　　交联前Ceraset
　　　　　　　　　　　　　　　　　　　　　　光驱体结构

图 5.38　微铸造的两种方法,即制备出未交联但具有硬度的高分子组件
顶部两幅图为采用感光法制备的齿轮,右上图为经热解后的陶瓷体。
底部三幅图为采用金属模具法制备的组件,该法中先将铝箔压入模具腔中,
成型和先驱体固化后再将铝箔剥离[23]。

5.9.7　其他方法

　　Feiertag 等人报道了一种类似于 MIMIC 的方法,用以制备一种可用作光子晶体的"三柱"型结构。该法采用深 X 射线对 PMMA 正性胶进行光刻,脱胶后再用液态陶瓷先驱体填充残余结构[24]。通过掩模板和感光胶倾斜堆叠的重复曝光,最终获得晶格常数为 $114\mu m$ 的三维母板结构。脱胶后,使用 THF 稀释的组成为 $SiN_{1.5}C_{2.0}H_{5.0}$ 的聚乙烯基硅氮烷先驱体填充微通道[25]。待溶剂蒸发后,把先驱体暴露于空气中进行交联,再经 $1100℃$ 热解除去 PMMA。最终获得的光子晶体结构的晶格常数为 $85\mu m$,棒状微结构的直径为 $22\mu m$,如图 5.39 所示。

　　Liew 等人还以 Ceraset 先驱体为原料,通过光聚合和微铸造技术成功制备了陶瓷微型点火装置和微型陶瓷钳子[26,27]。

342

图 5.39　采用 SiCN 陶瓷制备的光子晶体结构[24]
American Institute of Physics 授权转载,版权 1997。

5.9.8　结语

本章节综述了多种由先驱体聚合物制备 MEMS/NEMS 陶瓷结构的微加工技术。先驱体陶瓷的使用使得 MEMS/NEMS 可应用于氧化、高温等恶劣环境。目前已实现了 1 μm 级以下精度器件的制备。如何使这类材料的制备及工艺适用于通用的 MEMS 技术仍是目前面临的挑战。对于直接光刻法来说,需要开发对水和空气稳定且有光化学活性侧基的先驱体高分子。本节所介绍的方法对于其他陶瓷先驱体,如制备钛酸、锆酸陶瓷的先驱体同样适用。

5.9.9　参考文献

[1] Fang, F., K. Liu, T. Kurfess and G. Lim (2006). Tool – based Micro Machining and Applications in MEMS. MEMS/NEMS: 678 – 740.

[2] Hanemann, T., M. Ade, M. Boerner, G. Motz, M. Schulz and J. Hausselt (2002). "Microstructuring of preceramic polymers." *Adv. Eng. Mater.* , 4(11): 869 – 873.

[3] Liew, L. – A., Y. Liu, R. Luo, T. Cross, L. An, V. M. Bright, M. L. Dunn, J. W. Daily and R. Raj (2002). "Fabrication of SiCN MEMS by photopolymerization of pre – ceramic polymer." *Sensor. Actuator. A – Phys.* , 95(2 – 3): 120 – 134.

[4] Schulz, M., M. Boerner, J. Goettert, T. Hanemann, J. Hausselt and G. Motz (2004). "Cross linking behavior of preceramic polymers effected by UVand synchrotron radiation." *Adv. Eng. Mater.* , 6(8): 676 – 680.

[5] Schulz, M., M. Boerner, J. Hasselt and R. Heldele (2005). "Polymer derived ceramic microparts from X – ray lithography—cross – linking behavior and process optimization." *J. Eur. Ceram. Soc.* , 25(2 – 3):

199 – 204.

[6] Pham, T. A. , D. P. Kim, T. W. Lim, S. H. Park, D. Y. Yang and K. S. Lee (2006). "Three – dimensional SiCN ceramic microstructures via nano – stereolithography of inorganic polymer photoresists." *Adv. Funct. Mater.* , 16(9): 1235 –1241.

[7] Pham, T. A. , P. Kim, M. Kwak, K. Y. Suh and D. P. Kim (2007). "Inorganic polymer photoresist for direct ceramic patterning by photolithography." *Chem. Commun.* , (39): 4021 –4023.

[8] Hanemann, T. , W. Bauer, R. Knitter and P. Woias (2006). Rapid Prototyping and Rapid Tooling Techniques for the Manufacturing of Silicon, Polymer, Metal and Ceramic Microdevices. MEMS/NEMS: 801 – 869.

[9] Maruo, S. , O. Nakamura and S. Kawata (1997). "Three – dimensional microfabrication with two – photon – absorbed photopolymerization." *Opt. Lett.* 22(2): 132 –134.

[10] Straub, M. , L. H. Nguyen, A. Fazlic and M. Gu (2004). "Complex – shaped three – dimensional microstructures and photonic crystals generated in a polysiloxane polymer by two – photon microstereolithography." *Opt. Mater.* 27(3): 359 –364.

[11] Chou, S. Y. , P. R. Krauss and P. J. Renstrom (1996). "Imprint Lithography with 25 – Nanometer Resolution." *Science* 272(5258): 85 –87.

[12] Xia, Y. and G. M. Whitesides (1998). "Soft Lithography." *Angew. Chem. Int. Ed.* , 37(5): 550 – 575.

[13] Asthana, A. , Y. Asthana, I. K. Sung and D. P. Kim (2006). "Novel transparent poly(silazane) derived solvent – resistant, bio – compatible microchannels and substrates: application in microsystem technology." *Lab Chip*, 6(9): 1200 –1204.

[14] Chung, G. – S. (2007). "Characteristics of SiCN microstructures for harsh environment and high – power MEMS applications." *Microelectron. J.* , 38(8 –9): 888 –893.

[15] Lee, H. – J. , T. – H. Yoon and D. – P. Kim (2007). "Fabrication of microfluidic channels derived from a UV/thermally cured preceramic polymer via a soft lithographic technique." *Microelectron. Eng.* , 84 (12): 2892 –2895.

[16] Sung, I. K. , Q. D. Nghiem, A. Asthana and D. P. Kim (2006). "Fabrication of ceramic microchannels with tailored pores." *Eco – Mater. Proc. Design* Vii 510 –511: 1030 –1033.

[17] Yang, H. , P. Deschatelets, S. T. Brittain and G. M. Whitesides (2001). "Fabrication of high performance ceramic microstructures from a polymeric precursor using soft lithography." *Adv. Mater.* , 13(1): 54 –58.

[18] Martin, C. R. and I. A. Aksay (2005). "Microchannel molding: A soft lithography – inspired approach to micrometer – scale patterning." *J. Mater. Res.* , 20(8): 1995 –2003.

[19] Kong, J. , G. B. Zhang and Q. Liu (2007). "Molecular design and synthesis of polyborosilazane precursors for SiBCN ceramics." *Prog. Chem.* , 19(11): 1791 –1799.

[20] Jüngermann, H. and M. Jansen (1999). "Synthesis of an extremely stable ceramic in the system Si/B/C/ N using 1 – (trichlorosilyl) – 1 – (dichloroboryl)ethane as a single – source precursor." *Mater. Res. Innovat.* 2(4): 200 –206.

[21] Sung, I. K. , Christian, M. Mitchell, D. P. Kim and P. J. A. Kenis (2005). "Tailored macroporous SiCN and SiC structures for high – temperature fuel reforming." *Adv. Funct. Mater.* , 15(8): 1336 –

1342.

[22] Lim, T. W. , S. H. Park, D. - Y. Yang, T. A. Pham, D. H. Lee, D. - P. Kim, S. - I. Chang and J. - B. Yoon (2006). "Fabrication of three - dimensional SiC - based ceramic micropatterns using a sequential micromolding - and - pyrolysis process." *Microelectron. Eng.* , 83(11 - 12): 2475 - 2481.

[23] Liew, L. A. , W. G. Zhang, L. N. An, S. Shah, R. L. Luo, Y. P. Liu, T. Cross, M. L. Dunn, V. Bright, J. W. Daily, R. Raj and K. Anseth (2001). "Ceramic MEMS - New materials, innovative processing and future applications." *Am. Ceram. Soc. Bull.* , 80(5): 25 - 30.

[24] Feiertag, G. , W. Ehrfeld, H. Freimuth, H. Kolle, H. Lehr, M. Schmidt, M. M. Sigalas, C. M. Soukoulis, G. Kiriakidis, T. Pedersen, J. Kuhl and W. Koenig (1997). "Fabrication of photonic crystals by deep x - ray lithography." *Appl. Phys. Lett.* , 71(11): 1441 - 1443.

[25] Freimuth, H. , V. Hessel, H. Kolle, M. Lacher, W. Ehrfeld, T. Vaahs and M. Bruck (1996). "Formation of Complex Ceramic Miniaturized Structures by Pyrolysis of Poly(vinylsilazane)." *J. Am. Ceram. Soc.* , 79(6): 1457 - 1465.

[26] Liew, L. - A. , V. M. Bright and R. Raj (2003a). "A novel micro glow plug fabricated from polymer - derived ceramics: *in situ* measurement of high - temperature properties and application to ultrahigh - temperature ignition." *Sensor. Actuator. A - Phys.* 104(3): 246 - 262.

[27] Liew, L. A. , R. A. Saravanan, V. M. Bright, M. L. Dunn, J. W. Daily and R. Raj (2003b). "Processing and characterization of silicon carbon - nitride ceramics: application of electrical properties towards MEMS thermal actuators." *Sensor. Actuator. A - Phys.* 103(1 - 2): 171 - 181.

5.10 高温高压条件下的合成
DMYTRO A. DZIVENKO 和 RALF RIEDEL

5.10.1 引言

一般来说,在材料合成过程中施加高压(HP)并辅以高温(HT)可获得一些常压下难以见到的现象。因为压力会对物质间的相转变、原子和分子的化学活性、化学平衡和反应速率产生显著影响。能够通过 HP - HT 条件合成的固体化合物都具有致密结构,其组成原子的配位数较高。新型 HP 化合物可具有常规条件下难以获得的非常规的组成、化学计量比以及组成元素的氧化数。此外, HP 相可以迅速冷却至室温,其高温高压下的性质却得以保留。此时,材料处于热力学不稳定状态,但由于逆向转变的动力学较慢,因此可长时间保持在此亚稳状态。这种亚稳型产物拥有很多独特的物理和化学性质,如高硬度、耐腐蚀、特殊光电效应、磁性、超导性等。因此,高压合成的材料在很多工业领域都有很好的应用潜力。

尽管具有上述许多优点,高压合成在材料化学领域的应用仍远少于常规合成方法,如改变反应温度和时间或者改变先驱体和/或催化剂。限制高压合成应用的一个原因是 HP 合成技术要求苛刻且生产成本较高。对于静态技术来说，单次合成产率也受到限制。因此，仅有金刚石和立方氮化硼（c－BN）等目前已知的最坚硬的固体才实现了高压高温合成的商业化。尽管如此，研究人员仍在固体化学领域进行大量工作，希望能够通过高压合成制备出不仅如同金刚石和 c－BN 一样拥有高硬度，同时还具有其他有用性能的新材料[1-8]。这些研究使人们发现了一些具有潜力的新型陶瓷材料，如超石英[9]、部分聚合的富勒烯 C_{60}[10]、尖晶石型 $\gamma-Si_3N_4$ 和 $\gamma-Ge_3N_4$[11-13]、斜方 $\gamma-P_3N_5$[14]、立方 BC_2N[15]、氯铅型 TiO_2[16] 和立方 $c-Zr_3N_4$ 和 $c-Hf_3N_4$[17] 等。

本章对目前由先驱体经高温高压合成具有重要应用潜力的新型技术材料进行了综述。文中将对激光加热的金刚石对顶砧（Laser－Heated Diamond Anvil Cell，LH－DAC）和多重砧（Multi－Anvil MA）等高压技术进行介绍，还将对由氮和 4 族及 14 族元素所组成的氮化碳酰亚胺，尖晶石氮化硅和立方氮化锆、氮化铪等新型化合物的合成、测试和性能进行详细介绍与讨论。

5.10.2　高压技术

激光加热的金刚石对顶砧

配有激光加热的金刚石对顶砧（DAC）是一种非常强大的高压装置，它能达到极高的压力和温度，且适合进行原位研究[18-20]。DAC 由两个相对的金刚石顶砧以抛光的顶面结合在一起，样品被压在这两个顶面之间（图 5.40）。由于金刚石具有极大的硬度，所以 DAC 装置可以产生比普通装置（如碳化钨顶砧）大得多的压力。金刚石顶砧的顶面直径通常在 0.1～0.5mm 之间，而其底面直径约为 3mm。金刚石顶砧的圆锥形结构使得压力发生加乘：DAC 装置所能获得的最大压力值与顶砧顶面和底面的面积比成正比。因此，只要顶砧的顶端足够小，装置就能产生高达 500GPa 的压力[21]。

如图 5.40 所示，DAC 样品一般置于中心带孔的锯齿状金属薄垫圈中，然后压在砧座之间。该垫圈通过摩擦作用保持压力室的密封并在高压下为金刚石顶砧提供横向支撑。样品还可以嵌入到合适的压力传递介质中，如惰性气氛、有机液体或碱金属卤化物。密封室的压力通过样品外围分散的红宝石晶体的 R1 荧光线的位移测定[22]。DAC 装置中有多种加热方式。利用金刚石周围的电阻加热器能到的最高温度约为 1800 K。若高于此温度，那么即使是在惰性气氛下金刚石也会转化为石墨[23]。导电性样品的加热可以利用在其中通电流的方法来实现。此外，DAC 中的样品还可以通过对红外激光辐照的吸收来实现。该方法中可使用 Nd－YAG 激光（波长 1.064μm）来加热金属或半导体样品，或使用 CO_2 激光（波长 10.6μm）来加热绝缘样品，所用激光通过 IR 透过性金刚石顶砧

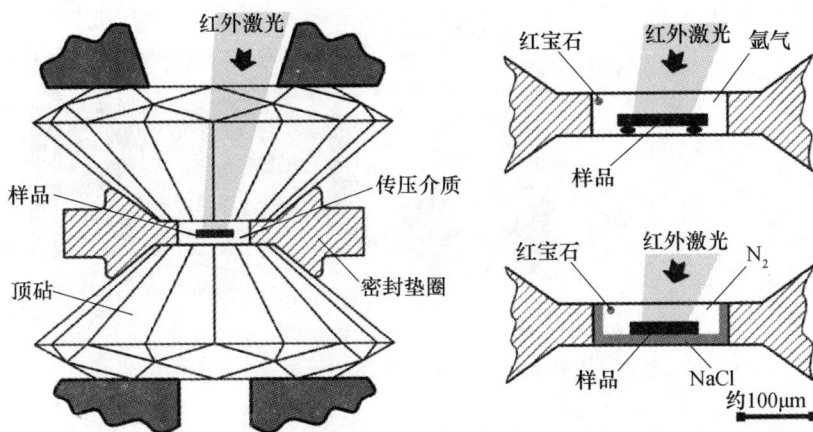

图 5.40　LH – DAC 装置及样品装配示意图

聚焦于样品上[19,20,24]。采用这种技术可获得 7300 K 的高温[25]。温度由加热样品的热辐射来测定,将测得的热辐射光谱利用 Planck 方程进行拟合得到[20]。

激光加热 DAC 技术的唯一明显缺点是样品尺寸极小。典型的金刚石顶砧底座直径仅为 0.1 ~ 0.5mm,这意味着只有体积小于 10^{-4} mm³ 的样品才能放在 DAC 装置中。尽管如此,这种方法能在高压条件下和恢复常压过程中使用 Raman、Brillouin 光谱或 XRD 对样品进行原位测试。对高压处理后的样品的结构还可采用透射电镜(TEM)进行离位测试,其化学组成可通过电子能量损失谱(EELS)、能量散射 X 射线光谱(EDX)或电子探针显微分析(EPMA)获得。

多重砧

为了在样品室内获得均匀分布的压力,人们开发了一种多重砧装置。在这种装置中,正多面体形状的样品室被相同形状的砧头从多个方向同时压住。目前最为常用的是不同版本的两极正八面体(也叫 6/8 型)MA 装置[26-28],由八个立方碳化钨内砧(二级砧)和六个硬质钢铁外砧(一级砧)组成。其中,八个碳化钨立方砧各有一个切角,因此当它们组装在一起后就会形成一个正八面体的压力室(图 5.41)。一级砧中可采用多种不同的立方压缩系统,如裂球系统[26]、DIA 型装置[29]或裂柱簇(Walker 型)[28]等。

6/8 型系统的几何构造使得原本为单轴向的水压重新分配,使得正八面体压力室中各个方向受到几乎均匀的压力(准流体静力)。如图 5.42 所示,压力室中放有正八面体的 MgO 陶瓷压力传递介质,内有封装好的样品、加热电阻丝、隔热的 ZrO_2 套筒以及热电偶,向电阻丝中通入电流即可实现对样品的加热获得高温。

6/8 型 MA 装置是一种比较成功的高压设备,可以获得 25GPa 的压力和

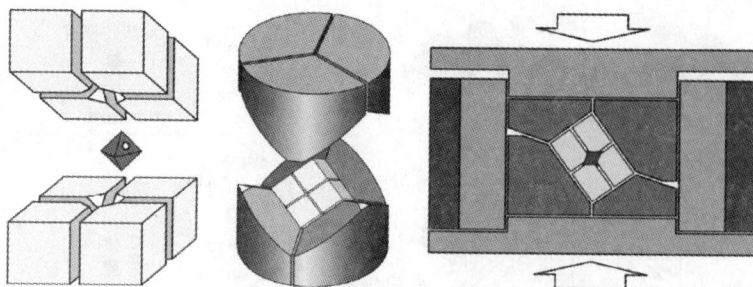

图 5.41　Walker 型 MA 装置的工作原理图

立方型的二级砧被裹入柱裂六角形楔簇中,通过水压力单向对模具施加压力。

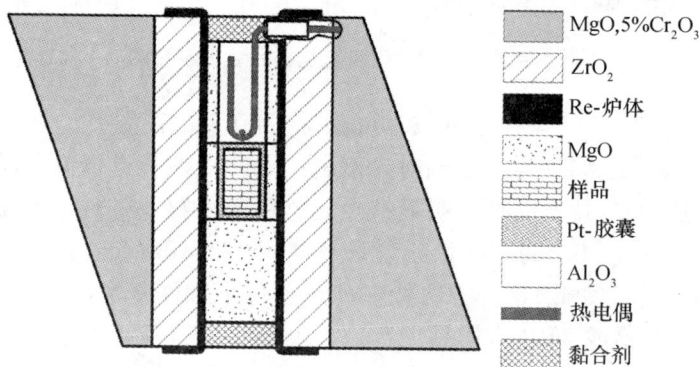

MgO,5%Cr$_2$O$_3$

ZrO$_2$

Re-炉体

MgO

样品

Pt-胶囊

Al$_2$O$_3$

热电偶

黏合剂

图 5.42　正八面体压力室的横截面示意图

3000 K 的高温,并且所制备的材料体积相对较大(约 1mm^3),足以进行标准的结构测试。

　　以下几节将讨论以分子型先驱体利用高压合成制备先进氮化物材料。先驱体向氮化物基材料的转化通常以缩聚形成聚合物中间体的形式起始,最后缩聚完全就可获得预期的氮化物。

5.10.3　由分子或聚合物先驱体高压合成新材料

氮化碳酰亚胺(Carbon Nitride Imide,C$_2$N$_2$(NH))

　　据推测,致密的 C$_3$N$_4$ 多晶体具有与金刚石相当甚至高于金刚石的本体模量和硬度[30,31]。因此,研究者们采用不同的 C–N 先驱体,通过各种沉积和HP–HT技术来制备结晶的氮化碳。然而,得到的 CN$_x$ 相多为氮含量较低的非晶或纳米微晶,其结构和组成也不明确[6,32-37]。

2007 年,研究人员采用 LH – DAC 装置合成了一种新型的 N/C 比为 3/2 的结晶化合物——氮化碳酰亚胺 $C_2N_2(NH)$。这种 $C_2N_2(NH)$ 晶体在高压高温下由单一先驱体 1 – 氰基胍(双氰胺,$C_2N_4H_4$)转化而成。原料置于 DAC 中加到目标压力,然后通过 CO_2 激光进行加热。合成完成后,产物通过原位 Raman 进行测试。高压合成产物采用 TEM、EELS 和 nano – SIMS 进行了分析。

在合成压力小于 27GPa,温度低于 2000K 时,得到的是黑色无定形的产物。当压力 – 温度进一步升高,可以得到一种具有特征 Raman 光谱的光学透明相。对高压合成产物的 TEM 测试表明其中形成了结晶性很好的材料。通过 EELS 测定该晶体的 C/N 比为 0.62 ± 0.06。EELS 谱图的能量损失近边缘结构(ELNES)表明,所得材料中 C 和 N 原子以 sp^3 杂化的方式形成正四面体配位结构。此外,nano – SIMS 定量分析表明,高压合成晶体中存在氢,且 H/C 比为 0.5 ± 0.15。因此,所得材料的组成可表示为 C_2N_3H,即 $C_2N_2(NH)$。采用选区电子衍射(SAED)、实验组成测量以及第一性原理计算对这种新型化合物的晶体结构进行表征。只有一种缺陷纤锌矿类型的结构能与电子衍射和 EELS 数据(特别是 N 原子的 sp^3 杂化)很好的符合。不同取向区域的 SAED 曲线表明该化合物中存在 $Cmc2_1$ 空间群的斜方晶胞。根据这些分析可知,$C_2N_2(NH)$ 的晶体结构与 $Si_2N_2(NH)$ 类似。氮化碳酰亚胺的密度为 $3.21g/cm^3$,与金刚石(3.52 g/cm^3)接近。但其模量计算值仅为 227GPa,远低于金刚石或前面预测的 C_3N_4 多晶体应达到的值(430 ~ 460GPa)。

双氰胺被选为 HP – HT 合成氮化碳的原料是因为它具有交替的 C—N 单元以及 N/C 比大于 4/3。如果双氰胺完全缩聚形成 C_3N_4,则应该释放出 4/3 计量比的 NH_3。但实际上在目前采用的高温高压条件下,只有一计量比的 NH_3 逸出,得到的是 $C_2N_2(NH)$,如下所示。

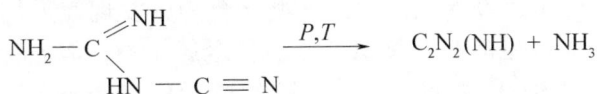

$$NH_2—C \underset{HN—C \equiv N}{\overset{\diagup \!\!= NH}{}} \xrightarrow{P,T} C_2N_2(NH) + NH_3$$

人们已经开始研究将 $C_2N_2(NH)$ 进一步缩聚,以获得 C_3N_4:
$$3C_2N_2(NH) \rightarrow 2C_3N_4 + NH_3$$

值得一提的是,如果采用环状化合物,如 $C_6N_{10}H_6$ 和 $[C_6N_9H_3]_n$ 作为 HP – HT 合成的先驱体,则可获得 N 含量非常低的非晶 $CN_x(x = 0 ~ 0.5)$。

立方尖晶石氮化硅,γ – Si_3N_4

尽管目前还未获得预期的致密 C_3N_4 相,但它们存在的预测仍推动了其他碳族元素氮化物的 HP – HT 合成。这些实验发现了一种新型的具有立方尖晶石结构(空间群 $P6_3/m$)的高压氮化硅相——γ – Si_3N_4。这种最初是通过硅单质与氮气反应,再利用 LH – DAC 装置在高温(2200 – 2800K)高压(15 – 30GPa)下使 α – 和 β – Si_3N_4 产物发生相转变制备得到[11]。其结构通过 TEM 和 EDX 测定。根据计算所得的体积模量(300GPa)和剪切模量(340GPa),研究人员预测 γ – Si_3N_4 具有很高的硬度[11]。

此后不久,研究者就通过 MA 装置在高温高压下成功制得了大块的 γ – Si_3N_4[38]。以非晶氮化硅酰亚胺、非晶 $Si_2N_2(NH)$ 和非晶 Si_3N_4 为原料,在 13 ~ 15GPa, 1900 ~ 2100K 的条件下均可制得大块 γ – Si_3N_4 样品(大于 $1mm^3$)。$Si_2N_2(NH)$ 是一种中间产物,可由 $SiCl_4$ 和氨气的缩聚获得:

$$SiCl_4 + 2NH_3 \rightarrow \text{“}Si(NH)_2\text{”} + 4HCl$$

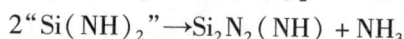

$$2\text{“}Si(NH)_2\text{”} \rightarrow Si_2N_2(NH) + NH_3$$

将非晶 $Si_2N_2(NH)$ 在流动氮气中加热至 1473K 热解,就可获得非晶 Si_3N_4。

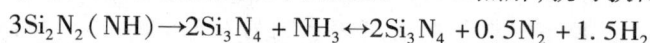

$$3Si_2N_2(NH) \rightarrow 2Si_3N_4 + NH_3 \leftrightarrow 2Si_3N_4 + 0.5N_2 + 1.5H_2$$

需要指出的是,非晶的和/或聚合物的先驱体较适合用于高压合成,因为它们的动力学势垒较低,容易向高压相转变。因此,采用非晶态先驱体取代结晶较好的先驱体可显著加快反应速率并降低高压相转变的压力和温度,不过转变压力不会低于其热力学稳定的压力。

高压合成材料的结构可以通过粉末 XRD、TEM、SEM、EPMA、EDX、Raman 和 IR 光谱进行分析[38]。所得产品的量也足够进行 γ – Si_3N_4 的弹性力学性能测试。根据压缩实验和纳米压痕技术测得 γ – Si_3N_4 的体积模量和剪切模量分别为 290GPa 和 148GPa[39]。致密的 γ – Si_3N_4 的维氏硬度大约在 30 ~ 43GPa 之间。此外,实验表明在常压下温度低于 1700K 时,γ – Si_3N_4 都处于亚稳状态[40]。上述结果使得 γ – Si_3N_4 在新型超硬材料领域具有很大的应用潜力。

锆(IV)和铪(IV)的立方晶型氮化物,c – M_3N_4

碳族元素(Si、Ge、Sn)与氮的尖晶石型化合物的发现使人们推测其他四价金属(即 Ti、Zr 和 Hf)也能存在相似晶型的稳定氮化物。但这种假设目前还未得到实验的验证。但采用 LH – DAC 装置进行的实验表明,在高压(大于 15GPa)、高温(大于 2500K)下,Zr 和 Hf 金属以及它们的一氮化物会与压缩氮气反应生成此前未知的具有 Th_3P_4 结构的立方 Zr_3N_4 和 Hf_3N_4(简称 c – M_3N_4, M = Zr, Hf)[17]。这种新型氮化物的结构和组成通过 XRD 和 EDX 进行了确认。初步测试结果表明这些 c – M_3N_4 化合物的体积模量约为 250GPa,说明它们具有较高硬度。后有研究表明,通过 PVD 技术沉积的 c – M_3N_4 薄膜具有比著名的 δ – ZrN 薄膜高得多的硬度,并且表现出非常出色的耐磨性。

无法生产大块 c – M_3N_4 的主要原因是具有 N/M ≥ 4/3 的固体原料没有实现商品化。因此必须制备出合适的富氮原料。最近有报道称可以通过简单的常压合成制备出大量具有变形 NaCl 型结构($n - M_3N_{4+x}$)的 M_3N_{4+x}(M = Zr 或 Hf)纳米微晶粉末[41]。该法是将金属二烷基胺 $Zr(NEt_2)_4$ 和 $Hf(NEt_2)_4$(其中 $Et = C_2H_5$)在高温(873K)下氨解制得 $n - M_3N_{4+x}$,其反应过程如下式所示。产物的元素分析证明其中形成了富氮的化合物(N/M = 4/3)。

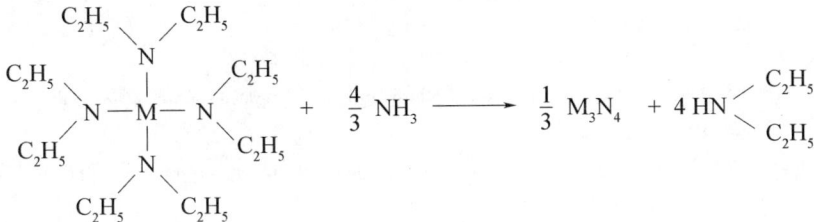

$$\text{(金属二烷基胺)} + \frac{4}{3}NH_3 \longrightarrow \frac{1}{3}M_3N_4 + 4\,HN{\large\langle}_{C_2H_5}^{C_2H_5}$$

早期制备富氮($N/M > 4/3$)的氮化锆和氮化铪都是采用 PVD 和 CVD 法沉积薄膜[42-45]。但这种方法不适合制备大量的粉末。只有少量的文献报道了大批量合成 Zr_3N_4[46,47] 和 Hf_3N_4[48] 粉末。由于这些工作都采用了含卤素的先驱体,所以产物都易被氯或碘污染。因此,这些反应条件必须精确控制以减少卤素对产品的污染,并在保证反应进行完全的情况下又不会使 M_3N_4 在高温下热解。与早期方法相比,新开发的氨解路线具有很多优点。首先,由于氨解的温度较低,产物不易发生热解,所以可以获得 N/M 比大于 4/3 的氮化物。其次,以金属二烷基胺为原料可以避免卤素对产品的污染。第三,该法十分简单,适于材料的批量化生产。最后,与非晶材料一样,纳米微晶的 M_3N_4 比结晶性好的化合物更适合用于高压合成。

以 $n - M_3N_{4+x}$ 粉末为原料,采用 MA 装置在 12GPa 和 1873K 下可制备出较大尺寸的 $c - Zr_3N_4$ 和 $c - Hf_3N_4$[49]。因为所得产品较多,所以可以对其进行较为细致的分析。对于氮化锆来说,XRD 和 TEM 测试证实了其中生成的是单一结晶相。EPMA 测试表明其中含有少量氧,这说明材料中形成了具有 Th_3P_4 类型结构的氮氧锆相 $c - Zr_{3-u}(N_{1-u}O_u)_4$,其中 $u = 0.12$。与锆相比,氮化铪的氧化程度较小,XRD、EPMA 和 SEM/EDX 表明它由无氧的 $c - Hf_3N_4$ 和微量氧化物组成。

上述两种产物 $c - Zr_{2.86}(N_{0.88}O_{0.12})_4$ 和 $c - Hf_3N_4$ 的体积模量分别为 219GPa 和 227GPa[50,51],只比之前的预测值稍低一点。纳米压痕法与压缩实验结果表明,$c - Zr_{2.86}(N_{0.88}O_{0.12})_4$ 的剪切模量下限为 96GPa[51]。尽管 $c - Zr_{2.86}(N_{0.88}O_{0.12})_4$ 具有高度孔隙结构,但它的维氏硬度 $Hv(1)$ 仍有 12GPa。完全致密的 Zr_3N_4 的 $Hv(1)$ 有望超过 30GPa[49],远高于 $\delta - ZrN$ 的 12~15GPa[52]。此外,与 $\delta - ZrN$ 类似,$c - Zr_{2.86}(N_{0.88}O_{0.12})_4$ 在空气中的氧化始于 773K[53]。这些结果

以及 Zr_3N_4 沉积薄膜的结果[54]表明氮化锆材料具有非常好的耐磨损性能,为 Zr_3N_4 材料在硬质保护涂层领域的应用打开了广阔的空间。

上述例子清楚地证明了通过高压高温合成可以获得具有特殊结构、力学性能和独特功能的新型陶瓷材料,具有非常广阔的应用前景。

5.10.4　参考文献

[1] Takano, M. & Onodera, A., High pressure synthesis in inorganic systems, *Curr. Opin. Solid State Mater. Sci.*, 1997, 2, 166.

[2] Badding, J. V., High - pressure synthesis, characterization, and tuning of solid state materials, *Annu. Rev. Mater. Sci.*, 1998, 28, 631.

[3] Haines, J., Leger, J. M. & Bocquillon, G., Synthesis and design of superhard materials, *Annu. Rev. Mater. Res.*, 2001, 31, 1.

[4] Demazeau, G., High pressure in solid - state chemistry, *J. Phys.: Condens. Matter*, 2002, 14, 11031.

[5] McMillan, P. F., New materials from high - pressure experiments, *Nat. Mater.*, 2002, 1, 19.

[6] Horvath - Bordon, E., Riedel, R., Zerr, A., McMillan, P. F., Auffermann, G., Prots, Y., Bronger, W., Kniep, R. & Kroll, P., High - pressure chemistry of nitride - based materials, *Chem. Soc. Rev.*, 2006, 35, 987.

[7] Zerr, A., Riedel, R., Sekine, T., Lowther, J. E., Ching, W. Y. & Tanaka, I., Recent advances in new hard high - pressure nitrides, *Adv. Mater.*, 2006, 18, 2933.

[8] Brazhkin, V. V., High - pressure synthesized materials: treasures and hints, *High Pressure Res.*, 2007, 27, 333.

[9] Stishov, S. M. &Popova, S. V., New dense polymorphic modification of silica, *Geokhimiya*, 1961, 10, 923.

[10] Brazhkin, V. V., Lyapin, A. G., Popova, S. V., Klyuev, Y. A. &Naletov, A. M., Mechanical properties of the 3D polymerized, sp(2) - sp(3) amorphous, and diamond - plus - graphite nanocomposite carbon phases prepared from C_{60} under high pressure, *J. Appl. Phys.*, 1998, 84, 219.

[11] Zerr, A., Miehe, G., Serghiou, G., Schwarz, M., Kroke, E., Riedel, R., Fuess, H., Kroll, P. & Boehler, R., Synthesis of cubic silicone nitride, *Nature (London)*, 1999, 400, 340.

[12] Leinenweber, K., O'Keeffe, M., Somayazulu, M., Hubert, H., McMillan, P. F. & Wolf, G. H., Synthesis and structure refinement of the spinel, gamma - Ge_3N_4, *Chem. Eur. J.*, 1999, 5, 3076.

[13] Serghiou, G., Miehe, G., Tschauner, O., Zerr, A. & Boehler, R., Synthesis of a cubic Ge_3N_4 phase at high pressures and temperatures, *J. Chem. Phys.*, 1999, 111, 4659.

[14] Landskron, K., Huppertz, H., Senker, J. & Schnick, W., High - pressure synthesis of gamma - P_3N_5 at 11 GPa and 1500 degrees C in a multianvil assembly: A binary phosphorus(v) nitride with a three - dimensional network structure from PN_4 tetrahedra and tetragonal PN_5 pyramids, *Angew. Chem. Int. Ed.*, 2001, 40, 2643.

[15] Solozhenko, V. L., Andrault, D., Fiquet, G., Mezouar, M. & Rubie, D. C., Synthesis of superhard cubic BC_2N, *Appl. Phys. Lett.*, 2001, 78, 1385.

[16] Dubrovinsky, L. S., Dubrovinskaia, N. A., Swamy, V., Muscat, J., Harrison, N. M., Ahuja, R., Holm, B. & Johansson, B., Materials science—The hardest known oxide, *Nature* (*London*), 2001, 410, 653.

[17] Zerr, A., Miehe, G. & Riedel, R., Synthesis of cubic zirconium and hafnium nitride having Th_3P_4 structure, *Nat. Mater.*, 2003, 2, 185.

[18] Ming, L. & Bassett, W. A., Laser – Heating in Diamond Anvil Press up to 2000°C Sustained and 3000°C Pulsed at Pressures up to 260 Kilobars, *Rev. Sci. Instrum.*, 1974, 45, 1115.

[19] Boehler, R. & Chopelas, A., A new approach to laser – heating in high – pressure mineral physics, *Geophys. Res. Lett.*, 1991, 18, 1147.

[20] Zerr, A., Serghiou, G. & Boehler, R., "Phase Transitions and Material Synthesis using the CO_2 – Laser Heating Technique in a Diamond Cell" in *Handbook of Ceramic Hard Materials* (ed. Riedel, R.), pp. 41 – 65 (WILEY – VCH, Weinheim, 2000).

[21] Ruoff, A. L., Xia, H. & Xia, Q., The effect of a traped aperture on X – ray diffraction from sample with a pressure gradient: Studies on three samples with a maximum pressure of 560 GPa, *Rev. Sci. Instrum.*, 1992, 63, 4342.

[22] Mao, H. K., Xu, J. & Bell, P. M., Calibration of the ruby pressure gauge to 800 kbar under quasi – hydrostatic conditions, *J. Geophys. Res.*, 1986, 91, 4673.

[23] Eremets, M. I., High Pressure Experimental Methods (Oxford University Press, Oxford, 1996).

[24] Boehler, R., High – pressure experiments and the phase diagram of lower mantle and core materials, *Rev. Geophys.*, 2000, 38, 221.

[25] Zerr, A., Serghiou, G., Boehler, R. & Ross, M., Decomposition of alkanes at high pressures and temperatures, *High Pressure Res.*, 2006, 26, 23.

[26] Kawai, N. &Endo, S., Generation of Ultrahigh Hydrostatic Pressures by a Split Sphere Apparatus, *Rev. Sci. Instrum.*, 1970, 41, 1178.

[27] Onodera, A., Octahedral – anvil high – pressure devices, High Temp. —High Pressures, 1987, 19, 579.

[28] Walker, D., Carpenter, M. A. & Hitch, C., Some simplifications to multianvil devices for high pressure experiments., *Am. Mineral.*, 1990, 75, 1020.

[29] Osugi, J., Shimizu, K., Inoue, K. & Yasunami, K., A compact cubic anvil high pressure apparatus, *Rev. Phys. Chem. Jpn.*, 1964, 34, 1.

[30] Sung, C. M. & Sung, M., Carbon nitride and other speculative superhard materials, *Mater. Chem. Phys.*, 1996, 43, 1.

[31] Teter, D. M. & Hemley, R. J., Low – compressibility carbon nitrides, *Science*, 1996, 271, 53.

[32] Fang, P. H., On the Beta – C_3N_4 Search, *J. Mater. Sci. Lett.*, 1995, 14, 536.

[33] Matsumoto, S., Xie, E. Q. & Izumi, F., On the validity of the formation of crystalline carbon nitrides, C_3N_4, *Diamond Relat. Mater.*, 1999, 8, 1175.

[34] Muhl, S. & Mendez, J. M., A review of the preparation of carbon nitride films, *Diamond Relat. Mater.*, 1999, 8, 1809.

[35] Malkow, T., Critical observations in the research of carbon nitride, *Mater. Sci. Eng. A*, 2000, 292, 112.

[36] Kroke, E. & Schwarz, M., Novel group 14 nitrides, *Coord. Chem. Rev.*, 2004, 248, 493.

[37] Horvath – Bordon, E. , Riedel, R. , McMillan, P. F. , Kroll, P. , Miehe, G. , van Aken, P. A. , Zerr, A. , Hoppe, P. , Shebanova, O. , McLaren, I. , Lauterbach, S. , Kroke, E. & Boehler, R. , High – Pressure Synthesis of Crystalline Carbon Nitride Imide, $C_2 N_2 (NH)$, *Angew. Chem. Int. Ed.* , 2007, 46, 1476.

[38] Schwarz, M. , Miehe, G. , Zerr, A. , Kroke, E. , Poe, B. T. , Fuess, H. &Riedel, R. , Spinel – $Si_3 N_4$: Multi – anvil press synthesis and structural refinement, *Adv. Mater.* , 2000, 12, 883.

[39] Zerr, A. , Kempf, M. , Schwarz, M. , Kroke, E. , Goken, M. & Riedel, R. , Elastic moduli and hardness of cubic silicon nitride, *J. Am. Ceram. Soc.* , 2002, 85, 86.

[40] Sekine, T. & Mitsuhashi, T. , High – temperature metastability of cubic spinel $Si_3 N_4$, *Appl. Phys. Lett.* , 2001, 79, 2719.

[41] Li, J. W. , Dzivenko, D. A. , Zerr, A. , Fasel, C. , Zhou, Y. P. & Riedel, R. , Synthesis of nanocrystalline $Zr_3 N_4$ and $Hf_3 N_4$ powders from metal dialkylamides, *Z. Anorg. Allg. Chem.* , 2005, 631, 1449.

[42] Johansson, B. O. , Hentzell, H. T. G. , Harper, J. M. E. & Cuomo, J. J. , Higher nitrides of hafnium, zirconium, and titanium synthesized by dual ion beam deposition, *J. Mater. Res.* , 1986, 1, 442.

[43] Ristolainen, E. O. , Molarius, J. M. , Korhonen, A. S. & Lindroos, V. K. , A Study of Nitrogen – Rich Titanium and Zirconium Nitride Films, *J. Vac. Sci. Technol.* A, 1987, 5, 2184.

[44] Fix, R. , Gordon, R. G. & Hoffman, D. M. , Chemical Vapor – Deposition of Titanium, Zirconium, and Hafnium Nitride Thin – Films, *Chem. Mater.* , 1991, 3, 1138.

[45] Becker, J. S. , Kim, E. & Gordon, R. G. , Atomic layer deposition of insulating hafnium and zirconium nitrides, *Chem. Mater.* , 2004, 16, 3497.

[46] Juza, R. , Rabenau, A. & Nitschke, I. , Über ein braunes Zirkonnitrid $Zr_3 N_4$. , *Z. Anorg. Allg. Chem.* , 1964, 332, 1.

[47] Lerch, M. , Füglein, E. & Wrba, J. , Synthesis, crystal structure, and high temperature behavior of $Zr_3 N_4$, *Z. Anorg. Allg. Chem.* , 1996, 622, 367.

[48] Yajima, A. , Akiyama, M. & Saeki, Y. , Formation Process of Hafnium Nitride by the Reaction of Hafnium Tetrachloride with Ammonia in the Vapor – Phase and Properties of the Hafnium Nitride Formed, *J. Chem. Soc. Jpn.* , 1986, 1175.

[49] Dzivenko, D. A. , Zerr, A. , Bulatov, V. K. , Miehe, G. , Li, J. W. , Thybusch, B. , Brötz, J. , Fuess, H. , Brey, G. & Riedel, R. , High – pressure multi – anvil synthesis and structure refinement of oxygen – bearing cubic zirconium(IV) nitride, *Adv. Mater.* , 2007, 19, 1869.

[50] Dzivenko, D. A. , Zerr, A. , Boehler, R. & Riedel, R. , Equation of state of cubic hafnium(IV) nitride having $Th_3 P_4$ – type structure, *Solid State Commun.* , 2006, 139, 255.

[51] Dzivenko, D. A. , Zerr, A. , Schweitzer, E. , Göken, M. , Boehler, R. &Riedel, R. , Elastic moduli and hardness of c – $Zr_{2.86} (N_{0.88} O_{0.12})_4$ having $Th_3 P_4$ – type structure, *Appl. Phys. Lett.* , 2007b, 90, 191910.

[52] Ettmayer, P. & Lengauer, W. , "Nitrides" in Ullmann's Encyclopedia of Industrial Chemistry, p. 341 (Wiley – VCH, Weinheim, 1991).

[53] Dzivenko, D. A. , Zerr, A. , Miehe, G. & Riedel, R. , Synthesis and properties of oxygen – bearing c – $Zr_3 N_4$ and c – $Hf_3 N_4$, *J. Alloys Comp.* , 2009, 480(1), 46 –49.

354

5.11 非常规热处理

SRINIVASA RAO BODDAPATI 和 SUDHIR BRAHMANDAM

5.11.1 引言

传统的先驱体陶瓷制法是将先驱体置于炉中热解使其转化为陶瓷。但也有一些非传统的热解技术用于先驱体陶瓷的制备,比如激光、微波、辐射等裂解技术。这些非传统热解技术的优势在于可以选择性地控制热量的输入,且热解相对迅速、加热均匀,在离子辐照中甚至可以实现接近室温的热解。本节将详细介绍这些非常规热处理技术的优缺点以及所得微/纳结构的特点。文中还将讨论先驱体聚合物作为黏结剂、反应试剂,以及在固态立体成型和快速成型中的应用。

5.11.2 激光热解

激光热解此前一直用于制备先驱体陶瓷粉末[1-6],但也可利用激光热解进行层层叠加来制备三维结构。Jakubenas 和 Marcus 等人研究了 PCS 的激光热解[7]。在激光热解技术中,热解和成型可以在一步中实现。薄层的激光热解中主要的工艺参数包括激光能量、扫描速度以及扫描线的间距。

人们选择 PCS 作为激光烧成的先驱体主要有几个原因:首先,PCS 的热解产物 β-SiC 陶瓷在 1100℃ 很难实现烧结;其次,PCS 是一种商品化的先驱体,它常规烧成的结构性能数据非常充足;最后,PCS 在空气中相对稳定且毒性相对较小。将纯 PCS 和加有填料的 PCS 分别在氩气保护下,通过 25W 的连续 CO_2 激光进行烧成。通过改变激光能量(在 1.5~3.5W 范围内)和扫描速度(0.5mm/s~1.0mm/s)获得了单层样品(10×10mm)和多层样品(5×5mm,厚约1mm)的热解产物。与传统烧成需要数小时不同,激光烧成的总时间一般都在秒量级(约 10s)。

激光烧成样品的密度仅为 β-SiC 理论密度的 30%。这种低密度主要由样品的多孔性和 PCS 的部分烧结所造成。微观结构测试也表明激光烧成样品含有大量孔隙。这些孔隙主要是因为初始粉末未压实以及原料吸水和气态副产物所造成的。XRD 测试表明热解残留物中含有 β-SiC 和少量石墨,其中 β-SiC 的晶粒尺寸计算值约为 10~35nm。晶粒尺寸与激光能量通量没有任何关系,但却明显受到激光能量大小的影响。晶粒尺寸和激光功率之间的对应关系间接表明热解的时间尺度远远短于激光的停留时间(~10s)。向 PCS 中加入惰性填料(β-SiC)和活性填料(Si、Al、Ti、Zr 等)可以减少收缩、孔隙和裂纹。尽管填料的加入可以减少其周围的孔隙率,但却会造成初始混合物的不均匀,并造成较大空隙使烧成产物的密度降低[8]。激光热解似乎是一种适合于制备薄层结构(薄膜、涂层、小部件)的技术。然而,烧成的激光功率、扫描速度、扫描间距与陶瓷的收缩、密度、晶粒尺寸以及微观结构之间究竟有何关系仍需深入研究。将初始的先驱聚合物粉末压实有助于提高产品的密度。但激光烧成时间太短导致没有足够时间完成致密化所需的长程有序化过程。基于现有文献,除了时间尺度上的巨大差异,目前还不清楚激光裂解与传统热解在裂解、相转化和致密化机理上有何区别。为开发出激光热解的全部潜能,还需要在激光热解参数与致密化机理间关系等基础研究方面开展大量研究。

5.11.3 微波裂解

研究人员曾采用微波将聚碳硅烷加热至 500～1400℃ 制备 SiC[9]。他们采用传统加热和微波加热两种方式,比较了加热方式和热解温度对产物结构演变和结晶性能的影响。结果表明,传统加热方式与微波加热最大的区别表现在结晶温度。采用传统加热方式所得的产品在 1400℃ 时仍以非晶为主,而微波加热样品在此温度已出现明显 β-SiC 结晶。有报道采用六种先驱体进行实验,详细比较了微波加热和传统加热方式的区别[10]。他们采用 XRD、TEM 等手段对两种加热方法制备的 SiC 和 SiOC 样品进行了比较。这六种先驱体为聚甲基羟基硅烷(Polymethylhydroxysilane,SR350,General Electric 公司)、聚甲基苯基羟硅烷(Polymethylphenyl hydroxysilane,SR355,General Electric 公司)、聚碳硅烷(Poly-carbosilane,PCS,Nippon Carbon 公司)、二苯基聚碳硅烷(Diphenyl polycarbosi-lane,DPPC,Solvay 公司)、烯丙基羟基聚碳硅烷(Allylhydrido polycarbosilane,HPCS,Starfire Systems 公司)和聚脲硅氮烷(Polyurea silazane,Ceraset SN,Allied-Signal 公司)。将上述先驱体分别以传统和微波方式加热至 1000～1500℃。其中,传统加热方式是以每分钟 10℃ 的升温速率在氩气保护下升温。微波加热采用功率为 6kW、频率为 2.45GHz 的连续微波,在一个具有氧化铝外壳的多模谐振腔中进行,装置内有磁化 SiC,微波加热时磁化 SiC 片会产生辐射能有助于样品加热。在微波加热过程中,首先在真空条件下以 2℃/min 的速度升至 400℃,再以 5℃/min 的速度升至 600℃,然后在静态氩气保护下以 10℃/min 的速度加热至热解温度(1100～1500℃),并保温 30 min。所有 HPCS 样品的交联和1000℃前非晶状态的热解都通过微波混合加热完成,后续的高温热解则分别通过微波和传统方式实现。

热重结果表明,无论是采用微波加热还是传统加热,SR350 先驱体在

356

1400℃时的失重都是一样的。但在1500℃时,传统加热处理的SR350和SR355先驱体的失重开始升高,但微波加热样品并未表现出这种现象。SR350、SR355、Ceraset三种先驱体经不同加热方式处理后在失重上的差别主要由气氛的不同所引起。除DPPC以外,其余先驱体在经过两种不同加热处理后的失重基本一致,这部分失重主要由交联的不完全所导致。但DPPC在经微波热处理后表现出了很大的质量损失,因为在热解(温度低于1000℃)过程中聚合物发生了大量的气化。

XRD测试表明,聚碳硅烷和Ceraset先驱体热解产物中的主要结晶相为β-SiC。而聚硅氧烷(SR350和SR355)热解产物中主要是非晶的SiOC相,其次是自由石墨碳相。传统方式烧成的SR355中β-SiC相较多,这是自由碳相的出现、流动的氩气氛以及SiC较高的热动力学稳定性共同作用的结果。在两种加热模式下,聚碳硅烷型先驱体(PCS、HPCS、DPPC)的结晶性都随烧成温度升高而增加。DPPC内自由碳含量较高,所以结晶性能稍差。对于Ceraset先驱体来说,纳米微晶相仅在微波加热到最高温度时才出现,若采用传统加热方法则在所有实验温度内得到的均是完全非晶的产品。除了SR355在传统加热方式升温至1500℃能获得较大β-SiC晶粒外,其他聚硅氧烷和Ceraset先驱体在两种热处理方式中获得的晶粒大小都在1～2nm间。不过,不同聚碳硅烷先驱体裂解产物中β-SiC晶粒的生长有着明显的区别。虽然不同类型的聚碳硅烷通过传统热解所得产品的平均晶粒尺寸基本一致,但微波烧成产物的晶粒尺寸却因先驱体不同而存在较大差别,且该差别在最高烧成温度下达到最大。其中,PCS热解产物的晶粒最大,约为7nm,而HPCS热解产物的晶粒则最小,约为3nm。XRD定性和定量分析表明SiC颗粒的出现以及聚合物碳含量的升高使得微波热解的产物中β-SiC纳米微晶含量高于传统热解产物中含量。

图5.43为HPCS先驱体分别通过传统炉式加热和微波混合加热所得样品的高分辨率TEM照片。通过对比可发现,微波加热所得样品的晶粒为5nm左右的微小晶体,而传统方式加热至1500℃的样品出现了晶粒粗化,晶粒大小增加至20nm。将所有先驱体热解样品进行比较发现,微波烧成样品中的晶粒尺寸要么跟传统烧成一致,要么比传统烧成要小而精。根据目前的研究还不清楚内部的微波效应是否会对先驱体转化过程中的相转化以及陶瓷结构造成影响。

5.11.4　离子辐照

离子辐照曾用来在无机基体表面制备先驱体陶瓷薄膜[11]。将PCS和硅树脂(SR350)先驱体旋涂在Si基体表面,然后用500keV的C^+或1000keV的Au^+离子以$1 \times 10^{14} \sim 5 \times 10^{15}/cm^2$的剂量辐照。旋涂所得PCS和SR350薄膜厚度分

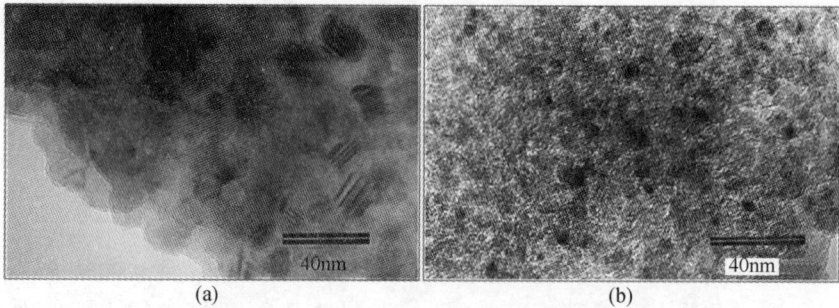

图 5.43　HPCS 先驱体通过传统炉式加热

(a)和微波混合加热(b)至 1500℃所得样品的高分辨率 TEM 照片
其中,传统加热方式所得产品的晶粒尺寸较大,可直接从照片中
看到晶粒中的堆垛缺陷[10][经 Danko 等人授权发表]。

别为 700nm 和 1500nm。实验结果表明,离子束辐照对于先驱体无机化的效果
与 1000℃的热处理相当。离子辐照促进了 PCS 和 SR350 聚合物薄膜中氢的溢
出,并稳定了在热处理过程中容易以 CO、CO_2 或 CH_4 形式损失的碳。

Pivin 和 Colombo 等人详细研究了聚碳硅烷型(PCS 和 AHPCS)和聚硅氧烷
型(SR350、SR355、PTES)先驱体在离子辐照下的无机化过程以及所得陶瓷涂层
的热化学稳定性和硬度[12,13]。他们总结出该过程的转化动力学由转移到电子
壳层的能量线性密度以及用于转移原子的能量线性密度所占比例决定。实验表
明,辐照作用稳定了聚合物中的大部分碳,加强了先驱体聚合物薄膜的抗氧化能
力。与热处理所得聚硅氧烷薄膜不同,经 C 离子辐照所得薄膜的硬度是纯氧化
硅(10±0.5GPa)的两倍。这主要是因为 C 原子形成了类似金刚石的结构。同
样地,离子辐照制备的聚碳硅烷薄膜硬度也高达 29GPa(只比 β－SiC 的硬度低
30%)。

研究人员还详细比较了离子辐照和传统热处理在不同先驱体薄膜陶瓷转化
过程中的效果[14]。该研究所用先驱体包括聚硅氧烷、醇盐转化的硅氧烷凝胶、
聚碳硅烷、聚硅氮烷以及三乙基硼烷与乙基三乙氧基硅烷的混合物(SiOC、
SiC、SiCN 和 SiOBC 的先驱体)。先驱体聚合物通过旋涂的方式涂覆在干净
的 <100> Si 或 SiO_2 基体上成膜。整个操作应在温湿度一定的手套箱中进行。
采用 C 或 Au 离子并逐渐升高离子通量(离子/cm^2)对这些先驱体进行辐照,研
究其陶瓷转化过程及产物。为了进行比较,将部分先驱体薄膜直接升高至
1000℃热处理 1h,另外一部分样品则先经过辐照再升温至 1000℃热处理 1h。
辐照对薄膜的主要影响是将聚合物中的氢逐步脱除,从而使薄膜变得紧实(密
度升高)。尽管在辐照过程中 C 没有明显损失,但在随后的热处理过程中 C 会

358

大量脱去。离子辐照加热处理所得样品（IA）与单纯热处理所得样品（A）的最大差别在于 IA 薄膜的硬度通常大于 A 薄膜。这是因为经过辐照交联，部分碳以金刚石状的团簇形式保留下来。离子辐照与热处理相结合的方式可获得几乎不含 H 的陶瓷薄膜，这种薄膜在光电领域有可能获得应用。

5.11.5　固态立体成型

含有和不含 SiC 填料的聚碳硅烷（PCS）固态立体成型均可通过喷墨打印实现[15]。所用墨水是将 SiC 和 PCS 与有机溶剂（如正庚烷、正辛烷和正癸烷）混合，SiC 最高含量为 15% 体积分数，PCS 的最高含量为体积分数 10.4%，聚异丁烯琥珀酰亚胺用矿物油稀释后作为分散剂。喷墨打印所得陶瓷层的质量由上述悬浮液的黏度、溶剂的干燥速度以及陶瓷颗粒的分散程度共同决定。其中，正庚烷作溶剂可以获得 PCS 和 SiC 填料体积分数最高的陶瓷墨水，并可制得质量最好的薄膜。打印出的涂层厚度受墨水中固体体积含量的影响，墨水中固态物质越少，所得涂层越薄。将高精度喷墨打印和激光烧成技术结合，可以获得具有均一或梯度成分的陶瓷产品。对工艺稍加改进，采用选择激光交联、高温烧结和液 Si 浸渗相结合的方式就可以获得具有复杂形貌的陶瓷组件[16]。实验证明，采用此技术可以获得具有复杂形貌的高强度陶瓷部件，如图 5.44 所示，所用先驱体和填料分别为聚甲基倍半硅氧烷（Polymethylsilsesquioxane，PMS）和 SiC。

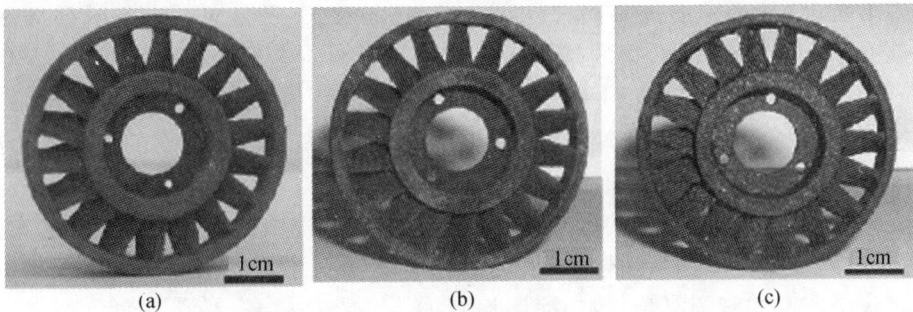

图 5.44　喷墨打印技术制备的微型涡轮[16]
（a）选择性激光交联后，激光强度 EL = 11.2Ws／m；（b）热解后；
（c）渗硅后（预制件组成（体积分数）：50% PMS 与 50% SiC）。

5.11.6　先驱体聚合物作为黏合剂和聚合物试剂

聚碳硅烷曾被用作烧结 SiC 块体的黏合剂[17]。采用 PCS 作为制备 SiC 陶瓷块体的粘合剂虽然需要多次浸渍并热解以获得较高密度，但却有制备温度远低于传统 SiC 烧结温度的优点。实验中发现，随着 PCS 黏合剂平均分子量的降低,SiC 块体的弯曲强度升高。当 PCS 黏合剂含量为质量分数 10% 时,SiC 块体弯曲强度达到最大值。而当黏合剂含量超过质量分数 15% 后,SiC 会发生膨胀,导致弯曲强度出现大幅降低。氮气气氛烧结 SiC 块体的弯曲强度是真空烧结 SiC 块体的两倍。这是因为在氮气保护下,有更多的裂解产物生成。

在制备含有金属(如铝和轻过渡金属)的复合材料时也可采用聚硅氮烷、聚碳硅烷和十硼烷二胺等先驱体聚合物作为黏合剂和反应试剂(即原料与黏合作用合二为一)[18]。将先驱体聚合物与 W、Mo、Ti、Zr、Ta、Al 和 V 等金属混合压块,然后在氨气或氩气中热解即可获得含有金属碳化物、硅化物、硼化物或氮化物的块体产物。产物的组成由烧成气氛以及先驱体和金属的比例所决定。例如,当在聚硅氮烷中加入的金属分别为 W、Mo、Ti、Zr、Nb 时,在流动氩气保护下,经 1500℃4h 热处理得到的产物分别为:WC 和 W_5Si_3、Mo_5Si_3、TiN 和 SiC、ZrN 和 SiC 以及 NbC 和 $NbSi_2$。若聚硅氮烷/金属粉末先在 NH_3 中加热至 800℃保温 4h,再升温至 1500℃ 得到的分别是:W_5Si_3(加入金属 W 时)、Mo_5Si_3(加入金属 Mo 时)、V_2N 和 V_5Si_3(加入金属 V 时)。若将聚碳硅烷/金属粉末压块后在氩气中 1500℃热处理 4h,金属为 W 时获得的是 WC、WSi_2 和 SiC,金属为 Mo 时获得的是 $\alpha - Mo_2C$,Mo_5Si_3 和 SiC;金属为 Ti 时获得的是 TiC 和 SiC;金属为 Zr 时获得的是 ZrC 和 SiC;金属为 V 时获得的是 V_8C_7 和 SiC;金属为 Ta 时获得的是 TaC 和 SiC;金属为 Al 时获得的是 Al_4C_3 和 SiC。若将聚碳硅烷/金属粉末压块后在氨气中 800℃热处理 4h,再在氩气中升温至 1500℃,金属为 W 时获得的是 W_5Si_3 和 WSi_2;金属为 Mo 时获得的是 Mo_5Si_3、$MoSi_2$ 和 SiC;金属为 Ti 时获得的是 TiN 和 SiC;金属为 Al 时获得的是 AlN 和 SiC。最终产品中的相组成和相含量可以通过改变金属与 Si 之比来调整,该比值则可以通过先驱体聚合物的选择和金属粉末的用量来控制。这种通过金属粉末与先驱体聚合物热解产物以及热解气氛的反应来制备金属陶瓷相的理念后来被扩展到了活性填料的应用中。如前文所述,通过向先驱体中加入活性填料,可以补偿由先驱体无机化带来的体积收缩,从而获得致密的陶瓷复合材料、涂层和接头[19]。

聚甲基硅烷和聚碳硅烷先驱体还作为粘合剂用于 Al/SiC 和 Cu/SiC 功能梯度材料的制备中[20]。采用先驱体聚合物作为功能梯度材料的粘合剂有两大优势:一是不需要传统粉末冶金工艺中的脱胶步骤,二是聚合物的高陶瓷产率可以补偿裂解中产生的收缩。此外,先驱体裂解所得陶瓷还有可能与金属颗粒反应生成碳化物、硅化物,从而进一步减少产品的收缩并提高产品的力学性能。

5.11.7 陶瓷粉末和陶瓷带

陶瓷纳米复合粉末可由先驱体聚合物经不同途径制备。如将 Si_3N_4 粉末、聚甲基硅烷以及四丙烯基硅烷的混合物在惰性气氛下热解,就可以获得 Si_3N_4/SiC 纳米复合粉末[21]。将氢化聚硅氮烷、聚甲基氯硅烷和聚碳硅烷在氨气中热解可获得 Si_3N_4 粉末[22]。将有机硅粉末在氮气中热解,同样可以获得 Si_3N_4 粉末[23]。制备 SiC 粉末的聚碳硅烷先驱体颗粒通过沉淀工艺获得[24]。采用超声搅拌可以制备出直径在几十纳米到数百微米间的球形颗粒[25]。通过调整先驱体聚合物的流变性能,还可采用刮刀法制备出陶瓷带[26]。

5.11.8　参考文献

[1] Gonsalves, K. E. , Strutt, P. R. , Xiao, T. D. and Klemens, P. G. , Synthesis of Si(C,N) Nanoparticles by Rapid Laser Polycondensation/Cross – linking Reactions of an Organosilazane Precursor, *J. Mater Sci.* , 1992, 27, 3131 – 38.

[2] Rice, G. W. , Laser Synthesis of Si/C/N Powders from 1,1,1,3,3,3 – Hexamethyldisilazane, *J. Am. Ceram Soc.* , 1986, 69[8], C – 183 – C – 185.

[3] Rice, G. W. and Woodin, R. L. , Kinetics and Mechanisms of Laser – Driven Powder Synthesis from Organosilane Precursors, *J. Mater. Res.* , 1989, 4[6], 1538 – 48.

[4] Suzuki, M. , Maniette, Y. , Nakata, Y. and Okutani, T. , Synthesis of Silicon Carbide – Silicon Nitride Composite Ultrafine Particles Using a Carbon Dioxide Laser, *J. Am. Ceram Soc.* , 1993, 76[5], 1195 – 1200.

[5] Cauchetier, M. , Croix, O. , Herlin, N. and Luce, M. , Nanocomposite Si/C/N Powder Production by Laser – Aerosol Interaction, *J. Am. Ceram Soc.* , 1994, 77[4], 993 – 998.

[6] Pan, Z. , Li, H. , and Zhang, L. , Laser Synthesis and Crystallization of Nanocomposite Si/C/N Powder, *J. Mater. Res.* , 1998, 13[7], 1996 – 2002.

[7] Jakubenas, K. and Marcus, H. L. , Silicon Carbide from Laser Pyrolysis of Polycarbosilane, *J. Am. Ceram Soc.* , 1995, 78[8], 2263 – 2266.

[8] Lewinsohn, C. A. , Rao, S. and Bordia, R. , Effect of active fillers on ceramic joints derived from preceramic polymers, *Ceram. Eng. Sci. Proc.* , 2005, 26, 407 – 415.

[9] Shan, T. – H. A. and Cozzens, R. , Microwave curing of silicon carbide ceramics from a polycarbosilane precursor, *Mater. Res. Soc. Symp. Proc.* , 1994, Vol. 347, 729 – 734.

[10] Danko, G. A. , Silberglitt, R. , Colombo, P. , Pippel, E. and Woltersdorf, J. , Comparison of Microwave Hybrid and Conventional Heating of Preceramic Polymers to Form Silicon Carbide and Silicon Oxycarbide Ceramics, *J. Am. Ceram Soc.* , 2000, 83[7], 1617 – 1625.

[11] Pivin, J. C. , Colombo, P. and Tonidandel, M. , Ion Irradiation of Preceramic Polymer Thin Films, *J. Am. Ceram Soc.* , 1996, 79[7], 1967 – 1970.

[12] Pivin, J. C. , and Colombo, P. , Ceramic coatings by ion irradiation of polycarbosilanes and polysiloxanes, Part I: Conversion Mechanism, *J. Mater. Sci.* , 1997, 32 6163 – 6173.

[13] Pivin, J. C. and Colombo, P. , Ceramic coatings by ion irradiation of polycarbosilanes and polysiloxanes, Part II: Hardness and Thermochemical stability, *J. Mater. Sci.* , 1997, 32, 6175 – 6182.

[14] Pivin, J. C. , Colombo, P. and Soraru, G. D. , Comparison of Ion Irradiation Effects in Silicon – Based Preceramic Thin Films, *J. Am. Ceram Soc.* , 2000, 83[4], 713 – 720.

[15] Mott M. and Evans, J. R. G. , Solid Freeforming of Silicon Carbide by Inkjet Printing Using a Polymeric Precursor, *J. Am. Ceram Soc.* , 2001, 84[2], 307 –313.

[16] Friedel, T. Travitzky, N. , Scheffler, M. and Greil, M. , Fabrication of polymer derived ceramic parts by selective laser curing, *J. Eur. Ceram. Soc.* , 2005, 25, 193 –197.

[17] Yajima, S. , Shishido, T. , and Okamura, K. , SiC Bodies Sintered with Three – Dimensional Cross – Linked Polycarbosilane, *Am. Ceram Soc. Bull.* , 1977, 56[12], 1060 –1063.

[18] Seyferth, D. , Bryson, N. , Workman, D. P. and Sobon, C. A. , Preceramic Polymers as "Reagents" in the Preparation of Ceramics, *J. Am. Ceram Soc.* , 1991, 74[10], 2687 –2689.

[19] Greil, P. , Active – Filler – Controlled Pyrolysis of Preceramic Polymers, *J. Am. Ceram. Soc.* , 1995, 78, 835 –848.

[20] Czubarow, P. and Seyferth, D. , Application of Poly(methylsilane) and Nicalon ® Polycarbosilane precursors as binders for metal/ceramic powders in preparation of functionally graded materials, *J. Mater. Sci.* , 1997, 32, 2121 –2130.

[21] Gozzi, M. F. , Radovanovic, E. , and Yoshida, I. V. P. , Si_3N_4/SiC Nanocomposite Powder from a Preceramic Polymeric Network Based on Poly(methylsilane) as the SiC Precursor, *Mater. Res.* , 2001, 4[1], 13 –17.

[22] Burns, G. T. and Chandra, G. Pyrolysis of Preceramic Polymers in Ammonia: Preparation of Silicon Nitride Powders, *J. Am. Ceram. Soc.* ,1989, 72[2], 333 –337.

[23] Choi, J. Y. , Moon, Y. T. , Kim, D. K. and Kim, C. H. , Pyrolytic Conversion of Spherical Organo – silica Powder to Silicon Nitride under Nitrogen, *J. Am. Ceram. Soc.* , 1998, 81[9], 2294 –2300.

[24] Ishihara, S. , Nishimura T. and Tanaka, H. , Precipitation Processing to Synthesize Fine Polycarbosilane Particles for Precursors of Silicon Carbide Powders, *J. Ceram. Soc. Jpn*, 2006, 114[6], 507 –510.

[25] Boddapati, S. , Scheffler, M. Scheffler, F. , Fyfe, C. and R. K. Bordia, Ceramic Micro/Nano Structures from Preceramic Polymers, *Proc. International Conf. on Porous Ceramics*, October, 20 – 21, 2005, Brugge, Belgium (on a CD).

[26] Cromme, P. , Scheffler, M. and Greil, P. , Ceramic Tapes from Preceramic Polymers, *Adv. Eng. Mater.* , 2002, 4[11], 873 –77.

第6章 最新进展与未来展望

ALEXANDER LUKACS

有人说,"陶瓷是未来的材料,并且永远如此!"。陶瓷质轻,热绝缘,具有高强度、高刚度和独特的电气特性,并在非常高的温度时仍能维持这些特性。但陶瓷构件往往难以制造,并且经常遭遇可靠性问题,这是由陶瓷对缺陷敏感的内在本质造成的。因此,会不会出现合适的时机,让设计工程师可以在先进陶瓷材料的成本、供应量和可靠性方面找到舒适的平衡点,从而大规模地使用陶瓷材料?

以"先驱体陶瓷"为案例进行分析。曾经有一段时间,20世纪80年代中期到90年代初,人们对先驱体聚合物的未来非常乐观。它被广泛吹捧,认为其大规模商业化生产以及在一系列结构和电子的应用都不存在限制[1]。这些聚合物可以塑型、加压、挤出,纺成纤维,或涂覆到各种物体表面(就像传统有机聚合物一样),然后裂解得到相应的陶瓷材料。如此,从这些聚合物制备陶瓷制品或复合材料将更加普遍。

但事实是怎样的呢? 在现代社会中,为什么从聚碳硅烷或聚硅氮烷制备陶瓷基复合材料不能像从聚乙烯制备构件那样普遍? 到目前为止,先驱体聚合物广泛使用的最大障碍,是它们的成本和供应量。该领域的研究人员早已意识到这一问题,但广泛接受的观点是,其应用所展示的显著利益将推动需求扩张,促使制造革新,最终自然而然地推动聚合物的成本/数量曲线下移至可以接受的范围[2]。

但是,这只是故事的一部分。应用拓展被这些聚合物的高成本、缺乏供应所阻碍,用户不得不转向长期发展计划,期盼他们目前以每磅2000美元购买的聚合物,在未来售价可降低到每磅只要10美元。相反地,聚合物生产商并没有投资制造新技术,因为没有承诺表明有朝一日大批量应用将会出现。

然而,上述关注混杂了某些先入为主且已被证明是错误的观念。其中第一种观点认为先驱体聚合物与其对应的碳链有机聚合物几乎完全类似:它们很像有机聚合物,但加热后又可以转换为陶瓷材料,这样就可以在几乎任何塑料成型过程中将先驱体聚合物替代有机聚合物,而无需对成型过程本身做任何修改。

这不仅使许多研究者感到失望,也使部分聚合物生产商进行了错误的尝试,他们试图模仿有机聚合物方法来制备先驱体聚合物,以获得规整的超高分子量

363

线性结构。但不幸的是,硅、锆、铝的化学性质不像碳那样适合形成高度连续的结构。在这样的"碳链式"架构中,含有这些元素的聚合物需要独特的、不可放大的制造过程。这就是我们一直以来的误解。现在大多数研究人员意识到了先驱体聚合物的特殊属性和局限性。它们在任何领域的成功应用均需要时间和耐心,也常常需要相当多的投资。

那么,未来将如何? 当然,一些传统的、高性能复合材料领域仍然具有吸引力。但是,如果故事需要一个美好的结局,还必须克服旧有的观念,即先驱体聚合物是如此新奇和"异国情调",它们只能用于专业化的、高性能陶瓷适用的特殊领域。如果我们不能找到某些"低技术"、大批量应用这些材料的场合,将永不能使其成本/数量曲线向下移动,即使是在最具有吸引力的陶瓷应用领域,它们的价格仍将高不可攀。然而,正是因为最近在寻找这样的"低技术"应用取得了成功,我们得以保持乐观。

以聚硅氮烷为例。聚硅氮烷是由 Si、N、H 和 C 组成的聚合物。主要是因为它们高的硅基陶瓷裂解产率(质量分数通常在 80% 以上),已被广泛用作 SiO_2[3]、Si_3N_4 和 SiC[4] 的先驱体。它提供了一个制备硅基陶瓷材料的便捷路线,如纤维、涂料、或三维连续纤维增强陶瓷基体复合材料(CMC),而这些材料往往不能通过传统的陶瓷加工方法制造。

但与其他家族的先驱体聚合物相比,聚硅氮烷在成本和供应量方面只能让人们望而却步。20 世纪 80 年代到 90 年代,聚硅氮烷的价格范围为每千克 1500 美元到 5000 美元[5,6]。这些价格反映出聚硅氮烷缺乏合适的生产技术,导致需求不足。因此,许多年来使用聚硅氮烷的项目大都属于政府资助的研发项目。

然而,直到最近,大量生产价格合理的聚硅氮烷才变得可行。科莱恩商业公司下属的 KiON 特种聚合物公司,以及一家私企(KiON 防御技术公司)现在使用液态氨过程[7]制备聚硅氮烷,能够为有兴趣的客户提供 55 加仑(1 加仑约 4.546 升)桶装的各种硅氮烷聚合物,价格非常具有吸引力。这拓展了聚硅氮烷各种新的、以"聚合物"形式的大批量应用,而不是传统的"陶瓷先驱体"形式。

聚硅氮烷的一个特别成功的应用是用于制备超薄(仅 $5\mu m$)但耐用的低表面能清洁涂层。科莱恩公司于 2006 年向欧洲运输市场推出了这种涂层产品。科莱恩的 TutoProm® 清漆是一种基于聚硅氮烷的新型透明涂料,可对各种表面提供双重保护,避免被涂鸦和严重污染[8]。这是由于超薄涂层使得油漆、标记油墨和喷雾剂难以黏附到涂层表面。德国铁路运营商(Deutsche Bahn)目前正在高速列车和区域列车外部及内部表面使用 TutoProm®。

类似的聚硅氮烷清洁涂层方案也被应用到建筑外墙和窗户,以防止环境污染、酸雨和涂鸦。第一个如此处理的建筑物外墙是新加坡的莱福士大厦。使用聚硅氮烷进行类似处理的还有洛杉矶的通衢艺术大厦[9]。

聚硅氮烷另外一个更为广阔的应用前景是车辆铝轮辋的清洁涂层。长期暴露于制动系统过热的灰尘中使铝轮辋上的点蚀和褪色非常严重。聚硅氮烷涂层在这里表现非常出色，这不仅是因为其耐热性高，可抵御制动灰尘，而且因为它们还结合了其他优异的性能，如表面能低、抗氧化、抗腐蚀，以及突出的紫外稳定性和高硬度[10]。

此外，还有一些应用受益于聚硅氮烷清漆优秀的抗氧化性和耐腐蚀性。特别有前途的是应用于光亮的金属表面防止其失去光泽。一种正在销售的商业化聚硅氮烷产品 AgTive® 可以防止金属银失去光泽[11]。

但是，聚硅氮烷在环境温度中的用途并不限于涂料。聚硅氮烷作为工程塑料主要组分，可同时促进热稳定性和阻燃性。聚硅氮烷与异氰酸酯基、羰基等许多官能团具有反应活性，可以共同反应获得新型聚合物，既不全是无机的，也不全是有机的[12-19]。这种"杂化型"的聚合物，往往可以协同地兼具先驱体聚合物高的热稳定性和优异的无机化性能，以及高性能工程塑料的耐用性和强度。

一个例子是，Lanxide 公司生产的"可察觉的警告瓷砖"，安装在地铁北方交通管理局纽约中央车站的轨道旁。根据"美国残疾人法案"要求，许多铁路车站都在轨道旁安装了为残疾乘客提供触觉和/或视觉警告的瓷砖。由于中央车站独特的要求，如高耐磨、抗冲击、耐沾污，以及 A 级的火焰扩张和烟气产生速率（ASTM E84 火焰风洞试验）且要求烟气无毒，Lanxide 公司提供的聚硅氮烷/聚氨酯"杂化型"瓷砖成为最终选择。

目前，聚硅氮烷另一个以"聚合物"而非"先驱体"使用的场合是作为复合材料，在高于传统有机聚合物所能承受的温度，但是还不足以高到使用陶瓷材料的时候使用。在这样的温度下，聚硅氮烷是一种典型的高度交联的无机高分子，通过 Si—N 键网络结构进一步发生缩合反应，但 Si—C 键尚未被打破。这种"聚合物基复合材料"的应用，是以前"先驱体聚合物"很难设想到的。

比如，石英纤维增强聚硅氮烷层压板、含石英空心球的聚硅氮烷泡沫塑料等的制备目前正在持续进行研究，它们可用于天线罩或其他航天应用[20]，其中聚硅氮烷树脂的优势是低且稳定的介电常数及其介电损耗正切值，这些值可以维持到很高的温度（25～1100℃）以及很宽的频率范围（0.03～30GHz）。

那么，先驱体陶瓷的情况又将如何呢？为什么聚硅氮烷的上述应用对 PDC 的发展具有重要意义呢？答案非常简单：陶瓷用聚硅氮烷已经达到每桶 55 加仑的批量生产，价格低至每磅 50 美元。经济的制造技术和聚硅氮烷上述成功的商业应用，导致大型生产设施的建设，可以在 3h 的周转时间内，制造出一批次 800 磅的聚硅氮烷。这种生产能力，再加上众多研究人员正在考虑更广泛地、创造性地开展先驱体聚合物在陶瓷领域的应用研究,使得这些聚合物应用领域不断扩大。

现在越来越清楚,在未来 PDC 生产方面,聚硅氮烷的主要用途是制备那些使用任何其他材料或技术不能实现的陶瓷组分或微纳结构。

最近,一部分工作一直专注于合成各种有机聚硅氮烷,用以制备无定形、非玻璃态硅碳氮(SiCN)陶瓷。这些陶瓷可以抵抗化学降解[21]、蠕变[22-24]、氧化[25]、热冲击、分解以及软化[26]。因此,它们是可应用于各种结构陶瓷和电子器件中的非常有吸引力的材料[27]。其他方面,研究发现,这些相同的有机聚硅氮烷在可控气氛下选择性裂解,可以获得 30nm 晶粒尺寸的纳米复合结构陶瓷[28]。由于这些晶界处没有氧化物、氮化物玻璃相,意味着这些纳米复合材料可能具有非常高的抗蠕变性能。

另一种制备纳米相陶瓷的方法,是通过裂解纳米陶瓷颗粒填充的聚硅氮烷获得。例如,以裂解 Y_2O_3 纳米颗粒填充的聚硅氮烷作为基体,用于制备 Nicalon 纤维增强的陶瓷基复合材料[29]。也有研究碳纳米管增强或 HfO_2 纳米颗粒填充的聚硅氮烷先驱体陶瓷[30]。

在电子工业中,通过加工紫外光固化的聚硅氮烷,发展出一种制作陶瓷 MEMS 可行的新技术[31-34]。这种技术已经被成功地用于制造 SiCN 微驱动器[35]。最近,新型巯基改性聚硅氮烷被合成出来,不加紫外光敏剂就可以紫外固化[36]。

在这个舞台上,SiCN 陶瓷的应用广泛源于人们对于可以在大于 1000℃ 温度工作 MEMS 器件的需求。这些应用包括可独立应用或集成到其他系统的微燃烧器、微热转换器、传感器和驱动器、微流体器件和微光学系统等。例如,可以使用光固化聚硅氮烷制造得到一个微型点火装置[37]。

将 Fe_3O_4 粉末与聚硅氮烷复合、裂解,可以制备一种具有磁性的 SiCN 复合材料[38,39]。复合材料的磁化曲线表明,α - 铁是主要的磁性相。这种复合材料被认为是可以在恶劣环境下使用的高温稳定复合材料。

上述工作意义重大,不仅是因为开发了众多新的应用,而且还因为利用聚硅氮烷的反应特性,拓展了它们作为“陶瓷先驱体”的简单用途。聚硅氮烷可称为“活性中间体”,一方面是其结构受热时具有活性,另一方面它们具有独特的化学反应性,可转化为各种材料。

例如,通过聚硅氮烷改性可以获得新型陶瓷组分。比如,利用锆醇盐改性聚硅氮烷,然后裂解,陶瓷含有氧碳氮化物组成。将乙烯基聚硅氮烷与含 70% 四丙基锆酸盐的异丙醇溶液反应,制得液态聚硅氮烷先驱体,可以制备 $SiCN - ZrO_2$ 纤维[38-40]。

利用这种金属醇盐改性技术的反应,将聚硅氮烷与异丙醇铝反应,可以制得高耐腐蚀陶瓷[41,42]。业已证明,如此获得的 SiAlCN 陶瓷,其抗氧化性能远优于由纯聚硅氮烷获得的 SiCN 陶瓷。后来研究还表明,这种 SiAlCN 陶瓷在 1100℃ 具有优异的耐水蒸气腐蚀性能。

目前几家涂料公司销售基于反应性聚硅氮烷的陶瓷涂料,应用于汽车和卡车引擎盖下的部件(如排气系统、活塞等)。在这些配方中加入了无机微粒,可在聚硅氮烷裂解过程中参与反应,形成新的复合陶瓷,增加涂层的奇特高温性能。

最近研究还发现,在受控制的气氛或存在多种有机聚合物的条件下,选择性裂解聚硅氮烷,可以获得具有特定纳米尺寸特征的陶瓷材料,如新奇的氮化硅"纳米带"结构[43]。

通过使用有机的两嵌段共聚物作为结构导向模板,可以由有机聚硅氮烷制备出介孔陶瓷材料[44]。嵌段共聚物是两亲性的聚(异戊二烯 - b - 环氧乙烷),可以在聚硅氮烷热解过程中引导结构形成。这种介孔陶瓷可耐 1500℃ 高温,具有层状结构,平均孔约为 13nm。

聚硅氮烷还可以用来联接陶瓷,如填充的聚硅氮烷用于 Si_3N_4 基复合材料的连接[45]、SiC 的微波连接[46]、固体氧化物燃料电池的封装[47],以及作为电子粘合剂用于粘接集成电路芯片到载体或电路板上[48]。

聚硅氮烷甚至还有"生物陶瓷"的应用。在钛金属基底上制备裂解聚硅氮烷涂层,用于进行体外细胞相容性实验,与没有涂层的钛金属基底相比,聚硅氮烷涂层提高了细胞的活性和细胞繁殖能力,这与利用适当浓度的伯胺功能化修饰的基底的效果相同[49]。还有人研究了利用活性钙化合物填充的聚硅氮烷涂料,在人工体液存在环境下可形成磷灰石[50]。具有抗菌性的银—陶瓷复合材料也由聚硅氮烷制备得到[51]。使用软光刻方法,由聚硅氮烷出发可以制备出透明、耐溶剂和热稳定的生物相容性微通道与基底[52],在其中应用了毛细管微成型(MIMIC)和微成型技术。这种制造微通道的技术需要采用热或光固化聚合物,以获得具有独特的玻璃样特征,如透明度和化学惰性等。

陶瓷是不是真正的"未来的材料"? 这一直是人们的希望! 它们是不是"一直是未来的材料"? 鉴于最新进展,也许它们现在已经成为"现代的材料"!

参 考 文 献

[1] Riedel, R., Mera, G., Hauser, R., Klonczynski, A., *J. Ceram. Soc. Jpn.*, 2006, 114[6], 425 – 444.

[2] U. S. Congress, Office of Tech. Assessment, New Structural Materials Technologies: Opportunities for the

Use of Advanced Ceramics and Composites—A Technical Memorandum, OTA – TM – E – 32, 1986, 66 – 68.

[3] Matsuo, H. , Kokubo, M. , Ohbayashi, T. , Tashiro, Y. , Suzuki, T. , Kizaki, M. , Hashimoto, H. , Shimizu, Y. , Sakurai, T. , Aoki, H. , Method and Composition for Forming Ceramics and Article Coated with the Ceramics, U. S. Pat. No. 5,747,623, 1998.

[4] Pauckert, M. , Vaahs, T. , Brueck, M. ,*Adv. Mater.* , 1990, 2 [9], 398 – 404.

[5] Chisso Corporation, Development of NCP – 200 Polysilazane Ceramic Precursor, Nippon Chemtec Consulting, Inc. , 1991, (XII – 161 – 1).

[6] Tonen Perhydropolysilazane Trade Literature, Tonen Corporation, New Business Development, 1991.

[7] Abel, A. E. , Kruger, T. A. , Mouk, R. W. , Knasiak, G. J. , Silazane and/or Polysilazane Compounds and Methods of Making, U. S. Patent 6,329,487, 2001.

[8] Rail Technology Magazine Online, Tuto – Prom ® —Surface Protection Against Graffiti, www. railtechnologymagazine. com , 2006.

[9] Moss, E. O. , Architect, http://www. arcspace. com/architects/Moss/arttower/arttower. html, 2008.

[10] Vu, C, Dierdorf, A. , Brand, S. , Stojanovic, S. , Osterod, F. , Advanced Coating Materials Based on Polysilazanes, The Nuernberg Congress, European Coating Show, 2007, "Brake Dust Barrier Coatings".

[11] Vu, C, Dierdorf, A. , Brand, S. , Stojanovic, S. , Osterod, F. , Advanced Coating Materials Based on Polysilazanes, The Nuernberg Congress, European Coating Show, 2007, " Anti – Tarnish Coatings, AgTive ® ".

[12] Becker, K. J, Jensen, J. A. , Lukacs III, A. , Organic/Inorganic Polymers, U. S. Patent 5,612,414, 1997.

[13] Becker, K. J, Jensen, J. A. , Lukacs III, A. , Metal – Nitrogen Polymer Compositions Comprising Organic Electrophiles, U. S. Patent 5,616,650, 1997.

[14] Becker, K. J, Jensen, J. A. , Lukacs III, A. , Metal – Nitrogen Polymer Compositions Comprising Organic Electrophiles, U. S. Patent 5,637,641, 1997.

[15] Becker, K. J, Jensen, J. A. , Lukacs III, A. , Metal – Nitrogen Polymer Compositions Comprising Organic Electrophiles, U. S. Patent 5,733,997, 1998.

[16] Becker, K. J, Jensen, J. A. , Lukacs III, A. , Metal – Nitrogen Polymer Compositions Comprising Organic Electrophiles, U. S. Patent 5,741,878, 1998.

[17] Becker, K. J, Jensen, J. A. , Lukacs III, A. , Metal – Nitrogen Polymer Compositions Comprising Organic Electrophiles, U. S. Patent 5,750,628, 1998.

[18] Becker, K. J, Jensen, J. A. , Lukacs III, A. , Metal – Nitrogen Polymer Compositions Comprising Organic Electrophiles, U. S. Patent 5,767,218, 1998.

[19] Becker, K. J, Jensen, J. A. , Lukacs III, A. , Metal – Nitrogen Polymer Compositions Comprising Organic Electrophiles, U. S. Patent 5,807,954, 1998.

[20] Marshall, D. W. , Radomes Based on Novel Inorganic Polymer Composites, *SAMPE Journal*, 2001, 37 [5], 53 – 58.

[21] Riedel, R. , Advanced Ceramics from Inorganic Polymers,*Mater. Sci. Technol.* , 1996, 17[B], 1 – 50.

[22] Riedel, R. , Ruswisch, L. M. , An, L. , Raj, R. , Amorphous Silicoboron Carbonitride Ceramic with Very High Viscosity at Temperatures above 1500°C , *J. Am. Ceram. Soc.* , 1998, 81[12], 3341 – 44.

368

[23] Baufeld, B. , Gu, H. , Bill, J. , Wakai, F. , Aldinger, F. , High – Temperature Deformation of Precursor – Derived Amorphous Si – B – C – N Ceramics, *J. Eur. Ceram. Soc.* , 1999, 19, 2797 – 814.

[24] Thurn, G. , Aldinger, F. , Compression Creep Behavior of Precursor – Derived Ceramics, *Precursor – Derived Ceramics*, 1999, 237 – 45.

[25] Raj, R. , An, L. , Shah, S. R. , Riedel, R. , Fasel, C. , Kleebe, H. – J. , Oxidation Kinetics of an Amorphous Silicon Carbonitride, *J. Am. Ceram. Soc.* , 2001, 84 [8] 1803 – 10.

[26] Shah, S. R. , Raj, R. , Nanoscale Densification Creep in Polymer – Derived Silicon Carbonitrides at 1350°C, *J. Am. Ceram. Soc.* , 2001, 84[10], 2208 – 12.

[27] Ramakrishnan, P. A. , Wang, Y. T. , Balzar, D. , An, L. , Haluschka, C. , Riedel, R. , Hermann, A. M. , Silicoboron – Carbonitride Ceramics: A Class of High – Temperature, Dopable Electronic Materials, *Appl. Phys. Lett.* , 2001, 78 [20] 3076 – 78.

[28] Wan, J. , Gasch, M. J. , Mukherjee, A. K. , Consolidation and Crystallization of Si_3N_4/SiC Nanocomposites from a Poly(urea – silazane) Ceramic Precursor, *J. Mater. Res.* , 2001, 16[11], 3274 – 86.

[29] Nahara, D. , Processing, Performance, and Characterization of Continuous Fiber Ceramic Composites with Nanoparticles, Pres. of Undergrad. Res. , Depart. Mech. Eng. , Symposium, Hawaii Imin International Conference Center, 2005.

[30] Brahmandam, S. , Raj, R. , Novel Composites Constituted from Hafnia and a Polymer – Derived Ceramic as an Interface: Phase for Severe Ultrahigh Temperature Applications, *J. Am. Ceram. Soc.* , 2007, 90 [10], 3171 – 3176.

[31] Liew, L. – A. , Zhang, W. , An, L, Shah, S. , Luo, R. , Liu, Y. , Cross, T. , Dunn, M. L. , Bright, V. M. , Daily, J. W. , Raj, R. , Ceramic MEMS, New Materials, Innovative Processing and Future Applications, *Am. Ceram. Soc. Bull.* , 2001, 80[5], 25 – 30.

[32] Liew, L. – A. , Zhang, W. , Bright, V. M. , An, L. , Dunn, M. L. , Raj, R. , Fabrication of SiCN Ceramic MEMS Using Injectable Polymer – Precursor Technique, *Sensor. Actuat. A – Phys.* , 2001, 89, 64 – 70.

[33] Liew, L. – A. , Cross, T. , Bright, V. M. , Raj, R. , Fabrication of Novel Polysilazane MEMS Structures by Microcasting, *Proceedings of 2001 ASME International Mechanical Engineering Congress and Exposition*, 2001, 1 – 8.

[34] Liew, L. – A. , Liu, Y. , Luo, R. , Cross, T. , An, L. , Bright, V. M. , Dunn, M. L. , Daily, J. W. , Raj, R. , *Sensor. Actuat. A – Phys.* , 2002, 95, 120 – 34.

[35] Saravanan, R. A. , Liew, L. – A. , Bright, V. M. , Raj, R. , Integration of Ceramics Research with the Development of a Microsystem, *J. Am. Ceram. Soc.* , 2003, 86[7], 1217 – 19.

[36] Bowman, C. N. , Cramer, N. , Reddy, S. , Polymer Derived Ceramic Materials, U. S. Patent Application US 2006/0069176, 2006.

[37] Kong, J. S. , Maute, K. , Frangopol, D. M. , Liew, L. – A. , Saravanan, R. A. , Raj, R. , A real time human – machine interface for an untrahigh temperature MEMS sensor – ignitor, *Sensor. Actuat. A – Phys.* , 2003, 105[1], 23 – 30.

[38] Saha, A. , Shah, S. R. , Raj, R. , Polymer – Derived SiCN Composites with Magnetic Properties, *J. Mater. Res.* , 2003, 18[11], 2549 – 2551.

[39] Saha, A. , Shah, S. R. , Raj, R. , Amorphous Silicon Carbonitride Fibers Drawn from Alkoxide Modified

Ceraset, *J. Am. Ceram. Soc.* , 2003, 86[8] , 1443 –45.

[40] Saha, A. , Shah, S. R. , Raj, R. , Oxidation Behavior of SiCN – ZrO$_2$ Fiber Prepared from Alkoxide – Modified Silazane, *J. Am. Ceram. Soc.* , 2004, 87[8] , 1556 –58.

[41] Dhamme, A. , Xu, W. , Fookes, B. G. , Fan, Y. , Zhang, L. , Burton, S. , Hu, J. , Ford, J. , An, L. , Polymer – Ceramic Conversion of Liquid Polyaluminasilazanes for SiAlCN Ceramics, *J. Am Ceram. Soc.* , 2005, 88 [9] , 2415 –19.

[42] Yang, W. , Zhang, L. , Ji, H. , An, L. , et al. , Si$_3$N$_4$ Nanobelts Grown by Pyrolysis of Polyureasilazane with Iron Catalyst, *J. Am. Ceram. Soc.* , 2005, 466.

[43] Kamperman, M. , Garcia, C. B. W. , Du, P. , Ow, H. , Wiesner, U. , Ordered Mesoporous Ceramics Stable up to 1500° C from Diblock Copolymer Mesophases, *J. Am. Chem. Soc.* , 2004, 126, 14708 – 709.

[44] Stackpoole, M. , Bordia, R. , Processing and Properties of Si$_3$N$_4$ Matrix Composites, Coatings and Joints from Filled Pre – Ceramic Polymer Systems, Env. Barrier Coatings Workshop, Nashville, Tenn. , 2002.

[45] Colombo, P. , Silberglitt, R. , Danko, G. A. , Microwave Joining of SiC, *Adv. Ind. Mat. An. Rev. Meeting* , Jackson Hole, Wyo. , 1998.

[46] Lewinsohn, C. A. , Elangovan, S. , Progress in Seals for Solid Oxide Fuel Cells, U. S. Dept. of Energy Phase I SBIR DE – FG03 – 02ER83385, http://www. netl. doe. gov/publications/proceedings/03/seca – seal/Lewinsohn. pdf, 2003.

[47] Bearinger, C. R. , Camilletti, R. C. , Chandra, G. , Gentle, T. E. , Haluska, L. A. , Use of Preceramic Polymers as Electronic Adhesives, U. S. Pat. No. 5,904,791 , 1999.

[48] Feldmann, M. , Detsch, R. , Ziegler, G. , In vitro Cytocompatibility Investigations of Novel Silazane Precursor Coatings, Friedrich – Bauer Research Institute for Biomaterials, http://www. fbi – biomaterialien. de/pdf/Feldmann_ESB2002_Tagung. pdf, 2002.

[49] Shindo, T. , Biomaterial, U. S. Patent Application US 2004/0131652 , 2004.

[50] Bakumov, V. , Gueinzius, K. , Hermann, C. , Schwarz, M. , Kroke, E. , Polysilazane – Derived Antibacterial Silver – Ceramic Nanocomposites, *J. Eur. Ceram. Soc.* , 2007, 72[10] , 3287 –3292.

[51] Asthana, A. , Asthana, Y, Sung, I. K. , Kim, D. P. , Novel Transparent Poly(silazane) Derived Solvent – Resistant, Biocompatible Microchannels and Substrates: Application in Microsystem Technology, *Lab Chip* , 2006, 6(9) , 1200 –1204.